地球观测与导航技术丛书

作物病虫害遥感监测与预测

黄文江　张竞成　罗菊花
赵晋陵　黄林生　周贤锋　等　著

科学出版社
北京

内 容 简 介

本书是作者多年来从事农作物病虫害研究与应用的成果。书中涉及的内容主要反映了2010年以来作者所在研究团队在中国科学院"百人计划"项目、遥感与数字地球研究所所长创新基金、国家863计划、国家自然科学基金、国家科技支撑计划、公益性行业(农业)科技专项、北京市自然科学基金等项目支持下,与多家科研、教学和应用示范单位通力合作取得的科研成果。本书系统介绍利用遥感、地理信息系统,结合农学、植物保护学、农业气象学和数学等学科对主要作物病虫害开展遥感监测与预测研究及构建遥感监测和预测系统。全书由五部分组成。第一部分介绍作物病虫害遥感监测与预测研究意义与现状;第二部分介绍非成像光谱技术监测作物病虫害研究;第三部分介绍成像遥感技术监测作物病虫害研究;第四部分介绍作物病虫害遥感预测研究;第五部分介绍作物病虫害遥感监测与预测系统。

本书可供从事农业信息技术、"3S"技术应用、农业植物保护、农业气象及农业推广部门工作者参考,也可作为农林业等科学领域的科研和教学人员的参考书。

图书在版编目(CIP)数据

作物病虫害遥感监测与预测/黄文江等著. —北京:科学出版社,2015.10
(地球观测与导航技术丛书)
ISBN 978-7-03-045870-4

Ⅰ.①作… Ⅱ.①黄… Ⅲ.①遥感技术-应用-病虫害防治-作物监测 Ⅳ.①S435-39

中国版本图书馆 CIP 数据核字(2015)第 234549 号

责任编辑:苗李莉 朱海燕 / 责任校对:张小霞
责任印制:肖 兴 / 封面设计:王 浩

科学出版社 出版
北京东黄城根北街 16 号
邮政编码:100717
http://www.sciencep.com

中国科学院印刷厂 印刷
科学出版社发行 各地新华书店经销

*

2015 年 10 月第 一 版 开本:787×1092 1/16
2015 年 10 月第一次印刷 印张:24
字数:570 000

定价:139.00元
(如有印装质量问题,我社负责调换)

《地球观测与导航技术丛书》编委会

顾问专家

徐冠华　　龚惠兴　　童庆禧　　刘经南　　王家耀
李小文　　叶嘉安

主　　编

李德仁

副主编

郭华东　　龚健雅　　周成虎　　周建华

编　　委（按姓氏汉语拼音排序）

鲍虎军　　陈　戈　　陈晓玲　　程鹏飞　　房建成
龚建华　　顾行发　　江碧涛　　江　凯　　景贵飞
景　宁　　李传荣　　李加洪　　李　京　　李　明
李增元　　李志林　　梁顺林　　廖小罕　　林　珲
林　鹏　　刘耀林　　卢乃锰　　闾国年　　孟　波
秦其明　　单　杰　　施　闯　　史文中　　吴一戎
徐祥德　　许健民　　尤　政　　郁文贤　　张继贤
张良培　　周国清　　周启鸣

《地球观测与导航技术丛书》出版说明

地球空间信息科学与生物科学和纳米技术三者被认为是当今世界上最重要、发展最快的三大领域。地球观测与导航技术是获得地球空间信息的重要手段,而与之相关的理论与技术是地球空间信息科学的基础。

随着遥感、地理信息、导航定位等空间技术的快速发展和航天、通信和信息科学的有力支撑,地球观测与导航技术相关领域的研究在国家科研中的地位不断提高。我国科技发展中长期规划将高分辨率对地观测系统与新一代卫星导航定位系统列入国家重大专项;国家有关部门高度重视这一领域的发展,国家发展和改革委员会设立产业化专项支持卫星导航产业的发展;工业和信息化部、科学技术部也启动了多个项目支持技术标准化和产业示范;国家高技术研究发展计划(863 计划)将早期的信息获取与处理技术(308、103)主题,首次设立为"地球观测与导航技术"领域。

目前,"十一五"计划正在积极向前推进,"地球观测与导航技术领域"作为 863 计划领域的第一个五年计划也将进入科研成果的收获期。在这种情况下,把地球观测与导航技术领域相关的创新成果编著成书,集中发布,以整体面貌推出,当具有重要意义。它既能展示 973 计划和 863 计划主题的丰硕成果,又能促进领域内相关成果传播和交流,并指导未来学科的发展,同时也对地球观测与导航技术领域在我国科学界中地位的提升具有重要的促进作用。

为了适应中国地球观测与导航技术领域的发展,科学出版社依托有关的知名专家支持,凭借科学出版社在学术出版界的品牌启动了《地球观测与导航技术丛书》。

丛书中每一本书的选择标准要求作者具有深厚的科学研究功底、实践经验,主持或参加 863 计划地球观测与导航技术领域的项目、973 计划相关项目以及其他国家重大相关项目,或者所著图书为其在已有科研或教学成果的基础上高水平的原创性总结,或者是相关领域国外经典专著的翻译。

我们相信,通过丛书编委会和全国地球观测与导航技术领域专家、科学出版社的通力合作,将会有一大批反映我国地球观测与导航技术领域最新研究成果和实践水平的著作面世,成为我国地球空间信息科学中的一个亮点,以推动我国地球空间信息科学的健康和快速发展!

李德仁
2009 年 10 月

序

农作物病虫害是我国农业生产中严重的生物灾害，是制约农业高产、优质、高效、生态、安全的主导因素。然而，我国在作物重大病虫害灾变机理和规律、大面积快速的病虫害监测方法及灾变趋势的预测等方面的基础性和公益性研究仍较薄弱，造成病虫害的防控一直处于被动局面。近年来，极端气候频发，病虫害发生和流行都呈加重趋势，对粮食安全生产构成严重威胁，而传统的病虫害目测手查单点监测方法和有限站点的气象预测方法远远不能满足对病虫害的大面积及时防控，农药的大量施用，造成严重的农业面源污染，并影响农产品的品质和农产品安全。因此，当前迫切需要发展和应用大面积、快速的病虫害监测与预测方法。该书针对农业高产、优质、安全的需求，系统研究了主要作物重大病虫害的发生发展特征、遥感监测机理、大面积快速监测方法及预测预警关键技术，相信对保障我国粮食安全、食品安全和广大农民增产增收将产生重要而深远的影响。

遥感技术具有宏观、动态、快速、连续等特点，使其在作物病虫害监测预报研究中具有独特优势，主要在于一方面能够实时获取面上连续的病虫害发生信息，突破了传统地面调查方法目测手查的单点监测方法，解决了传统方法代表性和实效性差的问题；另外能够快速获取连续的病虫害发生发展的生境信息，结合地面点观测及气象数据等，借助地理信息系统，可进行作物病虫害发生适宜性评价和发展趋势及迁移方向的中短期预测，弥补了仅用气象数据和病虫害发生历史资料进行长期预测的局限性。

黄文江研究员是中国科学院遥感与数字地球研究所学术带头人，在国内外率先系统开展了作物病虫害遥感监测研究。十余年来，他一直从事作物长势监测与作物病虫害遥感监测预测等农业遥感领域的研究工作，并在该领域取得了一系列创新性成果。该书通过系统地分析当前我国主要农作物重大病虫害的发生特点和监测预测研究现状，以近年来作者的团队在病虫害监测及预测方面开展的大量实验和研究为实例，系统全面地阐述了作物病虫害的遥感监测机理、成像和非成像遥感监测方法和预测预报关键技术。该书汇集了作者及其团队数年来的重要研究成果，采用了大量的第一手实验数据，既体现了基础与前沿相结合的特色，又突出了新颖性及实用性的特点，可供农业部门、植物保护部门和科研教学单位参考和借鉴，是一本值得农业植物保护应用人员、科研实践及教学工作者认真阅读的参考书。

大数据时代的到来，为遥感技术促进学科发展提供了宝贵机遇，遥感技术的发展与应用研究相辅相成。笔者希望该书能对青年遥感工作者有所帮助，能够为我国遥感技术发展与应用工作起到推动作用。衷心祝愿作者在该领域取得更大进步,同时也希望年轻的遥感学者们在遥感学科领域勇攀高峰,为促进遥感科学发展做出更大的贡献。

中国科学院院士

2015 年 5 月 18 日

前　言

在全球气候变化背景下,局地气温、降水、湿度等气候要素的异常改变加重了农作物病虫害发生、发展和暴发的可能性,给农业生产造成了巨大损失。据联合国粮农组织(FAO)估计,世界粮食产量常年因病害损失14%,虫害损失10%;中国每年因各种病虫害引起的粮食损失约400亿kg,占全国粮食总产量的8.8%。粮食安全始终是关系我国国民经济发展、社会稳定和国家自立的全局性重大战略问题。

中国作为农业大国,农作物病虫害具有发生种类多、影响范围广和局部暴发成灾等特点。近年来,病虫害的发生和流行都呈加重趋势,使病虫害的防控任务更加艰巨。作物病虫害的频繁发生和流行,除与作物品种、气象因素和农田管理水平有关外,大面积监测预测手段及方法的落后也是主要原因之一。目前,我国在病虫害监测预测方面主要还是依靠人工目测手查、田间取样等方式。这些传统方法虽真实性和可靠性较高,但耗时、费力,且存在代表性、时效性差和主观性强等弊端,难以适应当前大范围病虫害实时监测和预测的需求。遥感技术是目前唯一能在大范围内快速获取空间连续地表信息的手段,其在农作物种植面积提取和长势监测、遥感估产等方面开展了广泛的研究和应用。随着空间信息技术的发展,尤其是近年来卫星、航空和无人机技术的发展,各类机载、星载遥感数据源不断增多,为各级用户提供了高空间、高时间和高光谱分辨率的遥感信息产品,为作物病虫害监测预测提供了宝贵契机。如何利用新型遥感探测技术开展作物病虫害遥感机理探测研究,实现大面积、快速作物病虫害监测预测,构建业务化运行的监测和预测系统对保障粮食安全、增加农民收入、减轻环境污染、确保农产品质量、实现农业可持续发展等具有重要理论和现实意义。

本书正是利用遥感探测技术,结合农学、植物保护学、农业气象学和数学等学科对主要作物病虫害开展遥感探测研究,并构建遥感监测和预测系统。书中内容主要反映了2010年以来本研究团队承担科研项目成果,主要包括:中国科学院"百人计划"项目"植被定量遥感参数反演与真实性检验"、中国科学院遥感与数字地球研究所所长基金项目"全国主要作物病虫害遥感监测和预报系统构建"(Y5ZZ01101B)、国家自然科学基金项目"作物养分空间维和时间维扩展遥感监测研究"(41072276)、"多源数据小麦病害遥感识别与监测方法研究"(41271412)、北京市自然科学基金项目"小麦条锈病的高光谱遥感监测机理和损失评估研究"(4052014)、公益性行业(农业)科技专项"小麦苗情遥感监测技术"(200903010-03)、"南疆四地州农田主要病虫害遥感监测技术"(201503219-7)等。本书是著者研究团队与多家科研、教学和应用示范单位通力合作取得的科研成果,同时也反映了培养的硕/博士研究生和博士后们的部分学术成果。

本书由五部分组成,共分10章。第一部分重点介绍作物病虫害遥感监测与预测研究意义与现状,包括第1章和第2章内容,分别为绪论和作物病虫害遥感监测机理与方法;第二部分为非成像光谱技术监测作物病虫害研究,包括第3~5章,其中,第3章介绍作物病害非成像遥感监测研究,第4章介绍作物虫害非成像遥感监测研究,第5章介绍作物病虫害遥感区分研究;第三部分为成像遥感技术监测作物病虫害研究,包括第6章和第7章,其中,第6章介绍作物病虫害成像高光谱遥感解析,第7章介绍作物病虫害多光谱遥感监测研究;第四部分为作物病虫害遥感预测研究,包括第8章和第9章,其中,第8章介绍基于病害流行条件的区域病害预测研究,第9章介绍基于多源数据生境评价的病虫害预测研究;第五部分为作物病虫害遥感监测与预测系统,包括第10章,重点阐述作物主要病虫害遥感监测与预测系统。

本书作者都是直接参与相关课题研究的专家和技术骨干。其中,第一部分由黄文江、罗菊花、周贤锋、张竞成、刘林毅、刘良云等撰写;第二部分由黄文江、罗菊花、张竞成、刘占宇、黄敬峰、周贤锋、袁琳、王静等撰写;第三部分由赵晋陵、竞霞、刘良云、黄林生、张东彦、蒋金豹、鲁军景等撰写;第四部分由张竞成、袁琳、唐翠翠、聂臣巍、管青松等撰写;第五部分由杜小平、董莹莹、刘林毅、杨小冬、潘瑜春等撰写;全书由黄文江、周贤锋、罗菊花、张竞成、赵晋陵、袁琳、黄林生、刘占宇、董莹莹等统稿。此外,北京市农林科学院宋晓宇、杨贵军、顾晓鹤、徐新刚、马智宏、常红等为本书所涉及的实验数据的获取,付出了辛勤的劳动。在本书的撰写和修改过程中,南京信息工程大学景元书教授,北京师范大学陈云浩教授,中国农业大学马占鸿教授,中国矿业大学蒋金豹副教授,中国农业科学院王利民副研究员、周益林研究员和程登发研究员,中国农业大学王鹏新教授,浙江大学黄敬峰教授,中国科学院遥感与数字地球研究所刘良云研究员、张兵研究员和彭代亮、焦全军副研究员以及张清博士,全国农业技术推广服务中心姜玉英研究员和杨普云研究员,CABI中国张峰博士、李红梅博士等提出了宝贵意见,在此一并表示感谢。

随着遥感技术的发展和农业信息化的不断深入,作物病虫害遥感监测预测方法与技术将不断走向成熟。著者期望本书的问世能为作物病虫害研究提供参考,促进病虫害监测预测研究的发展。由于著者水平和精力所限,书中内容和观点难免存在不足之处,恳请读者不吝指教。

黄文江

2015年4月

目　录

《地球观测与导航技术丛书》出版说明

序

前言

第一部分　作物病虫害遥感监测与预测研究意义及现状

第1章　绪论 ··· 3
1.1 研究意义 ··· 3
1.2 作物主要病虫害危害与特点 ·· 4
1.3 研究现状 ··· 9
1.4 作物病虫害遥感监测与预测研究评述 ··························· 16
参考文献 ·· 17

第2章　作物病虫害遥感监测机理与方法 ························· 22
2.1 作物病虫害胁迫生理机制与光谱响应特性 ····················· 22
2.2 作物病虫害光谱特征提取 ·· 28
2.3 作物病虫害遥感监测算法 ·· 40
参考文献 ·· 52

第二部分　非成像光谱技术监测作物病虫害研究

第3章　作物病害非成像遥感监测研究 ···························· 65
3.1 小麦条锈病高光谱遥感监测 ······································· 65
3.2 小麦白粉病高光谱遥感监测 ······································· 75
3.3 水稻胡麻叶斑高光谱遥感监测 ···································· 95
3.4 棉花黄萎病高光谱遥感监测 ······································ 102
参考文献 ··· 115

第4章　作物虫害非成像遥感监测研究 ··························· 120
4.1 稻纵卷叶螟高光谱遥感监测 ······································ 120
4.2 小麦蚜虫高光谱遥感监测 ··· 127
参考文献 ··· 145

第5章　作物病虫害遥感区分研究 ·································· 147
5.1 作物病虫害与养分胁迫遥感区分方法 ·························· 147
5.2 作物不同病虫害类型遥感区分方法 ····························· 162
参考文献 ··· 178

第三部分 成像遥感技术监测作物病虫害研究

参考文献··········190

第6章 作物病虫害成像高光谱遥感解析··········191
 6.1 小麦条锈病图谱解析··········191
 6.2 小麦白粉病图谱解析··········196
 6.3 小麦蚜虫图谱解析··········201
 参考文献··········210

第7章 作物病虫害多光谱遥感监测研究··········211
 7.1 小麦条锈病多光谱卫星遥感监测··········211
 7.2 小麦白粉病多时相卫星遥感监测··········220
 7.3 棉花黄萎病多时相卫星遥感监测··········254
 7.4 小麦蚜虫多光谱卫星遥感监测··········290
 7.5 玉米黏虫多时相卫星遥感监测··········301
 参考文献··········306

第四部分 作物病虫害遥感预测研究

第8章 基于病害流行条件的区域病害预测研究··········313
 8.1 基于气象因素的作物病害中期预测··········313
 8.2 耦合菌源、气象和遥感信息的病害预测方法··········324
 8.3 小结··········334
 参考文献··········334

第9章 基于多源数据生境评价的病虫害预测研究··········337
 9.1 基于多源数据小麦白粉病预测··········337
 9.2 基于遥感数据和气象数据小麦蚜虫预测··········347
 参考文献··········353

第五部分 作物病虫害遥感监测与预测系统

第10章 作物主要病虫害遥感监测与预测系统··········357
 10.1 病虫害监测与预测系统设计··········357
 10.2 作物病虫害遥感监测与预测系统应用实例··········364
 10.3 小结··········370

索引··········371

第一部分　作物病虫害遥感监测与预测研究意义及现状

第1章 绪 论

1.1 研究意义

农作物病虫害一直以来是制约农业生产的重要因素,对作物的产量和品质造成较大的影响。据联合国粮农组织(FAO)估计,世界粮食产量常年因虫害损失10%,因病害损失14%左右。我国作为一个地形复杂、气候和种植结构多样的大国,农业生产受到多种重大流行性病害和迁飞性虫害的影响。特别是近年来,在全球气候变暖大背景下,伴随着各类灾害和异常天气的频繁出现,作物病虫害的分布范围和流行程度有明显扩大和增强趋势,这给病虫害的预警和防控工作提出了更加严峻的挑战。Piao等(2010)分析了中国1971~2007年的作物病虫害发生面积及对应的农药施用量,发现病虫害发生面积在1971~2007年呈明显的增加趋势,从1971年的约1亿ha增加到2007年的约3.45亿ha,其中,1986~2007年增加速率较1971~1985年更快。同时,农药施用量也明显增加,从1971年的约60万t增加到了2007年的约130万t(图1-1)。另外,全国农作物病虫害监测网数据显示,2013年,我国全年生物性灾害发生面积达到73亿亩次[①],其中,病虫害发生面积高达55.5亿亩,远超过鼠害(4.4亿亩)和草害(13.5亿亩)的发生面积,成为最严重的农作物生物性灾害。

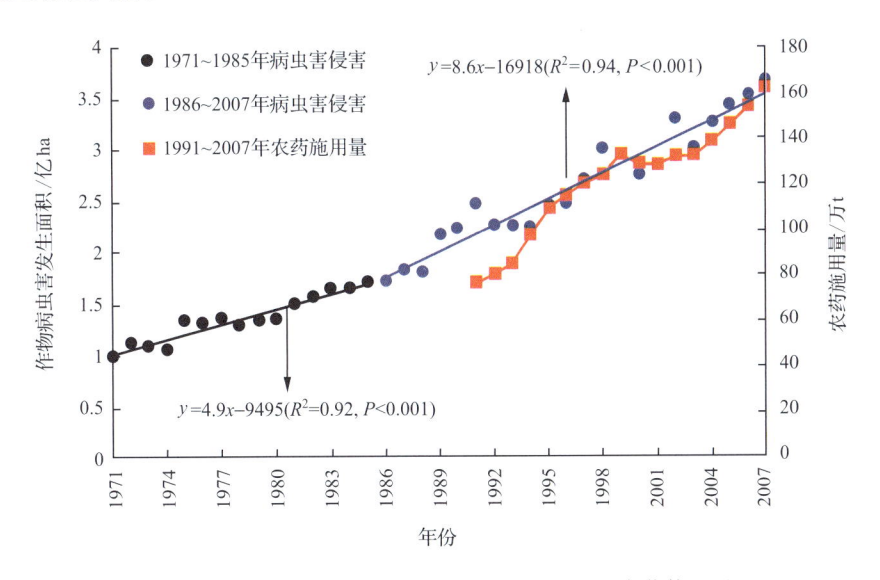

图1-1 1971~2007年作物病虫害发生面积及农药使用量

---

① 1亩≈666.7m²。

在作物病虫害发生日益严峻的形势下，对病虫害进行大范围、快速、高精度的监测和预警是有效防控的关键。目前作物病虫害的监测和预警主要还是依赖植物保护人员的田间调查、取样等方式。这些传统方法虽然真实性和可靠性较高，但耗时、费力，且存在代表性、时效性差和主观性强等弊端，已难适应目前大范围病虫害实时高效的监测和预报需求。针对这一现状，我国2013～2015年的"中央一号文件"均强调推进农作物病虫害专业化统防统治，加强重大病虫害监测预警与联防联控能力建设，支持开展病虫害绿色防控，建立农业可持续发展长效机制的政策导向，这也从国家层面更清晰地提出了关于农业病虫害防控问题的需求和解决思路。

在大范围病虫害监测和预报方面，遥感技术是目前唯一能够在大范围内快速获取空间连续地表信息的手段，成为一种农情获取和解析方面不可替代的技术。近年来，农业遥感技术在农作物估产、品质预报和农业灾害监测等多个方面有着不同程度的研究和应用。随着遥感传感器和遥感平台的快速发展，农业遥感的诸多研究成果正加快向应用转化的速度，在一定程度上改变了传统的作业和管理模式，并推动农业朝优质、高效、生态、安全和现代化、信息化的方向发展。遥感技术在植物保护方面的应用是农业遥感应用领域的一个重要分支，农业病虫害遥感是针对特定病虫害的特点通过选择合适的数据，融合遥感、模式识别、计算机视觉、数据挖掘等多学科方法，进行病虫害发生和发展的规律分析、模型构建、制图和展示。总体而言，由于病虫害种类、特点的复杂性和发生发展的高度动态性，使这一领域集中了较多的研究，并在理论和方法上形成较鲜明的特点。因此，有必要对作物病虫害遥感监测和预报研究的方法进行系统性梳理和归纳，为进一步研究和应用转化提供参考和借鉴。这方面的探索将有利于减少杀虫剂和杀菌剂的使用量，减轻粮食因为病虫害造成的损失，保证农田生态环境和后续农产品的安全性，同时，对保障我国粮食安全和广大农民增产增收将产生重要而深远的影响。

1.2 作物主要病虫害危害与特点

作物病虫害是我国主要农业灾害类型之一，具有种类多、影响大且时常暴发成灾的特点，其发生范围和严重程度对我国国民经济，特别是农业生产造成了重大损失。病虫害的流行严重影响了我国农业生产，亟需对这些病虫害的发生、发展加以控制，以保障粮食安全生产。遥感技术目前在作物病虫害监测领域的研究和应用范围已涵盖了多种不同的作物和病害类型，包括小麦条锈病、小麦叶锈病、小麦白粉病、小麦蚜虫、棉花黄萎病、棉花根腐病、棉花棉蚜虫、水稻胡麻叶斑病、水稻稻瘟病、水稻干尖线虫病、水稻稻纵卷叶螟、水稻稻飞虱、西红柿早疫病、西红柿晚疫病、蚕豆细菌疫病、蚕豆赤斑病、花生锈病、大豆黄萎病、大豆菌核病、甜菜蛇眼病、甘蔗橘锈病、芹菜核菌病及玉米蚜虫等。本书主要以小麦、玉米和棉花等作物的主要病虫害类型为例，包括小麦条锈病、小麦白粉病、小麦蚜虫，水稻胡麻叶斑病、水稻稻纵卷叶螟、棉花黄萎病，以及玉米黏虫等作物主要病虫害类型，探讨如何利用遥感技术开展病虫害监测与预测研究。首先，介绍上述病虫害的主要危害与发病特征。

1.2.1 小麦条锈病危害与特点

小麦条锈病是小麦锈病的一种,是大区流行性病害。从环境偏好上看,该病属于低温、高湿、强光型真菌性病害,孢子通过空气传播,具有发病广、流行性强、发病概率高的特点,是我国乃至全世界发生最广、危害最大的病害之一。小麦受害后,可导致叶片早枯,成穗数降低,千粒重下降,一般可减产5%~10%,重病田减产达20%以上。我国境内在河北、河南、陕西、山东、山西、甘肃、四川、湖北、云南、青海、新疆等地均有暴发记录,对小麦生产造成了极大的损失。1950年、1964年、1990年、2002年全国4次大流行小麦条锈病,分别造成了约60亿kg、30亿kg、26亿kg、10亿kg的产量损失。近年来,随着新的生理小种和其他致病类型的出现和发展,小麦条锈病危害一直呈加剧态势。

小麦条锈病病原属担子菌亚门真菌。菌丝丝状,有分隔,生长在寄主细胞间隙中,用吸器吸取小麦细胞内养料,在病部产生孢子堆。小麦条锈病的典型症状主要发生在叶片上,其次是叶鞘和茎秆、穗部、颖壳及芒上。苗期染病,幼苗叶片上产生多层轮状排列的鲜黄色夏孢子堆。成株叶片初发病时夏孢子堆为小长条状,鲜黄色,椭圆形,与叶脉平行,且排列成行,呈虚线状,后期表皮破裂,出现锈被色粉状物;小麦近成熟时,叶鞘上出现圆形至卵圆形黑褐色夏孢子堆,散出鲜黄色粉末,即夏孢子。病菌靠分生孢子或子囊孢子借气流传播到感病小麦叶片上,若温湿度条件适宜,病菌萌发长出芽管,芽管前端膨大形成附着胞和侵入线,穿透叶片角质层,侵入表皮细胞,形成初生吸器,并向寄主体外长出菌丝,后在菌丝丛中产生分生孢子梗和分生孢子,成熟后脱落,随气流传播蔓延,进行多次再侵染。病菌在发育后期进行有性繁殖,在菌丛上形成闭囊壳。

1.2.2 小麦白粉病危害与特点

小麦白粉病在小麦各生育期均可发生,是一种为害较重的病害,在我国山东沿海、四川、贵州、云南普遍发生。近年来该病在东北、华北、西北麦区,亦有日趋严重之势。小麦受害后,可导致叶片早枯,成穗数降低,千粒重下降,一般可减产5%~10%,重病田达20%以上。

小麦白粉病病原属子囊菌亚门真菌。菌丝体表寄生,蔓延于寄主表面在寄主表皮细胞内形成吸器吸收寄主营养。在与菌丝垂直的分生孢子梗端,串生10~20个分生孢子,椭圆形,单胞无色,侵染力持续3~4天。

病菌靠分生孢子或子囊孢子借气流传播到染病小麦叶片上,其后的侵染过程和小麦条锈病类似。病菌越冬方式有两种:一是以分生孢子形态越冬;二是以菌线体潜伏在寄主组织内越冬。越冬病菌先侵染底部叶片呈水平方向扩展,后向中上部叶片发展,发病早期发病中心明显。冬麦区春季发病菌源主要来自当地。春麦区,除来自当地菌源外,还来自邻近发病早的地区。当植株生长衰弱,施肥管理不当时亦容易加重病情。

1.2.3 小麦蚜虫危害与特点

小麦蚜虫又叫腻虫,其分布极广,几乎遍及世界各产麦国。在我国为害小麦的蚜虫有多种,通常包括:麦长管蚜、麦二叉蚜、黍缢管蚜、无网长管蚜。严重危害我国小麦的蚜虫主要有三种,包括:禾溢管蚜、麦长管蚜和麦二叉蚜,但常年以麦长管蚜和麦二叉蚜发生数量最多,为害最重。一般麦长管蚜无论南北方密度均相当大,但偏北方发生更重。

小麦麦蚜危害主要包括直接为害和间接为害两个方面。直接为害主要以成、若蚜吸食幼嫩或开始衰老的叶片、茎秆、嫩头和嫩穗的汁液,危害小麦正常发育,苗期受害严重时小麦会生长停滞,分蘖减小,危害的同时蚜虫会排出蜜露,附着在叶表面,常使叶面生霉变黑,严重地影响小麦叶片的光合作用,最终造成小麦减产。麦长管蚜多在植物上部叶片正面为害,抽穗灌浆后,迅速增殖,集中在穗部为害。间接为害是指麦蚜能在为害的同时,传播小麦病毒病,其中以传播小麦黄矮病为害最大。前期危害可造成麦苗发黄,影响生长,后期危害叶片发生卷曲,植株发油发黑,千粒重降低,严重时麦穗枯白,不能结实,甚至整株枯死,严重影响小麦产量。

小麦蚜虫的生活习性因种类而异。麦长管蚜喜光耐湿,喜中温不耐高温,适湿范围为相对湿度40%~80%,适温范围为16~25℃。天气干旱时,蚜虫发生量一般较大。因为湿度低时,植物中的含水量相对较少,而营养物质相对较多,有利于其生长发育。因此,干旱期间降雨对麦长管蚜的繁殖无不利影响,雨后蚜量突增而形成灾害。但过于干旱会使得植物过分缺水,会增加汁液黏滞性,降低细胞膨压,造成蚜虫取食困难,影响其生长发育。相反,如果夏季多雨,植物含水量过多,酸度就会增大,从而引起消化不良,造成蚜虫蚜量死亡。持续2~3天的中雨对麦蚜发生也有明显的抑制作用,尤其是抽穗期遇到中雨,对翅蚜在麦穗上生活、繁殖都不利,蚜害偏轻。因此,降雨通过对大气湿度的影响而间接影响蚜量消长,特别是大雨对麦长管蚜的发生不利,暴风雨的机械冲击常使蚜量明显下降。据文献报道,当一小时降雨达到30mm,伴随大风时,蚜量的下降率达80%。

1.2.4 棉花黄萎病危害与特点

棉花黄萎病是一种危害棉株维管束的土传病害,其致病菌为大丽轮枝菌,属半知菌亚门淡色菌科淡色孢科轮枝菌属。关于棉花黄萎病病菌的致病机理目前主要有机械障碍和毒素作用两种观点,大丽轮枝菌侵入棉花根表面后,菌丝体穿透皮层、内皮层到达木质部,在木质部病原菌不断产生分生孢子,并刺激邻近薄壁细胞产生胶状物质、侵填体从而堵塞导管,使水分和养分运输发生困难,同时借助蒸腾作用侵染植物的地上部分。被侵染的棉株表现出叶片萎蔫、褪绿等症状,最终植株死亡,这被称为机械障碍;毒素作用是指病原菌产生的毒素能破坏感病棉花品种的叶片和根组织细胞膜,改变细胞膜透性,使细胞内钾离子大量渗漏而减少,导致棉株萎蔫。

黄萎病在棉花整个生育期均可发病。自然条件下幼苗发病少或很少出现症状。一般在3~5片真叶期开始显症,生长中后期棉花现蕾后田间大量发病,初在植株下部叶片上的叶缘和叶脉间出现浅黄色斑块,后逐渐扩展,叶色失绿变浅,主脉及其四周仍保持绿色,病叶出现掌状斑驳,叶肉变厚,叶缘向下卷曲,叶片由下而上逐渐脱落,仅剩顶部少数小叶,蕾铃稀少,棉铃提前开裂,后期病株基部生出细小新枝。纵剖病茎,木质部上产生浅褐色变色条纹。夏季暴雨后出现急性型萎蔫症状,棉株突然萎垂,叶片大量脱落,发病严重地块惨不忍睹,造成严重减产。由于病菌致病力强弱不同,症状表现亦不同。主要可分为落叶型、枯斑型和黄斑型。落叶型菌系致病力强,病株叶片叶脉间或叶缘处突然出现褪绿萎蔫状,病叶由浅黄色迅速变为黄褐色,病株主茎顶梢侧枝顶端变褐枯死,病铃、苞叶变褐干枯,蕾、花、铃大量脱落,仅经10天左右病株成为光秆,纵剖病茎维管束变成黄褐色,严重的延续到植株顶部。枯斑型棉花叶片症状为局部枯斑或掌状枯斑,枯死后脱落,为中等致病力菌系所致。黄斑型病菌致病力较弱,叶片出现黄色斑块,后扩展为掌状黄条斑,叶片不脱落。在久旱高温之后,遇暴雨或大水漫灌,叶部尚未出现症状,植株就突然萎蔫,叶片迅速脱落,棉株成为光秆,剖开病茎可见维管束变成淡褐色,这是黄萎病的急性型症状。

棉花病株各部位的组织均可带菌,叶柄、叶脉、叶肉带菌率分别为20%、13.3%、6.6%,病叶作为病残体存在于土壤中是该病传播重要菌源。棉籽带菌率很低,却是远距离传播重要途径。病菌在土壤中直接侵染根系,病菌穿过皮层细胞进入导管并在其中繁殖,产生的分生孢子及菌丝体堵塞导管,此外病菌产生的轮枝毒素也是致病重要因子,毒素是一种酸性糖蛋白,具有很强的致萎作用。此外,流水和农业操作也会造成病害蔓延。黄萎病适宜发病温度为25~28℃,高于30℃、低于22℃发病缓慢,高于35℃出现隐症。在6月,棉苗有4,5片真叶时开始发病,田间出现零星病株;现蕾期进入发病适宜阶段,病情迅速发展;在7月、8月,花铃期达到高峰。在温度适宜范围内,湿度、雨日、雨量是决定该病消长的重要因素。地温高、日照时数多、雨日天数少发病轻,反之则发病重。在田间温度适宜,雨水多且均匀,月降雨量大于100mm,雨日12天左右,相对湿度80%以上发病重。一般蕾期零星发生,花期进入发病高峰期。连作棉田、施用未腐熟的带菌有机肥及缺少磷、钾肥的棉田易发病,大水漫灌常造成病区扩大。

1.2.5 玉米黏虫危害与特点

玉米黏虫是一种玉米作物虫害中常见的主要害虫之一。属鳞翅目,夜蛾科,又名行军虫,体长17~20mm,淡灰褐色或黄褐色,雄蛾色较深。玉米黏虫以幼虫暴食玉米叶片,严重发生时,短期内吃光叶片,造成减产甚至绝收。为害症状主要以幼虫咬食叶片。1~2龄幼虫取食叶片造成孔洞,3龄以上幼虫危害叶片后呈现不规则的缺刻,暴食时,可吃光叶片。大发生时将玉米叶片吃光,只剩叶脉,造成严重减产,甚至绝收。当一块田玉米被吃光,幼虫常成群列纵队迁到另一块田为害,故又名"行军虫"。一般地势低、玉米植株高矮不齐、杂草丛生的田块受害重。

玉米黏虫是一种远距离迁飞性害虫,每年3、4月间,玉米黏虫成虫开始由长江以南迁至江北地区繁殖,4月、5月开始为害农作物。玉米黏虫生长最适宜温度为10~25℃,相对湿度为85%,成虫产卵最适温19~22℃,相对湿度为90%左右,气温低于15℃或高于25℃,都会造成产卵量减少,气温高于35℃则不能产卵。雨量过大,遇暴风雨后,玉米黏虫数量又会显著下降,所以玉米黏虫具有中温喜湿性,温度、湿度高低直接影响初孵幼虫存活,高湿度天气、密植田、灌溉好的田,都会造成该虫大量繁殖,所以虫害发生取决于虫口基数、温度、湿度等因素。

玉米黏虫因发生区气候不同,发生代数也不一样。其越冬区域在北纬33°以南,北纬33°以北地区几种虫态基本上不能越冬生存,玉米黏虫以幼虫和蛹形态在稻桩、杂草、麦田表土等处越冬,黏虫无滞育现象,只要条件适宜,可连续繁育(我国广东、福建两省部分地区,玉米黏虫终年繁殖,无越冬现象)。由于黏虫属远距离迁飞性害虫,成虫昼伏夜出,傍晚开始活动,黄昏时觅食,半夜交尾产卵,黎明时寻找隐蔽场所,成虫对糖醋液趋性强,有趋光性、有取食花蜜补充营养的生理需求,产卵趋向黄枯叶片,以卵块形式附着叶片上,卵块一般20～300粒,成条状或重叠,每只雌虫一生可以产卵1000～2000粒。初孵幼虫有群集性,2龄幼虫多在嫩叶背光处为害,3龄后食量大增,5～6龄进入暴食阶段,其食量占整个幼虫期90%左右,3龄后的幼虫有假死性,受惊动迅速卷缩坠地、畏光,晴天白昼潜伏在根部土缝中,傍晚后或阴天爬到植株上为害。

1.2.6 水稻胡麻叶斑病危害与特点

水稻胡麻叶斑病也称稻胡麻叶枯病,属侵染性真菌病害,病原为真菌,属半知菌亚门,长蠕孢属。病菌以菌丝体在病草、颖壳内或以分生孢子附着在种子和病草上越冬。在干燥条件下,病组织上的分生孢子可存活2～3年,而潜伏的菌丝可存活3～4年。播种后,种子上的菌丝可直接侵入幼苗,分生孢子则借风传播至水稻植株上,从表皮直接侵入或从气孔侵入病部所产生的分生孢子可进行再侵染。当温度为24～30℃,相对湿度大于92%时,有利于病害的发生。分生孢子可以随风和降雨扩散,侵染病株的其他器官和其他健康植株。水稻胡麻斑病是水稻病害中分布最广的一种病害,中华人民共和国成立前被视为国内水稻三大病害之一。全国各稻区均有发生,一般由于缺肥缺水等原因,引起水稻生长不良时发病严重。中华人民共和国成立后,随着水稻生产管理及施肥水平的提高,危害已日益减轻。但晚稻秧龄过长时,发病仍然较多,是引起晚稻穗枯的主要病害之一。品种间的抗病性有差异,一般粳稻比籼稻易感病。同一品种不同生育期抗病性也不一样:苗期最易感病,分蘖期抗病性增强,抽穗期又易感染。

从秧苗期到收获期都可发病,稻株地上部分均能受害,尤其以叶片最为普遍。成株叶片受害,初现褐色小点,逐渐扩大成为椭圆形病斑。病斑大小如芝麻粒,病斑周围一般有黄色晕圈。用放大镜观察时,因变褐程度不同而呈轮纹状,后期病斑边缘仍为褐色,中央则呈黄褐色或灰白色。一般缺氮的稻株病斑小;缺钾的较大,且病斑中的轮纹更加明显。病情严重时,叶片上病斑密布,并往往愈合成不规则的大斑,最后使叶片干枯。叶片受害降低营养吸收和光合作用能力,生长受到抑制,导致分蘖少,抽穗迟。

高温高湿、有雾或露水存在时发病重。水稻品种间存在抗病差异。同品种中,一般苗期最易感病,分蘖期抗性增强,分蘖末期抗性又减弱,此与水稻在不同时期对氮素吸收能力有关。一般缺肥或贫瘠的地块,缺钾肥、土壤为酸性或砂质土壤漏肥漏水严重的地块,缺水或长期积水的地块,发病重。

1.2.7 水稻稻纵卷叶螟危害与特点

稻纵卷叶螟属鳞翅目、螟蛾科,是东南亚和东北亚危害水稻的一种迁飞性害虫。在我国稻区各省(市/区)均有分布,原为局部间歇性发生危害的害虫,但自20世纪60年代后,其发生与危害逐年加重。特别是70年代以来,在全国各主要稻区大面积发生的频率明显增加,目前已成为影响水稻生产的常发性害虫之一。水稻纵卷叶螟的生长发育需要适温高湿。一般适宜的温度为22～28℃,相对湿度在80%以上。温度高于30℃或低于20℃或者相对湿度低于70%则均不利于发育。阴雨高湿有利其发生但在孵化期遇暴风雨,幼虫被冲刷存活率下降。初孵幼虫取食心叶,出现针头状小点,随虫龄增大,吐丝缀稻叶两边叶缘,纵卷叶片成圆筒状虫苞,幼虫藏身其内啃食叶肉,留下表皮呈白色条斑。寄主植物以水稻为主,大麦、小麦、甘蔗、粟偶有发生,还能取食稗草、游草、雀稗、马唐、狗尾草、茅草、芦苇、柳叶等禾本科杂草。

水稻分蘖期和穗期容易受稻纵卷叶螟危害,分蘖期叶片受害,因其光合产物主要供给植株营养生长,作物有一定的补偿能力,对产量的影响较小,但孕穗后叶片的光合产物主要供给幼穗发育,稻叶受害能导致颖花、枝梗退化,增加空秕率,降低结实率和千粒重,尤其是水稻功能叶受害,直接影响干物质的积累,对水稻产量的影响最大。因此,水稻孕穗至抽穗期受害损失大于分蘖期。

1.3 研究现状

本节通过对近年来遥感技术在作物病虫害方面的相关研究进行归纳总结,从两个不同层面对这些研究进行介绍:①病虫害遥感监测特征研究进展;②病虫害遥感监测特征方法研究进展。

1.3.1 病虫害遥感监测特征研究进展

1. 光谱特征

植物病虫害遥感监测研究中最主要的是基于可见光-近红外的光学遥感波段进行监测。其基本依据是植物在病虫害侵染条件下会在不同波段上表现出不同程度的吸收和反射特性的改变,即病虫害的光谱响应特征。植物病虫害的光谱响应可以近似认为是一个由病虫害引起的植物色素、水分、形态、结构等变化的函数,因此往往呈现多效性,并且与每一种病虫害的特点有关。植物叶片或冠层受到病虫害侵染之后生理、生化、形态、结构等均发生改变,所以其光谱特征具有高度复杂性和多变性。针对这些情况已经有相当数量的研究对不同作物病虫害的光谱特征进行了报道。

1) 小麦光谱特征研究

Graeff 等(2006)通过对感染白粉病(powdery mildew)和全蚀病(take-all disease)的小麦叶片光谱进行分析后发现,病害的发生导致 490nm、510nm、516nm、540nm、780nm 和 1300nm 波段处的强烈光谱响应。刘良云等(2004)发现小麦条锈病与 560~670nm 波段的反射率变化有密切关系,并据此构建了监测模型。Moshou 等(2005)通过光谱分析筛选出 680nm、725nm 和 750nm 这三个与小麦条锈病有关的光谱波段。

2) 水稻光谱特征研究

Yang 等(2007)发现,当水稻受褐飞虱和稻纵卷叶螟侵扰时,426nm 波段处的水稻冠层光谱反射率能够有效地监测两种虫害。Liu 等(2010)通过对水稻稻穗的光谱分析发现 450~850nm 波段的反射率变化与水稻颖枯病(glume blight disease)具有相关性。

3) 其他果蔬光谱特征研究

Zhang 和 Qin(2004)通过分析西红柿晚疫病地面冠层高光谱数据,发现近红外区域在西红柿晚疫病的监测中有十分重要的价值。Xu 等(2007)发现 800~1100nm、1450nm 和 1900nm 位置的光谱反射率对西红柿斑潜蝇的侵扰较敏感。Zhang 等(2005)发现西红柿晚疫病的发生能够引起 700~750nm、750~930nm、950~1030nm 和 1040~1130nm 范围的光谱反射率的显著改变。Jones 等(2010)通过分析感染叶斑病的西红柿叶片光谱发现在 395nm、633~635nm 和 750~760nm 位置的反射率有显著改变。Naidu 等(2009)研究发现,利用 752nm、684nm 和 970nm 处的反射率可对葡萄卷叶病进行识别和诊断。Wang 等(2009)发现能够用 1150~1280nm 波段的反射率诊断洋葱的酸腐病。Huang 和 Apan(2006)在监测芹菜菌核病时发现采用 400~1300nm 反射率可有效反映病菌侵染程度。Kim 等(2011)在温室中获取了五种来自不同水分条件下的苹果树苗的叶子,定期使高光谱相机及一个照明光谱植被传感器和数字彩色摄像机监控这些苹果树苗,他们通过对光谱图像中特定波长的提取来估测这五种叶片的反射率和产生的光谱曲线。之后研究了多种光谱指数与叶子水分胁迫的相关性。发现相关性最高的是位于红边的窄波段 705nm 和 750nm 的归一化差值植被指数(NDVI)与宽波段 680nm 和 800nm 的 NDVI。

综上,不同的作物和病虫害类型往往具有不同的光谱特征。如果能够对各种不同作物的常见病虫害光谱特征位置进行全面研究,建立一个作物病虫害光谱特征数据库,将极大地丰富农业专家系统在病虫害监测与诊断方面的内容,便于数据交互和共享,为今后病虫害的监测提供信息支持。

2. 植被指数

基于植被指数的分析已经成为学者们在病虫害遥感探测研究与实践中的主要途径。迄今为止,已有多种不同形式的植被指数被相继提出,这些植被指数通常具有一定的生物或理化意义,是植物光谱的一种重要的应用形式。除波段组合、插值、比值、归一化等常用的代数形式外,如光谱微分、连续统等变换形式也常用于光谱特征的构建。目前,已有较多的研究尝试通过各类植被指数建立遥感信息与病虫害是否发生及发病程度之间的关系。

1) 小麦病虫害监测的敏感植被指数

Yang 等(2009)发现利用遥感技术对绿蚜和俄罗斯小麦蚜虫侵害的植株进行识别和区分是可行的,基于比值植被指数(800/450nm 和 950/450nm)在区分这两种胁迫方面是有效的。蒋金豹等(2007)通过测定不同生育期感染条锈病的冬小麦冠层光谱、生理生化参数及相应病情指数,发现红边核心区内的一阶微分总和与绿边核心区的一阶微分总和的比值,与病情指数具有极显著的线性负相关性。罗菊花等(2008)选用 NDVI 和光化学反射指数(PRI)建立二维空间坐标,形成病害胁迫、常规的水胁迫及肥水协同胁迫植被指数的空间分布散点图,发现 NDVI 大于 $4.324PRI+0.976$ 的区域即为条锈病胁迫发生区域。Mirik 等(2007)研究了受俄罗斯麦蚜虫危害的冬小麦反射率光谱和虫量间的相关关系,并提出了预测虫量的光谱指数。此外,Sanches 等(2014)利用连续统去除法从叶绿素特征中心(680nm)和绿边(560nm 和 575nm)计算出一个新的指数——作物胁迫监测指数(PSDI),并指出该指数能很好利用田间冠层光谱数据和航空光谱数据对受病害影响的植株进行监测。

2) 水稻病虫害监测的敏感植被指数

Yang 等(2007)采用绿度归一化植被指数(green normalized difference vegetation index, GNDVI)和土壤调节植被指数(soil-adjusted vegetation index, SAVI)对水稻病害进行监测,两种指数与病情程度之间的决定系数均达到 0.8 以上。

3) 棉花和大豆病虫害监测的敏感植被指数

Prabhakar 等(2011)发现健康植株和受叶蝉侵害植株的光谱反射率在可见光和近红外波段出现了明显的差异。而叶绿素 a 比叶绿素 b 在患病植株中的减少程度更为明显,随着叶蝉侵染严重程度的增加,叶绿素 a 与叶绿素 b 的比值呈现下降趋势。回归分析表明叶蝉侵染严重度与叶绿素含量和相对水分含量之间存在明显的相关性。受不同程度感染的棉花的反射率与六个频段呈现出较强的相关性(376nm、496nm、691nm、761nm、1124nm 和 1457nm)。此外,他们还将比值指数及两种以上的敏感波段组合,由此形成了新的指数 LHI,该指数能够较好地监测叶蝉的严重程度。Prabhakar 等(2013)还发现对于轻度感染绵粉蚧的植株,其光谱反射率在绿波段、近红外波段和短波红外波段存在显著差异,而对于感染严重的植株,除了蓝波段外其他波段的反射率均存在显著差异。他们还发现被感染植株的叶绿素含量(12.83%~35.83%)和相对水分含量(1.93%~23.49%)也有明显的减少。而高光谱数据反射率敏感性分析显示波长集中在 492nm、550nm、674nm、768nm 和 1454nm 处的波段为对绵粉蚧侵染最为敏感的波段,由此他们用两个或三个波长组合形成新的绵粉蚧胁迫指数(MSI)。竞霞等(2010a)发现增强型植被指数(EVI)、重归一化植被指数(RDVI)、全球环境监测指数(global environmental monitoring index,GEMI)、差值植被指数(DVI)、改进型土壤调整植被指数(MSAVI)、NDVI 为棉花黄萎病病情严重度遥感估测的敏感因子,能够有效估测棉花黄萎病病情严重度。陈兵等(2011)建立了 8 个 TM 影像光谱指数来估算棉花黄萎病严重程度。蒋金豹等(2012)研究发现普通花叶病胁迫下的大豆光谱反射率在可见光区域均大于健康大豆的反射率,而锈病胁迫的大豆光谱反射率在绿光区随病情严重度增加而减小,在红光区随病情严重度增强而增大。然后根据大豆光谱变化特征设计了一个植被指数($R_{500} \times R_{550}/R_{680}$)对大豆病害进行识别。

此外,Sighicell 等(2008)结合光谱和荧光探测技术,探测了甜橙的青霉(blue mold)及褐腐病(browning rot)等病症,并得出由于植株体早期叶绿素和酚类物质量的变化可引起反射率和荧光信号改变的结论。

上述研究显示植被指数在反映不同作物病虫害方面的特点和能力是作物病虫害遥感监测模型的重要信息来源。

1.3.2 病虫害遥感监测特征方法研究进展

为实现对作物病虫害的遥感识别和程度区分,除了需要选择合适的波段或植被指数外,还需要选择合适的识别和区分算法,以建立这些病情和光谱特征之间的关系。目前针对不同类型的病虫害及病虫害的不同特点,研究者们提出了各种各样的方法和模型。

1. 基于高光谱非成像数据的分析方法

统计和数据挖掘是分析基于高光谱非成像数据的主要方法。一方面,通过对研究对象的非成像高光谱数据进行统计和对比,可在其光谱中发现对研究目的较为敏感的波段和特征;另一方面,利用回归分析、相关性分析、中值滤波和一阶微分处理等方法对非成像高光谱数据进行数据挖掘,可以实现对数据的建模和检验,进而为监测和预测服务。

1) 小麦方面

刘良云等(2009)利用冬小麦病害发生前期(4月10日,4月26日)的卫星遥感数据建立了作物产量的早期预测模型。蒋金豹等(2010a)通过在不同生育期测定感染不同严重程度条锈病的冬小麦冠层光谱及病情指数(disease index,DI),最终能够用高光谱遥感较早地识别出健康与遭受条锈病胁迫的小麦。蒋金豹等(2008a)通过人工田间诱发不同等级小麦条锈病,在不同生育期测定染病冬小麦冠层光谱及其病情指数。把冠层光谱一阶微分数据与相应的DI进行相关分析,采用单变量线性和非线性回归技术,建立了小麦条锈病DI的估测模型。罗菊花等(2009)在前人研究的基础上,利用小汤山实验基地的数据,建立了冬小麦条锈病胁迫与常规胁迫的识别模型,还利用光谱反射率与相应的病情指数建立了多元线性回归模型。蒋金豹等(2008b)建立了特征定位参数模型和多时相NDVI来监测小麦条锈病。罗菊花等(2010a)选择红波段的620～718nm与近红外波段的770～805nm的平均光谱反射率与相应的病情指数建立了多元线性回归模型。王圆圆等(2007)通过人工田间诱发不同等级条锈病,在不同生育期测定冬小麦感染条锈病严重度和冠层光谱,采用偏最小二乘(PLS)方法建立了冠层光谱和条锈病严重度的回归模型。蒋金豹等(2010c)利用冠层光谱近红外与短波红外水分敏感波段构建比值指数,然后建立了以比值指数为变量的反演相对含水量的线性模型。竞霞等(2010b)以红光波段特征吸收峰右半端面积为自变量建立了线性模型用来进行棉花单叶黄萎病病情严重度的估测。蒋金豹等(2008b)为利用高光谱遥感诊断条锈病胁迫下作物的营养状况,测量感染条锈病的冬小麦冠层反射率及相应叶片全氮(LTN)含量,利用线性和非线性回归方法,建立了微分光谱与小麦LTN含量之间的回归模型。陈云浩等(2009)发现以微分指数SD_{rc}/SD_{gc}为变量的模型适合监测冬小麦早期病情,而以一阶微分PC_s为变量的模型特别适合监测冬小麦条锈病病情较严重期。此外,袁琳等(2013)发现基于敏感光谱特征构建的病情严重度反演模型能够较好地估测小麦白粉病和条锈病的病情严重度。罗菊花等(2011)通过筛选对蚜虫病最敏感波段,初步构建了冬小麦蚜害高光谱指数,并建立了蚜害高光谱指数与蚜害等级的遥感反演模型。

2) 水稻方面

李波等(2009a)将PCA和PNN相结合,实现对多种水稻病虫害进行快速、精确的分类识别。刘占宇等(2009)发现概率神经网络具有强大的分类功能,可以应用于穗颈瘟的高光谱识别,能够实现对穗颈部发生侵染但并未引起倒伏的水稻、穗颈部侵染严重已发生倒伏的水稻和正常水稻的精确分类。刘占宇等(2007)通过研究获取了由水稻二化螟和穗瘟造成的白穗和正常穗的室内光谱,选取了红边斜率、红边面积、绿峰幅值和绿峰面积等4个高光谱变量作为输入向量,利用学习矢量量化(LVQ)神经网络对水稻白穗和正常穗进行分类。利用测试样本对网络进行测试,结果显示对白穗和正常稻穗的分类精度高达100%。表明基于LVQ神经网络对水稻白穗和正常穗进行辨别的方法是切实可行的。石晶晶等(2009)对健康水稻叶片及受稻纵卷叶螟危害后的水稻叶片进行了室内光谱的测定及分析。对430～530nm和560～730nm波段采用连续统去除的方法,分别提取了波深、斜率参量作为径向基核函数支持向量机的输入变量,利用LIBSVM软件包构建叶片高光谱识别模型。发现当参数γ和惩罚系数C分别取0.25和1时构建的径向基支持向量机模型的分类性能最佳,识别精度达100%。刘占宇等(2011)提取了水稻的原始光谱、对数光谱、一阶和二阶微分光谱,并利用学习矢量量化神经网络对多种健康状态稻穗进行分类,发现运用高光谱遥感技术对稻穗健康状态进行识别是切实可行的。

3) 棉花方面

田会东等(2008)采用"积分球-光谱仪"联用技术测量了健康棉叶和感染了枯萎病的棉叶的光谱反射率,发现健康棉叶与感病棉叶在光谱曲线上有很高的可区分性。陈兵等(2007a)发现不同时期、不同品种棉花黄萎病冠层光谱与正常冠层之间有着显著的差异,冠层光谱均随严重度(severity level,SL)的增加表现出有规律的变化,可见光(620~700nm)波段,光谱反射率随 SL 增加呈现上升趋势,近红外(700~1300nm)波段则表现出相反的趋势,在近红外(760~1300nm)尤为明显。在把黄萎病冠层光谱与 SL 相关性分析后发现,806nm 附近 SL 与冠层光谱反射率的相关性达到了极显著性水平 $R^2=0.675$。

4) 其他果蔬方面

Rumpf 等(2010)建立了基于支持向量机和光谱植被指数对甜菜疾病进行早期监测和区分的方法。该方法的目的在于:①区分患病和不患病的甜菜叶子;②区分尾孢叶斑病、叶锈病和白粉病;③在具体症状出现之前辨别疾病种类。该实验的光谱数据是从健康的叶子和接种了尾孢病原体、锈病蚜或蓼白粉菌等能够引起角斑病、叶锈病和白粉病的叶子中获取的,获取时间为接种后的第 21 天,9 个与生理参数相关的光谱植被指数被作为分类特征进行自动分类。早期健康叶子和患病叶子的区分使用含有径向基函数的支持向量机模型来进行,分类精度达到 97%。对于健康叶子和三种患病叶子的多重分类精度达到 86%以上。此外,植物病前监测被证明是可行的,根据作物的类型和所处阶段,分类精度介于 65%和 90%。

通过上述研究可以看到,基于高光谱非成像数据的研究方法主要是通过各种统计判别、回归模型或数据挖掘算法建立光谱特征与病虫害类型、病情程度之间的关系。

2. 基于图像的数据分析方法

近年来,使用成像光谱分析作物病虫害的研究报道不断增多,并且逐渐从叶片尺度、近地成像尺度扩展到航空甚至航天的观测尺度。在这些研究中,研究者所使用的分析和建模方法侧重于对图像中光谱和空间的变异信息进行提取。

Delwiche 和 Kim(2000)基于逐步判别分析(step discrimination)和图像机器视觉方法对小麦赤霉病进行了区分和识别,结果表明高光谱图像在小麦赤霉病的探测方面具有较大潜力。Backoulou 等(2010)将多光谱图像与空间模式识别相结合,成功辨别和区分了麦双尾蚜(mordvilko)侵害的小麦,这项成果有助于制图和利用点位控制系统确定麦双尾蚜的影响范围,也有利于农药的使用。Zhang 等(2005)通过对图像进行最小噪声分离变换(minimum noise fraction transformation,MNF)和光谱角度制图(spectral angle mapping,SAM)等处理,成功从航空图像中提取了西红柿晚疫病的信息。Moshou 等(2005)结合自组织映射(self-organizing map)、神经网络(neural network,NN)以及二次判别分析(quadratic discriminant analysis,QDA)在冠层尺度利用光谱图像识别提取了小麦条锈病的信息,准确度达到 95%以上。Huang 等(2007)基于航空高光谱图像,利用回归分析技术成功建立了小麦条锈病的严重度反演模型,并通过分析冠层、田块两个尺度的数据,初步验证了基于高光谱特征将病害监测模型从冠层尺度扩展到地块尺度的可能性。

Backoulou 等(2011)设计实验利用空间格局指标法从多光谱数据和地形、土壤数据中获取了能够区分受俄罗斯小麦蚜害胁迫的小麦和受其他胁迫的小麦变量。实验中,他们对15个判别变量进行了判别函数分析,有13个变量被保留并发展出了区分胁迫的模型。总体来讲,有97%的用于检验的样本被正确分类了。受俄罗斯小麦蚜害胁迫的样本有98%被正确分类,受干旱胁迫的样本有94%被正确分类。这说明利用多光谱数据与空间数据结合可实现对受俄罗斯小麦蚜胁迫的植株进行正确区分。Qin 等(2008)利用主成分分析对柑橘溃皮病进行识别,总体精度达到92.7%。Wang 等(2009)通过图像分析提取了洋葱酸腐病的信息。Backoulou 等(2013)发现一种方法来区分由麦双尾蚜导致的胁迫和由其他因素导致的胁迫。他们的研究使用了一系列来自 MS3100-CIR 数字相机拍摄的多光谱图像的空间格局指标。而专题地图是由每块麦田的多光谱图像的子集生成的。实验还利用了一个判别函数来判断生成的这些空间格局指标是否能很好地区分这两种胁迫。研究表明可以利用基于类的空间格局指标来区分麦双尾蚜导致的胁迫和其他因素导致的胁迫。

可以发现,已有病虫害光谱探测研究的相关算法为病虫害遥感探测的应用提供了丰富的经验。但是,如何发展准确、简便、快速,标准化程度高,且仪器开发成本低的有效方法仍需要进行更多的尝试。

1.3.3 病虫害遥感预测研究现状

在病虫害遥感预测研究方面,国内外学者构建的病害预测模型大多是由点状的气象数据驱动的。而病虫害遥感预测的方法正由传统的单一气象数据驱动模型向多源数据驱动的综合性预测转变,这一领域的研究主要集中在基于传统气象植物保护方法的病害预测研究和遥感、无线传感等新兴技术在病害监测预测中的应用两方面。

1. 基于传统气象植物保护方法的病害预测研究

在作物病害的预测方面,部分研究根据病害的发生生理机制,基于气象数据和物候规律进行预测。Guzman-Plazola 等(2003)分析了西红柿白粉病孢子萌发的适宜气象条件,并找出相对湿度、温度等因子在不同生育期的适宜范围。Chattopadhyay 等(2005)采用以周为单位的温度、湿度等气象数据对印度部分地区的油菜蚜虫发生进行预测,结果表明模型能够提前一周较准确地预测蚜虫的发生。胡小平等(2000)采用神经网络的方法对汉中地区小麦条锈病进行预测研究,筛选4月降雨量和4月平均温度作为病害预测的关键因子。张旭东等(2003)应用回归方法分析了甘肃省东部地区气候条件对条锈病发生、发展的影响,发现气温、降水、相对湿度等气象因子是影响小麦病害发生的主要因素。曹宏和兰志先(2003)对陇东小麦条锈病发生的原因进行了分析,发现春季降水量是小麦条锈病发生流行的决定性因素,条锈病流行程度的大小主要受3月和5月降水量的影响。陈刚等(2006)在研究中首次引入风量值的概念,并对小麦条锈病的发生流行进行了相关性分析。马占鸿等(2005)在建立小麦条锈病相关因子地理信息数据库的基础上,首次采用地理信息系统和地统计学方法,对我国小麦条锈病菌越夏区、越冬区进行了气候区划,明确了我国适合小麦条锈病菌越夏、越冬的范围。肖志强等(2007)通过对1957~2006年陇南山区小麦条锈病资料的分析,构建了小麦条锈病流行程度的预报模型。同时,较多学者尝试将气象数据与植物保护数据(如病菌孢子数量、菌源地分布等)结合,对作物病虫害的流行趋势和时空分布模式进行预测。Scherm 和 Yang(1998)分析了大气远程并置对比模式对于中国北方地区 40 年来小麦条锈病发生流行的影响,指出中国北方地区小麦条锈病的发生同南方涛动指数有显著相关关系,并对其机理进行了分析。Kolmer(2005)从洲际尺度上对小麦条锈病病菌的扩散和迁移规律进行系统研究,并给出病菌的传播路径。周益林等(2007)利用移动式孢子捕捉器捕获的孢子量有效估计了小麦白粉病田间病情。王海光等(2009)采用 HYSPLIT-4 模式对历史上我国小麦条锈病菌远程传播的经典事例进行分析,结果表明小麦条锈病的远程传播及发生时间可通过计算大气环流运动来推测,病原菌孢子的沉降除由于孢子自身重力而引起的沉降外,很大程度上受降雨影响。曹学仁等(2010)通过对陕西省和河南省小麦白粉病越夏期间场院麦秸垛中闭囊壳发育、存活情况及场院附近自生麦苗发病情况的调查,研究了小麦白粉菌有性时期闭囊壳在侵染循环中作用。宋晶晶等(2011)对小麦白粉病菌空中孢子量进行了监测,并分析了孢子量与气象因子的关系,发现孢子量与温度、降水量、湿度、风速等气象因素关系显著。Garrett 等(2013)通过理论模型模拟的方式研究气象条件的波动性和作物病虫害发生及与产量的关系,并提出了一种决策支持的框架。

2. 遥感、无线传感等技术在病害监测预测中的应用

遥感、无线传感技术能够实现空间连续和时间连续的地表参数观测,近年来不断发展、成熟使其成为农业信息化的重要组成部分。近年来,两种技术在病害监测和预测方面的应用也受到部分学者的关注。其中,遥感技术主要被应用于病害的诊断和监测。Zhang 等(2003)应用波谱角分类(SAM)等图像光谱分析技术在 AVIRIS(airborne visible infrared imaging spectrometer)航空高光谱影像上成功识别了西红柿晚疫病;Jonas 和 Menz(2007)基于图像变化后的 Quickbird 影像进行小麦白粉病和小麦条锈病的识别研究,识别精度达到 88.6%,Yang 等(2010)比较了多光谱和高光谱影像在监测棉花根腐病的效果,发现多光谱影像亦能达到较满意的精度。Wu 等(2014)针对前人的数学模型基本上都只有三个以内的变量而且仅仅局限于理论分析,所以无法应对复杂的生态系统这一问题,提出了用蝴蝶突变理论构造了一个含有四个变量(天敌、天气、药物影响和承载能力)的小麦蚜虫动态函数模型,并证明了该模型可以很好地应用于蚜虫的动态分析。陈兵等(2007a,2007b,2011)建立了棉花黄萎病病叶光谱特征与病情严重度的估测方法,并进一步发展了基于 TM 卫星影像棉花病害严重度估测方法。Li 等(2012)通过航空高光谱影像对柑橘黄龙病进行遥感分类监测研究,结果表明同过合理的特征和方法选择能够在独立检验的样本中达到 60%以上的精度。在白粉病遥感光谱响应方面,国内研究者中周益林、程登发研究组近年来开展了系列研究。乔红波等(2006)利用手持式高光谱仪和基于数字技术的低空遥感系统,研究了地面高光谱和低空遥感监测小麦白粉病的方法。曹学仁等(2010)对白粉菌侵染后田间小麦叶片叶绿素含量与光谱反射率的关系进行了研究,探讨了不同光谱特征与叶绿素含量、病情指数间的关系。上述这些研究表明,遥感技术虽能在一定的条件下较准确地监测病害的发生和严重程度信息,但往往只可在病害症状出现后进行,难以在病害发生前进行直接预测,因此对病害防治的作用受到限制。近年来,如何采用遥感手段实现病害的早期发现、监测成为病害遥感监测研究的一个热点方

向。Moshou 等(2011)在多源遥感数据采集及融合的基础上,发展了一个田间病害早期诊断的遥感系统,通过田间试验对方法进行检验发现在最优条件下,该方法病害诊断错误率可控制在 5% 左右。Bauriegel 等(2011)将高光谱成像技术和主成分分析、支持向量机等算法相结合,发展了小麦赤霉病的监测和诊断方法,监测精度最高达到 87%。另外,值得注意的是部分学者尝试利用遥感数据间接获得病害早期的植株生理状态改变信息及栖息地等环境状态特征以辅助病虫害的早期预测。这些研究为作物病害遥感监测和预测提供了新的思路。

无线传感技术在安装上的灵活性与其在数据获取上的连续性使其在精准农业方面的应用日益受到重视。刘卉等(2010)通过分析农业区域环境监测的共性特点和需求,提出农业区域环境监测传感器网络应用的设计思路与方法。王志宇等(2010)基于物联网技术实现区域农田土壤墒情监测的应用开发,提出了通过无线传感器网络(WSN),实现农田土壤温度、湿度等土壤墒情信息进行自动化采集与存储的信息系统设计。赵春江等(2011)在 AODVjr 算法的基础上提出了一种能量控制和动态路由相结合的路由算法 ES-AODVjr,在监测设备功耗和数据报最短路径路由策略之间建立一种平衡,使无线传感器网络在保证监测网络中的数据及时有效地传递的同时,最大限度地延长监测网络的生存期,有效地提升农田信息监测设备的运行时间。总体而言,无线传感器网络技术目前主要服务于精准农业作物信息获取的基本方面,在病害监测方面的应用通常需要和遥感等技术整合进行实现,如 Fukatsu 等(2012)将无线传感器网络和图像分析技术结合,通过对实时获取图像的特征提取,实现对水稻虫害信息的探测。

1.4 作物病虫害遥感监测与预测研究评述

目前国内外关于作物病虫害遥感监测预警的研究已有很多,按病虫害类型、遥感监测方式、监测尺度和研究方法,总体上表现出以下几个特点。

1) 作物病虫害遥感监测类型和方法的多样化

目前的研究已涉及较多的病虫害类型,对某些重要病虫害的光谱响应、监测特征和制图方法已有了比较系统的认识,涉及了可见—近红外、短波红外、热红外等不同的遥感谱段;成像、非成像遥感等不同遥感方式;经验统计、机理模型、数据挖掘等不同方法。不同类型病虫害在谱段和遥感方式、方法选择等方面既有共性又有个性,因此有必要对这些特点进行比较、归纳和总结。

2) 作物病虫害遥感监测的多尺度特点

目前,国内外研究者在作物病虫害监测的研究和应用方面已体现出鲜明的尺度特点。具体来看,主要分为器官(主要指叶片)、冠层、田块和区域四个尺度。不同尺度的研究指向不同的研究目的和应用场景,其中器官、冠层尺度的研究主要以病虫害敏感谱段选择、模型构建为主要目的,应用方面可发展荷载于农机平台的作用系统;田块尺度研究主要以特定区域病虫害危害监测制图为目的,应用方面侧重机载作业平台及方法的研发;区域尺度的病虫害监测主要利用卫星影像数据对整个区域的病虫害发生情况进行分析和初判。不同尺度之间的研究既有联系又有尺度依赖的特点。另外,不同病虫害遥感监测,根据病虫害发生发展的生物学规律,还表现为时间尺度的多样化特点。对于不同尺度下数据、方法、模型、应用模式的归纳目前比较缺乏。

3）基于遥感生境评价的病虫害多源信息预警方法逐渐形成

目前的作物病虫害预测方法正由传统的单一气象数据驱动模型向多源数据驱动的综合性预测转变。将气象信息纳入区域整体的GIS框架下考虑和分析，以及利用遥感信息评价作物生境状况用以辅助预测是这种转变中的两个重要趋势，并且病虫害预测预报的数据处理、参数选择、建模方法等近年来开始出现相关研究报道并逐渐受到重视。

4）综合性病虫害遥感监测和预警系统亟待建立

以我国为例，病虫害遥感监测和预警总体上还是表现为单个的研究或应用案例，每个独立的案例都有不同的对象、方法和范围。但实际上，这些单一的研究可按不同的尺度和方法归纳、提炼出一些稳定的模型和方法，并集成到WebGIS的平台上，形成一个综合性的病虫害遥感监测和预警系统。上述系统的建立能够汇集不同案例的数据、方法，形成一个病虫害遥感大数据库，对于先验知识的积累、模型的验证和更新，以及提高结果的发布和展示的便利性均有着非常重要的作用。

本书将针对上述问题介绍近年来作物病虫害遥感监测预警方面的最新进展，结合方法介绍和案例展示梳理已有的知识，并对问题和趋势进行探讨和分析。

参 考 文 献

曹宏，兰志先. 2003. 试论陇东小麦条锈病发生原因与防治对策. 麦类作物学报，23(3)：144-147.

曹学仁，周益林，段霞瑜，等. 2010. 小麦白粉菌有性时期闭囊壳在侵染循环中作用的初步研究. 植物保护，36(05)：145-148.

陈兵，邓福军，林海，等. 2013. 基于光谱指数的棉花黄萎病叶片氮素含量提取. 新疆农业科学，49(12)：2222-2228.

陈兵，李少昆，王克如，等. 2007a. 棉花黄萎病病叶光谱特征与病情严重度的估测. 中国农业科学，40(12)：2709-2715.

陈兵，李少昆，王克如，等. 2007b. 作物病虫害遥感监测研究进展. 棉花学报，19(1)：57-63.

陈兵，李少昆，王克如，等. 2011. 基于TM影像光谱指数的棉花病害严重度估测. 红外与纳米波学报，30(50)：451-457.

陈兵，王克如，李少昆，等. 2008. 棉花黄萎病冠层高光谱遥感监测技术研究. 新疆农业科学，44(6)：740-745.

陈刚，王海光，张录达. 2006. 小麦条锈病流行相关性研究初报. 中国农学通报，22(7)：420-425.

陈云浩，蒋金豹，黄文江，等. 2009. 主成分分析法与植被指数经验方法估测冬小麦条锈病严重度的对比研究. 光谱学与光谱分析，29(8)：2161-2165.

胡小平，杨之为，李振岐，等. 2000. 汉中地区小麦条锈病的BP神经网络预测. 西北农业学报，9(3)：28-31.

黄文江. 2008. 作物病害遥感监测机理与应用. 北京：中国农业科学技术出版社.

蒋金豹，陈云浩，黄文江，等. 2007. 冬小麦条锈病严重度高光谱遥感反演模型研究. 南京农业大学学报，30(3)：63-67.

蒋金豹，陈云浩，黄文江. 2008a. 用高光谱微分指数监测冬小麦病害的研究. 光谱学与光谱分析，27(12)：2475-2479.

蒋金豹，陈云浩，黄文江. 2008b. 条锈病胁迫下冬小麦冠层叶片氮素含量的高光谱估测模型. 农业工程学报，24(1)：35-39.

蒋金豹，陈云浩，黄文江. 2010a. 利用高光谱红边与黄边位置距离识别小麦条锈病. 光谱学与光谱分析，30(6)：1614-1618.

蒋金豹，陈云浩，黄文江. 2010b. 用高光谱微分指数估测条锈病胁迫下小麦冠层叶绿素密度. 光谱学与光谱分析，30(8)：2243-2247.

蒋金豹，黄文江，陈云浩. 2010c. 用冠层光谱比值指数反演条锈病胁迫下的小麦含水量. 光谱学与光谱分析，30(7)：1939-1943.

蒋金豹,何汝艳,蔡庆空. 2013. 水浸胁迫下植被高光谱遥感识别模型对比分析. 光谱学与光谱分析,33(11):3106-3110.

蒋金豹,李一凡,郭海强,等. 2012. 不同病害胁迫下大豆的光谱特征及识别研究. 光谱学与光谱分析,32(10):2775-2779.

竞霞,黄文江,琚存勇,等. 2010a. 基于PLS算法的棉花黄萎病高空间分辨率遥感监测. 农业工程学报,26(8):229-235.

竞霞,王纪华,宋晓宇,等. 2010b. 棉花黄萎病病情严重度的连续统去除估测法. 农业工程学报,26(1):193-198.

李波,刘占宇,黄敬峰,等. 2009a. 基于PCA和PNN的水稻病虫害高光谱识别. 农业工程学报,25(9):143-147.

李波,刘占宇,武洪峰,等. 2009b. 基于概率神经网络的水稻穗颈瘟高光谱遥感识别初步研究. 科技通报,25(6):811-815.

李京,陈云浩,蒋金豹,等. 2007. 用高光谱微分指数识别冬小麦条锈病害研究. 科技导报,2007,25(6):23-26.

刘卉,孟志军,李传中,柏玲. 2010. 农业区域环境监测传感器网络的设计方法. 热带农业工程,34(6):7-11.

刘良云,宋晓宇,李存军,等. 2009. 冬小麦病害与产量损失的多时相遥感监测. 农业工程学报,25(1):137-143.

刘良云,黄木易,黄文江,等. 2004. 利用多时相的高光谱航空图像监测冬小麦条锈病. 遥感学报,8(3):275-281.

刘占宇,孙华生,黄敬峰. 2007. 基于学习矢量量化神经网络的水稻白穗和正常穗的高光谱识别. 中国水稻科学,21(6):664-668.

刘占宇,祝增荣,赵敏,等. 2011. 基于主成分分析和人工神经网络的稻穗健康状态的高光谱识别. 浙江农业学报,23(3):607-616.

刘占宇,王大成,李波,等. 2009. 基于可见光/近红外光谱技术的倒伏水稻识别研究. 红外与毫米波学报,28(5):342-345.

罗菊花,黄木易,赵晋陵,等. 2011. 冬小麦灌浆期蚜虫危害高光谱特征研究. 农业工程学报,27(7):215-219.

罗菊花,黄文江,顾晓鹤,等. 2010a. 基于PHI影像敏感波段组合的冬小麦条锈病遥感监测研究. 光谱学与光谱分析,30(1):184-187.

罗菊花,张竞成,黄文江,等. 2010b. 基于单通道算法的HJ-1B与Landsat 5 TM地表温度反演一致性研究. 光谱学与光谱分析,30(12):3285-3289.

罗菊花,黄文江,韦朝领,等. 2008. 冬小麦条锈病害与常规胁迫的定量化识别研究——高光谱应用. 自然灾害学报,17(6):115-118.

罗菊花,黄文江,韦朝领,等. 2009. 冬小麦条锈病害与常规胁迫的定量化识别研究——高光谱应用. 自然灾害学报,17(6):115-118.

马建文,韩秀珍. 2004. 东亚飞蝗灾害的遥感监测机理与方法——环渤海湾地区为例. 北京:科学出版社.

马占鸿,石守定,姜玉英,等. 2005. 基于GIS的中国小麦条锈病菌越夏区气候区划. 植物病理学报,34(5):455-462.

乔红波,周益林,白由路,等. 2006. 地面高光谱和低空遥感监测小麦白粉病初探. 植物保护学报,33(4):341-344.

石晶晶,刘占宇,张莉丽,等. 2009. 基于支持向量机(SVM)的稻纵卷叶螟危害水稻高光谱遥感识别. 中国水稻科学,23(3):331-334.

宋晶晶,曹远银,李天亚,等. 2011. 小麦白粉病菌空中孢子量与气象因子的关系及病害预测模型的建立. 湖北农业科学,50(13):2652-2654.

田会东,谢宝瑜,赵永超,等. 2008. 棉花枯萎病的光谱识别. 棉花学报,20(1):51-55.

王海光,杨小冰,马占鸿. 2009. 应用HYSPLIT-4模式分析小麦条锈病菌远程传播事例. 植物病理学报,39(2):183-193.

王纪华,赵春江,黄文江,等. 2008. 农业定量遥感基础与应用. 北京:科学出版社.

王圆圆,陈云浩,李京,等. 2007. 利用偏最小二乘回归反演冬小麦条锈病严重度. 国土资源遥感,1:57-60.

王圆圆,陈云浩,李京,等. 2008. 指示冬小麦条锈病严重度的两个新的红边参数. 遥感学报,11(6):875-881.

王志宇,车承钧,王阳. 2010. 基于物联网的区域农田土壤墒情监测系统研究. 自动化技术与应用,(12):39-41.

肖志强,李宗明,樊明,等. 2007. 陇南山区小麦条锈病流行程度预测模型. 中国农业气象,28(3):350-353.

杨可明,陈云浩,郭达志,等. 2007. 基于PHI高光谱影像的植被光谱特征应用研究. 西安科技大学学报,26(4):

494-498.

袁琳，张竞成，赵晋陵，等. 2013. 基于叶片光谱分析的小麦白粉病与条锈病区分及病情反演研究. 光谱学与光谱分析，33(6)：1608-1614.

张东彦，张竞成，朱大洲，等. 2011. 小麦叶片胁迫状态下的高光谱图像特征分析研究. 光谱学与光谱分析，31(4)：1101-1105.

张竞成，顾晓鹤，王纪华，等. 2010a. 基于中分辨率影像的农田管理单元自动提取研究. 中国农业科学，43(17)：3529-3537.

张竞成，李建元，杨贵军，等. 2010b. 基于光谱知识库的TM影像冬小麦条锈病监测研究. 光谱学与光谱分析，30(6)：1579-1585.

张旭东，尹东，万信，等. 2003. 气象条件对甘肃冬小麦条锈病流行的影响研究. 中国农业气象，24(4)：26-28.

赵春江，吴华瑞，朱丽. 2011. 一种农田无线传感器网络能量控制与动态路由算法. 传感技术学报，24(6)：909-914.

赵鹏举，王登伟，黄春燕，等. 2009. 基于光谱数据的棉花冠层FPAR和LAI的估算研究. 棉花学报，21(5)：388-393.

周益林，段霞瑜，程登发. 2007. 利用移动式孢子捕捉器捕获的孢子量估计小麦白粉病田间病情. 植物病理学报，37(03)：307-309.

Backoulou G F，Elliott N C，Giles K L，et al. 2010. Relationship between Russian wheat aphid 1 abundance and edaphic and topographic characteristics in wheat fields. Southwestern Entomologist，35(1)：11-18.

Backoulou G F，Elliott N C，Giles K L，et al. 2013. Differentiating stress to wheat fields induced by Diuraphisnoxia from other stress causing factors. Computers and Electronics in Agriculture，90：47-53.

Backoulou G F，Elliott N C，Giles K L，et al. 2011. Spatially discriminating Russian wheat aphid induced plant stress from other wheat stressing factors. Computers and Electronics in Agriculture，78(2)：123-129.

Backoulou G F，Elliott N C，Giles K L，et al. 2013. Differentiating stress to wheat fields induced by Diuraphisnoxia from other stress causing factors. Computers and Electronics in Agriculture，90：47-53.

Bauriegel E，Giebel A，Geyer M，et al. 2011. Early detection of Fusarium infection in wheat using hyper-spectral imaging. Computers and Electronics in Agriculture，75(2)：304-312.

Chattopadhyay C，Agrawal R，Kumar A，et al. 2005. Forecasting of Lipaphiserysimi on oilseed Brassicas in India—A case study. Crop Protection，24(12)：1042-1053.

Cheng T，Rivard B，Sánchez-Azofeifa A. 2011. Spectroscopic determination of leaf water content using continuous wavelet analysis. Remote Sensing of Environment，115(2)：659-670.

Delwiche S R，Kim M S. 2000. Hyperspectral imaging for detection of scab in wheat. Environmental and Industrial Sensing. International Society for Optics and Photonics，13-20.

Fukatsu T，Watanabe T，Hu H，et al. 2012. Field monitoring support system for the occurrence of Leptocorisa chinensis Dallas (Hemiptera：Alydidae) using synthetic attractants，field servers，and image analysis. Computers and Electronics in Agriculture，80：8-16.

Garrett K A，Dobson A D M，Kroschel J，et al. 2013. The effects of climate variability and the color of weather time series on agricultural diseases and pests，and on decisions for their management. Agricultural and Forest Meteorology，170：216-227.

Graeff S，Link J，Claupein W. 2006. Identification of powdery mildew (Erysiphe graminis sp. tritici) and take-all disease (Gaeumannomyces graminis sp. tritici) in wheat (Triticum aestivum L.) by means of leaf reflectance measurements. Central European Journal of Biology，1(2)：275-288.

Guzman-Plazola R A，Davis R M，Marois J J. 2003. Effects of relative humidity and high temperature on spore germination and development of tomato powdery mildew (Leveillulataurica). Crop protection，22(10)：1157-1168.

Hahn F. 2009. Actual pathogen detection：sensors and algorithms-A review. Algorithms，2(1)：301-338.

Huang J F，Apan A. 2006. Detection of sclerotinia rot disease on celery using hyperspectal data and partial least squares regression. Journal of Spatial Science，52(2)：129-142.

Huang W J，Lamb D W，Niu Z，et al. 2007. Identification of yellow rust in wheat using in-situ spectral reflectance measurements and airborne hyperspectral imaging. Precision Agriculture, 8(5): 187-197.

Jonas F, Menz G. 2007. Multi-temporal wheat disease detection by multi-spectral remote sensing. Precision Agriculture, 8(3): 161-172.

Jones C D, Jones J B, Lee W S. 2010. Diagnosis of bacterial spot of tomato using spectral signatures. Computers and Electronics in Agriculture, 74(2): 329-335.

Kim Y D, Yang Y M, Kang W S, et al. 2014. On the design of beacon based wireless sensor network for agricultural emergency monitoring systems. Computer Standards and Interfaces, 36(2): 288-299.

Kim Y, Glenn D M, Park J, et al. 2011. Hyperspectral image analysis for water stress detection of apple trees. Computers and Electronics in Agriculture, 77(2): 155-160.

Kolmer J A. 2005. Tracking wheat rust on a continental scale. Current Opinion in Plant Biology, 8(4): 441-449.

Lee W S, Alchanatis V, Yang C, et al. 2010. Sensing technologies for precision specialty crop production. Computers and Electronics in Agriculture, 74(1): 2-33.

Li X, Lee W S, Li M, et al. 2012. Spectral difference analysis and airborne imaging classification for citrus greening infected trees. Computers and Electronics in Agriculture, 83: 32-46.

Liangyun L, Mu-yi H, Wenjiang H. 2004. Monitoring stripe rust disease of winter wheat using multi-temporal hyperspectral airborne data. Journal of Remote Sensing, 8(3): 275-281.

Liu Z Y, Wu H F, Huang J F. 2010. Application of neural networks to discriminate fungal infection levels in rice panicles using hyperspectral reflectance and principal components analysis. Computers and Electronics in Agriculture, 72(2): 99-106.

Mirik M, Michels Jr G J, Kassymzhanova-Mirik S, et al. 2007. Reflectance characteristics of Russian wheat aphid (Hemiptera: Aphididae) stress and abundance in winter wheat. Computers and Electronics in Agriculture, 57(2): 123-134.

Moshou D, Bravo C, Oberti R, et al. 2005. Plant disease detection based on data fusion of hyper-spectral and multispectral fluorescence imaging using Kohonen maps. Real-Time Imaging, 11(2): 75-83.

Moshou D, Bravo C, Oberti R, et al. 2011. Intelligent multi-sensor system for the detection and treatment of fungal diseases in arable crops. Biosystems Engineering, 108(4): 311-321.

Moshou D, Bravo C, West J, et al. 2004. Automatic detection of yellow rust in wheat using reflectance measurements and neural networks. Computers and Electronics in Agriculture, 44(3): 173-188.

Naidu R A, Perry E M, Pierce F J, et al. 2009. The potential of spectral reflectance technique for the detection of Grapevine leaf roll-associated virus-3 in two red-berried wine grape cultivars. Computers and Electronics in Agriculture, 66(1): 38-45.

Piao S, Ciais P, Huang Y, et al. 2010. The impacts of climate change on water resources and agriculture in China. Nature, 467(7311): 43-51.

Pierce F J, Elliott T V. 2008. Regional and on-farm wireless sensor networks for agricultural systems in Eastern Washington. Computers and Electronics in Agriculture, 61(1): 32-43.

Prabhakar M, Prasad Y G, Vennila S, et al. 2013. Hyperspectral indices for assessing damage by the solenopsis mealybug (Hemiptera: Pseudococcidae) in cotton. Computers and Electronics in Agriculture, 97: 61-70.

Prabhakar M, Prasad Y G, Thirupathi M, et al. 2011. Use of ground based hyperspectral remote sensing for detection of stress in cotton caused by leafhopper (Hemiptera: Cicadellidae). Computers and Electronics in Agriculture, 79(2): 189-198.

Qin J, Burks T F, Kim M S, et al. 2008. Citrus canker detection using hyperspectral reflectance imaging and PCA-based image classification method. Sensing and Instrumentation for Food Quality and Safety, 2(3): 168-177.

Rumpf T, Mahlein A K, Steiner U, et al. 2010. Early detection and classification of plant diseases with Support Vector Machines based on hyperspectral reflectance. Computers and Electronics in Agriculture, 74(1): 91-99.

Sanches I D A, Souza Filho C R, Kokaly R F. 2014. Spectroscopic remote sensing of plant stress at leaf and canopy levels using the chlorophyll 680nm absorption feature with continuum removal. ISPRS Journal of Photogrammetry and Remote Sensing, 97: 111-122.

Sankaran S, Mishra A, Ehsani R, et al. 2010. A review of advanced techniques for detecting plant diseases. Computers and Electronics in Agriculture, 72(1): 1-13.

Scherm H, Yang X B. 1998. Atmospheric teleconnection patterns associated with wheat stripe rust disease in North China. International Journal of Biometeorology, 42(1): 28-33.

Sighicelli M, Colao F, Lai A, et al. 2008. Monitoring post-harvest orange fruit disease by fluorescence and reflectance hyperspectral imaging. I International Symposium on Horticulture in Europe 817: 277-284.

Wang N, Zhang N, Wang M. 2006. Wireless sensors in agriculture and food industry—Recent development and future perspective. Computers and Electronics in Agriculture, 50(1): 1-14.

Wang W, Thai C, Li C, et al. 2009. Detecting of sour skin diseases in Vidalia sweet onions using near-infrared hyperspectral imaging. ASABE Annual International Meeting, Reno, NV, 2009 (096364).

Wang Z Y, Che C J, Wang Y. 2010. Research of regional soil moisture monitoring system based on the internet of things. Techniques of Automation and Applications, 29(12):39-41.

Weng Q H. 2011. Advances in Environmental Remote Sensing: Sensors, Algorithms, and Applications. Florida: CRC Press.

Wu W, Piyaratne M, Zhao H, et al. 2014. Butterfly catastrophe model for wheat aphid population dynamics: Construction, analysis and application. Ecological Modelling, 288: 55-61.

Xu H R, Ying Y B, Fu X P, et al. 2007. Near-infrared spectroscopy in detection leaf miner damage on tomato leaf. Biosystems Engineering, 96(4): 447-454.

Yang C M, Cheng C H, Chen R K. 2007. Changes in spectral characteristics of rice canopy infested with brown planthopper and leaffolder. Crop Science, 47(1): 329-335.

Yang C, Everitt J H, Fernandez C J. 2010. Comparison of airborne multispectral and hyperspectral imagery for mapping cotton root rot. Biosystems Engineering, 107(2): 131-139.

Yang Z, Rao M N, Elliott N C, et al. 2009. Differentiating stress induced by greenbugs and Russian wheat aphids in wheat using remote sensing. Computers and Electronics in Agriculture, 67(1): 64-70.

Zhang M H, Qin Z H, Liu X. 2005. Remote sensed spectral imagery to detect late blight in field tomatoes. Precision Agriculture, 6(6): 489-508.

Zhang M, Qin Z, Liu X, et al. 2003. Detection of stress in tomatoes induced by late blight disease in California, USA, using hyperspectral remote sensing. International Journal of Applied Earth Observation and Geoinformation, 4(4): 295-310.

Zhang M, Qin Z, Liu X, et al. 2003. Detection of stress in tomatoes induced by late blight disease in California, USA, using hyperspectral remote sensing. International Journal of Applied Earth Observation and Geoinformation, 4(4): 295-310.

Zhang M, Qin Z. 2004. Spectral analysis of tomato late blight infections for remote sensing of tomato disease stress in California. Geoscience and Remote Sensing Symposium. IGARSS'04 Proceedings 2004 IEEE International, 6: 4091-4094.

第2章 作物病虫害遥感监测机理与方法

作物受病虫害胁迫后的生理特征和表征现象能够被遥感观测并记录,通过对观测数据进行处理分析,可以得知病虫害发生的范围和程度。病虫害遥感监测的内容是根据病虫害生理机制建立遥感观测与病虫发生情况的对应关系,并获得监测范围内病虫害发生范围和程度的制图结果。本章旨在整体介绍病虫害监测涉及的生理机制、特征提取方法,以及病虫害类型诊断和程度估算方法,其中一些共性流程见图2-1。

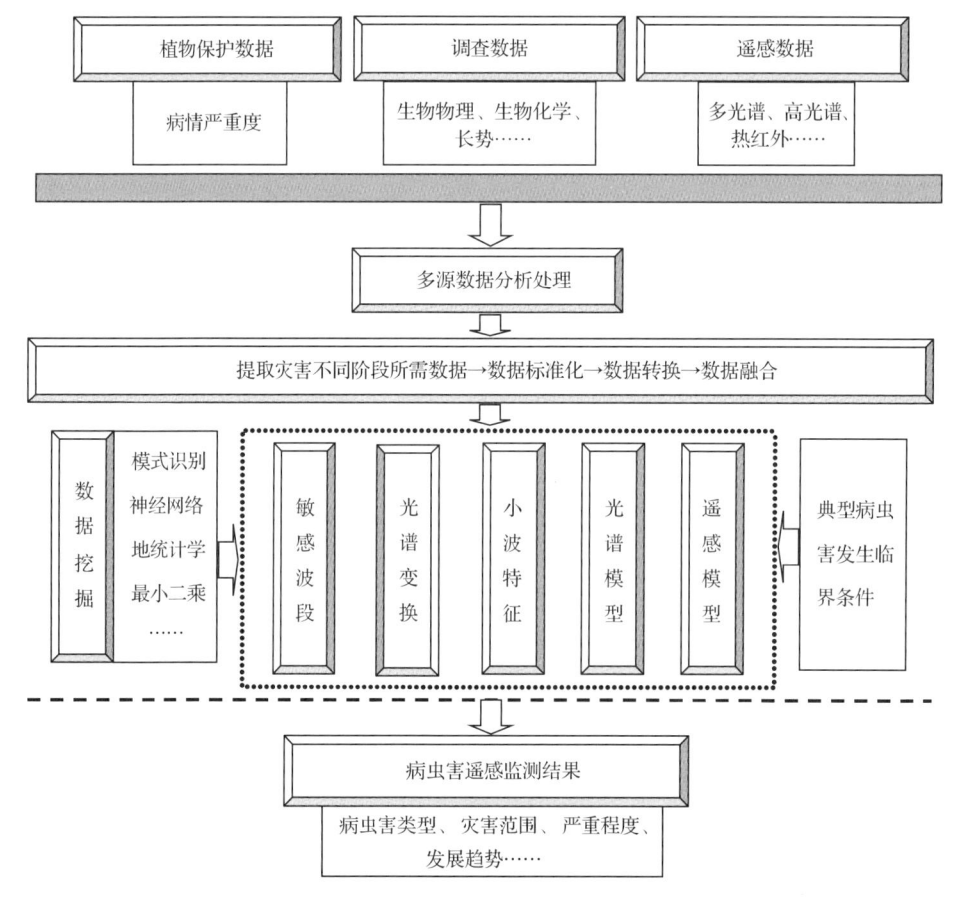

图 2-1 作物病虫害遥感监测技术流程

2.1 作物病虫害胁迫生理机制与光谱响应特性

作物病虫害的光学遥感监测是目前植物病害虫监测中研究最为聚集、应用最为广泛的领域。植物在不同病虫害侵染条件下会在不同波段上表现出不同程度的吸收和反射特性的改变,即病害的光谱响应,通过形式化表达成为光谱特征后作为植物病害光学遥感监测的基本依据。植物病害的光谱响应可以近似认为是一个病害引起的植物色素、水分、形态、结构等变化的函数,因此往往呈现多效性,并且与每一种病害的特点有关。

2.1.1 作物叶片生化组分与吸收波段

美国农业部(USDA)研究人员分析了干叶光谱,获得400～2400nm光谱范围内大约42处对应一定生物化学成分的吸收特征,如表2-1所示(Curran,1989;浦瑞良、宫鹏,2000)。相对于新鲜叶片和冠层来说,由于多次散射、水分吸收和相互干扰,大多数吸收特征都会比捣碎干叶情形变宽,且大部分吸收特征将会被水分、色素等强吸收特征所掩盖。

表2-1 400～2400nm光谱范围内42个吸收特征与干燥捣碎叶片生化成分的关系

波长/nm	电子跃迁或化学键振动	生化成分	遥感须考虑的因素
430	电子跃迁	+叶绿素a	大气散射
460	电子跃迁	+叶绿素b	大气散射
640	电子跃迁	+叶绿素b	
660	电子跃迁	+叶绿素a	
910	C—H键伸展,三次谐波	蛋白质	
930	C—H键伸展,三次谐波	油	
970	O—H键弯曲,一次谐波	+水,淀粉	
990	O—H键弯曲,二次谐波	淀粉	
1020	N—H键伸展	蛋白质	
1040	C—H键伸展,C—H键变形	油	
1120	C—H键伸展,二次谐波	木质素	
1200	O—H键弯曲,一次谐波	+水,纤维素,淀粉,木质素	
1400	O—H键弯曲,一次谐波	+水	
1420	C—H键伸展,C—H键变形	木质素	
1450	O—H键伸展,一次谐波	淀粉,糖	大气吸收
	C—H键伸展,变形	木质素,水	
1490	O—H键伸展,一次谐波	纤维素,糖	
1510	N—H键伸展,一次谐波	+蛋白质,+N	
1530	O—H键伸展,一次谐波	淀粉	
1540	O—H键伸展,一次谐波	淀粉,纤维素	
1580	O—H键伸展,一次谐波	淀粉,糖	
1690	C—H键伸展,一次谐波	+木质素,淀粉,蛋白质,N	
1780	C—H键伸展,一次谐波	+纤维素,+糖,淀粉	
	O—H键伸展,H—O—H键变形		
1820	O—H键伸展,C—O键伸展,二次谐波	纤维素	
1900	O—H键伸展,C—O键伸展	淀粉	

续表

波长/nm	电子跃迁或化学键振动	生化成分	遥感须考虑的因素
1940	O—H 键伸展,O—H 键变形	+水,木质素,蛋白质	大气吸收
		N,淀粉,纤维素	大气吸收
1960	O—H 键伸展,O—H 键弯曲	糖,淀粉	大气吸收
1980	N—H 键不对称	蛋白质	大气吸收
2000	O—H 键变形,C—O 键变形	淀粉	大气吸收
2060	N=H 键弯曲,二次谐波,N—H 键	蛋白质,N	大气吸收
2080	O—H 键伸展,O—H 键变形	糖,淀粉	大气吸收
2100	O=H 键弯曲,C—H 键伸展	+淀粉,纤维素	大气吸收
	C—O—C 键伸展,三次谐波		
2130	N—H 键伸展	蛋白质	大气吸收
2180	N—H 键弯曲,二次谐波,C—H 键伸展	+蛋白质,+N	
	C—O 键伸展,C=O 键伸展,C—N 键伸展		
2240	C—H 键伸展	蛋白质	信噪比迅速下降
2250	O—H 键伸展,O—H 键变形	淀粉	信噪比迅速下降
2270	C—H 键伸展,O—H 键伸展,CH_2 弯曲,	纤维素,淀粉,糖	信噪比迅速下降
	CH_2 弯曲,CH_2 伸展		
2280	C—H 键伸展,CH_2 弯曲	淀粉,纤维素	信噪比迅速下降
2300	N—H 键伸展,C=O 键伸展	蛋白质,N	信噪比迅速下降
	C—H 键弯曲,二次谐波		
2310	C—H 键弯曲,二次谐波	+油	信噪比迅速下降
2320	C—H 键伸展,CH_2 变形	淀粉	信噪比迅速下降
2340	C—H 键伸展,O—H 键变形	纤维素	信噪比迅速下降
	C—H 键变形,O—H 键伸展		
2350	CH_2 弯曲,二次谐波,C—H 键变形,二次谐波	纤维素,蛋白质,N	信噪比迅速下降

注：+表示化学成分有一个较强的吸收波长。

2.1.2 作物光谱响应特性

植物叶片光谱特征的形成是植物叶片中化学组分分子结构中的化学键在一定辐射水平的照射下,吸收特定波长的辐射能,产生了不同的光谱反射率的结果。因此特征波长处光谱反射率的变化对叶片化学组分的多少非常敏感,故称敏感光谱。植物的反射光谱,随着叶片中叶肉细胞、叶绿素、水分含量、氮素含量及其他生物化学成分的不同,在不同波段会呈现出不相同的形态和特征的反射光谱曲线(图 2-2)。绿色植物的反射光谱曲线明显不同于其他非绿色物体,这一特征被用来作为区分绿色植物与土壤、水体、山石等的客观依据。

图 2-2 中 400~700nm(可见光)是植物叶片的强吸收波段,反射和透射都很低。由于植物色素吸收,特别是叶绿素 a、b 的强吸收,在可见光波段形成两个吸收谷(450nm 蓝光

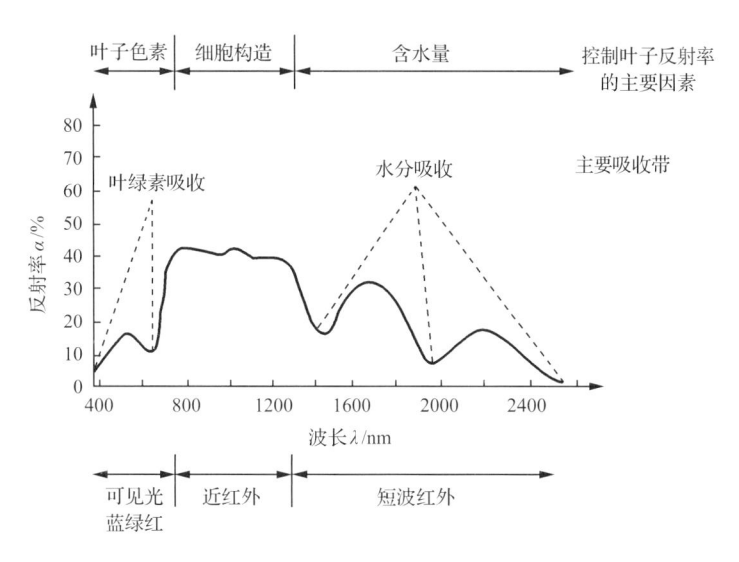

图 2-2 典型绿色植物有效光谱响应特征(Hoffer,1978)

和 660nm 红光附近)和一个反射峰(550nm 的绿光处),呈现出其独特的光谱特征,即"蓝边"、"绿峰"、"黄边"、"红谷"等区别于土壤、岩石、水体的独特光谱特征。

700~780nm 波段是叶绿素在红波段的强吸收到近红外波段多次散射形成的高反射平台的过渡波段,又称为植被反射率"红边"。红边是植被营养、长势、水分、叶面积等的指示性特征,得到了广泛应用与证实。当植被生物量大、色素含量高、生长旺盛时,红边会向长波方向移动(红移),而当遇到病虫害、污染、叶片老化等因素发生时,红边则会向短波方向移动(蓝移)。

780~1350nm 是跟叶片内部结构有关的光谱波段,该波段能解释叶片结构光谱反射率特性。由于色素和纤维素在该波段的吸收小于 10%,且叶片含水量也只是在 970nm、1200nm 附近有两个微弱的吸收特征,所以光线在叶片内部的多次散射的结果便是近 50%的光线被反射,近 50%被透射。该波段反射率平台(又称为反射率红肩)的光谱反射率强度取决于叶片内部结构,特别是叶肉与细胞间空隙的相对厚度。但叶片内部结构影响叶片光谱反射率的机理比较复杂,已有研究表明,当细胞层越多,光谱反射率越高;细胞形状、成分的各向异性及差异越明显,光谱反射率也越高。

1350~2500nm 是叶片水分吸收主导的波段。由于水分在 1450nm 及 1940nm 的强吸收特征,在这个波段形成 2 个主要反射峰,位于 1650nm 和 2200nm 附近。部分学者(王纪华等,2001;Tian et al.,2001)在室内条件下利用该波段的吸收特征反演了叶片含水量,但由于叶片水分的吸收波段受到大气中水汽的强烈干扰,而将大气水汽和植被水分对光谱反射率的贡献相分离的难度很大,目前虽取得了部分进展,但仍满足不了田间条件下植被含水量的定量遥感需求。

1. 健康植被反射光谱特征

健康绿色植物的波谱特征主要取决于它的叶子,而健康叶片的光谱曲线呈现明显的"峰和谷"的特征。由于受到各类色素(叶绿素、类胡萝卜素和花青素)的吸收作用,通常在可见光区域有较低的反射率;受到叶片内部组织的空气-细胞界面的多次散射作用,在近红外区域往往具有较高的反射率;受水、蛋白质和其他含碳成分的吸收作用在短波红外区域呈现出较低的反射率。以水稻为例,健康绿色植被叶片的波谱特征如图2-3所示。

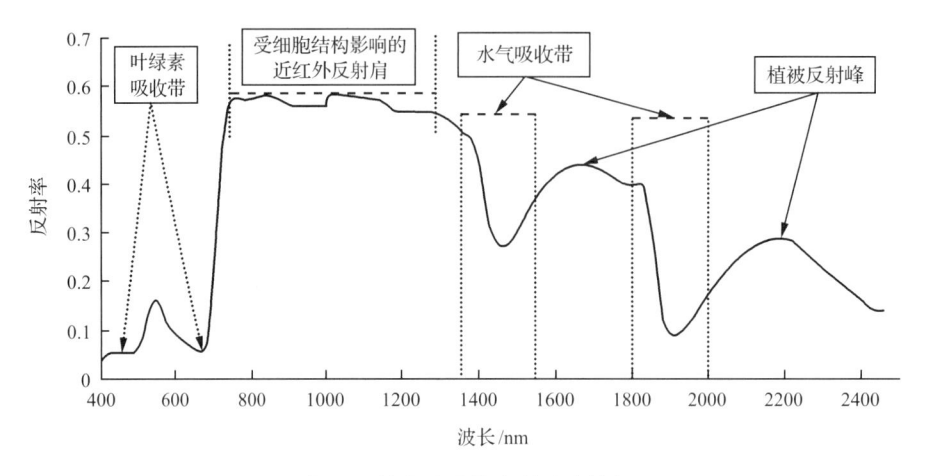

图2-3 健康叶片的光谱响应特征

由图2-3可知,在可见光波段内的低谷(450nm和670nm处的蓝、红光),植物的光谱特性主要受叶片中以叶绿素为主的各种色素支配;由于色素强烈吸收蓝光和红光而反射绿光,因此人们看到的健康植物是绿色的。在近红外谱段内(700～1300nm),典型植物的叶片反射率及透射率相近,各占入射能的45%～50%,而吸收率大多低于5%;在740nm附近,反射率急剧增加,形成了近红外高反射区,这主要是由于植物叶片的细胞壁和细胞空隙间折射率不同,导致多重反射引起的;在短波红外谱段内(1300nm以后),植物的入射能基本上均被吸收或反射,透射极少。植物的光谱特性受叶片总含水量的控制,叶片的反射率与叶内总含水量约呈负相关,即反射总量是叶内水分含量及叶片厚度的函数。受叶片细胞间及内部的水分影响,绿色植物的光谱在1450nm、1900nm和2700nm处会形成明显的反射低谷,在1600nm和2200nm处会出现植物所特有的两个反射峰(Lillesan and Kiefer,1994;Knipling,1970)。

2. 作物病虫害胁迫反射光谱响应特性

当作物受到病虫害侵扰时,因缺乏营养和水分而生长不良,海绵组织受到破坏,叶子的色素比例也发生变化,使可见光区的两个吸收谷不明显,而550nm处光谱反射峰则会依据叶子被损伤的程度而变低、变平。近红外光区的变化更为明显,峰值被削低,甚至消失,整个反射光谱曲线的波状特征被拉平(图2-4)。因此,根据受损植物与健康植物光谱曲线的比较,可以确定植物是否受病虫害胁迫及胁迫程度。在各种作物病虫害中,小麦病虫害由于症

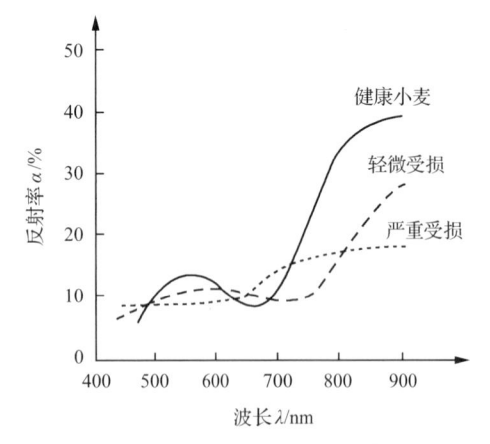

图2-4 健康小麦与不同程度受害小麦的反射光谱特征曲线的比较

状典型,生理破坏机制明确,被广泛用作病虫害光谱诊断方法的实验材料。后续以小麦条锈病为例介绍作物病虫害的光谱响应。

对于冬小麦条锈病害的监测,从外界条件来看,环境因子(如土壤覆盖度、冠层的几何结构及大气等)对光谱的吸收影响很大,所以植物的冠层反射率特征随时空的变化很大,不同条件下建立的模型具有时空条件限制,在一定程度上影响了模型的通用性。因此建立条锈遥感监测模型,需要首先理解精细尺度的条锈病的光谱响应,找到能表征其光谱响应的特征参量,作为建模的基础。叶片作为植物的重要器官,对植物的光合作用、生长发育及营养供应起着决定作用,对冠层整体的光谱贡献亦占比很大。植物保护上对锈病的认识有句顺口溜"条锈成行,叶锈乱,秆锈是个大红斑",意思是条锈病在小麦叶片上的表现为条状分布的病斑,体现了条锈病对小麦侵染主要表现在小麦叶片上。同时,单叶条件下的光谱特征不受土壤、冠层结构等因子影响,较容易了解病斑光谱的本质特征,为在冠层水平上的进一步遥感监测提供特征参考和选择依据。

图 2-5 为不同严重程度的条锈病叶片反射率光谱曲线,结果表明,由于条锈病失绿、失水及孢子粉堆积等因素,随着条锈病严重度增加,各个波段的光谱反射率都有所增加。图 2-6 为不同严重度条锈病单叶相对反射率光谱(以正常叶片为参照),结果表明在叶绿素吸收的红光波段,光谱反射相对差异最显著。

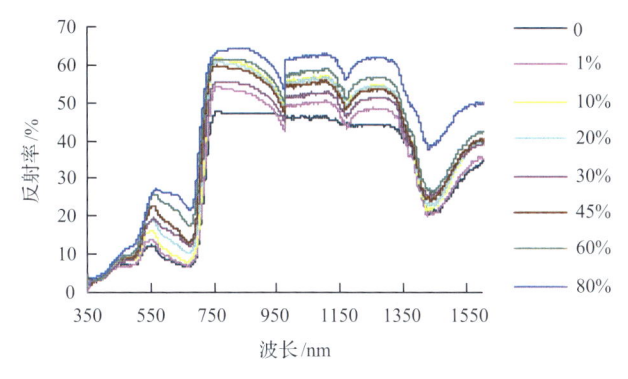

图 2-5 不同严重度单叶光谱特征

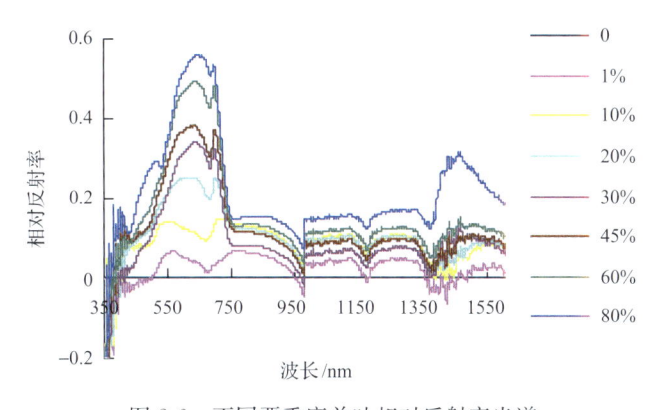

图 2-6 不同严重度单叶相对反射率光谱

将冬小麦条锈病单叶严重度与单叶光谱 350~1600nm 波段进行相关分析,其相关系数如图 2-7 所示。可以发现 350~1600nm 波段范围内严重度与反射率值基本成正相关关系,其中,446~725nm 和 1380~1600nm 与严重度相关系数达到显著水平,为敏感波段区域,而可见光 550~740nm 的相关性最强。

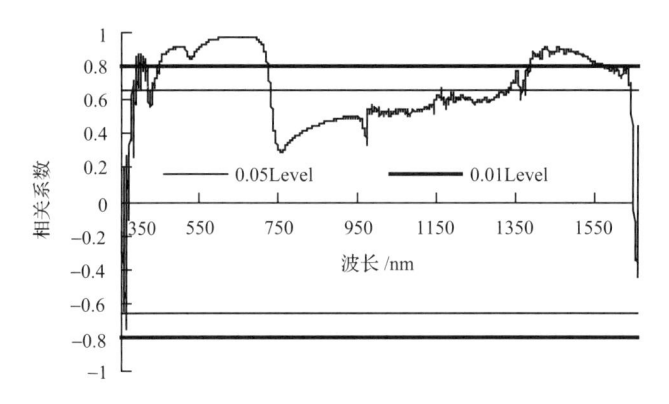

图 2-7 单叶严重度与光谱反射率相关性
Level 表示置信水平

冬小麦条锈病单叶光谱特征研究表明:条锈病菌孢子侵染叶片后,叶绿素含量减少,水分含量下降,且随着条锈孢子堆增厚、面积变大,叶片结构改变,在光谱上表现为可见光反射率增加,差异极显著;中红外反射率增加差异不显著;短波红外反射率增加差异极显著,446~725nm 和 1380~1600nm 为敏感波段区域。

2.2 作物病虫害光谱特征提取

病虫害遥感监测需要基于一些光谱波段或特征实现,因此一个重要的问题是如何在成百上千个光谱波段或光谱特征中甄选出对特定的病虫害最敏感的特征。为解决这个问题,根本的途径是对已有的光谱波段或特征进行光谱敏感性分析,主要包括相关性分析、方差分析、独立样本 T 检验、敏感性分析法和主成分分析等方法,其结果为病虫害监测所采用的特征选择或模型构建提供依据。关于光谱特征的类型和形式在 2.2.2 节将介绍,本节主要对病虫害光谱敏感性分析方法的原理、功能和适用条件进行详细介绍。

2.2.1 光谱敏感性分析

1. 相关性分析

相关性分析是指对两个或多个具备相关性的变量元素进行分析,从而衡量两个变量因素的相关密切程度。相关性的元素之间需要存在一定的联系或者概率才可以进行相关性分析。按涉及变量的多少可分为:一元相关和多元相关;按表现形式可分为:线性相关和曲线相关;按变化方向可分为:正相关和负相关。相关性分析主要分为以下 4 个步骤:

(1) 确定变量之间是否存在相关关系及相关关系的表现形式。
(2) 确定相关关系的密切程度。
(3) 确定相关关系的表达式,即回归方程。
(4) 检验估计值的误差。

一般在判断出变量之间是否存在相关关系,以及何种关系的基础上,需要通过编制相关表、绘制相关图、计算相关系数与判定系数等方法,来判断变量之间相关的方向、形态及密切程度。

若在直线相关的条件下,反应两变量间线性相关密切程度的统计指标,用相关系数 r 表示

$$r = \frac{S_{xy}^2}{S_x S_y} = \frac{\sum(x-\bar{x})(y-\bar{y})/n}{\sqrt{\sum(x-\bar{x})^2/n}\sqrt{\sum(y-\bar{y})^2/n}} \\ = \frac{n\sum xy - \sum x \sum y}{\sqrt{n\sum x^2 - (\sum x)^2}\sqrt{n\sum y^2 - (\sum y)^2}} \tag{2-1}$$

取值范围为 $-1 \leqslant |r| \leqslant 1$,$r > 0$ 为正相关,$r < 0$ 为负相关;$|r| = 0$ 表示不存在线性关系;$|r| = 1$ 表示完全线性相关;$0 < |r| < 1$ 表示存在不同程度线性相关。

2. 方差分析

方差分析又称"变异数分析"或"检验",是 Fisher 提出的一个统计学概念,用于两个及两个以上样本均数差别的显著性检验。对于一个复杂的事物,其中往往有许多因素互相制约又互相依存。方差分析的目的是通过数据分析找出对该事物有显著影响的因素、各因素之间的交互作用,以及显著影响因素的最佳水平等。方差分析是在可比较的数组中,把数据间的总的"变差"按各指定的变差来源进行分解的一种技术。对变差的度量,采用离差平方和。方差分析方法的主要思想就是从总离差平方和分解出可追溯到指定来源的部分离差平方和。进行方差分析时需要满足以下假定条件:

(1) 各处理条件下的样本是随机的。
(2) 各处理条件下的样本是相互独立的,否则可能出现无法解析的输出结果。
(3) 各处理条件下的样本分别来自正态分布总体,否则使用非参数分析。
(4) 各处理条件下的样本方差相同,即具有齐效性。

根据资料设计类型的不同,方差分析可分为单因素方差分析和多因素方差分析。主要步骤为:

(1) 提出原假设:0 为无差异;1 为有显著差异。
(2) 选择检验统计量:方差分析采用的检验统计量是 F 统计量,即 F 值检验。
(3) 计算检验统计量的观测值和概率值:该步骤的目的就是计算检验统计量的观测值和相应的概率值。
(4) 给定显著性水平,并做出决策。

对于单因素方差分析,在完成上述的基本分析后可得到关于控制变量是否对观测变量造成显著影响的结论,接下来还应做其他几个重要分析,主要包括方差齐性检验、多重比较检验。

(1) 方差齐性检验是对控制变量不同水平下各观测变量总体方差是否相等进行检验。前面提到,控制变量不同水平下各观测变量总体方差无显著差异是方差分析的前提要求。如果没有满足这个前提要求,就不能认为各总体分布相同。因此,有必要对方差是

否齐性进行检验。

(2) 多重比较检验。单因素方差分析的基本分析只能判断控制变量是否对观测变量产生了显著影响。如果控制变量确实对观测变量产生了显著影响,进一步还应确定控制变量的不同水平对观测变量的影响程度如何,其中哪个水平的作用明显区别于其他水平,哪个水平的作用是不显著的。

3. 独立样本 T 检验

T 检验是用 T 分布理论来推论差异发生的概率,从而比较两个平均数的差异是否显著,由戈斯特于 1908 年公布。主要用于样本含量较小(如 $n<30$),总体标准差未知的正态分布。检验分为单总体检验和双总体检验,而独立样本 T 检验属于双总体检验。进行独立样本 T 检验的前提条件为:

(1) 两样本应该是相互独立。
(2) 样本来自的两个总体应该服从正态分布。

两独立样本 T 检验的基本实现思路:设总体 X_1 服从正态分布 $N(\mu_1, \sigma_1^2)$,总体 X_2 服从正态分布 $N(\mu_2, \sigma_2^2)$,分别从这两个总体中抽取样本 $(x_{11}, x_{12}, \cdots, x_{1n})$ 和 $(x_{21}, x_{22}, \cdots, x_{2n})$ 且两样本相互独立。要求检验 μ_1 和 μ_2 是否有显著差异。

(1) 建立零假设,$H_0: \mu_1 = \mu_2$。
(2) 判断两总体方差是否相等:采用 Levene F 检验方法,若 F 值所对应的 P 值小于显著水平,则认为两总体方差不等;若 F 值所对应的 P 值大于显著水平,则认为两总体方差相等。
(3) 构造统计量,分为以下两种情形。

① 两总体方差未知且相等:

$$t = \frac{\overline{x_1} - \overline{x_2}}{\sqrt{S_p^2/n_1 + S_p^2/n_2}} \sim t(n_1 + n_2 - 2) \tag{2-2}$$

其中,$S_p^2 = \frac{(n_1-1)S_1^2 + (n_2-1)S_2^2}{n_1 + n_2 - 2}$。

② 两总体方差未知且不等:

$$t = \frac{\overline{x_1} - \overline{x_2}}{\sqrt{S_p^2/n_1 + S_p^2/n_2}} \sim t(n) \tag{2-3}$$

式中,$n = \dfrac{\left(\dfrac{S_1^2}{n_1} + \dfrac{S_2^2}{n_2}\right)^2}{\left(\dfrac{S_1^2}{n_1}\right)^2/n_1 + \left(\dfrac{S_2^2}{n_2}\right)^2/n_2}$。

(4) 计算 t 值和对应的 P 值。
(5) 做出推断。若 P 值小于显著水平 α,则拒绝零假设,即认为两总体均值存在显著差异;若 P 值大于显著水平 α,则不能拒绝零假设,即认为两总体均值不存在显著差异。

4. 敏感性分析法

敏感性分析法是一种经济分析法,是指从众多不确定性因素中找出对投资项目经济效益指标有重要影响的敏感性因素,并分析、测算其对项目经济效益指标的影响程度和敏感性程度,进而判断项目承受风险能力的一种不确定性分析方法。可以分为单因素敏感性分析法、多因素敏感性分析法两种。

敏感性分析法是一种动态不确定性分析方法,是项目评估中不可或缺的组成部分。它用以分析项目经济效益指标对各不确定性因素的敏感程度,找出敏感性因素及其最大变动幅度,据此判断项目承担风险的能力。但是,这种分析尚不能确定各种不确定性因素发生一定幅度的概率,因而其分析结论的准确性就会受到一定的影响。敏感性分析找出的某个敏感性因素在未来发生不利变动的可能性很小,引起的项目风险不大;而另一因素在敏感性分析时表现出不太敏感,但其在未来发生不利变动的可能性却很大,进而会引起较大的项目风险。为了弥补敏感性分析的不足,在进行项目评估和决策时,尚须进一步作概率分析。

敏感性分析法的步骤:

(1)确定敏感性分析指标。敏感性分析的对象是具体的技术方案及其反映的经济效益。因此,技术方案的某些经济效益评价指标,如息税前利润、投资回收期、投资收益率、净现值、内部收益率等,都可以作为敏感性分析指标。

(2)计算该技术方案的目标值。一般将在正常状态下的经济效益评价指标数值作为目标值。

(3)选取不确定因素。在进行敏感性分析时,并不需要对所有的不确定因素都考虑和计算,而应视方案的具体情况选取几个变化可能性较大,并对经济效益目标值影响作用较大的因素。例如,产品售价变动、产量规模变动、投资额变化等;或是建设期缩短,达产期延长等,这些都会对方案的经济效益大小产生影响。

(4)计算不确定因素变动时对分析指标的影响程度。若进行单因素敏感性分析时,则要在固定其他因素的条件下,变动其中一个不确定因素;然后,再变动另一个因素(仍然保持其他因素不变),以此求出某个不确定因素本身对方案效益指标目标值的影响程度。

(5)找出敏感因素,进行分析和采取措施,以提高技术方案的抗风险的能力。

5. 主成分分析

主成分分析法(principal components analysis,PCA)常被称为 K-T 变换,是在均方根误差最小的情况下建立在统计特征基础上的最佳正交线性变换,目的是将多个指标简化为少数几个综合性指标的一种统计分析方法。高光谱遥感可以完整地记录地物的波谱曲线,获取连续的波谱信息,因此,其波段数可以达到几百个乃至上千个。但是,在信息量增加的同时,由于相邻波段存在着很高的相关性,导致高光谱数据大量的冗余。主成分分析通过构造原变量的适当组合,以产生一系列互不相关的新变量,从中选出少数几个新变量并使他们含有尽可能多的原变量信息,该方法一方面有助于数据降维和数据压缩,另一方面可以增强图像的信息量,该方法已经广泛用于不同的植被遥感数据处理中,包括对宽波段遥感数据和窄波段遥感数据的处理(黄敬峰等,2010)。近年来,国内外众多学者将主成分变换方法用于高光谱图像的水果质量检测和病虫害识别研究中(Cheng et al.,2004;Liu et al.,2006;Li et al.,2002;ElMasry,2007)。

1) 主成分分析原理

主成分分析是数学上对数据降维的一种方法。其基本思想是设法将原来众多的具有一定相关性的指标 $x_1,x_2,\cdots,x_p$(比如 p 个指标),重新组合成一组较少个数的互不相关的综合指标 F_h 来代替原来指标。那么综合指标应该如何去提取,使其既能最大程度地反映原变量 x_p 所代表的信息,又能保证新指标之间保持相互无关(信息不重叠)。设 F_1 表示原变量的第一个线性组合所形成的主成分指标,即 $F_1=a_{11}x_1+a_{12}x_2+\cdots+a_{p1}x_p$,由数学知识可知,每一个主成分所提取的信息量可用其方差来度量,其方差 $\mathrm{var}(F_1)$ 越大,表示 F_1 包含的信息越多。常常希望第一主成分 F_1 所含的信息量最大,因此在所有的线性组合中选取的 F_1 应该 $x_1,x_2,\cdots,x_p$ 的所有线性组合中方差最大的,故称 F_1 为第一主成分。如果第一主成分不足以代表原来 p 个指标的信息,再考虑选取第二个主成分指标 F_2,为有效地反映原信息,F_1 已有的信息就不需要再出现在 F_2 中,即 F_2 与 F_1 要保持独立、不相关,用数学语言表达就是其协方差 $\mathrm{cov}(F_1,F_2)=0$,所以 F_2 是与 F_1 不相关的 $x_1,x_2,\cdots,x_p$ 的所有线性组合中方差最大的,故称 F_2 为第二主成分,依此类推构造出的 $F_1,F_2,\cdots,F_m$ 为原变量指标 $x_1,x_2,\cdots,x_p$ 第一、第二、……、第 m 个主成分。

2) 主成分分析步骤

归纳上述分析可以看出,主成分分析的计算步骤如下:

(1) 对数据进行标准化处理:

$$\bar{x}_{ij}=\frac{x_{ij}-\bar{x}_j}{s_j},\quad \begin{pmatrix} i=1,2,\cdots,n \\ j=1,2,\cdots,p \end{pmatrix} \tag{2-4}$$

式中,$\bar{x}_i$ 是 x_i 样本的均值;s_i 是 x_i 的样本标准差。

(2) 计算标准化数据矩阵 X 的协方差矩阵 V,这时 V 是 X 的相关系数矩阵。

(3) 求 V 的前 m 个特征值 $\lambda_1 \geqslant \lambda_2 \geqslant \cdots \geqslant \lambda_m$,以及对应的特征向量 $a_1,a_2,\cdots,a_m$,要求它们是标准正交的。

(4) 求第 h 个主成分 F_h,有

$$F_h=Xa_h=\sum_{j=1}^{p}a_{hj}x_j \tag{2-5}$$

式中,a_{hj} 是主轴 a_h 的第 j 个分量。所以主成分 F_h 是原变量 $x_1,x_2,\cdots,x_p$ 的线性组合,组合系数恰好为 a_{hj}。主成分分析的详细介绍请参见王惠文的《偏最小二乘回归的方法与应用》。

2.2.2 光谱特征形式

1. 特定波长光谱反射率

光谱反射率是最简单、最直接的光谱分析方法,能够较好地对应生理机制的解释,同时也是其他光谱特征形式变换和构成的基础。通常,可以通过对预处理后的原始光谱进行初步分析,初步发现其地物的基本光谱特征和规律;在对原始光谱反射率分析的基础上,找到有效的光谱波段,有助于掌握地物的状态和特征。

2. 植被指数

在原始波段反射率之外,多数科学家根据光谱与植物的各种生理生化特性关系构建了不同形式的植被指数,并在植被遥感监测中作为主要的变量形式。从数学意义上看,植被指数是从多光谱/高光谱遥感数据中选取某些特征波段,经过加、减、乘、除等线性或非线性组合方式。建立植被指数的关键在于如何有效地综合有关的光谱信号,在增强植被信息的同时,将非植被信息最小化。由于绿色植物在可见光红波段(600~700nm)的强吸收(由叶绿素引起)和在近红外波段(700~1100nm)的高反射和高透射(由叶内组织引起),常被用来进行比值、差分、线性组合等多种组合形成明显反差,以此增强或揭示隐含的植物信息。农作物遭受病虫害侵害等胁迫后,其生物物理和生物化学参数往往发生很大的变化。相关研究也证明,利用多光谱/高光谱数据及由此衍生得到的植被指数监测病虫害是可行的。Jordan(1969)提出了第一个比值指数(ratio-based index,RV),它利用近红外波段和红波段的比值。后来,归一化植被指数 NDVI 因其与植被参数高度相关,被广泛用于探测植被遭受胁迫的情况(Curran,1980)。虽然 NDVI 看上去应用前途很乐观,但是土壤背景的影响和双向反射率差异因子(bidirectional reflectance difference factor,BRDF)限制它的应用(Huete,1988)。为了减少土壤背景的影响,Huete(1988)提出了土壤调节植被指数 SAVI,Qi 等(1994)构建了改进型土壤调节植被指数(modified soil adjusted vegetation index,MSAVI)。Kaufman 和 Tanre(1996)以及 Pinty 和 Verstraete(1992)提出的抗大气植被指数(atmospherically resistant vegetation index,ARVI)和全球环境监测指数(GEMI)由于对大气影响不敏感而被广泛使用。Peñuelas 等(1993)提出了水波段指数(water band index,WBI)量化作物遭受的水胁迫。Adams 等(1999)建议黄度指数(yellowness index,YI)是叶片尺度下表征病害的一个很好指数。这些植被指数的具体定义与计算公式如表 1.3 所示(Yang et al.,2005)。一些常用植被指数的具体定义和计算公式、出处如表 2-2 所示(Yang et al.,2005)。

表 2-2 探测作物胁迫常用的植被指数

植被指数	名称	计算公式	参考文献
抗大气植被指数(ARVI)	atmospherically resistant vegetation index	$(R_{NIR}-(2R_{Red}-R_{Blue}))/(R_{NIR}+(2R_{Red}-R_{Blue}))$	Kaufman and Tanre,1996
差值植被指数(DVI)	difference vegetation index	$R_{NIR}-R_{Red}$	Tucker,1979
增强型植被指数(EVI)	enhanced vegetation index	$(1+L)(R_{NIR}-R_{Red})/(R_{NIR}+C_1\times R_{Red}-C_2\times R_{Blue}+L)$,$C_1=6.0$,$C_2=7.5$,$L=1.0$	Verstraete and Pinty,1996
全球环境监测指数(GEMI)	global environmental monitoring index	$\eta(1-0.25\eta)-(R_{Red}-0.125)/(1-R_{Red})$ $\eta=[2(R_{NIR}^2-R_{Red}^2)+1.2R_{NIR}+0.5R_{Red}]/(R_{NIR}+R_{Red}+0.5)$	Pinty and Verstraete,1992
绿度归一化植被指数(GNDVI)	green normalized difference vegetation index	$(R_{Green}-R_{Red})/(R_{Green}+R_{Red})$	Yang et al.,2007

续表

植被指数	名称	计算公式	参考文献
叶片湿度指数(LMI)	leaf moisture index	R_{1650}/R_{830}	Parkes,1997
改进型土壤植被调节指数2(MSAVI2)	modified soil adjusted vegetation index two	$1/2 \times [(2 \times (R_{NIR}+1))-(((2 \times R_{NIR})+1)2-8(R_{NIR}-R_{Red}))^{1/2}]$	Qi et al.,1994
最优化土壤调节植被指数(OSAVI)	optimized soil adjusted vegetation index	$((R_{NIR}-R_{Red})/(R_{NIR}+R_{Red}+L)) \times (1+L), L=0.16$	Rondeaux et al.,1996
归一化差值植被指数(NDVI)	normalized difference vegetation index	$(R_{NIR}-R_{Red})/(R_{NIR}+R_{Red})$	Rouse et al.,1973
归一化总色素叶绿素指数(NPCI)	normalized total pigment to chlorophyll index	$(R_{680}-R_{430})/(R_{680}+R_{430})$	Riedell and Blackmer,1999
光化学反射指数(PRI)	photochemical reflectance index	$(R_{531}-R_{570})/(R_{531}+R_{570})$	Naidu et al.,2009
比值植被指数(RVI)	ratio vegetation index	R_{NIR}/R_{Red}	Jordan,1969
土壤调节植被指数(SAVI)	soil-adjusted vegetation index	$(1+L) \times (R_{NIR}-R_{Red})/(R_{NIR}+R_{Red}+L), L=0.5$	Huete,1988
结构独立色素指数(SIPI)	structural independent pigment index	$(R_{800}-R_{450})(R_{800}-R_{680})$	Penuelas and Inoue,1999
特殊叶面积植被指数(SLAVI)	specific leaf area vegetation index	$R_{NIR}/(R_{Red}+R_{NIR})$	Lymburner et al.,2000
三角植被指数(TVI)	triangular vegetation index	$0.5 \times [120 \times R_{750}-R_{550})-200 \times (R_{670}-R_{550})]$	Zhao et al.,2004
可见光抗大气指数(VARI)	visible atmospherically resistant index	$(R_{Green}-R_{Red})/(R_{Green}+R_{Red}-R_{Blue})$	Gitelson et al.,2002
黄度指数(YI)	yellowness index	$(R_{580}-2R_{630}+R_{680})/\Delta^2, \Delta=50nm$	Adams et al.,1999
水波段指数(WBI)	water band index	R_{950}/R_{900}	Riedell and Blackmer,1999

3. 光谱微分变换

在病虫害遥感探测的研究和实践中,更多的情况下并不直接使用波谱反射率,而是通过一些变换后得到一些新的光谱或光谱变量进行病虫害危害信息的提取。相比原始的光谱反射率,经过一些变换后的光谱会在一定程度上能够消除一些背景影响,凸显所需信息,如光谱微分变换方法。光谱微分变换方法是高光谱遥感数据分析处理的最主要的分析技术之一。对光谱曲线进行微分或采用数学函数估算整个光谱上的斜率,由此得到光谱曲线斜率称为导数光谱，也叫微分光谱。植物光谱的导数实质上反映了植物内部物质的吸收波形变化。导数光谱法最初起源于分析化学，用来去除背景信号和解决光谱重叠问题，目前已被用于遥感光谱的微分。微分不能产生多于原始光谱的数据信息，但可以抑制或去除无关信息，突出感兴趣信息，如去除背景吸收和杂光反射信号。与具有较宽结构特征的光谱相比，具有窄结构的光谱可能得到增强。

在植被光谱分析中，利用光谱微分分析技术可以减少背景噪声和提高重叠光谱分辨率。在太阳光的大气窗口内，测得的光谱是地物吸收光谱及大气吸收和散射光谱的混合光谱，一般是以反射率的数据图像表达。为了正确地解译遥感数据图像，消除大气和背景噪声的影响，从中提取目标物体的特征信息，研究通常使用微分光谱技术。微分光谱又可分为一阶导数光谱和高阶导数光谱，由于光谱采样间隔的离散性，导数光谱一般用差分方法来近似计算。有

$$R'(\lambda_1) = \frac{dR(\lambda_1)}{d\lambda} = \frac{R(\lambda_{i+1}) + R(\lambda_{i-1})}{2\Delta\lambda} \tag{2-6}$$

式中，λ_i 为波段 i 的波长值；$R(\lambda_i)$ 为波长 λ_i 的光谱值；$\Delta\lambda$ 为相邻波长的间隔。

图 2-8 为小麦冠层光谱和土壤背景光谱和一阶导数光谱。可以发现：

（1）导数光谱能够方便地用来确定光谱曲线弯曲点、最大和最小反射率处的波长位置等光谱特征。

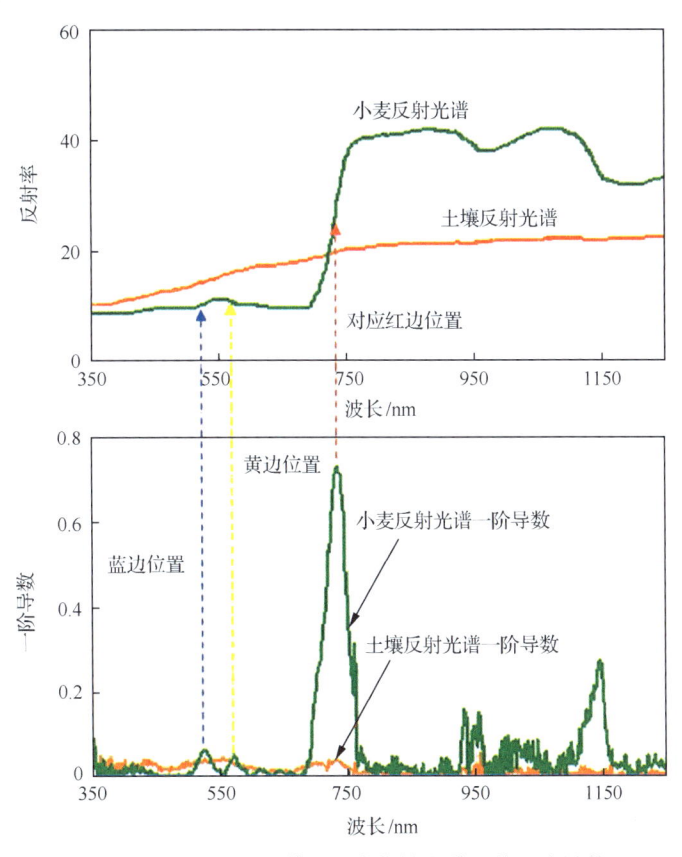

图 2-8 小麦冠层光谱和土壤背景光谱及其一阶导数

（2）在光谱变化区域，如植被光谱蓝边、黄边和红边等，导数光谱能够消除土壤背景的干扰。

（3）导数光谱对光谱信噪比非常敏感，一般只是在光谱曲线变化区域才能够应用，如近红外反射平台是非常重要的植被特征，但进行一阶导数处理后，该光谱范围的植被信息丢失，只留下噪声信息。

鉴于导数光谱的特征，可以利用导数光谱技术来确定光谱特征位置（如红边位置等）的手段是较为合适的，将导数光谱特征直接用于提取目标特征参数时应在恰当滤波去噪的基础上小心慎用。

在光谱变换的基础上，研究者进一步提出了光谱位置变量，光谱位置变量是指在光谱曲线上具有一定特征的点（最高点、最低点、拐点等）的波长。其中最常用的是红边效应和光谱吸收特征分析技术。植被体内的色素、水分和其他干物质的光谱吸收，在可见—近红外波段形成了蓝边、黄边、红边等特征光谱变化区域，这些光谱特征区域是植被区别于其他地物的特有性质，因此利用蓝边、黄边、红边等光谱位置/波长（其定义是反射光谱一阶微分最大值对应的光谱位置），能够反演植物生理生化参数。

其中，研究和应用最多的是红边位置，通常位于680～750nm。红边位置随叶绿素含量、生物量、叶片内部结构参数的变化而变化。当植物由于感染病虫害或因污染或物候变化而"失绿"时，则"红边"会向蓝光方向移动（称蓝移）；当植被生物量、色素含量高，生长旺盛时，红边会向长波方向移动（称红移）。

关于红边的定义与主要特征参数如图 2-9 所示。其中，R_o 为叶绿素强吸收波段红光波段反射率最小值，也称红边起点；R_s 为近红外区域肩反射（最大）值；P 为"红边"拐点，P 点所处的波长位置 λ_P 被称作"红边"位置；σ 为"红边"宽度，即 $\lambda_P \sim \lambda_o$。

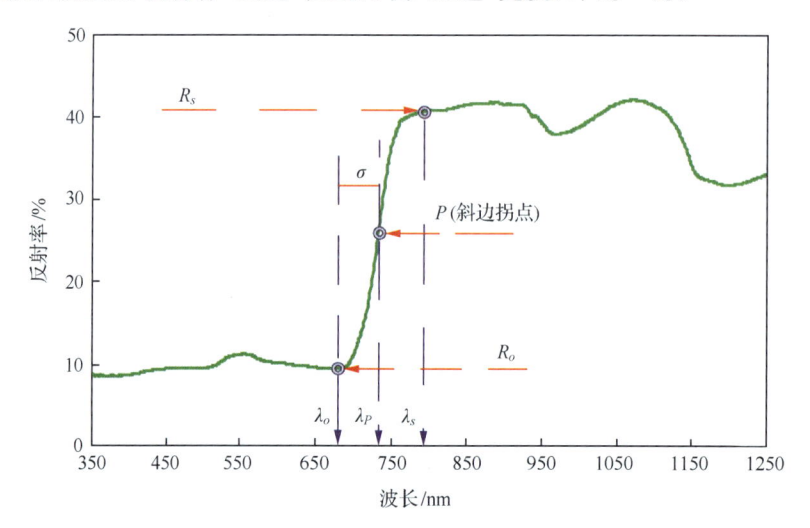

图 2-9 红边的定义及主要特征参数示意图

前已述及，由反射光谱的一阶导数很容易确定"红边"位置 λ_P，即"红边"范围内一阶导数取最大值时所对应的波长位置。此外，利用倒高斯函数可以模拟红边并计算红边参数，该方法已得到了广泛应用。

Horler 等（1983）和 Miller 等（1990）建议植物反射光谱"红边"可用一条半倒高斯曲

线拟合(IG 模型)。倒高斯曲线函数表达式为

$$R(\lambda) = R_s - (R_s - R_o)\exp\left(\frac{-(\lambda_o - \lambda)^2}{2\sigma^2}\right) \tag{2-7}$$

式中,R_s 为近红外区域肩反射(最大)值;R_o 为红光区域叶绿素强吸收最小反射率值;λ_o 为 R_o 处对应的波长;σ 为高斯函数标准差系数。$R_P = R_o + \sigma$ 为模拟的红边位置。

各种环境胁迫,如缺氮、干旱、病虫害等均会使作物的反射特性发生改变,从而改变红边位置。由于采用了 IG 模型拟合"红边",进而解算红边参数,因此,当没有高光谱数据(如只有 670~800nm 范围内几个非连续的波段数据)时,也可用 IG 模型拟合出红边,并提取相应红边参数。红边参数包括红边位置、红边峰值、红边振幅、最小振幅、红边面积、红边宽度等。

为更好地提取植物的有效信息,根据光谱特征位置参数及红边参数,国内外学者纷纷构建了一系列的光谱数据特征参数,包括从一阶微分光谱提取的基于高光谱位置变量、面积变量和植被指数变量三种类型;从植物光谱的角度而言,包括蓝边光学参数、红边光学参数和近红外平台参数三大类(刘占宇,2008;靳宁,2009)。

4. 连续统去除变换

连续统变换特征是对植被光谱曲线形状特征的捕捉,是提取高光谱数据吸收谷特征信息的一种有效手段。对于植被而言,最易判断并且对生理状态最敏感的吸收谷为红光波段的叶绿素吸收谷。吸收特征是植物叶片组织结构、色素含量、水分和蛋白质中各种基团对反射光谱响应的重要特征。郑兰芬和王晋年(1992)提出的反射光谱吸收特征参数包括:吸收波段波长位置(P)、深度(H)、宽度(W)、斜率(K)、对称度(S)、面积(A)和光谱绝对反射值,如图 2-10 所示。

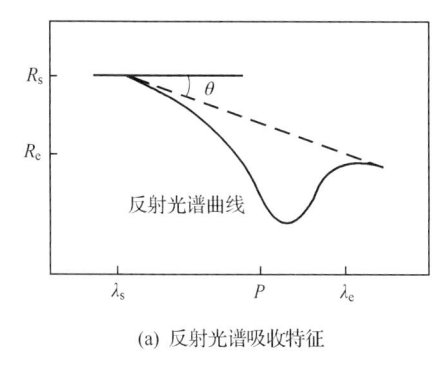

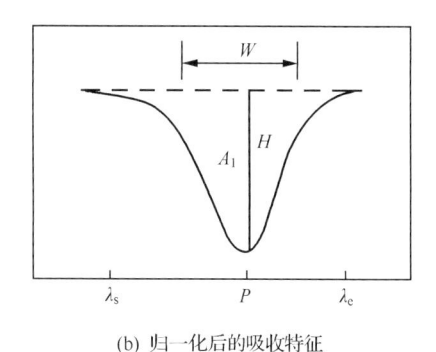

(a) 反射光谱吸收特征

(b) 归一化后的吸收特征

图 2-10 吸收特征参数

吸收波段位置(P)是吸收谷范围内波段最小值处对应的波长;吸收谷深度(H)的含义是某种色素或化学基团在某波长点上比邻接波段具有较低反射率的程度;吸收谷宽度(W)定义为吸收谷深度一半处的宽度;吸收谷对称度 $S = A_1/A$,其中,A_1 为吸收谷左半侧面积,A 为吸收谷整体面积;面积(A)为宽度和深度的综合参数;θ 角如图 2-10(a)所示,为连接 R_e、R_s 直线部分与吸收基线之间的夹角;吸收特征斜率(K)定义为

$$K = \arctan[(R_e - R_s)/(\lambda_e - \lambda_s)] \tag{2-8}$$

式中,R_e、R_s分别为吸收终点和吸收始点反射率值;λ_e、λ_s为吸收终点和吸收始点处的波长。

测定实际反射光谱吸收特征的P、H、W、S和A参数,可采用Clark和Roush(1984)提出的连续统去除法(continuum removal,类似于去包络线法)对原始光谱曲线作归一化处理。连续统定义为:逐点直线连接那些凸出的"峰"值点,并使折线在"峰"值点上的外角大于180°(图2-11中的折线)。连续统去除法就是用实际光谱波段值除以连续统上相应波段值(图2-11中的空心圆点线)。

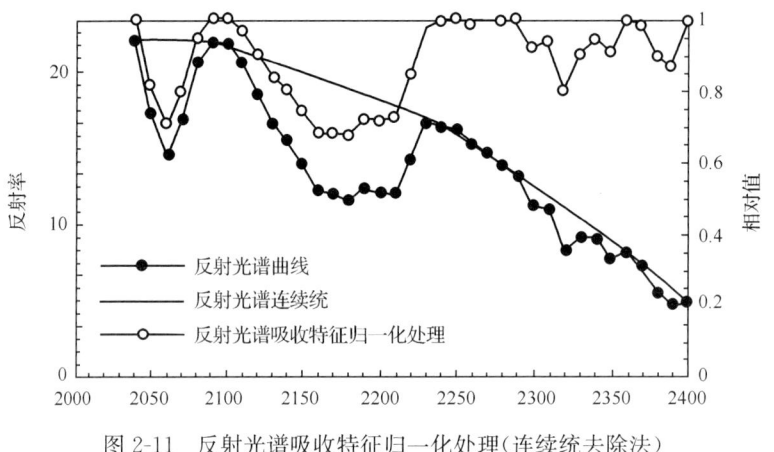

图2-11 反射光谱吸收特征归一化处理(连续统去除法)

由此可知,用连续统法归一化后,那些"峰"值点上的相对值均为1,非"峰"值点处均小于1。利用归一化的(如图2-11中的空心圆点相对值曲线)更容易根据定义测定P、H、W、S和A参数值。

5. 连续小波特征

1) 连续小波变换简介

小波变换是工程学中一种重要的信号处理方法,在1974年由Morlet首先提出后,经过30余年的发展,逐渐建立了一整套重要的数学形式化体系,并且被广泛应用于包括信息学、医学、地球物理学、图像处理、语音处理以及众多非线性科学领域(Mallat,1999;Addison,2005;Farge,1992;Torrence and Compo,1998;Núñez et al.,1999;Simhadri et al.,1998)。它被认为是继傅里叶分析之后的又一有效的时频分析方法。小波变换与傅里叶变换相比,是一个时间和频域的局域变换,因而能有效地从信号中提取信息,通过伸缩和平移等运算功能对函数或信号进行多尺度细化分析(multiscale analysis),解决了傅里叶变换不能解决的许多困难问题。从目前遥感的各个领域对小波分析的应用情况看,目前更多的应用集中在离散形式小波分析(discrete wavelet transform,DWT)方面,如高光谱图像或时间序列数据的降噪、滤波等(Bruce and Li,2001;Bruce et al.,2002;2006)。然而在针对高光谱反射率数据的分析中,DWT存在的一个问题是对其输出参数的解析存在很大的困难(Cheng et al.,2010)。

在小波分析中,与DWT相对应的是基于连续小波变换(continuous wavelet transformation,CWT)的连续小波分析(continuous wavelet analysis,CWA)。CWA能够将整条光谱曲线在连续的波长和尺度上进行分解,从而方便对光谱信息中一些精细部位进行定量解析。该方法近年来在高光谱信息提取的一些问题上逐渐受到重视。Blackburn(2007)、Ferwerda 和 Jones(2006)详细探讨了 CWA 在叶片生化组分反演方面的可行性和优势。Cheng 等(2010,2011)利用该方法对叶片含水量信息进行提取,并通过一个包含47 种植物的大样本数据对该方法和一些传统方法进行比较,研究结果证实 CWA 能够对光谱维的一些弱信息进行有效提取,且计算复杂性相比一些人工智能的数据挖掘算法低,具有广阔的应用潜力。

连续小波分析通过将原始波谱曲线与一个特定的小波基函数(通常在植被光谱分析中适用高斯函数)在不同位置、不同尺度上进行相关分析,从而生成一系列位置和尺度连续的小波能量系数(wavelet power),这种变化能够同时捕捉到光谱在强度、位置和形状上的信息,并且其高频信号和低频信号能够将波谱的细特征和粗特征很好地分离,因此可能具有比上述几种指标更强的光谱变化表征能力。

2) 连续小波特征提取方法

CWA 的整体分析流程包括一步对原始光谱信号的连续小波分解,将分解所得小波系数与病情指数的相关分析,以及在生成的相关系数矩阵中进行特征选择的过程(图 2-12)。

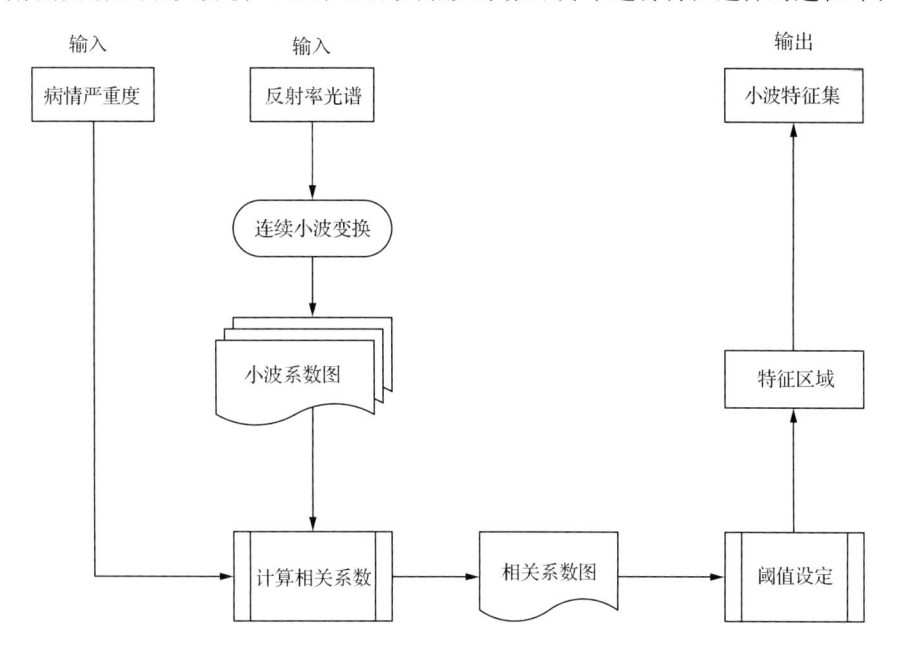

图 2-12 连续小波变换特征提取流程

对原始光谱的连续小波分解是其中最主要的过程,所采用的小波基(mother wavelet)通用形式如下(Bruce and Li,2001):

$$\psi_{a,b}(\lambda) = \frac{1}{\sqrt{a}} \psi\left(\frac{\lambda - b}{a}\right) \tag{2-9}$$

式中,a 表示波宽;b 表示相位。通过小波分解后,可以得到在一系列位置(即小波基中心对应波长)和分解尺度(控制波形的伸缩)上的能量系数:

$$W_f(a, b) = \langle f, \psi_{a,b} \rangle = \int_{-\infty}^{+\infty} \psi\left(\frac{\lambda - b}{a}\right) d\lambda \tag{2-10}$$

式中,$f(\lambda)$是反射率光谱($\lambda=1,2,\cdots,n$;n为波段数)。小波系数$W_f(a_i,b_i)$包含i和j两维,分别是波段($j=1,2,\cdots,n$)和分解尺度($i=1,2,\cdots,m$),组成一个$m\times n$的矩阵。此外,植被吸收特征的形状与高斯和准高斯函数近似,具体函数的特征与描述参见相关文献(Torrence and Compo,1998)。为降低计算复杂性,仅将分解尺度为2的指数次幂(2^1,2^2,$\cdots$,2^{10})的小波系数保留进入后续分析。已有研究已表明,该种省略对小波特征提取效果的影响是可以忽略的(Cheng et al.,2010; Cheng et al.,2011)。

2.3 作物病虫害遥感监测算法

为实现对植物病害的遥感识别和程度区分,除需要筛选对病虫害胁迫敏感的光谱特征外,还需要选择合适的识别和区分算法,以建立这些光谱特征和病情之间的关系。目前针对不同类型病虫害的特点,研究者们提出了多种方法和模型,根据其研究目标的不同,大致可以分为两类:一类是对病虫害类型进行诊断;另一类是对病虫害的受胁迫程度进行估算。建立的各种方法中涉及了多元统计分析和数据挖掘算法,总的目的是为了使所建立的模型具有较高的精度和专一性(即只对病虫害敏感)。

2.3.1 病虫害类型诊断方法

1. Fisher 线性判别

线性判别分析(linear discriminant analysis,LDA)简称判别分析,是统计学上的一种分析方法,用于在已知的分类的情况下遇到新的样本时,选定一个判别标准,以判定如何将新样本放置于哪一个类别之中。因此,该方法可用于对作物病虫害胁迫类型的判别,输入变量为 2.2 节介绍的对作物病虫害敏感的光谱特征。

线性判别分析源于 Fisher 在 1936 年发表的经典论文(The Use of Multiple Measurements in Taxonomic Problems),其基本思想是选择使得准则函数达到极值的向量作为最佳投影方向,将高维问题降到一维问题来解决,并使得样本在该方向上投影后,达到最大的类间离散度和最小的类内离散度,即在该空间中有最佳的可分离性。但是,一个重要假设是需要不同组间样本均值存在显著差异,对于均值相近,方差差异大的样本分类效果不理想。为此,在应用分类前,需要先对特征在不同类别间的均值差异进行评价。这种方法主要应用于医学的患者疾病分级,以及人脸识别、经济学的市场定位、产品管理及市场研究等范畴。

Fisher 线性判别分析就是通过给定的训练数据确定投影方向,即确定线性判别函数,然后根据这个线性判别函数,对测试数据进行测试,得到测试数据的类别。

应用统计方法解决模式识别问题时,经常碰到的问题之一是维数问题,在低维空间里解析上或计算上行得通的方法,在高维空间里往往行不通。因此,降低维数就成为处理实际问题的关键。我们可以考虑将 d 维空间的样本投影到一条直线上,形成一维空间,即把维数压缩到一维。然而,即使样本在 d 维空间里形成若干紧凑的互相分得开的集合,若它们投影到一条任意的直线上,也可能使几类样本混在一起而变得无法识别。但在一般情况下,总可以找到某个方向,使在这个方向的直线上,样本的投影能分开的最好。问题是如何根据实际情况找到这条最好的、最易于分类的投影线。这就是 Fisher 方法所要解决的问题。

首先,我们讨论从 d 维空间到一维空间的一般数学变换方法。假设有一个集合 X 包含 N 个 d 维样本 $x_1,x_2,\cdots,x_n$,其中 N_1 个属于 W_1 类的样本记为子集 X_1,N_2 个属于 W_2 类的样本记为子集 X_2。若对 x_n 的分量作线性组合可得标量:

$$y_n = w^T x_n, \quad n=1,2,\cdots,N \tag{2-11}$$

这样,便得到 N 个一维样本 Y_N 组成的集合,并可分为 Y_1,Y_2 两个子集。从几何上看,如果 $W=1$,那么每个 Y_N 就是相对应的 X_N 到方向为 W 的直线上的投影。实际上,W 的绝对值是无关紧要的,它仅使 Y_N 乘上一个比例因子,重要的是选择 W 的方向。W 的方向不同,将使得样本投影后可分离程度不同,从而直接影响识别效果。因此,前述所谓寻找最好投影方向的问题,在数学上就是寻找最好的变量 W 的问题。

在定义 Fisher 准则函数之前,先定义必要的基本变量。

1) 在 d 维 X 空间

各类样本的均值向量 m_i:

$$m_i = \frac{1}{N}\sum_{X\in X_i} x, \quad i=1,2 \tag{2-12}$$

样本类内离散度矩阵 S_i 和总类内离散矩阵 S_w:

$$S_i = \sum_{X\in X_i}(x-m_i)(x-m_i)^T, \quad i=1,2 \tag{2-13}$$

$$S_w = S_1 + S_2 \tag{2-14}$$

样本类间离散度矩阵 S_b:

$$S_b = (m_1-m_2)(m_1-m_2)^T \tag{2-15}$$

其中,S_w 是对称半正定矩阵,而且当 $N>d$ 时通常是非奇异的。S_b 也是堆成半正定矩阵,在两类情况下,它的秩最大等于 1。

2) 在一维 Y 空间

各类样本均值 $\bar{m}_i$:

$$\bar{m}_i = \frac{1}{N}\sum_{y\in Y_i} y \tag{2-16}$$

样本类内离散度 $\bar{S}_i^2$ 和总类内离散度 $\bar{S}_w$:

$$\bar{S}_i^2 = \sum_{y\in Y_i}(y-\bar{m}_i)^2, \quad i=1,2 \tag{2-17}$$

$$\bar{S}_w = \bar{S}_1^2 + \bar{S}_2^2 \tag{2-18}$$

现在来定义 Fisher 准则函数。希望投影后,在一维 Y 空间里各类样本尽可能分得开一些,即希望两类均值之差 $(\bar{m}_1-\bar{m}_2)$ 越大越好;同时希望各类样本内部尽量密集。即希望类内离散度越小越好。因此,可以定义 Fisher 准则函数为

$$J_{\mathrm{F}}(w) = \frac{(\bar{m}_1 - \bar{m}_2)^2}{\bar{S}_1^2 + \bar{S}_1^2} = \frac{w^{\mathrm{T}} S_{\mathrm{b}} w}{w^{\mathrm{T}} S_{\mathrm{w}} w} \tag{2-19}$$

上面式子中的 $J_{\mathrm{F}}(w)$ 是广义 Rayleigh 商,可以利用 Lagrange 乘子法求解。令分母等于非零常数,即令 $w^{\mathrm{T}} S_{\mathrm{w}} w = C \neq 0$,定义 Lagrange 函数为

$$L(w, \lambda) = w^{\mathrm{T}} S_{\mathrm{b}} w - \lambda (w^{\mathrm{T}} S_{\mathrm{w}} w - c) \tag{2-20}$$

式中,λ 为 Lagrange 乘子。将式(2-19)对 w 求偏导数,得到

$$\frac{\partial L(w, \lambda)}{\partial w} = S_{\mathrm{b}} w - \lambda S_{\mathrm{w}} w$$

令偏导数为零,得

$$S_{\mathrm{b}} w^* = \lambda S_{\mathrm{w}} w^* \tag{2-21}$$

式中,w^* 就是 $J_{\mathrm{F}}(w)$ 的极值解,经整理后,得到

$$w^* = S_{\mathrm{w}}^{-1}(m_1 - m_2) \tag{2-22}$$

w^* 是使 Fisher 准则函数 $J_{\mathrm{F}}(w)$ 取极大值的解,也就是 d 维 X 空间到一维 Y 空间的最好投影方式。有了 w^*,利用式(2-10),就可以把 d 维样本 x_n 投影到一维,这实际上是多维空间到一维空间的一种投影。

以上是将 d 维空间的样本集 X 映射成一维样本集 Y,这个一维空间的方向 w^* 就是相对于 Fisher 准则 $J_{\mathrm{F}}(w)$ 最好的。但至此,我们依然没有解决分类问题。然而,已将 d 维问题转化为一维分类问题了。实际上,只要确定一个阈值 y_0,将投影点 y_k 同阈值 y_0 相比较,就可以做出决策。

2. 神经网络

人工神经网络(artificial neural network,ANN)是一种模仿人脑神经网络行为特征,并进行信息处理的算法。简单地说,就是现在只有一些输入和输出,而对如何由输入得到输出的机理并不清楚,那么我们可以把输入和输出之间的位置过程看成是一个"网络",通过不断地调节各个节点之间的权值来满足由输入得到输出。这样,等训练结束后,我们给定一个输入,网络便会根据自己已调节好的权值计算出一个输出,这就是神经网络简单的原理。随着人工神经网络在各方面的快速发展,人们便开始关注其在作物病虫害的监测方面的应用。模型的输入为 2.2 节介绍的对作物病虫害敏感的光谱特征。

神经网络一般有很多层,分为输入层、输出层和隐含层,层数越多,计算结果越精确,但需要的时间也就越长,所以实际应用中常常根据要求设计网络层数。目前,在应用和研究中提出和使用的至少有三十多种不同的神经网络,下面主要介绍三种神经网络模型。

1) BP 网络模型

BP 网络是 1986 年由 Rumelhart 和 McCelland 为首的科学家小组提出,是一种按误差逆传播算法训练的多层前馈网络,是目前应用最广泛的神经网络模型之一。其结构如图 2-13 所示。

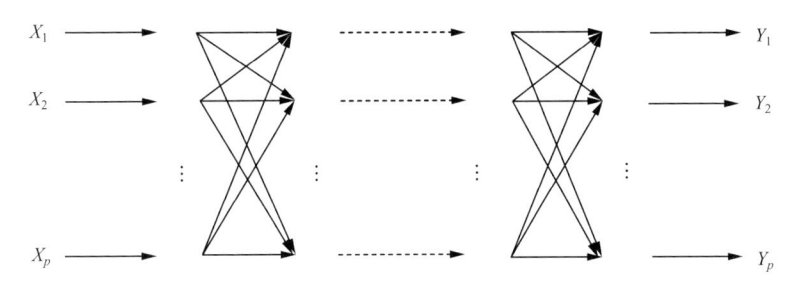

图 2-13 BP 神经网络模型结构图

BP 算法的基本思想是:给网络赋予初始权值和阈值,前向计算网络的输出,根据实际输出与期望输出之间的误差,反向修改网络的权值和阈值,如此反复进行训练使误差达到最小。

BP 算法的具体步骤如下:假设一个三层前向网络,有 N 个输入单元,M 个输出单元,隐含层的单元个数为 L 个,神经元的激活函数为 Sigmoid 函数,训练样本有 P 个。输入向量为 $X_p = (x_{p1}, x_{p2}, \cdots, x_{pN})^\mathrm{T}$,$p = 1, 2, \cdots, P$,输出向量为 $Y_p = (y_{p1}, y_{p2}, \cdots, y_{pN})^\mathrm{T}$,$p = 1, 2, \cdots, P$,期望输出向量为 $\hat{Y}_p = (\hat{y}_{p1}, \hat{y}_{p2}, \cdots \hat{y}_{pN})^\mathrm{T}$,$p = 1, 2, \cdots, P$,输出误差为 E:

$$E = \sum_{p=1}^{P} E_p \tag{2-23}$$

$$E = \frac{1}{2} \sum_{j=1}^{M} (y_{pj} - \hat{y}_{pj})^2, \quad p = 1, 2, \cdots, P \tag{2-24}$$

BP 算法需要通过修改权值 w_{jl}(假设阈值为 0)使 E 达到最小。对网络中某层的第 j 个神经元 u_i,其当前权和为 $\mathrm{Net}_{pj} = \sum_i w_{jl} o_{pi}$,其中,$o_{pi}$ 为上一层的输出。

神经元 u_i 的输出为 $o_{pi} = f(\mathrm{Net}_{pi})$,当 u_i 为输入单元时,$o_{pi} = x_{pi}$。则神经元 u_i 权值的修改公式为 $\Delta_p w_{ji} = \eta \delta_{pi} o_{pi}$,其中,输出层:$\delta_{pi} = (\hat{y}_{pj} - y_{pj}) f'_j(\mathrm{Net}_{pj})$,隐层:$\delta_{pi} = f'_j(\mathrm{Net}_{pj}) \sum_{j=1}^{M} \delta_{pk} w_{kj}$,参数 η 为学习率(即迭代步长)。

因此,BP 算法实际上是将输入信息沿网络正向传播,将误差信号沿网络后向传播,并修正权值,从而可对多层前向神经网络由训练样本学习输入输出映射,它使用了优化中最简单的梯度法来修改权值以实现输入空间到输出空间的非线性变换。但此问题是一个非线性优化问题,因此存在局部最小极值,在实际应用中常用一些方法来使系统跳出误差较大的局部极小点。

2) PNN 神经网络模型

概率神经网络(probabilistic neural network,PNN)于 1989 年由 Specht 博士首先提出,是一种径向基函数神经元和竞争神经元共同组合的新型神经网络。它具有结构简单、训练快捷等特点,应用非常广泛,特别适合解决模式分类问题。在模式分类中,它的优势在于可以利用线性学习的算法来完成以往非线性算法所做的工作,同时又可以保持非线性算法高精度的特性。网络结构如图 2-14 所示。

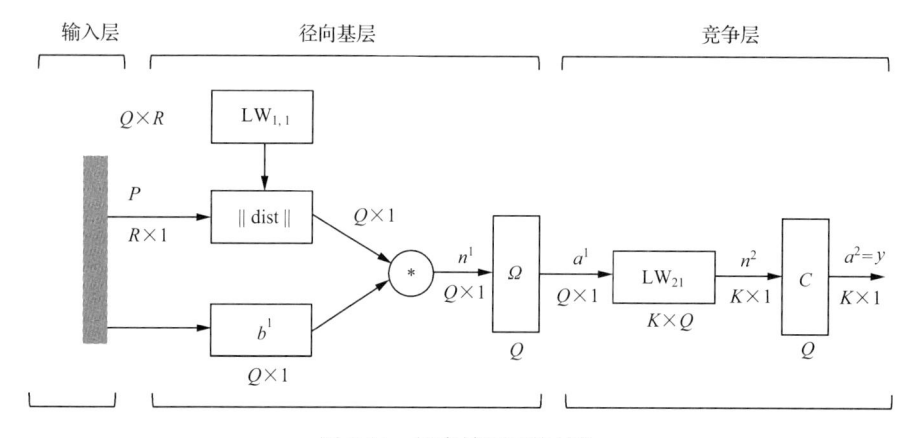

图 2-14 概率神经网络结构

一个 PNN 由三层神经元组成,即输入层、径向基层和竞争层。输入层对应于病虫害胁迫响应敏感光谱波段的光谱或经各种方法提取的新的光谱变量;第二层采用径向神经元,该网络的隐层神经元个数与输入样本矢量的个数相同;第三层采用竞争层,也就是该网络的输出层,其神经元个数等于训练样本数据中需要进行分类的病虫害类别数。PNN 的分类方式为:首先为网络提供一种输入模式向量,径向基层计算该输入向量同样本输入向量之间的距离∥dist∥,该层的输出为一个距离向量。竞争层接受距离向量为输入向量,计算每个模式出现的概率,通过竞争传递函数为概率最大的元素对应输出 1 这就是一类模式;否则输出 0,作为其他模式。以水稻干尖线虫病为例,将健康叶片赋予类别"1",而将受水稻干尖线虫病害的叶片赋予类别"2",输出结果非 1 即 2。

3) LVQ 网络模型

学习矢量量化(learning vector quantization,LVQ)算法是在有教师状态下对竞争层进行训练的一种学习方法,它是从 Kohonen 竞争算法演化而来的。LVQ 具有网络结构简单,输入向量不需要进行归一化、正交化等优点,因而竞争在模式识别和优化领域被广泛应用。一个 LVQ 神经网络有三层神经元组成,即输入层、隐含层和输出层。该网络在输入层与隐含层完全链接,而在隐含层与输出层间为部分连接,隐含神经元(又称 Kohonen 神经元)和输出神经元都具有二进制输出值。当某个模式被送至网络时,对隐神经元指定的参考矢量最接近输入模式的隐含神经元因获得激发而赢得竞争,因而允许它产生一个"1",其他隐含神经元都被迫产生"0"。产生"1"的输出神经元给输入模式的分类,每个输出神经元被表示为不同的类别。LVQ 网络结构如图 2-15 所示。本书中,输入层神经元为敏感波段光谱或光谱变量等;经过训练的输出层神经元则对应病虫害的类别数。需要注意的是,不能以"0"来代替某一类别,否则 LVQ 网络的输出结果无法显示。以稻穗颈瘟为例,正常水稻赋予类别"1",倒伏水稻赋予类别"2",受穗颈瘟侵染但未倒伏的赋予类别"3"。

3. 支持向量机

支持向量机(SVM)是 Vapnik VN 和 Vapnik V(1998)在统计学理论基础上建立起来的一种新的机器学习方法,能非常成功地处理回归(时间序列分析)和模式识别(分类问

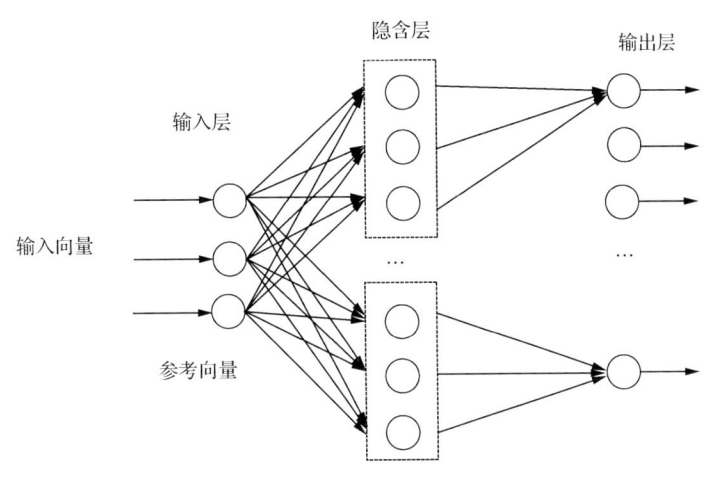

图 2-15　学习矢量量化网络结构

题、判别分析)等诸多问题,并可推广于预测和综合评价等领域。因此,可利用支持向量机对作物的不同胁迫类型进行判别分析,模型的输入为 2.2 节介绍的对作物病虫害敏感的光谱特征。

支持向量机是对结构风险最小化原则(structural risk minimization inductive principle)的一种实现。为了最小化期望风险的上界,SVM 在固定学习经验风险的条件下最小化 VC 置信度。

1) 支持向量机原理

设给定的训练集为 $(x_i, y_i), x_i \in R^k, y_i \in \{+1, -1\}, i = 1, 2, \cdots, n$。如果训练集中的所有向量均能被某超平面正确划分,并且距离平面最近的异类向量之间的距离最大,则称该超平面为最优超平面,如图 2-16 所示。

其中,距离超平面最近的异类向量被称为支持向量(support vector),一组支持向量可以唯一确定一个超平面。SVM 是从线性可分情况下发展而来的,其超平面记为 $(w * x) + b = 0$,我们对它进行先行归一化,使得对线性可分的样本集满足:

$$y_i(w * x_i + b) - 1 \geqslant 0, \quad i = 1, 2, \cdots, n \tag{2-25}$$

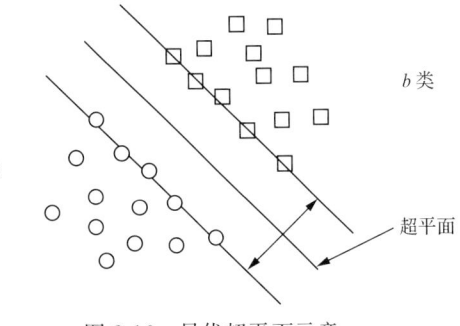

图 2-16　最优超平面示意

由于支持向量与超平面之间的距离为 $1/\|w\|$,因此超平面的问题就转化为在式(2-25)的约束下求式(2-26)的最小值:

$$\Phi(w) = \frac{\|w\|}{2} \tag{2-26}$$

统计学理论指出:在 N 维空间中,设样本分布在一个半径为 R 的超球范围内,则满足条件 $\|w\| \leqslant A$ 的正则超平面构成指标函数集 $f(x, w, b) = \text{sgn}(w * x) + b = 0$ 的 VC 维

满足下面的界：

$$h = \min(\lceil R^2 A^2 \rceil, N) + 1 \tag{2-27}$$

由式(2-27)可知,可以通过最小化$\|w\|$使VC维置信度最小。如果固定经验风险,最小化期望风险的问题就转换为最小化$\|w\|$。

2) 最小二乘支持向量机

标准支持向量机是求解一个带约束的二次规划问题,而且约束数目等于样本容量,因而对于大容量的样本求解工作量相当大,训练时间长。最小二乘支持向量机算法是在支持向量机的基础上发展而来的,是标准支持向量机的一个变种,它用二次损失函数取代支持向量机中不敏感损失函数,将不等式约束条件变为等式约束条件,求解过程变成解一组等式方程,避免了求解二次规划问题,求解速度变快。

LS-SVM分类算法的描述如下：

设训练样本数据集包含n个样本点,$(x_i, y_i), x_i \in R^n, y_i \in \{+1, -1\}, i = 1, 2, \cdots, n$。其中,$x_i$为输入数据,$y_i$为输出数据。在进行非线性分类时,通过引入非线性映射$\Phi(x)$：$R^A \to H$,把输入空间的训练数据映射到一个高维空间H中,在特征空间H中构建最优超平面。

最小二乘支持向量机的优化问题表达式为

$$\begin{aligned}\min_{w,b,\xi} J(w, \xi) &= \frac{1}{2}\|w\|^2 + \frac{1}{2}\gamma \sum_{i=1}^{n} \xi_i^2 \\ \text{s.t.} \quad y_i[w^T \phi(x_i) + b] &= 1 - \xi_i, \quad i = 1, 2, \cdots, n\end{aligned} \tag{2-28}$$

其中,目标函数的第一项对应于模型泛化能力,而第二项代表了模型的精确性。$w \in H$是权重向量,$\xi \in R$是松弛因子,$b \in R$是偏差值,γ是可调参数,类似于SVM中的参数C,用于对$J(w, \xi)$进行控制。

引入Lagrange函数,有

$$L(w, b, \xi, \alpha) = \frac{1}{2}\|w\|^2 + \frac{1}{2}\gamma \sum_{i=1}^{n} \xi_i^2 - \sum_{i=1}^{n} \alpha_i \{y_i[w^T \phi(x_i) + b] - 1 + \xi_i\} \tag{2-29}$$

式中,$\alpha_i, i = 1, 2, \cdots, n$,是Lagrange乘子。根据KKT条件,分别对$L$进行$w, b, \xi_i, \alpha_i$的偏导数求解,并使得偏导数等于零：

$$\begin{cases} \dfrac{\partial L}{\partial w} = 0 \Rightarrow w = \sum_{i=1}^{N} \alpha_i y_i \varphi(x_i) \\ \dfrac{\partial L}{\partial b} = 0 \Rightarrow \sum_{i=1}^{n} \alpha_i y_i = 0 \\ \dfrac{\partial L}{\partial \xi_i} = 0 \Rightarrow \alpha_i = \gamma \xi_i \\ \dfrac{\partial L}{\partial \alpha_i} = 0 \Rightarrow y_i[w^T \varphi(x_i) + b] + \xi_i - 1 = 0 \end{cases} \tag{2-30}$$

式(2-29)可以转化为以下矩阵方程：

$$\begin{bmatrix} I & 0 & 0 & -Z^{\mathrm{T}} \\ 0 & 0 & 0 & -Y^{\mathrm{T}} \\ 0 & 0 & \gamma I & -I \\ Z & Y & I & 0 \end{bmatrix} \begin{bmatrix} w \\ b \\ \xi \\ \alpha \end{bmatrix} = \begin{bmatrix} 0 \\ 0 \\ 0 \\ L_n \end{bmatrix} \qquad (2\text{-}31)$$

式(2-31)中，I 为 $n \times n$ 单位矩阵，$Z = [\phi(x_1)^{\mathrm{T}} y_1, \phi(x_2)^{\mathrm{T}} y_2, \cdots, \phi(x_n)^{\mathrm{T}} y_n]$，$Y = [y_1, y_2, \cdots, y_n]$，$\xi = [\xi_1, \xi_2, \cdots, \xi_n]$，$\alpha = [\alpha_1, \alpha_2, \cdots \alpha_n]$，$L_n = [1, 1, \cdots, 1]$。

将 w 和 ξ 消除，便可得等式方程：

$$\begin{bmatrix} 0 & Y^{\mathrm{T}} \\ Y & \Omega + \frac{1}{\gamma} I \end{bmatrix} \begin{bmatrix} b \\ \alpha \end{bmatrix} = \begin{bmatrix} 0 \\ L_n \end{bmatrix} \qquad (2\text{-}32)$$

式中，Ω 是一个 $n \times n$ 的对称矩阵；$\Omega = ZZ^{\mathrm{T}} = [\Omega_{ij}]_{n \times n}$。应用 Mercer 条件，可得 $\Omega_{ij} = y_i y_j \phi(x_i)^{\mathrm{T}} \phi(y_j) = y_i y_j K(x_i, x_j)$，$i, j = 1, 2, \cdots, n$。其中，$K(x_i, x_j)$ 为满足 Mercer 条件的核函数。

将式(2-31)用核函数的形式表达，即可转化为矩阵方程：

$$\begin{bmatrix} 0 & y_1 & \cdots & y_n \\ y_1 & y_1 y_n K(x_1, x_n) + 1/\gamma & \cdots & y_1 y_n K(x_1, x_n) \\ \vdots & \vdots & & \vdots \\ y_n & y_n y_1 K(x_n, x_1) & \cdots & y_n y_n K(x_n, x_n) + 1/\gamma \end{bmatrix} \cdot \begin{bmatrix} b \\ \alpha_1 \\ \vdots \\ \alpha_n \end{bmatrix} = \begin{bmatrix} 0 \\ 1 \\ \vdots \\ 1 \end{bmatrix} \qquad (2\text{-}33)$$

将上面的矩阵方程进行求解，得到决策函数：

$$y(x) = \mathrm{sign}\Big[\sum_{i=1}^{n} \alpha_i y_i K(x, x_i) + b\Big] \qquad (2\text{-}34)$$

4. 相关向量机

相关向量机(relevance vector machine，RVM)是一种基于贝叶斯框架的核函数法的新监督学习方法，由 Tipping(2001)提出。它有着与支持向量机一样的函数形式，都是基于核函数映射将低维空间的非线性问题转化为高维空间的线性问题。相关向量机采用的通过在参数 W 上定义受超参数控制的 Gaussian 先验概率，贝叶斯框架下进行机器学习，利用自相关判定理论(automatic relevance determination，ARD)来移除不相关的点，从而获得稀疏化模型，由于在样本数据的迭代学习过程中，大部分参数的后验分布趋于零，而非零的参数所对应的学习样本，与决策域的样本并不相关，只代表数据中的原型样本，因此称这些样本为相关向量(relevance vector)，体现了数据中最核心的特征。同支持向量机相比，相关向量机最大的优点就是极大地减少了核函数的计算量，并且也克服了所选核函数必须满足 Mercer 条件的缺点，但所需核函数的数量会随着训练样本数的增大而显著增加，因此训练的时间相对较长。RVM 在获得解的稀疏性和预测值的概率性方面取得了很好的效果。

1) 相关向量机模型

假定样本训练集 $(x_n,t_n)_{n=1}^N$，目标值 t_n 相互独立分布，输入值 x_n 是独立分布样本。则可用式(2-34)来表示输入 x 和目标 t 之间的关系，其中 ξ_n 为附加噪声，且满足如下的 Gaussian 分布：

$$t_n = y(x_n;w) + \xi_n \tag{2-35}$$

$$\xi_n \sim N(0,\sigma^2) \tag{2-36}$$

式中，期望为 0，方差为 σ^2。σ^2 在模型中假设为未知量，随后在数据训练的时候迭代更新获取，由式(2-34)和式(2-35)可得

$$P(t_n \mid w,\sigma^2) = N(\Phi w,\sigma^2) \tag{2-37}$$

式中，Φ 为 $N\times(N+1)$ 是由核函数组成的结构矩阵，即 $\Phi=[\varphi(x_1),\varphi(x_2),\cdots,\varphi(x_n)]^T$，其中，$\Phi$ 的每行 $\varphi(x_n)=[k(x_n,x_1),k(x_n,x_2),\cdots,k(x_n,x_N)]^T$。为防止 w 和 σ^2 极大似然估计时的过适应，定义了的 ARD 先验概率分布：

$$P(W \mid \alpha) = \prod_{i=0}^{N} N(w_i \mid 0,a_i^{-1}) \tag{2-38}$$

式中，$\alpha=(\alpha_0,\alpha_1,\cdots,\alpha_N)$ 是由超参所组成的向量，假定超参 α 和噪声参数 σ^2 服从 Gamma 先验概率分布：

$$P(\alpha_i) = \text{Gamma}(a,b) \tag{2-39}$$

$$P(\sigma^2) = \text{Gamma}(c,d) \tag{2-40}$$

其中

$$\text{Gamma}(a,b) = \Gamma(\alpha)^{-1} b^a a^{a-1} e^{-ba} \tag{2-41}$$

$$\Gamma(a) = \int_0^\infty t^{a-1} e^{-t} dt \tag{2-42}$$

参数 a、c 为 Gamma 分布的尺度参数，为了达到无信息先验假设，一般取值都为 10^{-4}。利用图论知识，可以将上述参数 α、w、σ^2、t 之间的关系表示如图 2-17 所示。

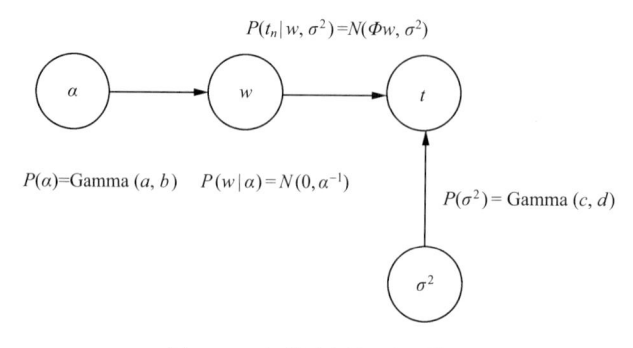

图 2-17 相关向量机图示模型

2) 回归模型

给定样本训练集 $(x_n,t_n)_{n=1}^N$，通过这些训练样本的学习，相关向量机模型可从中学习出超参 α、σ^2 和 μ。基于权重的后验概率分布是依赖于变量最优值 α_{MP} 和 σ_{MP}^2 当新输入一些测试样本数据 x^* 后，目标数据 t^* 的后验概率分布可以通过如下关系式得到

$$P(t^*\mid t,\alpha_{MP},\sigma_{MP}^2)=\int P(t^*\mid w,\sigma_{MP}^2)P(t^*\mid t,\alpha_{MP},\sigma_{MP}^2)\mathrm{d}\omega \qquad (2\text{-}43)$$

可以对式(2-42)化简：

$$P(t^*\mid t,\alpha_{MP},\sigma_{MP}^2)=N(y^*,\sigma^{2*})$$

可以看出，$P(t^*\mid t,\alpha_{MP},\sigma_{MP}^2)$ 满足 Gaussian 分布，期望为 y^*，方差为 σ^{2*}，其中

$$y^*=u^{\mathrm{T}}\varphi(x^*) \qquad (2\text{-}44)$$

可以通过式(2-42)来预测 t^* 的真实值，式(2-43)给出两个预测变量的期望误差之和，其中之一为数据噪声误差，另一个是由权值 W 的不确定所产生的误差。在实际中，若 Σ 可解，即为误差项，则参数 W 的取值就可以通过参数 L 的取值来获得。

2.3.2 病虫害程度估算方法

为开展作物病虫害胁迫程度监测，需要选择合适的估算算法，其中，程度估算方法可分为连续性描述和离散性描述，其中，回归分析法和偏最小二乘回归属于连续性描述；Fisher 线性判别、神经网络、支持向量机和相关向量机属于离散性描述。

1. 回归分析法

回归分析法是在掌握大量观察数据的基础上，利用数理统计方法建立因变量与自变量之间的回归关系函数表达式(称回归方程式)。回归分析中，当研究的因果关系只涉及因变量和一个自变量时，叫做一元回归分析；当研究的因果关系涉及因变量和两个或两个以上自变量时，叫做多元回归分析。根据自变量的个数，可以是一元回归，也可以是多元回归。此外，回归分析中，又依据描述自变量与因变量之间因果关系的函数表达式是线性的还是非线性的，分为线性回归分析和非线性回归分析。根据所研究问题的性质，可以是线性回归，也可以是非线性回归。通常线性回归分析法是最基本的分析方法，遇到非线性回归问题可以借助数学手段转化为线性回归问题处理。回归分析法预测是利用回归分析方法，根据一个或一组自变量的变动情况预测与其有相关关系的某随机变量的未来值。进行回归分析需要建立描述变量间相关关系的回归方程，以下主要介绍多元逐步回归法(multiple stepwise regression, MSR)。

多元逐步回归法是建立最优回归方程的一种多元统计方法。其特点有两个：首先，对引入的因子进行检验，显著的引入，不显著的剔除。其次，每引入一个新因子，要对前面引入的新因子进行检验，显著者保留，不显著者剔除。如此反复，直到进入方程的因子都显著，未进入方程的因子都不显著为止，就得到了最优回归方程。

在多元逐步回归中，为了便于计算，通常采用标准化的多元线性回归方程模型，其正则方程组为

$$\begin{pmatrix} 1 & r_{12} & \cdots & r_{1p} \\ r_{21} & 1 & \cdots & r_{2p} \\ \vdots & \vdots & 1 & \vdots \\ r_{p1} & \vdots & \cdots & 1 \end{pmatrix} \begin{pmatrix} b_1^* \\ b_2^* \\ \vdots \\ b_p^* \end{pmatrix} = \begin{pmatrix} r_{1y} \\ r_{2y} \\ \vdots \\ b_p^* \end{pmatrix}, \quad 即 R_{xx}b^* = R_{xy} \qquad (2\text{-}45)$$

解正则方程组(2-45),采用紧凑变换法,增广矩阵为

$$R^{(0)} = \begin{pmatrix} r_{11}^0 & r_{21}^0 & \cdots & r_{1p}^0 & r_{1y}^0 \\ r_{21}^0 & r_{22}^0 & \cdots & r_{2p}^0 & r_{2y}^0 \\ \vdots & \vdots & & \vdots & \vdots \\ r_{p1}^0 & r_{p2}^0 & \cdots & r_{pp}^0 & r_{py}^0 \\ r_{y1}^{(0)} & r_{y2}^0 & \cdots & r_{yp}^0 & r_{yy}^0 \end{pmatrix} \qquad (2\text{-}46)$$

式中,$r_{ij}^{(0)} = r_{ij}$,$r_{yj}^{(0)} = r_{yj}$,$r_{yy}^{(0)} = 1$,用紧凑变换可方便地将任一自变量引入和退出回归方程,这正是建立最优回归方程所要求的。

2. 偏最小二乘回归

偏最小二乘回归(partial least squares regression,PLSR)是在多元线性回归的基础上发展起来的一种新型的多元统计数据分析方法,又被称为第二代回归方法,偏最小二乘回归可以较好地解决许多以往用普通多元回归无法解决的问题。它可以同时实现回归建模(多元线性回归)、数据结构简化(主成分分析),并能够有效地克服变量之间的多重相关性(典型相关分析)。

在对多变量进行分析和建模时,常用的方法包括采用最小二乘回归拟合建立显式模型和采用人工神经网络进行学习训练建立隐式模型。而在使用过程中,这些方法都存在一些缺点:经典的最小二乘回归拟合方法难以克服变量之间的多重相关性,而人工神经网络对模型的解释性差,此外,这些方法都不具备筛选变量的功能,而偏最小二乘回归可以进行变量筛选,并能够有效地克服变量之间的多重相关性,并允许在样本点个数少于变量个数的条件下进行回归分析建模。

1) 偏最小二乘回归基本思想

偏最小二乘回归不直接考虑因变量和自变量的回归建模,它利用成分提取的思想将变量系统中的信息重新进行综合筛选,从中选取对系统具有最佳解释能力的新综合变量,建立新变量与因变量的回归关系,最后在表达成原变量的回归方程。

假定有 q 个因变量 $\{y_1, y_2, \cdots, y_q\}$ 和 p 个自变量 $\{x_1, x_2, \cdots, x_p\}$,在观测 n 个样本点后,构成自变量与因变量数据表 XY,偏最小二乘回归分别在 X 和 Y 中提取成分 t_1 和 u_1(t_1 是 $x_1, x_2, \cdots, x_p$ 的线性组合;u_1 是 $y_1, y_2, \cdots, y_q$ 的线性组合)。在提取这两个成分时,t_1 和 u_1 必须满足以下两个条件:t_1 和 u_1 应尽可能大地携带各自数据中的变异信息;t_1 和 u_1 的相关程度达到最大。

如果上述条件得到满足,那么 t_1 和 u_1 就最大可能地包含了数据表 X 和 Y 的信息,同时自变量的成分 t_1 对因变量的成分 u_1 又具有最强的解释能力。

在第一成分 t_1 和 u_1 被提取后,偏最小二乘回归分别实施 X 对 t_1 的回归及 Y 对 u_1 的

回归,如果回归方程满足预设精度,则算法停止;否则将利用 X 被 t_1 解释后的残余信息以及 Y 被 u_1 解释后的残余信息进行第二轮的成分提取,如此反复,直到精度满足要求为止。若最终对 X 共提取了 m 个成分 $t_1,t_2,\cdots,t_m$,偏最小二乘回归将通过施行 $y_k(k=1,2,\cdots,q)$ 对 $t_1,t_2,\cdots,t_m$ 的回归,然后表达成 y_k 关于 $t_1,t_2,\cdots,t_m$ 的回归方程。

2) 偏最小二乘回归算法

设 $E_0(n\times p)$ 为标准化的自变量数据矩阵,$F_0(n\times 1)$ 为对应的因变量向量,则成分 t_i 的计算公式为

$$t_i = E_{i-1}W_i \tag{2-47}$$

式中,W_i 是矩阵 $E_{i-1}^T F_0 F_0^T E_{i-1}$ 最大特征值所对应的特征向量,计算公式为 $W_i = \dfrac{E_{i-1}^T F_0}{\|E_{i-1}^T F_0\|}$,T 代表转置矩阵;$E_{i-1}$ 是自变量矩阵 E_{i-2} 对成分 t_{i-1} 回归得到的残差阵,表达式为 $E_i = E_{i-1} - t_i p_i^T$,而 $p_i = \dfrac{E_{i-1}^T t_i}{\|t_i\|^2}$。

具体选取几个成分,可用交叉有效性确定,当增加新的成分对减少方程的预测误差没有明显改善作用时,就停止提取新的成分。加入共有 k 个成分入选,建立回归方程,得

$$\hat{F}_0 = r_1 t_1 + r_2 t_2 + \cdots + r_k t_k \tag{2-48}$$

由于 t_i 均是 E_0 的线性组合,所以 $\hat{F}_0$ 可以写成 E_0 的线性表达形式:

$$\hat{F}_0 = E_0 \beta \tag{2-49}$$

其中,$\beta = \sum\limits_{i=1}^{k} r_i W_i^*$,而 $r_i = \dfrac{F_0^T t_i}{\|t_i\|^2}$;$W_i^* = \prod\limits_{j=1}^{i-1}(I - W_j p_j^T)W_i$;$I$ 为单位矩阵。

最后根据标准化的逆运算,可以变换成因变量 Y 对原始自变量 X 的回归方程。

3) PLSR 模型的交叉验证

偏最小二乘回归和其他建模方法一样,当增加成分个数时,会降低误差,同时提高模型的预测精度,但成分过多时,又会发生过度拟合现象,使预测误差增加,因此确定抽出成分个数是偏最小二乘回归算法的关键问题之一。

在偏最小二乘回归算法中最佳成分个数的确定一般采用交叉验证法(cross-validation),通过增加一个新的成分后能否对模型的预测功能有明显的改进来确定。首先使用全部样本点并提取前 h 个偏最小二乘成分进行回归建模,并设 $\hat{y}_{hi}$ 为第 i 个样本点利用该模型计算的对应于原始数据 y_i 的拟合值。则因变量 y 的误差平方和 $S_{ss,h}$ 为

$$S_{ss,h} = \sum_{i=1}^{n}(y_i - \hat{y}_{hi})^2 \tag{2-50}$$

然后删去样本点 i 并提取前 h 个偏最小二乘成分进行回归建模,$\hat{y}_{hi}$ 为用此模型计算的 y_i 的拟合值。则因变量 y 的预测误差平方和(prediction residual sum of squares,PRESS)$S_{\text{PRESS},h}$ 为

$$S_{\text{PRESS},h} = \sum_{i=1}^{n}(y_i - \hat{y}_{h(-i)})^2 \tag{2-51}$$

成分的增加带来了样本点的扰动误差,如果方程的稳健性不好,则它对样本点的变动就非常敏感,这种扰动误差就会加大因变量 y 的预测误差平方和值。如果 h 个成分回归方程的含扰动误差能在一定程度上小于 $h-1$ 个成分回归方程的拟合误差,则认为增加 1 个成分 t_h,会使预测精度明显提高。因此 $\frac{S_{\mathrm{PRESS},h}}{S_{\mathrm{ss},h-1}}$ 的比值越小越好。对于因变量 y,定义成分 t_h 的交叉有效性为

$$Q_h^2 = 1 - \frac{S_{\mathrm{PRESS},h}}{S_{\mathrm{ss},h-1}} \tag{2-52}$$

当 $\sqrt{S_{\mathrm{PRESS},h}} \leqslant 0.95 \sqrt{S_{\mathrm{ss},h-1}}$ 时,即当成分 t_h 的交叉有效性 $\geqslant 0.0975$ 时,引进新的成分 t_h 会对模型的预测能力有明显改善作用。

3. Fisher 线性判别

详细介绍见 2.3.1 节。对病害程度的估测除上述介绍的两种方法对病情指数 DI 进行量化估测外,还可以采取利用 Fisher 判别分析法进行定性的分类判别。例如,将叶片的发病程度依据病斑侵染的程度分为正常、轻度感病和严重感病三级。于是,对病情程度的估测即转化为一个分类判别的问题。

4. 神经网络

详细介绍见 2.3.1 节,在本节,神经网络的输出为病虫害发生的严重程度,即可以是连续的 DI,也可以转化为定性的严重程度。

5. 支持向量机

详细介绍见 2.3.1 节,本节中可以利用该方法对 DI 进行回归拟合,进而估测病害发生情况,也可以利用该方法对病害发生的严重程度进行分级判别。

6. 相关向量机

详细介绍见 2.3.1 节,在病害严重度估算方面,该方法与支持向量机相同。

本章主要介绍了作物病虫害的光谱响应特性、遥感监测机理和遥感数据解析和处理方法,为后续章节进行小麦、水稻、棉花和玉米的具体病虫害遥感监测和预警提供理论基础和支撑。

参 考 文 献

邓乃扬,田英杰. 2004. 数据挖掘中的新方法——支持向量机. 北京:科学出版社.
飞思科技产品研发中心. 2004. 神经网络理论与 Matlab7 实现. 北京:电子工业出版社.
黄敬峰,王福民,王秀珍. 2010. 水稻高光谱遥感试验研究. 浙江:浙江大学出版社.
黄文江. 2009. 作物病害遥感监测机理与应用. 北京:中国农业科学技术出版社.
靳宁. 2009. 棉花黄萎病高光谱识别及遥感监测研究. 南京:南京信息工程大学硕士学位论文.
刘占宇. 2008. 水稻主要病虫害胁迫遥感监测研究. 杭州:浙江大学博士学位论文.
浦瑞良,宫鹏. 2000. 高光谱遥感及其应用. 北京:高等教育出版社.
沈掌泉. 2005. 神经网络集成技术及其在土壤学中应用的研究. 杭州:浙江大学博士学位论文.

王惠文. 1999. 偏最小二乘回归的方法与应用. 北京:国防工业出版社.

王纪华,赵春江,郭晓维,等. 2001. 用光谱反射率诊断小麦叶片水分状况的研究. 中国农业科学, 34 (1): 104-107.

王丽珍,周丽华,陈红梅,等. 2005. 数据仓库与数据挖掘原理及应用. 北京:科学技术出版社.

杨树仁,沈洪远. 2010. 基于相关向量机的机器学习算法研究与应用. 计算技术与自动化, 19 (1): 43-47.

袁志发,周静芋. 2002. 多元统计分析. 北京:科学出版社.

张代远. 2007. 神经网络新理论与方法. 北京:清华大学出版社.

郑兰芬,王晋年. 1992. 成像光谱遥感技术及其图像光谱信息提取的分析研究. 环境遥感, 7 (1): 49-58.

Adams M L, Philpot W D, Norvell W A. 1999. Yellowness index: an application of spectral spring derivatives to estimate chlorosis of leaves in stressed vegetation. International Journal of Remote Sensing, 20 (18): 3663-3675.

Addison P S. 2005. Wavelet transforms and the ECG: A review. Physiological Measurement, 26(5): R155.

Blackburn G A, Ferwerda J G. 2008. Retrieval of chlorophyll concentration from leaf reflectance spectra using wavelet analysis. Remote Sensing of Environment, 112(4): 1614-1632.

Blackburn G A. 2007. Wavelet decomposition of hyperspectral data: A novel approach to quantifying pigment concentrations in vegetation. International Journal of Remote Sensing, 28(12): 2831-2855.

Bruce L M, Li J, Huang Y. 2002. Automated detection of subpixel hyperspectral targets with adaptive multichannel discrete wavelet transform. IEEE Transactions on Geoscience and Remote Sensing, 40(44): 977-980.

Bruce L M, Li J. 2001. Wavelets for computationally efficient hyperspectral derivative analysis. IEEE Transactions on Geoscience and Remote Sensing, 39(7): 1540-1546.

Bruce L M, Mathur A, Byrd J D. 2006. Denoising and wavelet-based feature extraction of MODIS multi-temporal vegetation signatures. GIScience & Remote Sensing, 43(1): 67-77.

Cheng T, Rivard B, Sanchez-Azofeifa A. 2011. Spectroscopic determination of leaf water content using continuous wavelet analysis. Remote Sensing of Environment, 115(2): 659-670.

Cheng T, Rivard B, Sánchez-Azofeifa G A, et al. 2010. Continuous wavelet analysis for the detection of green attack damage due to mountain pine beetle infestation. Remote Sensing of Environment, 114(4): 899-910.

Cheng X, Chen Y. R, Tao Y, et al. 2004. A novel integrated PCA and FLD method on hyperspectral image feature extraction for cucumber chilling damage inspection. Transactions of the ASAE, 47 (4): 1313-1320.

Clark R N, Roush T L. 1984. Reflectance spectroscopy: Quantitative analysis techniques for remote sensing applications. Journal of Geophysical Research: Solid Earth (1978-2012), 89(B7): 6329-6340.

Curran P J. 1980. Relative reflectance data from preprocessed multispectral photography. International Journal of Remote Sensing, 1 (1): 77-83.

Curran P J. 1989. Remote Sensing of foliar chemistry. Remote Sensing of Environment, 30(3): 271-278.

ElMasry G, Wang N, ElSayed A, et al. 2007. Hyperspectral imaging for nondestructive determination of some quality attributes for strawberry. Journal of Food Engineering, 81 (1): 98-107.

Farge M. 1992. Wavelet transforms and their applications to turbulence. Annual Review of Fluid Mechanics, 24(1): 395-458.

Ferwerda J G, Jones S D. 2006. Continuous Wavelet Transformations for Hyperspectral Feature Detection. Berlin Heidelberg: Springer.

Gitelson A A, Kaufman Y J, Stark R, et al. 2002. Novel algorithms for remote estimation of vegetation fraction. Remote Sensing of Environment, 80 (1): 76-87.

Hoffer R M. 1978. Biological and physical considerations in applying computer-aided analysis techniques to remote sensor data. Remote Sensing: The Quantitative Approach, 5.

Horler D N, Dockray M, and Barber J. 1983. The red edge of plant leaf reflectance. International Journal of Remote Sensing, 4(2): 273-288.

Huete A R. 1988. A soil-adjusted vegetation index (SAVI). Remote Sensing of Environment, 25 (3): 295-309.

Jordan C F. 1969. Derivation of leaf area index from quality of light on the forest floor. Ecology, 663-666.

Kaufman Y J, Tanre D. 1996. Strategy for direct and indirect methods for correcting the aerosol effect on remote sensing: from AVHRR to EOS-MODIS. Remote Sensing of Environment, 55 (1): 65-79.

Knipling E B. 1970. Physical and physiological basis for the reflectance of visible and near-infrared radiation from vegetation. Remote Sensing of Environment, 1 (1): 155-159.

Li Q, Wang M, Gu W. 2002. Computer vision based system for apple surface defect detection. Computers and Electronics in Agriculture, 36 (2): 215-223.

Lillesan T M, Kiefer R W. 1994. Remote Sensing and Image Interpretation. New York: John Willey & Sons, Inc, United States of America.

Liu Y, Chen Y R, Wang C Y, et al. 2006. Development of hyperspectral imaging technique for the detection of chilling injury in cucumbers: spectral and image analysis. Applied Engineering in Agriculture, 22(1): 101-111.

Lymburner L, Beggs P J, Jacobson C R. 2000. Estimation of canopy-average surface-specific leaf area using Landsat TM data. Photogrametric Engineering and Remote Sensing, 66 (2): 183-191.

Mallat S. 1999. A Wavelet Tour of Signal Processing. Massachusetts: Academic Press.

Miller J R, Hare E W, Wu J. 1990. Quantitative characterization of vegetation red edge reflectance 1. An inverted-Gaussian reflectance model. International Journal of Remote Sensing, 11(10): 1755-1773.

Naidu R A, Perry E M, Pierce F J, et al. 2009. The potential of spectral reflectance technique for the detection of Grapevine leaf roll-associated virus-3 in two red-berried wine grape cultivars. Computers and Electronics in Agriculture, 66 (1): 38-45.

Núñez J, Otazu X, Fors O, et al. 1999. Multiresolution-based image fusion with additive wavelet decomposition. IEEE Transactions on Geoscience and Remote Sensing, 37(3): 1204-1211.

Parker S P, Shaw M W, Royle D J. 1995. The reliability of visual estimates of disease severity on cereal leaves. Plant Pathology, 44 (5): 856-864.

Parkes I. 1997. Earth Observation Science: AATSR. Retrieved from http://www.le.ac.uk/CWIS/AD/PH/PHE/pheasr4html on 05/01/1997.

Peñuelas J, Filella I, Biel C, et al. 1993. The reflectance at the 950—970nm region as an indicator of plant water status. International Journal of Remote Sensing, 14(10): 1887-1905.

Peñuelas J, Inoue Y. 1999. Reflectance indices indicative of changes in water and pigment contents of peanut and wheat leaves. Photosynthetica, 36 (3): 355-360.

Peñuelas J, Filella I, Biel C, et al. 1993. The reflectance at the 950—970nm region as an indicator of plant water status. International Journal of Remote Sensing, 14(10): 1887-1905.

Pinty B, Verstraete M M. 1992. GEMI: A non-linear index to monitor global vegetation from satellites. Vegetation, 101(1): 15-20.

Qi J, Chehbouni A, Huete A R, et al. 1994. A modified soil adjusted vegetation index. Remote Sensing of Environment, 48 (2): 119-126.

Riedell W E, Blackmer T M. 1999. Leaf reflectance spectra of cereal aphid-damaged wheat. Crop Science, 39 (6): 1835-1840.

Rondeaux G, Steven M, Baret F. 1996. Optimization of soil-adjusted vegetation indices. Remote Sensing of Environment, 55 (2): 95-107.

Rouse J W, Haas R H, Schell J A, et al. 1973. Monitoring vegetation systems in the Great Plains with ETRS. In: Third ETRS Symposium, NASA SP353, Washington DC, 309-317.

Simhadri K K, Lyengar S S, Holyer R J, et al. 1998. Wavelet-based feature extraction from oceanographic images. IEEE Transactions on Geoscience and Remote Sensing, 36(3): 767-778.

Tian Q, Tong Q, Pu R, et al. 2001. Spectroscopic determination of wheat winter status using 1650-1850nm spectral absorption features. International Journal of Remote sensing, 22 (12): 2329-2338.

Tipping M E. 2001. Sparse Bayesian learning and the relevance vector machine. The Journal of Machine Learning Research, 1: 211-244.

Torrence C, Compo G P. 1998. A practical guide to wavelet analysis. Bulletin of the American Meteorological Society, 79(1): 61-78.

Tucker C J. 1979. Red and photographic infrared linear combinations for monitoring vegetation. Remote Sensing of Environment, 8 (2): 127-150.

Vapnik V N, Vapnik V. 1998. Statistical Learning Theory. New York: Wiley.

Verstraete M M, Pinty B. 1996. Designing optimal spectral indexes for remote sensing applications. IEEE Transactions on Geoscience and Remote Sensing, 34 (5): 1254-1265.

Yang C M, Cheng C H, Chen R K. 2007. Changes in spectral characteristics of rice canopy infested with brown planthopper and leaffolder. Crop Science, 47 (1): 329-335.

Yang Z, Rao M N, Elliott N C, et al. 2005. Using ground-based multispectral radiometry to detect stress in wheat caused by greenbug (Homoptera: Aphididae) infestation. Computers and Electronics in Agriculture, 47 (2): 121-135.

Zhao C, Huang M, Huang W, et al. 2004. Analysis of winter wheat stripe rust characteristic spectrum and establishing of inversion models. Geoscience and Remote Sensing Symposium, IGARSS'04 Proceedings 2004 IEEE International, 6: 4318-4320.

第二部分　非成像光谱技术监测作物病虫害研究

　　农作物病虫害是农业生产中的重要生物灾害,一直以来都是制约农业高产、优质、高效、生态、安全的主导因素。近年来,随着全球气候变暖、各类灾变事件频发,一定程度上为病虫害的发生、流行和传播提供了有利条件,使病虫害的防控任务更加艰巨。传统的作物病虫害诊断和监测方法费时、费工且需要进行破坏取样和室内分析,不能满足大范围精准农业生产的迫切需求。遥感技术因其具有观测视野大、无损监测、信息量丰富等特点,20世纪20年代末至30年代初,被广泛用于农作物病虫害的监测、分析和评价。

　　非成像光谱技术虽不能成像,但往往具有光谱分辨率高、波段数多、信息量丰富等特征,能够探测到地物很细微的特征,是成像多光谱技术不可比拟的。本部分中涉及的非成像光谱专指 ASD FieldSpec Pro FR（350~2500nm）型地面非成像光谱数据。由于非成像光谱数据均是在近地采集的,受大气的影响小,受外界环境影响小,信噪比高,更接近于测量地物的真实光谱,因此,采用非成像光谱技术可以研究作物受病虫害危害的光谱响应特征和机制,是航空和航天遥感监测病虫害研究的理论基础。

　　在非成像光谱技术监测尺度上,本部分内容主要采用单叶监测和冠层监测两种方式。考虑到叶片是作物最主要的组成成分,且病虫害的主要危害部位就是叶片。单叶条件下,叶片光谱特征不受土壤、大气、植被几何结构、覆盖度等因子影响,光谱的变化只受病虫害危害的影响,有利于准确了解和明确病虫害的遥感监测机理。在作物的冠层尺度上,田间冠层光谱是一定视场下的地物混合光谱,其获取的田间环境与航天、航空遥感的环境较为接近,但克服了卫星遥感数据基于时间、空间及光谱分辨率的限制,以及航空遥感数据由于其影像定标方面的困难。因此,研究不同危害程度的作物的冠层光谱,明确其光谱响应特征并构建基于冠层光谱的遥感监测模型能为航空及航天遥感监测作物病虫害提供理论基础。

　　本部分以部分农作物的主要病虫害（包括小麦条锈病、白粉病、蚜虫,水稻胡麻叶斑病、稻纵卷叶螟及棉花黄萎病）为例,通过测量受病虫害不同程度危害的单叶和冠层近地非成像光谱技术,结合野外观测获取的数据资料,研究作物受不同病虫害危害的生理结构变化及光谱响应机制,提出和发展准确提取作物受不同病虫害、不同程度危害的敏感光谱特征的分析技术和方法,构建敏感光谱指数和病虫害非成像光谱监测模型,为进一步研究作物病虫害成像遥感和区域尺度的遥感监测提供理论基础。

　　本部分的研究是基于部分作物不同病虫害的几个典型近地实验而开展的。针对不同作物病虫害侵害情况及特点,典型实验的详细实验方案如下。

实验一　小麦条锈病叶片及冠层光谱实验

由于小麦条锈病主要发生在叶片上,可利用遥感技术开展叶片和冠层尺度的病害遥感监测研究。小麦条锈病叶片及冠层光谱实验在2011年人工接种的基础上开展,试验基地为北京小汤山国家精准农业示范基地,接种品种为"京9428",正常水肥管理。分别在决定小麦产量高低的两个关键生育期:拔节期(4月29日,以下称为生育期Ⅰ)和灌浆期(5月21日,以下称为生育期Ⅱ),按照接种的严重度梯度,随机采集了小麦植株的220片不同病害等级的倒三叶和倒一叶。

与此同时,根据叶片上条锈病斑分布的数量和大小,计算了每片叶的病情指数。为对比不同病害级别的叶片光谱差异,将病害严重度分为4个等级:level 0(正常,叶片上没有任何病斑);level 1(轻度,叶片上的病斑数目少、面积小);level 2(中度,叶片上的病斑数目少、面积大或者数目多,面积小);level 3(重度,叶片上的病斑数目多、面积大)。另外,挑选有代表性的小麦植株,用日本美能达SPAD-502叶绿素仪和法国Force-A公司生产的Dualex氮平衡指数仪测量了倒一叶至倒三叶的叶绿素(相对含量SPAD)、叶绿素Chl(chlorophyll)、类黄酮Flav(flavonoid)、氮平衡指数(nitrogen balance index,NBI)等指标,分析条锈病对小麦植株的垂直破坏性。

实验二　小麦白粉病叶片及冠层光谱实验

小麦白粉病是一种小麦易感染的病害,叶部较明显的白斑样症状使其较适合于遥感监测。实验于北京市农林科学院内试验田进行,地处东经116°16′,北纬39°56′,海拔高度56 m。供试品种"京冬8"在北京及河北省境内种植较广泛,对小麦白粉病中度易感。2010年5月至6月间,试验田内约一半面积的小麦自发感染白粉病。发病早期症状并不明显,从灌浆期开始出现较明显的叶部症状,同时,灌浆初期亦是利用农药控制病情的重要时间点。因此,实验的叶片采集安排在2010年5月23日(灌浆早期)进行。

用剪刀剪取带叶柄的叶片共114片,包括正常样本34片和感病样本80片。剪取后立即装入事先准备好的冰袋中,避免水分散失而影响正常的生理状态。样品采集完后立即转移至室内,进行叶片光谱及生化参数的测定以及叶片病情严重度判读。生化参数主要包括叶绿素a,叶绿素b和类胡萝卜素三种色素的含量。5月29日,在病害发生的田块内选取36个不同病情感染程度的小区进行了冠层光谱测定,并记录了各个小区的病情等级。本实验数据主要用于探讨小麦白粉病的叶片光谱响应特征及利用各类光谱特征进行病情程度的估测、判别等问题。

实验三　小麦蚜虫叶片光谱实验

小麦蚜虫危害的主要器官是叶片,包括直接为害和间接为害两个方面(参见2.3.1节)。叶片实验于2011年5月13日在北京市农林科学院内试验田进行。田内种植品种为中麦16,种植时间为2009年9月22~26日,收割时间为2010年6月10日左右。由于试验地地处北京海淀区西四环边上,属于北京市城区,其地表温度和气温均高于北京郊区农田,小麦生育期比郊区农田提早一周左右。实验时间正值试验地小麦杨花后期灌浆初期,小麦蚜虫处于上升期—盛发期。由于北京小麦蚜虫优势种为麦长管蚜,麦长管蚜喜中温不耐高温。因此,为保证蚜量稳定(12点以后,阳光直射,危害叶片的部分蚜虫会全部迁移到植株底部),对叶片危害代表性强,实验选择在08:30~11:00开展。采集数据包括氮平衡指数、表征叶绿素相对含量的SPAD、叶片光谱数据和叶片蚜量等。

实验共获取叶片样本60个,根据试验田发生蚜虫情况,采集样本蚜量(每片叶子样本上的蚜虫数量)范围为0~120个,且为保证试验样本的典型性和代表性,研究有计划地进行采样,选取的样本蚜量间隔为5个左右,且每个间隔采样数量均等。试验时期,大部分小麦的倒一叶尚未完全展开,且蚜量浮动范围较小,故试验选择倒二叶为研究对象。具体采集流程及方法为:首先根据目测样本蚜量,选择满足试验要求的小麦倒二叶,然后用剪刀轻轻剪下叶片,开始计数蚜量,并记录样本编号和相应的蚜量,计数完毕后,用细毛刷轻轻扫除叶片蚜虫,立即测量NBI、SPAD和叶片光谱。

实验四　小麦蚜虫冠层光谱实验

小麦蚜虫冠层光谱实验于2010年春季在北京市昌平区小汤山国家精准农业示范研究基地开展(40°10′N,116°26′E)。试验田田块长250m,宽50m,供试小麦品种为中麦175,于2009年10月4日播种,常规管理,与2010年10月24日收割。为研究需要,在2010年5月28日(蚜虫的最佳防治期),将南边的150m×50m的试验田划分为150m×10m的5个地块,分别进行常规喷药和分剂量喷药,以形成不同的蚜虫危害级别(蚜害等级),其余实验田不做任何处理。试验开展时间为2010年6月7日,此时正值冬小麦灌浆中后期,也是小麦蚜虫的盛发期,正常生长小麦株高78 cm。实验期间主要观测小麦冠层光谱及蚜害调查。

实验五　水稻胡麻叶斑病叶片及冠层光谱实验

水稻胡麻叶斑病是一种真菌病害,发生于水稻苗期至收获的所有生长阶段。胡麻叶斑病胁迫下,水稻叶部明显的病变症状较适合于遥感监测。水稻胡麻斑病叶片病害研究实验在浙江省农业科学院植物保护和微生物研究所在浙江省武义县新宅镇三坑口村开展的试验田(28°42′N,119°44′E)进行。试验田内的水稻栽培方式为直播,时间为2006年6月5日。试验地小区面积为$1×1m^2$,南北向排列,行、株距为0.25×0.25 m,即25株/m^2。从粳稻丙04-08植株的叶柄基部裁剪262片叶子,进行室内叶片水平的光谱测定和水稻胡麻叶斑病病害严重度调查。实验中水稻胡麻叶斑病为自然发病,试验田内水稻生育期为容易感染胡麻斑病的抽穗期,发病后未采取任何防控措施,普遍发病约半月后,即2006年8月30日进行观测。健康叶片光谱的样本数为40,不同病害严重程度的叶片光谱样本数为222。

水稻胡麻叶斑病冠层病害实验于2010年和2011年在湖南省的临澧县、桃源县、汉寿县和沅江市进行水稻野外调查试验。水稻病虫害试验在湖南省沅江市的水稻种植区域开展。2010年9月13～16日进行了野外实地调查。首先,从Google Earth高空间分辨率的影像上选取了25个样区,将其地理坐标导入到亚米级的手持GPS中。选取不同发病等级的水稻样点,用便携式地物光谱仪ASD FieldSpec FR2500(350～2500nm)和SPAD叶绿素仪(Konica Minolta SPAD-502,日本)测定水稻冠层光谱和叶绿素相对含量。

实验六 水稻稻纵卷叶螟叶片及冠层光谱实验

稻纵卷叶螟是中国水稻产区的主要害虫之一,广泛分布于各稻区。随稻纵卷叶螟严重度的增加,发生卷叶现象的水稻叶片增多,观测的二向反射特性发生改变,因此,为利用反射率监测稻纵卷叶螟危害情况提供了可能。稻纵卷叶螟叶片光谱观测点有3处:观测点1位于浙江省杭州市萧山区瓜沥镇运东村(30°12′N,120°28′E);观测点2位于浙江省杭州市萧山区蜀山街道章潘桥村(30°06′N,120°15′E);观测点3位于浙江大学现代化农业研究示范中心(120°10′E,30°14′N)。2007年7月27日,在观测点进行田间光谱观测和稻纵卷叶螟危害调查,并采集叶片样本用于室内光谱观测,健康叶片和受危害叶片的样本数均为19。2007年8月14日,在观测点3采集叶片样本进行室内光谱测定,健康叶片和受危害叶片的样本数均为35。

稻纵卷叶螟危害冠层光谱测量实验(1)与水稻胡麻斑病实验相同;实验(2)于2008年10月7～10日在广东省华南农业大学试验基地进行,水稻品种为玉香油占,已进入抽穗期。将稻纵卷叶螟受害区划分为50个5 m×5 m的小区,划分30个健康对照小区。对各受害区和对照区采集冠层叶片反射光谱数据,并对水稻受害情况进行田间调查。水稻光谱反射率数据的采集采用美国ASD Field Spec HH光谱辐射仪(Analytical Spectral Devices,Inc1,USA)。实验选择晴朗无云或少云的天气,分别于2008年10月8日、9日10～12时采集田间冠层叶片反射光谱。对各受害小区,随机选取两丛进行人工查数,调研稻纵卷叶螟受害情况,分别记录总叶片数、受害卷叶叶片数及叶片白斑数,从而统计各区受害情况。

实验七 棉花黄萎病叶片及冠层光谱实验

棉花黄萎病在棉花整个生育期均可发病。发病后棉花的生物物理和生物化学方面会发生很大变化,叶片枯萎特征较适合于遥感监测。本次实验以棉花黄萎病常年易发区的新疆生产建设兵团147团大田及石河子大学新疆作物高产研究中心病圃田受黄萎病危害的棉花为研究对象,于2008年进行多次小区及大田试验,获取研究所需的各种数据,为遥感监测棉花黄萎病提供地面支持。

小区试验位于石河子大学黄萎病病圃田(44°18′N,88°03′E)内,面积78m²,试验区前茬为棉花,每处理设3次重复。种植密度均为24万株/ha,15cm+50cm宽窄行种植,4月20日播种,覆宽膜种植,膜上点播,膜下滴灌,灌水量为40～50m³/ha,施肥量为375kg/ha纯氮,150kg/ha P$_2$O$_5$和75kg/haK$_2$O,保持田间无杂草,其他按当地高产栽培模式管理。8月中上旬黄萎病暴发期在研究区内取不同病情严重度棉叶作为供试材料。按照棉株相同或相近叶位进行取样,保鲜袋真空密封保存,实验室测定光谱及理化参数。病情严重度按棉叶受害面积占整个叶片面积百分比分为5级,即正常(b0):0%;轻度(b1):0%~25%;中度(b2):25%~50%;严重(b3):50%~75%;极严重(b4):75%~100%。

外业测量参数与规范

1. 叶片光谱测定

1) 叶片光谱测定方法1

采用 Li-1800 外置积分球(Li-Cor Inc.,Lincoln,Nebraska,USA)耦连 FieldSpec® UV/VNIR 光谱仪(ASD Inc.,Boulder,Colorado,USA)。波长范围为350~1050nm,光谱分辨率为3nm。为避免信噪比较低的波段,截取450~950nm范围内的光谱进行后续研究。根据叶片病斑分布情况,每片叶片测定10~15个不同位置(避开叶脉)后取平均代表该叶片。参考板光谱每测定10片叶片记录一次,叶片反射率通过叶片辐亮度和参考板辐亮度计算求得。上述实验设计中,实验一至实验四采用该方法进行叶片光谱测定。

2) 叶片光谱测定方法2

采用叶片夹耦连 ASD FieldSpec Pro FR(350~2500nm)型光谱仪进行测定。叶片夹测量的叶片面积约为半径为10nm的圆的面积,其光谱分辨率在350~1000nm范围内为3nm;在1000~2500nm范围内为10nm。试验选择除去叶基部和叶尖部的叶片部分进行光谱测定,考虑到叶片大小及叶片夹的测量面积,对每片叶片均匀间隔选取5个不同部位(避开叶脉),每个部位测定5次光谱后进行平均代表该叶片的光谱。实验五至实验七采用该方法进行叶片光谱测定。

2. 冠层光谱测定

采用 ASD FieldSpec Pro FR(350~2500nm)型光谱仪测定冠层光谱。其光谱分辨率在350~1000nm范围内为3nm;在1000~2500nm范围内为10nm。观测时将光谱仪探头垂直向下,高度始终保持离地面1.3m,探头视场角为25°。每个小区测量20次,每次测量前后均用标准的参考板进行校正求得反射率,并将光谱曲线重采样至1nm。所有光谱测定在晴朗无云的天气条件下在10:00~14:00(地方时)进行。

3. 色素含量测定

色素测定之前,先将叶片样本在25℃的80%丙酮溶液在黑暗环境中浸泡24h。叶绿素a、叶绿素b和类胡萝卜素含量参考 Lichtenthaler 等方法计算。具体原理和计算方法如下所述。

1) 色素测定原理

在可见光波段范围内,叶绿素a和叶绿素b吸收光谱不同。在丙酮溶解溶液中,叶绿素a、叶绿素b在可见光范围内最大吸收峰分别位于663nm、645nm处。可测定各特定峰值波长下的光密度,根据色素分子在该波长下的消光系数,计算色素的浓度。

2) 计算公式

$$C_A = 9.784 D_{663} - 0.990 D_{645} \tag{1}$$

$$C_B = 21.462D_{645} - 4.650D_{663} \tag{2}$$

$$C_{A+B} = C_A + C_B = 5.134D_{663} + 20.436D_{645} \tag{3}$$

$$C_C = 4.695D_{440} - 0.268C_{A+B} \tag{4}$$

上述公式中，C_A、C_B 分别为叶绿素 a 和叶绿素 b 的浓度，C_{A+B} 为叶绿素 a 和叶绿素 b 的总浓度，C_C 为类胡萝卜素浓度，单位为 mg/L。

所测材料单位质量或单位面积的色素含量可以通过下式计算：

$$色素含量(\mathrm{mg/g} 或 \mathrm{mg/dm}^2) = \frac{CV}{1000A} \tag{5}$$

式中，C 为色素浓度(mg/L)；V 为提取液的体积(mL)；A 为叶片鲜重(g)或面积(dm^2)。

4. 氮平衡指数及叶绿素相对含量测定

氮平衡指数 NBI 采用法国 Force-a 公司应用植物荧光技术成功研制的植物氮平衡指数测量仪 Dualex 4 测定。NBI 是植物氮素评估的重要指标，与植物叶绿素含量的相关性可达到 90% 以上，而研究已表明 Chl 与叶绿素浓度的相关性极显著（$R^2=0.95$）。

叶绿素的相对含量值采用 SPAD-502 型叶绿素测量仪测定。使用 SPAD 一起测定叶片叶绿素含量的常规方法为：每张单叶片分叶尖、中部和叶基部三个部位进行测量，各部位测量三次，共测量九次，再将这九次测量平均值作为叶片最终的 SPAD 叶绿素含量值。

5. 叶片及冠层尺度小麦病情程度调查

作物病情的严重程度常用病情指数 DI 描述。叶片尺度的病情严重程度主要反映在病菌对叶片正常组织的侵染程度，即病斑面积占叶片面积的比率，因此通过目视判断病斑在叶片上的覆盖比率作为叶片病情严重度的度量。在完成叶片光谱测量，进行生化参数测量之前首先对每片叶片拍照，由判读者依据照片进行病情程度判断，以缩短叶片放置时间。将病斑比率分为 8 个区间进行判断，以减小人为判断造成的误差，分别为 3%～10% (DI=1)，10.1%～20% (DI=2)，20.1%～30% (DI=3)，30.1%～40% (DI=4)，40.1%～50% (DI=5)，50.1%～60% (DI=6)，60.1%～70% (DI=7)，> 70% (DI=8)。在所有实验样本中，没有叶片病斑比率超过 80% 的，同时，病斑比率在 3% 以下亦难以和健康叶片进行区分。

冠层尺度病情指数本研究参考小麦条锈病测报调查规范国家标准（GB/T 15795—1995），按病情严重程度分为 9 个梯度，即 0%、1%、10%、20%、30%、45%、60%、80% 和 100%。通过统计 $1\mathrm{m}^2$ 范围内所有小麦叶片的发病程度，可计算病情指数，公式如下：

$$\mathrm{DI}(\%) = \frac{\sum xf}{n\sum xf} \times 100 \tag{6}$$

式中，DI 为病情指数；x 为各梯度的级值；n 为梯度值（最高为 8）；f 为各梯度的叶片数。

6. 冠层尺度蚜害程度调查

蚜害程度是蚜虫危害严重程度的描述。叶片尺度的危害往往通过蚜量来衡量其蚜虫侵染程度，冠层尺度在植物保护指标中，常见的蚜虫危害调查规范及分级指标有两种：一种以百株蚜量（调查或折算100株小麦上的蚜虫数量）进行分级，将小麦蚜虫发生程度分为5级，主要是以当地小麦蚜虫发生盛期平均百株蚜量（以麦长管蚜为优势种）来确定，各级指标见表1，这种指标属于防治指标，据植物保护资料，当百株蚜量大于500头时，要对蚜虫进行防治；而大多数情况下，当小麦处于灌浆期（即小麦蚜虫发生盛期）时，利用模糊识别方法，对田间自然发生的小麦蚜虫混合种进行蚜害等级调查，调查人先在田间扫视小麦样点的总体蚜虫发生情况，然后进行随机模糊抽样调查，目测或模糊计数麦株上的蚜虫发生数量，判定蚜害等级，其具体蚜害等级划分标准见表2。考虑到本实验时期小麦处于蚜虫盛发期，且通过百株蚜量进行分级，费时费力，不适合遥感调查，故综合考虑植物保护部门对蚜虫的调查方法及分级标准和遥感尺度上对麦蚜危害程度的响应特点，采用了表1所示的"小麦蚜虫评价技术规范"中的调查方法和分级标准（NY/T 1443.7—2007）。在蚜害等级的调查方法方面，植物保护调查一般分为系统调查和大田调查两种，系统调查是为了了解一个地区病虫发生消长动态，进行定点、定时方法调查；大田普查是为了了解一个地区病虫整体发生情况，在较大范围内进行多点调查。基于试验目的，本试验选择定点系统调查方法。在各处理区选取样点首先进行光谱测定，然后立即调查样点的蚜害等级，每个调查样点面积为1m²，每个调查点随意选择5株小麦进行蚜害等级的调查。试验共获取了26个不同蚜害等级的调查点，分别包括：4个0级样点、3个1级样点、3个2级样点、5个3级样点、5个4级样点、4个5级样点和2个6级样点。

表1 蚜虫植物保护调查规范

级别指标	1	2	3	4	5
百株蚜量/头	$Y \leqslant 500$	$500 < Y \leqslant 1500$	$150 < Y \leqslant 2500$	$2500 < Y \leqslant 3500$	$Y > 3500$

表2 蚜害等级的划分标准

蚜害等级	各级别蚜虫量
0	全株无蚜虫
1	全株有少量蚜虫（10头以下）
2	全株有一定量蚜虫（10~20头），穗部无蚜虫或仅有1~5头蚜虫
3	全株有中等蚜虫（21~50头），穗部有少量蚜虫（6~10头）
4	全株有大量蚜虫（50头以上），穗部有片状蚜虫聚集，蚜虫占穗部的1/4
5	穗部有1/4~3/4的小穗有蚜虫
6	全部小穗均密布蚜虫

7. 叶片及冠层尺度水稻胡麻叶斑病病情程度调查

室内叶片水平下的稻胡麻斑病病害严重度分级，由植物病理专家根据水稻叶片病斑的大小和数量来判定，共分为4级：健康0级（叶片无病斑）、轻度病害1级（叶片病斑少而小）、中度病害2级（叶片病斑小而多或大而少）和重度病害3级（叶片病斑大而多）。

田间冠层水平下分为健康和病害两级。在室内水平的情况下，病情严重度分级由植物病理专家根据水稻叶片病斑的大小和数量来判定，共分为4级：健康0级（叶片无病斑)、轻度病害 1 级(叶片病斑少而小)、中度病害 2 级(叶片病斑小而多或大而少)和重度病害 3 级(叶片病斑大而多)。

田间水平下稻胡麻叶斑病病情严重度指数 DSI(disease severity index)根据病斑面积占单一叶片面积的百分比确定。田间 DSI 的确定根据单位面积上受害叶片的病斑面积占总叶片面积的百分比来确定,计算公式为

$$\mathrm{DSI} = \frac{\sum_{i=1}^{n} S_i}{\sum_{j=1}^{n} S_j} \tag{7}$$

式中,i 为单位面积上的病斑数量;S_i 表示病斑面积;S_j 表示叶片面积;j 代表单位面积上的叶片数目。

8. 冠层尺度稻纵卷叶螟病情程度调查

目前,植物保护部门在对稻纵卷叶螟危害等级评价时,以稻纵卷叶螟发生面积占适生田面积的百分比为标准,将发生程度分为:轻发生(1 级)、中等偏轻(2 级)、中等发生(3 级)、中等偏重(4 级)和大发生(5 级)。

实验 1　采用单位面积上受危害叶片占总叶片数据的百分比为标准。

实验 2　稻纵卷叶螟发生程度分级标准:对各受害小区,随机选取两丛进行人工查数,调研稻纵卷叶螟受害情况,分别记录其总叶片数 L_T,受害卷叶叶片数 L_a 及叶片白斑数 L_b,从而统计各区受害情况。利用式(8)和式(9)计算受害水稻的卷叶率 C_a 和白斑率 C_b,将 C_a 和 C_b 相加即得稻纵卷叶螟总受害率 C_T。有

$$C_a = L_a \times \frac{100}{L_T} \tag{8}$$

$$C_b = L_b \times \frac{100}{L_T} \tag{9}$$

第3章 作物病害非成像遥感监测研究

本章针对主要作物(小麦、水稻和棉花),利用单叶和冠层的非成像光谱技术,研究作物病害的非成像遥感监测机理,通过多种信息提取方法提取不同作物病害遥感监测的光谱响应敏感特征,明确病害严重度与敏感光谱特征之间的定量关系,为大面积、快速的成像卫星遥感监测作物病害提供理论基础和技术支撑。

3.1 小麦条锈病高光谱遥感监测

3.1.1 叶片尺度小麦条锈病光谱特征

小麦条锈病主要发生在叶片上,其次是叶鞘和茎秆、穗部、颖壳及芒上。苗期染病,幼苗叶片上产生多层轮状排列的鲜黄色夏孢子堆。成株叶片初发病时,夏孢子堆为小长条状,鲜黄色,椭圆形,与叶脉平行,且排列成行,像缝纫机轧过一样,呈虚线状,后期表皮破裂,出现锈被色粉状物,如图3-1所示。图3-2为2011年4月29日(生育期Ⅰ,孕穗后期)和2011年5月21日(生育期Ⅱ,灌浆期)四个不同严重度的小麦叶片样本正反面的标准化光谱反射率对比,可以发现它们的光谱曲线形状都非常相似。然而,详细分析后发现它们的变化特征还是有一些差异,尤其是两个生育期之间的差异。对于生育期Ⅰ,三个光谱区间(可见光530~680nm,近红外760~1300nm 和短波红外1900~2500nm)和三个中心波段(554nm、1067nm 和215nm)可以区分开四个严重度,但是光谱差异较小。在三个光

图3-1 感染条锈病(a)和正常小麦(b)的冠层和叶片对比

谱区间内，四个严重度的叶片正反面光谱曲线形状极其相似，都表现为：可见光波段内随着病情严重度的增加反射率随着增加，同时轻度病害叶片的反射率在近红外和短波红外光谱区内表现出最低和最高值。

(a) 2011年4月29日

(b) 2011年5月21日

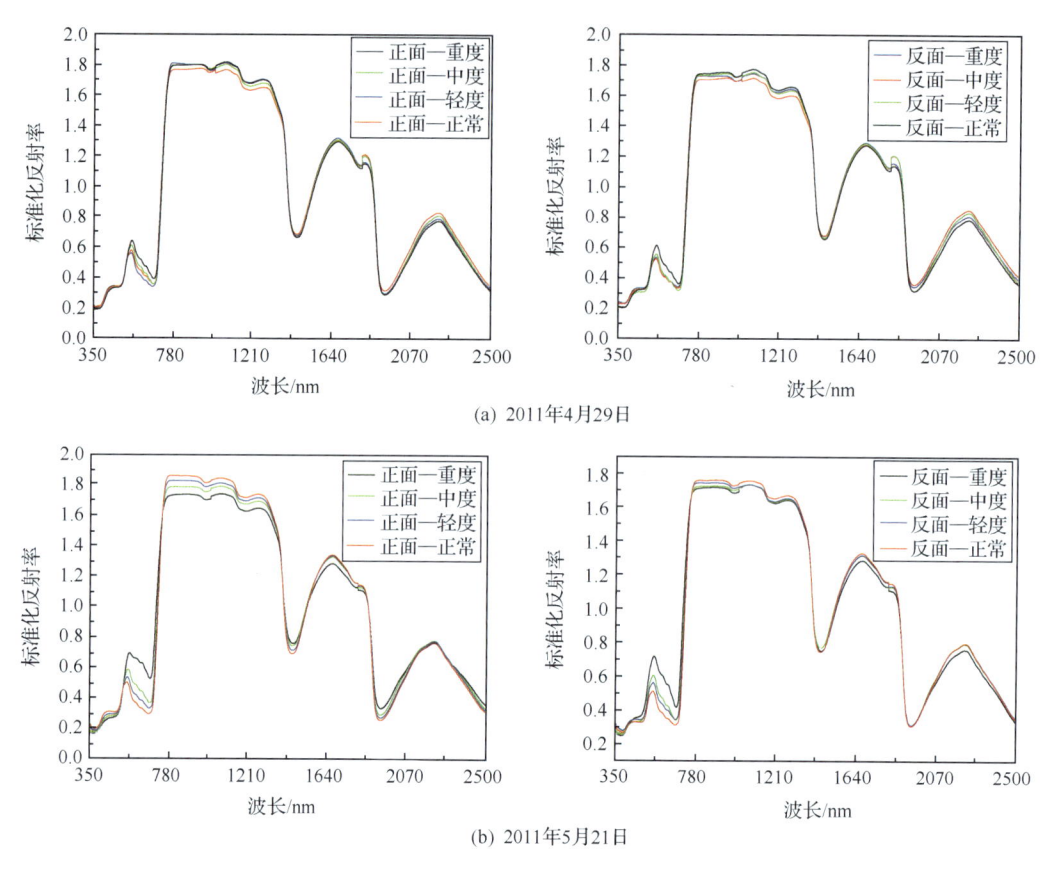

图 3-2 两个生育期不同严重度叶片光谱正反面对比

相比之下，生育期Ⅱ的四个严重度小麦叶片的正反面光谱反射率差异更大，尤其是在可见光和近红外区域（反射峰值分别为 557nm 和 878nm），但是在短波红外区却不能将四个严重度区分开。生育期Ⅱ中，光谱反射率曲线特征在可见光区与生育期Ⅰ一致，但是在近红外区却表现为随着病情严重度的增加，反射率反而下降，而正面的这种趋势比反面更加明显。对于短波红外区，四个严重度等级叶片的光谱反射率变化特征的规律性不显著。

此外，选取代表性的叶片样本进行水分含量和叶绿素含量的室内测定，得到四个严重度叶片的水分和叶绿素 a 对比情况（图 3-3）。由图 3-3 可明显看出，两种指标都随着病情严重度的增加，表现出下降的趋势，但是叶绿素 a 的降幅却明显大于水分。随着小麦由拔节期进入灌浆期，正常叶片的水分含量从 74.8% 降为 64.6%，但是叶绿素 a 的含量却由 2.72mg/g 上升到 3.24mg/g。对于另外三个严重度，它们的水分含量分别从 73.6% 降为 63.3%、从 70.6% 降为 61.7%、从 70.6% 降为 61.7%；叶绿素 a 分别从 2.49mg/g 升为 2.95mg/g、从 2.15mg/g 升为 2.52mg/g、从 1.66mg/g 升为 1.81mg/g。

为利用测得的叶片光谱反射率反演其他叶片的病情严重度，通常须对光谱反射率和病情严重度指数进行相关性分析，以找出区分严重度的敏感光谱波段。图 3-4 为 0.01 和

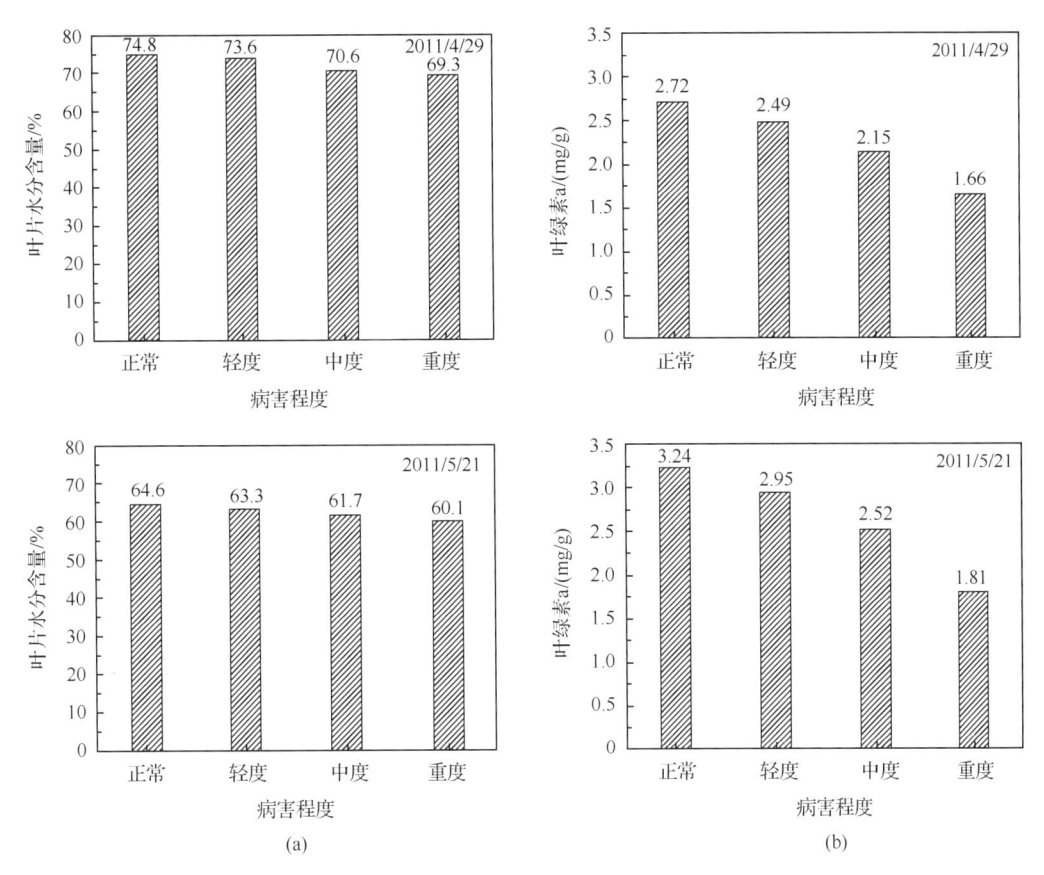

图 3-3 不同病害程度的小麦叶片水分和叶绿素 a 对比

0.05 两个显著性水平下,分别利用两个生育期的 110 个叶片样本和 350~2500nm 的光谱区间进行相关性分析的结果。在生育期 I 中,叶片样本正面和反面的相关性曲线在 350~1290nm 区间内形状相似,但是在 1290~2500nm 光谱范围内呈现出近似镜面对称的形态。同样,生育期 II 中在 1960nm 为节点的前后,相关性曲线也表现出一样的特征。在图 3-4(a)中,555~661nm 和 690~715nm 是区分小麦叶片正面病情严重度的两个敏感光谱区,387~504nm(正相关)以及 388~504nm、697~714nm 和 1876~2500nm(负相关)是区分反面病情严重度的三个敏感光谱区。在图 3-4(b)中,500~2500nm 和 350~2500nm 分别为区分正面和反面 DSI 的敏感光谱区。

综合分析上述两个生育期选取的敏感光谱区,可以发现它们存在不足之处。对于生育期 I,正面和反面选取的敏感区间都有可见光波段,但是缺少了近红外波段;相比之下,在生育期 II 中选取的敏感区间更是几乎覆盖了整个 350~2500nm 区间。考虑到利用相关性分析得到的敏感区间在区分两个生育期叶片严重度中存在的不足和过饱和情况,选取 Gamon 等(1992)提出的 PRI 反演两个生育期小麦叶片正面和反面的病害严重度。该指数用于估计作物冠层和叶片尺度的吸收性光合有效辐射(absorbed photosynthetic active radiation,APAR)和光能利用效率(light use efficiency,LUE)。

对于两个生育期,在 110 个叶片样本中选取 70 个样本构建线性回归模型,剩下 40 个叶片作为检验模型效率的数据。这里仅用两个生育期的正面样本作为样例,解释 PRI 用

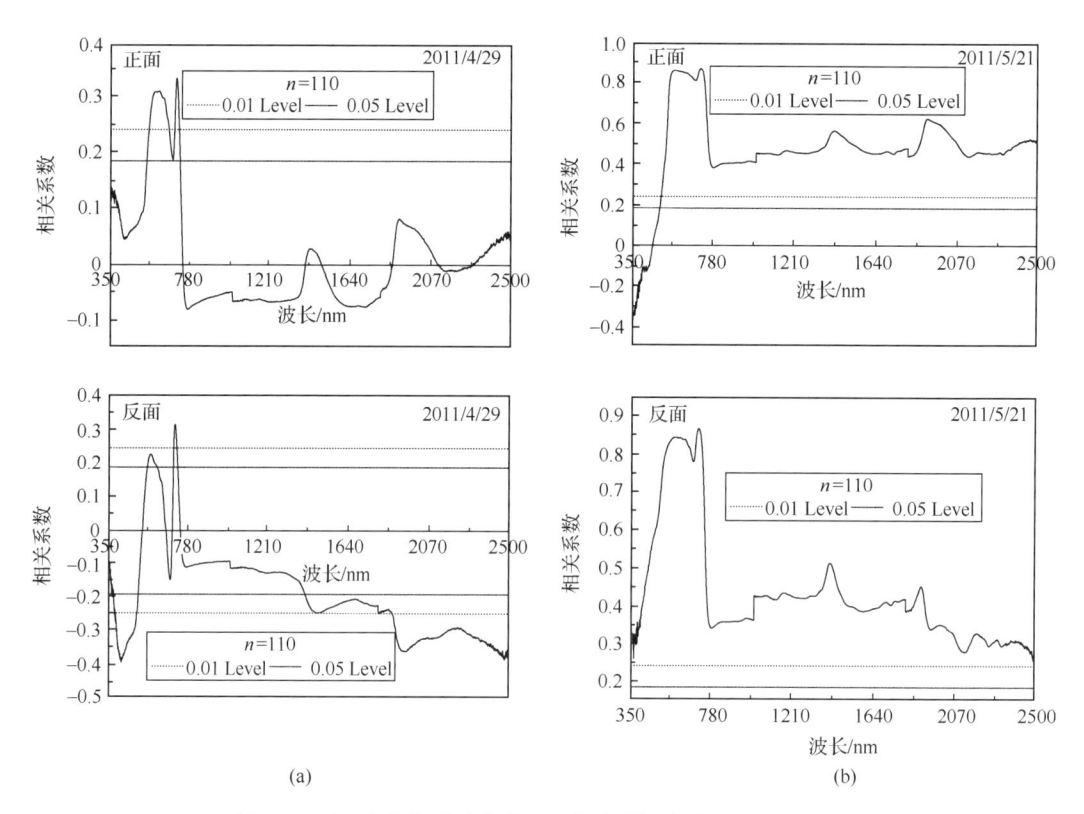

图 3-4 两个生育期叶片样本 DSI 与光谱反射率的相关性分析

于估测叶片严重度的效果(图 3-5)。分析构建的线性方程和检验样本得出的决定系数 R^2 可以得出 4 个结论：

(1) 生育期 I 拟合函数的 R^2 小于生育期 II；
(2) 在 PRI 和 DSI 构建的二位坐标系中，生育期 I 的样本点离散度大于生育期 II；
(3) 生育期 II 的拟合直线更接近于 1∶1 线；
(4) 两个生育期的检验 R^2 非常相近，但是生育期 I 的值略微高于生育期 II。

两个生育期内叶片感染了条锈病菌，使不同严重度叶片在 350～2500nm 的光谱范围内的反射率产生了差异。事实上，这种差异是由条锈菌的侵染破坏了叶片的水分和叶绿素含量引起的。随着小麦逐渐成熟，植株和叶片内的水分会逐渐减少，叶绿素积累量在达到最大之后开始下降。这种水分和叶绿素的变化为利用遥感技术定量监测和识别作物病害提供了可能(Zhang et al.,2002,2003)。在利用遥感技术监测冠层尺度的作物病害时，有必要首先弄清叶片尺度的病害光谱特征。作为小麦植株重要的组分，叶片对冠层反射率的贡献最大。在前人的小麦条锈病冠层尺度研究中，地物光谱仪 ASD 常被用于获取病害小麦冠层的光谱反射率。但由于 ASD 光谱仪获取的是其视场范围内的小麦叶片、茎秆、土壤背景甚至杂草的混合光谱，所以识别病害小麦时常常受到许多因素的制约。相比之下，研究叶片尺度的病害光谱特征会更加方便和精确，之后可以为利用航空或航天遥感数据监测大尺度的作物病害提供模型和方法参考。

基于上述考虑，使用 ASD 叶片夹耦合 ASD 光谱仪测量病害叶片的反射率。由于其自带光源，测量时可以免受测量时间、大气和测量环境的影响，避免了水汽吸收波段的影

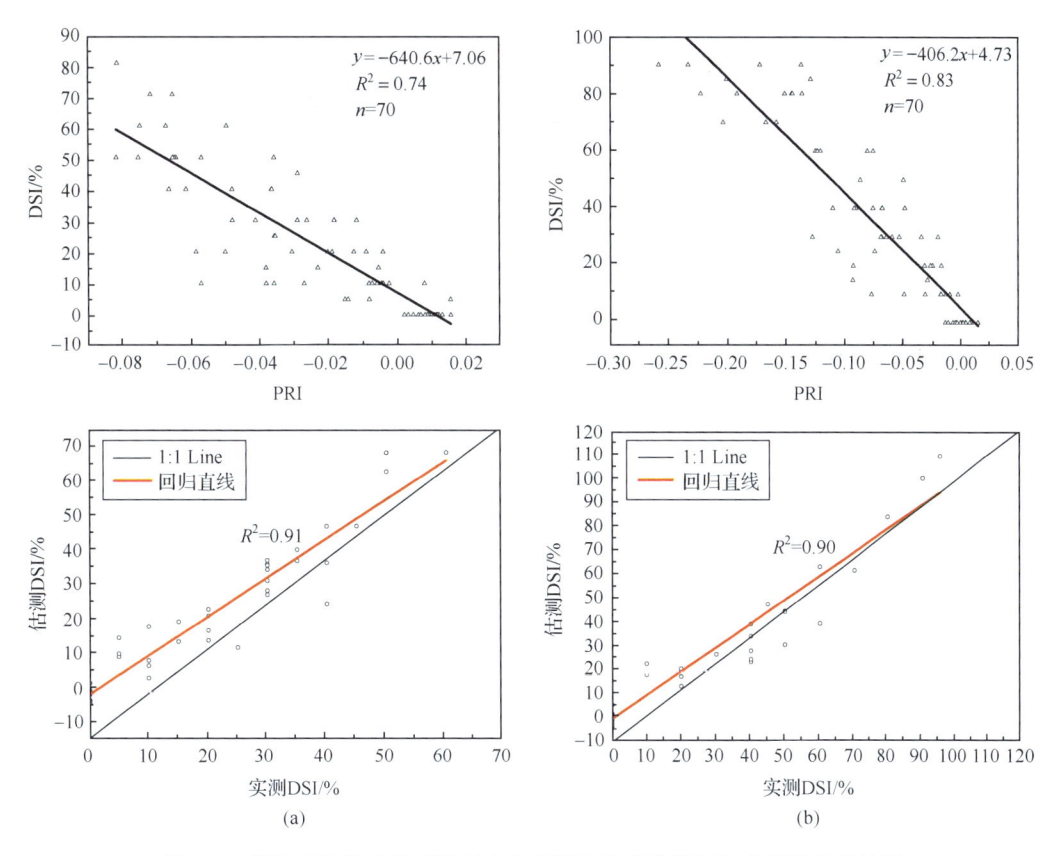

图 3-5　利用 PRI 构建的反演两个生育期 DSI 的线性回归方程及检验结果

响,获取的光谱曲线也更加平滑(Zhang et al.,2003;Xu et al.,2007;Devadas et al.,2009)。从图 3-6 可以看出,4 月 29 日为小麦的拔节期,此时叶片感染的条锈菌还较轻,主要为倒三叶感染,所以不同严重度的光谱差异较小;到了 5 月 21 日的灌浆期,各叶位的小麦叶片已经全面感染,且病斑数量和感染面积都较大,使不同严重度叶片的光谱反射率差异更加明显。相比叶片的反面,正面通常面向冠层顶部,其病斑数量也较多。因此,正面的反射率通常低于反面。在可见光波段,随着病害严重度的增加,光谱反射率值增加,这与 Lorenzen 和 Jensen(1989)、Malthus(1993)、Carter 和 Knapp(2001)等的研究结果一致。这是因为可见光的反射率主要由叶绿素的吸收决定,条锈菌的侵染破坏了叶绿素的形成,导致反射率反而升高。但是,在近红外区间内,轻度感染的叶片反射率最小,这与 Liu 等(2010)的研究结果不一样。分析原因可解释为,近红外区域的反射率受叶片细胞结构的控制,条锈菌的侵染破坏了叶片的结构,使光谱反射率随之下降。对于轻度感染的叶片而言,由于其刚受到病菌的侵害,对这种突然改变更加敏感,会通过增强呼吸和叶绿素合成来抵抗这种改变,反而导致了反射率比正常叶片更低。

为更加清晰明了地对比两个生育期的叶片正面和反面的光谱特征差异,仅将叶片样本分为正常和病害两类,分析它们的统计数值(表 3-1)。分析表中的统计数值,可以得出以下结论:

(1) 对于两个生育期,病害和正常叶片的反面反射率均值都大于正面。

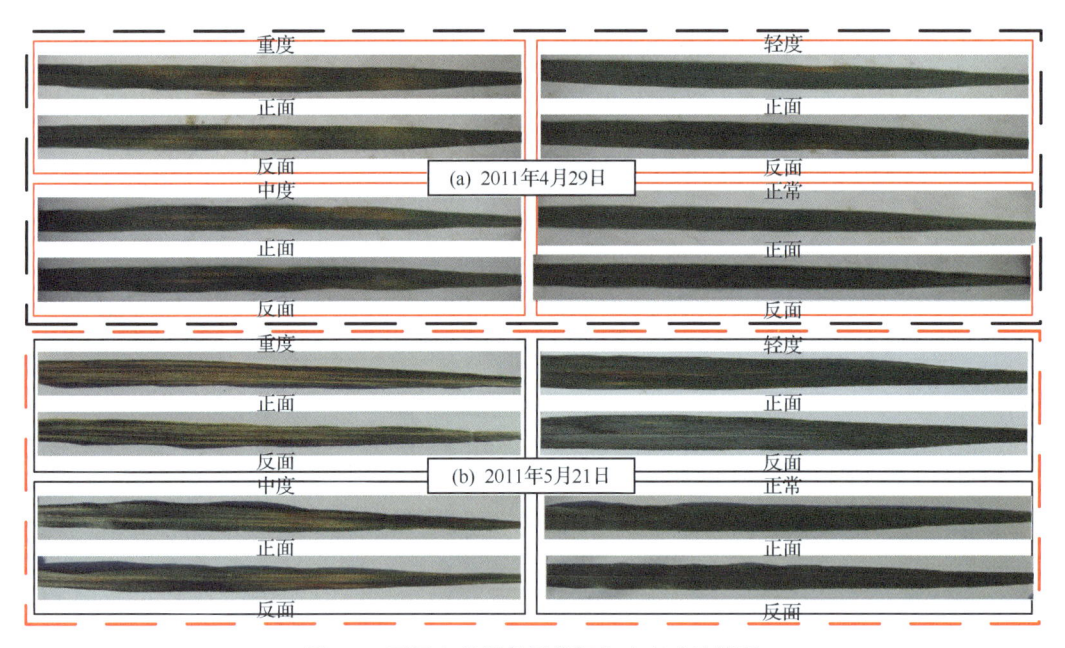

图 3-6 不同生育期条锈菌侵染小麦叶片情况

(2) 在生育期Ⅰ,病害和正常叶片的反面最大反射率值都大于正面;而在生育期Ⅱ,却正好相反。

(3) 生育期Ⅰ中,病害和正常叶片的正面、反面最小反射率值都大于生育期Ⅱ。

(4) 生育期Ⅱ的叶片样本标准偏差 Std 大于生育期Ⅰ,表明不同严重度样本的对比性更强。

(5) 除生育期Ⅰ的正面病害和正常叶片外,其余最大/最小值所在的波长位置都很接近,且相比正常叶片,病害叶片的光谱位置都靠近近红外方向。

表 3-1 两个生育期的叶片光谱反射率基本统计参数比较

日期/正反面	样本状态/正常或者病叶	均值/%	最大值/%所在波段/nm	最小值/%所在波段/nm	标准偏差/%
2011 年 4 月 29 日/正面	正常	22.674	45.41/1057	3.19/367	12.720
	病叶	22.814	48.35/1066	2.81/353	12.848
2011 年 4 月 29 日/反面	正常	24.033	46.46/776	3.66/367	12.656
	病叶	23.151	49.46/877	2.64/363	12.542
2011 年 5 月 21 日/正面	正常	25.433	50.28/786	3.84/364	14.503
	病叶	27.169	54.70/874	3.56/368	14.784
2011 年 5 月 21 日/反面	正常	25.747	50.15/778	3.99/375	14.262
	病叶	27.615	54.33/869	4.60/379	14.478

野外高光谱测量数据为快速诊断和监测小麦条锈病提供了经济、快捷的观测手段,但高光谱仪获取的数据通常有几百个光谱波段,而这些波段之间总是存在着数据冗余。因此,需要从可见光、近红外和短波红外区间内寻找出对病害敏感的光谱波段,构建病情监测指数来反演病害严重度(Steven et al.,1983;Apan et al.,2004;Huang et al.,2007)。

虽然,在短波红外 SWIR 区域内也能找出一些波段,但由于存在水汽吸收波段,在构建病情监测指数时往往需要将这个区域内的波段略去。由图 3-4 中 DSI 与光谱波段的相关性分析可知,生育期Ⅰ的相关系数比生育期Ⅱ小很多。同时,在生育期Ⅰ构建的回归方程的 R^2 也比生育期Ⅱ要小,表明 PRI 在生育期Ⅱ内对小麦条锈病的病情严重度更加敏感。但是,随着病情严重度的急剧增加,PRI 会出现饱和的情况。当 DSI 达到 90% 以上时,利用 PRI 预测的 DSI 会超过 100%(图 3-5(b))。

以上分析可知,利用实测高光谱数据在灌浆期比拔节期更容易估测叶片的病情严重度。然而,在这个时期病情往往已经暴发很严重了,错过了控制病情发展的最佳时期。在实际生产中,越早监测和评估病情越有利于采取防治措施,从而更有效地控制病情的发展(West et al.,2003)。

3.1.2 条锈病对小麦叶绿素和氮素影响

叶绿素是吸收光能的物质,对植被的光合作用有着直接影响。氮素作为肥料三要素之一,是植物生长发育必需的大量元素,主要构成植物体内的蛋白质、核酸、叶绿素、植物激素等重要物质。而叶绿素含量通常是氮素胁迫、光合作用能力和植被发育阶段的指示器(Minota,1989)。为了解条锈病对小麦叶片叶绿素和氮素的影响,使用 SPAD-502 叶绿素仪和 Dualex 氮平衡指数测量仪获取了受条锈病侵染的小麦叶片的叶绿素和氮素信息。表 3-2 为两种仪器的基本参数。

表 3-2 SPAD-502 和 Dualex 氮平衡指数测量仪参数

仪器名称	测量对象	测量面积	测量参数	测量范围
SPAD-502	植物叶片	2nm×3nm	叶绿素相对含量	−9.9～199.9 SPAD 单位
Dualex 4	植物叶片	5mm 直径	类黄酮	0～3.0
			叶绿素浓度	0～150.00 (Dualex 单位)
			氮平衡指数	0～999.00 (Dualex 单位)

在接种条锈病的地块中,选取 10 株受条锈病侵染和 2 株正常(CK)的小麦植株,利用 SAPD 叶绿素仪和 Dualex 氮平衡指数仪测取倒一、倒二和倒三叶的叶绿素 SPAD、叶绿素 Chl、类黄酮 Flav、氮平衡指数 NBI 四个指标(表 3-3),分析条锈病菌在小麦植株"垂直"方向上的破坏差异,可以在一定程度上反映该病害的侵染规律。由表 3-3 可以看出,对于 10 组叶片样本,病情严重度表现为倒一叶<倒二叶<倒三叶,表明了病菌是从下层叶片开始逐渐往上侵染小麦植株。其他指标也大体表现出随病情严重度的增加,其对应的数值下降的规律,但有些植株的规律不明显。

表 3-3 小麦植株不同叶位叶片的四个指标

样本编号	叶位	病情指数/%	SPAD	NBI	Chl	Flav
	倒一叶	10	57.9	45.1	52.5	1.18
1	倒二叶	50	60.4	41.1	40.2	0.98
	倒三叶	80	53.6	38.0	40.6	1.07

续表

样本编号	叶位	病情指数/%	SPAD	NBI	Chl	Flav
	倒一叶	25	54.3	53.2	48.9	0.92
2	倒二叶	80	39.1	31.0	33.4	1.16
	倒三叶	90	37.8	24.3	26.5	1.15
	倒一叶	15	41.3	38.9	42.2	1.10
3	倒二叶	20	51.6	37.1	42.9	1.19
	倒三叶	50	34.1	25.9	30.2	1.17
	倒一叶	20	47.1	40.6	45.9	1.13
4	倒二叶	40	49.9	35.2	41.5	1.18
	倒三叶	60	36.1	29.6	27.3	0.95
	倒一叶	10	55.0	41.6	51.6	1.24
5	倒二叶	20	58.9	44.9	54.5	1.22
	倒三叶	60	45.6	34.7	39.5	1.20
	倒一叶	40	45.5	38.2	38.8	1.09
6	倒二叶	50	47.3	31.0	34.8	1.21
	倒三叶	60	39.4	19.0	22.1	1.19
	倒一叶	30	47.3	32.6	34.8	1.15
7	倒二叶	50	44.5	34.2	41.3	1.24
	倒三叶	60	49.4	41.7	35.4	0.94
	倒一叶	25	55.1	48.6	46.4	0.97
8	倒二叶	80	38.4	29.0	36.8	1.29
	倒三叶	90	30.8	22.3	24.8	1.12
	倒一叶	20	50.0	50.3	48.8	0.99
9	倒二叶	40	35.9	30.8	31.2	1.02
	倒三叶	70	43.0	22.3	23.2	1.06
	倒一叶	5	55.4	40.5	45.5	1.12
10	倒二叶	40	49.3	52.1	43.9	0.84
	倒三叶	90	37.8	29.8	31.4	1.07
	倒一叶	0	61.9	49.3	58.2	1.18
CK	倒二叶	0	59.2	51.8	59.8	1.16
	倒三叶	0	57.2	45.8	50.6	1.11
	倒一叶	0	60.8	47.1	55.2	1.17
CK	倒二叶	0	63.2	50.5	61.8	1.22
	倒三叶	0	60.7	58.9	58.1	0.99

将10组病害植株和2组正常植株倒一叶至倒三叶的四个指标进行平均,以消除随机因素的影响和小麦植株的个体差异,并对比病害和正常植株不同叶位叶片的差异(表3-4)。结果发现,正常和病害植株三个叶位的SPAD都表现为倒一叶＞倒二叶＞倒三叶,病害

植株的 NBI 也表现出一样的规律。原因是三个叶位叶片的病情指数逐渐增大,随着病情严重度的增加,病菌对叶片叶绿素的破坏越大。但是,对于健康植株而言,三个叶位叶片的 NBI 却表现为倒一叶＜倒二叶＜倒三叶,原因是氮素具有极易向生长旺盛的器官运转的特点,因此作物冠层氮素空间分布存在明显的垂直梯度。冬小麦生育中后期下层叶片中的氮素向上层转移,冠层中氮素含量垂直梯度是作物冠层的一个显著特点(Markus et al.,2003)。对于 Flav 指标而言,正常和病害植株都表现为倒二叶最大,但三个叶位的差异总体都较小。原因可能是倒二叶位于冠层的相对中间位置,它的生命活性和光合作用程度相对其他叶为更强一些。SPAD 和 Chl 都是表征叶片叶绿素含量的相对指标,对于病害植株而言,它们的数值都是倒一叶＞倒二叶＞倒三叶,但对于健康植株而言的 Chl 指标却表现为倒二叶＞倒一叶＞倒三叶,原因可能是两种仪器的测量原理和量纲不一样,另一个原因是正常样本只有两组,会存在一些偶然误差。

表 3-4　正常和病害植株不同叶位叶片的四个指标对

样本特点	叶位	SPAD	NBI	Chl	Flav
病害	倒一叶	50.9	43.0	45.5	1.09
	倒二叶	47.5	36.6	40.1	1.13
	倒三叶	40.8	28.8	30.1	1.09
正常	倒一叶	61.4	48.2	56.7	1.18
	倒二叶	61.2	51.2	60.8	1.19
	倒三叶	59.0	52.3	54.4	1.05

叶绿素含量的测定中,SPAD-502 给出的只是一个相对值,并不能提供准确的叶绿素 a、叶绿素 b 和类胡萝卜素的水平,但它的优点是测量比较简便,有较强的可操作性,而且也能反映出植物的健康状况和营养水平。然而,一株小麦上叶片存在差异,一个叶片并不能反映这一株小麦的健康状况,要想反映小麦遭受条锈病侵染的情况,建立冠层光谱与病害严重度之间的关系模型会更有意义。

3.1.3　冠层尺度小麦条锈病光谱特征

1. 不同生育期小麦条锈病冠层光谱动态变化特征

为明确小麦受到病菌侵染后的光谱变化,选取 2003 年拔节期(4 月 12 日)、孕穗期(5 月 8 日)、灌浆期(5 月 22 日)和成熟期(6 月 4 日)四个关键生育期获取的小麦冠层高光谱数据,对比分析病害与对照区的光谱特征。将野外获取的多个正常和病害样点数据进行平均后,得到图 3-7(a)、(b)的对照区和病害区在四个生育期的光谱曲线图。为消除水汽吸收对整体光谱曲线特征的影响,将 1350～1450nm、1780～2000nm 和 2350～2500nm 三个水汽吸收区间去掉,使得光谱曲线出现不连续的特点。可以明显看出,病害区各个生育期的冠层光谱数据整体低于对照区,尤其在 760～1300nm 的近红外光谱区内。这是由于条锈病的侵染,破坏了小麦叶片的细胞结构,导致整体冠层反射率极大地下降,尤其到了灌浆期和成熟期,这种影响更加凸显。四个生育期内,病害区的冠层反射率最大值仅为 36.6%(没有超过 40%),而对照区却达到了 46.56%。

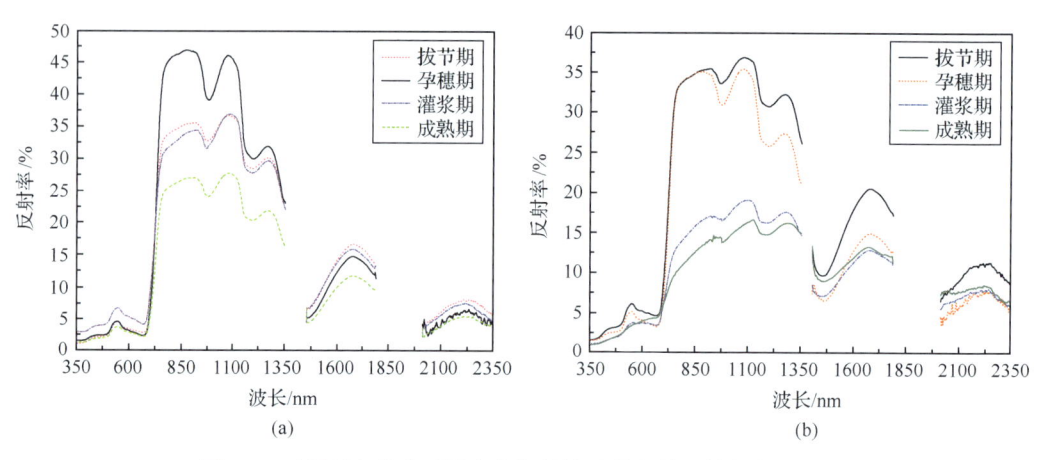

图 3-7 对照区与发病区随生育期的推进其光谱反射率曲线对比

在对照区的四个生育期内,光谱曲线在 350~2500nm 的区间内区分度很明显,表现为:350~760nm 和 1300~2500nm 范围内随着生育期的推进,反射率逐渐升高,在 760~1300nm 区间内却表现出相反的趋势。相比对照区,病害区各生育期的光谱反射率在 350~760nm 的可见光区间内差异较小,区分度不明显,除了拔节期和孕穗期的光谱曲线表现出典型植被的光谱特征外,灌浆期和成熟期已经失去了绿色植被的特征,在 750~1000nm 光谱区间内下降的程度逐渐加大,且形成一个近似圆肩形。

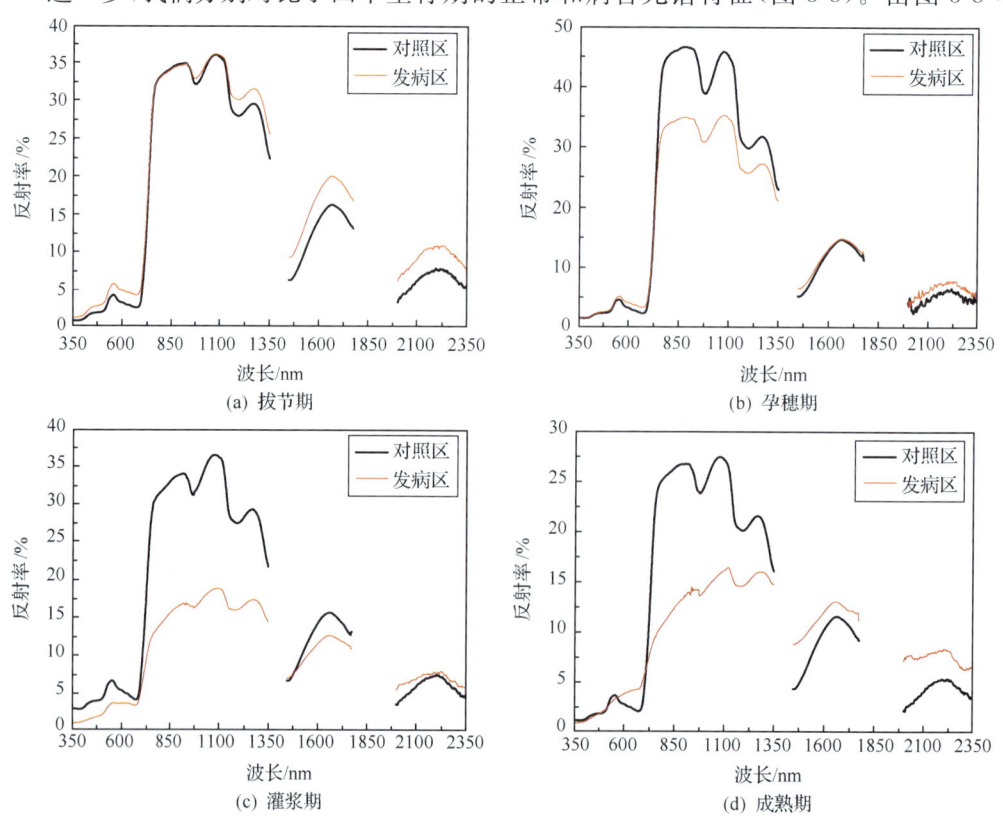

进一步,我们分别对比了四个生育期的正常和病害光谱特征(图 3-8)。由图 3-8 可

图 3-8 病害区与对照区主要生育期光谱曲线对比

· 74 ·

知,随着生育期的推进,条锈病菌的侵染程度逐渐增加,从最初拔节期的叶片轻微感染到成熟期小麦植株几乎全部侵染。目视侵染条锈病的小麦植株,最直观的印象就是条锈病的小麦植株叶片失绿、变黄,布满了条带状的条锈菌,反映到光谱曲线上,四个生育期的光谱差异逐渐加大。

2. 条锈病敏感的光谱区间/波段选取

图 3-9 为选用病情指数与冠层光谱反射率相关性分析图,发现 502～526nm(正相关)、549～714nm(正相关)、736～1166nm(负相关)与病情指数显著相关,可以认为是提取小麦条锈病的敏感光谱区间。但是,在具体应用中,并不需要将选择的敏感区间全部用于病情指数构建,应当根据光谱仪器能够获取的光谱范围、光谱间隔及病害作物的发病特点选取贡献最大的光谱波段。

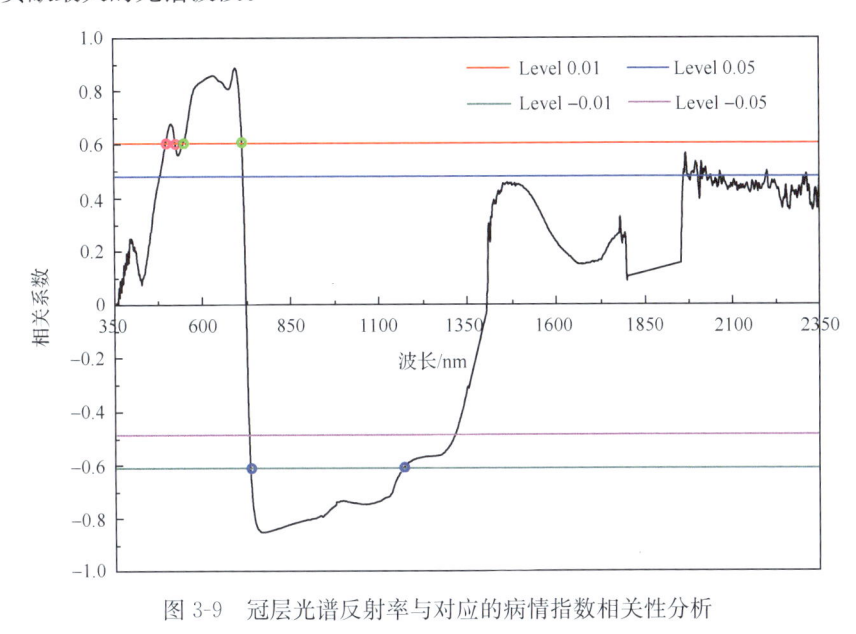

图 3-9　冠层光谱反射率与对应的病情指数相关性分析

3.2　小麦白粉病高光谱遥感监测

3.2.1　白粉病胁迫下叶片光谱响应特征

采集小麦白粉病冠层光谱时,外界环境中风、光照、背景地物及小麦本身冠层结构都会对群体的光谱有影响。为保证研究的准确性,选择影响因素最小的单叶作为观测对象进行试验。叶片尺度的白粉病病情诊断主要依据叶片上病斑的比例。采用两种量化病情的方法,一种是直接采用病情指数方法;另一种是根据病斑比率,参考植物保护方面的国标文件(NY/T 613—2002)进一步将叶片区分为 3 个不同程度,分别为正常叶片(病斑比率<3%)、轻度感病叶片(3%<病斑比率<30%)和严重感病叶片(30%<病斑比率)。

图 3-10 汇总了健康、轻度和重度感病叶片的原始光谱反射率、一阶微分光谱、病害与正常光谱的比值曲线,以及病情指数 DI 与光谱反射率之间的相关系数与决定系数(R^2)

曲线。由图3-10(a)、(c)可知,重度感病叶片与健康叶片在可见光波段的反射率差异明显高于轻度感病叶片与健康叶片。相比于健康叶片,染病叶片在520~720nm波段的反射率有一个明显的升高;而染病叶片在近红外波段反射率的降低并不明显。叶片的一阶微分光谱显示,在510~530nm以及690~740nm区间正常、轻度和重度感病叶片的光谱一阶微分存在明显差异(图3-10(b))。这两处位置分别对应于光谱的绿边和红边。在红边位置处,一阶微分的"蓝移"现象非常明显。这一现象也证实,采用高光谱红边特征参数探测植被健康状况是可行的。图3-10(d)给出的相关系数和决定系数曲线与光谱比率曲线(图3-10(c))具有相同趋势。根据相关系数定义,相关系数较高的波段对病害较敏感,为此我们将两个相关系数超过0.6的波段区间的反射率平均值纳入为病情诊断的光谱特征,具体位置分别在512~634nm(R_1)和692~702nm(R_2)。

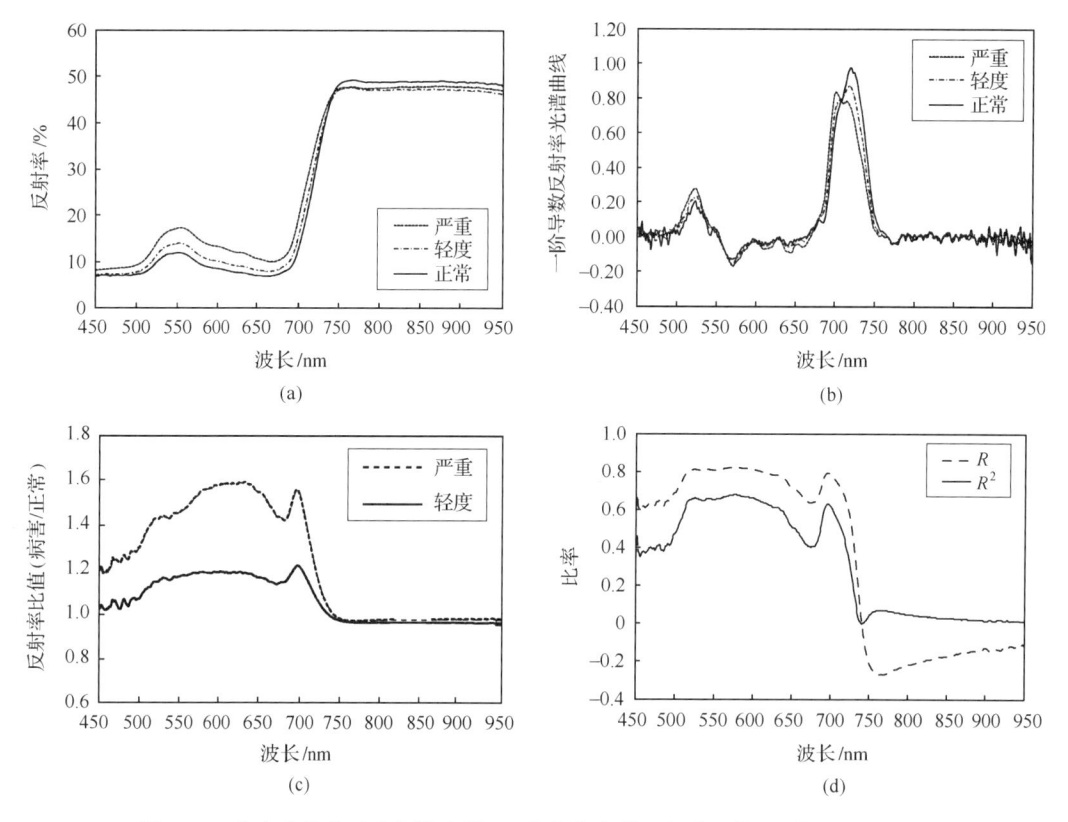

图3-10 小麦白粉病叶片原始光谱、一阶微分光谱和光谱比值(染病/正常)曲线

(a) 正常、轻度感病(3%<病斑比率<30%)和重度感病(病斑比率>30%)叶片原始反射率光谱曲线;(b) 正常及病害一阶微分光谱曲线;(c) 轻度感病和重度感病光谱与正常光谱构成的比值曲线;(d) 病情指数与光谱反射率相关系数(R)及决定系数(R^2)曲线,虚线表示$R^2=0.6$的阈值,光谱测量时期为小麦灌浆期

3.2.2 白粉病胁迫下叶片光谱特征提取

高光谱技术应用于叶片病害探测主要是建立单叶反射光谱特征与叶片病情等级之间的统计关系。对白粉病而言,根据植物保护调查规范,病情等级和程度通过病斑覆盖叶片面积的比率来确定。在进行模型构建时,考虑到计算量和对光谱响应的表征能力,在进行

表 3-5 用于小麦白粉病叶片病情监测研究的植被指数

类别	名称	定义	计算公式	参考文献
宽波段光谱特征	R_G	reflectance of green band	520~600nm 范围内反射率	RSR of Landsat-5 TM
	R_R	reflectance of red band	620~690nm 范围内反射率	RSR of Landsat-5 TM
	R_{NIR}	reflectance of near-infrared band	760~960nm 范围内反射率	RSR of Landsat-5 TM
	SR	simple ratio	R_{NIR}/R_R	Baret and Guyot, 1991
	NDVI	normalized difference vegetation index	$(R_{NIR}-R_R)/(R_{NIR}+R_R)$	Rouse et al., 1973
	MSR	modified simple ratio	$(R_{NIR}/R_R-1)/((R_{NIR}+R_R)^{0.5}+1)$	Chen, 1996
	GNDIV	green normalized difference vegetation index	$(R_{NIR}-R_G)/(R_{NIR}+R_G)$	Gitelson et al., 1996
	RDVI	re-normalized difference vegetation index	$(R_{NIR}-R_R)/(R_{NIR}+R_R)^{0.5}$	Roujean and Breon, 1995
	NLI	non-linear vegetation index	$(R_{NIR}^2-R_R)/(R_{NIR}^2+R_R)$	Goel and Qin, 1994
高光谱植被指数	NBNDVI	narrow-band normalized difference vegetation index	$(R_{850}-R_{680})/(R_{850}+R_{680})$	Thenkabail et al., 2000
	NRI	nitrogen reflectance index	$(R_{570}-R_{670})/(R_{570}+R_{670})$	Filella et al., 1995
	TVI	triangular vegetation index	$0.5[120(R_{750}-R_{550})-200(R_{670}-R_{550})]$	Broge and Leblanc, 2000
	PRI	photochemical reflectance index	$(R_{531}-R_{570})/(R_{531}+R_{570})$	Gamon et al., 1992
	PHRI	the physiological reflectance index	$(R_{550}-R_{531})/(R_{531}+R_{570})$	Gamon et al., 1992
	CARI	chlorophyll absorption ratio index	$(\lvert(a670+R_{670}+b)\rvert/(a^2+1)^{0.5})\times(R_{700}/R_{670})$ $a=(R_{700}-R_{550})/150, b=R_{550}-(a\times550)$	Kim et al., 1994
	TCARI	transformed chlorophyll absorption ratio index	$3[(R_{700}-R_{670})-0.2(R_{700}-R_{550})](R_{700}/R_{680})$	Haboundance et al., 2002
	MCARI	modified chlorophyll absorption ratio index	$[(R_{700}-R_{670})-0.2(R_{700}-R_{550})](R_{700}/R_{680})$	Daughtry et al., 2000
	RVSI	red-edge vegetation stress index	$[(R_{712}+R_{752})/2]-R_{732}$	Merton and Huntington, 1999
	PSRI	plant senescence reflectance index	$(R_{680}-R_{500})/R_{750}$	Merzlyak et al., 1999
	ARI	anthocyanin reflectance index	$(R_{550})^{-1}-(R_{750})^{-1}$	Gitelson et al., 2001

· 77 ·

回归、判别统计分析前,通常把原始光谱转换为各种光谱特征与病情程度建立联系。因此,模型对目标估测能力在很大程度上取决于这些光谱特征对目标光谱响应的捕捉能力。尝试采用植被指数、光谱微分、连续统去除、连续小波变换等4种方式对原始光谱反射率曲线进行变换,形成一个病害监测的光谱特征集,并利用实测数据对这些特征的敏感性进行评价。

1. 植被指数

根据小麦白粉病光谱响应特点,在参考各类植被指数对植物病害监测研究中的应用情况,确定了包括11个适用于高光谱数据的窄波段植被指数和9个适用于多光谱数据的宽波段植被指数进行试验研究(表3-5)。其中,选择由宽波段反射率构建的植被指数的目的,是针对小麦白粉病光谱响应区带较宽和平滑的特点,检验多光谱数据在小麦白粉病信息提取方面的适用性。

2. 光谱微分特征与连续统去除特征

光谱微分和连续统去除均是对植被光谱曲线形状特征描述和表征的方法。光谱微分特征侧重于体现植被光谱曲线在特定范围内的变化幅度和位置,通常与植被目标的吸收有关(如色素、水分),还能够体现一部分荧光效应(如在红边位置处)。病害对叶片生化组分和生理结构的影响在很大程度上会反映在这些光谱特征上,为此,在450～950nm的有效反射率测试范围内,分别采用蓝边(490～530nm)、黄边(550～582nm)和红边(670～737nm)一阶微分最大值、一阶微分最大值对应波长以及一阶微分值总和共9个光谱微分参数(具体名称及定义见表3-6)。光谱连续统去除特征提取方法是一种针对高光谱数据吸收谷特征提取的有效手段。对于植被而言,最易判断并且对生理状态最敏感的吸收谷为红光波段的叶绿素吸收谷。为此,采用3个550～750nm处的连续统去除特征,分别为吸收深度(Dep),吸收特征宽度(Wid)和吸收特征面积(Area)(具体名称及定义见表3-6)。由于光谱一阶微分和连续统去除特征提取方法已是高光谱分析中的基本技术,对其原理和具体提取流程可参见相关文献(Gong et al.,2002;Pu et al.,2003,2004)。

表3-6 小麦白粉病叶片光谱一阶微分和连续统特征

类别	特征	定义	参考文献
光谱一阶微分特征	D_b	490～530nm 蓝边范围内光谱一阶微分的最大值	Gong et al.,2002
	λ_b	蓝边范围内光谱一阶微分最大值的波长	Gong et al.,2002
	SD_b	蓝边范围内光谱一阶导数微分总和	Gong et al.,2002
	D_y	550～582nm 黄边范围内光谱一阶微分的最大值	Gong et al.,2002
	λ_y	黄边范围内光谱一阶微分最大值的波长	Gong et al.,2002
	SD_y	黄边范围内光谱一阶导数微分总和	Gong et al.,2002
	D_r	670～737nm 红边范围内光谱一阶微分的最大值	Gong et al.,2002
	λ_r	红边范围内光谱一阶微分最大值的波长	Gong et al.,2002
	SD_r	红边范围内光谱一阶导数微分总和	Gong et al.,2002
连续统去除特征	Dep	550～750nm 波段范围内相对于包络线吸收峰的深度值	Pu et al.,2003,2004
	Wid	550～750nm 波段范围内吸收峰值一半时对应的吸收宽度	Pu et al.,2003,2004
	Area	550～750nm 波段范围内吸收深度与吸收宽度所包含的面积	Pu et al.,2003,2004

3. 光谱连续小波变换

图 3-11 为根据 114 个样本小波特征及病情指数生成的相关系数矩阵,其中的红色区域为最终筛选得到的 7 个小波特征,前 1% 对应 R^2 的阈值为 0.78。这些小波特征的波段位置、分解尺度分别汇总于表 3-7,7 个特征分别命名为 F1~F7。图 3-12 显示了上述不同尺度和位置的小波特征相对于正常与染病叶片光谱的分布情况。这些特征包括一个橙光区域的高尺度的特征(F3,scale =8),和 3 个红光及近红外波段的低尺度特征(F4~F6,scale∈[2,3])。其余 3 个特征分别分布在绿波段、黄波段和近红外波段,分解尺度为 4、5。从位置分布看,7 个小波特征均分布在植被可见光区域的色素吸收位置(Curran,1989),如绿峰、黄边、红边等处。但就这些特征的具体位置而言,与原始光谱反射率(图3-10(d)),光谱一阶微分及连续统去除(表 3-7)等特征仍存在一定差异。小波分析本质上是对光谱曲线局部形状与基函数匹配度的考虑,而 CWA 的优势体现在这种考虑同时兼顾了位置和尺度,如在本研究获得的特征中,部分特征在波长位置上较接近,如 C3~C6,基本都属于对 Chl$_a$ 红光波段主吸收谷信息的提取,但最终的小波特征能够在不同尺度和位置上将波形的细节与目标特征联系起来,因而从某种程度上优化了对光谱信息的利用。对于所有 7 个特征在后续分析中均用于构建 DI 的回归和判别模型,进一步检验其对病情信息的表征能力。

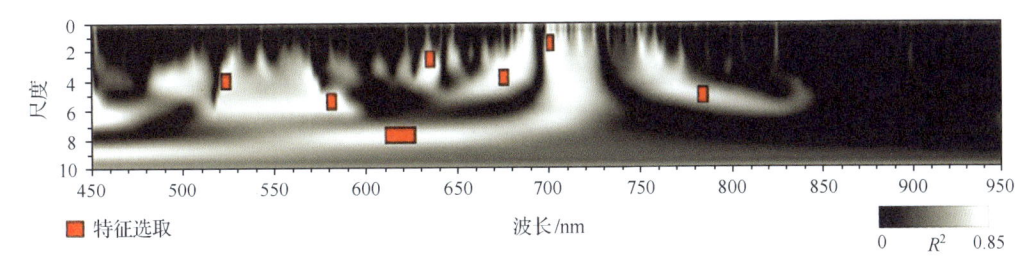

图 3-11 相关系数矩阵及小波特征图

红色区域为 R^2 在前 1% 的小波特征区域

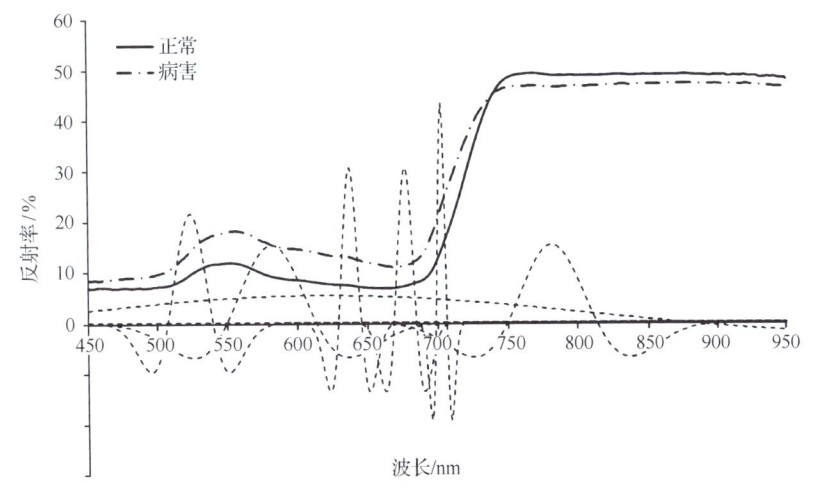

图 3-12 不同尺度、位置小波示意图

虚线表示特定位置(取波长范围中心)和尺度的小波基函数

表 3-7 小波特征集位置、尺度参数

特征名称	波谱范围	尺度	波段长度/nm	R^2 阈值
F1	绿光波段	4	522~524(3)	
F2	黄光波段	5	580~582(3)	
F3	橙黄光波段	8	610~627(18)	
F4	红光波段	3	636~639(4)	0.78
F5	红光波段	3	675~678(4)	
F6	近红外波段	2	701~703(3)	
F7	近红外波段	5	780~783(4)	

3.2.3 小麦白粉病叶片光谱特征与病情相关性分析

相关分析能够对两个变量之间的依存关系进行量化。首先对提取的光谱微分及连续统特征、植被指数和小波特征这三类光谱特征与叶片 DI 进行相关性分析,为后续回归分析中的变量选择提供依据。

表 3-8 总结了上述三类共 39 个光谱特征与 DI 的相关分析结果,给出了相关系数(R)

表 3-8 光谱特征与 DI 相关性分析结果

特征类型	精度排序	特征名	R	p-value	精度排序	特征名	R	p-value
植被指数	22	NBNDVI	−0.735	0.000	33	ARI	0.454	0.003
	21	NRI	0.457	0.001	11	R_G	0.855	0.000
	27	TVI	0.631	0.000	25	R_R	0.720	0.000
	29	PRI	−0.565	0.000	36	R_{NIR}	−0.237	0.026
	30	PhRI	0.509	0.000	24	SR	−0.728	0.000
	13	CARI	0.825	0.000	20	NDVI	−0.762	0.000
	23	TCARI	0.731	0.000	21	MSR	−0.739	0.000
	10	MCARI	0.858	0.000	7	GNDVI	−0.889	0.000
	38	RVSI	0.061	0.701	18	RDVI	−0.767	0.000
	39	PSRI	−0.520	0.745	15	NLI	−0.781	0.000
微分及连续统特征	19	D_b	0.766	0.000	34	D_r	−0.441	0.003
	37	λ_b	−0.111	0.484	16	λ_r	−0.768	0.000
	12	SD_b	0.827	0.000	26	SD_r	−0.645	0.000
	14	D_y	0.784	0.000	32	Dep	−0.454	0.002
	35	λ_y	−0.343	0.003	9	Wid	−0.872	0.000
	28	SD_y	−0.573	0.000	17	Area	−0.768	0.000
小波特征	4	F1	0.906	0.000	3	F5	−0.917	0.000
	2	F2	0.936	0.000	5	F6	0.905	0.000
	1	F3	0.942	0.000	8	F7	−0.886	0.000
	6	F4	0.902	0.000				

以及依据决定系数的各变量的精度排序。在39个光谱特征中,除λ_b、RVSI和PSRI外,其余36个特征均与DI有显著的相关性(p-value<0.05)。其中,共有27个特征相关系数绝对值($|R|$)高于0.6,25个特征($|R|$)高于0.7,13个特征($|R|$)高于0.8,6个特征($|R|$)高于0.9。值得注意的是,这6个($|R|$)最高的特征均属小波特征,其余的一个小波特征(F7)总体排序也在第8位。这表明CWA所提取的特征对病害的敏感性超过微分、连续统特征,也超过大部分的植被指数。在微分及连续统特征中,SD_b、D_y和Wid对病害最为敏感,其位置分别分布在可见光色素吸收形成的蓝、黄和红边处。在植被指数中,GNDVI、R_G和MCARI等指数对病害响应最强烈,从光谱位置构成上看,亦围绕着叶绿素在红光波段形成的吸收特征。而小波特征对病害信息的较强的敏感性可能与CWA信息提取的原理有关。在小波特征提取过程中,是将各个位置和尺度的能量系数直接与DI建立联系,因此,形成的特征能够将光谱曲线形状和强度的细节特征直接与病情联系,并做到最优化的位置和尺度选择。而相比之下,不论微分、连续统还是植被指数等特征,均未有直接将目标参量纳入特征构建的过程,因此在精度上难以达到小波特征的精度。但是,从另一方面看,小波特征的普适性实际取决于分析样本的代表性高低,在样本量不足够、代表性差的条件下会导致过度拟合现象而失去特征的普适性。在样本选择方面基本包含了各个程度的病情等级,同时,选择病情最为典型的灌浆期进行实验数据的采集。但是数据的一个问题是在时间、地域、品种等方面无重复设置,仍不宜直接用于不同品种、环境条件的病害场合。在后续研究中,应继续加强对结果稳定性的检验。

3.2.4 小麦白粉病单叶严重度估测模型

多元回归分析技术常用于建立一个应变量和多个自变量的关系。在病害遥感监测方面,该技术被成功用于采用多个光谱特征建立对病情程度的监测和预测模型方面。在已有的研究中,回归模型主要有线性和非线性两大类,主要依据自变量与应变量之间的关系而定。在非线性模型中,除部分固定函数形式外,近年来一些数据挖掘算法也被用于遥感数据分析,如神经网络、支持向量机等。植物胁迫后的生理状态变化(病情指数)与光谱响应总体上是近似线性的。同时,自变量由于提取自相同的原始光谱,存在着多重共线性现象。为此,我们考虑采用多元线性回归分析MLR和偏最小二乘回归分析PLSR作为回归分析方法。MLR是根据多个自变量和一个应变量训练数据构建估测模型的最常用的模型形式,具有表达简单、解释性强、较为普适的特点。但MLR建模的一个基本假设是每一个自变量为独立变量。因此,光谱特征间的相关性势必会在一定程度上影响MLR的估测效果。与MLR对应的是PLSR,其两个突出的优点,即处理自变量内部高度线性相关的问题,以及能够较好地解决样本个数少于变量个数等问题。同时,在分析过程上,PLSR还与主成分分析PCA有关。它与PCA都试图提取出反映数据变异的最大信息,但PCA只考虑一个自变量矩阵,而PLSR还有一个"响应"矩阵,因此具有预测的功能。

在回归模型的精度评价方面,由于总体样本量不足够大,若按一定比例划分为训练样本和验证样本,则可能会出现与样本划分有关的较高的随机性误差。为此,我们在检验MLR和PLSR模型估测精度时采用留一的交叉验证方法。即每次以$n-1$个样本($n=114$)进行建模训练,留下的样本作为验证样本进行检验,获得对该样本的估测值。按此循

环 n 次后可得到每一个样本的估测值。此外,还采用实测值与预测值的复相关系数 R^2 以及标准化均方根误差(normalized root mean square error, NRMSE)作为模型精度的统计量。其中,均方根误差(RMSE)计算公式如下:

$$\text{RMSE} = \sqrt{\frac{\sum_{i=1}^{n}(x_{est,i} - x_{obs,i})^2}{n}} \quad (3\text{-}1)$$

式中,$x_{est,i}$ 和 $x_{obs,i}$ 分别为每个样本的模型估测值和实测值;n 为样本量。NRMSE 是在 RMSE 的基础上除以样本均值,即

$$\text{NRMSE} = \frac{\text{RMSE}}{\text{mean}} \quad (3\text{-}2)$$

为比较小波特征的对 DI 估测的精度贡献,训练时采用两种模式进行:一种是以包括所有 26 个相关系数绝对值超过 0.6 的光谱特征(表 3-8)为自变量进行训练(后称传统变量);另一种是相关系数绝对值超过 0.6 但不包含小波特征的 19 个光谱特征(表 3-8)为自变量进行训练(后称小波变量)。对两种模式下模型精度的比较,评价小波特征对病害监测的贡献。

模型精度评价结果汇总于表 3-9,包括采用 PLSR 和 MLR 两种回归方法在包含及不包含小波特征的模式下的验证结果。总体上看,采用全数据训练方式 MLR 和 PLSR 模型均能取得较高的估测精度,R^2 均高于 0.80,NRMSE 均低于 0.25,PLSR 模型精度略高于 MLR 模型。而从交叉验证结果看,PLSR 模型精度较 MLR 模型有较大提高,MLR 模型的 R^2 仅在 0.7 以下,而 PLSR 模型 R^2 在 0.8 以上,NRMSE 亦呈现相同的趋势,且这一趋势在包含或不包含小波特征的训练集中均一致。这一结果可能是由于 MLR 中各光谱特征间的相关性导致其精度降低,而 PLSR 则能够减小其影响。这一结果与 Li 等(2002)以及 Faber 和 Rajkó(2007)的研究结果一致。图 3-13 进一步给出了交叉验证模式下传统变量和小波变量的 DI 实测值和 PLSR 模型及 MLR 模型估测值组成的散点图,以更直观的形式显示模型的估测精度。进一步对比传统变量与小波变量的模型精度评价结果,不论采用 PLSR 方法还是 MLR 方法,小波变量的精度均高于传统变量。模型中小波变量的 PLSR 模型精度最高,交叉验证 R^2 达到 0.86,且 NRMSE 低于 0.20(图 3-13(c))。而传统变量的 PLSR 模型精度稍差,但 R^2 亦达到 0.80,且 NRMSE 在 0.25 以内。相比之下,采用 MLR 的传统变量精度最低,R^2 为 0.64,NRMSE 达到 0.32。

表 3-9　基于传统特征及小波特征的偏方差回归模型与多元线性回归模型精度结果($n=114$)

变量组成	精度指标	PLSR 全数据训练	PLSR 留一交叉验证	MLR 全数据训练	MLR 留一交叉验证
无小波特征	R^2	0.86	0.80	0.81	0.64
	NRMSE	0.18	0.23	0.23	0.32
有小波特征	R^2	0.89	0.86	0.84	0.69
	NRMSE	0.15	0.19	0.21	0.30

研究认为,小波特征的加入能够在一定程度上改善病情程度回归模型的估测精度,但

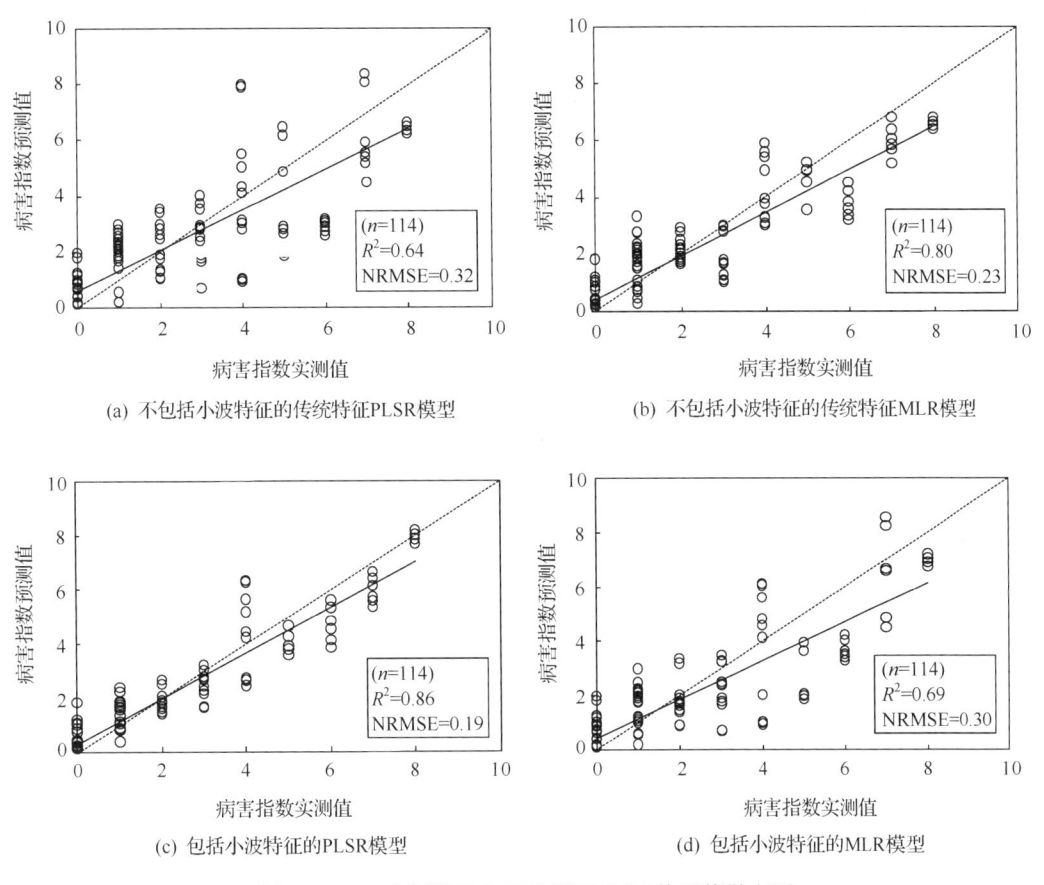

图 3-13 DI 实测值及交叉验证下的 DI 估测值散点图

其普适性仍需进一步观察。同时,在回归方法上,由于变量间的相关关系影响,PLSR 精度明显高于 MLR,在构建估测模型时推荐使用。

3.2.5 小麦白粉病单叶病情判别模型

对病害程度的估测除上述论述的通过一个连续变量 DI 进行量化外,还可以采取定性的分类判别方法。将叶片的发病程度依据病斑侵染的程度分为正常、轻度感病和严重感病三级,因此,对病情程度的估测也可认为是一个分类判别的问题。而在实践管理中,这种分级的估测也基本能够满足对病害的施药及损失评估管理的实际需求。我们尝试采用的判别方法为费氏线性判别分析(Fisher linear discrimination analysis,FLDA),该方法能够根据各个类别的训练样本光谱信息,得出 n 个判别函数(对应 n 类),每一个判别函数是 k 个变量的一个线性组合,对预测样本而言,分值最低的判别函数对应的类别即为其最有可能隶属的类别。FLDA 的思想是针对样本的协方差矩阵寻找一个适当的投影方向,使得各个类别间的区分度达到最大,原理明确、解释性强、应用方便,因此在遥感分类问题上被广泛应用(Koger et al., 2003; Garcia-Allende et al., 2008; Zhao et al., 2008)。但是 FLDA 的一个重要假设是需要不同组间样本均值存在显著差异,对于均值相近,方差差异大的样本分类效果不理想。为此,在应用 FLDA 分类前,需要先对 39 个光谱特征在 3 个类别间的均值差异进行评价,评价采用独立样本 T 检验,对 3 类样本进行两两组合的评价,分别为:正常、轻度,轻度、重度和正常、重度。表 3-10 汇总了 T 检验结果,39 个变量中,除 λ_b、λ_y 和 RNIR 以外的 36 个变量至少在一种组合下存在显著差异(p-value<0.05)。共有 19 个变量在 3 中类别组合中均呈现显著差异,其中,D_b、SD_b、Wid、CARI、R_G、MCARI、GNDVI、F2、F3、F4、F5、F7 12 个变量在 3 种组合下均出现极显著相关(p-value<0.001)。这一趋势与表 3-8 中所示的变量响应规律基本一致,部分变量在两种分析方法下的响应存在一定差异,与分析方法及数据分布有关。对判别模型的精度评价,与回归部分类似,也采用全数据训练方法以及留一交叉验证方法分别进行验证。将样本实测值和预测值进行比较,分别采用总体精度(overall accuracy,OA)、平均精度(average accuracy,AA)、生产者精度、用户精度和 Kappa 系数 5 个指标对模型精度进行评价,各指标定义及计算方法参见相关文献(赵英时,2003)。

表 3-10 光谱特征不同病情程度组合下的独立样本 T 检验结果($n=114$)

特征类型	精度排序	光谱特征	显著性 (p-value) 正常与轻度	显著性 (p-value) 轻度与重度	显著性 (p-value) 正常与重度	精度排序	光谱特征	显著性 (p-value) 正常与轻度	显著性 (p-value) 轻度与重度	显著性 (p-value) 正常与重度
植被指数	23	NBNDVI		***	***	22	ARI	***		***
	32	NRI	***		**	9	R_G	***	***	***
	18	TVI	***	*	***	26	R_R		***	***
	34	PRI		**	*	39	R_{NIR}			
	29	PhRI	**		***	20	SR		***	***
	6	CARI	***	***	***	24	NDVI		***	***
	17	TCARI	***	*	***	21	MSR		***	***
	4	MCARI	***	***	***	5	GNDVI	***	***	***
	33	RVSI	***	*		25	RDVI		***	***
	36	PSRI	*			28	NLI		***	***
微分及连续统特征	10	D_b	***	***	***	30	D_r	***		**
	38	λ_b				15	λ_r	***	**	***
	8	SD_b	***	***	***	31	SD_r		**	***
	13	D_y	***	***	***	35	Dep			*
	37	λ_y				12	Wid	***	***	***
	27	SD_y	***		***	19	Area	*	***	***
小波特征	14	F1	**	***	***	7	F5	***	***	***
	2	F2	***	***	***	16	F6	**	**	***
	1	F3	***	***	***	3	F7	***	***	***
	11	F4	***	***	***					

注:* 表明差异在 0.950 置信水平上显著;** 表明差异在 0.990 置信水平上显著;*** 表明差异在 0.999 置信水平上显著。

为了解采用不同个数的光谱特征对 FLDA 模型精度的影响,图 3-14 汇总了在采用

4～20个变量时在全数据训练和交叉验证下的总体精度表现，变量入选的顺序参考表3-8中给出的序列。图中的两条精度曲线清晰地显示了两种验证方式获得的模型精度差异。全数据训练模式下，精度曲线总体单调，在变量数达到8之后精度稳定在97%。而交叉验证则在7个变量处存在一个明显的拐点，3～7个变量区间精度随着变量数增加而增加，而在变量数超过7个后，精度出现降低。为此，在后续分析中，将变量个数控制在7个。对于引入判别模型进行训练的变量，本节共对三组变量进行检验。第一组是7个对不同等级病情分离度最佳的特征（依据表3-11中排序，下同），由3个小波特征和4个高光谱特征组成：MCARI、F2、F3、CARI、SD_b、D_b和F7；第二组是除小波特征外的7个对不同等级病情分离度最佳的特征，由5个高光谱特征和2个多光谱特征组成：MCARI、GNDVI、CARI、SD_b、R_G、D_b和Wid，该组特征与第一组特征对比能够反映小波特征在病情判别中与传统特征的差异。在上述的高光谱特征之外，在现阶段，由于多光谱数据较高光谱数据获取容易，成本相对较低，有较大的应用优势。为此设置第三组特征由7个多光谱特征组成，分别为GNDVI、R_G、SR、MSR、NDVI、RDVI和R_R，对多光谱信息在病害监测方面的表现进行测试。

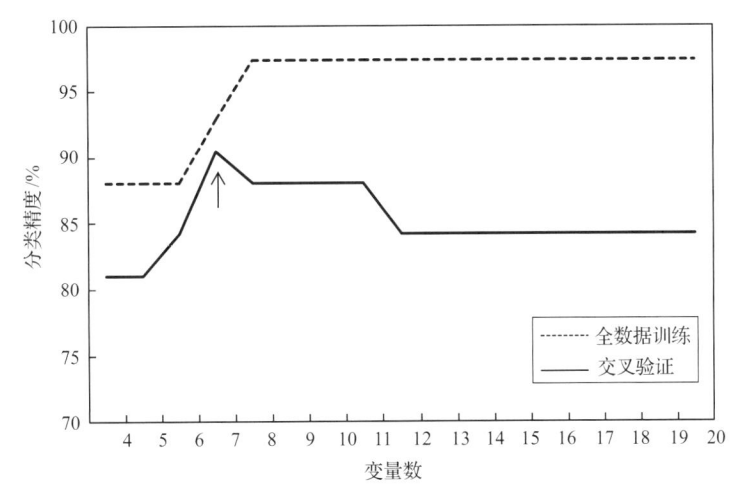

图3-14 不同数目变量下的FLDA精度变化曲线（全数据训练和交叉验证）

表3-11 不同变量组的FLDA参数汇总（$n=114$）

光谱特征	最佳特征			光谱特征	除小波特征外最佳特征			光谱特征	多光谱特征		
	正常	轻度	重度		正常	轻度	重度		正常	轻度	重度
MCARI	18085	19103	19465	D_b	−2733	−2793	−2753	R_G	1452	1452	1452
F2	−2083	−2561	−2846	SD_b	317	322	320	SR	−566	−567	−567
F3	−79	−72	−38	Wid	239	243	245	NDVI	88200	88210	88200
CARI	−19	−68	−111	R_G	408	399	399	GNDVI	294	284	269
SD_b	−5647	−5516	−5516	GNDVI	3034	2807	2564	RDVI	−4579	−4578	−4577
D_b	129800	138100	146500	CARI	25	25	25	R_R	0	0	0
F7	1005	9987	983	MCARI	−392	−360	−354	MSR	0	0	0
常数	−35222	−38060	−40885	常数	−17620	−17870	−18050	常数	−23460	−23460	−23450

· 85 ·

在进行判别分析前,首选对上述三组光谱特征变量在不同处理下的均值和方差进行对比(图 3-14)。图 3-15(a)中,可以看到最优的 7 个特征在不同处理间光谱特征的均值和

(a) 7个最佳的特征,包括小波特征

(b) 7个最佳的特征,不包括小波特征

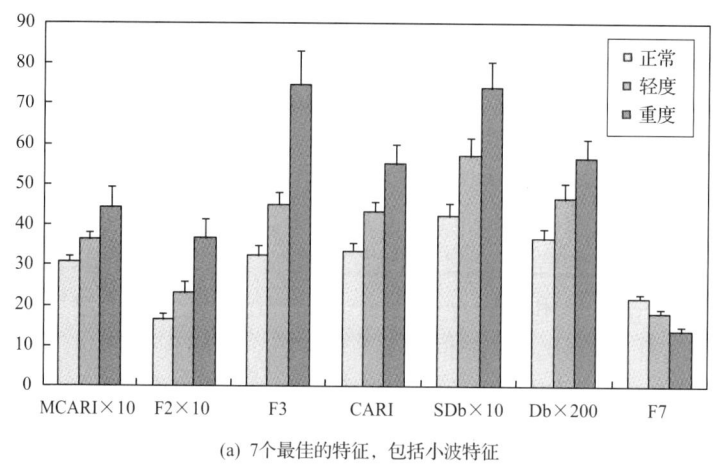

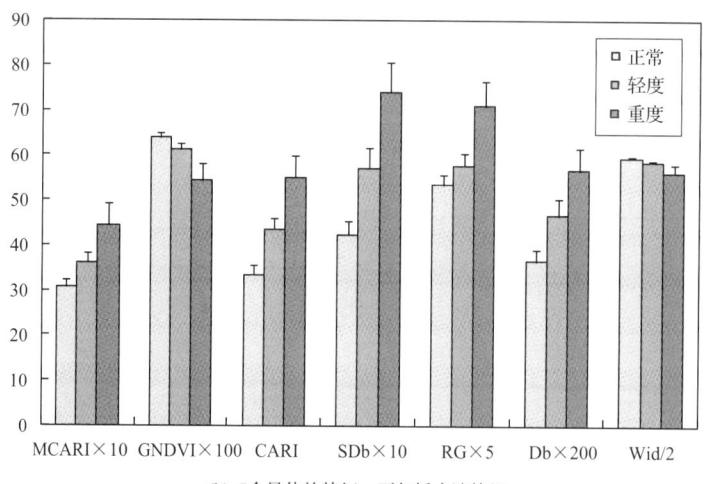

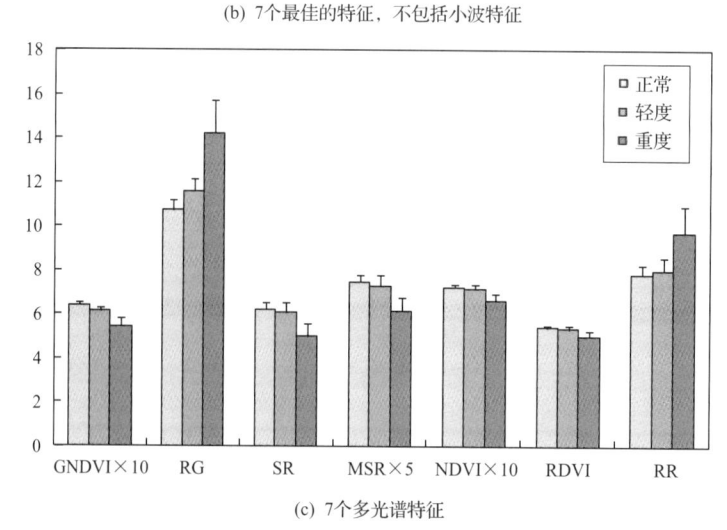

(c) 7个多光谱特征

图 3-15 各光谱特征在正常、轻度染病和重度染病处理中的均值和方差
为改善显示效果,对一些特征进行乘性调整

方差存在显著差异，这为判别模型的精度提供了重要保证；图 3-15(b)中的多数特征在不同等级下均值和方差存在明显差异；而图 3-15(c)中的 7 个多光谱特征的一些特征，在不同等级下均值和方差差异较小。表 3-11 给出了不同特征组各变量的判别方程系数，该系数是由所有样本进行训练得到的，而后续的精度分析则同时给出全数据训练和交叉验证精度。其中，多光谱特征中的 R_R 和 MSR 在训练中被自动剔除。

上述 3 组变量在全数据训练和交叉验证模式下所产生的混淆矩阵（由实测值和预测值构成）及精度参数分别汇总于表 3-12、表 3-13 和表 3-14。从总体精度上看，7 个包括小波特征的最佳特征（下称 7-小波特征）判别模型精度高于 7 个不包括小波特征的最佳特征（下称 7-传统特征）的判别模型精度。前者交叉验证的 OA 达到 0.91，AA 达到 0.92，Kappa 系数达到 0.87，后者 OA 为 0.89，AA 达到 0.90，Kappa 系数为 0.84。由 7 个多光谱特征（下称 7-多光谱特征）构建的判别模型精度较前两组特征精度明显降低，OA 为 0.83，AA 为 0.84，Kappa 系数为 0.75。这一精度的变化规律与图 3-6 中显示的各变量的区分度规律一致。高光谱特征由于光谱维信息量较多光谱特征更丰富，特别在植被的几个重要吸收峰、谷处对光谱曲线变化的响应更敏感，因此，以这些特征构建的模型能够取得对病害更高的判别精度。但是，应注意到，无论采用全数据训练或是交叉验证的方法，基于三组光谱特征构建的判别模型均能够取得较高的对病情等级的估测精度，OA 和 AA 高于 0.80，Kappa 高于 0.75。因此，采用光谱特征组合区分判断不同病情等级的白粉病叶片是可行的。

表 3-12　全数据训练和交叉验证下的混淆矩阵及精度参数(7 个最佳变量)

训练样本		正常	轻度	重度	总计	用户精度/%	总体精度	平均精度	Kappa 系数
类别	正常	31	4	0	35	88.57	0.94	0.91	0.91
	轻度	3	44	0	47	93.62			
	重度	0	0	32	32	100.00			
	总计	34	48	32	114				
	生产者精度/%	91.18	91.67	100.00					

留一验证样本		正常	轻度	重度	总计	用户精度/%	总体精度	平均精度	Kappa 系数
类别	正常	31	5	0	36	86.11	0.91	0.92	0.87
	轻度	3	42	1	46	91.30			
	重度	0	1	31	32	96.88			
	总计	34	48	32	114				
	生产者精度/%	91.18	87.50	96.88					

表 3-13 全数据训练和交叉验证下的混淆矩阵及精度参数(7 个除小波特征外的最佳特征)

训练样本		正常	轻度	重度	总计	用户精度/%	总体精度	平均精度	Kappa 系数
类别	正常	30	5	0	35	85.71	0.92	0.93	0.88
	轻度	4	43	0	47	91.49			
	重度	0	0	32	32	100.00			
	总计	34	48	32	114				
	生产者精度/%	88.24	89.58	100.00					

留一验证样本		正常	轻度	重度	总计	用户精度/%	总体精度	平均精度	Kappa 系数
类别	正常	30	6	0	36	83.33	0.89	0.90	0.84
	轻度	4	41	1	46	89.13			
	重度	0	1	31	32	96.88			
	总计	34	48	32	114				
	生产者精度/%	88.24	85.42	96.88					

表 3-14 全数据训练和交叉验证下的混淆矩阵及精度参数(7 个多光谱变量)

训练样本		正常	轻度	重度	总计	用户精度/%	总体精度	平均精度	Kappa 系数
类别	正常	29	7	0	35	80.56	0.88	0.88	0.81
	轻度	5	41	2	47	85.42			
	重度	0	0	30	32	100.00			
	总计	34	48	32	114				
	生产者精度/%	85.29	85.42	93.75					

留一验证样本		正常	轻度	重度	总计	用户精度/%	总体精度	平均精度	Kappa 系数
类别	正常	27	9	0	36	75.00	0.83	0.84	0.75
	轻度	7	38	2	46	80.85			
	重度	0	1	30	32	96.77			
	总计	34	48	32	114				
	生产者精度/%	79.41	79.17	93.75					

当关注不同病情等级的判别精度时,严重染病叶片在三类模型中均能被较准确地判断出来,用户精度和生产者精度均超过 90%。而正常叶片和轻度染病叶片的识别正确率相对较低,三类模型中生产者精度和用户精度均低于 90%,多光谱模型的交叉验证精度

低于80%。从混淆矩阵中预测类别的错判情况来看,7-小波特征模型,7-传统特征模型和7-多光谱特征模型中正常和轻度染病样本存在较多的混淆情况。首先,从叶片病斑的情况看,正常叶片和轻度病斑比率相对正常叶片和重度感病叶片要低,在叶片光谱上体现的反差较小。此外,进一步采用独立样本T检验比较正常与轻度染病,正常与重度染病以及轻度染病与重度染病这三种对比组合中色素含量的差异情况(表3-15)。结果表明,Chl_a、Chl_b和Car含量在正常和重度染病以及轻度染病和重度染病对照组中均存在较显著的差异,只有正常与轻度染病样本的光谱无显著差异,这与判别模型中不同等级精度表现规律相一致。因此,对白粉病叶片病级的判定,需要病斑比例达到30%以上时才能够较为准确。而该种程度的病级在生产中若不加以控制,会造成明显的产量减损,因此,叶片尺度光谱判别的方法可以被进一步扩展到冠层和大田尺度,作为小麦白粉病监测的有力辅助手段。

表3-15 健康、轻度染病及重度染病样本色素含量独立样本T检验

样本	Chl_a	Chl_b	Chl_{a+b}	Car	Car/Chl_{a+b}
正常与轻度染病					*
正常与重度染病	***	***	***	**	*
轻度与重度染病	***	***	***	***	

注:*表明差异在0.950置信水平上显著;**表明差异在0.990置信水平上显著;***表明差异在0.999置信水平上显著。

小麦白粉病由于光谱响应总体上较平滑,不同于某些仅在较窄的波段范围内发生响应的病害(Huang et al.,2007;Devadas et al.,2009),因此采用宽波段的光谱特征进行判别亦可取得较为满意的精度。这一特点为多光谱数据在病害监测中的应用提供难得的机会。

3.2.6 小麦白粉病冠层光谱响应特征

相比叶片尺度的监测,了解小麦白粉病冠层光谱响应特征对于开展大田光学遥感监测具有更重要的意义。选择36个小区测定的小麦白粉病冠层光谱数据以及病情严重度数据,研究小麦白粉病的冠层光谱响应规律。从光谱反射率曲线看(图3-16),健康和染病小麦的光谱存在较明显的差异。随着病情等级的提升(从20%至80%),白粉病冠层光谱表现出在350~700nm的可见光部分波段上反射率升高,在700~1350nm的近红外部分反射率开始出现一个交错的趋势,即在1000nm之前健康小麦的光谱高于染病光谱,而随后往长波长方向上病害光谱反射率开始超过健康小麦,并在后续1350~2500nm的短波红外范围内维持光谱反射率随病害严重度升高而升高的趋势。上述反射率的变化趋势亦可在图3-17中的光谱比率曲线中被清晰地观察到。图3-17中2000nm后比率曲线震荡幅度较大,是该波段范围内信噪比降低的缘故,从图3-16中可观察到该段范围内光谱的平滑度明显降低。上述关于小麦白粉病光谱形态观察与乔红波(2007)的结果趋势大体一致。

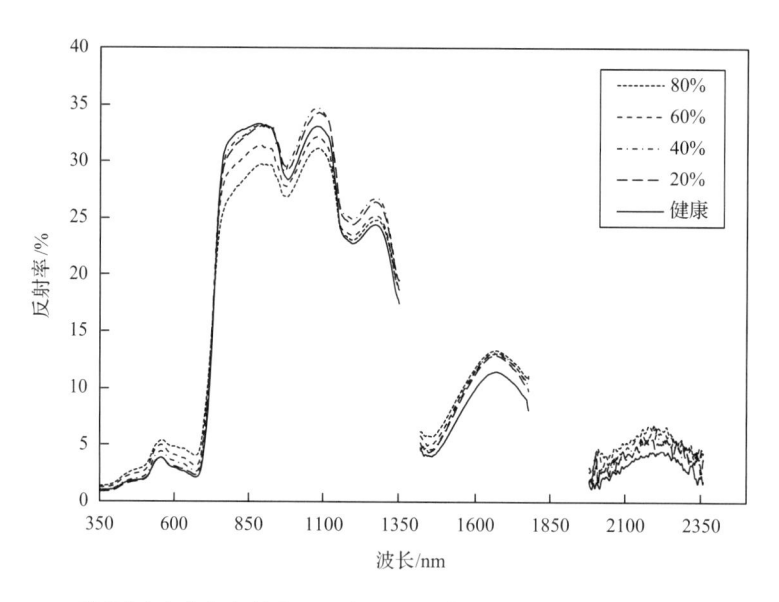

图 3-16 不同严重度小麦白粉病及正常冠层光谱曲线(光谱测量时期为小麦灌浆期)

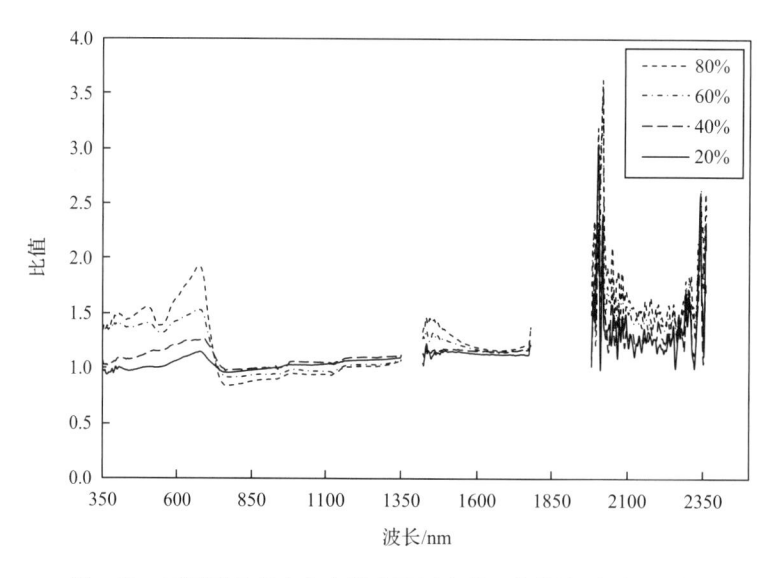

图 3-17 不同严重度小麦白粉病冠层光谱比率曲线(病害/正常)

为进一步了解并提取用于白粉病监测的光谱特征,我们采用相关性分析,了解光谱特征与病害程度之间的相关关系。光谱特征除对表 3-10 中应用于叶片的 32 种光谱进行测试之外,加入 15 种适用于冠层尺度遥感观测的光谱特征(表 3-16)。这些特征包括如 SA-VI、OSAVI 等适用于减弱土壤背景影响的指数,SIWSI、DSWI、MSI 等植被水分含量监测的指数,以及 920~1120nm 和 1070~1320nm 区域的连续统特征。后两类特征由于叶片尺度研究所采用光谱仪未包含 1050nm 之后的波段,故在此补充。

表 3-16 冠层尺度病害监测光谱特征

类别	定义或指数	描述或公式	参考文献
连续统去除特征	Dep920-1120	920~1120nm 范围内吸收峰深度值	Pu et al.,2003,2004
	Dep1070-1320	1070~1320nm 范围内吸收峰深度值	Pu et al.,2003,2004
	Wid920-1120	920~1120nm 范围内吸收峰值一半对应的吸收宽度值	Pu et al.,2003,2004
	Wid1070-1320	1070~1320nm 范围内吸收峰值一半对应的吸收宽度值	Pu et al.,2003,2004
	Area920-1120	920~1120nm 范围内吸收面积值	Pu et al.,2003,2004
	Area1070-1320	1070~1320nm 范围内吸收面积值	Pu et al.,2003,2004
宽波段植被指数	soil adjusted vegetation index(SAVI)	$(R_{NIR}-R_R)\times(1+L)/(R_{NIR}+R_R+L)$, $L=0.5$	Huete,1988
	optimized soil adjusted vegetation index(OSAVI)	$(R_{NIR}-R_R)/(R_{NIR}+R_R+0.16)$	Rondeaux et al.,1996
	shortwave infrared water stress index (SIWSI)	$(R_{NIR}-R_{SWIR})/(R_{NIR}+R_{SWIR})$	Fensholt and Sandholt,2003
高光谱植被指数	greenness index (GI)	R_{544}/R_{677}	Zarco-Tejada et al.,2005
	structure independent pigment index (SIPI)	$(R_{800}-R_{445})/(R_{800}-R_{680})$	Peñuelas et al.,1995
	normalized pigment chlorophyll ration index (NPCI)	$(R_{680}-R_{430})/(R_{680}+R_{430})$	Peñuelas et al.,1994
	disease water stress index (DSWI)	$(R_{802}+R_{547})/(R_{1657}+R_{682})$	Galvão et al.,2005
	moisture stress index (MSI)	R_{1600}/R_{819}	Hunt and Rock,1989
	water index (WI)	R_{900}/R_{970}	Peñuelas et al.,1997

从相关性分析的结果来看（表 3-17），在进行测试的 47 个光谱特征中，除 SD_y、D_b、Area1070-1320、Area920-1120、ARI、λ_b、Wid1070-1320、TCARI、λ_y 和 PhRI 这 10 个特征与 DI 之间相关性不显著外（p-value＜0.05），其余 37 个光谱特征均与白粉病病情相关性显著。其中，共有 30 个特征 R^2 高于 0.6，26 个特征 R^2 高于 0.7，12 个特征 R^2 高于 0.8。值得注意的是，相关系数最高的特征是宽波段特征 SR，R^2 达到 0.891。而另外的宽波段特征包括 R_G、NLI、SIWSI、RDVI 和 R_{NIR} 与 DI 的相关性（R^2）均达到 0.5 以上（除 R_{NIR} 为 0.498）。因此，表明宽波段指数在白粉病监测方面具有很高的潜力，这为星载多光谱数据在病害监测方面的应用提供了条件。对比各光谱指数在叶片和冠层间的响应区别，发现宽波段指数在两个不同尺度下均有较佳表现，但各光谱指数响应强度的序列存在较大差异。如 GNDVI、R_G 等在叶片尺度上表现出较高的相关系数，在冠层尺度上相关系数并非最高。而在冠层尺度相关系数较高的 SR 和 MSR 亦不是叶片尺度表现最佳的特征。这种差异可以在叶片和冠层尺度病害光谱曲线特征上找到一定的线索，从图 3-10（b）和图 3-17 中可以观察到，病害光谱比率曲线在可见光部分的趋势较为相似，冠层尺度的病害光谱在近红外部分的降低更为明显。因此，整体上光谱特征在冠层尺度上对病害的响应要强于在叶片尺度上的响应（R^2 总体较高）。这可能与病害冠层除叶片病斑等与叶片尺

度相似的特征外,还可能具有植株整体结构和形态方面的特征。如植株在受到病害侵染时会出现如叶片枯萎、凋敝进而导致叶倾角、植株间隙的变化。而病害光谱近红外波段冠层水平上较强的变化可能与此有关。由于本实验中样本量较少($n=36$),不足以标定病情程度的统计模型,故仅进行上述定性分析,为后续大尺度监测的特征选择提供一些参考。

表 3-17 冠层尺度光谱特征及病情程度相关性分析

精度排序	光谱特征	R^2	p-value	精度排序	光谱特征	R^2	p-value
1	SR	0.891	0.000	25	NRI	0.719	0.000
2	MSR	0.874	0.000	26	NPCI	0.709	0.000
3	PRI	0.861	0.000	27	Dep550-750	0.692	0.000
4	RVSI	0.861	0.000	28	WI	0.692	0.000
5	R_R	0.845	0.000	29	SD_r	0.689	0.000
6	DSWI	0.821	0.000	30	Wid550-750	0.646	0.001
7	SIPI	0.817	0.000	31	TVI	0.584	0.001
8	NDVI	0.815	0.000	32	SD_b	0.563	0.002
9	OSAVI	0.815	0.000	33	Wid920-1120	0.503	0.005
10	GNDVI	0.814	0.000	34	R_{NIR}	0.498	0.005
11	SAVI	0.814	0.000	35	Dep920-1120	0.375	0.020
12	NBNDVI	0.814	0.000	36	Dep1070-1320	0.316	0.036
13	MCARI	0.799	0.000	37	D_y	0.284	0.050
14	R_G	0.785	0.000	38	SD_y	0.277	0.054
15	CARI	0.780	0.000	39	D_b	0.264	0.060
16	D_r	0.750	0.000	40	Area1070-1320	0.238	0.077
17	NLI	0.750	0.719	41	Area920-1120	0.223	0.088
18	PSRI	0.743	0.000	42	ARI	0.209	0.100
19	MSI	0.741	0.000	43	λ_b	0.192	0.118
20	SIWSI	0.734	0.000	44	Wid1070-1320	0.066	0.374
21	GI	0.733	0.000	45	TCARI	0.038	0.501
22	λ_r	0.731	0.000	46	λ_y	0.032	0.542
23	Area550-750	0.726	0.000	47	PhRI	0.022	0.613
24	RDVI	0.724	0.000				

3.2.7 小麦冠层白粉病多角度遥感监测

小麦白粉病自然发生的早期,其症状往往不明显。但随着病情的扩散和加重,叶片和茎秆上的病斑开始变大和增密,病情开始扩散到小麦植株的各个部位。尤其在 5～6 月时候,病害的发生特点更加明显。为了解小麦白粉病发生后的冠层光谱特征,于 2012 年 5 月 23 日,在北京市农林科学院的试验场地获取了白粉病多角度高光谱数据。种植小麦品种为"京双-16",对白粉病易感。此时,恰为小麦的灌浆期,也是形成产量的关键时期。利用 ASD 地物光谱仪和照相机,从 0°、45°和 90°三个角度(面向太阳,以 ASD 传感器探头与小麦冠层的相互关系作为依据,图 3-18),获取了病害小麦的多角度数据。

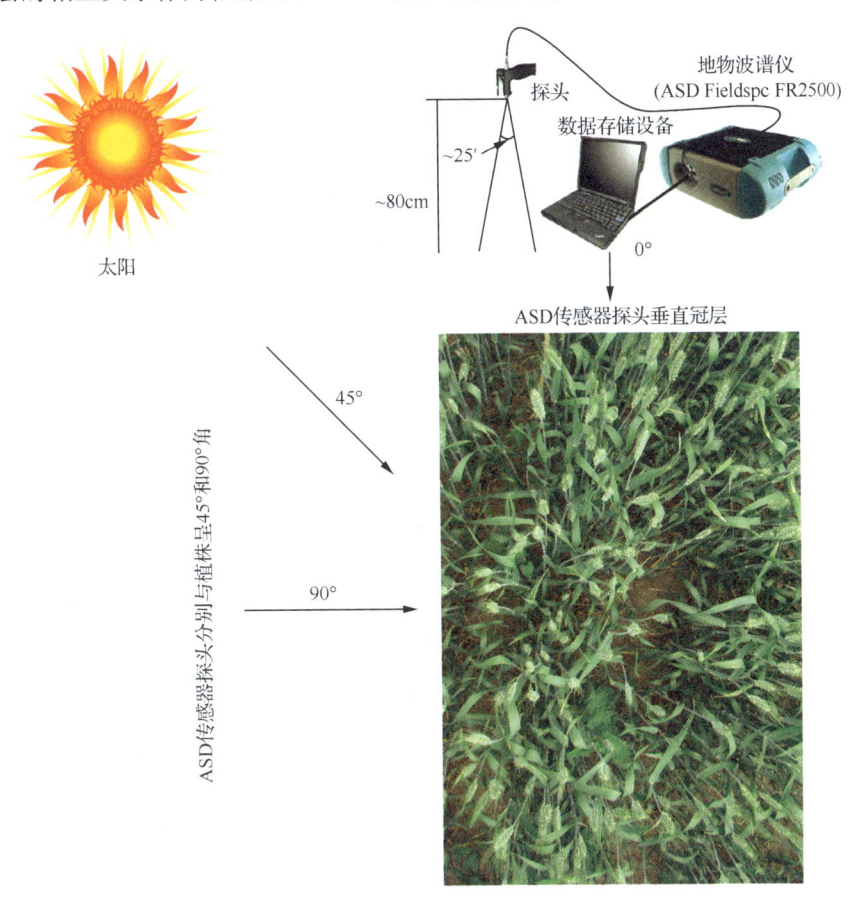

图 3-18 多角度白粉病光谱数据获取示意图

图 3-19 为三个角度下的轻度和重度小麦冠层的照片,可以明显看出,不同角度下小麦和土壤的比例发生了不同的变化,且越靠近小麦底层,叶片感染白粉病越严重。0°观察角度下,小麦植株位于视场范围的中心,周围则主要是土壤背景;45°观察角度下,由于相邻垄中间主要为裸露土壤,导致进入 ASD 视场范围的土壤比例增大;相比之下,在 90°观察角度下,进入 ASD 视场范围内的主要是小麦植株。

不同角度观测下,由于视场范围内的小麦和土壤比例不一样,导致 ASD 光谱仪获取的混合光谱反射率也发生了变化。如图 3-20 所示,轻度和重度感染白粉病的小麦冠层在三个观察角度的反射率表现出相似的规律,即 90°观测角测量的光谱反射率最高,轻度小麦冠层最高超过 85%,重度的小麦冠层也超过了 60%,与其他两个观测角测量的光谱反射率相差最大;0°观测角测量的光谱反射率次之;45°观测角测量的光谱反射率最小,且与 0°观测角条件下的光谱反射率相差较小。图中光谱曲线出现间断,是由于 1780～2000nm 和 2350～2500nm 区间是水汽的两个吸收波段,影响了光谱曲线的整体特征,故将其去除。

因此,对于从下向上蔓延的病害,如白粉病,利用多角度遥感进行监测无不是一种好的思路和行之有效的手段,此类研究也为多角度卫星遥感探测此类病害的可能提供了理论依据。

图 3-19 多角度观察下的小麦白粉病发病情况

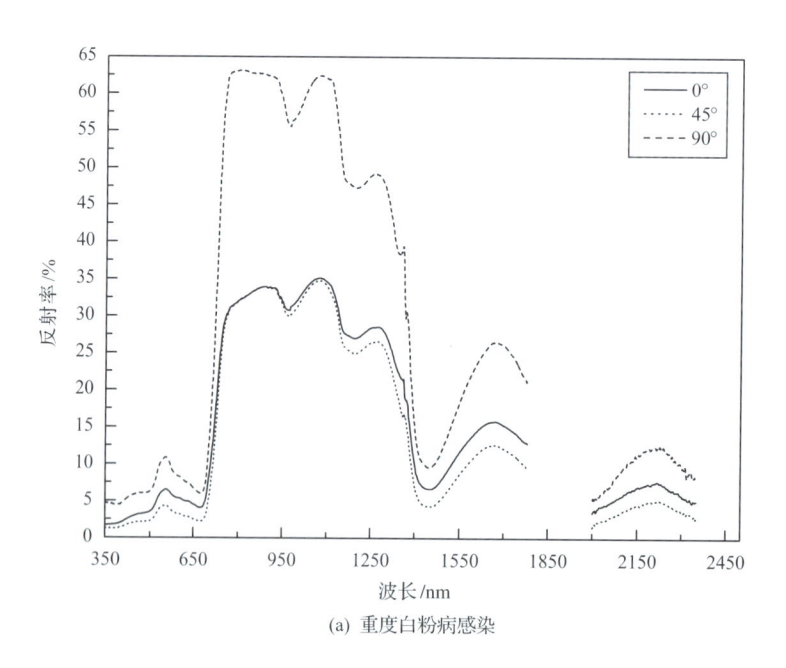

(a) 重度白粉病感染

(b) 轻度白粉病感染

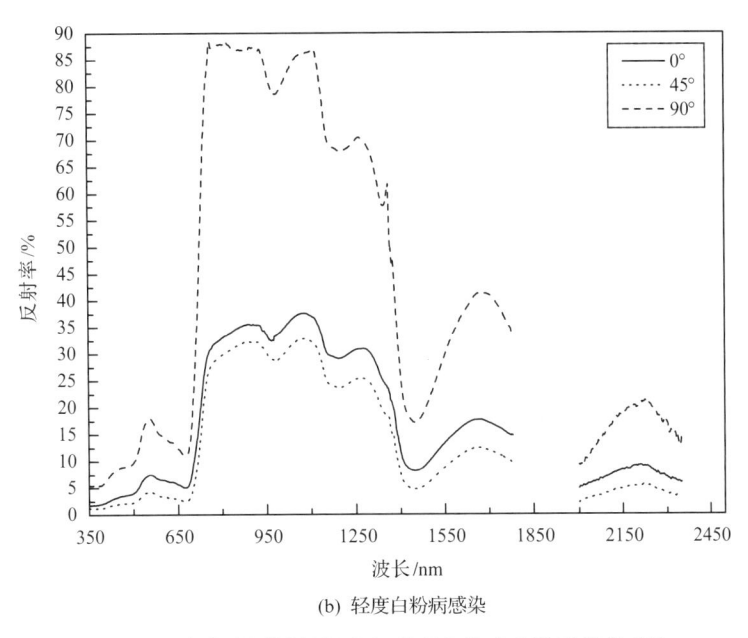

图 3-20 多角度测量的轻度与重度白粉病光谱反射率对比

3.3 水稻胡麻叶斑高光谱遥感监测

3.3.1 叶片尺度水稻胡麻叶斑病光谱响应特征

病害引起植被叶片外部生理和内部解剖学特征改变，进而导致植被叶片的光谱特性发生变化。叶片光谱反射率可以对植被健康状况实施有效探测，是精确灾害管理中对植被病菌和昆虫胁迫遥感识别的基础。图 3-21 显示了健康水稻叶片和受稻胡麻斑病危害叶片的四种光谱变换 R、R'、$\log 1/R$ 和 $(\log 1/R)'$ 的平均反射光谱曲线，以及反射光谱与病害严重度指数的相关关系。

由图 3-21 可知，原始光谱 R 在近红外 720~1200nm 光谱区间和短波红外（>1200nm）区域内，健康水稻叶片的反射光谱高于受稻胡麻斑病。对于受稻胡麻斑病胁迫水稻叶片而言，原始光谱 R 在 400~512nm、585~697nm 和 1891~2011nm 谱段内与病害严重度指数呈正相关关系，在其他谱段内则与病害严重度指数呈负相关关系，在红光波段 671nm 和近红外 743nm 处分别与病害严重度指数呈最强的正相关关系（$r=0.824$）和负相关关系（$r=-0.794$）。如图 3-21(a)可知受稻胡麻斑病危害叶片的红边位于 701nm，健康叶片在 718nm 处。受稻胡麻斑病胁迫后，病害叶片尽管仍旧存在双峰现象，但峰值降低和后峰削弱。在蓝光区域（488~542nm）和红光至近红外区域（686~759nm）内，稻胡麻斑病胁迫叶片一阶导数光谱 R' 与病害严重度指数呈负相关关系，而在绿光至橙光区域（543~685nm）和近红外区域则呈正相关（图 3-21(b)），表明随着危害程度的增加，蓝边、红边区域反射光谱的斜率降低，而绿峰、黄边和近红外区域反射光谱的斜率增加。图 3-21(c)、(d)和图 3-21(a)、(b)对比表示，伪吸收光谱 $\log 1/R$ 可以增强近似光谱之间的差异，在光谱响应特性上则与原始光谱 R 恰恰相反，伪吸收光谱的一阶导数光谱 $(\log 1/R)'$

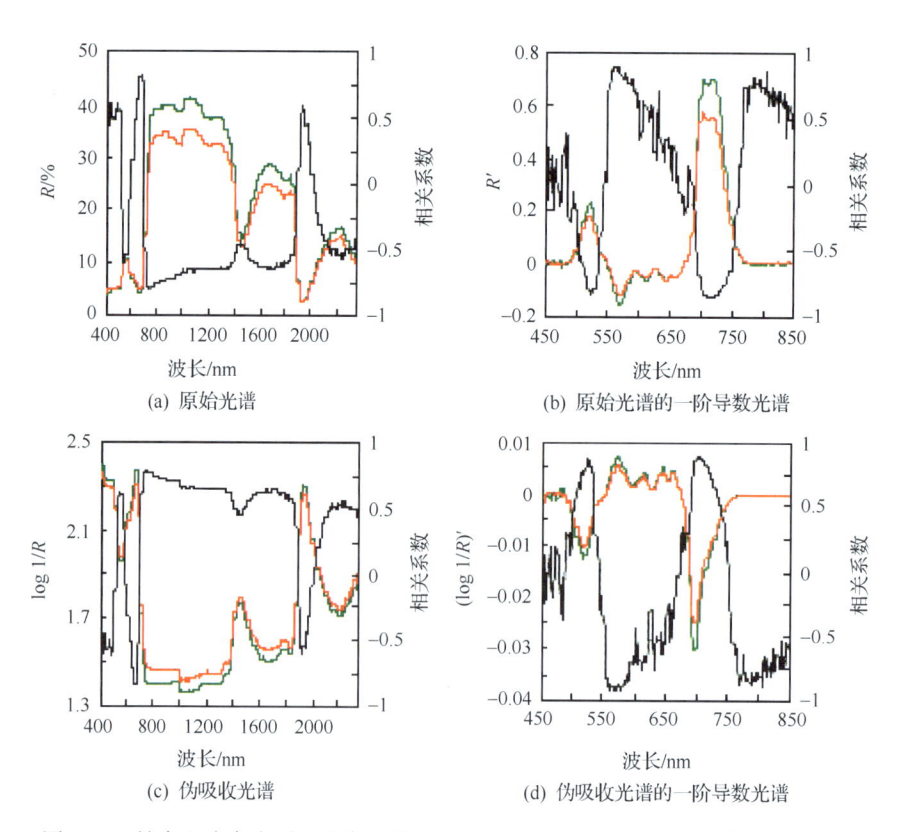

图 3-21 健康和病害水稻叶片高光谱反射率及其与病害严重度指数的相关关系图
绿色和黄色曲线分别代表健康和病害叶片平均光谱反射率;黑色曲线代表反射光谱与病害严重度指数的相关关系曲线

与一阶导数光谱 R' 恰恰相反, R' 中的峰谷与 $(\log 1/R)'$ 中的谷峰对应,从另一种光谱形式反映水稻叶片在遭受病虫危害后的光谱响应特性。

3.3.2 冠层尺度水稻胡麻叶斑病光谱响应特征

1. 健康与病害水稻冠层的原始光谱响应特征

在分析不同病害等级水稻的光谱特征前,利用测得的水稻冠层叶绿素 SPAD 值表征胡麻叶斑病对水稻叶绿素含量的影响。可以发现,随着病害严重度的增加,叶绿素 SPAD 值呈现下降趋势(图 3-22)。主要原因是水稻胡麻叶斑真菌可以在幼苗芽鞘诱发褐色的圆形、椭圆形的斑点,而叶鞘和颖壳上的斑点与叶面上的病害特征相似。此外,病原体还可以攻击胚芽鞘、穗分支、花颖和果粒,造成叶绿素含量的下降。

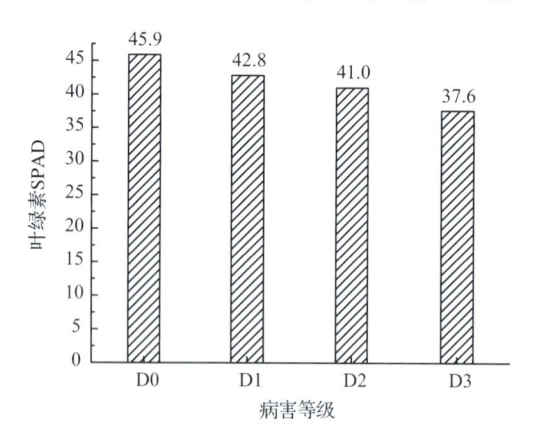

在对比不同病害等级水稻叶绿素 SPAD 值变化趋势的基础上绘制了它们的

图 3-22 叶绿素 SPAD 值随病情严重度增加的变化

光谱反射率曲线,发现 1350～1450nm、1780～2000nm 和 2350～2500nm 波段范围内受到水汽吸收的影响,存在的异常值使光谱曲线被拉平,植被特征变模糊(图 3-23(a))。为了真实反映不同病害严重度水稻的光谱反射特征,必须剔除这些波段(图 3-23(b))。在图 3-23(b)的可见光范围(400～680nm)和短波红外区间(1500～1750nm),微小的幅度变化很难区分不同的病害严重度。相比之下,760～1300nm 的近红外范围,不同严重度病害冠层可以很好地区分,其最大和最小反射率值分别位于 402nm 和 822nm。由图 3-22 和图 3-23 可以看出,不同病害严重度的水稻冠层由于受到病菌的影响程度不一,叶绿素和叶片结构的破坏程度也不一样,可以明显表现在冠层反射率上,成为遥感技术区分它们的依据。

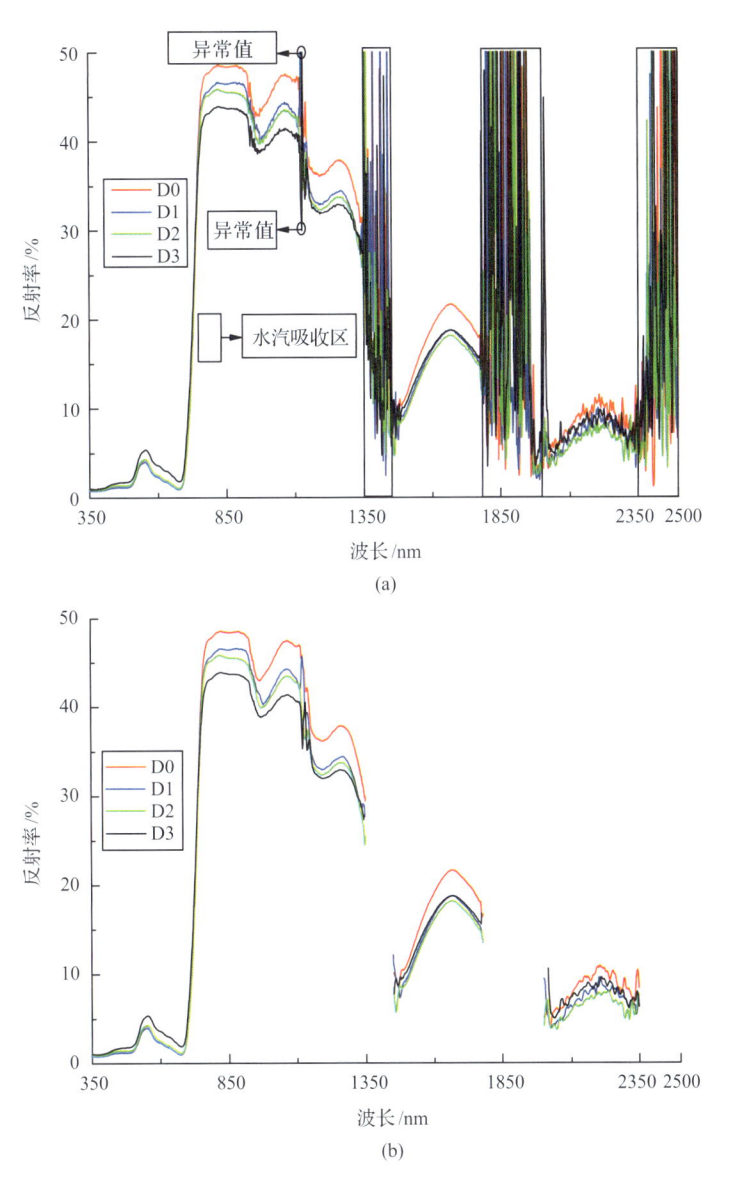

图 3-23 四个病害严重度水稻冠层的原始及预处理后光谱曲线对比
D0:正常;D1:轻度;D2:中度;D3:重度

2. 健康与病害水稻冠层的微分光谱响应特征

在获得四个病害等级水稻的原始反射率光谱后,计算其一阶微分和二阶微分光谱曲线,目的是为对比不同阶数微分光谱对病害响应的敏感性。相比一阶微分光谱(图 3-24(a)),二阶微分光谱的噪声更大,所以用 20 点窗口平均化法进行平滑(图 3-24(b))。在一阶微分光谱曲线上,健康水稻在可见光和近红外区间分别存在一个反射峰,分别位于 523nm 和 738nm;对于重度病害的水稻,其反射峰位于 523nm 和 727nm。一阶微分光谱曲线上,最小光谱值为-0.072,位于 570nm。此外,根据一阶微分曲线,可以判定红边位于 680~750nm 区间。相比一阶微分光谱,二阶微分的抖动更加剧烈,尤其在 500~800nm 的可见—近红外光谱区间,出现了更多的波峰和波谷。其中,500~650nm 范围内,最大和最小振幅分别位于 511nm 和 532nm;而在 650~800nm 范围内,则存在 3 个反射峰和 2 个反射谷,峰值分别位于 692nm、719nm 和 793nm,而谷值则位于 703nm 和 753nm。

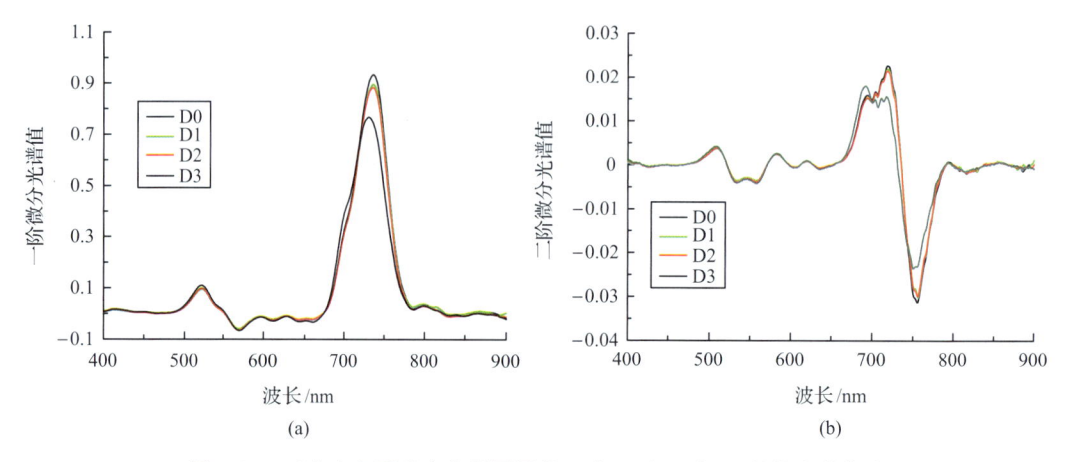

图 3-24 四个病害严重度水稻冠层的一阶(a)和二阶(b)微分光谱曲线

由上述分析可得出,不同病害等级的水稻冠层在反射率上存在差异,但可见光、近红外和短波红外的差异特征不同。相比之下,近红外区间的对比最大,更容易区分;而相比原始反射率,由于对土壤和大气效应不敏感,微分光谱(一阶微分和二阶微分)能更好地区分不同病害严重度的水稻。分析结果表明,相比健康水稻,随着病害严重度的增加,其反射率的绝对值总体呈降低趋势。

3. 敏感光谱波段提取

对于高光谱遥感数据,敏感波段的选择可以有效降低数据冗余,为有效波段选择和反演作物病害模型提供依据。因此,准确提取光谱敏感区间和光谱敏感波段具有重要意义。我们同时利用敏感度分析法和连续统去除提取对水稻胡麻叶斑病敏感的光谱区间和光谱波段。由图 3-25 可以看出,随着病害严重度的增加,敏感度曲线变化幅度越剧烈。取重度侵染水稻为例,在可见光—近红外范围内(400~740nm)敏感度的值为正,表明受病害胁迫的水稻冠层反射率高于健康水稻。以 498nm 为中心的蓝波段和 673nm 为中心的红波段,反射率增加最多;而以 539nm 为中心的绿波段,则增加最少。当波长大于 673nm 后,光谱敏感度(spectral sensitivity,SI)的值降为负值,表明健康植被的反射率开始大于受病害胁迫的水稻。图 3-25(a)中,光谱敏感度最大值为 0.82,位于 673nm;最小值为 −0.13,位于 1097nm。根据光谱敏感度图上得到的波峰和波谷分布特征,可以得出对水稻胡麻叶斑病敏感的光谱区间和光谱波段。

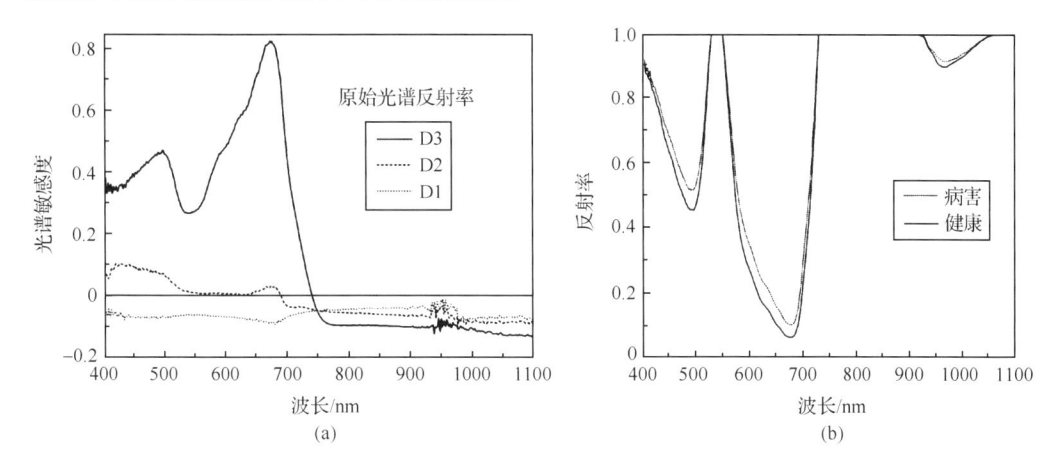

图 3-25　基于敏感度分析法和连续统去除法的敏感波段和敏感区间分析

连续统去除法将原始反射率光谱归一化到[0,1],使不同数据之间具备了可比性。如图 3-25(b)所示,存在 400~530nm、550~730nm 和 900~1100nm 三个光谱区间。然而,以 498nm 为中心的蓝光区间的波段值低于以 678nm 为中心的可见光—近红外区间的波段值。相比前两者,以 976nm 为中心的波谱区间的波段值由于携带的信息过少,将其舍弃。在 3 个吸收波段区间内,550~730nm 光谱区间内的变化范围和程度相比其他两个区间更大,表明该区域在区分不同严重度水稻胡麻叶斑病时有更好的效果。表 3-18 为两种方法提取的敏感区间和敏感波段,除了敏感度分析法比连续统去除法多一个敏感区间和一个敏感波段外,可以看出两者取值非常相似。此种现象表明,对同一种病害而言,不同方法的提取结果相似,即方法选择与最终的提取结果关系不密切。

表 3-18　敏感度分析法和连续统去除法选取的敏感波段和区间对比

分析方法	光谱敏感区间/nm	光谱敏感波段/nm
敏感度分析法	430~520,530~550,650~710	498,539,673
连续统去除法	401~530,550~730	498,678

3.3.3　基于主成分分析和径向基网络的水稻胡麻斑病严重度估测

主成分分析是多元统计中一种重要的数据压缩处理技术,在不丢失主要光谱信息前提下,选择数目较少的新变量替代原来较多的变量,解决了高光谱波段过多、谱带重叠的分析难题。尝试运用光谱重采样、低阶微分和 PCA 等数据处理方法,获取重采样光谱和主分量光谱作为径向基网络的输入向量,建立水稻胡麻叶斑病病害严重度估算模型。

有研究表明,光谱的低阶微分处理对噪声影响敏感性较低,因而在实际应用中较为有效。一阶微分光谱能够提供反射率的变化信息,即波长的斜率,可以去除部分线性或近线性的背景噪声光谱对目标光谱的影响;二阶微分光谱解释波长斜率的变化,可以有效减弱背景影响。全波段从350nm到2500nm共有2151个波段,若全部的原始光谱均作为神经网络的输入向量时,由于谱段重叠、维数过多,导致训练时间增加,预测结果不稳定。为解决以上问题,本节采样以下四种数据处理方法:①对原始光谱进行以10nm为间隔的重采样;②对重采样光谱进行主成分分析;③对原始光谱的一阶微分光谱进行主成分分析;④对原始光谱的二阶微分光谱进行主成分分析。利用以上四种方法获取的神经网络输入结点数目及主成分的累积贡献率见表3-19。

表3-19 输入结点数目及主成分的累积贡献率

数据集	输入向量结点数	累积贡献率/%
重采样	195	
基于原始光谱的PCA	1	96.06
基于一阶导数光谱的PCA	43	95.07
基于二阶导数光谱的PCA	57	95.12

径向基网络RBFN的输入层对应输入向量空间,这里对应重采样后的光谱或经PCA压缩后的主分量光谱。输出层是对隐含层的线性加权,对应病害严重度信息。输入层节点只传递输入信号到隐含层,隐含层采用径向基函数作为传递函数,该径向基函数一般为高斯函数。图3-26为径向基函数网络的结构示意图。隐含层每个神经元与输入层相连的权值向量$W1_i$和输入矢量X_q(表示第q个输入向量)之间的距离乘上阈值作为本身的输入。RBF网络通过非线性基函数的线性组合实现从输入空间RN到输出空间RM的非线性转换。

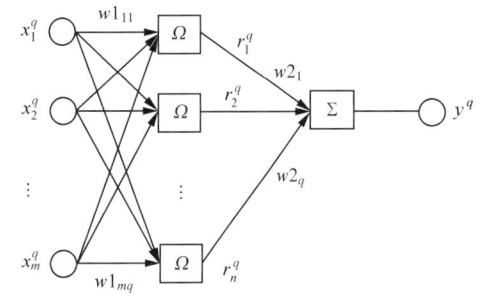

图3-26 径向基函数网络的结构示意图

1) 基于重采样光谱的RBFN病害严重度预测

冠层实验中共测定262条光谱及对应的病害严重度,其中,随机选取75%的样本作为训练样本集,用于网络训练;剩余25%样本为测试样本集,用于网络测试评价(下同)。首先,对进行重采样(10nm)后的光谱进行网络训练。通过网络创建函数New rbe,快速地、无误差地设计一个RBF网络,而只需设定径向基函数的扩展速度Spread。本研究对不同的Spread进行尝试,以确定一个最优值(图3-27)。

图3-27表明,当扩展速率Spread为1.5时,RBFN模型的拟合效果最好。图3-28显示的是Spread为1.5时的模型预测结果,均方根误差RMSE为8.75%;观测值和模拟值之间的相关关系较好,决定系数0.88。分析可知,健康叶片的病害严重度本应为0,但

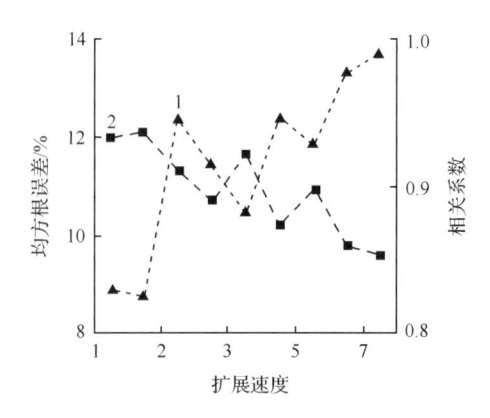

图3-27 光谱测试中不同Spread值的影响
曲线1表示RMSE;曲线2表示相关系数

网络模型的模拟值在正负10%之间,而对受真菌感染的叶片病害严重度有较好的预测效果。

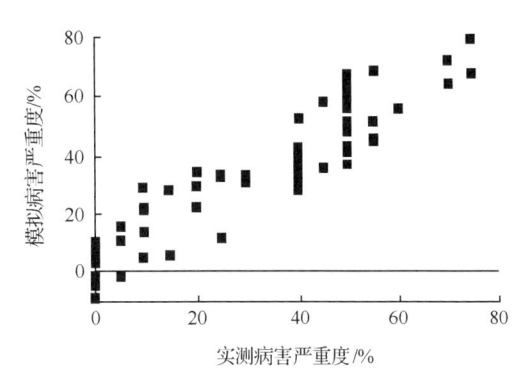

2)基于重采样光谱的PCA-RBFN病害严重度预测

即使对原始光谱进行重采样后,仍有195个波段,若全部输入RBFN,计算量仍旧较大。图3-29表示重采样光谱的第一主成分(PC1)在整个波长范围的载荷图。横坐标代表波长,纵坐标表示各波长变量对于主成分的载荷值,即是各个波长变量与PC1的相关性大小。PC1与波长745~1305nm范围的反射值呈较强的负相关关系,在可见光(<720nm)和短波红外(>1350nm)波段的相关性较弱。近红外谱段的反射率对植被生理胁迫具有较低的敏感性。

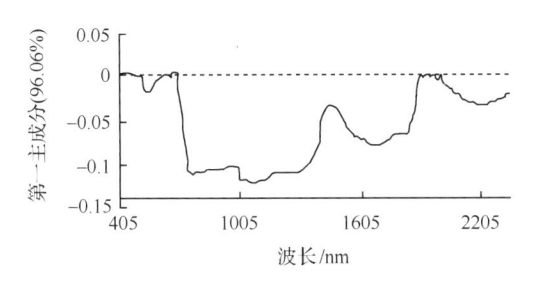

图3-28 水稻胡麻叶斑病病害严重度的模拟结果图
Spread=1.5;R^2=0.8768;RMSE=8.75%

利用PC1作为RBFN的输入向量进行网络训练,而后用测试样本进行网络测试。当Spread为0.0005时,测试样本预测结果的RMSE为64.4%,观测值和模拟值的相关系数只有0.137。表明利用PCA方法对重采样光谱进行压缩处理,即使选取可解释光谱变异信息96.06%的PC1作为RBFN的输入向量,也不能很好地预测病害严重度。

图3-29 整个采样光谱区的第一主成分(PC1)

3)基于一阶、二阶微分光谱的PCA-RBFN病害严重度预测

利用PCA技术对一阶、二阶微分光谱进行压缩处理,一阶微分的前43个主分量,二阶微分的前57个主分量,其方差累积贡献率分别为95.07%和95.12%。选取的一阶、二阶微分的主分量光谱作为RBFN的输入向量,对网络进行反复训练,确定扩展速率Spread分别为4和2时,网络性能最佳,测试数据集的均平方根误差分别为7.73%和13.54%,观测值和模拟值间的相关系数分别为0.95和0.78。由图3-30可见,运用一阶微分主分量光谱作为输入向量的RBFN对健康状态和较低病害严重度的水稻叶片拟合效果较差,而对中高严重度的预测结果较好;运用二阶微分主分量光谱作为输入向量的RBFN,则不能获得满意的精度。

径向基函数的扩展速率Spread的大小直接影响计算结果的准确性,我们基于重采样光谱、光谱重采样后的PCA主分量和一阶、二阶微分光谱的PCA主分量等四种方法处理后的数据,建立水稻胡麻斑病严重度预测模型,最终所确定的最优Spread分别为1.5,0.0005,4和2。不同的数据处理方法的预测精度不尽相同,其中,以基于一阶微分光谱PCA主分量的RBFN精度最高,均方根误差RMSE仅为7.73%。试验表明,运用高光谱遥感技术可以实时、方便、快捷地对水稻病害进行估测。

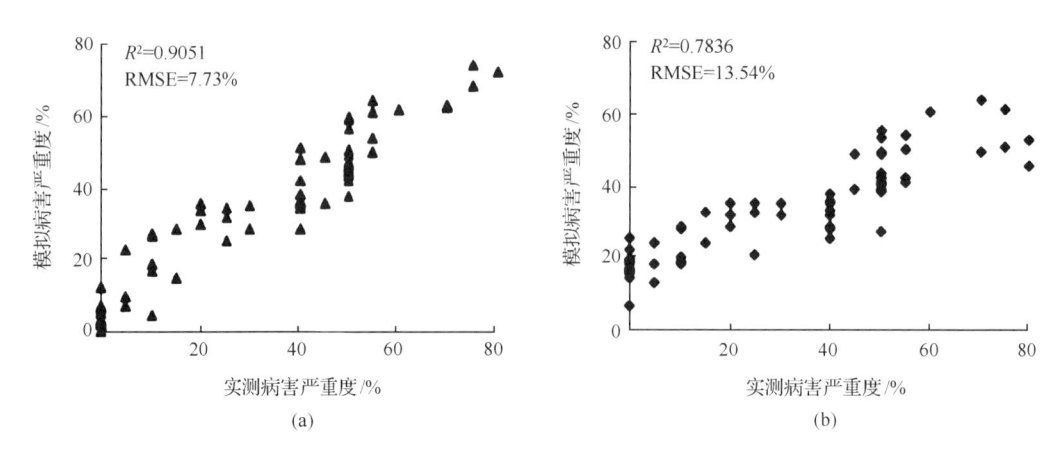

图 3-30 水稻病害严重度的观测值和模拟值(a)一阶微分的前 43 个主分量(Spread=4)及二阶微分的前 57 个主分量(Spread=2)(b)

3.4 棉花黄萎病高光谱遥感监测

3.4.1 黄萎病胁迫下棉花近地光谱响应特征

棉花受黄萎病病菌危害后,其生物物理和生物化学方面会发生很大变化,如叶片变黄干枯、叶绿素组织遭受破坏、光合作用、养分水分吸收运输转化机能衰退等,这些生物物理和生物化学参数的变化必然会导致棉花单叶及冠层光谱特征发生变化。通过分析受害棉花单叶和冠层光谱变化特征,有助于进一步了解遥感监测棉花黄萎病的光谱机理,对发展棉花黄萎病的遥感监测具有重要意义。

单叶光谱的测定不受冠层几何结构、覆盖度、大气等影响,比较易于了解其真实的光谱特征。棉花叶片对棉花的光合、生长发育及营养供应起着非常重要的作用,而且对冠层整体的光谱贡献所占比例很大。但植被冠层是由许多离散叶子组成,并且其光谱测定受外界条件影响较大,因此单叶的光谱行为并不能完全解释植被冠层的光谱反射。基于此,本节分别从单叶和冠层水平上分析受害棉花的光谱特征。

图 3-31 为不同病情严重度下的单叶光谱反射率曲线图,病情严重度等级可划分为:b0 为正常,b1 为轻度,b2 为中度,b3 为严重,b4 为极严重(下同)。由图 3-31 可以看出,棉花单叶光谱反射率随病情严重度增加在可见光和红外波段逐渐增大,特别是可见光和短波红外波段光谱反射率差异显著。主要原因是可见光波段叶片光谱反射率强度主要受色素特别是叶绿素含量的影响,而短波红外波段光谱特性受叶子总含水量控制,且叶子的反射率与叶内总含水量约呈负相关,当棉花叶片受黄萎病病菌危害后,叶片叶绿素含量下降,可见光波段光谱反射率增大。同时由于黄萎病病菌侵染棉花后会在棉花维管内产生大量胼胝体,阻止棉花体内水分运输,从而引起叶片变黄干枯含水量下降,短波红外波段反射率增大。

由不同病情严重度下棉花冠层光谱特征(图 3-32)可以看出,不同病情严重度下近红外波段光谱反射率差异较可见光波段显著,且随病情严重度增加,近红外波段光谱反射率

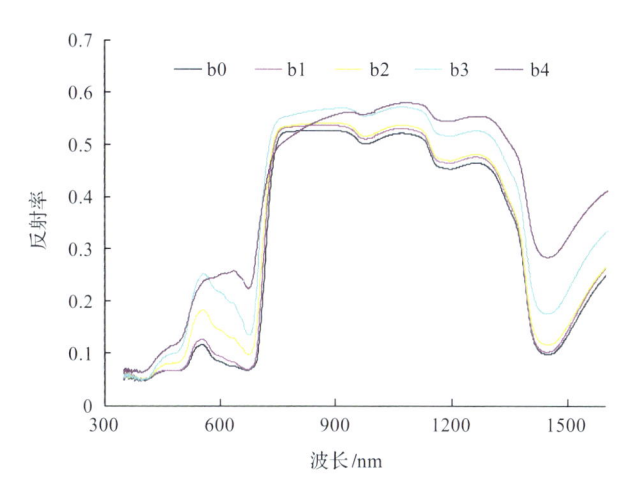

图3-31 受害棉花单叶光谱反射率

下降。而单叶水平下随病情严重度的变化可见光波段光谱反射率差异大于近红外波段。这是因为在近红外波段内叶片的吸收能量不到5%，而反射和透射能却很高，几乎各占到入射能的45%~50%，因此近红外波段冠层光谱反射率主要受各层叶片间多次透射和反射的影响，而可见光波段光谱反射率主要受叶绿素含量和叶片内部生化组分影响。自然状态下的植被冠层是由多层叶片组成，整个冠层的反射是由叶片的多次反射和叶片阴影共同作用的结果。由于植物叶片透射大部分近红外辐射能，透射到下层的近红外辐射能被下层叶片反射并透过上层叶，随着多层叶片的多次透射和反射，冠层近红外波段光谱反射率增强，因此近红外波段植被冠层光谱反射率随叶片层数的增加而增大。棉花受黄萎病病菌危害后叶片卷曲、焦枯、脱落，从而导致棉株覆盖度、生物量、叶面积指数等不断减小，因此随棉花受害程度增加近红外波段光谱反射率下降。

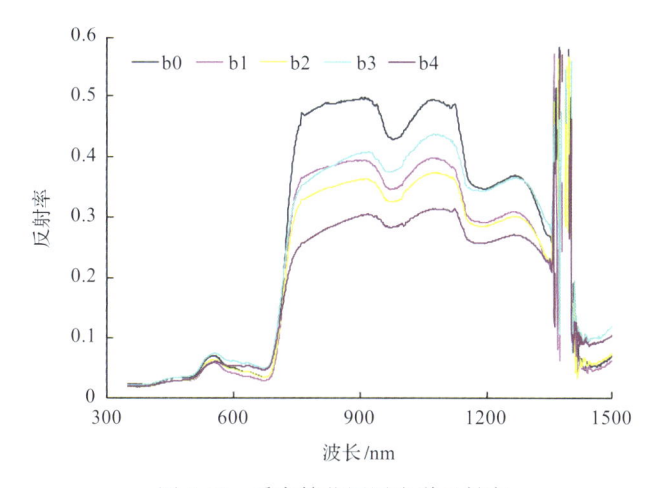

图3-32 受害棉花冠层光谱反射率

随棉花黄萎病病情严重度增加可见光波段范围内冠层光谱反射率同近红外波段相比变化甚微（图3-32），通过对不同病情严重度下可见光波段范围内冠层光谱反射率曲线图的局部放大可见（图3-33）。

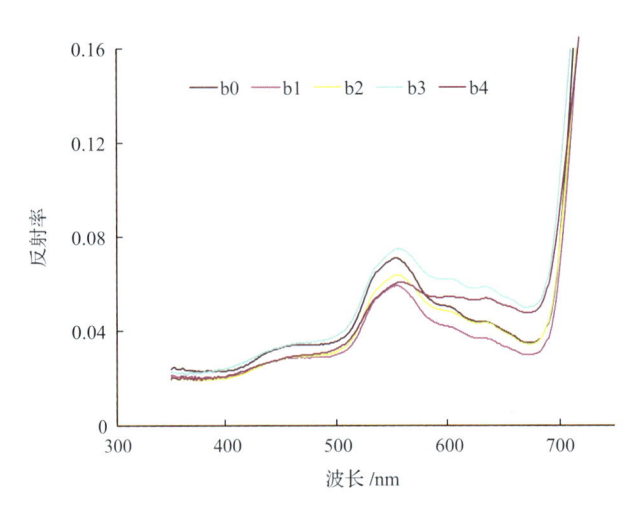

图 3-33　受害棉花冠层光谱可见光波段反射率放大图

随棉花黄萎病病情严重度增加,550nm 附近绿光波段光谱反射率减小,680nm 附近红光波段光谱反射率增大。这是因为当叶绿素等色素的浓度或含量下降时,绿色视觉效果减弱,在光谱上表现为绿光区的反射减弱,吸收增强。棉花受黄萎病病菌危害后,叶片变黄干枯,叶绿素含量下降,因此随棉花黄萎病病情严重度增加,可见光波段绿峰反射率减小。在植物体内叶绿素 a 的含量是叶绿素 b 的 3 倍,因此叶绿素 a 对植物反射光谱曲线的影响尤为明显,而叶绿素 a 含量对 680nm 波长处的吸收峰作用最大。所以随着棉花黄萎病病情严重度增加,叶绿素尤其是叶绿素 a 含量的减少,导致 680nm 波长附近吸收作用减弱,光谱反射率增大。这与刘良云等(2004)的研究结果相一致。在可见光波段内无论是单叶光谱还是冠层光谱,其光谱反射率值的影响因素均为叶片中各种色素特别是叶绿素的含量或浓度,对于单叶光谱和冠层光谱在可见光波段光谱反射率值变化的不一致性还有待进一步探讨与研究。

3.4.2　棉花黄萎病病情严重度敏感波段研究

高光谱遥感由于具有光谱分辨率高、信息量丰富等优点,因而对地物的识别能力更强。但随着光谱分辨率增加,冗余信息也相对增加,已有研究表明其计算量随波段数的增加成四次方增加,因此需要根据研究目的和研究对象的不同进行波段分析和选择,使其在减少特征数量的同时又能保存主要信息,从而提高数据处理效率和监测精度。

1. 基于原始光谱的敏感波段选择

分析黄萎病病情严重度和棉花单叶光谱反射率相关关系(图 3-34)发现,棉花单叶光谱反射率与病情严重度在 745~783nm 波段范围显著负相关,主要原因是当叶片受到病虫害危害时,红边位置蓝移,红边斜率减小。350~727nm 以及 884~1600nm(由于仪器自带模拟光源能量问题,在 1600nm 后信噪比较低,因此本节对 1600nm 以后的波段不予考虑)波段范围内光谱反射率与病情严重度在 0.05 水平下正相关,其中 350~727nm 和 903~1600nm 波段范围内光谱反射率与病情严重度呈极显著相关,鉴于 350~408nm 之间病情严重度和光谱反射率之间的相关系数波动较大,认为 408~727nm 和 903~1600nm 为棉花单叶黄萎病病情严重度诊断的敏感区域。陈兵等(2007a)研究认为 434~724nm 和 909~1600nm 范围是棉花黄萎病病害识别的敏感波段区域,二者结论的不完全一致性是否与棉花品种、数据获取手段与时间、取样叶位及测试仪器精度等因素有关,还需在以后的试验中进一步探讨与验证。

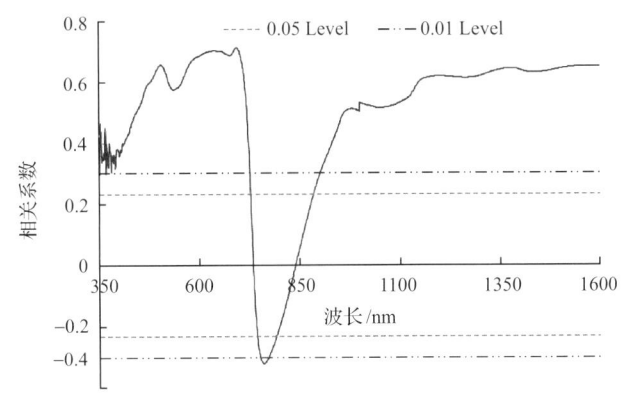

图 3-34 光谱反射率与病情严重度相关系数

2. 基于光谱敏感度的敏感波段选择

日本学者 Kobayashi 等(2001)为寻找穗颈瘟胁迫下水稻植株的光谱响应敏感区域和敏感波段构建了光谱敏感度 SI,取得了较高的估算精度。其中,光谱敏感度定义为

$$SI = (S_s - S_n)/S_n \qquad (3-3)$$

式中,SI 为光谱敏感度;S_s 为受胁迫植株光谱反射率;S_n 是正常植株光谱反射率。

由式(3-3)可看出,光谱敏感度在某一波段为正值时,说明在该波段内受胁迫植株的光谱反射率高于正常植株,并且光谱敏感度值越大,表明受胁迫植株的光谱反射率与正常植株光谱反射率差异越显著,反之亦然。利用光谱敏感度值分析病虫害监测的敏感波段,可以部分地消除乘法噪声对光谱曲线的影响,使不同病情严重度的光谱曲线更具可比性,从而提高监测精度。

根据光谱敏感度定义,利用不同病情严重度下棉花叶片光谱与正常叶片光谱构建了棉花单叶黄萎病光谱敏感度曲线(图 3-35)。

图 3-35 表明在可见光和短波红外区域光谱敏感度值较大,且均为正值。说明不同病情严重度下可见光和短波红外波段棉花单叶光谱反射率差异较大,且随病情严重度增加受害叶片光谱反射率逐渐增大。当棉花单叶受黄萎病病菌危害后,叶片叶绿素含量下降,可见光波段光谱反射率增大。棉花黄萎病病菌侵染棉花维管束后,其在木质部的增殖导致了水蒸腾阻力变大,从而导致叶片中水分不足,引起叶片变黄干枯含水量下降,短波红外波段反射率增大,并且光谱敏感度值在 1450nm 左右达到最大。这一结果与王纪华等(2001)的研究发现一致,即 1450nm 附近的光谱反射率强吸收特征可敏感地反映叶片的水分状态。

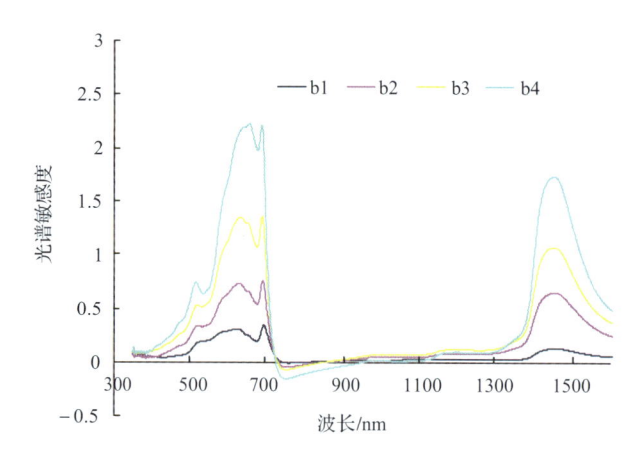

图 3-35 不同病情严重度的光谱敏感度曲线

b1 为轻度黄萎病光谱敏感度曲线；b2 为中度黄萎病光谱敏感度曲线；b3 为重度黄萎病光谱敏感度曲线；
b4 为极重度黄萎病光谱敏感度曲线

近红外波段不同病情严重度下光谱敏感度值变化较小。因为在近红外波段植物光谱反射率强度主要取决于叶片内部的细胞结构，特别是叶肉与细胞间相对空隙的相对厚度。由于黄萎病病菌类型及发病严重度不同，受害棉叶的厚度变化亦不同。本节在进行棉花单叶光谱测试时，并没有按照发病类型（落叶型、枯斑型和黄斑型等）进行细分，而光谱敏感度曲线是对所研究数据按照不同病情严重度的平均。这可能是不同病情严重度下近红外波段光谱敏感度值变化较小的一个主要原因，至于近红外波段是否可作为棉花黄萎病发病类型诊断的敏感区域还有待进一步研究。

红边区域的 765nm 附近光谱敏感度值出现负值，表明在该范围内正常棉叶的光谱反射率比受病害棉叶光谱反射率高一些。主要原因是当叶片受到病虫害危害时，红边位置蓝移，红边斜率减小。

通过对光谱敏感度曲线的进一步分析发现，可见光波段的光谱敏感度值大于短波红外波段，最大值出现在红光波段，特别是 650～700nm 的波段范围。已有的研究也表明当棉花单叶受黄萎病病菌危害后，随病情严重度增加，叶绿素 a 和叶绿素 b 下降对光谱反射率的影响大于叶片含水量的影响，因此不同病情严重度下可见光波段光谱反射率差异比短波红外波段显著，可见光波段是棉花单叶黄萎病病情严重度识别的适宜波段，其中红光波段是病情严重度识别的最佳波段。

通过对棉花单叶黄萎病病情严重度与光谱敏感度的相关性分析发现（图 3-36），可见光 431～717nm 以及短波红外 1330～1600nm 的波段范围内光谱敏感度与病情严重度在 0.05 水平下相关，其中，455～715nm 和 1343～1600nm 波段范围光谱敏感度值和病情严重度达到了极显著相关水平，相关系数最大值出现在红光波段 650～700nm 范围内，证明此波段区间为棉花单叶黄萎病病情严重度识别的最佳区间。

3. 棉花黄萎病病情严重度敏感波段选择

对利用原始光谱和光谱敏感度确定的棉花单叶黄萎病病情严重度的敏感波段进行综合分析发现 455～715nm 和 1343～1600nm 为棉花单叶黄萎病病情严重度识别的敏感波

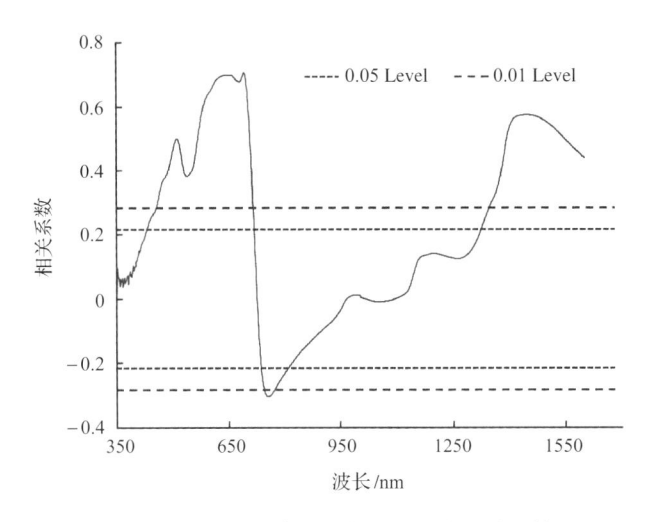

图 3-36 光谱敏感度与病情严重度相关系数

段,尤其是可见光的红光波段为棉花单叶黄萎病病情严重度识别的最佳波段。

3.4.3 棉花黄萎病病情严重度估测研究

根据棉花黄萎病害导致的单叶和冠层光谱的变化特征,利用 8 月中上旬棉花黄萎病暴发期的不同病情严重度棉叶作为供试材料,对原始光谱反射率数据及其变换进行统计分析,提取遥感监测棉花黄萎病害的敏感波段和特征参量,在此基础上根据野外调查资料借助于数理统计分析方法建立棉花黄萎病病情严重度的地面高光谱遥感估测模型。

对棉花黄萎病病情严重度与原始光谱反射率、一阶微分光谱、高光谱特征参数及红光波段特征吸收参量进行相关分析,利用 SPSS13.0 构建以遥感参数为自变量的病情严重度估测模型。常用的单变量线性和非线性模型主要包括以下 6 种:

(1) 简单线性模型:$Y = a + bX$;
(2) 对数模型:$Y = a + b \times \ln X$;
(3) 指数模型:$Y = a \times \exp(bX)$;
(4) 抛物线模型:$Y = a + bX + cX^2$;
(5) 一元三次函数:$Y = a + bX + cX^2 + dX^3$;
(6) 幂函数:$y = ax^b$。

1. 基于原始光谱棉花病情严重度估测模型

计算棉花单叶原始光谱反射率数据和相应的病情严重度等级在每个波段上的相关系数并绘制其曲线图(图 3-36)。由原始光谱反射率与病情严重度相关系数图(图 3-36)可知病情严重度与原始光谱反射率在波长 694nm 处的相关系数最大,因此以波长 694nm 处的光谱反射率为自变量 x,棉花单叶黄萎病病情严重度为因变量 y 构建病情严重度反演模型。通过对模型分析发现对数模型($y = 2.1442\ln x + 5.8773, n = 54$)的拟合效果相对较好,决定系数为 0.7060,说明利用该模型预测棉花单叶黄萎病病情严重度是可行的,但预测精度还有待进一步验证。

2. 基于一阶微分光谱棉花病情严重度估测模型

为快速寻找植被光谱曲线的弯曲点及最大最小反射率的波长位置、波段深度等特征参数,以及分解重叠的吸收波段,常常对原始光谱数据进行微分处理而得微分光谱,以强调光谱曲线的变化和压缩均值影响。由于光谱采样间隔的离散性,实际一阶微分光谱通常用差分方法近似计算:

$$\rho'(\lambda_i) = [\rho(\lambda_{i+1}) - \rho(\lambda_{i-1})]/(2\Delta\lambda) \quad (3-4)$$

式中,λ_i 为每个波段波长;$\rho'(\lambda_i)$ 为波长 λ_i 一阶微分;$\Delta\lambda$ 为波长 λ_{i-1} 到 λ_i 的间隔。

由不同病情严重度下一阶微分光谱曲线(图3-37)可见,在680~740nm波长范围内,一阶微分光谱值变化最大,为棉花单叶黄萎病监测的适宜区域,且随病情严重度增加红边位置蓝移,红边斜率减小,一阶微分峰值增大,蓝边位置向短波方向移动。

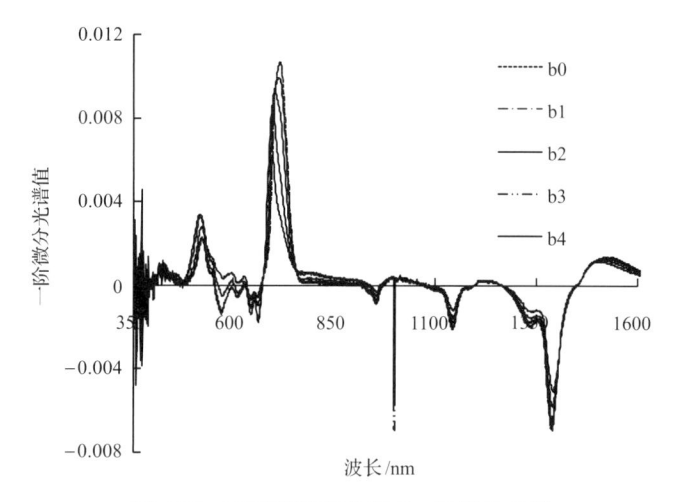

图3-37 不同病情严重度下一阶微分光谱

由一阶微分与病情严重度的相关系数可知(图3-38),病情严重度与一阶微分光谱反射率在大部分波段相关系数都达到显著或极显著水平,表明棉花单叶黄萎病病情严重度与一阶微分的相关性较强。

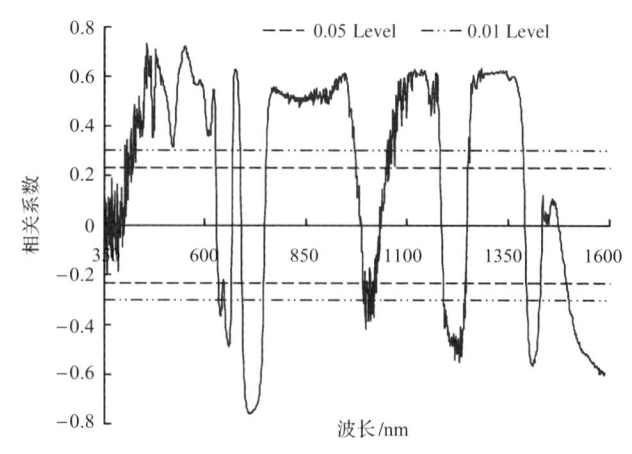

图3-38 一阶微分光谱与病情严重度的相关系数

由于棉花单叶黄萎病病情严重度与一阶微分光谱反射率在波长723nm处相关系数最大,以病情严重度为因变量,723nm处的一阶微分光谱反射率为自变量,通过线性和非线性拟合建立两者之间的关系模型,发现线性模型和抛物线模型的拟合效果较好(图3-39),决定系数分别为0.7879和0.7875,考虑到两种模型的拟合精度极为接近,因此选用线性模型更为简单易用。由前面分析可知波长723nm处的一阶微分光谱反射率对病情严重度的拟合程度相对高于694nm原始光谱反射率的拟合程度,且利用一阶微分光谱反射率建立的模型为线性模型,说明利用723nm处的一阶微分光谱反射率估测棉花单叶黄萎病病情严重度更具可行性,但预测精度还有待进一步验证。

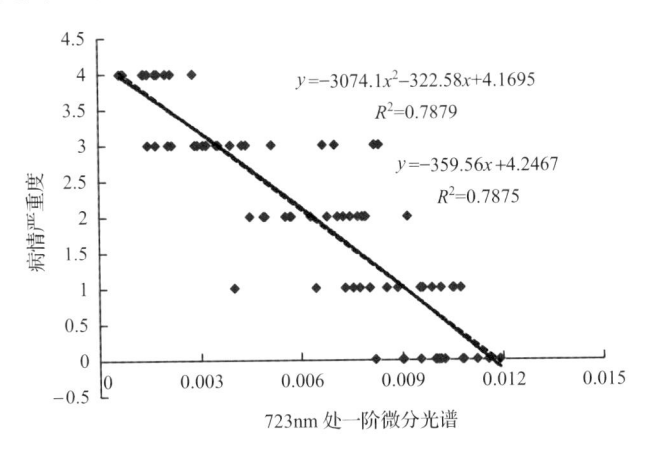

图3-39 一阶微分光谱为自变量的线性和抛物线模型

图中公式:
$y = -3074.1x^2 - 322.58x + 4.1695$
$R^2 = 0.7879$
$y = -359.56x + 4.2467$
$R^2 = 0.7875$

3. 基于高光谱特征参量病情严重度估测模型

高光谱数据特征参量主要包括从原始光谱、一阶微分光谱提取的基于光谱位置变量、面积变量及光谱指数变量3种类型19个特征参数(表3-20)。本节首先对棉花单叶黄萎病病情严重度与高光谱特征参量进行相关分析,确定棉花单叶黄萎病病情严重度估测的最佳光谱特征参量,构建病情严重度估测模型。

表3-20 高光谱特征参数定义

类型	变量	描述
基于光谱位置变量	1. D_b	蓝边覆盖490~530nm,D_b是蓝边内一阶微分光谱中的最大值
	2. λ_b	λ_b是D_b对应的波长位置
	3. D_y	黄边覆盖550~582nm,D_y是黄边内一阶微分光谱中的最大值
	4. λ_y	λ_y是D_y对应的波长位置
	5. D_r	红边覆盖680~780nm,D_r是红边内一阶微分光谱中的最大值
	6. λ_r	λ_r是D_r对应的波长位置
	7. R_g	R_g是波长510~560nm范围内最大的波段反射率
	8. λ_g	λ_g是R_g对应的波长位置
	9. R_0	R_0是波长640~680nm范围内最小的波段反射率
	10. λ_0	λ_0是R_0对应的波长位置

续表

类型	变量	描述
基于光谱面积变量	1. SD_b	蓝边波长范围内一阶微分波段值的总和
	2. SD_y	黄边波长范围内一阶微分波段值的总和
	3. SD_r	红边波长范围内一阶微分波段值的总和
基于光谱指数变量	1. R_g/R_r	绿峰反射率(R_g)与红谷反射率(R_r)的比值
	2. $(R_g-R_r)/(R_g+R_r)$	绿峰反射率(R_g)与红谷反射率(R_r)的归一化值
	3. SD_r/SD_b	红边内一阶微分的总和(SD_r)与蓝边内一阶微分的总和(SD_b)比值
	4. SD_r/SD_y	红边内一阶微分的总和(SD_r)与黄边内一阶微分的总和(SD_y)比值
	5. $(SD_r-SD_b)/(SD_r+SD_b)$	红边内一阶微分的总和(SD_r)与蓝边内一阶微分的总和(SD_b)归一化值
	6. $(SD_r-SD_y)/(SD_r+SD_y)$	红边内一阶微分的总和(SD_r)与黄边内一阶微分的总和(SD_y)归一化值

由光谱特征参量和病情严重相关系数(表 3-21)可看出,在基于遥感参量的"三边"光学参数中,除红谷反射率最小值对应的波长位置 λ_0 与棉花单叶黄萎病病情严重度间的相关性不显著外,其余"三边"位置参数都与病情严重度呈显著或极显著相关,其中,以黄边内最大一阶微分值(D_y)与病情严重度相关系数最大($r=0.6501$)。在基于光谱面积的特征变量中,3个面积变量与病情严重度间均具有极显著相关关系($p<0.01$),说明基于光谱面积的特征变量更适于棉花单叶黄萎病病情严重度诊断,其中,红边内一阶微分总和(SD_r)与病情严重度间呈极显著负相关($r=-0.6697$),蓝边内一阶微分总和(SD_b)及黄边内一阶微分总和(SD_y)与病情严重度间达极显著正相关,相关系数分别为 0.4518 和 0.6053。基于光谱指数变量中,除红边面积(SD_r)与黄边面积(SD_y)的比值与病情严重度的相关性不显著外,其余植被指数与病情严重度均达到极显著相关,相关系数的绝对值均超过 0.55。

表 3-21 高光谱特征参数和病情严重度的相关系数($n=54$)

D_b	λ_b	D_r	λ_r	D_y	λ_y	$(SD_r-SD_b)/(SD_r+SD_b)$
0.3704**	-0.5031**	-0.4474**	-0.5933**	0.6501**	0.3675**	-0.5612**
R_g	λ_g	R_0	λ_0	SD_r	SD_b	$(SD_r-SD_y)/(SD_r+SD_y)$
0.5345**	0.6411**	0.6516**	0.1407	-0.6697**	0.4518**	-0.5756**
SD_y	SD_r/SD_b	SD_r/SD_y	R_g/R_r	$(R_g-R_r)/(R_g+R_r)$		
0.6053**	-0.5809**	0.0269	-0.5065**	-0.5466**		

对病情严重度与高光谱特征参量进行相关分析,挑选与病情严重度呈极显著相关的特征参数为自变量,构建病情严重度诊断模型(表 3-22)。由最佳模型判定标准可知:变量 λ_r、D_y、R_0、SD_r/SD_b 的最佳模型为对数模型,变量 λ_g、SD_r、SD_y、$(SD_r-SD_y)/(SD_r+SD_y)$ 的最佳模型是线性模型。由于 SD_r 与病情严重度具有最大的相关系数(表 3-21),最好的线性拟合效果(表 3-22)以及与其他高光谱特征参量非线性模型的拟合效果非常接近,考虑到线性模型的数学表达形式比较简单,因此在以高光谱特征参量为自变量的模型中,以 SD_r 为自变量 x 的线性模型为病情严重度 y 估测的适宜模型,即 $y=-11.529x+6.4025$($R^2=0.6142$)。

表 3-22 病情严重度与高光谱特征参量的线性和非线性回归分析($n=54$)

变量	模型	R^2	F	变量	模型	R^2	F
λ_r	线性	0.4822	30.9693	SD_r	线性	0.6142	46.3424
	对数	0.4837	31.1065		对数	0.5534	38.6329
	抛物线	0.4822	30.9693		抛物线	0.6359	24.254
	一元三次函数	0.5119	16.7069		一元三次函数	0.6412	16.1349
	幂	0.4470	27.6015		指数	0.5113	33.9464
	指数	0.4467	27.5869	$(SD_r-SD_y)/(SD_r+SD_y)$	线性	0.4538	28.2377
λ_g	线性	0.5630	39.7821		抛物线	0.4844	15.3169
	对数	0.5631	39.7904		一元三次函数	0.4827	15.2382
	抛物线	0.5630	39.7821	R_0	线性	0.5816	42.0697
	一元三次函数	0.5630	39.7821		对数	0.6574	52.5936
	幂	0.5068	33.481		抛物线	0.6413	24.6520
	指数	0.5064	33.438		一元三次函数	0.6572	16.9088
SD_y	线性	0.5019	32.9603		幂	0.5623	39.6930
	抛物线	0.5026	16.2234		指数	0.4622	29.0289
	一元三次函数	0.5048	10.6971	D_y	线性	0.5790	41.7291
SD_r/SD_b	线性	0.4622	29.0266		对数	0.6179	46.8367
	对数	0.4755	30.301		抛物线	0.6085	22.3819
	抛物线	0.4681	14.5363		一元三次函数	0.6289	15.5635
	一元三次函数	0.5019	10.6041		幂	0.5860	42.6118
	指数	0.4618	28.9871		指数	0.4916	31.9165

4. 基于红光波段特征吸收参量病情严重度估测模型

由不同病情严重度下棉花单叶光谱反射率与病情严重度的相关系数图 3-36 可知,红光波段是棉花单叶黄萎病病情严重度识别的最佳波段,基于此,本部分利用连续统去除法计算红光波段特征吸收峰面积和深度等特征吸收参量,以这些参量为自变量,病情严重度为因变量建立棉花单叶黄萎病病情严重度估测模型。

1) 连续统去除法

连续统去除法最初主要用于岩石矿物光谱特性的分析,其目的是为了去除背景吸收影响,分析特征物质的吸收特征。为了评估氮、木质素和纤维素在干叶中的含量,Kokaly 和 Clark(1999)把连续统去除法引入植被分析。连续统定义为手工逐点直线连接那些突出的"峰值"点,并使折线在"峰值"点上的外角大于 180°。连续统去除法就是用实际光谱波段值去除连续统上相应波段值,所得反射率为连续统去除后的相对反射率 R'。经连续统去除后,"峰值"点上的相对值均为 1,非"峰值"点上的值均小于 1。图 3-40 为棉花单叶光谱、连续统及连续统去除后的相对反射率 R'。

连续统去除法具有消除不相关背景信息、增强感兴趣吸收特征的作用,在地物信息光谱探测中得到了广泛应用。张金恒(2006)利用连续统去除法进行了水稻氮素营养光谱的

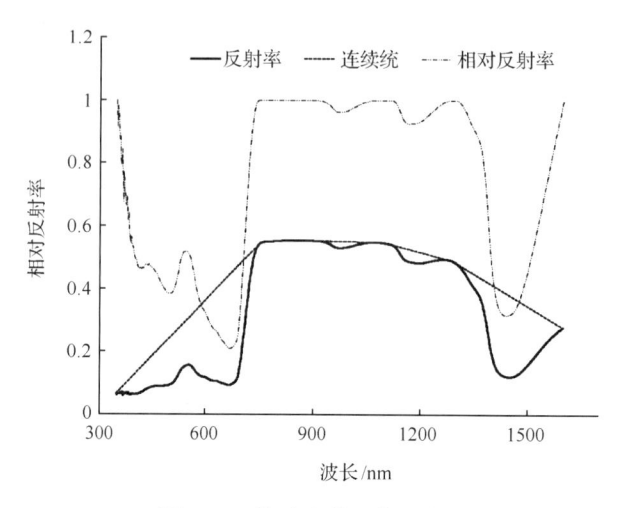

图 3-40 棉叶光谱及其连续统

诊断,研究证明运用水稻鲜叶片连续统去除反射光谱定性和定量评价水稻氮素营养的方法可行。杨可明和郭达志(2006)运用连续统去除后的光谱变量分析了冬小麦条锈病的光谱特征。Mutanga 等(2003)选择红光吸收波段范围,运用连续统去除法定性评价了氮素处理引起热带草地冠层光谱的差异。施润和等(2005)运用连续统去除法和波深归一化方法对总碳和总氮浓度研究发现,经连续统去除后的相对反射率光谱可以明显观察到碳、氮浓度差异造成的影响。我们采用连续统去除法的地物光谱反射率吸收特征的定量描述技术,尝试建立棉花单叶黄萎病病情严重度与红光光谱反射率特征吸收峰面积和波段深度间定量线性回归模型。

2) 光谱吸收特征参量

对光谱反射率曲线进行平均、噪声去除等预处理后,在连续统去除基础上提取特征波段深度和吸收峰面积(图 3-41)。波段深度的计算公式为

$$D_\mathrm{h} = 1 - R'\tag{3-5}$$

式中,D_h 为波段深度;R' 为连续统去除后的相对反射率。

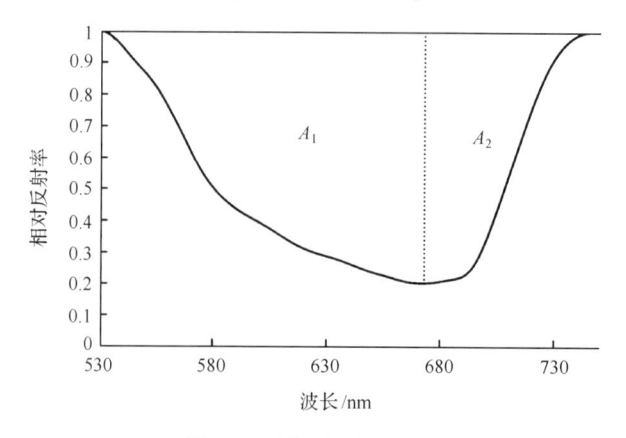

图 3-41 波段深度和面积

吸收峰面积 A 的计算公式为

$$A = \sum_{i=a}^{b} d_i \Delta\lambda \qquad (3\text{-}6)$$

式中，A 为吸收峰面积；d 为吸收深度；$\Delta\lambda$ 为波长增量；a、b 为吸收带起止波段值。为便于分析，把最大波段深度线左边的吸收峰面积记为 A_1，右边的记为 A_2。

3) 基于红光光谱特征吸收参量黄萎病病情严重度估测

目前，对棉花黄萎病地面高光谱特征研究主要集中于利用一阶微分光谱计算红边位置等参量进行病情严重度估测或直接分析其原始光谱特征。借助于连续统去除法，利用光谱特征吸收参量，如吸收波段位置及深度、特征吸收峰面积等进行棉花黄萎病病情严重度的监测尚鲜见报道。基于此原因以及红光波段是棉花单叶黄萎病病情严重度识别的最佳波段，我们在连续统去除基础上分析了红光光谱特征吸收参量随棉花单叶黄萎病病情严重度的变化规律，并以这些特征参量为自变量建立棉花单叶黄萎病病情严重度估算模型。

a. 不同病情严重度下红光光谱吸收特征

棉花受黄萎病病菌危害后，叶片变黄干枯、叶绿素及叶片含水量下降引起红光波段吸收位置和光谱反射率的变化。利用连续统去除法得到 54 个试验样本不同病情严重度下棉花单叶红光光谱相对反射率，对其按病情严重度等级分别进行平均得到不同病情严重度下棉花单叶红光光谱相对反射率曲线（图 3-42），根据上述公式计算不同病情严重度下红光光谱的波段吸收深度（表 3-19）。

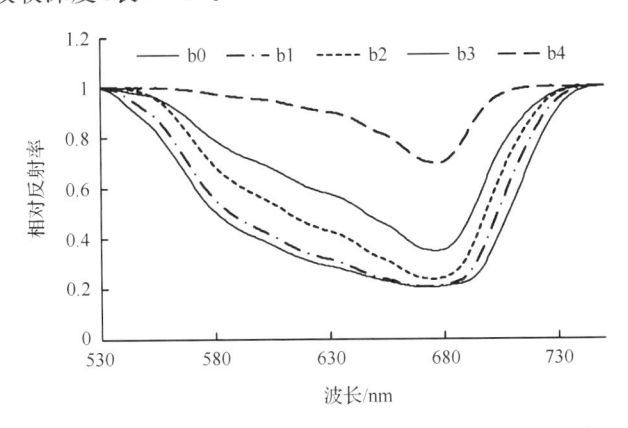

图 3-42 不同严重度下红光波段连续统去除反射率 R'

表 3-23 反映了随棉花单叶黄萎病病情严重度增加，红谷吸收位置及吸收深度的变化规律，轻度病叶（b1）与正常叶片（b0）相比，吸收波段位置没有变化，波段深度仅减小了 0.28%。随病情严重度的增加，吸收波段位置向长波方向移动，波段深度逐渐减少，当黄萎病病叶面积超过 75%，病情严重度达到极严重水平（b4）时，波段深度同正常叶片相比减小幅度高达 49.36%，吸收波段位置向长波方向位移 5nm，因此随棉花单叶黄萎病病情严重度增加，吸收波段位置和波段深度的变化幅度有增大趋势。随棉花单叶黄萎病病情严重度增加，红谷吸收位置向长波方向移动，红边位置蓝移，二者是否矛盾及其产生原因的机理解释还有待进一步研究。

表 3-23 不同病情严重度红光波段吸收位置及深度

病情严重度	b0	b1	b2	b3	b4
吸收位置/nm	673	673	675	676	678
吸收深度	0.796	0.793	0.764	0.651	0.302

注：此处吸收位置，即最大波段深度对应的波长。

b. 棉花单叶黄萎病病情严重度估测

以红光光谱吸收特征参量为自变量，以棉花单叶黄萎病病情严重度为因变量，利用 SPSS13.0 进行回归分析，研究表明棉花单叶黄萎病病情严重度与红光光谱吸收参量（波段深度、吸收峰面积）之间具有极显著的线性回归关系，本节以此建立了棉花单叶黄萎病病情严重度与红光光谱吸收参量的回归模型（表 3-24）。

表 3-24 模型分析表($n=54$)

模型自变量	回归模型	R^2	F
吸收峰面积 A	$SL=-0.041A+4.798$	0.865	321.591
左半端面积 A_1	$SL=-0.057A_1+4.788$	0.857	299.727
右半端面积 A_2	$SL=-0.138A_2+4.779$	0.872	339.170
波段深度 D_h	$SL=-5.792D_h+5.666$	0.669	101.087

黄萎病病菌侵染导致棉花维管内产生大量胼胝体，从而阻止棉花体内水分运输，降低叶片蒸腾并产生毒素，叶片变黄干枯，叶绿素含量下降，对红光波段吸收减少，反射增加。因此随棉花单叶黄萎病病情严重度增加，红光波段的吸收深度和宽度迅速变小。作为深度和宽度综合指标的红光光谱吸收峰面积随黄萎病病情严重度增加而减小。表 3-24 的四个回归模型均正确描述了棉花单叶黄萎病病情严重度与红光波段吸收峰面积及波段深度的负相关关系。

由表 3-24 可见，利用红光波段吸收峰总面积（A）为自变量建立的棉花单叶黄萎病病情严重度估算模型的决定系数 R^2 和 F 均大于吸收波段深度（D_h）为自变量所建模型的 R^2 和 F，并且利用吸收峰右半端面积 A_2 估算病情严重度的模型精度最高，这与光谱敏感度值在 650～700nm 波段范围内达到最大的结论相吻合。主要原因是当棉花受黄萎病病菌侵染后红边位置向短波方向移动而红谷吸收位置向长波方向移动（表 3-23）。

5. 估测模型精度评价

当测试样本数小于波段数时，建立的模型往往会出现"过度拟合"现象，为控制和避免这种现象的发生，需对测试样本进行精度评价。常用的精度评价指标主要有决定系数、均方根误差和相对误差（relative error，RE）等。

1）决定系数

决定系数 R^2 是回归平方和与总离均差平方和的比值，用来解释回归模型中自变量的变异在因变量变异中所占的比率。决定系数的大小决定了相关的密切程度，当 R^2 越接近 1，表示相关的方程式参考价值越高；越接近 0 时，表示参考价值越低。

2）相对误差

$$\mathrm{RE} = \frac{\left| \sum\limits_{i=1}^{n} y_i - \sum\limits_{i=1}^{n} \bar{y}_i \right|}{\sum\limits_{i=1}^{n} y_i} \times 100\% \quad (3-7)$$

为筛选棉花单叶黄萎病病情严重度估测的最佳模型，以 2008 年 8 月黄萎病发生后采集的 75 个样本中的 54 个作为训练样本，其余 21 个作为测试样本对以原始光谱反射率、一阶微分光谱、高光谱特征参数及红光波段特征吸收参量为自变量所建立的适宜模型进一步利用均方根误差和相对误差等对所建模型进行精度评价，其模拟方程和误差分析见表 3-25。模型精度评价标准包括回归方程显著性水平高，预测方程斜率和截距分别接近于 1 和 0，RMSE 和 RE 小，方程数学表达式简单易懂。由表 3-25 可以看出，以 A_2 为自变量建立的棉花单叶黄萎病病情严重度诊断模型具有最大 R^2，最小 RMSE 且预测方程的斜率和截距分别接近于 1 和 0，同时该模型又是线性方程模型，因此以 A_2 为自变量构建的模型为病情严重度反演的最佳模型。

表 3-25 棉花单叶病情严重度估测模型精度检验

自变量	模型表达式	拟合 R^2	预测 R^2	预测方程斜率	预测方程截距	RMSE	RE/%
R_{694}	$y = 2.1442\ln x + 5.8773$	0.7060	0.8195	1.2055	-0.6171	0.2008	10.96
FD_{723}	$y = -352.98x + 4.2717$	0.7776	0.8599	1.1395	-0.4855	0.1687	13.02
SD_r	$y = -11.529x + 6.4025$	0.6142	0.6890	1.0983	-0.1932	0.2454	12.42
面积 A_2	$y = -0.138x + 4.779$	0.8715	0.9021	1.0726	-0.2635	0.1298	11.28

参 考 文 献

陈兵,李少昆,王克如,等. 2007a. 棉花黄萎病病叶光谱特征与病情严重度的估测. 中国农业科学,40(12):2709-2715.

陈兵,王克如,李少昆,等. 2007b. 棉花黄萎病冠层高光谱遥感监测技术研究. 新疆农业科学,44(6):740-745.

冯志超. 2004. 奎屯垦区棉花枯、黄萎病对产量的影响及防治策略. 新疆农业科学,41(5):367-369.

蒋桂英,李鲁华,刁明,等. 2003. 高光谱分辨率遥感在新疆棉花上的应用前景. 中国棉花,30(2):2-4.

李崇贵,赵宪文. 2005. 森林郁闭度定量预测遥感比值波段的选择. 林业科学,41(4):72-77.

李民赞,韩东海,王秀. 2006. 光谱分析技术及其应用. 北京:科学出版社.

刘良云,黄木易,黄文江,等. 2004. 利用多时相的高光谱航空图像监测冬小麦条锈病. 遥感学报,8(3):275-281.

刘占宇,黄敬峰,陶荣祥,等. 2008. 基于主成分分析和径向基网络的水稻胡麻斑病严重度估测. 光谱学与光谱分析,28(9):2156-2160.

马存,简桂良,孙文姬. 1997. 我国棉花抗黄萎病育种现状、问题及对策. 中国农业科学,30(2):58-64.

浦瑞良,宫鹏. 2000. 高光谱遥感及应用. 北京:高等教育出版社.

乔红波. 2007. 麦蚜和白粉病遥感监测技术研究. 北京:中国农业科学院博士学位论文.

施润和,牛铮,庄大方. 2005. 叶片生化组分浓度对单叶光谱影响研究——以 2100nm 吸收特征的碳氮比反演为例. 遥感学报,9(1):1-7.

谭昌伟,周清波,齐腊,等. 2008. 水稻氮素营养高光谱遥感诊断模型. 应用生态学报,19(6):1261-1268.

王纪华,赵春江,黄文江,等. 2008. 农业定量遥感基础与应用. 北京:科学出版社.

王纪华,赵春江,郭晓维,等. 2001. 用光谱反射率诊断小麦叶片水分状况的研究. 中国农业科学,34(1):1-4.

王秀珍,王人潮,李云梅,等. 2001. 不同氮素营养水平的水稻冠层光谱红边参数及其应用研究. 浙江大学学报(农业与生命科学版),27(3):301-306.

王志斌,廖舜乾. 2006. 新疆棉花枯萎病和黄萎病的发生特点和综合防治. 植物医生,19(1):7-8.

杨华,蔡立旺,潘群斌,等. 2006. 棉花黄萎病研究进展浅述. 江西棉花,28(6):3-6.

杨可明,陈云浩,郭达志,等. 2006. 基于PHI高光谱影像的植被光谱特征应用研究. 西安科技大学学报,26(4):494-498.

杨可明,郭达志. 2006. 植被高光谱特征分析及其病害信息提取研究. 地理与地理信息科学,22(4):31-34.

张金恒. 2006. 基于连续统去除法的水稻氮素营养光谱诊断. 植物生态学报,30(1):78-82.

张兴华,李捷. 2006. 棉黄萎病发生和研究进展. 江西农业学报,18(1):99-104.

赵宪文,李崇贵. 2001. 基于"3S"的森林资源定量估测——原理、方法、应用及软件实现. 北京:中国科学技术出版社.

赵英时. 2003. 遥感应用分析原理与方法. 北京:科学出版社.

郑敬业. 2008. 我国棉花黄萎病研究文献计量分析. 农业图书情报学刊,20(6):47-50.

周庭辉,戴小枫. 2006. 棉花抗黄萎病生理与生化机制研究. 分子植物育种,4(4):593-600.

Abdel-Rahman E M, Ahmed F B, van den Berg M, et al. 2010. Potential of spectroscopic data sets for sugarcane thrips (Fulmekiola serrata Kobus) damage detection. International Journal of Remote Sensing, 31(15): 4199-4216.

Adams S S, Rouse D I, Bowden R L. 1987. Performance of alternative versions of POTWIL: A computer model that simulates the seasonal growth of verticillium-infected potato. Am Potato Journal, 64(8): 429-435.

Addison P S. 2005. Wavelet transforms and the ECG: A review. Physiological Measurement, 26(5): R155.

Aggarwal P K, Mall R K. 2002. Climate change and rice yields in diverse agro-environments of India. II. Effect of uncertainties in scenarios and crop models on impact assessment. Climatic Change, 52(3): 331-343.

Apan A, Held A, Phinn S, et al. 2004. Detecting sugarcane 'orange rust' disease using EO-1 Hyperion hyperspectral imagery. International Journal of Remote Sensing, 25(2): 489-498.

Baret F, Guyot G. 1991. Potentials and limits of vegetation indices for LAI and APAR assessment. Remote Sensing of Environment, 35(2): 161-173.

Baret F, Vanderbilt V C, Steven M D, et al. 1994. Use of spectral analogy to evaluate canopy reflectance sensitivity to leaf optical properties. Remote Sensing of Environment, 48(2): 253-260.

Bauriegel E, Giebela A, Geyerb M, et al. 2011. Early detection of Fusarium infection in wheat using hyper-spectral imaging. Computers and Electronics in Agriculture, 75(2): 304-312.

Blackburn G A, Ferwerda J G. 2008. Retrieval of chlorophyll concentration from leaf reflectance spectra using wavelet analysis. Remote Sensing of Environment, 112(4): 1614-1632.

Blackburn G A. 2007. Wavelet decomposition of hyperspectral data: A novel approach to quantifying pigment concentrations in vegetation. International Journal of Remote Sensing, 28(12): 2831-2855.

Broge N H, Leblanc E. 2001. Comparing prediction power and stability of broadband and hyperspectral vegetation indices for estimation of green leaf area index and canopy chlorophyll density. Remote Sensing of Environment, 76(2): 156-172.

Bruce L M, Li J, Huang Y. 2002. Automated detection of subpixel hyperspectral targets with adaptive multichannel discrete wavelet transform. IEEE Transactions on Geoscience and Remote Sensing, 40(4): 977-979.

Bruce L M, Li J. 2001. Wavelets for computationally efficient hyperspectral derivative analysis. IEEE Transactions on Geoscience and Remote Sensing, 39(7): 1540-1546.

Bruce L M, Mathur A, Byrd Jr J D. 2006. Denoising and wavelet-based feature extraction of MODIS multi-temporal vegetation signatures. GIScience and Remote Sensing, 43(1): 67-77.

Carter G A, Knapp A K. 2001. Leaf optical properties in higher plants: Linking spectral characteristics to stress and chlorophyll concentration. American Journal of Botany, 88(4): 677-684.

Chen J M. 1996. Evaluation of vegetation indices and a modified simple ratio for boreal applications. Canadian Journal of Remote Sensing, 22(3): 229-242.

Cheng T, Rivard B, Sánchez-Azofeifa A, et al. 2010. Continuous wavelet analysis for the detection of green attack damage due to mountain pine beetle infestation. Remote Sensing of Environment, 114(4): 899-910.

Cheng T, Rivard B, Sánchez-Azofeifa A. 2011. Spectroscopic determination of leaf water content using continuous wavelet analysis. Remote Sensing of Environment, 115(2): 659-670.

Curran P J. 1989. Remote sensing of foliar chemistry. Remote sensing of Environment, 30(3): 271-278.

Daughtry C S T, Walthall C L, Kim M S, et al. 2000. Estimating corn leaf chlorophyll concentration from leaf and canopy reflectance. Remote Sensing of Environment, 74(2): 229-239.

Devadas R, Lamb D W, Simpfendorfer S, et al. 2009. Evaluating ten spectral vegetation indices for identifying rust infection in individual wheat leaves. Precision Agriculture, 10(6): 459-470.

Faber N M, Rajkó R. 2007. How to avoid over-fitting in multivariate calibration—the conventional validation approach and an alternative. AnalyticaChimicaActa, 595(1): 98-106.

Farge M. 1992. Wavelet transforms and their applications to turbulence. Annual Review of Fluid Mechanics, 24(1): 395-458.

Fensholt R, Sandholt I. 2003. Derivation of a shortwave infrared water stress index from MODIS near-and shortwave infrared data in a semiarid environment. Remote Sensing of Environment, 87(1): 111-121.

Filella I, Serrano L, Serra J, et al. 1995. Evaluating wheat nitrogen status with canopy reflectance indices and discriminant analysis. Crop Science, 35(5): 1400-1405.

Galvão L S, Formaggio A R, Tisot D A. 2005. Discrimination of sugarcane varieties in Southeastern Brazil with EO-1 Hyperion data. Remote Sensing of Environment, 94(4): 523-534.

Gamon J A, Peñuelas J, Field C B. 1992. A narrow-waveband spectral index that tracks diurnal changes in photosynthetic efficiency. Remote Sensing of Environment, 41(1): 35-44.

Garcia-Allende P, Conde O M, Mirapeix J, et al. 2008. Quality control of industrial processes by combining a hyperspectral sensor and Fisher's linear discriminant analysis. Sensors and Actuators, 129(2): 977-984.

Gitelson A A, Kaufman Y J, Merzlyak M N. 1996. Use of a green channel in remote sensing of global vegetation from EOS-MODIS. Remote Sensing of Environment, 58(3): 289-298.

Gitelson A A, Merzlyak M N, Chivkunova O B. 2001. Optical properties and nondestructive estimation of anthocyanin content in plant leaves. Photochemistry and Photobiology, 74(1): 38-45.

Goel N S, Qin W. 1994. Influences of canopy architecture on relationships between various vegetation indices and LAI and FPAR: A computer simulation. Remote Sensing Reviews, 10(4): 309-347.

Gong P, Pu R, Heald R C. 2002. Analysis of in situ hyperspectral data for nutrient estimation of giant sequoia. International Journal of Remote Sensing, 23(9): 1827-1850.

Haboudane D, Miller J R, Tremblay N, et al. 2002. Integrated narrowband vegetation indices for prediction of crop chlorophyll content for application to precision agriculture. Remote Sensing of Environment, 81(2): 416-426.

Huang W J, David W L, Niu Z, et al. 2007. Identification of yellow rust in wheat using in-situ spectral reflectance measurements and airborne hyperspectral imaging. Precision Agriculture, 8(4-5): 187-197.

Huang Z, Turner B J, Dury S J, et al. 2004. Estimating foliage nitrogen concentration from HYMAP data using continuum removal analysis. Remote Sensing of Environment, 93(1-2): 18-29.

Huete A R. 1998. A soil-adjusted vegetation index (SAVI). Remote Sensing of Environment, 25(3): 295-309.

Hunt E R, Rock B N. 1989. Detection of changes in leaf water content using near-and middle-infrared reflectances. Remote Sensing of Environment, 30(1): 43-54.

Jia X, Richards J A. 1999. Segmented principal components transformation for efficient hyperspectral remote-sensing image display and classification. IEEE Transactions on Geoscience and Remote Sensing, 37(1): 538-542.

Kim M S, Daughtry C S T, Chappelle E W, et al. 1994. The use of high spectral resolution bands for estimating absorbed photosynthetically active radiation (APAR). In Proceedings of the 6th International Symposium on Physical Measurements and Signatures in Remote Sensing, France: Val d'Isere, 299-306.

Kobayashi T, Kanda E, Kitada K, et al. 2001. Detection of rice panicle blast with multispectral radiometer and the potential of using airborne multispectral scanners. Phytopathology, 91(3): 316-323.

Kobayashi T,Kanda E,Kitada K,et al. 2001. Detection of rice panicle blast with multispectral radiometer and the potential of using airborne multispectral scanners. Phytopathology,91(3): 316-323.

Koger C H, Bruce L M, Shaw D R, et al. 2003. Wavelet analysis of hyperspectral reflectance data for detecting pitted morningglory (Ipomoea lacunosa) in soybean (Glycine max). Remote Sensing of Environment, 86(1): 108-119.

Kokaly R F, Clark R N. 1999. Spectroscopic determination of leaf biochemistry using band-depth analysis of absorption features and stepwise multiple linear regression. Remote Sensing of Environment, 67(3): 267-287.

Kokaly R F,Clark R N. 1999. Spectroscopic determination of leaf biochemistry using band-depth analysis of absorption features and stepwise multiple linear regression. Remote Sensing of Environment,67(3):267-287.

Li B, Morris J, Martin E B. 2002. Model selection for partial least squares regression. Chemometrics and Intelligent Laboratory Systems, 64(1): 79-89.

Liu Z Y, Wu H F, Huang J F. 2010. Application of neural networks to discriminate fungal infection levels in rice panicles using hyperspectral reflectance and principal components analysis. Computers and Electronics in Agriculture, 72(2): 99-106.

Lorenzen B, Jensen A. 1989. Changes in leaf spectral properties induced in barley by cereal powdery mildew. Remote Sensing of Environment, 27(2): 201-209.

Mallat S. 1999. A Wavelet Tour of Signal Processing. 2nd ed. San Diego: Academic Press.

Malthus T J. 1993. High resolution spectroradiometry: Spectral reflectance of field bean leaves infected by Botrytis fabae. Remote Sensing of Environment, 45(1): 107-116.

Markus L, Katharina S, Hans S. 2003. Vertical leaf nitrogen distribution in relation to nitrogen status in grassland plants. Annals of Botany, 92(5): 679-688.

Merton R, Huntington J. 1999. Early simulation of the ARIES-1 satellite sensor for multi-temporal vegetation research derived from AVIRIS. In Summaries of the Eight JPL Airborne Earth Science Workshop. Pasadena, CA: JPL Publication, 299-307.

Merzlyak M N, Gitelson A A, Chivkunova O B, et al. 1999. Non-destructive optical detection of pigment changes during leaf senescence and fruit ripening. Physiologia Plantarum, 106(1): 135-141.

Miller J R, Wu J, Boyer M G, et al. 1991. Season patterns in leaf reflectance red edge characteristics. International Journal of Remote Sensing, 12(7): 1509-1523.

Minolta K. 1989. Chlorophyll meter SPAD-502 instruction manual. Minolta Co, Ltd, Radiometric Instruments Operations Osaka, Japan.

Mutanga O, Skidmore A K, van Wieren S. 2003. Discriminating tropical grass (Cenchrus ciliaris) canopies grown under different nitrogen treatments using spectroradiometry. ISPRS Journal of Photogrammetry and Remote Sensing, 57(4): 263-272.

Nunez J, Otazu X, Fors O, et al. 1999. Multiresolution-based image fusion with additive wavelet decomposition. IEEE Transactions on Geoscience and Remote Sensing, 37(3): 1204-1211.

Peñuelas J, Baret F, Filella I. 1995. Semi-empirical indices to assess carotenoids/ chlorophyll a ratio from leaf spectral reflectance. Photosynthetica, 31: 221-230.

Peñuelas J, Gamon J A, Fredeen A L, et al. 1994. Reflectance indices associated with physiological changes in nitrogen-and water-limited sunflower leaves. Remote Sensing of Environment, 48(2): 135-146.

Peñuelas J, Pinol J, Ogaya R, et al. 1997. Estimation of plant water concentration by the reflectance water index WI (R900/R970). International Journal of Remote Sensing, 18(13): 2869-2875.

Pu R, Foschi L, Gong P. 2004. Spectral feature analysis for assessment of water status and health level in coast live oak (Quercus agrifolia) leaves. International Journal of Remote Sensing, 25(20): 4267-4286.

Pu R, Ge S, Kelly N M, et al. 2003. Spectral absorption features as indicators of water status in coast live oak (Quercus agrifolia) leaves. International Journal of Remote Sensing, 24(9): 1799-1810.

Reese H,Nilsson M, Sandström P,et al. 2002. Applications using estimates of forest parameters derived from satellite and forest inventory data. Computers and Electronics in Agriculture, 37(1-3): 37-55.

Rondeaux G, Steven M, Baret F. 1996. Optimization of soil-adjusted vegetation indices. Remote Sensing of Environment, 55(2): 95-107.

Roujean J L, Breon F M. 1995. Estimating PAR absorbed by vegetation from bidirectional reflectance measurements. Remote Sensing of Environment, 51(3): 375-384.

Rouse J W, Haas R H, Schell J A, et al. 1973. Monitoring vegetation systems in the Great Plains with ERTS. Third ERTS Symposium, 48-62.

Scull P, Okin G, Chadwick O A, et al. 2005. A comparison of methods to predict soil surface texture in an alluvial basin. The Professional Geographer, 57(3): 423-437.

Simhadri K K, Lyengar S S, Holyer R J, et al. 1998. Wavelet-based feature extraction from oceanographic images. IEEE Transactions on Geoscience and Remote Sensing, 36(3): 767-778.

Steven M D, Biscoe P V, Jaggard K W. 1983. Estimation of sugar beet productivity from reflection in the red and infrared spectral bands. International Journal of Remote Sensing, 4(2): 325-334.

Thenkabail P S, Smith R B, de Pauw E. 2000. Hyperspectral vegetation indices and their relationships with agricultural crop characteristics. Remote Sensing of Environment, 71(2): 158-182.

Torrence C, Compo G P. 1998. A practical guide to wavelet analysis. Bulletin of the American Meteorological Society, 79(1): 61-78.

West J S, Bravo C, Oberti R, et al. 2003. The potential of optical canopy measurement for targeted control of field crop diseases. Annual Reviews of Phytopathology, 41(1): 593-614.

Xu H R, Ying Y B, Fu X P, et al. 2007. Near-infrared spectroscopy in detecting leaf miner damage on tomato leaf. Biosystems Engineering, 96(4): 447-454.

Zarco-Tejada P J, Berjón A, López-Lozano R, et al. 2005. Assessing vineyard condition with hyperspectral indices: Leaf and canopy reflectance simulation in a row-structured discontinuous canopy. Remote Sensing Environment, 99(3): 271-287.

Zhang M H, Qin Z H, Liu X, et al. 2003. Detection of stress in tomatoes induced by late blight disease in California, USA, using hyperspectral remote sensing. International Journal of Applied Earth Observation and Geoinformation, 4(4): 295-310.

Zhang M, Liu X, O'Neill M. 2002. Spectral discrimination of phytophthora infestans infection on tomatoes based on principal component and cluster analysis. International Journal of Remote Sensing, 23(6): 1095-1107.

Zhao T, Liang Z Z, Zhang D, et al. 2008. Interest filter vs. interest operator: Face recognition using Fisher linear discriminant based on interest filter representation. Pattern Recognition Letters, 29(13): 1849-1857.

第4章 作物虫害非成像遥感监测研究

本章主要针对小麦和水稻作物，利用单叶和冠层的非成像光谱技术，研究作物典型虫害危害的非成像遥感监测机理，通过多种信息提取方法提取不同作物虫害遥感监测的光谱响应敏感特征，明确虫害严重度与敏感光谱特征之间的定量关系，为大面积、快速的成像卫星遥感监测作物虫害提供理论基础和技术支撑。

4.1 稻纵卷叶螟高光谱遥感监测

4.1.1 稻纵卷叶螟叶片光谱特征分析

作物叶片既是绿色植物进行光合作用的器官，又是蒸腾作用的主要器官，也是气体交换的器官，还具有一定的吸收能力。当作物遭受病虫害胁迫时，叶片呈病斑、卷叶、落叶、枝条枯萎等，导致冠层形状发生变化；内部生理变化则表现为叶绿素组织遭受破坏，光合作用受阻，养分水分吸收、运输、转化等机能衰退，影响作物的正常生长、发育，最终导致作物减产、品质下降，甚至有毒物质危害人体健康。此外，为防治病虫害而喷洒的大量农药也会破坏生态环境。图4-1显示了健康水稻叶片和受稻纵卷叶螟危害叶片的四种光谱变换（R、R'、$\log 1/R$ 和 $(\log 1/R)'$）的平均反射光谱曲线，以及反射光谱与病害严重度指数或色素（以叶绿素为例）含量的相关关系。

由图4-1可知，就原始光谱R来说，在近红外720～1200nm光谱区间内，健康水稻叶片的反射光谱均高于受稻纵卷叶螟危害水稻叶片。受稻纵卷叶螟啃食水稻叶片光谱反射率与健康叶片相比，在1394～1560nm 和 1851～2400nm 区域内分别提高了16.8%和45.3%，在1561～1850nm区域内则下降了5%。如图4-1(b)可知，受稻纵卷叶螟啃食叶片的红边位于696nm，健康叶片在715nm处。健康植被在红边区域内700nm和720nm附近具有典型的前后"双峰"现象，而在遭受病虫害胁迫后后峰变缓甚至消失，出现"单峰"

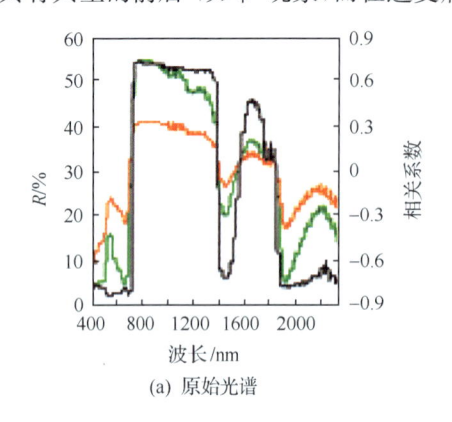

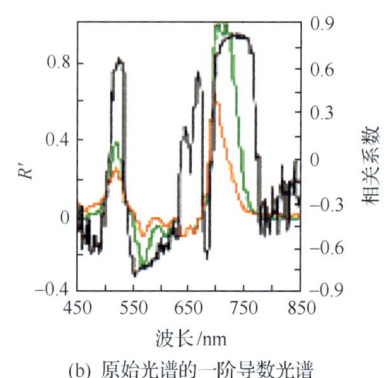

(a) 原始光谱　　　　　　　　　　(b) 原始光谱的一阶导数光谱

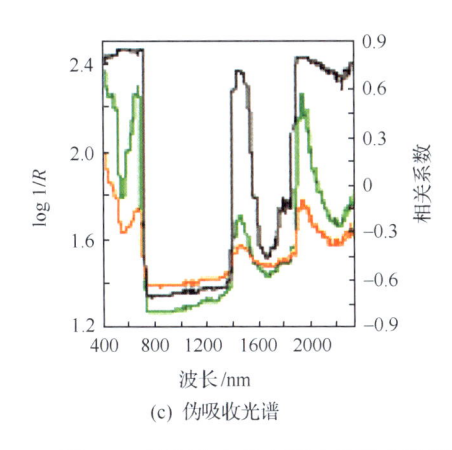

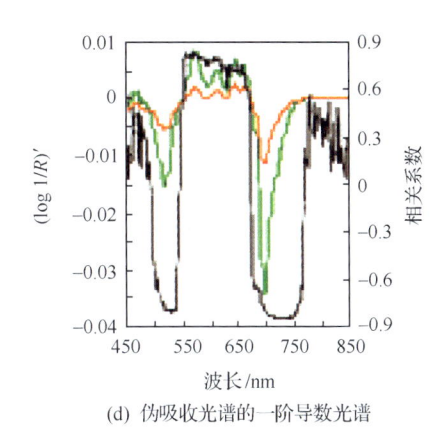

(c) 伪吸收光谱　　　　　　　　　　　(d) 伪吸收光谱的一阶导数光谱

图 4-1　健康和虫害水稻叶片高光谱反射率及其与病害严重度指数的相关关系图

绿色和黄色曲线分别代表健康和胁迫叶片平均光谱反射率;黑色曲线代表反射光谱与色素含量的相关关系曲线

(图4-1(b))。稻纵卷叶螟试验中,健康叶片在701nm和715nm处出现双峰,而受稻纵卷叶螟啃食后仅留下696nm单峰;稻纵卷叶螟啃食叶片一阶导数光谱 R' 中,蓝光区域400～492nm、绿光至红光区域545～669nm和近红外区域770～850nm与色素含量呈正相关,而其他谱段则相反。

4.1.2　稻纵卷叶螟冠层光谱特征分析

1. 虫害严重度获取

在野外调查时,由经验丰富的农学专家选定不同严重度的稻纵卷叶螟侵害的水稻冠层,按照稻纵卷叶螟测报技术规范(GB/T 15793—2011)规定的划分标准(表4-1)确定具体的虫害等级。为便于ASD光谱仪测定选定区域的水稻冠层光谱反射率,调查严重度时选定1m测定选定的区域。此外,为适应基于反射率的遥感分析,将表4-1中的五级分类标准合并为三种,即轻度、中度和重度。

表 4-1　估测稻纵卷叶螟虫害严重度的分类标准

发生(危害)程度	幼虫发生或稻叶受害级别	卷叶率/%
轻	一级	<5.0
偏轻	二级	5.0～20.0
中等	三级	20.1～35.0
偏重(比较严重)	四级	35.1～50.0
大发生(特别严重)	五级	>50.0

2. 健康与虫害侵害的水稻冠层光谱总体对比

图4-2所示为健康、轻度、中度和重度四个虫害等级的水稻冠层叶绿素相对含量值和光谱反射率的对比情况。由图4-2(a)可以看出,随着虫害严重度的增加,SPAD表现出逐渐下降的趋势,且从中度到重度的下降幅度明显高于其他等级。观察四个等级的光谱反射率(图4-2(b)),可以明显发现四个严重度的水稻冠层的光谱曲线形状非常相似,都表

现出典型植被的反射特征:绿峰、红谷、高的近红外反射率平台。从另一个侧面也可以间接反映出,该生育期的水稻没有遭受到严重的稻种卷叶螟侵害。否则,受重度虫害胁迫的水稻冠层的反射率应该表现出与正常反射率较大差异或者接近土壤的曲线特征。

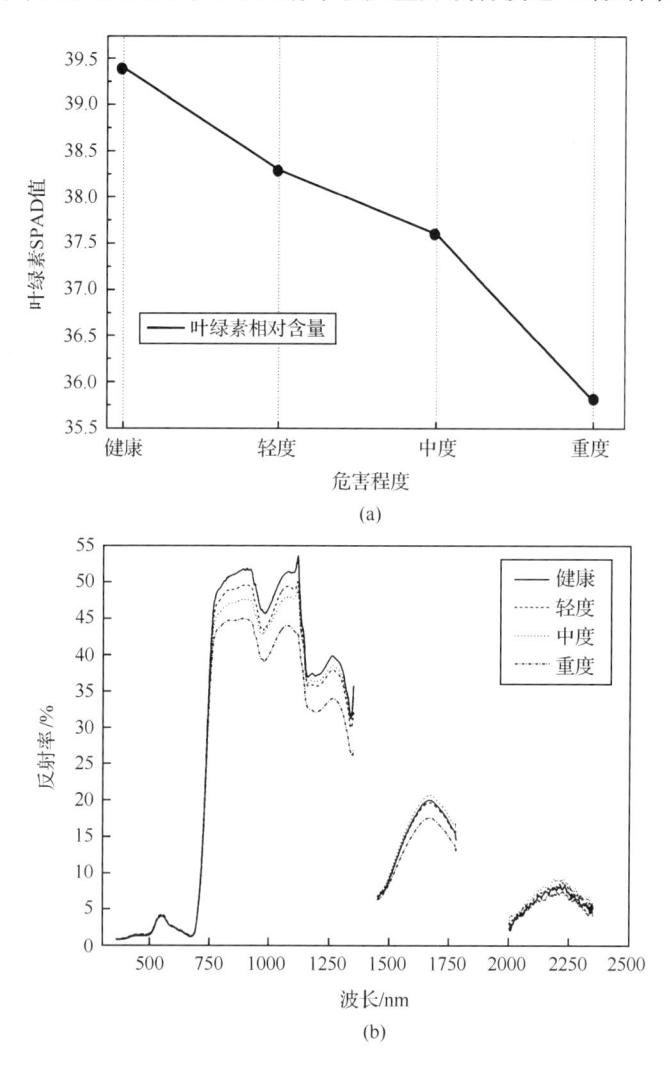

图 4-2 稻纵卷叶螟侵害的水稻叶绿素 SPAD 值(a)和光谱反射率(b)

虽然四种虫害严重度水稻的反射率曲线形状相似,但是在近红外光谱区间仍能区分不同的等级。相反,在可见光和短波红外区间,则很难识别不同的严重度。在近红外区域,随着虫害严重度的增加,反射率逐渐下降,且它们的光谱曲线走势相似。相比可见光和近红外区域,由于受到水汽吸收的影响,短波红外区间内的光谱曲线抖动厉害,呈现出较严重的锯齿状,因此在分析该区域的光谱特征时需要进行平滑处理,以消除某些异常值的影响。在短波红外区间内,存在三个水汽吸收区间:1340～1450nm,1780～2000nm,2350～2500nm,如果不去除这三个区间,整个反射率曲线(350～2500nm)的波段现象更严重,不能直接看出典型植被的反射率特征。本节中,将这三个区间去除,使曲线出现不连续的现象。

3. 健康与虫害侵害的水稻冠层光谱响应对比

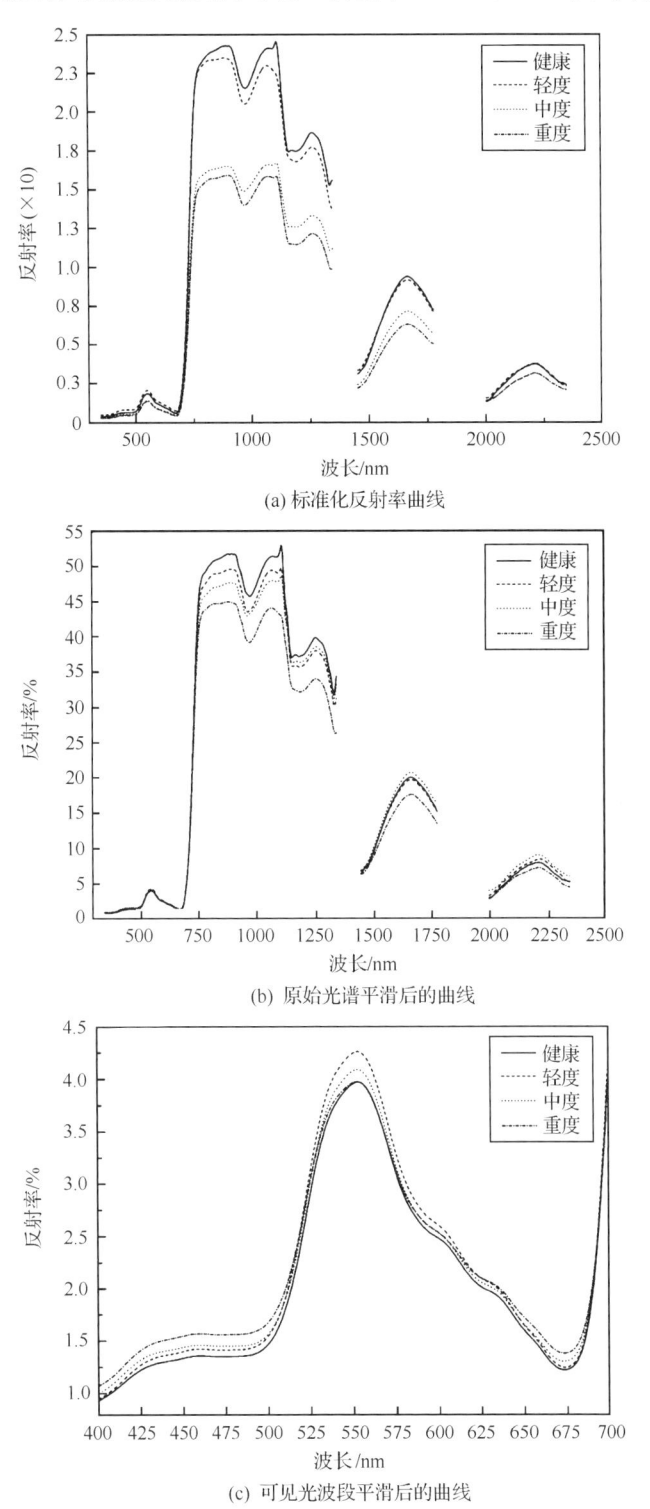

图 4-3 为不同虫害等级的光谱特征图。对比图 4-3(a)、(b)，可以发现经过数据平滑

(a) 标准化反射率曲线

(b) 原始光谱平滑后的曲线

(c) 可见光波段平滑后的曲线

(d) 近红外波段平滑后的曲线

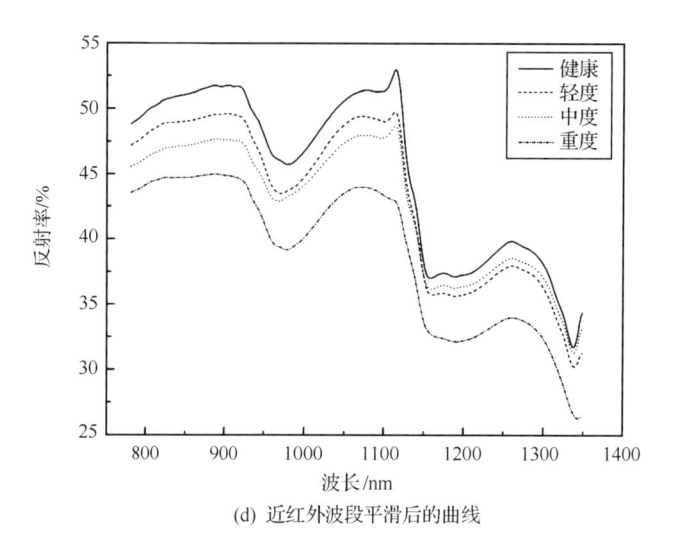

图 4-3 不同虫害等级的光谱特征对比

后,光谱曲线得到了改善,尤其是 2000~2350nm 的短波红外区间。图 4-3(a)为经过数据归一化后的光谱曲线,相比处理前的图 4-3(b),可以看出曲线的整体形态没有发生变化,但是被压平和拉升,尤其是在 350~1350nm 的可见光和近红外区域。最明显的不同是健康水稻的光谱曲线与其他三个等级被明显分开,尤其是在近红外和短波红外光谱区间。再对比图 4-3(c)、(d)的可见光和近红外光谱区间的反射率曲线,发现它们呈现出相反的变化趋势。在图 4-3(c)中,随着严重度的增加,反射率反而升高;相反,图 4-3(d)中却表现出相反的走势。

4.1.3 稻纵卷叶螟冠层遥感监测研究

1. 虫害等级指数的反演

为突出健康和虫害水稻的光谱差异,选取健康和重度两个等级的水稻,绘制了它们光谱反射率的差值和变化率曲线(图 4-4(a))。观察光谱差值曲线,发现在 350~691nm 的可见光区间其值为负,表明该区间内健康水稻的反射率小于虫害侵害后的水稻。相反,在 692~1349nm 的近红外区间,光谱差值为正值,最大值为 1104nm 处的 8.56,表明健康水稻的反射率大于虫害侵害后的水稻。在 1451~1779nm 和 2001~2349nm 的短波红外区间,光谱差值曲线的走势与近红外区间相似。在变化率曲线上,最大值为近红外区间内 1341nm 处的 18.2%;其次为短波红外区间内 2333nm 处的 14.34%;最小值出现在可见光区间内 558nm 处的 −0.37%。

为快速评估任一水稻样区的虫害程度,有必要利用获取的高光谱反射率构建一个反演指数。野外调查中共采集到 18 个水稻样区的虫害等级及对应的光谱反射率,具体包括:3 个健康样点、6 个轻度样点、6 个中度样点和 3 个重度样点。将虫害等级与对应反射率进行相关性分析,得到图 4-4(b)所示的相关分析结果。具体体现为:在 400~1300nm 范围内,两者呈现出显著的负相关;在整条相关性曲线上,存在三个极值点:424nm ($r=-0.802$)、758nm ($r=-0.916$) 和 1141nm ($r=-0.895$),将曲线划分为 400~720nm、

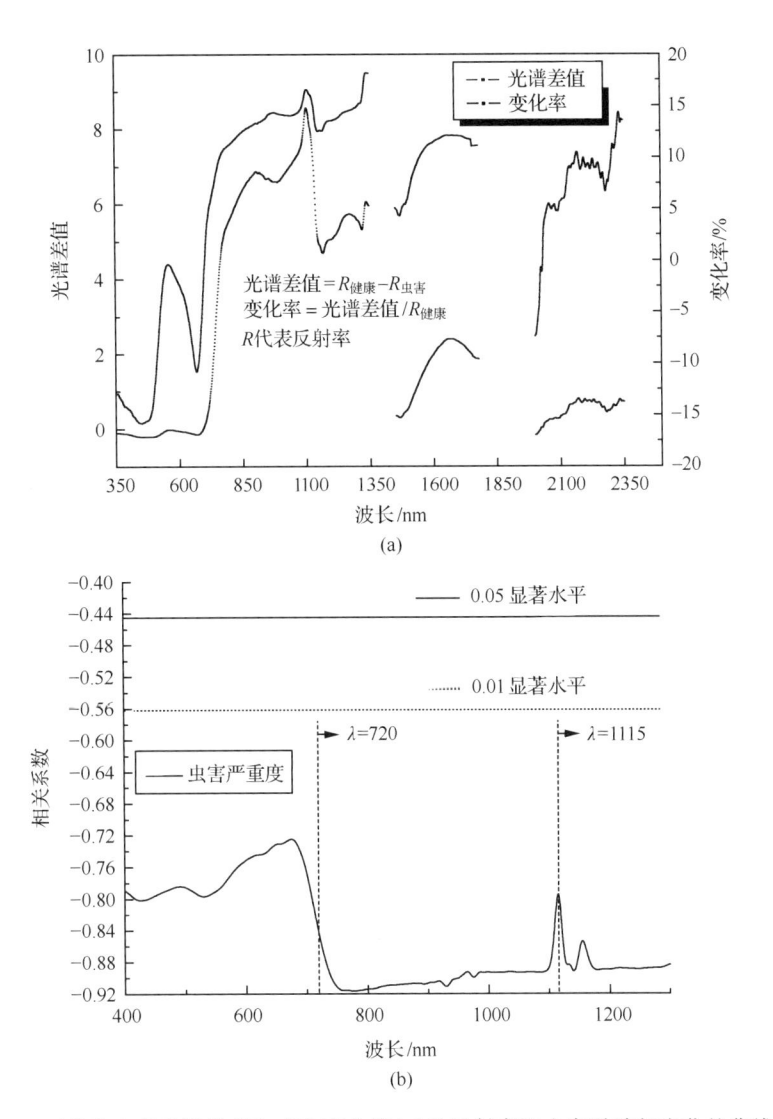

图 4-4 正常和虫害光谱差值与变化率曲线(a)及反射率和虫害随波长变化的曲线(b)

720～1115nm 和 1115～1300nm 三个区间。因此,利用得到三个极值点,构建了反演稻纵卷叶螟的高光谱虫害指数(hyperspectral insect index for rice leaf folder,HIIRLF)。有

$$\text{HIIRLF} = -0.40 \times \frac{R_{424\text{normal}} - R_{424\text{insect-infested}}}{R_{424\text{normal}}} + 0.25 \\ \times \frac{R_{758\text{normal}} - R_{758\text{insect-infested}}}{R_{758\text{normal}}} + 0.35 \times \frac{R_{1141\text{normal}} - R_{1141\text{insect-infested}}}{R_{1141\text{normal}}} \tag{4-1}$$

式中,$R_{424\text{normal}}$、$R_{758\text{normal}}$、$R_{1141\text{normal}}$ 分别表示 424nm、758nm 和 1141nm 健康水稻冠层的光谱反射率值;$R_{424\text{insect-infested}}$、$R_{758\text{insect-infested}}$ 和 $R_{1141\text{insect-infested}}$ 分别表示 424nm、758nm 和 1141nm 处虫害重度冠层的光谱反射率值。

同时,根据三个波段在变化率曲线(图 4-4(a))的贡献率,给出对应的权重系数。为了验证该指数的效率,选取 18 个实地调查样点,对比 HIIRLF 和测得的叶绿素 SPAD 值与

虫害等级的线性相关性,构建了线性回归方程并求得了对应的决定系数 R^2(图 4-5)。

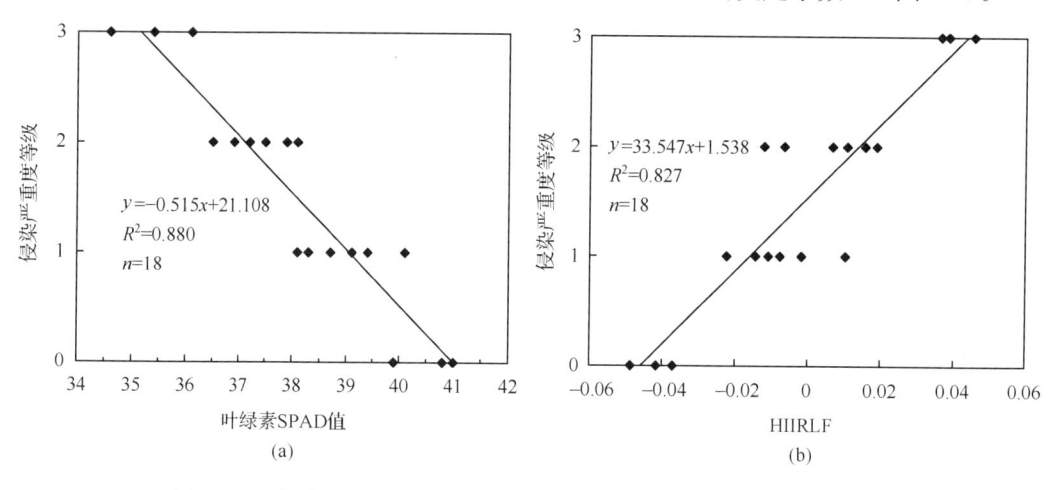

图 4-5 叶绿素和 HIIRLF 指数反映虫害严重度的线性方程及决定系数

2. 稻纵卷叶螟危害水稻高光谱遥感识别

在对健康水稻和受稻纵卷叶螟危害的水稻叶片进行高光谱特征分析的基础上,我们利用连续统去除提取光谱吸收特征参数波深和斜率作为输入变量,构建稻纵卷叶螟危害水稻的径向基支持向量机模型,为稻纵卷叶螟的监测与及时、有效、针对性治理提供理论依据。

1) 光谱吸收特征参数选取

利用高光谱数据进行水稻叶片的识别主要是基于光谱吸收特征参数的选取,光谱吸收特征参数主要包括吸收波段的波深和斜率等。光谱吸收特征参数可以通过连续统去除的方法对数据进行归一化处理后得出。根据光谱特征分析,选择 470nm 和 670nm 叶绿素吸收峰附近的波段进行连续统去除,其连续统的具体参数见表 4-2。

表 4-2 连续统去除的参数设置　　　　　　　　　　（单位:nm）

特征吸收峰	连续统起点	波深中心	连续统终点
470	430	490	530
670	560	670	730

通过对水稻叶片在 430~530nm 和 560~730nm 波段内的反射光谱进行连续统去除处理,将光谱反射率归一到同一个基线,扩大了叶绿素蓝光和红光吸收谷特征。表 4-3 中的数据显示,稻纵卷叶螟危害以后的水稻叶片在蓝光和红光吸收谷的吸收深度均小于健康叶片,分别为健康叶片的 29.3% 和 51.1%,在 430~530nm 光谱吸收特征参数斜率变化较小。然而,受稻纵卷叶螟危害后的叶片近红外陡坡效应的削弱,叶片在以 670nm 为中心的叶绿素 a 吸收波段斜率是健康叶片的 51.7%。通过已选择的光谱吸收特征参数进行稻纵卷叶螟危害水稻叶片的高光谱识别,避免了由于高光谱数据的信息量大带来的运算上的困难。

表 4-3 水稻叶片光谱吸收特征参数统计分析

参数	430～530nm 波深 健康叶片	430～530nm 波深 受害叶片	430～530nm 斜率 健康叶片	430～530nm 斜率 受害叶片	560～730nm 波深 健康叶片	560～730nm 波深 受害叶片	560～730nm 斜率 健康叶片	560～730nm 斜率 受害叶片
最小值	0.4416	0.02795	0.00078	0.00079	0.84264	0.21312	0.00123	0.00047
最大值	0.5484	0.35672	0.00123	0.00120	0.88430	0.73508	0.00169	0.00109
标准差	0.0274	0.06475	0.00011	0.00010	0.00843	0.11191	0.00009	0.00014
平均值	0.4881	0.14299	0.00097	0.00102	0.85998	0.43916	0.00152	0.00077

2) 基于SVM的水稻高光谱识别

我们利用108个样本光谱数据进行识别模型构建,其中70个样本数据作为训练样本集,38个作为测试集。基于连续统去除处理后的光谱特性分析,选择吸收峰波段深度BD_1、BD_2,斜率K_1、K_2等4个特征值,分别得到70个训练矩阵和38个测试矩阵。首先对输入向量进行归一化处理,将数据缩放在区间[0,1]范围内以避免一些特征值范围过大而另一组特征值范围过小,在计算内积时引起数值计算的困难。然后调用LIBSVM软件中的SVM train命令对训练样本采用3次交叉验证法(3-fold cross validation),即将数据集随机分为3组,每1组依次作为测试集,剩余部分作为训练集,计算3次的平均分类精度,通过不断尝试改变参数C、$\gamma\gamma$的取值,比较分类精度。经过反复筛选,确定了当参数$C=1$、$\gamma\gamma=1$,其他参数使用系统默认值时,交叉验证的平均精度为100%。利用筛选的最优参数对训练样本进行训练建模,所需要的支持向量数为9个,经检验该模型的分类精度可以达到100%,实现了健康样本和虫害样本的识别,从而构建了适用于稻纵卷叶螟危害水稻的识别SVM模型。对于已经训练好的网络,参数权值是固定不变的,为了检验所构建模型的分类性能验证其适用性,最后利用SVM predict命令根据已建立的模型对测试样本进行预测。分类结果见表4-4,结果显示已构建的SVM对测试样本可以准确无误地进行识别,表明利用高光谱数据建立的稻纵卷叶螟初期危害水稻识别模型具有良好的分类效果。

表 4-4 基于SVM的测试样本分类结果

实际分类	SVM分类 健康	SVM分类 虫害	SVM分类 合计	分类精度
健康	19	0	19	100
虫害	0	19	19	100
合计	19	19	38	100

4.2 小麦蚜虫高光谱遥感监测

4.2.1 蚜虫叶片光谱响应特点及特征提取

小麦叶片是小麦最主要的组成成分,对小麦的光合、生长发育及营养供应起着特别重要的作用。然而,小麦蚜虫的主要危害部位是小麦叶片。单叶条件下,叶片光谱特征不受土壤、大气、植被几何结构、覆盖度等因子影响,比较易于了解其真实的光谱特征。而且从单叶尺度研究蚜虫胁迫下小麦叶片光谱相应特征和相应机制可为进一步研究的小麦蚜虫遥感监测机理提供理论基础。

1. 蚜虫危害敏感波段分析

为明确蚜虫危害的光谱响应波段位置和范围,对波段和蚜量进行了相关性分析,蚜量与波段的相关系数如图4-6所示。通过0.05水平显著性检验的波段范围为:380~730nm、1405~1502nm、1868~2500nm、751~1156nm;通过0.01水平极显著性检验的波段范围为:387~427nm、469~729nm、1881~2065nm、2272~2305nm、760~1000nm。其中,可见光和短波红外范围的敏感波段与蚜量呈正相关关系,而近红外范围的敏感波段与蚜量呈负相关关系,这一结论与蚜虫危害叶片原始光谱响应规律相吻合。此外,可见光范围敏感波段的相关系数最大($R=0.504$),近红外波段次之($R=-0.369$),短波红外相关性最小。

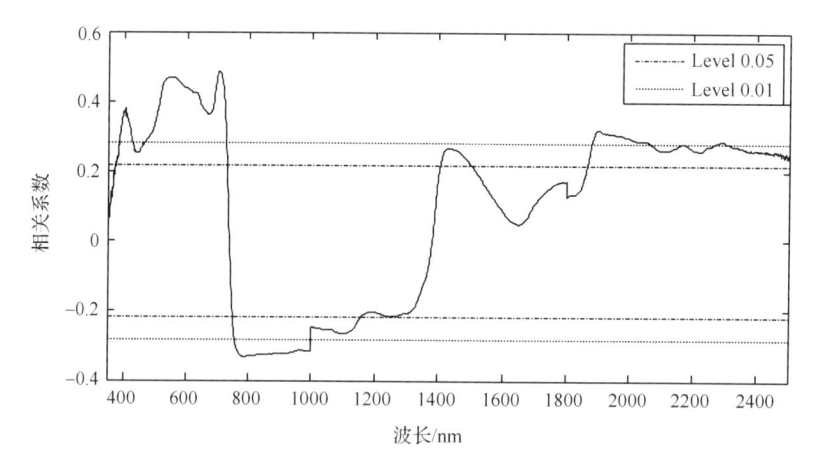

图 4-6 蚜量与波段的相关系数图

2. 蚜虫危害叶片一阶微分光谱特征

图4-7为450~950nm波段范围内蚜虫危害叶片与健康叶片的一阶微分光谱曲线图。由图4-7分析可知,704~720nm红边波段范围,蚜虫危害叶片与健康叶片的光谱反射率差值和变化率均为最大,这表明红边范围内波段对蚜虫危害的响应较强。而在510~530nm以及680~760nm波段范围,正常叶片和受害叶片的光谱一阶微分存在明显差异。这两处位置分别对应于光谱的绿边和红边。在红边位置处,一阶微分的"蓝移"现象非常明显。这一现象也再一次证实,采用高光谱红边特征参数探测植被健康状况是可行的(Miller et al.,1991;Baret et al.,1994)。

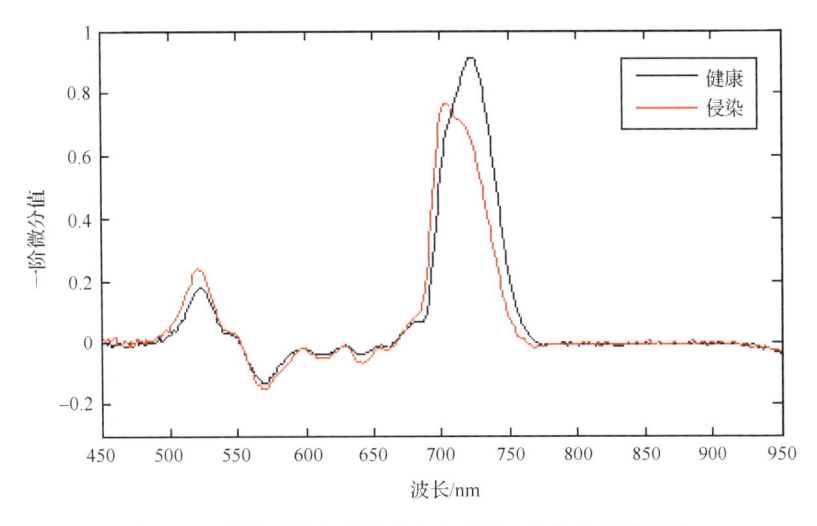

图 4-7 健康及侵染蚜虫的小麦叶片一阶微分光谱曲线

4.2.2 基于高光谱技术叶片蚜量监测研究

在了解冬小麦叶片受蚜虫危害后的光谱响应特征和机理后,提取蚜虫危害的光谱响应特征监测叶片危害程度和蚜量是遥感监测蚜虫的理论基础和最终目标(理论基础和最终目标不在同一层次)。通过文献调研发现,冬小麦的叶片光谱响应特征尚未被系统地研究归纳,因此,本节内容采用常用的高光谱数据运算和变换方法(导数光谱分析法、连续统去除法、植被指数法)及光谱数据深度挖掘方法(连续小波分析法)对原始光谱反射率进行了变换,形成一个小麦叶片蚜虫监测的光谱特征集,并利用试验获取的单叶样本对这些特征参量与蚜量的相关性进行分析评价,通过评价结果,选择对蚜虫敏感性较高的光谱特征参量,采用偏最小二乘法 PLS 建立多变量的蚜量反演模型,并利用实测验证数据集对模型进行验证和评价。

1. 光谱微分特征应用于蚜量监测研究

光谱微分技术是最基本的高光谱分析技术,可以减少背景噪声和提高重叠光谱的分辨率。光谱微分特征侧重于体现植被光谱曲线在特定范围内的变化幅度和位置,通常与植被目标的吸收有关(如色素、水分),有时还能够体现一部分荧光效应(如在红边位置处)。由蚜虫危害的光谱响应特征和机理,可以得知对叶片生化组分和生理结构的影响在很大程度上会反映在光谱一些特定范围内的变化幅度和位置。因此,通过采用微分光谱变换后的高光谱参量包括位置、面积和一些比值和归一化指数参量,尝试提取蚜虫危害光谱特征。我们选取了 450~950nm 的有效反射率测试范围内所有的光谱微分参量,包括蓝边(490~530nm)、黄边(550~582nm)和红边(670~737nm)一阶微分最大值、一阶微分最大值对应波长,以及一阶微分值总和、绿峰的反射率和位置及以上参量的比值和归一化光谱指数共 20 个光谱微分参数(具体名称及定义见表 4-5)。

表 4-5 基于一阶微分的高光谱特征变量列表

类型	变量	定义与描述
光谱位置特征	D_b	蓝边覆盖 490~530nm,D_b 是蓝边内一阶微分光谱中的最大值
	D_y	黄边覆盖 550~582nm,D_y 是黄边内一阶微分光谱中的最大值
	D_r	红边覆盖 680~780nm,D_r 是红边内一阶微分光谱中的最大值
	λ_b	λ_b 是 D_b 对应的波长位置
	λ_y	λ_y 是 D_y 对应的波长位置
	λ_r	λ_r 是 D_r 对应的波长位置
光谱面积特征	SD_b	蓝边波长范围内一阶微分波段值的总和
	SD_y	黄边波长范围内一阶微分波段值的总和
	SD_r	红边波长范围内一阶微分波段值的总和
	SD_g	绿边波长范围内一阶微分波段值的总和
光谱指数特征	SD_r/SD_b	红边内一阶微分总和(SD_r)与蓝边内一阶微分的总和(SD_b)的比值
	SD_r/SD_y	红边内一阶微分总和(SD_r)与黄边内一阶微分的总和(SD_y)的比值
	SD_r/SD_g	红边内一阶微分总和(SD_r)与绿边内一阶微分的总和(SD_g)的比值
	SD_y/SD_b	黄边内一阶微分总和(SD_y)与蓝边内一阶微分的总和(SD_b)的比值
	SD_g/SD_b	绿边内一阶微分总和(SD_g)与蓝边内一阶微分的总和(SD_b)的比值
	$(SD_r-SD_b)/(SD_r+SD_b)$	红边内一阶微分总和(SD_r)与蓝边内一阶微分的总和(SD_b)的归一化值
	$(SD_r-SD_y)/(SD_r+SD_y)$	红边内一阶微分总和(SD_r)与黄边内一阶微分的总和(SD_y)的归一化值
	$(SD_r-SD_g)/(SD_r+SD_g)$	红边内一阶微分总和(SD_r)与绿边内一阶微分的总和(SD_g)的归一化值
	$(SD_y-SD_b)/(SD_y+SD_b)$	黄边内一阶微分总和(SD_y)与蓝边内一阶微分的总和(SD_b)的归一化值
	$(SD_g-SD_b)/(SD_g+SD_b)$	绿边内一阶微分总和(SD_g)与蓝边内一阶微分的总和(SD_b)的归一化值

注：表中部分参数代码及定义参考相关文献(浦瑞良和宫鹏,2003)。

相关分析能够对两个变量直接的依存关系进行评价并量化。为研究表 4-5 中提取的 20 个光谱微分参数与蚜量的相关性,首先对 20 个光谱微分参量与对应的蚜量分别做相关性分析。表 4-6 为 20 个光谱微分参量与蚜量的相关分析结果,包括相关系数(R)、决定系数(R^2)以及 F 检验的 p-value。从分析结果可看出,除了 λ_y 外,其余光谱微分参数与蚜量都呈显著相关关系(p-value<0.05);D_b、D_y、SD_b、SD_g、SD_r/SD_y、SD_y/SD_b、$(SD_r-SD_y)/(SD_r+SD_y)$、$(SD_y-SD_b)/(SD_y+SD_b)$ 与蚜量呈显著正相关关系,其余特征参量与蚜量呈显著负相关关系。其中,一阶微分光谱位置特征参量相比面积参量、比值和归一化微分光谱特征参量与蚜量的相关性较低,位置特征参量中与蚜量相关系最高的为 D_r(R^2=0.480);面积特征参量中 SD_b 和 SD_g 与蚜量的决定系数均高于 0.5;面积特征比值和归一化参量与蚜量的相关性极显著(p-value<0.000),其中,除了 SD_g/SD_b 和 $(SD_g-SD_b)/(SD_g+SD_b)$ 决定系数低于 0.5(R^2=0.393;R^2=0.388),其余特征参量与蚜量的决定系数均大于 0.5,且 SD_r/SD_g、SD_y/SD_b、$(SD_r-SD_b)/(SD_r+SD_b)$ 和 $(SD_r-SD_g)/(SD_r+SD_g)$ 与蚜量的决定系数高于 0.6。以上结果表明,经过微分变换后提取的光谱特征参量大多能够较好地提取蚜量信息,其中面积特征参量和比值和归一化参量相比位置特征参量对蚜量的表征效果更好,且经过面积特征参量的变换的比值和归一化特征参量提取蚜量信息的效果是最好的。

表 4-6　基于微分光谱特征参量与蚜量的相关关系

光谱特征	R	R^2	显著性(p-value)	光谱特征	R	R^2	显著性(p-value)
D_b	0.634	0.402	0.000	SD_r/SD_b	−0.778	0.606	0.000
D_y	0.506	0.256	0.002	SD_r/SD_y	0.728	0.530	0.000
D_r	−0.693	0.480	0.000	SD_r/SD_g	−0.784	0.615	0.000
λ_b	−0.460	0.211	0.005	SD_y/SD_b	0.781	0.610	0.000
λ_y	−0.108	0.012	0.529	SD_g/SD_b	−0.627	0.393	0.000
λ_r	−0.589	0.347	0.000	$(SD_r-SD_b)/(SD_r+SD_b)$	−0.778	0.605	0.000
SD_b	0.707	0.500	0.000	$(SD_r-SD_y)/(SD_r+SD_y)$	0.727	0.528	0.000
SD_y	−0.542	0.294	0.001	$(SD_r-SD_g)/(SD_r+SD_g)$	−0.785	0.616	0.000
SD_r	−0.416	0.173	0.012	$(SD_y-SD_b)/(SD_y+SD_b)$	0.745	0.553	0.000
SD_g	0.708	0.501	0.000	$(SD_g-SD_b)/(SD_g+SD_b)$	−0.623	0.388	0.000

2. 连续统去除法应用于蚜量监测研究

光谱的吸收特征能够很好地反演作物的一些生化组分。连续统去除提取方法是一种针对高光谱数据吸收谷特征信息的有效手段,主要用于提取由于叶绿素、水分吸收形成的吸收谷特征参数,包括吸收波长位置、深度、宽度、斜率、面积、对称度等。目前该方法已在部分作物病虫害研究方面得到广泛应用。但在蚜虫监测研究方面,连续统去除后的吸收特征参量是否对蚜量敏感尚未文献报道。根据受蚜虫危害小麦叶片的光谱响应特征,我们借鉴前人的研究方法,通过提取了不同蚜量叶片光谱的红光波段叶绿素吸收区域连续统去除特征(具体名称及定义见表 4-7)。

表 4-7　基于连续统去除法的光谱吸收特征参量列表

变量名	定义与描述
H	550~750nm 波段范围内相对于包络线的吸收特征深度
W_1	吸收特征左边的波段宽度
W_2	吸收特征右边的波段宽度
S_1	吸收特征左边的吸收面积
S_2	吸收特征右边的吸收面积
λ_1	吸收特征开始的波段位置
λ_2	吸收特征结束的波段位置
λ_3	吸收特征的波段位置

表 4-8 为吸收特征参量与蚜量的相关关系。由表 4-8 可知,各吸收特征参量与蚜量的相关关系均通过 0.05 显著性检验水平(p-value<0.05)。其中,S_1、S_2、λ_2 和 H 与蚜量呈负相关关系,W_1、W_2、λ_1 和 λ_3 与蚜量呈正相关关系。S_2、W_2 及 λ_2 和蚜量呈极显著相关(p-value<0.000),但是其决定系数均小于 0.5,最大为 W_2,其 $R^2=0.429$。

表 4-8 吸收特征参量与蚜量的相关关系

光谱特征	R	R^2	显著性（p-value）	光谱特征	R	R^2	显著性（p-value）
S_1	-0.278	0.077	0.050	S_2	-0.645	0.416	0.000
W_1	0.393	0.154	0.009	W_2	0.655	0.429	0.000
λ_1	0.518	0.269	0.001	λ_2	-0.561	0.314	0.000
λ_3	0.510	0.260	0.001	H	-0.367	0.135	0.014

3. 植被指数特征应用于蚜量监测研究

植被指数法是遥感监测研究中最基本、最常用的信息提取技术。我们也试图通过常用的植被指数提取蚜虫危害信息。根据小麦蚜虫光谱响应特点，在参考各类植被指数对植物病虫害及其他胁迫监测研究中的应用情况，初步筛选确定了 16 个基于高光谱数据构建的植被指数，重点探讨其在提取蚜虫危害信息及监测蚜量方面的适用性。表 4-9 为筛选的 16 个植被指数的全称、表达式及文献出处。

表 4-9 常用于胁迫研究的植被指数列表

光谱指数	计算公式	参考文献
photochemical reflectance index (PRI)	$(R_{531}-R_{570})/(R_{531}+R_{570})$	Gamon et al.,1997
modified chlorophyll absorption reflectance index (MCARI)	$[(R_{700}-R_{670})-0.2(R_{700}-R_{550})]\times(R_{700}/R_{670})$	Daughtry et al.,2000
aphid index(AI)	$(R_{740}-R_{887})/(R_{691}-R_{698})$	Mirik and Michels,2006
triangular vegetation index (TVI)	$0.5[120(R_{750}-R_{550})-200(R_{670}-R_{550})]$	Broge and Leblanc,2002
damage sensitive spectral index1 (DSSI1)	$(R_{719}-R_{873}-R_{509}-R_{537})/(R_{719}-R_{873}+R_{509}-R_{537})$	Mirik and Michels,2006
anthocuanin reflectance index (ARI)	$(R_{550})^{-1}-(R_{700})^{-1}$	Gitelson et al.,2001
narrow-band normalized difference vegetation index (NBNDVI)	$(R_{850}-R_{680})/(R_{850}+R_{680})$	Thenkabail et al.,2000
nitrogen reflectance index (NRI)	$(R_{570}-R_{670})/(R_{570}+R_{670})$	Filella et al.,1995
damage sensitive spectral index2 (DSSI2)	$(R_{747}-R_{901}-R_{537}-R_{572})/(R_{747}-R_{901}+R_{537}-R_{572})$	Mirik et al.,2006
plant senescence reflectance index (PSRI)	$(R_{680}-R_{500})/R_{750}$	Merzlyak et al.,1999
structure insensitive pigment index (SIPI)	$(R_{800}-R_{450})/(R_{800}-R_{680})$	Peñuelas and Inoue,1999
normalized total pigment to chlorophyll a ratio index (NPCI)	$(R_{680}-R_{430})/(R_{680}-R_{430})$	Riedell and Blackmer,1999
plant senescence reflectance index (PSRI)	$(R_{680}-R_{500})/R_{750}$	Merzlyak et al.,1999
normalized difference water index (NDWI)	$(R_{860}-R_{1240})/(R_{860}+R_{1240})$	Gao,1996
red-edge vegetation stress index (RVSI)	$[(R_{712}+R_{752})/2]-R_{732}$	Merton,1998
green normalized difference vegetation index (GNDVI)	$(R_{747}-R_{537})/(R_{747}+R_{537})$	Daughtry et al.,2000

表4-10为植被指数与蚜量的相关分析结果。可以看出,除ARI、DSSI2、PSRI、PhRI和NRI外,其他植被指数与蚜量的相关关系均通过0.05水平显著性检验(p-value<0.05),其中AI、DSSI2、PRI、NDWI和NBNDVI与蚜量呈负相关关系,其他植被指数与蚜量均为正相关关系,且AI、GNDVI和RVSI与蚜量决定系数R^2均大于0.5(p-value<0.000),分别为0.580、0.500和0.608。

表4-10 植被指数与蚜量的相关关系

光谱指数	R	R^2	p-value	光谱指数	R	R^2	p-value
AI	−0.750	0.580	0.000	NBNDVI	−0.554	0.307	0.000
ARI	0.132	0.017	0.443	PSRI	0.324	0.105	0.054
DSSI1	0.614	0.378	0.000	SIPI	0.588	0.345	0.000
DSSI2	−0.229	0.053	0.179	MCARI	0.640	0.410	0.000
PRI	−0.572	0.328	0.000	PhRI	0.137	0.019	0.425
TVI	0.410	0.223	0.000	NPCI	0.416	0.173	0.001
NDWI	−0.525	0.276	0.001	NRI	0.350	0.123	0.036
GNDVI	0.707	0.500	0.000	RVSI	0.780	0.608	0.000

4. 连续小波技术应用于蚜量监测研究

小波分析中,基于连续小波变换的连续小波分析能够将整条光谱曲线在连续波长和尺度上进行分解,从而方便对光谱信息中一些精细部位进行定量解析。近年来在高光谱信息提取的一些问题上连续小波分析逐渐受到重视。通过MATLAB软件尝试利用连续小波分析开展蚜量监测研究。图4-8为36个样本蚜量与经过连续小波分析后获得的小波能量系数进行相关性分析后得出的决定系数矩阵,其决定系数R^2在0~0.654范围内浮动,图中红色区域为小波能量系数与蚜量的相关系数最高的特征区域。根据样本量和决定系数矩阵特征,选取R^2前5%的小波区域为蚜虫的小波特征区域,最终得出R^2阈值为0.48(图4-9)。从决定系数矩阵中,可以看出,除了前两个尺度较不稳定外,小波特征区域在其他尺度的范围都较稳定。因此,最终提取的蚜虫小波特征区域为:484~552nm,609~619nm,637~651nm,718~770nm和1673~1713nm,这些特征波段分别位于对叶绿素强反射的绿波段和强吸收的红波段及红边,对水分强吸收的短波红外波段。

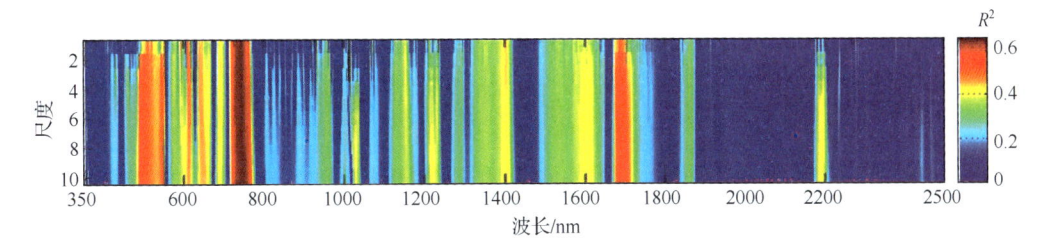

图4-8 相关系数矩阵及小波特征图

考虑到筛选出的5个小波特征区域均为小麦蚜害的敏感区域,因此在筛选蚜害的最佳小波特征及估算蚜量时,研究从四个决定系数大于阈值的特征区域内,分别选出了每个

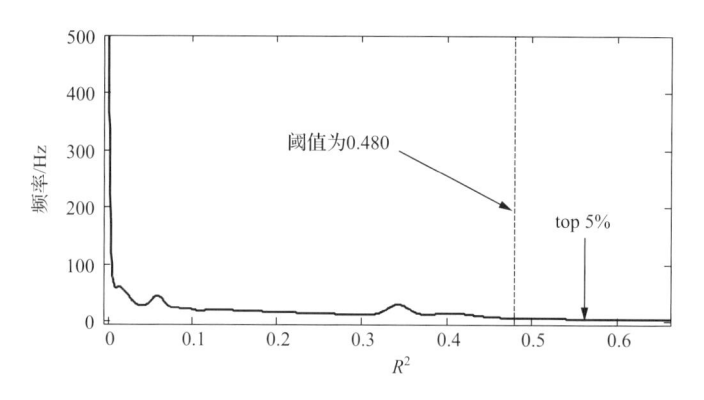

图 4-9 R^2 的频率分布和阈值选取

特征区域内 R^2 最高的小波特征。表 4-11 为最终筛选出的最佳小波特征的波段位置、所在尺度及与蚜量的相关系数。其中,小波特征 F_4(750nm,scale=2)和 F_5(1690nm,scale=6)与蚜量的相关关系最好($R^2=0.654$ 和 $R^2=0.583$),F_4 处在红边位置,是叶绿素的强吸收区域,F_5 处于短波红外波段区域,是水汽强吸收区域,与叶片含水量关系密切,F_1、F_2、F_3 也分别位于可见光色素吸收位置,且选出的 5 个特征中除了 F_3 与蚜量的相关性较低($R^2=0.480$),其他小波特征与蚜量的决定系数均超过 0.5。与之前采用其他方法提取的蚜虫光谱特征参量相比,基于连续小波分析法对蚜虫的危害信息具有较强的蚜虫危害信息提取能力。可能是由于小波分析本质上是对光谱曲线局部形状与基函数匹配度的考量,而 CWA 的优势体现在这种考量同时兼顾了位置和尺度,能够在不同尺度和位置上将波形的细节与目标特征联系起来,因而从某种程度上优化了对光谱信息的利用,凸显出目标特征引起的光谱位置及强度的变化信息,因此在蚜虫危害信息提取研究中,相比其他方法具有较强的提取能力和潜力。

表 4-11 小波特征集位置、尺度参数

特征代码	特征位置 波长/nm	尺度	R	R^2	p-value
F_1	491	3	−0.759	0.577	0.000
F_2	617	3	0.725	0.526	0.000
F_3	639	3	0.693	0.480	0.000
F_4	750	2	0.808	0.654	0.000
F_5	1690	6	−0.764	0.583	0.000

5. 基于 PLS 多特征变量的蚜量监测模型

要实现叶片蚜量的遥感监测,除通过上述一系列的方法提取对小麦蚜虫危害敏感的光谱特征参量外,还需选择合适的方法和算法,利用提取出的敏感光谱特征参量构建估算蚜量精度较高的监测模型。目前的建模方法和模型主要分为两大类:当估算对象为相对连续的变量时,通过选择回归分析建立估测模型;而当估算对象为离散变量时,往往通过一些非线性算法进行构建模型,包括判别分析、主成分分析、人工神经网络和支持向量机等。我们对蚜虫的危害评价选用了两种指标:蚜量和蚜害等级,其中蚜量可以视为相对连续的评价指标,而蚜害等级相对蚜量被认为是离散的评价指标。综合考虑,我们选用回归分析方法建立蚜量估算模型。在解决实际问题时,一种现象或一个变量往往会受到多个变量或多个因素的影响,其变化常常会与多个因素有关联。通常由多个自变量的最优组合构建的模型来预测或估算因变量,比用一个自变量进行预测或估计更加有效,更加符合实际情况,因此,当因变量的变化会随多个因素影响的情况下,利用多元线性回归相比一元线性回归具有更大的实际意义。

1) 偏最小二乘回归及变量选择

偏最小二乘回归分析 PLSR 是在多元线性回归的基础上发展起来的一种新型的多元统计数据分析方法,又被称为第二代回归方法,其可以较好地解决许多以往用普通多元回归无法解决的问题。在对多变量进行分析和建模时,常用的方法包括采用最小二乘回归拟合建立显式模型和采用人工神经网络进行学习训练建立隐式模型。而在使用过程中,这些方法都存在一些缺点:经典的最小二乘法回归拟合方法难以克服变量之间的多重相关性,因此拟合的多元回归模型会使所构建模型的稳定性、准确性和可靠性难以得到保证,且选中的自变量,有时与我们所希望的有较大的出入,从专业知识角度认为是较为重要的变量往往会落选,特别是有时相关性非常显著的变量落选,使我们很难信服接受这样的"最优"回归模型(黄文江,2005)。而人工神经网络对模型的解释性差,此外,这些方法都不具备筛选变量的功能,而 PLS 与经典的最小二乘法和人工神经网络及传统的多元线性回归模型相比,具有如下优点:具备变量筛选功能,可以同时实现回归建模(多元线性回归)、数据结构简化(主成分分析),并能够有效地克服变量之间的多重相关性(典型相关分析);允许在样本点个数少于变量个数的条件下进行回归分析建模;偏最小二乘回归在最终模型中将包含原有的所有自变量;偏最小二乘回归模型更易于辨识系统信息与噪声(甚至是一些非随机性的噪声);在偏最小二乘回归模型中,每一个自变量的回归系数将更容易解释,因此其对变量具有较好的解释性。基于以上优点,PLS 方法常用于高光谱数据的建模研究中,可以从大量的光谱变量中选取数量较少的几个新成分,消除光谱变量之间的共线性问题,但它又不同于常规的主成分回归方法,其差别在于新成分选取方面,主成分回归生成的权重矩阵只是反映自变量之间的协方差结构,而 PLS 产生的权重矩阵则反映了自变量和因变量之间的协方差结构。在实际应用研究中,国内外学者研究结果表明,对谷物、烟草和汽油等的近红外光谱分析中,PLS 方法的预测结果都优于一般的线性模型(王惠文,1999;唐启义、冯明光,2002)。赵祥等(2004)认为利用 PLS 算法进行光谱分析的原因是它既能将原光谱数据映射成信息量非常集中的少数潜变量又能选出和因变量较大相关性的潜变量作为主成分。

基于单变量遥感因子构建蚜量监测模型的方法简单且易于操作,但其可能会忽略其他一些遥感因子对反演结果的贡献,由文献调研可知,病虫害的发生和对小麦的危害,会使小麦叶片的叶绿素含量和叶片水分及叶片的细胞结构造成不同程度的变化,而这些变化会在遥感光谱的不同波段区域有不同程度的响应,而单个遥感特征参量可能只对某种变化有响应,因此,通过单变量的遥感特征参量构建蚜量估算模型在某种程度上比多变量构建的模型反演精度低,且对模型的解释性不够全面准确。

基于以上分析,我们尝试采取 PLS 构建多变量的蚜量估算模型。首先要进行变量的选取,基于上述研究,共有 35 个遥感特征参量与蚜量的相关关系达到极显著相关关系(p-value<0.001),考虑到对建模和模型精度的要求,初步选取了决定系数 R^2 大于 0.5 以上特征变量作为本部分内容中用于构建多元模型的入选变量(表 4-12)。

表 4-12 模型入选特征参量

光谱特征	R	R^2
SD_r/SD_b	−0.778	0.606
SD_r/SD_y	0.728	0.530
SD_r/SD_g	−0.784	0.615
SD_y/SD_b	0.781	0.610
$(SD_r-SD_b)/(SD_r+SD_b)$	−0.778	0.605
$(SD_r-SD_y)/(SD_r+SD_y)$	0.727	0.528
$(SD_r-SD_g)/(SD_r+SD_g)$	−0.785	0.616
$(SD_y-SD_b)/(SD_y+SD_b)$	0.745	0.553
SD_b	0.707	0.500
SD_g	0.708	0.501
AI	−0.750	0.580
GNDVI	0.707	0.500
RVSI	0.780	0.608
F_1	−0.759	0.577
F_2	0.725	0.526
F_4	0.808	0.654
F_5	−0.764	0.583

2) 变量投影重要性准则及 PLS 模型构建

多元回归分析是建立遥感数据与实地调查数据之间关系的重要方法,但随着变量的增多,不可避免地会受到变量之间共线性的影响,使模型的精度和稳定性不高。偏最小二乘回归方法可以消除共线性的影响,但是过多的变量不仅会增加计算的难度,还容易掩盖变量可能的物理意义,使模型的可解释性变差,并且建立简约实用的模型是遥感回归建模研究中的重要内容。因此,利用 PLS 算法建模时,我们并不需要让所有的变量都参与模型的建立,往往只需提取满足条件的 h 个成分即可的建立一个稳定性好、可靠性高的模型。杜晓明等(2008)分别通过 Bootstrap 非参数检验方法及 VIP 准则对森林郁闭度的最优因子进行了筛选,并比较了两种方法选择变量对模型预报精度的影像,发现利用 VIP 准则筛选出的因子估测森林郁闭度能通过 Bootstrap 非参数检验,比 Bootstrap 检验选出的变量更少,更符合回归模型参数节俭原则,利用 VIP 准则筛选的变量构建的模型,不仅变量最少,而且模型的整体精度高于全模型和 Bootstrap 选模型,有助于提高样地或像元水平的估测精度。基于此,我们首先通过变量投影重要性准则从表 4-12 提取出来的 17 个变量中筛选出有效的几个变量作为 PLS 的入选变量。

变量投影重要性(variable importance in projection,VIP)是自变量 x_j 在解释因变量 Y 时的作用的重要性,及自变量 x_j 对因变量的解释能力。其计算公式如下:

$$\mathrm{VIP}_j = \sqrt{p/\mathrm{Rd}(Y;t_1,t_2,t_3,\cdots,t_m)}\sum_{h=1}^{m}\mathrm{Rd}(Y;t_h)w_{hj}^2 \tag{4-2}$$

式中，VIP_j 表示第 j 个自变量的投影重要性指标；m 为从原变量中提取的成分个数；p 为自变量个数；t_h 为第 h 个主成分；$\mathrm{Rd}(Y;t_h)$ 为成分 t_h 对因变量 Y 的解释能力，为二者相关系数的平方；$\mathrm{Rd}(Y;t_1,t_2,t_3,\cdots,t_m)$ 为成分 $t_1,t_2,t_3,\cdots,t_m$ 对因变量 Y 的累积解释能力；w_{hj}^2 为轴 w_h 的第 j 个分量，它被用来测量 x_j 对构造成分 t_h 的边际贡献，即对于任意的 $h=1,2,3,\cdots,m$ 均有

$$\sum_{j=1}^{p} w_{hj}^2 = w_h^{\mathrm{T}} w_h = 1 \tag{4-3}$$

根据 VIP 的计算公式，首先必须确定主成分。在确定主成分数的原则是既要保证所提取的成分对系统的解释能力最强，又要克服变量之间的多重共线性问题。我们对主成分的确定采用目前国内外广泛使用的交叉验证法，计算成分 t_h 对变量 y 的交叉有效性。参考 PLS 的算法和成分数的选取规则，通过 MATLAB 对其成分数进行计算，其结果如表 4-13。

表 4-13　成分 t_h 对因变量 y 的交叉有效性

成分个数	Q_h^2	Q_h^2(cum)
1	0.823	0.823
2	10.08	10.08

表 4-13 中，Q_h^2 为成分 t_h 对因变量 Y 的交叉有效性；Q_h^2(cum)为使用前 k 个成分建模的累积交叉有效性。如果 t_h 的交叉有效性为负值，它对累积交叉有效性的贡献为 0。根据决策原则(如果符合则认为 t_h 成分的边际贡献是显著的，应该增加 PLS 成分，否则，则认为不应该再增加 PLS 的成分 t_h)，由于第二个主成分 $Q_h^2 = 10.08 < 0.0975$，因此认为 t_2 的成分边际贡献不显著，引进新的成分 t_2 对减少方程预测误差没有明显改善，所以我们取 PLS 其中一个成分 t_1 就可以解释 99%的因变量的变异信息。

主成分确定后，通过上述 VIP 的计算公式分别以蚜量为因变量，以初步筛选的 17 个变量为自变量，初步计算了 17 个变量的 VIP，其结果如图 4-10 所示。

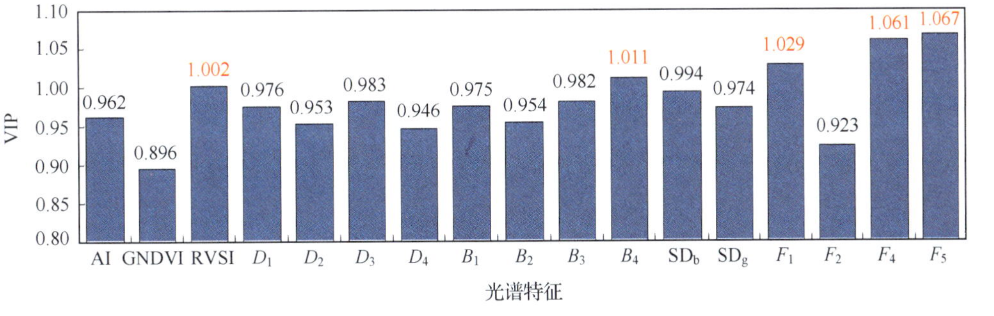

图 4-10　特征参量的 VIP 图

D_1 表示$(SD_r-SD_b)/(SD_r+SD_b)$；D_2 表示$(SD_r-SD_y)/(SD_r+SD_y)$；D_3 表示$(SD_r-SD_g)/(SD_r+SD_g)$；D_4 表示$(SD_y-SD_b)/(SD_y+SD_b)$；B_1 表示 SD_r/SD_b；B_2 表示 SD_r/SD_y；B_3 表示 SD_r/SD_g；B_4 表示 SD_y/SD_b

当利用 VIP 指标值筛选变量时,如果自变量的 VIP>1 时,说明自变量在解释因变量时有更加重要的作用;当 VIP=0.5~1 时,解释作用的重要性不是很明确,需要增加样本或者根据其他条件进行判断;当 VIP<0.5 时,则自变量对因变量的解释基本没有意义。从光谱变量的 VIP 分布图中可以看出,在所选取的 17 个变量中,所有变量的 VIP 均大于 0.5。其中,小波特征变量 F_1、F_4、F_5 的 VIP 是最高的,分别为 1.029、1.061 和 1.067,这一方面再次说明了从蚜虫危害光谱中提取危害信息方面,连续小波分析方法相比其他方法具有较强的提取能力;另一方面说明 F_1(490nm,scale=3),F_4(750nm,scale=2)和 F_5(1650nm,scale=6)对蚜量的解释作用最为明显,且这三个尺度和位置对蚜虫危害的信息表征能力最强;此外,RVSI(red-edge vegetation stress index)(VIP=1.002),SD_y/SD_b(VIP=1.011)对蚜害等级的解释作用也较明显,其 VIP 较高,说明红边也对蚜虫危害的表征能力很强,且蚜虫危害在光谱的黄边和蓝边上也有较强的响应,对蚜量解释能力最强。

因此,可以通过变量的 VIP 值来筛选对模型贡献较大的变量,通常总是选择 VIP>1 的自变量来参加建模。在本研究中,选取 VIP>1,对蚜量解释能力最强的 5 个变量($RVSI$,SD_y/SD_b,F_1,F_4,F_5)进行建模。

基于以上分析,选取 RVSI、SD_y/SD_b、F_1、F_4 和 F_5 为自变量,叶片蚜量 Y 为因变量进行 PLS 迭代运算,最终得到基于 PLS 的叶片蚜量估算模型为

$$Y = -0.315 RVIS + 0.198 SD_y/SD_b + 0.197 F_1 - 0.287 F_4 + 0.287 F_5 + 139.025$$

(4-4)

最后对模型的反演精度进行评价,我们采用复相关系数的平方和均方根误差对模型估算能力进行评价。复相关系数(multiple correlation coefficient)又称多元相关系数或全相关系数,是在多元回归分析中,衡量因变量与多个自变量线性组合后,所有自变量对因变量的线性关系密切程度的量,复相关系数越大,表明要素与变量之间的线性相关程度越密切。复相关系数与简单的相关系数的区别在于:简单的相关系数的取值范围为[−1,1],复相关系数的取值范围为[0,1]。这是因为,简单的相关系数是两个变量之间的线性相关程度,回归系数有正负之分,在研究相关性时,也有正相关和负相关之分;而在多个变量时,偏回归系数有两个或两个以上,其符号有正有负,不能按照正负区别,所以负相关系数只能取正值。复相关系数的平方,又称为决定系数记为 R^2,用以反映线性回归方程能在多大程度上解释因变量的变异性。

回归方程的拟合程度越好,残差平方和就越小,R^2 越接近 1。均方根误差的计算公式如下:

$$RMSE = \sqrt{\frac{1}{n}\sum_{i=1}^{n}(y_i - \bar{y}_i)^2}$$

(4-5)

式中,y_i 和 $\bar{y}_i$ 分别为每个样本的模型估测值和实测值;n 为样本量。

图 4-11 为蚜量实测值与模型的模拟值的相关关系,其决定系数 $R^2 = 0.677$,均方根误差为 18.277。其结果表明,基于 PLS 多变量的蚜量反演模型明显优于单变量的蚜量反演模型。

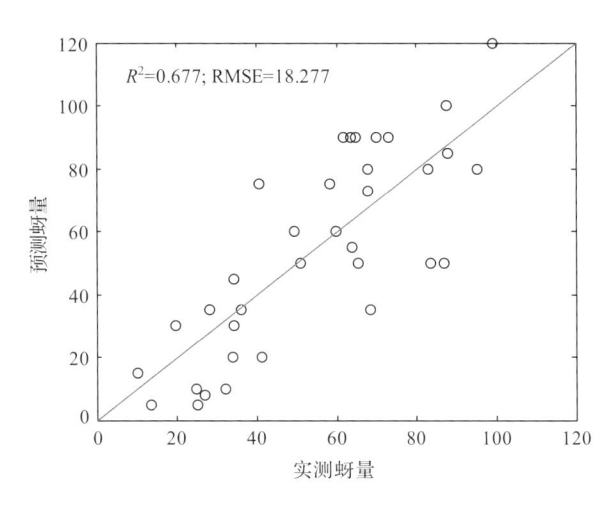

图 4-11 蚜量实测值与模拟值的相关关系

4.2.3 冠层尺度小麦蚜虫遥感监测研究

叶片尺度上，小麦的单叶光谱受外界因素（土壤覆盖度、冠层的几何结构及大气等）干扰较少，光谱的变化只受蚜虫的影响。因此，有利于准确了解蚜虫在叶片光谱上的响应机理和特征。冠层尺度上，田间冠层光谱是一定视场下的地物混合光谱，其获取的田间环境与航天、航空遥感的环境较为接近，但克服了卫星遥感数据基于时间、空间及光谱分辨率的限制，以及航空遥感数据影响定标方面的困难。因此，研究蚜害等级的冠层光谱响应特征，并构建基于冠层光谱的蚜害等级反演模型具有重要意义，且能为卫星遥感及航空遥感监测小麦蚜虫提供理论基础。

1. 冠层水平蚜害胁迫下小麦光谱响应特征

由野外调查发现，2010 年研究区的蚜虫暴发期处于 5 月 25～6 月 10 日，正值研究区小麦的灌浆中后期，研究区冠层光谱的测定时间为 2010 年 6 月 7 日，由于前期试验通过不同药量浓度对研究区的蚜虫进行一定的控制，因此，此时研究区内有不同蚜害等级的样点能支持该研究，试验设计和数据获取参考第三部分内容。

试验共获取了 26 个不同蚜害等级的调查点，分别包括：4 个 0 级样点、3 个 1 级样点、3 个 2 级样点、5 个 3 级样点、5 个 4 级样点、4 个 5 级样点和 2 个 6 级样点。为直观清楚反映不同蚜虫危害程度在冠层光谱上的响应特点，对所有蚜害等级的样点光谱进行初步处理，根据蚜害等级和样本量将其重新划分为 4 个蚜虫危害程度，分别为：正常、轻微、中等和严重，其具体处理方法如下：

（1）将蚜害等级为 0 级的样点光谱进行平均，作为正常生长小麦的冠层光谱；

（2）将蚜害等级为 1 级和 2 级的样点光谱进行平均后作为蚜虫轻微危害程度的小麦冠层光谱；

（3）将蚜害等级为 3 级和 4 级的样点光谱进行平均后作为蚜虫中等危害程度的小麦冠层光谱；

（4）将蚜害等级为5级和6级的样点光谱进行平均后作为蚜虫严重危害程度的小麦冠层光谱。

为弄清蚜虫对小麦的危害及受蚜虫危害后小麦冠层光谱的变化和响应特征，首先分析并比较了不同蚜虫危害程度的小麦冠层光谱。图4-12为4个蚜虫危害程度的小麦冠层光谱曲线图，可以看出，随着蚜虫危害程度的加重，在可见光和近红外的光谱反射率均呈现逐渐减小的趋势。已有研究表明，在麦蚜危害早期，在可见光波段（560～670nm），随着百株蚜量的增加，冠层光谱反射率逐渐增加，而在近红外波段，随着百株蚜量的增加，冠层光谱反射率逐渐减小，且单叶尺度蚜虫危害响应光谱也表明，在可见光波段由于蚜虫的刺吸作用会使叶片的叶绿素含量和浓度减小，导致叶绿素在蓝、红波段对光的吸收能力减弱，反射能力增强，特别是会导致红光反射率升高。但是我们研究结论在可见光波段的光谱响应特征与前人在麦蚜危害早期的研究结果和叶片尺度的研究结论不一致，通过野外调研和分析，初步认为可能是由蚜虫分泌的蜜露附着在叶表面而导致：在小麦灌浆中后期（蚜虫盛发期），蚜虫在短时间内数量迅速增加，其分泌的蜜露附着在叶表面，一方面影响叶片正常的光合和呼吸作用，另一方面受到周围环境的影响致使叶片呈现霉黑色，且在盛发期，如果没有及时防治，随着蚜虫危害程度的加重，叶片上的霉黑色斑点变多，这种叶片表观颜色的变化现象使得叶子对光的吸收效应大于叶绿素含量的变化引起的对光的反射效应，而叶片是样点冠层观测视场中的最主要的组成部分，这种叶片外观颜色变黑最终会导致整个冠层颜色也相应地发生变化，因此，随着危害程度的加重，冠层反射率的可见光波段的光谱反射率反而会逐渐减小。这一结论也表明，蚜虫危害盛期在可见光波段的光谱响应特征与蚜虫危害早期的光谱响应特征不同，在蚜虫发生早期的监测模型可能不适用于蚜虫盛发期的监测。

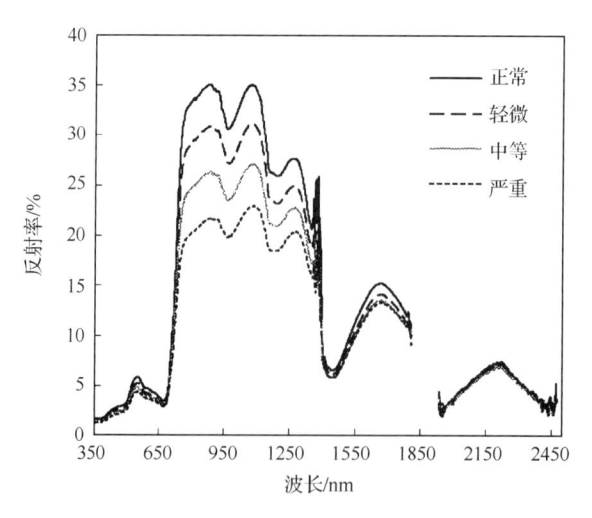

图4-12 不同蚜害等级的小麦冠层光谱曲线

为进一步定量分析不同的蚜害等级在冠层光谱上的响应特点及机理，研究计算了蚜虫危害程度严重时的冠层光谱和健康小麦的冠层光谱的差值（健康小麦光谱－严重小麦光谱）和变化率（($R_{正常}-R_{严重}$)/$R_{正常}$），如图4-13所示。由图4-13可知，小麦受蚜虫危害后冠层光谱反射率比正常生长小麦的冠层反射率低，且近红外波段的变化最大，达到13

个百分点;其次为短波红外,达到2个百分点,可见光波段变化相对较小。受蚜虫危害的光谱反射率相比正常光谱反射率的变化率曲线可见,变化率最大的为近红外波段,其次为可见光波段,短波红外波段的变化率相对较小。在近红外波段,健康小麦与严重危害小麦的光谱反射率之间的变化率之所以如此大,分析其原因有二:一方面由于叶片为样点的冠层观测视场中最大的组分,叶片尺度上,在近红外波段,叶片反射率主要取决于细胞结构,特别是叶肉与细胞间相对空隙的相对厚度,蚜虫通过吸取汁液危害小麦后破坏了小麦叶片内部的细胞结构,导致叶肉—细胞间隙的相对厚度减小,反射率随之减小,因此受害小麦叶片的反射率低于健康小麦的反射率;另一方面,根据文献调研和野外试验可知,蚜虫危害会使得叶片发生卷曲,蚜虫危害越严重的叶片其叶片卷曲越严重,而叶片的卷曲必然会使小麦整个冠层结构的变化,LAI减小,因此,近红外波段反射率会随着蚜虫危害的严重程度加重而减小。

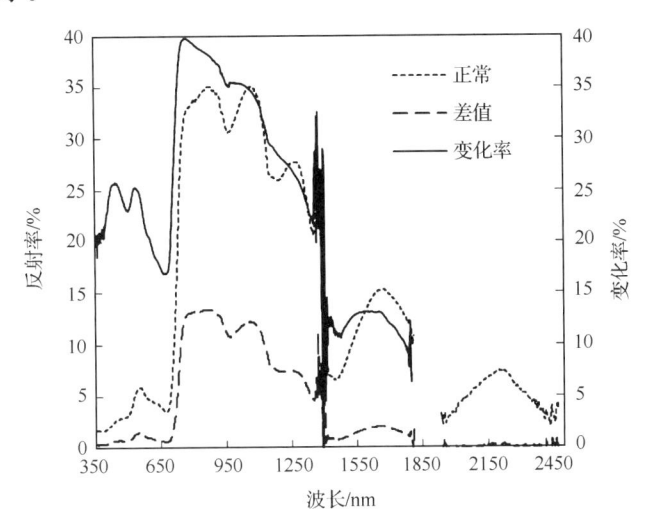

图 4-13　麦蚜危害小麦与正常小麦的冠层光谱差异

2. 蚜害光谱指数构建

在以上分析基础上,进一步对26个调查点的蚜害等级与350～2500nm波段的反射率进行相关性分析,其相关系数如图4-14所示。可见光、近红外和短波红外波段的大多数波段与蚜害等级的相关系数达到极显著负相关关系,为蚜虫的敏感波段,其中,近红外波段的相关性最强,这与上述结论一致。其中,在可见光波段区域(350～740nm),由于蚜虫分泌的蜜露作用,受蚜虫危害的冠层反射率低于正常生长的冬小麦冠层光谱反射率,且光谱反射率与蚜害等级呈极显著负相关关系,其中,相关性最高的波段为 551nm($R=-0.74$);在近红外波段(760～1300nm),光谱反射率与蚜害等级呈极显著负相关关系,其中,相关性最高的波段为 823nm($R=-0.87$);在短波红外波段(1550～1750nm),受蚜虫危害的冠层反射率低于正常生长的冬小麦冠层光谱反射率,且光谱反射率与蚜害等级呈极显著负相关关系,其中,相关性最高波段为 1654nm($R=-0.67$);此外,蚜害等级与冠层光谱总体上呈负相关关系,这是由于在小麦发生盛期,小麦蚜害等级越大的样点,叶片霉黑色斑点越多,样点观测颜色变化越多;叶片卷曲越严重,叶面积指数越小,样点整体植株越矮小。

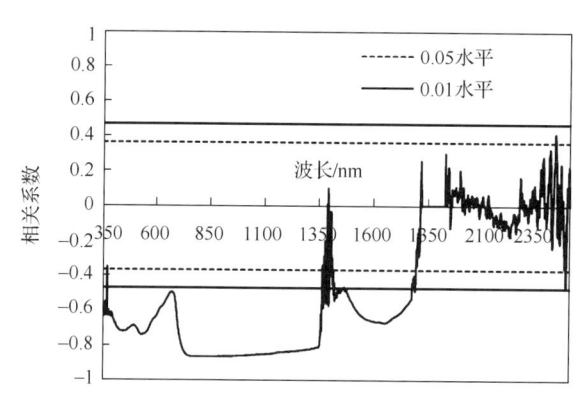

图 4-14　蚜害等级与光谱波段的相关性分析

根据以上分析可知,小麦蚜虫危害在可见光、近红外和短波红外波段均有响应,如果只选择相关关系最好的近红外波段的敏感波段与蚜害等级建立单因子的反演模型,其反演模型的解释性会很弱,而且其稳定性和可靠性不强。基于此,选择了可见光、近红外及短波红外区域的相关性最强的三个波段(551nm、823nm 和 1654nm)以及各波段变化率的贡献大小为权重系数共同来定义了相对的蚜害高光谱指数(aphid damage spectral index,ADSI)。

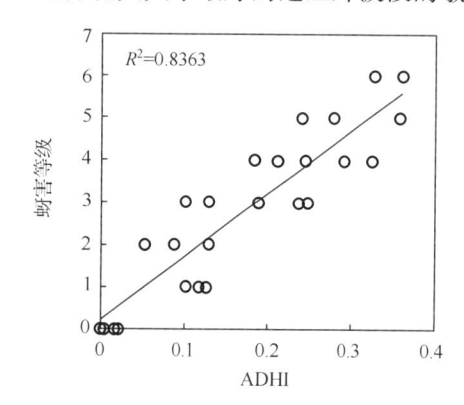

图 4-15　ADHI 与蚜害等级的相关关系

利用获取的 26 个不同蚜害等级的小麦光谱数据,根据构建的蚜害高光谱指数,获取各样点的蚜害高光谱指数,与相应样点的地面调查蚜害等级进行统计相关分析,建立了蚜害等级的遥感反演模型,统计分析结果如图 4-15 所示,可以发现我们定义的蚜害高光谱指数与蚜害等级呈极显著正相关($R^2=0.84, n=26$)。

3. 基于相关拟合分析的蚜害等级反演研究

相关拟合模型是在考察一些植被和非植被的实测光谱特征后提出的,目的是在深入了解实测光谱的成因和各种影响因子的作用规律的基础上,从光谱形状分析十分相似的植被光谱特征,使它们之间的差异或者相关关系得到凸显,同时建立一些影响因子的作用规律模式,从而用于植被目标分类、识别和相关信息提取。理论推导和试验验证都证明这一模型具有许多优点,更重要的是这种方法提供了不同于常规的广义距离法和广义角度法的又一种分类方法,甚至可以做到识别或非监督分类;同时它也提供了不同于常规指数-参数分析方法的一种可能的参数分析方法。

根据前人的研究和相关拟合分析方法的定义,从理论上讲,有如下基本结论:

(1) 如果两条光谱曲线完全相同,那么在相关图中,相关散点构成的相关拟合曲线一定是一条斜率为 1,截距为 0 的直线(相关直线)。

(2) 同一种对象的光谱相关曲线应该集中在 $y=x$ 附近,而不一样的光谱的相关曲线则会偏离直线 $y=x$,且差别越大,偏离也越大;如果有不同种对象的相关曲线是重合的,那么它们在光谱上应该是不可分的。

（3）对于同一种对象的光谱，其与波长无关的线性影响因子只会引起相关直线斜率和截距的变化，但相关曲线仍然是直线，其中斜率的变化只由乘性因子引起，加性因子只会引起截距的变化。

1）基于相关分析的不同蚜害等级的冠层光谱特征分析

可见光和近红外波段是典型植被反射光谱特征集中的区段，植被遭受不同胁迫后，都会引起可见光和近红外相应的变化，根据不同蚜虫危害程度的小麦冠层光谱的变化规律和特征，不同蚜虫危害程度的小麦冠层光谱的形状上存在共同的相似之处，且其强度的变化具有规律性，可尝试利用相关拟合分析方法来定量地探讨不同蚜害等级的光谱变化规律。图4-16分别是不同蚜害等级的冠层小麦相对于正常小麦光谱反射率（基谱）在400～1000nm、400～950nm和400～900nm可见光近红外波段范围的相关拟合直线的，可以看出，无论是哪个波段区域，其起点均是从原点开始，且当反射率处于35%～40%时拟合直线出现终点，因此根据小麦的冠层光谱在可见光近红外波段区域的反射率范围，研究发现，400～900nm相比其他两个区域更加适合使用相关拟合分析，即当选择大于这个范围的波段区域时，对该方法而言，数据产生冗余。

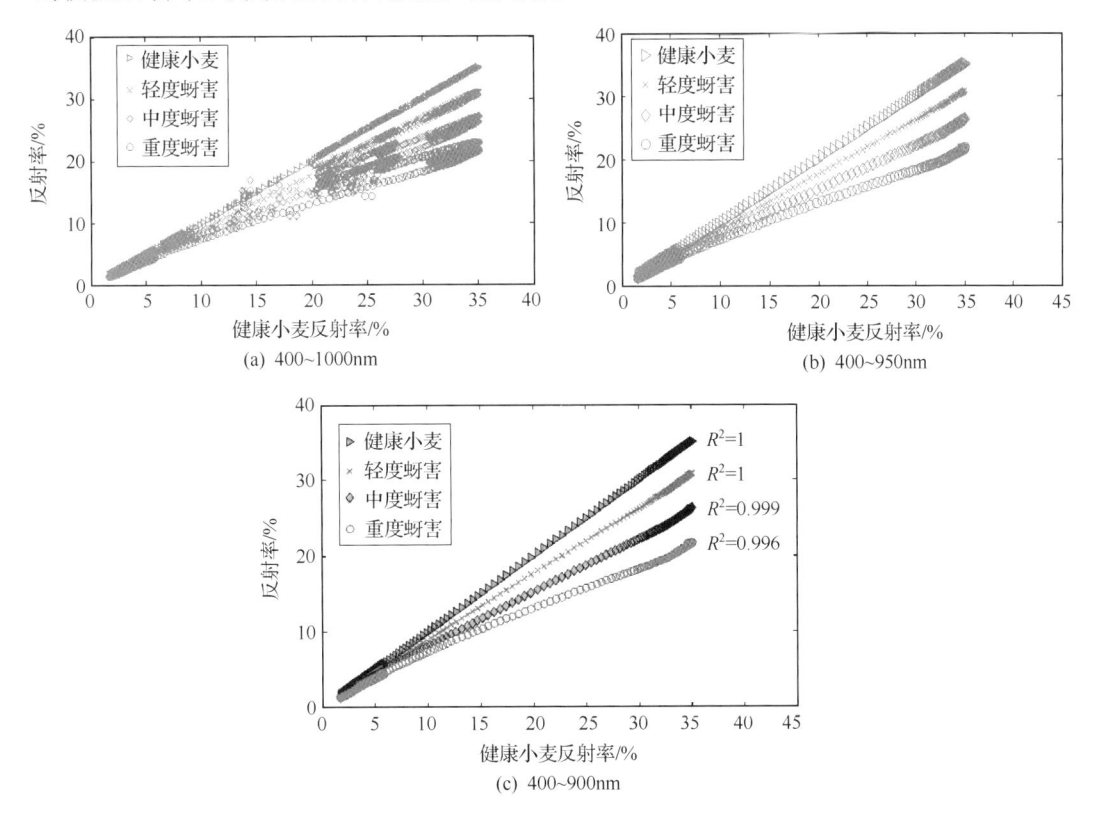

图4-16 不同蚜害程度冠层光谱相对基谱的相关拟合直线

由图4-16(c)我们可以得出以下结论：

（1）蚜虫不同危害程度的相关拟合曲线基本为直线（$R^2>0.99$），但其斜率明显不同，这一结论与前人的研究结论一致：对于同一种对象的光谱，其与波长无关的线性影响因子只会引起相关直线斜率和截距的变化,但相关曲线仍为直线。

(2) 在相关直线的两端,数据点密集,低端密集区对应蓝红低反射率区,高端密集区对应近红外平台;对此,前人的研究表明,这两个密集区正是短波区和红外区波段间高相关性的体现,并认为相关曲线方法可以很好地摒弃波段间的高相关性。

(3) 随着小麦蚜虫危害程度的加重,相关曲线的拟合直线的斜率呈现逐渐减小的规律。蚜虫不同危害程度的相关曲线相对于正常点的直线 $y=x$ 的偏离反映了蚜虫不同危害程度对小麦产生的不同影响,这种影响以相关曲线拟合直线的斜率来表现。

2) 最佳波段范围筛选及小麦蚜害等级反演模型构建

由以上分析结论得知,随着蚜虫危害程度的加重,不同危害程度的光谱相对于基谱的拟合曲线的斜率呈现逐渐减小的趋势,因此,可以通过选取拟合直线的斜率与蚜害等级之间建立线性模型,建立蚜害等级估算模型。而波段范围的筛选在一定程度上会影响拟合直线的斜率大小,虽然本节中已初步选取的范围为 400～900nm,但其是否就为相关拟合分析法来构建蚜害等级反演模型的最佳波段范围还有待进一步研究。

基于以上分析,首先在 400～900nm 范围内,以 400nm 为起始波段,开始每隔 5nm 为选择波段范围的终止波段,用 MATLAB 工具求算一次 25 个样点相对于基谱的相关曲线拟合直线的斜率,这样每个样本会产生 100 个波段范围和对应的 100 个斜率(k),25 个样本共得到 100 组斜率 k,然后以样本的每一组斜率 k 与蚜害等级做相关性分析,并求出决定系数(R^2)。图 4-17 为以 400nm 为起始波长,以每隔 5nm 为终止波段的区域通过相关曲线拟合法得出的拟合直线斜率与蚜害等级的决定系数的分布图。

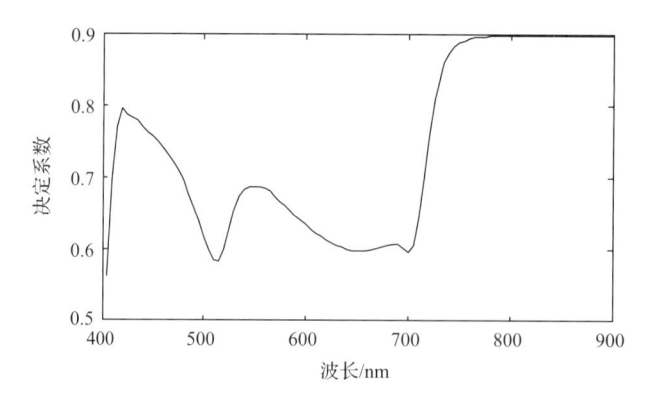

图 4-17 以 400nm 为起始波长,每隔 5nm 为终止波段的光谱区域拟合直线斜率
与蚜害等级的决定系数(R^2)的分布图

由图 4-17 可知,决定系数随着终止波段的不同而不同,当终止波段为 810nm 时,决定系数达到最大($R^2=0.899$),再继续增加波段时,决定系数变化平稳,不再增加。即当选取波段为 400～810nm 时,用相关曲线拟合法得到的各样点相对于基谱的拟合直线斜率与小麦蚜虫危害等级之间的相关性最大,可以用来构建小麦蚜虫危害等级遥感反演模型(图 4-18)。

因此,在小麦蚜虫盛发期,在有正常样点光谱的情况下,利用相关拟合分析方法能够更好地提取小麦冠层的蚜害等级。可以通过相关拟合分析方法提取斜率特征对蚜害等级进行反演。

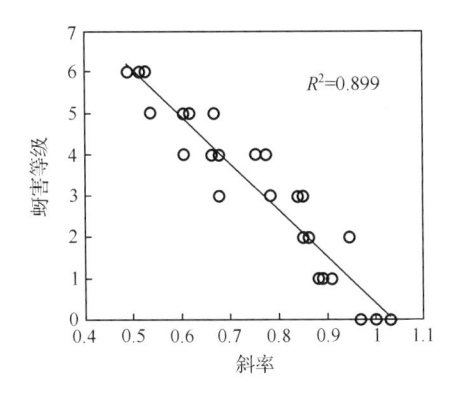

图 4-18 相关拟合直线斜率与蚜害等级的相关关系

参 考 文 献

杜晓明,蔡体久,琚存勇. 2008. 采用偏最小二乘回归方法估测森林郁闭度. 应用生态学报,19(2):273-277.
黄建荣,孙启花,刘向东. 2010. 稻纵卷叶螟危害后水稻叶片的光谱特征. 中国农业科学,43(13):2679-2687.
黄文江. 2005. 作物株型的遥感识别与生化参数垂直分布的反演. 北京:北京师范大学博士学位论文.
李波,刘占宇,黄敬峰,等. 2009. 基于 PCA 和 PNN 的水稻病虫害高光谱识别. 农业工程学报,25(9):143-147.
浦瑞良,宫鹏. 2003. 高光谱遥感及其应用. 北京:高等教育出版社.
石晶晶,刘占宇,张莉丽,等. 2009. 基于支持向量机(SVM)的稻纵卷叶螟危害水稻高光谱遥感识别. 中国水稻科学,23(3):331-334.
唐启义,冯明光. 2002. 实用统计分析及其 DPS 数据处理系统. 北京:科学出版社.
王惠文. 1999. 偏最小二乘方法及其应用. 北京:国防工业出版社.
王纪华,赵春江,郭晓维,等. 2001. 用光谱反射率诊断小麦叶片水分状况的研究. 中国农业科学,34(1):104-107.
熊勤学,吴涛. 2008. 2006 年荆州市稻飞虱危害的遥感分析及评价. 遥感信息,(5):41-44.
曾涛,琚存勇,蔡体久,等. 2010. 利用变量投影重要性准则筛选郁闭度估测参数. 北京林业大学学报,32(6):37-41.
赵祥,刘素红,王培娟,等. 2004. 基于高光谱数据的小麦叶绿素含量反演. 地理与地理信息科学,20(3):36-39.
Addison P S. 2005. Wavelet transforms and the ECG: A review. Physiological Measurement,26(5):155-199.
Baret F,Vanderbilt V C,Steven M D,et al. 1994. Use of spectral analogy to evaluate canopy reflectance sensitivity to leaf optical properties. Remote Sensing of Environment,48(2):253-260.
Broge N H,Mortensen J V. 2002. Deriving green crop area index and canopy chlorophyll density of winter wheat from spectral reflectance data. Remote Sensing of Environment,81(1):45-57.
Bruce L M,Li J,Huang Y. 2000. Automated detection of subpixel hyperspectral targets with adaptive multichannel discrete wavelet transform. IEEE Transactions on Geoscience and Remote Sensing,40(4):977-979.
Bruce L M,Li J. 2001. Wavelets for computationally efficient hyperspectral derivative analysis. IEEE Transactions on Geoscience and Remote Sensing,39(7):1540-1546.
Cheng T,Rivard B,Sánchez-Azofeifa A,et al. 2010. Continuous wavelet analysis for the detection of green attack damage due to mountain pine beetle infestation. Remote Sensing of Environment,114(4):899-910.
Cheng T,Rivard B,Sánchez-Azofeifa A. 2011. Spectroscopic determination of leaf water content using continuous wavelet analysis. Remote Sensing of Environment,115(2):659-670.
Daughtry C S T,Walthall C L,Kim M S,et al. 2000. Estimating corn leaf chlorophyll concentration from leaf and canopy reflectance. Remote Sensing of Environment,74(2):229-239.
Farge M. 1992. Wavelet transforms and their applications to turbulence. Annual Review of Fluid Mechanics,24(1):395-457.
Filella I,Serrano L,Serra J,et al. 1995. Evaluating wheat nitrogen status with canopy reflectance indices and dis-

criminant analysis. Crop Science, 35(5): 1400-1405.

Gamon J A, Serrano L, Surfus J S. 1997. The photochemical reflectance index: An optical indicator of photosynthetic radiation use efficiency across species, functional types and nutrient levels. Oecologia, 112(4): 492-501.

Gao B C. 1996. NDWI—A normalized difference water index for remote sensing of vegetation liquid water from space. Remote Sensing of Environment, 58(3): 257-266.

Gitelson A A, Merzlyak M N, Chivkunova O B. 2001. Optical properties and nondestructive estimation of anthocyanin content in plant leaves. Journal of Photochemistry and Photobiology, 74(1): 38-45.

Gong P, Pu R, Heald R C. 2002. Analysis of in situ hyperspectral data for nutrient estimation of giant sequoia. International Journal of Remote Sensing, 23(9): 1827-1850.

Mallat S. 1991. Zero-crossings of a wavelet transform. IEEE Transactions on Information Theory, 37(4): 1019-1033.

Merton R N. 1998. Monitoring community hysteresis using spectral shift analysis and the red-edge vegetation stress index. Proceedings of the Seventh Annual JPL Airborne Earth Science Workshop: 12-16.

Merzlyak M N, Gitelson A A, Chivkunova O B, et al. 1999. Non-destructive optical detection of leaf senescence and fruit ripening. Physiology of Plant, 106(1): 135-141.

Miller J R, Wu J, Boyer M G, et al. 1991. Season patterns in leaf reflectance red edge characteristics. International Journal of Remote Sensing, 12(7): 1509-1523.

Mirik M, Michels G J. 2006. Spectral sensing of aphid (Hemiptera: Aphididae) density using field spectrometry and radiometry. Turkish journal of agriculture and forestry, 30(6): 421-428.

Mirik M, Michels Jr G J, Mirik S K, et al. 2007. Spectral sensing of aphid (Hemiptera: Aphididae) density using field spectrometry and radiometry. Turkish Journal of Agriculture and Forestry, 30(6): 421-428.

Mirik M, Michels G J, Kassymzhanova-Mirik S, et al. 2006. Using digital image analysis and spectral reflectance data to quantify damage by greenbug (Hemitera: Aphididae) in winter wheat. Computers and Electronics in Agriculture, 51(1): 86-98.

Núñez J, Otazu X, Fors O, et al. 1999. Multiresolution-based image fusion with additive wavelet decomposition. IEEE Transactions on Geoscience and Remote Sensing, 37(3): 1204-1211.

Peñuelas J, Inoue Y. 1999. Reflectance indices indicative of changes in water and pigment contents of peanut and wheat leaves. Photosynthetica, 36(3): 355-360.

Pu R, Foschi L, Gong P. 2004. Spectral feature analysis for assessment of water status and health level in coast live oak (Quercus agrifolia) leaves. International Journal of Remote Sensing, 25(20): 4267-4286.

Pu R, Ge S, Kelly N M, et al. 2003. Spectral absorption features as indicators of water status in coast live oak (Quercus agrifolia) leaves. International Journal of Remote Sensing, 24(9): 1799-1810.

Riedell W E, Blackmer T M. 1999. Leaf reflectance spectra of cereal aphid-damaged wheat. Crop Science, 39(6): 1835-1840.

Rumpf T, Mahlein A K, Steiner U, et al. 2010. Early detection and classification of plant diseases with support vector machines based on hyperspectral reflectance. Computers and Electronics in Agriculture, 74(1): 91-99.

Simhadri K K, Lyengar S S, Holyer R J, et al. 1998. Wavelet-based feature extraction from oceanographic images. IEEE Transactions on Geoscience and Remote Sensing, 36(3): 767-778.

Thenkabail P S, Smith R B, Pauw E D. 2000. Hyperspectral vegetation indices and their relationships with agricultural crop characteristics. Remote Sensing of Environment, 71(2): 158-182.

Torrence C, Compo G P. 1998. A practical guide to wavelet analysis. Bulletin of the American Meteorological Society, 79(1): 61-78.

Yang C M, Cheng C H. 2001. Spectral characteristics of rice plants infested by brown plant hoppers. Proceedings of National Science Council of ROC (B), 25(3):180-186.

第5章 作物病虫害遥感区分研究

近年来,全球气候变化引起农作物不同胁迫频繁发生,而且种类繁多,但大都会出现一系列的叶片失绿和植株萎蔫枯黄等外部形态特征,而这些特征在一定程度上容易混淆(West et al.,2003)。目前作物病害的防控主要通过施用杀菌剂。然而,多数情况下由于缺乏病害类别、发生程度及位置的准确信息,易造成杀菌剂的多施、错施,不仅无法有效阻止作物病害的传播和流行,而且还会造成作物药害,土壤和地下水污染等诸多环境问题(Sankaran et al.,2010)。因此对作物胁迫类型进行区分尤为重要。本章主要介绍叶片与冠层尺度小麦病虫害与养分胁迫及不同病虫害胁迫的区分方法。

5.1 作物病虫害与养分胁迫遥感区分方法

养分胁迫,包括水分和氮素等肥料的过量和不足,是农田管理中常见的胁迫类型。作物在发生养分胁迫时会出现一系列包括叶片失绿和植株萎蔫枯黄等生理响应特征,在管理作业上,对于养分胁迫和病虫害胁迫的管理措施存在很大差异。例如,对养分胁迫的作物喷洒农药或对感病作物增施水肥不仅无助于症状的缓解,反而会加重症状,产生严重的后果。因此,在农田管理日趋自动化和现代化的未来,如何通过遥感手段区分病虫害和养分胁迫成为一个重要的问题。本节主要介绍小麦病虫害与养分胁迫的区分方法。

5.1.1 基于二维特征空间的冬小麦条锈病与养分胁迫的区分

当作物遭受病害和养分缺乏等逆境胁迫时,其光谱特性常发生变化,利用高光谱研究冬小麦在病害及常规胁迫条件下的冠层光谱特征对于作物的生长发育有重要意义(冯先伟等,2004)。本节将病害胁迫、水胁迫、肥水共同胁迫及正常处理下冠层光谱特征作了对比分析。

试验于2002~2003年开展,试验地位于北京市昌平区小汤山国家精准农业示范研究基地。地被分为4块,其中,西南端102m×47m的区域安排为锈病诱发区(tx),播种品种为易感病的"98-1000"。旁边东南地块没有进行任何试验处理,以对照的正常生长小麦(ck)。而西北端分别为水胁迫(w0)与水肥共同胁迫(n0w0)处理(水胁迫为除天然降水外,全生育期不浇灌水;水肥共同胁迫为除天然降水外,全生育期不浇灌水和不施肥),水处理和水肥共同处理区是为了获取水、肥胁迫条件下的光谱特征。

1. 不同胁迫条件下的冬小麦冠层光谱特征分析

从挑旗期开始到乳熟期,是决定冬小麦的穗数、穗粒数和粒重的主要决定时期,此阶段称作生殖生长阶段(于振文,2003)。这一阶段也是病害胁迫最容易发生且对小麦影响最大的时期,因此,选用了这个阶段为本节的重点研究时期。

随着生育期的推进,各处理区的冠层光谱在近红外平台处的光谱反射率值逐渐减少,可见光处的光谱反射率逐渐上升,但由于各处理的冠层叶面积指数、叶绿素含量变化率不一致,从而导致不同的冠层光谱变化趋势一致,但光谱反射率值的变化不一致。为了方便比较不同胁迫下的冬小麦冠层光谱特征并定性地分析病害与常规胁迫对冬小麦的不同影响,本节通过 NDVI $I_{NDVI}=(R_{830}-R_{675})/(R_{830}+R_{675})$,分别计算出冬小麦生殖生长阶段的各生育期的 I_{NDVI},然后进行二维散点分析,最终得出条锈病胁迫与水胁迫、水肥共同胁迫和正常处理下的冬小麦的 I_{NDVI} 随生育期的变化趋势如图 5-1 所示。

由图 5-1 可以得出,在生殖生长阶段的各生育期内,病害胁迫与常规胁迫以及正常处理下的冬小麦的 I_{NDVI} 变化趋势各异且具有一定的规律,其变化规律是:$S_{ck}>S_{w0}>S_{tx}>S_{n0w0}$。归一化植被指数 I_{NDVI} 是植物生长状况和植被覆盖度的最佳指示因子,在 $0<I_{NDVI}<1$ 的条件下,I_{NDVI} 与植被覆盖度呈线性相关,即随着植被覆盖度的增大而增大(Kenneth,2000),而植被覆盖度又会随着胁迫程度的增强而减小。

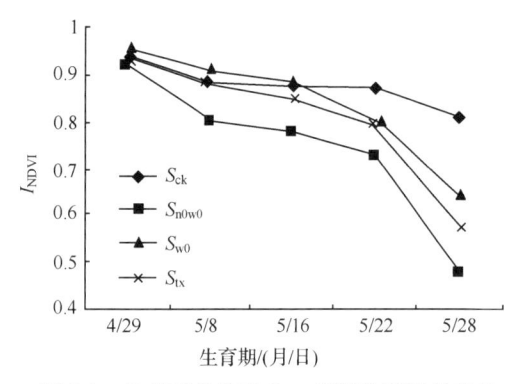

图 5-1 各处理条件下 I_{NDVI} 值随生育期的变化

因此,分析图 5-1 可以得出如下结论:

(1) 在冬小麦的生殖生长阶段,不同胁迫条件对冬小麦的限制程度有差异,其中水肥共同胁迫是冬小麦进行生殖生长的最大限制因子,条锈病次之,水胁迫对冬小麦的生殖生长限制程度相对较小。

(2) 对本实验而言,各处理区中,对于同一种胁迫的不同生育期,水肥胁迫在生殖生长阶段各生育期内都是主要的限制因素,条锈病胁迫在杨花至抽穗期之后对冬小麦生长的影响表现明显,而水胁迫在灌浆中期之后对冬小麦生长的限制程度最大。此研究可以为农田管理提供科学指导,并为冬小麦的高产优质提供理论依据。

另外,实验还对各处理区的冠层光谱特征进行了分析,发现条锈病害胁迫与常规胁迫下的冬小麦冠层光谱的变化趋势很相似,但光谱反射率变化率值不一样。所以,仍是有规律可循的(郑威、陈述彭,1995)。接下来将借助高光谱对冬小麦条锈病胁迫进行定量化的识别研究。

2. 利用二维特征空间的冬小麦条锈病与养分胁迫的区分

归一化植被指数是植物生长状况和植被覆盖度的最佳指示因子;光化学反射指数 I_{PRI} 可以作为光能利用率的指示因子。为能够定量地识别条锈病害与常规胁迫,我们试图根据冠层光谱数据做出归一化植被指数 I_{NDVI} 和光化学反射指数 $I_{PRI}=(R_{531}-R_{570})/(R_{531}+R_{570})$,并利用 I_{NDVI} 与 I_{PRI} 为二维空间坐标,做出了水胁迫、水肥共同胁迫及条锈病胁迫的空间分布散点图(图 5-2),由图 5-2 中的冬小麦关键生育期的二维散点图可以看出,条锈病胁迫点大部分位于水肥胁迫点、水肥共同胁迫点及正常处理点以上的点位,所以可以通过找到合适的方程作为分界边际对条锈病进行定量化的识别。首先进行目视绘制理想直线附近的胁迫点拟合,最终得出以 I_{NDVI} 与 I_{PRI} 为坐标轴的直线方程:$I_{NDVI}=$

$4.324 I_{PRI}+0.976$。并认为观测点的 I_{NDVI} 大于 $4.324 I_{PRI}+0.976$ 即为条锈病胁迫点。经检验，此定量化表达的分类识别精度达到了 70%。因此可较好地识别冬小麦条锈病胁迫。

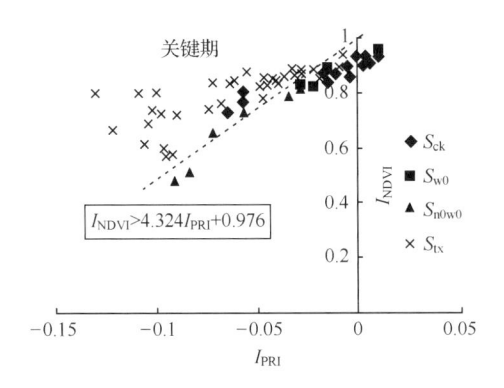

图 5-2 利用归一化植被指数与光化学指数对冬小麦不同胁迫的定量化识别

5.1.2 基于植被指数的冬小麦病害与养分胁迫的区分

实验数据获取于 2001~2002 年冬小麦的生育期内进行，使用条锈病易感品种："98-1000"、白粉病易感品种："北农 10"和水肥试验品种："京冬 8"、"京 9428"及"中优 9507"。我们主要根据冠层光谱数据计算了 15 种植被指数，利用植被指数的组合在冬小麦的三个关键生育期（拔节期、开花期和灌浆期）进行病害的识别。

1. 不同胁迫下的冠层光谱特征

为提取不同胁迫的敏感波段，在冬小麦的三个关键生育期内，测量了正常处理、条锈病（YR）、白粉病（PM）和水肥胁迫（n0w0）的冠层光谱，并进行了对比分析。光谱曲线如图 5-3 所示。

与正常处理光谱相比，条锈病、白粉病和水肥胁迫的光谱在不同的生长阶段几乎具有相同的变化趋势。与受胁迫的小麦冠层光谱相比，正常处理的小麦冠层光谱在黄光波段（550~660nm）有较低的反射率，而在近红外波段（760~1350nm）的反射率较高。受胁迫的光谱反射率明显低于正常处理的小麦冠层光谱，特别是在 760nm 处，两个吸收谷 1450nm 和 1950nm。因此，利用宽波段数据难以识别条锈病、白粉病和水肥胁迫。相反，高光谱数据可以分析它们并为识别不同胁迫提供可能（图 5-3）。

2. 植被指数选取及敏感性分析

选取的植被指数如表 5-1 所示。这些指数对植物的叶绿素含量、冠层结构和水分状态敏感，如结构不敏感指数（structural independent pigment index，SIPI）与叶绿素含量密切相关，归一化差值植被指数和水分胁迫指数（moisture stress index，MSI）分别对植物的冠层结构与水分状况敏感。

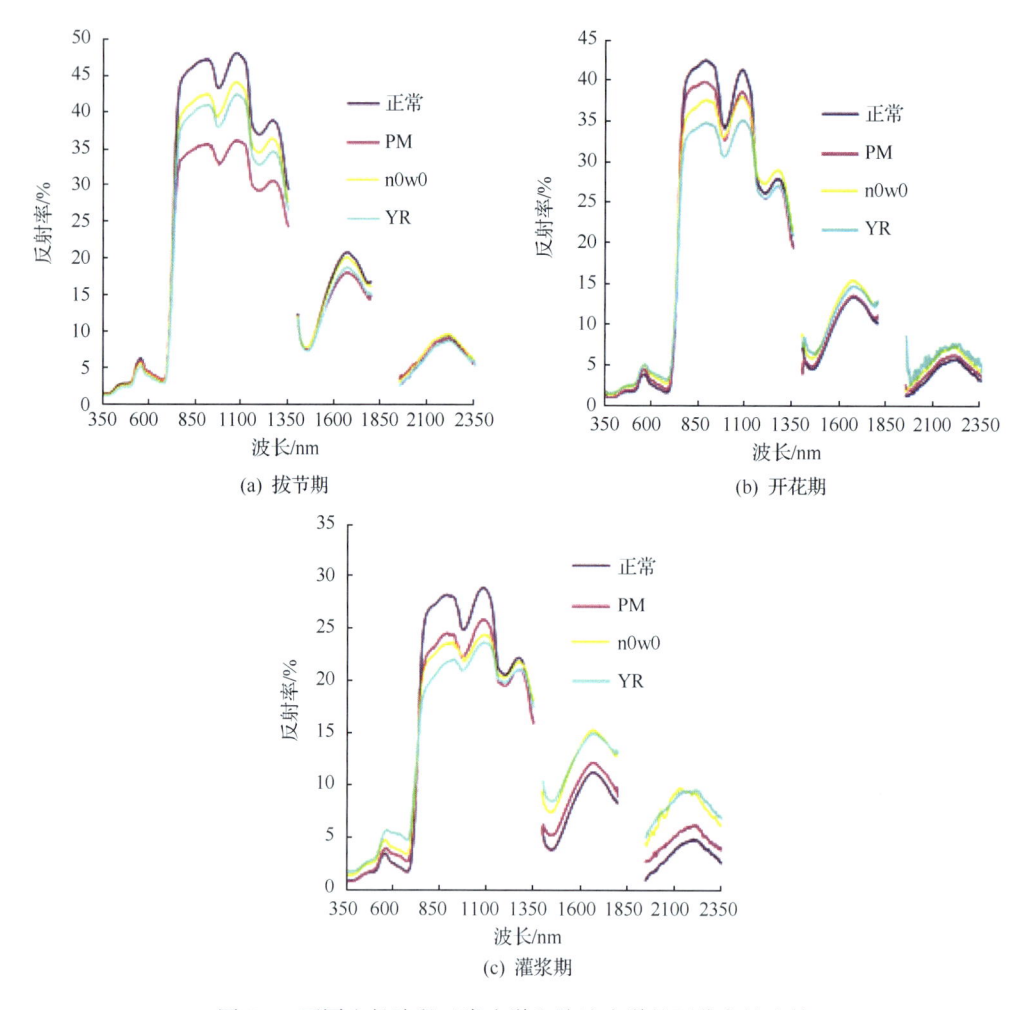

图 5-3　不同生长阶段正常光谱和胁迫光谱的可分离性比较

表 5-1　植被指数定义

名称	定义	表达式	参考文献
MSR	修正简单植被指数	$(R_{800}/R_{670}-1)/(R_{800}/R_{670}+1)^{1/2}$	Chen，1996；Haboudane et al.，2004
NDVI	归一化植被指数	$(R_{840}-R_{675})/(R_{840}+R_{675})$	Rouse et al.，1973
NRI	氮反射率指数	$(R_{570}-R_{670})/(R_{570}+R_{670})$	Filella et al.，1995
PRI	光化学反射指数	$(R_{570}-R_{531})/(R_{570}+R_{531})$	Gamon et al.，1992
TCARI	转换型叶绿素指数	$3\times[(R_{700}-R_{670})-0.2\times(R_{700}-R_{550})\times(R_{700}/R_{670})]$	Haboudane et al.，2002
SIPI	结构不敏感植被指数	$(R_{800}-R_{445})/(R_{800}-R_{680})$	Peñuelas et al.，1995
PSRI	植被衰减指数	$(R_{680}-R_{500})/R_{750}$	Merzlyak et al.，1999
PhRI	生理反射指数	$(R_{550}-R_{531})/(R_{550}+R_{531})$	Gamon et al.，1992
NPCI	归一化总色素叶绿素指数	$(R_{680}-R_{430})/(R_{680}+R_{430})$	Peñuelas et al.，1994
ARI	花青素反射指数	$(R_{550})^{-1}-(R_{700})^{-1}$	Gitelson et al.，2001

续表

名称	定义	表达式	参考文献
TVI	三角植被指数	$0.5[120(R_{750}-R_{550})-200(R_{670}-R_{550})]$	Broge and Leblanc, 2000; Haboudane et al., 2004
DSWI	病害水分胁迫指数	$(R_{802}+R_{547})/(R_{1657}+R_{682})$	Galvão et al., 2005
MSI	水胁迫指数	R_{1600}/R_{819}	Hunt and Rock, 1989; Ceccato et al., 2002
RVSI	红边植被胁迫指数	$[(R_{712}+R_{752})/2]-R_{732}$	Merton and Huntington, 1999
MCARI	调节型叶绿素吸收比率指数	$[(R_{701}-R_{671})-0.2(R_{701}-R_{549})]/(R_{701}/R_{671})$	Daughtry et al., 2000

采用独立样本 T 检验的方法来比较这些常用指数在正常和各种胁迫处理条件下的差异。表 5-2 表明，植被指数对于不同的胁迫的敏感性是有差异的，有些指数只对某个特定的胁迫敏感。

表 5-2 四种不同胁迫的独立样本 T 检验

植被指数	胁迫类型		
	条锈病	白粉病	水肥胁迫
MSR	0.003**	0.069	0.064
NDVI	0.008**	0.019*	0.056
NRI	0.000***	0.046*	0.052
PRI	0.004**	0.332	0.401
TCARI	0.329	0.017*	0.884
SIPI	0.058	0.006**	0.050
PSRI	0.005**	0.004**	0.037*
PhRI	0.041*	0.325	0.578
NPCI	0.000***	0.006**	0.060
ARI	0.001**	0.047*	0.034*
TVI	0.844	0.831	0.604
DSWI	0.013*	0.125	0.029*
MSI	0.027*	0.039*	0.015*
RVSI	0.005**	0.005**	0.017*
MCARI	0.014*	0.003**	0.218

注：* 表示差异在 0.950 置信水平上显著；** 表示差异在 0.990 置信水平上显著；*** 表示差异在 0.999 置信水平上显著。

如表 5-2 所示，除 TCARI、SIPI 和 TVI 指数外，大部分植被指数对条锈病显著敏感（p-value<0.005）。其中，NRI 和 NPCI 达到十分显著的水平（p-value<0.001）。对于白粉病，10 种植被指数达到了显著水平（p-value<0.005），然而由于土壤基础肥料的效

果，只有 5 个指数对水肥胁迫敏感。根据分析结果，利用 NDVI 和 PhRI(NDVI-PhRI)的组合、MSR 和 PhRI (MSR-PhRI)组合，NRI 和 RVSI (NRI-RVSI)的组合区分白粉病和条锈病、条锈病和水肥胁迫、白粉病和水肥胁迫。以下主要介绍条锈病与水肥胁迫的区分以及白粉病与水肥胁迫的区分，条锈病与白粉病的区分见 5.2.2 节。

3. 基于二维特征空间的预测模型

利用 20 个条锈样点、20 个白粉样点和 20 个水肥胁迫样点的冠层光谱数据，根据以上植被指数的组合建立二维特征空间(图 5-4)。在二维特征空间中，两类样点分布在不同的区域。根据样点的分布，可以绘制出胁迫样点的理想分界线。通过拟合理想分类边界附近的胁迫点，得到判别曲线。YR-n0w0 和 PM-n0w0 的判别曲线分别为 PhRI = $0.0078MSR^2 - 0.0223MSR + 0.0773$ 和 RVSI = $3.395NRI^2 - 1.984NRI - 1.382$，分类精度分别为 87.5% 和 82.5%。

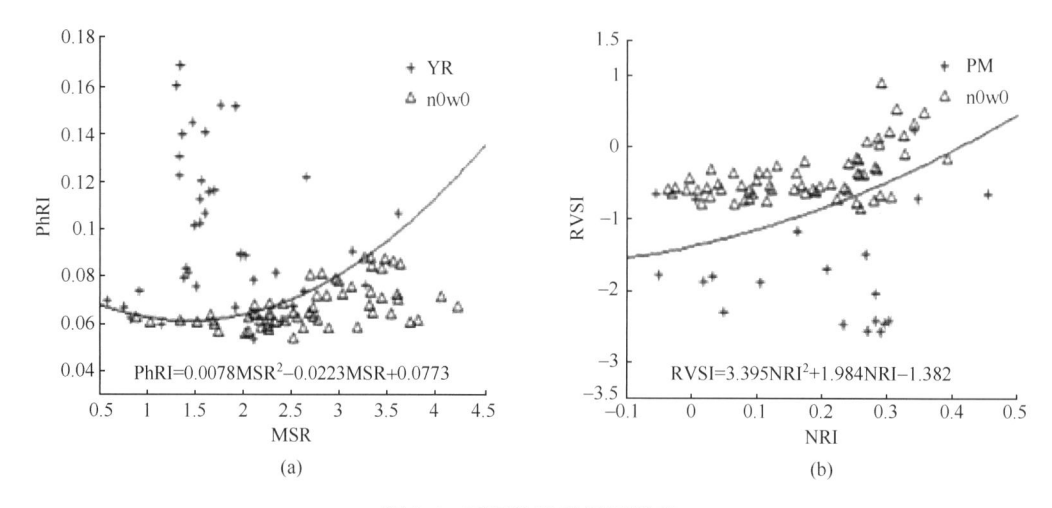

图 5-4 不同胁迫的识别模型

为进一步验证建立模型的分类精度，利用 20 个白粉样点、40 个条锈样点和 60 个水肥胁迫样点来测试模型的分类精度。验证样本的分类预测采用总体精度和 Kappa 系数进行评估，并计算了误差矩阵(表 5-3 和表 5-4)。结果表明，YR-n0w0 和 PM-n0w0 模型的总体精度为 88%，88.75%，Kappa 系数为 74.79%，71.43%。因此，指数组合的二维特征空间能用于小麦病害与养分胁迫区分。

表 5-3 样本误差矩阵(YR-n0w0)

	YR	n0w0	总计
YR	33	7	40
n0w0	5	55	60
总计	38	62	100

注：Kappa 系数为 0.7479。

表 5-4 样本误差矩阵（PM-n0w0）

	PM	n0w0	总计
PM	17	3	20
n0w0	6	54	60
总计	23	57	80

注：Kappa 系数为 0.7143。

5.1.3 基于植被指数的多时相小麦条锈病与养分胁迫区分

通过对比分析一套不同水、肥管理梯度的养分胁迫冠层光谱数据和一套不同病情等级的病害冠层光谱数据，系统检验一系列常用于病害探测的光谱特征对两种胁迫的反应，希望找到一些仅对病害敏感，对养分胁迫不敏感的光谱特征。采用的两套数据均来自同一片试验田，即北京市小汤山国家精准农业示范基地，其中，2002 年进行的是小麦养分胁迫实验，共包括 6 种水肥胁迫处理和 1 种正常处理，2003 年进行的是小麦病害人工接种实验（条锈病），实验共包括三种病害接种处理和一种正常处理，所有的处理中水肥管理均采用推荐值 200kg/hm² 氮及 450m³/hm² 水。2002 年和 2003 年度在实验区内分别对各个处理单元的小麦在拔节期、扬花期、灌浆期、孕穗期等重要生育期内进行了冠层光谱测定。

1. 光谱特征

在调研已有关于植被胁迫遥感监测的研究报道基础上，选取包括一阶微分变换光谱特征、连续统变换光谱特征和植被指数三类不同形式的光谱特征共 38 个，系统检验这些特征对病害及养分胁迫的响应情况。各类光谱特征的定义、公式及出处见表 5-5。

表 5-5 光谱特征定义

	名称	定义	描述	参考文献
一阶微分变换特征	D_b	蓝边内最大的一阶微分值	蓝边覆盖 490~530nm，D_b 是蓝边内一阶微分波段中最大波段值	Gong et al.,2002
	λ_b	D_b 对应的波长	λ_b 是 D_b 对应的波长位置	Gong et al.,2002
	SD_y	蓝边内一阶微分值的总和	蓝边波长范围内一阶微分值的总和	Gong et al.,2002
	D_y	黄边内最大的一阶微分值	黄边覆盖 550~582nm，D_b 是蓝边内一阶微分波段中最大波段值	Gong et al.,2002
	λ_y	D_y 对应的波长	λ_y 是 D_y 对应的波长位置	Gong et al.,2002
	SD_y	黄边内一阶微分值的总和	黄边波长范围内一阶微分值的总和	Gong et al.,2002
	D_r	红边内最大的一阶微分值	红边覆盖 670~737nm，D_b 是蓝边内一阶微分波段中最大波段值	Gong et al.,2002
	λ_r	D_r 对应的波长	λ_r 是 D_r 对应的波长位置	Gong et al.,2002
	SD_r	红边内一阶微分值的总和	红边波长范围内一阶微分值的总和	Gong et al.,2002

续表

	名称	定义	描述	参考文献
连续统变换特征	DEP550-750	吸收峰深度	550～750nm 波段范围内吸收峰的深度	Pu et al.,2003,2004
	DEP920-1120		920～1120nm 波段范围内吸收峰的深度	
	DEP1070-1320		1070～1320nm 波段范围内吸收峰的深度	
	WID550-750	吸收峰宽度	550～750nm 波段范围内吸收峰值一半时的波段宽度	Pu et al.,2003,2004
	WID920-1120		920～1120nm 波段范围内吸收峰值一半时的波段宽度	
	WID1070-1320		1070～1320nm 波段范围内吸收峰值一半时的波段宽度	
	ARER550-750	吸收峰面积	550～750nm 波段范围内的吸收面积	Pu et al.,2003,2004
	ARER920-1120		920～1120nm 波段范围内的吸收面积	
	ARER1070-1320		1070～1320nm 波段范围内的吸收面积	
植被指数	GI	绿度指数	R_{554}/R_{677}	Zarco-Tejada et al.,2005
	MSR	修正简单植被指数	$(R_{800}/R_{670}-1)/(R_{800}/R_{670}+1)^{1/2}$	Chen,1996; Haboudane et al.,2004
	NDVI	归一化植被指数	$(R_{800}-R_{670})/(R_{800}+R_{670})$	Rouse et al.,1973
	NBNDVI	窄波段归一化差值植被指数	$(R_{850}-R_{680})/(R_{850}+R_{680})$	Thenkabail et al.,2000
	NRI	氮反射率指数	$(R_{570}-R_{670})/(R_{570}+R_{670})$	Filella et al.,1995
	PRI	光化学反射指数	$(R_{531}-R_{570})/(R_{531}+R_{570})$	Gamon et al.,1992
	TCARI	转换型叶绿素指数	$3[(R_{700}-R_{670})-0.2(R_{700}-R_{500})(R_{700}/R_{670})]$	Haboudane et al.,2002
	SIPI	结构不敏感植被指数	$(R_{800}-R_{445})/(R_{800}-R_{680})$	Penuelas et al.,1995
	PSRI	植被衰减指数	$(R_{680}-R_{500})/R_{750}$	Merzyak et al.,1999
	PhRI	生理反射植被指数	$(R_{550}-R_{531})/(R_{550}+R_{531})$	Gamon et al.,1992
	NPCI	归一化总色素叶绿素指数	$(R_{680}-R_{430})/(R_{680}+R_{430})$	Peñuelas et al.,1994
	ARI	花青素反射指数	$(R_{550})^{-1}-(R_{700})^{-1}$	Gitelson and Merzlyak,2004
	TVI	三角植被指数	$60(R_{750}-R_{550})-100(R_{670}+R_{550})$	Broge and Leblank,2000; Haboudane et al.,2004
	CARI	叶绿素吸收比率指数	$(\lvert(670a+R_{670}+b)\rvert/\sqrt{a^2+1})^{0.5} \times (R_{700}/R_{670}), a=(R_{700}-R_{500})/150, b=R_{500}-(a\times550)$	Kim et al.,1994
	DSWI	病害水分胁迫指数	$(R_{802}-R_{547})/(R_{1657}+R_{682})$	Galvão et al.,2005
	MSI	水胁迫指数	R_{1600}/R_{849}	Hunt and Rock,1989; Ceccato et al.,2002
	SIWSI	短波红外水分胁迫指数	$(R_{860}-R_{1640})/(R_{840}+R_{1640})$	Fendholt and Sandholt,2003
	RVSI	红边植被胁迫指数	$[(R_{712}+R_{752})/2]-R_{732}$	Merton and Huntington,1999
	MCARI	调节型叶绿素吸收比率指数	$[(R_{701}-R_{671})-0.2(R_{701}-R_{549})]/(R_{701}/R_{671})$	Daughry et al.,2000
	WI	水分指数	R_{900}/R_{970}	Peñuelas et al.,1997

2. 光谱标准化

用于对比分析的养分胁迫冠层光谱数据和病害冠层光谱数据分别收集自不同的年份。两次实验虽然都在北京小汤山精准农业示范基地的试验田中开展,具有相似的气候、土壤等条件,但由于测试时间和品种等差异,直接进行对比分析无法排除这些因素的影响,因此也就无法得出可靠的结论。本部分中试图通过对光谱数据进行一系列的标准化处理,尽量消除两套数据除胁迫类型以外的各种差异,包括光照条件标准化、时间标准化和环境因素标准化。

1) 光照条件标准化

标准化处理目的是为了消除由于冠层光谱测定时光照条件的差异。为避免大气中水汽吸收波段对反射率的影响,分析中对所有冠层光谱数据仅保留 350~2500nm 范围内除 1330~1450nm,1770~2000nm 和 2400~2500nm 三段范围外的反射率数据。对所有光谱每个波段除以全波段平均值:

$$\text{Ref}'_i = \frac{\text{Ref}_i}{\frac{1}{n}\left(\sum_{i=1}^{n}\text{Ref}_i\right)} \tag{5-1}$$

式中,Ref'_i 是标准化后波段反射率;Ref 是原始波段反射率;n 是有效波段数。由于光照对光谱的改变基本属乘性影响,因此该处理能够显著去除不同光照对反射率光谱的影响。

2) 时间标准化

虽然养分胁迫实验(2002 年)和病害接种实验(2003 年)的数据搜集都覆盖了小麦拔节期、扬花期、灌浆期、孕穗期等几个重要的生育时期,但具体调查的日期前后略有差异。其中,以小麦播种时间开始计算,5 次实验中前、后两次的时间差异超过 5 天,中间 3 次实验播后日期差距均在 2 天以内。为进一步消除由不同测定日期带来的光谱差异,本研究采用线性内插的方法,以 2003 年的实验日期为基准,将 2002 年数据整体调整到与 2003 年的日期一致。对一个 2002 年一个需要调整的时相,通过 2003 年与之相邻的前、后两个时相进行如下计算:

$$\text{Ref}_{current} = \text{Ref}_{before} - \frac{\text{DAS}_{current} - \text{DAS}_{before}}{\text{DAS}_{after} - \text{DAS}_{before}}(\text{Ref}_{before} - \text{Ref}_{after}) \tag{5-2}$$

式中,$\text{Ref}_{current}$ 表示转换后光谱反射率曲线;Ref_{before} 和 Ref_{after} 表示与养分测定日期相邻的前、后病害测定日期的光谱。$\text{DAS}_{current}$ 表示所转换光谱的测定日期。对所有的每个时相的光谱均作相同的处理后,在后续的比较中,即认为两个年份的数据取自相同的 5 个时相。

3) 品种、土壤等环境因素标准化

小麦冠层光谱不仅受到胁迫的影响,同时还受到其他多方面因素的影响,如品种和土壤质地等。本节两次实验所用的品种虽分别包含了直立、披散和中度披散三种株型,但一些细微生理、形态方面的差异仍可能影响数据之间的比较。土壤底肥水平虽大致相似,但在碱解氮、速效钾等一些成分方面也存在一定的差异。本节对数据标准化的方法是取出两次实验各个时期的正常样本,分别求取每个时相下两次正常样本的平均值(光谱曲线)。在每个时相通过病害胁迫曲线除以养分胁迫曲线计算两个年份的比率曲线。该比率曲线代表了2002年实验样本和2003年样本光谱之间的反射率基准差异,反映了由于环境等背景因素的影响。将2002年各个时期的所有光谱和对应时期的比值曲线相乘,即得到标准化后2002年光谱样本。需注意的是这种处理由于对同一个时期的所有样本使用了同样的比值曲线进行调整,因此并不会改变各处理样本之间的光谱差异,只是进一步消除了两套数据的背景差异。图5-5中光谱比率曲线反映了2002年试验和2003年试验反射率数据在不同波段的差异程度。对于某一波段,比率值接近1.0表明两年份数据差异很小。总体而言,观察5个不同生育期(播种后第207、216、225、230、233天)的比率曲线,比率值大致分布在0.7~1.3内。两套数据在不同的波长段的比率分布并不均匀,在350~730nm,1450~1570nm和2000~2400nm三个波长段中比率相对于1.0有一定的偏离,表明两套数据的反射率在这几段波长范围内差异较大。在730~1330nm和1570~1770nm范围内比率值基本稳定在1.0附近。

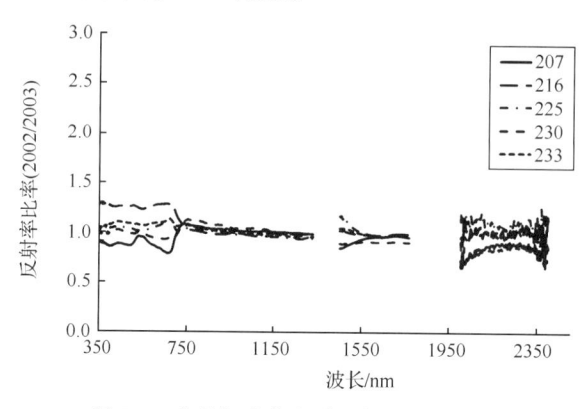

图5-5 背景标准化光谱反射率比率曲线

3. 病害及养分胁迫特征筛选

1)光谱特征多时相病害敏感性分析

利用独立样本T检验比较每个光谱特征在正常和病害条件下的差异,筛选出在多个时相差异显著的光谱特征(即对病害敏感,且在时相上稳定)。针对那些对病害敏感的特征,将各种病害处理和各种养分胁迫进一步通过独立样本T检验进行比较,最终试图找出对病害敏感,对养分胁迫不敏感的光谱特征(表5-6)。

表5-6 光谱特征在不同生育时期对条锈病的响应情况

光谱特征	播种后对条锈病的响应时间				
	207	216	225	230	233
DEP550-770	✓			✓	✓
AREA550-770	✓			✓	✓
WID550-770			✓	✓	✓
DEP920-1120					✓
AREA550-770					✓
WID550-770					✓

续表

光谱特征	播种后对条锈病的响应时间				
	207	216	225	230	233
DEP1070-1320					✓
AREA1070-1320					✓
D_b			✓	✓	
SD_b			✓	✓	✓
D_y					✓
λ_y					✓
SD_y					✓
D_r				✓	
SD_r				✓	✓
GI					✓
MSR				✓	✓
NDVI					✓
NBNDVI				✓	✓
NRI					✓
PRI		✓		✓	✓
TCARI			✓	✓	
SIPI			✓		✓
PSRI	✓			✓	✓
PhRI		✓	✓	✓	✓
NPCI	✓		✓	✓	✓
ARI	✓		✓	✓	✓
TVI					✓
CARI			✓	✓	
DSWI					✓
MSI					✓
SIWSI					✓
RVSI			✓	✓	
MCARI			✓	✓	✓
WI					✓

注:"✓"表明相应的光谱特征在正常和病害样本中差异显著(独立样本 T 检验的 p-value<0.05)。

2) 光谱特征独立样本 T 检验分析

对于上述四个在多个时相对条锈病存在稳定的敏感性的植被指数,采用独立样本 T 检验比较这些指数在正常和各类胁迫处理条件下的差异。此外,这些不同胁迫之间的光谱特征差异亦采用同样的方法进行比较。本节分别在207DAS,225DAS和233DAS三个时相进行上述分析,因为这些时相分别对应农药喷洒和产量损失评估的关键时期。除T检验表征差异显著性的p-value外,亦提供光谱特征的变化方向(在比较胁迫样本和正常样本时表示胁迫样本相对正常样本的升高或降低,升高为"+"方向,降低为"−"方向;在比较不同类型胁迫样本时表示病害样本相对养分胁迫样本的升高或降低)。表5-7~表5-9汇总了上述结果。在N-E和N-D两种处理下[①],四个特征在三个关键生育期中与正常处理均无任何差异。除此以外,四个特征针对不同的处理和生育期显示出一定的响应规律。

表 5-7　四个光谱指数在 207DAS 生育期独立样本 T 检验分析

病害等级	SFs	正常	W-SD	W-SED	N-E	N-D	W-SED+N-E	W-SED+N-D
YR1	PRI	(−)	(−)	(+)	(−)	(−)	(+)	(+)
	PhRI	(−)	(−)	(−)	(+)	(+)	(−)	(−)
	NPCI	(+)*	(+)	(+)*	(−)	(−)	(+)*	(+)
	ARI	(−)*	(+)	(+)*	(−)	(−)	(+)*	(+)
YR2	PRI	(−)*	(−)	(+)	(−)*	(−)	(+)	(+)
	PhRI	(+)	(−)*	(−)*	(−)	(−)	(−)	(−)
	NPCI	(+)*	(+)	(+)*	(−)	(−)	(+)	(+)
	ARI	(−)*	(+)	(+)*	(−)	(−)	(+)	(+)
YR3	PRI	(−)	(−)	(+)*	(−)	(−)	(+)*	(+)
	PhRI	(+)	(−)*	(−)*	(−)	(−)	(−)	(−)*
	NPCI	(+)**	(+)	(+)*	(−)*	(−)*	(+)	(+)
	ARI	(−)***	(−)	(+)	(−)**	(−)**	(+)	(+)
正常	PRI	/	(−)	(−)***	(+)	(+)	(−)***	(−)*
	PhRI	/	(−)	(−)*	(+)	(+)	(−)*	(−)
	NPCI	/	(+)**	(+)***	(−)	(−)	(+)***	(+)**
	ARI	/	(−)**	(−)***	(+)	(+)	(−)***	(−)***

注:四个植被指数分别为 PRI,PhRI,NPCI 和 ARI;* 表明差异在 0.950 置信水平上显著;** 表明差异在 0.990 置信水平上显著;*** 表明差异在 0.999 置信水平上显著。(+) 表明光谱特征在病害或养分胁迫下的特征值均值高于正常对照样本,或病害胁迫下特征均值高于养分胁迫下特征均值;(−) 与上述变化相反的情形。

[①] 2002年实验包括6种水肥胁迫处理和1种正常处理,各处理的实施面积均为0.3hm²。除土壤底肥和自然降水外的水肥管理情况包括:轻度缺水(W-SD),200kg/hm² 氮肥及225m³/hm² 水;严重缺水(W-SED),200kg/hm² 氮肥及0m³/hm² 水;过量施氮(N-E),350kg/hm² 氮肥及450m³/hm² 水;施氮不足(N-D),0kg/hm² 氮肥及·450m³/hm² 水;缺水过氮(W-SED+N-E),350kg/hm² 氮肥及0m³/hm² 水;缺水缺氮(W-SED+N-D),0kg/hm² 氮肥及0m³/hm² 水。正常品种(normal)的水肥管理采用推荐值200kg/hm² 氮肥及450m³/hm² 水。在每一个处理小区中,3个品种的混种比例均为1:1:1。上述6种水肥胁迫设计是根据我国华北冬小麦生产实际中经常出现且具有代表性的状况而定。

表 5-8　四个光谱指数在 225DAS 生育期独立样本 T 检验分析

病害等级	SFs	正常	W-SD	W-SED	N-E	N-D	W-SED+N-E	W-SED+N-D
YR1	PRI	(+)	(+)**	(+)**	(−)*	(−)	(+)*	(+)*
	PhRI	(+)	(−)*	(−)	(−)	(+)	(−)	(−)
	NPCI	(+)	(+)**	(+)***	(−)	(−)	(+)*	(+)*
	ARI	(+)	(+)**	(+)**	(−)	(−)	(+)*	(+)*
YR2	PRI	(+)**	(−)	(−)	(−)*	(−)	(−)	(−)
	PhRI	(+)***	(−)**	(−)**	(−)*	(−)*	(−)**	(−)**
	NPCI	(+)*	(+)	(+)	(−)	(−)	(+)	(+)
	ARI	(+)*	(+)	(+)	(−)	(−)	(+)	(+)
YR3	PRI	(+)***	(−)	(+)	(−)*	(−)*	(−)	(−)
	PhRI	(+)***	(−)**	(−)*	(−)*	(−)*	(−)*	(−)*
	NPCI	(+)**	(+)	(+)**	(−)*	(−)	(+)	(+)
	ARI	(+)**	(+)	(+)**	(−)**	(−)**	(+)	(+)
正常	PRI	/	(+)***	(+)***	(−)	(+)	(+)***	(+)***
	PhRI	/	(−)	(−)	(−)	(+)	(−)	(−)
	NPCI	/	(+)***	(+)***	(−)	(−)	(+)***	(+)**
	ARI	/	(+)**	(+)**	(−)	(−)	(+)**	(+)**

表 5-9　四个光谱指数在 233DAS 生育期独立样本 T 检验分析

病害等级	SFs	正常	W-SD	W-SED	N-E	N-D	W-SED+N-E	W-SED+N-D
YR1	PRI	(+)**	(−)	(+)	(−)*	(−)*	(+)	(+)
	PhRI	(+)*	(−)**	(−)**	(−)**	(−)*	(−)**	(−)**
	NPCI	(+)*	(−)	(+)	(−)	(−)	(+)*	(+)
	ARI	(+)*	(+)	(+)	(−)	(−)	(+)*	(+)
YR2	PRI	(+)***	(−)***	(−)*	(−)***	(−)***	(−)**	(−)**
	PhRI	(+)**	(−)**	(−)**	(−)**	(−)**	(−)**	(−)**
	NPCI	(+)***	(+)	(+)	(−)**	(−)**	(+)	(+)
	ARI	(+)***	(−)	(−)	(−)*	(−)*	(+)	(−)
YR3	PRI	(+)***	(−)	(−)*	(−)***	(−)***	(−)*	(−)*
	PhRI	(+)**	(−)**	(−)*	(−)**	(−)**	(−)**	(−)**
	NPCI	(+)***	(−)	(−)	(−)***	(−)	(−)	(−)
	ARI	(+)***	(−)	(−)	(−)**	(−)**	(+)	(−)
正常	PRI	/	(+)	(+)***	(−)	(−)	(+)***	(+)***
	PhRI	/	(−)	(−)	(−)	(−)	(−)	(−)
	NPCI	/	(+)*	(+)***	(−)	(−)	(+)***	(+)***
	ARI	/	(+)*	(+)***	(+)	(+)	(+)***	(+)***

在 207DAS 时相（表 5-7），NPCI 和 ARI 对不同等级的病害（YR1、YR2、YR3）均有响

应，较PRI和PhRI更为敏感。对于养分胁迫，PRI、NPCI和ARI分别对W-SED和W-SED+N-E两种处理敏感，其中，NPCI和ARI在对W-SD、W-SED、W-SED+N-E和W-SED+N-D处理上表现出与正常样本间更显著的差异（p-value＜0.01）。在病害处理和养分处理的比较中，PRI、NPCI和ARI在W-SED和W-SED+N-E的处理和YR2和YR3的处理下表现出显著的差异，而针对两类胁迫三个指数均显示较正常处理相同的变化方向。在这一时期，PhRI对不同级别的病害处理和正常处理之间均未显示出显著差异，但对W-SD、W-SED和W-SED+N-E处理敏感。值得注意的是，该指数在病害处理和养分胁迫处理下显示出相反的变化方向，表明该指数对两类胁迫可能具有判别的潜力。

在255DAS时相（表5-8），四个特征对与第2级和第3级（YR2、YR3）的病害均表现出显著的响应。对养分胁迫，PRI、NPCI和ARI表现出对W-SD、W-SED、W-SED+N-E和W-SED+N-D四种处理的敏感性，而PhRI对所有养分胁迫均不敏感。此外，在比较病害处理和养分胁迫处理时，仅有PhRI在YR2、YR3处理和W-SD、W-SED、W-SED+N-E和W-SED+N-D间表现出显著差异。虽然ARI和NPCI在YR3处理和W-SED处理中也表现出显著的差异性，但相对于正常处理，它们在两种处理中的变化方向是一致的。而PhRI则在各个等级的病害胁迫中的变化方向均与养分胁迫变化方向相反。

在233DAS时相（表5-9），条锈病的症状表现更为显著，四个光谱指数均对各个严重级别的条锈病处理发生显著响应。相比轻度的病害接种处理（YR1），四个指数对中度和重度病害接种处理（YR2和YR3）响应更为显著（p-value＜0.01）。在养分胁迫方面，PRI、NPCI和ARI对W-SED、W-SED+N-E和W-SED+N-D处理亦显示出清晰的响应。对比病害处理和养分胁迫处理，虽然PRI和NPCI对YR2、YR3处理和W-SD处理均有显著的响应，但其变化方向在两个处理间是相反的，表明病害胁迫和养分胁迫对两个指数的影响相反。与PRI、NPCI和ARI不同，PhRI在这一时期仍对各种养分胁迫均不敏感（表5-9倒数第三行），并且在各级病害处理和养分胁迫之间的比较中均显示出显著差异。更重要的是，在全部三个时相中，相对于正常对照，PhRI在对于病害处理和养分胁迫处理中的变化方向均是相反的。

总体而言，全部4个光谱指数在207DAS、225DAS和233DAS这三个生育期均对病害表现出显著的响应。但PRI、NPCI和ARI同时也对各类养分胁迫产生不同程度的响应，而PhRI则在225DAS和233DAS两个时相中仅对病害敏感，对各类养分胁迫不敏感。这种专属对病害的敏感性使得PhRI对病害和养分胁迫具有判别能力。

4. 特征区分机理分析

如上所述，多数光谱特征对单纯的氮胁迫（N-E, N-D）不敏感。认为这可能是由于土壤中的底肥能够维持小麦的基本生长，尚未真正达到"胁迫"的水平。在养分胁迫中，水胁迫和水、氮共同胁迫都引起了多数特征的显著响应，但其在不同时相的响应规律和病害处理并不一致。病害处理的光谱特征往往在靠后的几个生育期中出现较强的响应，而养分胁迫处理则在三个生育期中大致保持一个持续而稳定的响应。这种规律性和病害侵染小麦植株的生理过程有关。在较早的生育期中，条锈病菌大量繁殖，但病菌造成的破坏仍不明显，没有大范围地显现在叶片或茎秆上，这一时期（207DAS）植株的生化组分还没有开始起变化（Bushnell, 1984）。因此，也就能够解释为什么大部分的光谱特征在这一时期都没有对病害产生响应。而随着病菌对植株侵染的加强,植株的部分器官开始出现明显的症状,从而引起一系列光谱特征的响应。多数特征对色素含量和冠层结构的变化和改变发生响应,包括如 D_y、λ_y、SD_y 等一阶微分光谱特征,如 GI、NDVI 和 TRI 等一些植被指数。在这些光谱特征中,由于 PRI、PhRI、NPCI 和 ARI 这 4 个植被指数在多个时期对条锈病持续地敏感,因而被认为是病害诊断的理想指标。在以往关于条锈病监测的研究中,PRI 和 ARI 被报道在冠层尺度对病害敏感(Huang et al.,2007; Devadas et al.,2009),这与本节中观察到的现象一致。然而,我们的结果表明,如 PRI、NPCI 和 ARI 这些光谱指数同时也对养分胁迫敏感,因而如遇到病害和养分胁迫同时存在的区域就会遇到监测上的困境。本节中一个重要的发现是 PhRI 对各类养分胁迫不敏感,并且在 216DAS 之后的生育期中专属性地对条锈病敏感。

应注意到,PRI 和 PhRI 均是 Gamon 等(1992)提出的用于反映植物光合效率的光谱指数。两个指数在组成形式上非常相似:PhRI 是 531nm 和 550nm 两个波段反射率的归一化形式,而 PRI 是 531nm 和 570nm 两个波段反射率的归一化形式。两个指数均能够捕捉到由叶黄素循环的三种色素结构:玉米黄质(zeaxanthin),花药黄质(antheraxanthin)和紫黄质(violaxanthin)的环氧化水平改变引起的光合效率变化。这两种指数的特点是能够直接反映出植物体光合效率的改变,而这种改变往往会先于色素含量的变化,从而为病害监测创造条件(West et al.,2003;彭涛等,2009;Sankaran et al.,2010)。在光谱指数的构成中,531nm 波段的反射率能够响应叶黄素循环(xanthophyll cycle)中紫黄质向玉米黄质的转变所释放出的光量子信号。550nm 和 570nm 分别是 PhRI 和 PRI 的参考波段。Gamon 等(1992)在关于向日葵冠层光谱的研究中指出,PhRI 和 PRI 在对正常处理、氮胁迫和水胁迫处理的敏感性上存在一定的差异。PhRI 只在正常处理和氮胁迫处理下能够正常反映光合利用效率,而 PRI 在正常和水、氮胁迫下均能够对光合利用效率敏感。而这一规律和本研究结果是吻合的。Gamon 等(1992)研究指出,这种响应的差异可能是水胁迫下植被冠层结构的变化可能引起了 550nm 波长下的反射率变化,从而掩盖了其对光合利用效率变化的响应。由于组成 PhRI 的 531nm 和 550nm 两个波段波长相隔较近,因此该指数的使用需借助高光谱数据,如 AVIRIS 等航空数据或 Hyperion 等卫星数据。虽然 AVIRIS 和 Hyperion 传感器波段并不能够完全对应 PhRI 所规定的波段,但可选择邻近波段进行代替使用。如对 AVIRIS 而言,531nm 波段可由 537nm 和 527nm 两个波段替代(531nm 附近相邻的两个最近的波段);而 550nm 波段反射率可由 547nm 波段替代。对 Hyperion 而言,531nm 和 550nm 反射率分别可由 528.6nm 和 548.9nm 两个波段代替。但应注意的是,在使用航空或卫星遥感影像时,不可避免地会受到大气的影响,因此在使用前必须进行严格的大气校正,尽可能地消除大气影响。

在实践中,PhRI 可单独使用或可与其他光谱指数组合用于条锈病的监测。扬花期(对应于本节中的 216DAS 和 225DAS)和灌浆期(对应于本节中的 230DAS 和 233DAS)分别是两个可能的遥感监测时间点。前一时相可生成受灾范围图作为指导农药喷洒,后者可作为损失评估空间填图的依据。本节中的水、肥胁迫处理均是按照中国北部地区实际生产中出现的情况设置,有一定局限性,因此有必要进一步在不同的土壤类型、作物类型和更大差异幅度养分管理环境中对该指数的响应情况进行测试。基于 PhRI 的响应机制,推测 PhRI 对氮胁迫亦应发生响应,而本节中土壤底肥中的氮素和施用氮素的变化幅度可能还不足以引起该指数的响应。因此,在这一方面有必要进行进一步的研究。

5.2 作物不同病虫害类型遥感区分方法

5.2.1 作物不同病害类型叶片尺度的区分

1. 基于叶片光谱分析的小麦条锈病与白粉病区分

叶片尺度小麦病虫害光谱识别及区分试验,主要针对如何利用非成像的叶片光谱数据进行光谱特征选择和区分模型构建的问题进行设计和开展。实验于 2011~2012 年在北京市昌平区小汤山国家精准农业研究示范基地开展。考虑灌浆初期是病虫害防控的重要时间点,因此选择在实验年份小麦灌浆期(2011 年 5 月 23 日和 2012 年 5 月 16 日)进行叶片高光谱的数据采集。选择不同发病程度的叶片,测试前对叶片进行拍照,并对叶片病虫伤害严重程度进行估测。三种病虫害试验测试的有效样本量如表 5-10 所示。本节主要探讨叶片尺度下小麦白粉病、条锈病和蚜虫识别及区分方法。

表 5-10 叶片光谱实验样本量统计

胁迫类型	样本数量		
	总数	健康样本数	胁迫样本数
条锈病	92	26	66
白粉病	47	14	33
蚜害	66	16	50

1) 光谱标准化处理

光谱数据和测试方法介绍见第二部分。在进行分析前,首先对光谱数据进行标准化处理,以减弱、控制小麦白粉病、条锈病和蚜虫叶片光谱数据测试时间、品种等差异对分析的影响(Zhang et al.,2012)。光谱标准化的具体方法参考 Zhang 等(2012)研究。本节将条锈病对应健康样本作为光谱的标准样本。分别用条锈病对应健康样本光谱的均值除以白粉病和蚜虫对应健康样本光谱的均值得到两条光谱比值曲线。这两条光谱比值曲线可以反映两组光谱测量的本底差异。因此,通过将光谱比值曲线与相应的白粉病和蚜虫样本相乘,实现光谱的标准化。

2) 小麦不同病虫害区分特征选择

为建立不同病虫害的判别模型,需要筛选出适于进行病害区分的敏感特征。为此,采取 2 个指标进行变量筛选:

(1) 将备选特征与伤害指数(DAI)进行相关分析,分别选择达到极显著相关(R 对应显著性水平 p-value<0.001)的特征作为条锈病、白粉病和蚜虫的敏感特征;

(2) 对条锈病(YR)、白粉病(PM)和蚜虫(AH)样本三种类型两两之间共三组(PM 与 YR,PM 与 AH,AH 与 YR)进行独立样本 T 检验,分析三组样本对各个特征的响应情况,以 p-value<0.001 为条件分别筛选对每组样本表现出显著差异的特征。在此基础

上,将对三种病虫害敏感的特征和对不同病虫害表现出显著差异的特征取交集,得到的特征由于既能够响应三种病虫害,同时又能够针对不同病虫害体现出显著的差异性,因此后续被用作构建病害判别模型的敏感特征。

a. 基于原始光谱的小麦不同病虫害区分特征选择

小麦白粉病、条锈病、蚜虫及正常叶片光谱的原始光谱反射率,三种病虫害与正常光谱的比值曲线,伤害指数 DAI 与光谱反射率之间的相关系数及三种病虫害间独立样本 T 检验的 p-value 值曲线如图 5-6 所示。光谱比值曲线能够反映相对于正常光谱,某种胁迫光谱反射在每个波段的变化情况(升高或者降低)。从中可见,感染白粉病、条锈病和受蚜虫侵染的小麦叶片反射率在 350~2500nm 的大部分波段较健康样本有一定程度的升高。相比健康样本的光谱反射率,白粉病、条锈病和蚜虫样本分别在 500~690nm,1390~1520nm,和 1860~2080nm 三个波段位置有共同的光谱响应,其中,620~670nm 波段的位置是响应最强烈的部分。三种病虫害的光谱响应情况与 Zhang 等(2012)、黄木易等(2004)、Luo 等(2013)研究中观察到的结果趋势基本一致。病菌在侵染叶肉细胞后,可导致叶绿体结构破坏,并引起细胞水分丧失,以及色素、水分的光谱吸收作用减弱,进而使染病叶片在可见光波段以及短波红外波段的光谱反射率增高(张竞成,2012)。

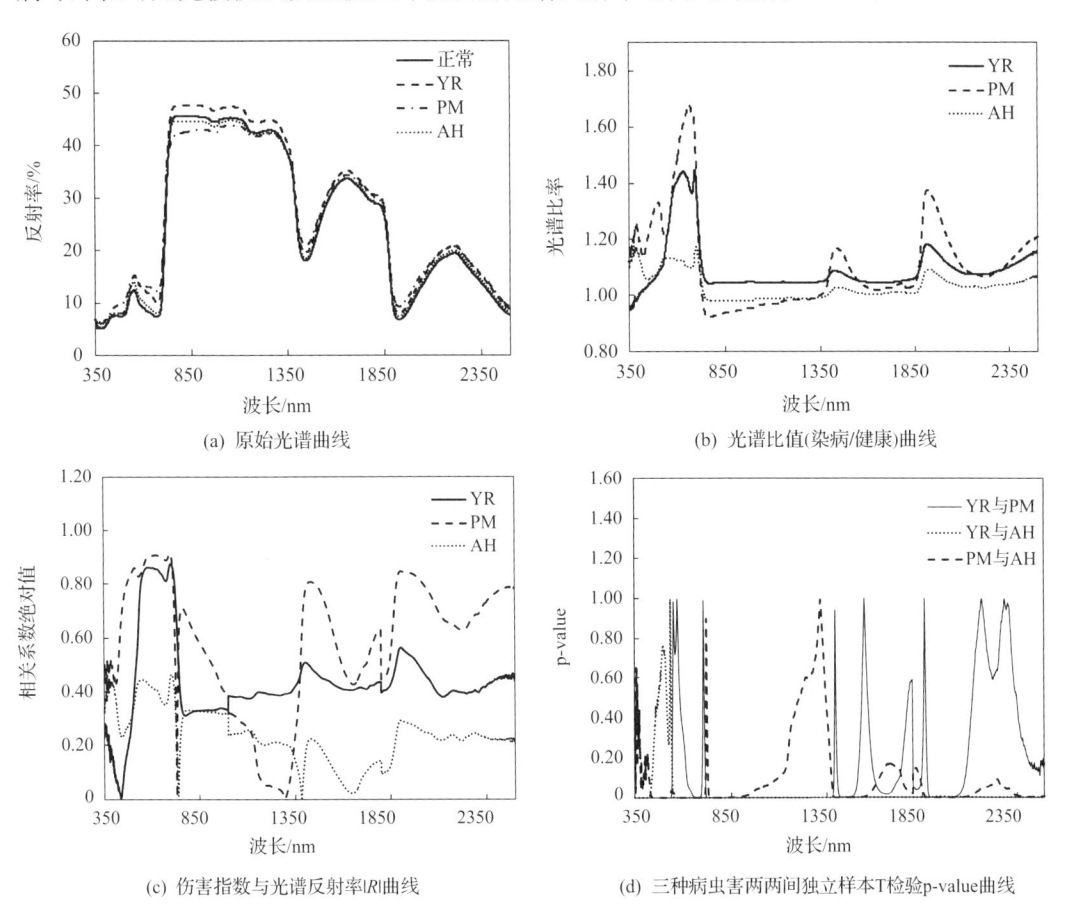

图 5-6 叶片尺度健康样本与不同病虫害样本光谱比较

虽然小麦条锈病、白粉病和蚜虫呈现大体一致的光谱响应,但比较三种病虫害的原始光谱和光谱比值曲线仍可观察到一定的差异。其中一个明显的特征位于750～1300nm的近红外平台部分,白粉病和蚜虫样本叶片反射率低于健康叶片反射率,而条锈病叶片光谱却呈现相反的趋势,较健康叶片反射率高(图5-6(a))。除此之外,从图5-6(b)的比率曲线中还可以看出,三种病虫害的光谱反射率在350～550nm,580～700nm,730～1320nm,1400～1540nm和1870～2140nm几个波段位置差异较大。例如,580～700nm波段位置,相对于健康样本的光谱反射率,白粉病升高了66%,条锈病为42%,而蚜虫样本仅为15%。这些波段在位置上分别对应叶绿素含量、细胞结构和水分含量等组分和结构。三种病虫害的光谱特征差异主要源于侵害过程造成的叶片色素、水分的不同程度的破坏/丧失,以及叶片病斑本身的不同颜色、质地(Devadas et al.,2009)。而这些差异亦成为对三种病虫害从光谱上进行区分的基础。

相关系数作为变量间相关关系强度的度量,其数值越高则表明变量之间的关系越紧密。图5-6(c)给出不同病虫害的伤害指数DAI与光谱反射率之间的相关系数曲线,用以描述各个波段光谱反射率对病虫害的敏感性。病虫害的伤害指数DAI与某波段下光谱反射率之间的相关系数越大,表明该波段对这种病虫害的敏感性越高,用于监测这种病虫害的准确性越高。总体来看,三种病虫害的相关系数曲线形状与图5-6(b)的比值曲线形状较一致。这可能是由于比值曲线中的病虫害与健康样本差异显著的波段在病害识别中具有优势,因此会得到较大的相关系数。

图5-6(d)给出通过独立样本T检验所得到的p-values曲线,用来进一步评价不同病虫害间的可区分性(PM与YR,PM与AH,AH与YR)。根据独立样本T检验的定义,两组样本间的p-values值越小,说明两组样本差异越大,即本研究中的两种病虫害越容易区分。图5-7分别显示了利用相关分析得到的对小麦白粉病、条锈病和蚜虫敏感的波段(R对应显著性水平p-value<0.001),以及经过独立样本T检验得到的在三种病害样本中存在显著差异的波段(p-value<0.001)。而上述波段的交集,既能够响应三种不同的病害,又对不同病害的响应存在显著差异,是理想的病害区分特征,包括666～683nm,752～758nm和1893～1905nm三个特征波段(图5-7)。

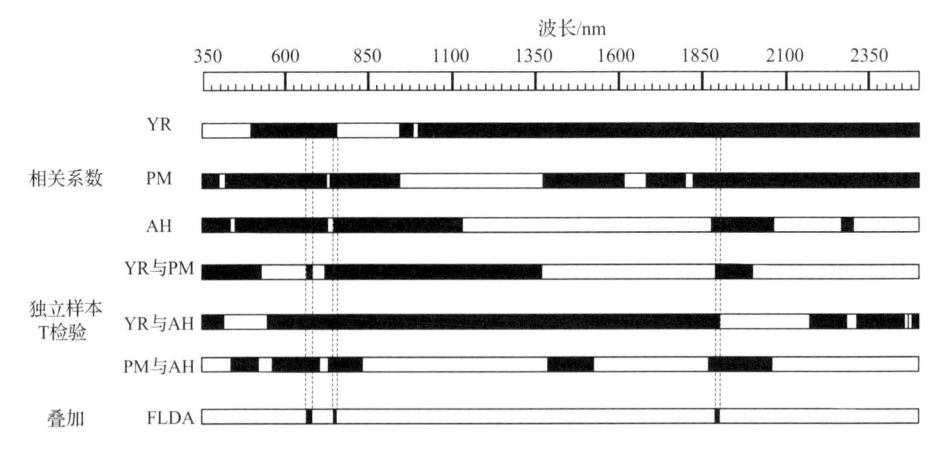

图5-7 波段叠加选择

全波段光谱区域中,黑色条带代表选中的敏感波段,白色代表未被选中的不敏感波段

b. 基于植被指数的小麦不同病虫害区分特征选择

除原始波段反射率外,光谱特征基于一定的变换法则,对特定位置波段反射率进行组合、变换,形成具有一定物理和生物学意义的特征。在系统归纳常用于植物胁迫和作物病害识别、监测的光谱特征基础上,选取包括一阶微分变换光谱特征、连续统变换光谱特征和植被指数三类不同形式的光谱特征共 30 个,形成一个供筛选的光谱特征集。在此基础上利用实测数据对这些特征的敏感性进行评价,以系统检验这些特征对三种病虫害的响应情况和区分能力。各类光谱特征的定义、公式及出处见表 5-11。

表 5-11　用于小麦病虫害叶片水平区分的一阶微分、连续统特征及植被指数

名称		定义	描述	参考文献
一阶微分变换特征	D_b	蓝边内最大的一阶微分值	蓝边覆盖 490～530nm,D_b 是蓝边内一阶微分波段中最大波段值	Gong et al.,2002
	λ_b	D_b 对应的波长	λ_b 是 D_b 对应的波长位置	Gong et al.,2002
	SD_y	蓝边内一阶微分值的总和	蓝边波长范围内一阶微分值的总和	Gong et al.,2002
	D_y	黄边内最大的一阶微分值	黄边覆盖 550～582nm,D_b 是蓝边内一阶微分波段中最大波段值	Gong et al.,2002
	λ_y	D_y 对应的波长	λ_y 是 D_y 对应的波长位置	Gong et al.,2002
	SD_y	黄边内一阶微分值的总和	黄边波长范围内一阶微分值的总和	Gong et al.,2002
	D_r	红边内最大的一阶微分值	红边覆盖 670～737nm,D_b 是蓝边内一阶微分波段中最大波段值	Gong et al.,2002
	λ_r	D_r 对应的波长	λ_r 是 D_r 对应的波长位置	Gong et al.,2002
	SD_r	红边内一阶微分值的总和	红边波长范围内一阶微分值的总和	Gong et al.,2002
连续统变换特征	DEP550-750		550～750nm 波段范围内吸收峰的深度	
	DEP920-1120	吸收峰深度	920～1120nm 波段范围内吸收峰的深度	Pu et al.,2003,2004
	DEP1070-1320		1070～1320nm 波段范围内吸收峰的深度	
	WID550-750		550～750nm 波段范围内吸收峰值一半时的波段宽度	
	WID920-1120	吸收峰宽度	920～1120nm 波段范围内吸收峰值一半时的波段宽度	Pu et al.,2003,2004
	WID1070-1320		1070～1320nm 波段范围内吸收峰值一半时的波段宽度	
	ARER550-750		550～750nm 波段范围内的吸收面积	
	ARER920-1120	吸收峰面积	920～1120nm 波段范围内的吸收面积	Pu et al.,2003,2004
	ARER1070-1320		1070～1320nm 波段范围内的吸收面积	
植被指数	GI	绿度指数	R_{677}/R_{554}	Zarco-Tejada et al.,2005
	NDVI	归一化反射指数	$(R_{800}-R_{670})/(R_{800}+R_{670})$	Rouse et al.,1973
	PRI	光化学反射指数	$(R_{531}-R_{570})/(R_{531}+R_{570})$	Gamon et al.,1992
	SIPI	结构不敏感植被指数	$(R_{800}-R_{445})/(R_{800}-R_{680})$	Peñuelas et al.,1995
	NPCI	归一化总色素叶绿素指数	$(R_{680}-R_{430})/(R_{680}+R_{430})$	Peñuelas et al.,1994
	TVI	三角植被指数	$60(R_{750}-R_{550})-100(R_{670}+R_{550})$	Broge and Leblank,2000

续表

名称		定义	描述	参考文献
植被指数	CARI	叶绿素吸收比率指数	$(\|(670a+R_{670}+b)\|/\sqrt{a^2+1})^{0.5} \times (R_{700}/R_{670})$ $a=(R_{700}-R_{500})/150, b=R_{500}-(a \times R_{550})$	Kim et al., 1994
	RVSI	红边植被胁迫指数	$[(R_{712}+R_{752})/2]-R_{732}$	Merton and Huntington, 1999
	WI	水分指数	R_{900}/R_{970}	Peñuelas et al., 1997
	NDWI	归一化水分植被指数	$(R_{860}-R_{1240})/(R_{860}+R_{1240})$	Gao et al., 1996
	AI	蚜虫指数	$(R_{740}-R_{887})/(R_{691}-R_{698})$	Mirik and Michels, 2006
	DSSI2	损伤敏感光谱指数 2	$(R_{747}-R_{901}-R_{537}-R_{572})/(R_{747}-R_{901}+R_{537}-R_{572})$	Mirik et al., 2006

表 5-12 显示，病虫害侵染引起多个光谱特征较强烈的响应。对不同病虫害的伤害指数 DAI 与光谱特征之间的相关性进行分析，将极显著相关水平 p-value<0.001 作为阈值，挑选在此范围内的光谱特征作为病虫害识别的特征，结果如表 5-12 左侧部分所示。从表中可以看出，条锈病、白粉病和蚜虫染病叶片分别引起 19 个、21 个和 21 个光谱特征的响应。其中，如 D_y、SD_y、D_r、λ_r、DEP550-770、AREA550-770、WID550-770、GI、NDVI、PRI、CARI、SIPI、NPCI 和 AI 共 14 个光谱特征对三种病虫害均有响应。

表 5-12 用于小麦病虫害叶片尺度区分研究的植被指数

相关性			独立样本 T 检验			FLDI 与 SVM 模型
YR	PM	AH	YR 与 PM	YR 与 AH	PM 与 AH	光谱特征
+		+	+		+	D_b
+				+	+	λ_b
+		+	+	+		SD_b
+	+	+	+	+	+	D_y
						λ_y
+	+	+		+	+	SD_y
+	+	+	+		+	D_r
+	+	+				λ_r
		+	+		+	SD_r
+	+	+	+		+	DEP550-770
+	+	+			+	AREA550-770
+	+	+		+		WID550-770
				+		DEP920-1120
	+	+	+			AREA920-1120
		+				WID920-1120
	+	+		+	+	DEP1070-1320
	+		+	+	+	AREA1070-1320

续表

相关性			独立样本 T 检验			FLDI 与 SVM 模型
YR	PM	AH	YR 与 PM	YR 与 AH	PM 与 AH	光谱特征
						WID1070-1320
+	+	+	+	+	+	GI
+	+	+	+	+	+	NDVI
			+		+	TVI
+	+	+	+	+	+	PRI
+	+	+				CARI
+	+	+	+		+	RVSI
+	+	+				SIPI
+	+	+	+	+	+	NPCI
			+	+		WI
	+	+	+		+	NDWI
+	+	+	+			AI
+						DSSI2

如表5-12右侧部分所示,经过独立样本 T 检验得到的在三种病害样本中存在显著差异的波段(p-value<0.001)。从图中结果看,对条锈病和白粉病具有区分能力的光谱特征共18个,对条锈病和蚜虫具有区分能力的光谱特征共13个,而对白粉病和蚜虫具有区分能力的光谱特征共20个。本节取三者的交集,即为对三种病虫害均具有区分能力的光谱特征,共7个特征,分别为 D_y、DEP1070-1320、AREA1070-1320、GI、NDVI、PRI 和 RVSI。表5-12分别显示了利用相关分析得到的对小麦白粉病、条锈病和蚜虫敏感的光谱特征(p-value<0.001),以及经过独立样本 T 检验得到的在三种病害样本中存在显著差异的光谱特征(p-value<0.001)。而上述特征的交集,既能够响应三种不同的病害,又对不同病害的响应存在显著差异,是理想的病害区分特征,包括 D_y、GI、NDVI 和 PRI 共四个光谱特征(表5-12)。

3) 小麦不同病虫害叶片光谱判别模型

分别以筛选得到的原始波段反射率和植被指数特征作为输入变量,采用费氏线性判别分析 FLDA 和支持向量机 SVM 两种方法构建条锈病、白粉病、蚜虫和健康样本四种类型的判别模型。建模前,将所有样本随机分为60%训练和40%验证,模型精度评价指标包括总体精度、生产者精度(单位:%)、用户精度(单位:%)、Kappa 系数、错分(commision error;单位:%)和漏分(omission error;单位:%)六个指标(赵英时,2003)。

a. 基于原始光谱的小麦不同病虫害叶片光谱判别模型

利用筛选得到的病虫害区分波段,包括666~683nm、752~758nm,和1893~1905nm 三个波段范围,分别采用 FLDA 和 SVM 分析构建病害判别模型。对于 FLDA 判别模型而言,原始波段建立的判别模型对三种病虫害的区分精度较低,其中,训练样本的总体精度为63%,Kappa 系数为0.50,验证样本的总体精度仅为56%,Kappa 系数为0.41。从验证样本的生产者精度来看,模型对白粉病样本的判别效果最好,精度可以达到83.33%,而对条锈病和蚜虫样本的判别效果较差,精度仅为69.23%(条锈病)和20.00%(蚜虫)。对于SVM判别模型而言,训练样本的总体精度为67%,Kappa系数为0.55,验证样本的总体精度仅为59%,Kappa系数为0.44。从验证样本的生产者精度来看,模型对条锈病样本的判别效果最好,精度可以达到73.08%,而对白粉病和蚜虫样本的判别效果较差,精度仅为50.00%(白粉病)和15.00%(蚜虫),其中,白粉病样本有三个被错判为条锈病,蚜虫样本有六个被错判为条锈病。从以上结果可以看出,在利用原始光谱进行小麦三种病虫害叶片尺度的识别和区分时,两种模型的判别效果差异不显著,总体而言SVM模型的效果稍优于FLDA模型。

b. 基于植被指数的小麦不同病虫害叶片光谱判别模型

利用筛选得到的病虫害区分植被指数特征,包括D_y、GI、NDVI和PRI四个特征,分别采用FLDA和SVM分析构建病虫害判别模型。对于FLDA判别模型而言,采用植被指数建立的判别模型对三种病虫害的区分精度较好,其中,训练样本的总体精度为81%,Kappa系数为0.75,验证样本的总体精度仅为83%,Kappa系数为0.77。从生产者精度来看,与原始波段建立的判别模型类似,对于验证样本而言,模型对白粉病样本的判别效果最好,用户精度可以达到100%,其次为条锈病样本(96.15%),而对蚜虫样本来说,模型的判别效果相比其他两种病害精度较低,仅为60%。基于光谱特征的判别模型OA达到80%以上,高于基于原始波段的判别模型的总体精度(仅为56%)。对于SVM判别模型而言,训练样本的总体精度为80%,Kappa系数为0.72,验证样本的总体精度为83%,Kappa系数为0.76。从验证样本的生产者精度来看,模型对条锈病样本的判别效果最好,精度可以达到96.15%,而对白粉病和蚜虫样本的判别效果较差,精度仅为66.67%(白粉病)和65.00%(蚜虫)。从以上结果可以看出,在利用植被指数进行小麦三种病虫害叶片尺度的区分时,两种模型的判别效果一致,且均高于基于各自方法的原始波段的模型精度。可以理解,植被指数、连续统或微分特征通过对原始光谱进行不同形式的组合和变换,增强并突出了某些特定组分、结构的光谱响应信号,因此较原始波段在模型判别效果上有一定程度的改善。这一趋势与Zhang等(2012)对不同染病程度白粉病叶片光谱判别分析研究的结果一致。

2. 利用新型光谱指数识别小麦病虫害研究

植被指数是间接监测作物病害的有效手段,鉴于多数植被指数对某个特定的病害不具有代表性和专一性,本部分利用Relief-F特征提取算法(Robnik-Šikonja and Kononenko,2003)根据各类病害的光谱特征构建定量区分特定病害的新型光谱指数(NSI)。

1) 新光谱指数的构建

单个波段对不同病害的响应各不相同,两个波段的归一化波长差对由病虫害(条锈病、白粉病、蚜虫)引起的光谱变化敏感,因此结合单一波段和归一化波长差的特点建立了新的光谱指数(Mahlein et al.,2013)。对于特定病害,最相关单波段(即最易识别病害的波段)和归一化波长差的波段组合可由Relief-F算法获得,尝试所有可能的组合和系数来计算出特定病害的新型光谱指数。

本节所使用的波段范围是400~1000nm。计算出不同波长之间的相关系数如图5-8所示。可以看出，相近波段之间是高度相关的。归一化波长差被用来描述光谱特征的变化，而两个高度相关的波段组合是不合适的。因此，归一化波长差的两个波段组合最短距离设置为50nm。考虑到近红外波段750~1000nm的高度相似性（相关系数达到了0.9，图5-8），Relief-F算法应用的波长范围是400~800nm。

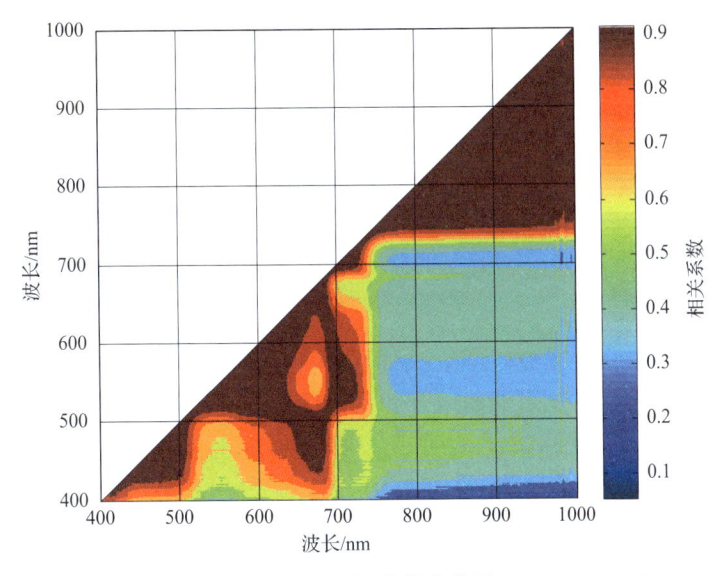

图5-8 波段相关系数的可视化等高线图(400~1000nm)

在构建新光谱指数之前，利用Relief-F算法得到最易识别某个特定病害的波段（即与病害最相关的波段，图5-9）。对于健康叶片，最相关单一波段在400nm左右（图5-9(a)）。单一波段最相关和最不相关的10%分别在400nm左右和680~780nm（图5-9(a)）。对于白粉叶片，波段在400nm、500nm和750nm附近时高度相关，归一化波长差的波段组合分布在500nm、680nm和750nm左右（图5-9(b)）。和条锈病相关的单个波段在540nm和730nm左右，而对于归一化波长差，430nm和670nm也包含在内（图5-9(c)）。对于蚜虫叶片，最相关单一波段在400nm左右，最不相关的波段在720~780nm（图5-9(d)）。

(a) 健康叶片

(b) 白粉叶片

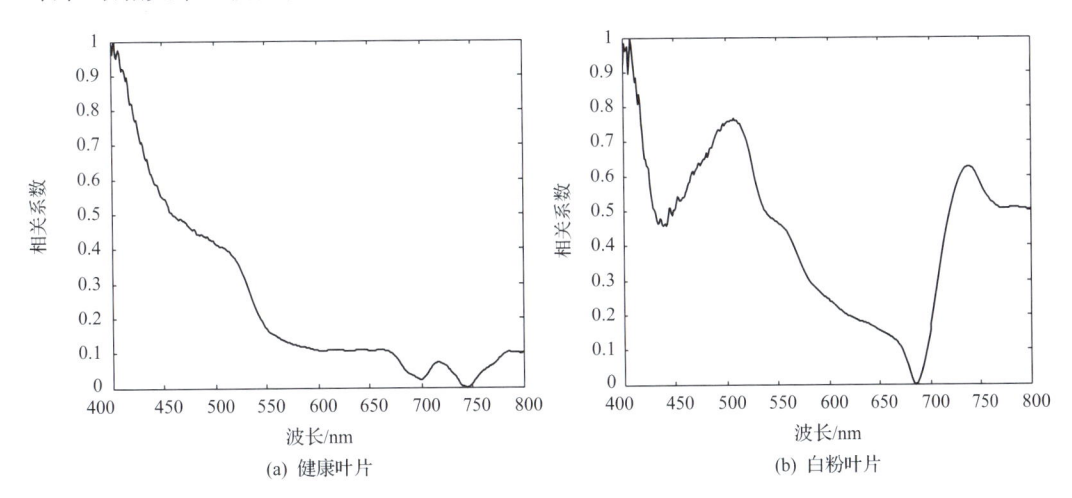

(c) 条锈叶片　　　　　　　　　　　(d) 蚜虫叶片

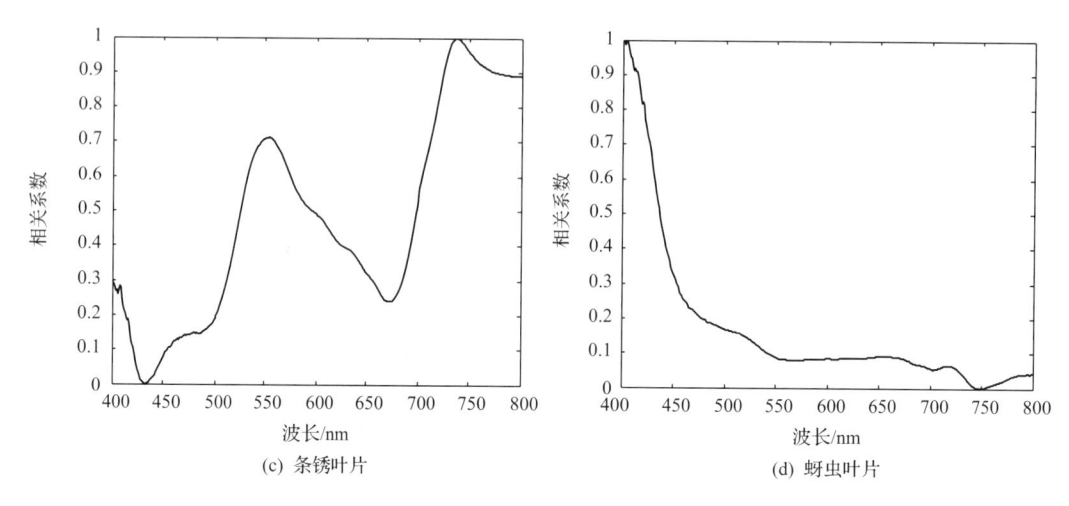

图 5-9　根据 Relief-F 算法计算出单个波段与各类病害的相关性

对于特定病害,最相关单波段(即最易识别病害的波段)和归一化波长差的波段组合可由 Relief-F 算法获得,尝试可能的组合和系数计算出特定病害的新光谱指数。最终,健康指数(health-index,HI)由 403nm 的单个波段和 402nm 与 739nm 波段组合的归一化波长差计算得出,单波段的系数为 -0.5(式(5-3))。白粉指数(powdery mildew-index, PMI)由 738nm 的单个波段和 515nm 与 698nm 波段组合的归一化波长差计算得出,单波段的系数为 -0.5(式(5-4))。条锈指数(yellow rust-index,YRI)由 736nm 的单个波段和 419nm 与 730nm 波段组合的归一化波长差计算得出,单波段的系数为 0.5(式(5-5))。蚜虫指数(aphids-index,AI)由 403nm 的单个波段和 400nm 与 735nm 波段组合的归一化波长差计算得出,单波段的系数为 0.5(式(5-6))。有

$$\text{HI}: \frac{R_{739} - R_{402}}{R_{739} + R_{402}} - 0.5 R_{403} \tag{5-3}$$

$$\text{PMI}: \frac{R_{515} - R_{698}}{R_{515} + R_{698}} - 0.5 R_{738} \tag{5-4}$$

$$\text{YRI}: \frac{R_{730} - R_{419}}{R_{730} + R_{419}} + 0.5 R_{736} \tag{5-5}$$

$$\text{AI}: \frac{R_{400} - R_{735}}{R_{400} + R_{735}} + 0.5 R_{403} \tag{5-6}$$

在识别每种病害之前,需要利用健康指数将健康小麦叶片和染病叶片分离。构成 HI、PMI、YRI 和 AI 指数的波段通常集中在 400nm、550nm 和 720nm 左右。Gitelson 等(2001)研究表明,绿色植被在 700nm 左右的反射率具有明显的特点。在过去几十年里,作物病害的研究受到了广泛的关注,在可见光和近红外波段范围都进行了尝试。例如,PMI 指数由可见光和红边范围内的三个波段组成(即 515nm、698nm 和 738nm)。Merzlyak 等(1999)研究表明,510~520nm 反射率是类胡萝卜素的最大吸收谷。此外,反射率在 698 和 738nm 接近红边位置,而且红边位置的迁移已被作为作物受到胁迫的一种指示。以此可见,提出的新光谱指数用于病害检测是合适的。

2) 新光谱指数的病害识别

新光谱指数的病害识别能力如图 5-10 所示,分类精度如表 5-13 所示。在图 5-10 中,阈值(分界值)是优化得到的,首先确定阈值的范围再以 0.01 为步长逐个计算分类精度,找到使分类精度最高的分界值即阈值。健康指数、白粉指数、条锈指数和蚜虫指数的分类精度分别为 86.5%、85.2%、91.6% 和 93.5%;Kappa 系数分别为 0.73、0.57、0.83 和 0.75。这些结果表明,新光谱指数能监测和识别病害并且具有良好的可靠性。

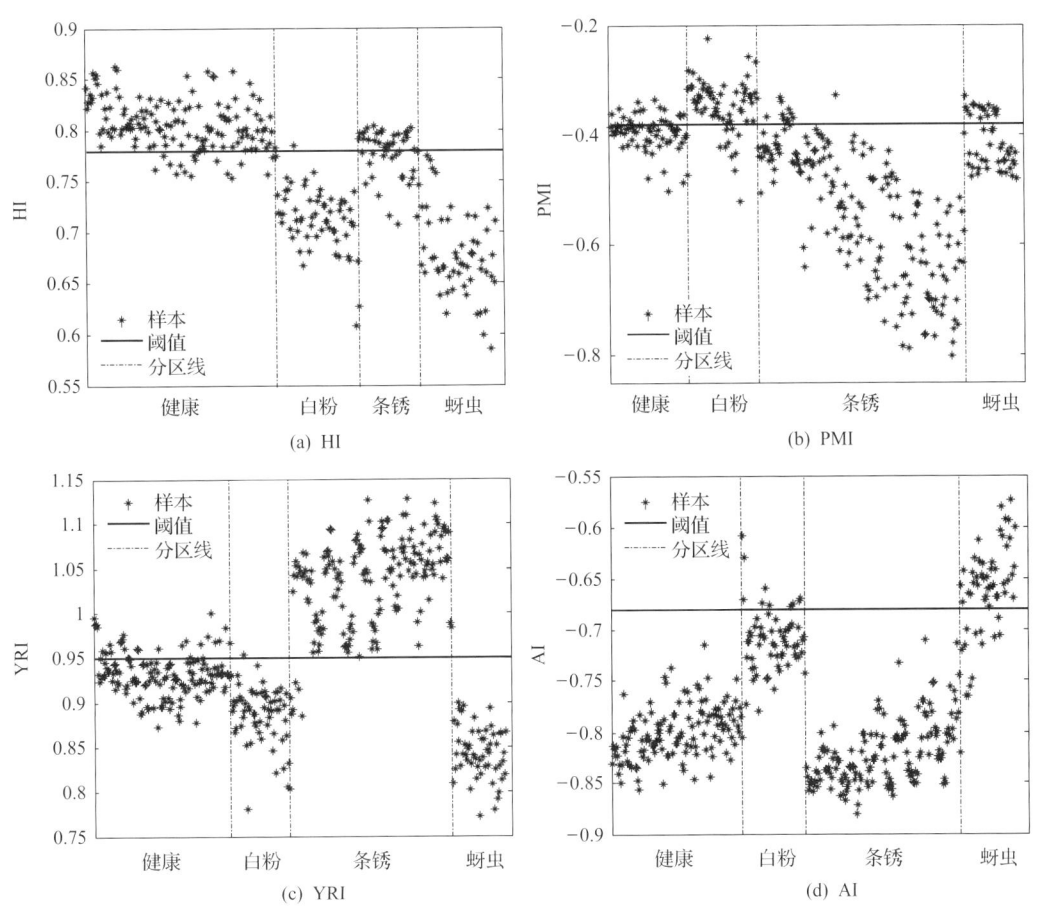

图 5-10 新光谱指数分类结果散点图

表 5-13 新光谱指数分类精度

健康指数	样点	正确样点	精度/%
其他叶片	163	138	84.7
健康叶片	141	125	88.7
总计	304	263	86.5
Kappa 系数	0.73		
白粉指数	样点	正确样点	精度/%
其他叶片	302	258	85.4
白粉叶片	62	52	83.9

续表

白粉指数	样点	正确样点	精度/%
总计	364	310	85.2
Kappa系数	0.57		

条锈指数	样点	正确样点	精度/%
其他叶片	236	230	97.5
条锈叶片	193	163	84.5
总计	429	393	91.6
Kappa系数	0.83		

蚜虫指数	样点	正确样点	精度/%
其他叶片	298	288	96.7
蚜虫叶片	56	43	76.8
总计	354	331	93.5
Kappa系数	0.75		

3) 常用植被指数的病害识别

本节共选取了十种常用植被指数用于病害识别，识别结果如表 5-14 所示。从中可以看出，与常用指数相比，新光谱指数具有更高的分类精度。对于冬小麦健康叶片和病害叶片的识别，健康指数取得的效果最好，为 86.5%，其后依次是 PRI(84.9%)、NDVI(83.6%)和 MSR(82.9%)。对蚜虫叶片而言，蚜虫指数的识别精度最高，为 93.5%。PRI、MSR 和 ARI 指数也取得了较好的结果，分别为 85.3%、84.7%和 80.2%。常用的植被指数不适合监测冬小麦条锈病和白粉病，所得的识别精度均只有 50%左右。

表 5-14 新型光谱指数与常用光谱指数分类精度比较

指数	分类精度/%	对比/% 正常	对比/% 所有	指数	分类精度/%	对比/% 蚜害	对比/% 所有
HI	86.5	88.7	84.7	AI	93.5	76.8	96.7
MSR	82.9	69.5	94.5	MSR	84.7	69.6	87.6
NDVI	83.6	71.6	93.9	NDVI	62.7	42.9	66.4
NRI	73.4	86.5	62.0	NRI	78.2	55.3	82.6
PRI	84.9	84.4	85.3	PRI	85.3	67.8	88.6
PhRI	68.4	78.0	60.1	PhRI	64.4	37.5	69.5
SIPI	72.1	92.9	53.9	SIPI	74.6	46.4	79.9
NPCI	64.8	83.7	48.5	NPCI	52.3	3.6	61.4
ARI	61.2	72.3	51.5	ARI	80.2	55.4	80.9
RVSI	78.0	88.7	68.7	RVSI	75.4	44.6	81.2
MCARI	78.3	75.2	81.0	MCARI	55.4	30.4	60.1

4) 基于冠层光谱数据的分类

为进一步验证这些新光谱指数，使用了感染了白粉病、条锈病和蚜虫的冬小麦冠层光谱数据。由于在同一时期没有观测健康小麦的光谱,健康指数并没有进行验证。另外三种指数的识别结果如图5-11所示。由于实验条件和传感器参数的不同,其中的阈值(分界值)需要重新计算,并不等于叶片尺度的阈值。对于冠层尺度的非成像光谱数据,白粉指数、条锈指数和蚜虫指数的分类精度分别为82.4%、84.7%和87.6%,均比叶片尺度降低5%左右,考虑到冠层尺度的复杂环境,这样的结果是符合实际并且令人满意的。因此,基于叶片尺度数据构建的新光谱指数能很好地应用到冠层数据上,为大面积识别冬小麦病害提供了可能,也为病害监测提供了新的思路。

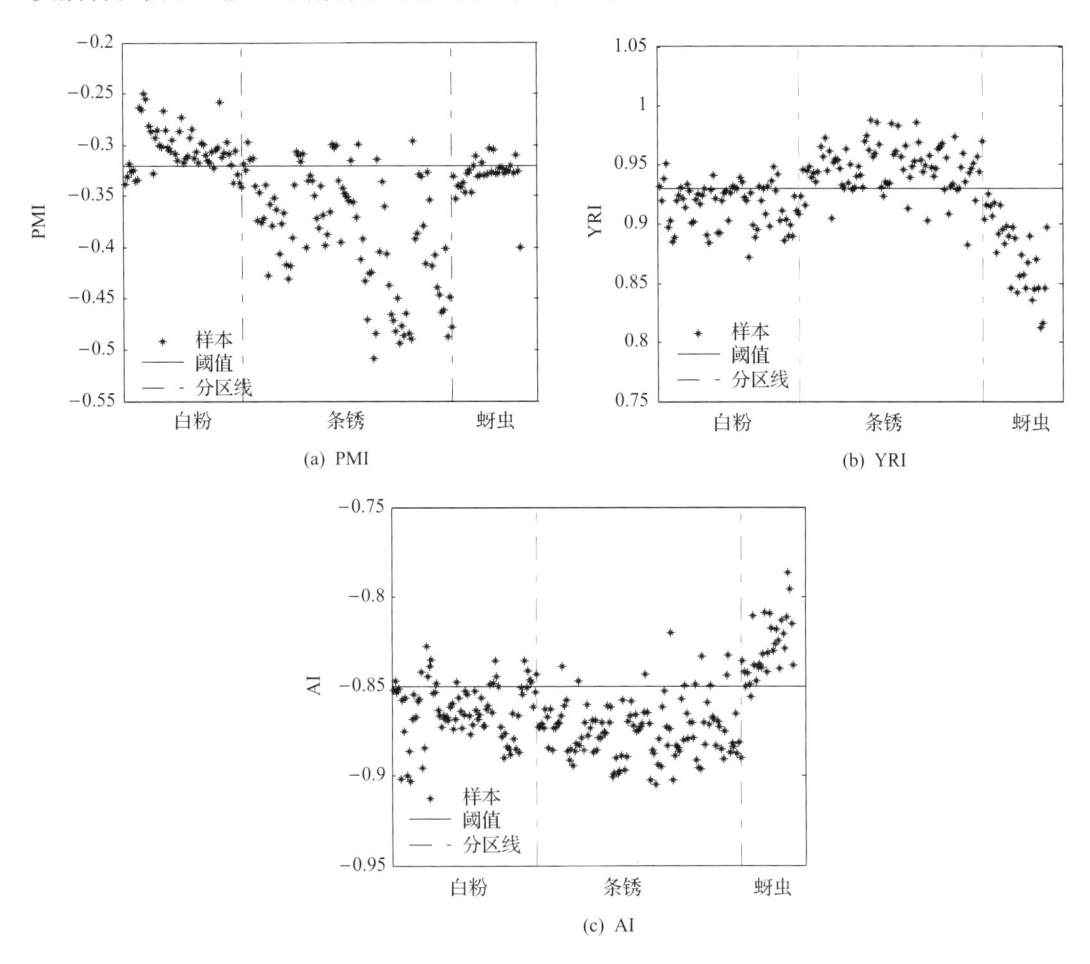

图 5-11 冠层尺度分类结果散点图

5.2.2 作物不同病害类型冠层尺度的区分(以小麦为例)

1. 基于小波特征的小麦白粉病与条锈病的区分研究

小波变换是继傅里叶变换之后又一有效的时频分析法,主要分为离散小波变换和连续小波变换两大类,现在被许多不同的领域所采纳,在遥感领域主要使用离散小波变换对影像数据进行数据滤波、去噪,而连续小波变换主要应用于信号分析(张竞成,2012)。自Cheng等(2011)利用连续小波变换和传统方法对比提取叶片的含水量,发现CWT能利用高频信号和低频信号提取光谱弱信息,一些研究便开始关注 CWT 在农业领域的应用。罗菊花(2012)利用连续小波分析提取小麦蚜虫的危害信息,发现 CWA 对蚜虫光谱信息的提取能力比其他方法更强;张竞成(2012)研究小麦白粉病叶片光谱特征,发现连续小波特征比传统光谱特征与病情严重度相关性更强,反演效果更好。因此,尝试在冠层尺度上利用连续小波特征和光谱波段对小麦条锈病和白粉病进行区分(鲁军景等,2016)。

1) 冠层光谱标准化

通过对 350~1300nm 范围内的冠层光谱波段和连续小波特征采用相关性分析和独立样本 T 检验,筛选出对不同病害敏感的光谱波段和小波特征,经主成分分析后分别用于 Fisher 不同训练样本的两个模型。但在对光谱进行分析前,为消除冠层光谱由于品种和土壤环境的差异,先将原始光谱标准化,将白粉病和条锈病的光谱反射率归化至同一水平(具体步骤见 5.1.1 节)。

小麦白粉病、条锈病光谱标准化比值曲线见图 5-12,当某波段的比率接近 1 时,表示两年的数据差异逐渐减小,但由于病害冠层光谱获取的时间、地点等环境差异较大,因此比值相对 1 有一定的偏离,这也说明数据标准化的必要性。

2) 不同病害敏感光谱特征

表 5-15 为筛选得到的小麦白粉病和条锈病的敏感光谱波段,敏感光谱波段主要位于 500~890nm,这与黄木易等(2004)和乔红波(2007)研究的病害冠层光谱响应相似,

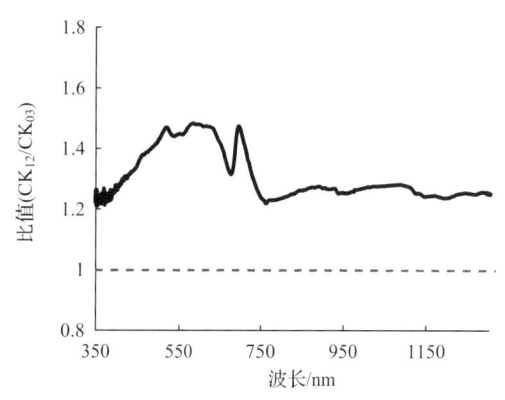

图 5-12 小麦 CK_{12}、CK_{03} 光谱标准化比值曲线

但不同病害的敏感光谱波段交集多,趋势一致,这可能是造成后续判别精度不高的原因。

表 5-15　小麦白粉病和条锈病的敏感光谱波段

光谱波段/nm	$\|R\|$ 阈值	p-value 阈值
536~566(PM),706~734(PM),623~638(YR),658~688(YR) 740~799(PY),850~884(PY)	0.3	0.01

注:PM 指只对白粉病敏感的波段;YR 指只对条锈病敏感的波段;PY 指对白粉、条锈病都敏感的波段。

筛选得到的小麦白粉病和条锈病的敏感小波特征见表 5-16。由此可见,两种病害的小波特征与病情严重度有很强的相关性,相关系数 $|R|>0.6$;从尺度分析,两种病害的小波特征主要分布在低尺度($2^2 \sim 2^4$),分别有 2 个在中尺度($2^5 \sim 2^6$),白粉病还包含一个高尺度(尺度为 2^7)的小波特征;从特征分布看,条锈病都分布在可见光色素强吸收的位置,如 W1、W3、W6 黄光区,W2、W4、W5、W7 红光区,而且还包含了蓝光波段 W8;白粉病在可见光的 5 个特征主要分布在绿峰和红谷,其他 5 个特征也在表征植物细胞结构的近红外区域;这些小波特征能够敏感地捕获小麦受胁迫后色素、水分、形态和结构的变化。但小波特征与光谱波段位置略有不同,且交集较少,可能是因为连续小波变换是在不同位置利用不同的尺度对整条光谱进行分析,详尽地统计搜索标识最敏感的特征,从某种程度上凸出了目标信息的变化,进而得到对不同病害最敏感的多尺度、位置小波特征。

表 5-16 小麦白粉病和条锈病的敏感小波特征

	小波特征	尺度	波长/nm	|R|阈值		小波特征	尺度	波长/nm	|R|阈值
	W1	22	749～750(2)			W1	22	571～571(1)	
	W2	22	958～961(4)			W2	22	704～713(10)	
	W3	23	476～478(3)			W3	23	572～574(3)	
	W4	23	747～748(2)			W4	23	627～631(5)	
PM	W5	23	1036～1037(2)	0.63	YR	W5	23	710～713(4)	0.88
	W6	23	1250～1252(3)			W6	24	578～581(4)	
	W7	24	1142～1148(7)			W7	24	615～631(17)	
	W8	25	516～519(4)			W8	25	431～449(19)	
	W9	26	962～979(18)			W9	26	476～488(13)	
	W10	27	738～768(31)						

3）基于光谱波段和小波特征的 Fisher 模型区分结果

基于光谱波段和小波特征的 Fisher80～55 模型和交叉留一验证模型混淆矩阵和精度评价结果见表 5-17。此外，由于 Fisher 交叉留一验证模型是基于不同的观察值进行判别，无法建立统一的 Fisher 典则判别散点图，因此只给出 Fisher80～55 模型中根据 Fisher 典则判别函数建立的组分布图（图 5-13(a)、(b)和(c)分别为光谱波段、小波特征和二者结合作为输入的组分布图）。

表 5-17 混淆矩阵和精度评价

		Fisher80～55 模型									Fisher 交叉留一验证模型								
		PM	YR	CK	总计	用户精度	OA	AA	Kappa系数	PM	YR	CK	总计	用户精度	OA	AA	Kappa系数
光谱波段	PM	11	0	4	15	73.3	0.65	0.65	0.47	22	0	10	32	68.8	0.61	0.60	0.41
	YR	1	17	7	25	68.0				5	46	21	72	63.9			
	CK	3	4	8	15	53.3				9	7	15	31	48.4			
	总计	15	21	19	55					36	53	46	135				
	生产者精度/%	73.3	81.0	42.1						61.1	86.8	32.6					
小波特征	PM	14	0	1	15	93.3	0.93	0.91	0.89	26	0	6	32	84.3	0.90	0.86	0.84
	YR	0	25	0	25	100				0	72	0	72	100			
	CK	3	0	12	15	80.0				7	0	24	31	77.4			
	总计	17	25	13	55					33	72	30	135				
	生产者精度/%	74.3	100	80.7						74.3	100	80.7					
结合	PM	14	0	1	15	93.3	0.94	0.93	0.92	28	0	4	32	87.5	0.91	0.87	0.85
	YR	0	25	0	25	100				0	72	0	72	100			
	CK	2	0	13	15	86.7				8	0	23	31	74.2			
	总计	16	25	14	55					36	72	27	135				
	生产者精度/%	87.5	100	92.9						77.8	100	85.2					

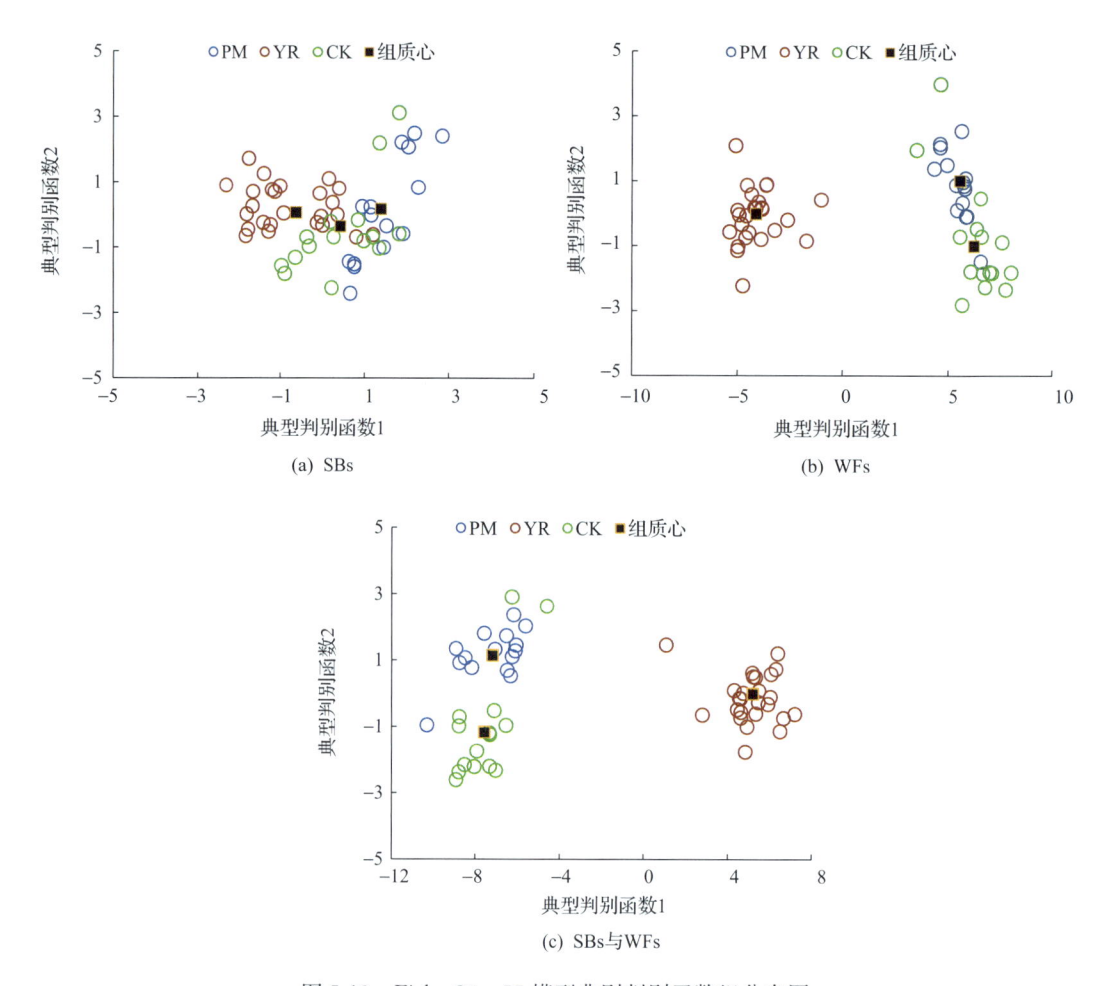

图 5-13 Fisher80~55 模型典则判别函数组分布图

从总体精度上看,两模型的小波特征判别精度优于光谱特征,OA 分别达到 0.93 和 0.90,Kappa 系数也达到 0.89 和 0.84,而 Fisher80~55 的分类结果略高于交叉留一验证的结果,这可能与选取样本的随机性有关,但其精度相差不大;从混淆矩阵中发现光谱波段对白粉病的区分精度在 70% 左右,因此将光谱波段与小波特征结合作为输入,发现两模型的 OA、AA 和 Kappa 系数均有一定程度的提高。当关注不同病害的分类精度时,能在含有小波特征的两模型中较准确的判别出条锈病,用户精度和生产者精度均达到 100%;对于白粉病和正常样本,用户精度和生产者精度也达到 80% 和 70% 以上;在原始数据中进一步检查这两类的错分样本时,发现错分样本的发病程度较轻(0.2~0.4),而且光谱曲线更接近另一类别的光谱曲线,这可能是由调查过程中无法避免的人为因素所导致。结果表明,含有小波特征的判别模型对小麦白粉病、条锈病和健康样本的区分精度较高,这可能与连续小波分析能够兼顾位置和尺度将光谱曲线直接与病情相联系,凸显出光谱信息的微弱变化,从而做到位置和尺度的最优化等特点有关。

2. 基于常用植被指数组合的小麦条锈病与白粉病的区分

根据冠层光谱数据计算了 15 种植被指数,利用植被指数的组合建立二维特征空间,在冬小麦的三个关键生育期(拔节期、开花期和灌浆期)开展了病害的识别研究,详细步骤见 5.1.2 节。以下主要介绍小麦条锈病与白粉病的区分。

利用 20 个条锈样点和 20 个白粉样点冠层光谱数据,计算得到的归一化植被指数 NDVI 和生理反射指数 PhRI。以 NDVI 为横坐标轴,PhRI 为纵坐标轴建立二维特征空间(图 5-14)。两类样点的判别曲线为 $PhRI=0.073NDVI^2-0.022NDVI+0.05$,如果观测点为与曲线的上方,认为它是条锈样点,相反,则认定是白粉样点。模型在训练集上的精度达到 82.5%。

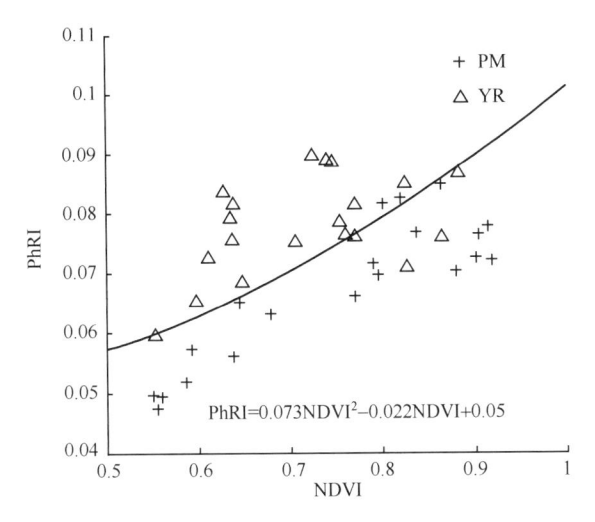

图 5-14 条锈病与白粉病的定量识别模型

为进一步验证建立模型的分类精度,利用 20 个白粉样点和 40 个条锈样点来测试模型的分类精度(图 5-15)。验证样本的分类预测采用总体精度和 Kappa 系数进行评估,并计算了误差矩阵(表 5-18)。结果表明,PM-YR 的分类精度为 83.3%,Kappa 系数为 0.6341。

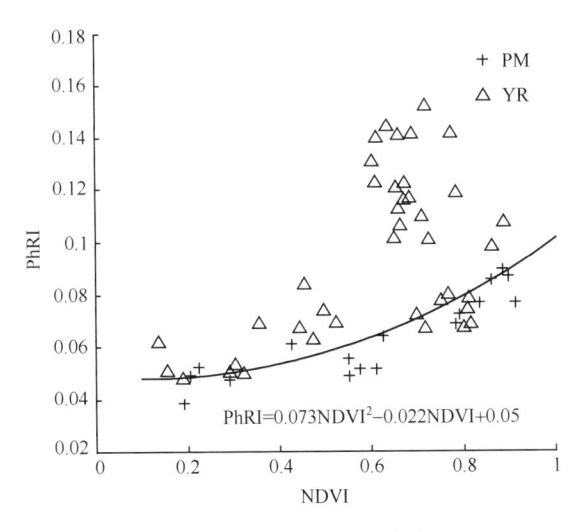

图 5-15 模型的验证结果

表 5-18　样本误差矩阵(PM-n0w0)

	PM	n0w0	总计
PM	16	4	20
n0w0	6	34	40
总计	22	38	60

注：Kappa 系数为 0.6341。

参 考 文 献

冯先伟,陈曦,包安明,等. 2004. 水分胁迫条件下棉花生理变化及其高光谱响应分析. 干旱区地理,27(2):250-255.

黄木易,黄文江,刘良云,等. 2004. 冬小麦条锈病单页光谱特征及严重度反演. 农业工程学报,20(1):176.

鲁军景,黄文江,张竞成,等. 2016. 基于小波特征的小麦白粉病与条锈病的定量识别研究. 光谱学与光谱分析,36(7).(已接收)

罗菊花. 2012. 基于多源数据的小麦蚜虫遥感监测预测研究. 北京:北京师范大学博士学位论文.

梅安新,彭望禄,秦其明,等. 2001.遥感导论. 北京:高等教育出版社.

彭涛,姚广,高辉远,等. 2009. 植物叶片和冠层光化学反射指数与叶黄素循环的关系. 生态学报,29(4):1987-1993.

乔红波. 2007. 麦蚜和白粉病遥感监测技术研究. 北京:中国农业科学院博士学位论文.

于振文. 2003. 作物栽培学各论:北方本. 北京:中国农业出版社.

张竞成. 2012. 多源遥感数据小麦病害信息提取方法研究. 杭州:浙江大学博士学位论文.

赵英时. 2003. 遥感应用分析原理与方法. 北京:科学出版社.

郑威,陈述彭. 1995. 资源遥感纲要.北京:中国科学技术出版社.

Boochs F, Kupfer G, Dockter K, et al. 1990. Shape of the red edge as vitality indicator for plants. Remote Sensing, 11(10):1741-1753.

Bravo C, Moshou D, West J, et al. 2003. Early disease detection in wheat fields using spectral reflectance. Biosystems Engineering, 84(2):137-145.

Broge N H, Leblanc E. 2000. Comparing prediction power and stability of broadband and hyperspectral vegetation indices for estimation of green leaf area index and canopy chlorophyll density. Remote Sensing of Environment, 76(2):156-172.

Buschmann C, Nagel E. 1993. In vivo spectroscopy and internal optics of leaves as basis for remote sensing of vegetation. International Journal of Remote Sensing, 14(4):711-722.

Bushnell W R. 1984. Structural and physiological alterations in susceptible host tissue. The Cereal Rusts, 1:477-507.

Ceccato P, Gobron N, Flasse S, et al. 2002. Designing a spectral index to estimate vegetation water content from remote sensing data: Part 1. Theoretical approach. Remote Sensing of Environment, 82(2):188-197.

Chen J M. 1996. Evaluation of vegetation indices and a modified simple ratio for boreal applications. Canadian Journal of Remote Sensing, 22(3):229-242.

Cheng T, Rivard B, Sanchenz-azofeifa G A. 2011. Spectroscopic determination of leaf water content using continuous wavelet analysis. Remote Sensing of Environment, 115(2):659-670.

Clevers J, de Jong S M, Epema G F, et al. 2002. Derivation of the red edge index using the MERIS standard band setting. International Journal of Remote Sensing, 23(16):3169-3184.

Cooke B M, Jones D G, Kaye B. 2006. The Epidemiology of Plant Diseases. Netherland: Springer.

Curran P J, Windham W R, Gholz H L. 1995. Exploring the relationship between reflectance red edge and chlorophyll concentration in slash pine leaves. Tree Physiology, 15(3):203-206.

Datt B. 1999. A new reflectance index for remote sensing of chlorophyll content in higher plants: Tests using Eucalyptus leaves. Journal of Plant Physiology, 154(1):30-36.

Daughtry C S, Walthall C L, Kim M S, et al. 2000. Estimating corn leaf chlorophyll concentration from leaf and canopy reflectance. Remote Sensing of Environment, 74(2): 229-239.

Delwiche S R, Kim M S. 2000. Hyperspectral imaging for detection of scab in wheat. Environmental and Industrial Sensing. International Society for Optics and Photonics, 13-20.

Devadas R, Lamb D W, Simpfendorfer S, et al. 2009. Evaluating ten spectral vegetation indices for identifying rust infection in individual wheat leaves. Precision Agricultural, 10(6): 459-470.

Fensholt R, Sandholt I. 2003. Derivation of a shortwave infrared water stress index from MODIS near-and shortwave infrared data in a semiarid environment. Remote Sensing of Environment, 87(1): 111-121.

Filella I, Serrano L, Serra J, et al. 1995. Evaluating wheat nitrogen status with canopy reflectance indices and discriminant analysis. Crop Science, 35(5): 1400-1405.

Galvão L S, Formaggio A R, Tisot D A. 2005. Discrimination of sugarcane varieties in Southeastern Brazil with EO-1 Hyperion data. Remote Sensing of Environment, 94(4): 523-534.

Gamon J A, Penuelas J, Field C B. 1992. A narrow-waveband spectral index that tracks diurnal changes in photosynthetic efficiency. Remote Sensing of Environment, 41(1): 35-44.

Gao B C. 1996. NDWI—A normalized difference water index for remote sensing of vegetation liquid water from space. Remote Sensing of Environment, 58(3): 257-266.

Gitelson A A, Merzlyak M N, Chivkunova O B. 2001. Optical properties and nondestructive estimation of anthocyanin content in plant leaves. Photochemistry and Photobiology, 74(1): 38-45.

Gitelson A A, Merzlyak M N. 2004. Non-destructive assessment of chlorophyll carotenoid and anthocyanin content in higher plant leaves: Principles and algorithms. Remote Sensing for Agriculture and Environment, 78-94.

Gong P, Pu R, Heald B. 2002. In situ hyperspectral data analysis for nutrient estimation of giant sequoia. International Journal of Remote Sensing, 23(9): 1827-1850.

Graeff S, Link J, Claupein W. 2006. Identification of powdery mildew (Erysiphe graminis sp. tritici) and take-all disease (Gaeumannomyces graminis sp. tritici) in wheat (Triticum aestivum L.) by means of leaf reflectance measurements. Central European Journal of Biology, 1(2): 275-288.

Haboudane D, Miller J R, Pattery E, et al. 2004. Hyperspectral vegetation indices and novel algorithms for predicting green LAI of crop canopies: Modeling and validation in the context of precision agriculture. Remote Sensing Environment, 90(3): 337-352.

Haboudane D, Miller J R, Tremblay N, et al. 2002. Integrated narrow-band vegetation indices for prediction of crop chlorophyll content for application to precision agriculture. Remote Sensing of Environment, 81(2): 416-426.

Horler D N H, Dockray M, Barber J. 1983. The red edge of plant leaf reflectance. International Journal of Remote Sensing, 4(2): 273-288.

Huang W J, David W L, Niu Z, et al. 2007. Identification of yellow rust in wheat using in-situ spectral reflectance measurements and airborne hyperspectral imaging. Precision Agriculture, 8(4-5): 187-197.

Hunt E R, Rock B N. 1989. Detection of changes in leaf water content using near-and middle-infrared reflectances. Remote Sensing of Environment, 30(1): 43-54.

Kenneth M. 2000. Hyperspectral mixture modeling for quantifying sparse vegetation cover in arid environments. Remote Sensing of Environment, 72(3): 360-374.

Kim M S, Daughtry C S T, Chappelle E W, et al. 1994. The use of high spectral resolution bands for estimating absorbed photosynthetically active radiation (APAR). In Proceedings of the 6th International Symposium on Physical Measurements and Signatures in Remote Sensing, 299-306.

Kuckenberg J, Tartachnyk I, Noga G. 2009. Detection and differentiation of nitrogen-deficiency, powdery mildew and leaf rust at wheat leaf and canopy level by laser-induced chlorophyll fluorescence. Biosystems Engineering, 103(2): 121-128.

Luo J H, Huang W J, Yuan L, et al. 2013. Evaluation of spectral indices and continuous wavelet analysis to quantify aphid infestation in wheat. Precision Agriculture, 14(2): 151-161.

Mahlein A K, Rumpf T, Welke P, et al. 2013. Development of spectral indices for detecting and identifying plant diseases. Remote Sensing of Environment, 128: 21-30.

Merton R, Huntington J. 1999. Early simulation of the ARIES-1 satellite sensor for multi-temporal vegetation research derived from AVIRIS. Summaries of the Eight JPL airborne earth science workshop. JPL Publication Pasadena, 99(17): 299-307.

Merzlyak M N, Gitelson A A, Chivkunova O B, et al. 1999. Non-destructive optical detection of pigment changes during leaf senescence and fruit ripening. Physiologia Plantarum, 106(1): 135-141.

Mirik M, Michels G J, Kassymzhanova-Mirik S, et al. 2007. Reflectance characteristics of Russian wheat aphid (Hemiptera: Aphididae) stressand abundance in winter wheat. Computers and Electronics in Agriculture, 57(2): 123-134.

Mirik M, Michels G J. 2006. Spectral sensing of aphid (Hemiptera: Aphididae) density using field spectrometry and radiometry. Turkish journal of agriculture and forestry, 30(6): 421-428.

Mirik M, Michels Jr G J, Kassymzhanova-Mirik S, et al. 2006. Using digital image analysis and spectral reflectance data to quantify damage by greenbug (Hemitera: Aphididae) in winter wheat. Computers and Electronics in Agriculture, 51(1): 86-98.

Naidu R A, Perry E M, Pierce F J, et al. 2009. The potential of spectral reflectance technique for the detection of Grapevine leafroll-associated virus-3 in two red-berried wine grape cultivars. Computers and Electronics in Agriculture, 66(1): 38-45.

Peñuelas J, Baret F, Filella I. 1995. Semi-empirical indices to assess carotenoids/ chlorophyll a ratio from leaf spectral reflectance. Photosynthetica, 31: 221-230.

Peñuelas J, Gamon J A, Fredeen A L, et al. 1994. Reflectance indices associated with physiological changes in nitrogen-and water-limited sunflower leaves. Remote Sensing of Environment, 48(2): 135-146.

Peñuelas J, Pinol J, Ogaya R, et al. 1997. Estimation of plant water concentration by the reflectance water index WI (R900/R970). International Journal of Remote Sensing, 18(13): 2869-2875.

Pu R, Foschi L, Gong P. 2004. Spectral feature analysis for assessment of water status and health level in coast live oak (Quercus agrifolia) leaves. International Journal of Remote Sensing, 25(20): 4267-4286.

Pu R, Ge S, Kelly N M, et al. 2003. Spectral absorption features as indicators of water status in coast live oak (Quercus agrifolia) leaves. International Journal of Remote Sensing, 24(9): 1799-1810.

Robnik-Šikonja M, Kononenko I. 2003. Theoretical and empirical analysis of ReliefF and RReliefF. Mach Learn, 53(1): 23-69.

Rouse J W, Haas R H, Schell J A, et al. 1973. Monitoring vegetation systems in the great plains with ERTS. Third ERTS Symposium, 1: 48-62.

Sankaran S, Mishra A, Ehsani R, et al. 2010. A review of advanced techniques for detecting plant diseases. Computers and Electronics in Agriculture, 72(1): 1-13.

Smith K L, Steven M D, Colls J J. 2004. Use of hyperspectral derivative ratios in the red edge region to identify plant stress responses to gas leak. Remote Sensing of Environment, 92(2): 207-217.

Thenkabail P S, Mariotto L, Gumma M M, et al. 2013. Selection of hyperspectral narrowbands (HNBs) and composition of hyperspectral twoband vegetation indices (HVIs) for biophysical characterization and discrimination of crop types using field reflectance and hyperion/EO-1 data. IEEE Journal Selected Topics in Applied Earth Observations and Remote Sensing, 6(2): 427-439.

Thenkabail P S, Smith R B, de Pauw E. 2000. Hyperspectral vegetation indices and their relationships with agricultural crop characteristics. Remote Sensing of Environment, 71(2): 158-182

Thomas J R, Gausman H W. 1997. Leaf reflectance vs leaf chlorophyll and carotenoid concentrations for eight crops. Agronomy Journal, 69(5): 799-802.

West J S, Bravo C, Oberti R, et al. 2003. The potential of optical canopy measurement for targeted control of field crop diseases. Annual review of Phytopathology, 41(1): 593-614.

Yuan L, Huang Y B, Loraamm R W, et al. 2014. Spectral analysis of winter wheat leaves for detection and differentiation of diseases and insects. Field Crops Research, 156: 199-207.

Zarco-Tejada P J, Berjón A, López-Lozano R, et al. 2005. Assessing vineyard condition with hyperspectral indices: Leaf and canopy reflectance simulation in a row-structured discontinuous canopy. Remote Sensing Environment, 99 (3): 271-287.

Zhang J C, Pu R L, Huang W J, et al. 2012. Using in-situ hyperspectral data for detecting and discriminating yellow rust disease from nutrient stresses. Field Crops Research, 134: 165-174.

Zhao C, Huang M, Huang W, et al. 2004. Analysis of winter wheat stripe rust characteristic spectrum and establishing of inversion models. Geoscience and Remote Sensing Symposium, IGARSS'04 Proceedings 2004 IEEE International, 6: 4318-4320.

第三部分 成像遥感技术监测作物病虫害研究

成像遥感技术是20世纪80年代初发展起来的新型遥感技术,集光谱检测和图像检测二者的优势于一体,已成为近年来国内外研究的热点,在作物养分诊断、水分监测和病虫害诊断等方面的定性和定量分析中具有明显优势。近年来国内外一些学者已将高光谱成像技术成功用于作物养分、病虫害胁迫诊断研究,并取得了初步进展和较好的结果。从光谱分辨率角度,成像遥感技术主要分为高光谱与多光谱成像技术。高光谱成像技术由于其成本较高,在区域尺度应用较少。相比之下,多光谱成像技术具有成本低廉等特点,在区域尺度的应用研究方面具有较大的优势,因而受到广泛关注和应用。随着航天技术的发展,卫星影像数据源在不断丰富,如何利用各种卫星影像数据源,在区域尺度上对病虫害的发生及程度进行监测是当前的一个重要方向,也是病虫害遥感监测及应用的难点之一。

本部分内容以小麦主要病害与虫害为例,在叶片尺度,利用成像高光谱开展了叶片病虫害监测的一系列实验,基于成像高光谱的图谱合一特征,分析并提取病虫害对叶片危害的图像和细微的光谱特征,为成像多光谱遥感探测区域尺度的病虫害危害程度提供理论基础。同时,在区域尺度,利用成像多时相多光谱卫星遥感数据、区域尺度的作物病虫害监测方法,实时动态地掌握病虫害的发生和发展状况,能为农业管理、农业服务、农业植物保护和农业保险等部门提供重要的信息。

因此,在区域尺度内,研究基于区域尺度的小麦蚜虫遥感监测方法,实时动态地掌握病虫害的发生和发展状况,能为农业管理、农业服务、农业植物保护和农业保险等部门提供重要的信息。

为开展成像遥感技术监测作物病虫害研究,在非成像光谱技术监测作物病虫害实验设计的基础上,增设了区域尺度病虫害观测实验。详细的实验方案如下所述。

实验一 小麦白粉病叶片尺度成像高光谱实验

小麦白粉病叶片尺度成像高光谱实验是小麦白粉病单叶及冠层光谱实验的扩展。实验于北京市农林科学院内试验田进行。野外实验中,剪取带叶柄的叶片共114片,包括正常样本34片和感病样本80片。叶片剪取后立即装入事先准备好的冰袋中,以避免其水分散失而影响生理状态。样品采集完后立即转移至室内,进行叶片成像光谱测定。

实验二 小麦蚜虫叶片尺度成像高光谱实验

小麦蚜虫成像高光谱实验于2010年5月25日在北京市昌平区小汤山国家精准农业

示范研究基地开展。由于2010年气温相对往年同时期温度较低,因此,小麦生育期推后1周左右,此时正值冬小麦灌浆初期,小麦蚜虫盛发期。于2010年5月25日09:00～11:00进行样本采集,初步通过目视选取不同蚜虫危害程度的小麦植株30株,为了保证叶片水分不会随时间流失而影响试验结果,取样时选择连根取样方式,取样结束后,马上装入塑料带,立即送到300m远的实验室进行成像光谱测定。

对叶片进行成像前,从获取的小麦植株中挑选不同蚜量梯度的叶片,采集样本均为小麦倒二叶,每5片叶子为一组进行成像测定。叶子分组测定前,首先在叶片旁边贴标签对叶片进行编号,然后根据叶片编号计数并记录每个叶片的蚜量;成像光谱测定计数后,用软毛刷从叶片上扫除所有蚜虫,根据蚜虫排泄的蜜露所占叶片的面积,估测蚜虫危害面积率,并按照编号进行记录,其记录结果如表1所示。

表1 叶片蚜量及危害面积率调查结果

叶片编号	No.1	No.2	No.3	No.4	No.5
调查蚜量/头	14	8	24	16	26
调查危害面积率/%	20	40	45	80	50

实验三 小麦条锈病航空成像高光谱实验

为了解小麦条锈病的图谱特征,采用了一套2002年在北京市小汤山精准农业示范基地获取的小麦条锈病同步实验数据(图1)。获取影像数据为PHI高光谱影像。该机-地传感器由中国科学院上海技术物理研究所研制,属面阵推扫型成像光谱仪,覆盖400～850nm的波长范围,提供光谱分辨率小于5nm,空间分辨率约1m(对应飞行高度为

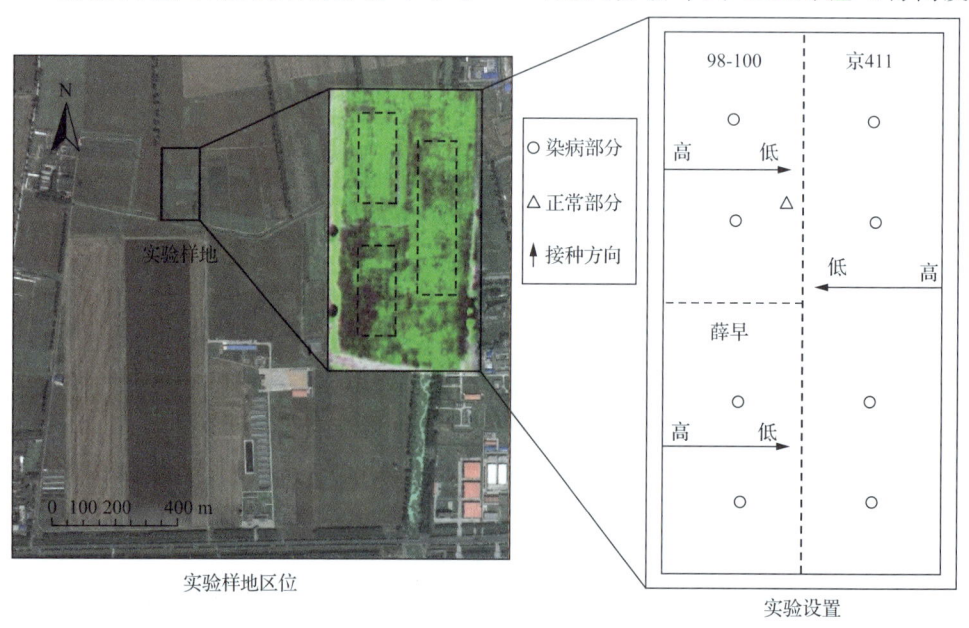

图1 机-地同步试验场及地面调查点分布示意图

1000m)的高光谱影像。在2002年4月18日,5月17日和5月31日共进行了3次机-地同步飞行试验,分别对应于小麦的拔节期,灌浆期和乳熟期三个关键生育期。航空影像数据在使用前进行传感器定标、辐射校正、反射率转换和几何校正及异常波段排查等预处理。此外,与三次飞行时间同步进行了相应的地面冠层光谱测定,以及条锈病严重度调查。关于上述飞行实验的场地、仪器、部署、数据处理方法详见相关文献(黄木易,2004)。

实验四 小麦条锈病星-地配套调查实验

为开展小麦病害光谱知识库构建研究,采用了2002年北京市小汤山精准农业示范基地获取的小麦条锈病高光谱实验数据,以及在甘肃省植物保护站工作人员帮助下,于2009年6月1～3日在甘肃省东南部的广大区域内收集的一套星-地配套病害调查数据。该研究区域具有高温、高湿的特点,是我国小麦条锈病的典型高发区域,2009年度该地区小麦条锈病呈中度流行。采用的卫星遥感数据为两景拍摄于2009年6月2日的HJ-CCD多光谱影像(Path/Row:122/516,122/518)。地面调查开展于6月1～6月4日(影像获取时间前后2天以内),共选择空间分布较分散的26个样地进行调查(图2)。每块样地调查区域为一个直径超过30m的小麦连片种植区域,采用Trimble GeoXT型差分GPS记录每个样地中心经纬度坐标。样地调查内容为条锈病病情严重度。

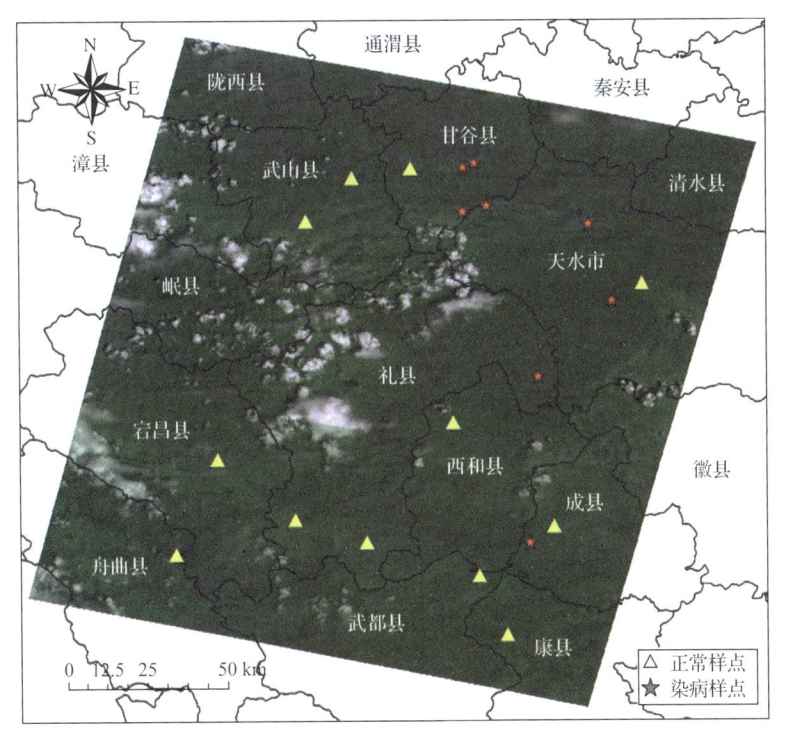

图2 甘肃地区星-地验证点分布图

实验五　小麦白粉病星-地配套调查实验

小麦白粉病在田间通常成片发生，是卫星遥感监测的理想病害类型。该实验区位于北京周边的顺义、通州地区。根据气象部门、植物保护部门预报经验及历年小麦白粉病的发生情况，该地区属病害易发生地区。同时，该地区小麦种植结构相对简单（品种混杂少）且地块面积较大，较适合应用中分辨率遥感数据进行病害监测。调查时段根据植物保护部门监测经验及病害冠层症状大致规律，选择在 2010 年 4 月 30～5 月 28 日期间进行实地调查，涉及了拔节、灌浆、孕穗等小麦关键生育期。上述时段是病害田间症状初期至严重的关键时期，根据历年经验，小麦白粉病在该段时期的症状发展迅速，且基本呈现由底部向冠层发展的趋势。在拔节前期，病菌繁殖较慢、扩散较少，因此底部症状尚不明显，而当小麦进入乳熟以后，由于植株变黄使得冠层病症整体被掩盖。因此，本部分的调查和分析是在上述间隔较短的时期内进行的。对研究区关键生育期内的影像进行全面查询后，下载质量优良（云覆盖少）的 HJ-CCD 和 HJ-IRS 影像，包括 6 景 HJ-CCD 影像和 3 景 HJ-IRS 影像。对影像进行预处理、镶嵌及裁剪后，分别得到北京研究区 4 个时相的 HJ-CCD 影像数据（用于监测和预测）和 3 个时相的 HJ-IRS 影像数据（用于预测）。

与遥感影像同步的地面调查数据获取对模型的训练和验证有重要意义。根据北京小麦卫星数据的获取时间，在京郊实验区内布点调查，获得一套与多时相 HJ-CCD 影像配套的地面调查数据。在研究区内共进行 4 次调查，分别对应于 4 个 HJ-CCD 影像获取时相。其中，每次调查的时间均在卫星影像获取时间的前后两天，除第一次调查晚于同期影像获取时间 4 天。由于早期病害的症状变化相对缓慢，且前期病害症状出现较轻微，因此仍以这次调查数据作为对应时相影像的地面参照数据。所有选择的样点均为一个直径超过 30m 的小麦连片种植区域。调查的内容为该区域内小麦的发病面积和病情程度，同时记录调查区域内小麦的品种和株型，并对小麦的种植密度进行测量。此外，由于病害的发生和发展具有高度的不确定性，本书一方面在研究区内顺义和通州区一些主要小麦种植田块布点，同时根据往年经验，咨询植物保护部门专家后在病害较易发生的通州区进行加密调查，共计选择 90 个调查样点，其中，54 个点用于模型的训练，36 个点用于模型验证，具体样点分布见图 3。

实验六　小麦蚜虫星-地同步调查实验

小麦蚜虫星-地同步实验的研究区选在北京近郊，重点研究区为北京通州区和顺义区，由于该区域为北京郊区的小麦主要种植区，该区域小麦种植结构相对简单（品种混杂少），且地块面积较大，较适合应用中分辨率遥感数据进行病害监测（图 4）。

地块尺度的蚜害等级调查主要与获取的中分辨率遥感数据相对应，为研究基于中分辨率的卫星遥感数据监测小麦蚜虫危害程度和预测小麦蚜虫发生概率提供数据支持。因此，选择在影像过境前后几天开展野外样点蚜害等级调查。此外，由于所获取的中分辨率影像主要为 Landsat 5 TM 和 HJ-CCD，其影像的空间分辨率为 $30\times30m$，因此选择的调查样点所在地块大小必须大于 $30m\times30m$。调查时以调查范围内的小麦长势及蚜害等级

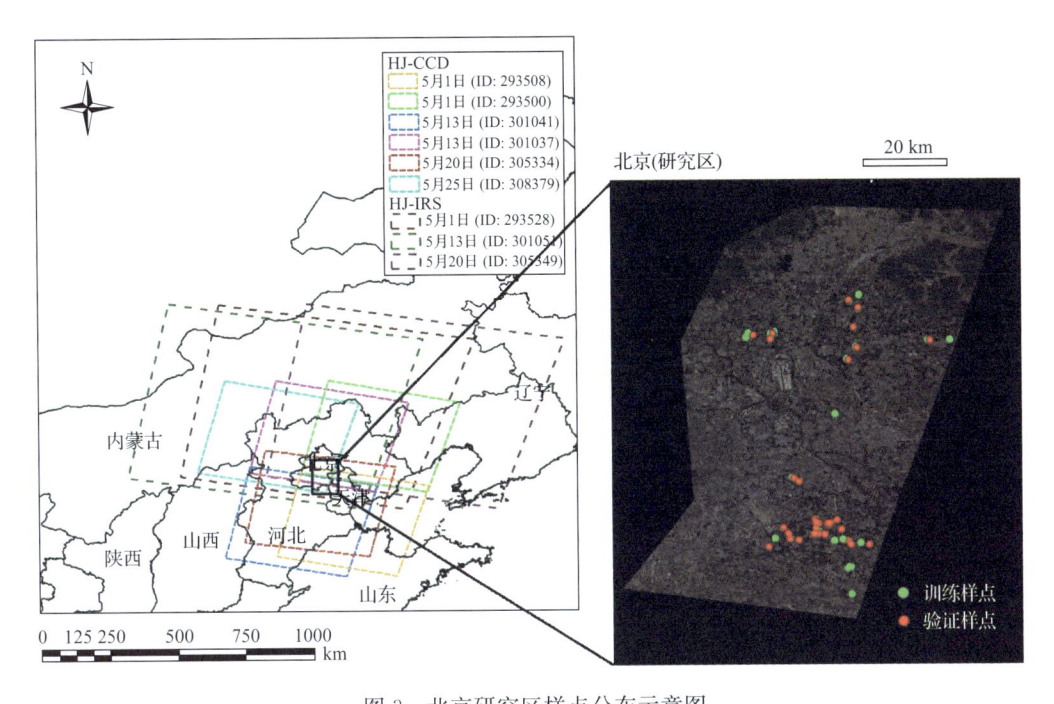

图 3 北京研究区样点分布示意图

左侧显示 HJ-CCD 和 HJ-IRS 影像覆盖范围；右侧显示训练样点(绿色圆圈)及验证样点(红色圆圈)的分布情况

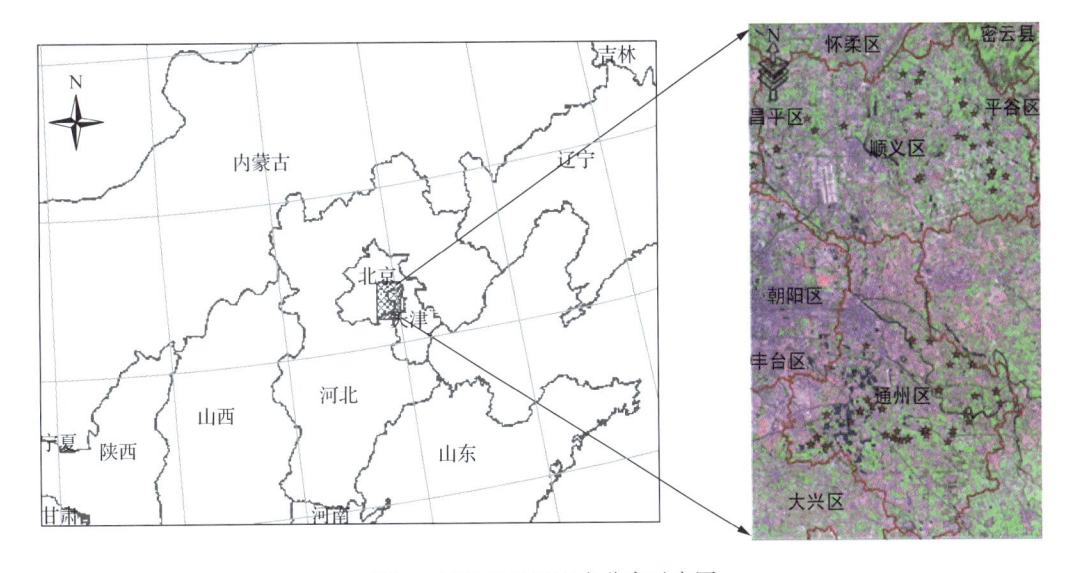

图 4 试验区及调查点分布示意图

均匀为标准，选择田块中合适的区域作为样地。调查时，在每块样地中采用分布均匀的 5 点调查法，每个调查点面积为 $2m^2$，选择 5 株小麦，分别计数每株小麦的倒一叶、倒二叶和倒三叶及穗部位蚜量，取其平均作为该样点的蚜量调查结果，然后根据蚜害等级的划分标准确定调查点的蚜害等级，并使用差分 GPS 记录样地中心点的经纬度。

选择在 Landsat 5 TM 过境前后几天对研究区的蚜害等级开展调查，调查时间分别为 2010 年 5 月 4 日、2010 年 5 月 10 日、2010 年 5 月 12 日、2010 年 5 月 20 日、2010 年 5

月21日、2010年6月4日、2010年6月5日,共获取了70个调查点的调查数据,其中,50个随机调查点和20个区域定点调查点,密集调查点是为了研究小麦蚜虫随时间的变化情况。

实验七 棉花黄萎病星-地配套调查实验

为研究区域尺度棉花黄萎病病情监测预测方法及模型构建,在田间实测调查的基础上,结合研究区特点、研究精度要求及经济效益等因素,拟选用具有较高空间分辨率和时间分辨率的多时相Landsat TM影像提取棉花黄萎病发生区域,并在此基础上利用高空间分辨率IKONOS影像监测棉花黄萎病病情严重度。获取的时序卫星影像数据见表2。

表2 多源时序卫星影像数据

影像类型	获取时间	轨道号	影像类型	获取时间	轨道号
TM	2008年6月2日	144/029	TM	2008年8月14日	143/029
TM	2008年7月4日	144/029	TM	2008年8月30日	143/029
TM	2008年7月13日	143/029	IKONOS	2008年7月25日	
TM	2008年7月29日	143/029			

实验八 玉米黏虫星-地配套调查实验

玉米黏虫是玉米作物虫害中常见的虫害之一。近年来,适宜的气候条件为黏虫的大范围暴发提供了有利条件。从危害方式上看,玉米黏虫主要啃食玉米植株的叶片和茎秆等部位,因此危害后可造成叶面积指数下降,冠层覆盖度下降等一些比较明显的特征,从机制上保证了遥感监测的可行性。为此,通过灾害发生后短时间内在河北省唐山市周边典型的严重受灾区域进行地面实勘调查,结合不同时期遥感影像,尝试利用遥感技术监测灾害发生的范围和程度的方法。

玉米黏虫实验研究区选择2012年夏天玉米黏虫暴发的区域作为研究区域,包括唐山市、丰润县和滦县三个地区。在研究区域内共随机选取69个调查区域,记录每个调查区域的中心经纬度和玉米黏虫的严重度,并将其中的41个(60%)调查区域作为训练样本,其余28个(40%)调查区域作为验证样本,调查样本和验证样本的空间分布如图7-67所示。每个调查样点中,参考北美杂草调查规范NAWMA,调查9个1m×1m的样方的虫害严重度。虫害严重度的判定采用半定量方法,将严重度分为正常、轻度和重度三个等级。当调查小区内没有玉米黏虫或者是遭到玉米黏虫破坏的叶片数占调查叶片数的比例小于5%时将该小区视为正常小区。由于玉米棒三叶对于玉米的光合作用非常重要,由玉米黏虫导致破坏主要依赖于气象条件和玉米棒三叶遭到破坏的程度。因此,对于有玉米黏虫发生的调查小区,当棒三叶遭到玉米黏虫破坏的玉米株数占调查株数的比例小于30%时定义为轻度发生;当棒三叶遭到玉米黏虫破坏的玉米株数占调查株数的比例大于等于30%时定义为重度发生。样方调查的中位结果作为样点玉米黏虫严重度的实测结果。

影像数据预处理

开展成像光谱研究作物病虫害特征之前,需对获取的高光谱及多光谱影像进行预处理。数据预处理主要包括以下内容。

1. 高光谱成像数据预处理

试验所使用成像光谱系统由推扫式成像光谱仪(pushbroom imaging spectrometer, PIS)、电控平移台及控制器、可调式卤元素光源、台式电脑等部件组成,其系统工作示意图如图 5 所示,由中国科技大学联合北京市农林科学院共同研制。光谱仪在使用前委托中国科学院安徽光学精密机械研究所的国家光辐射定标与标征技术创新实验室进行了严格测试和定标,成像光谱仪的波长范围为 400~1000nm;光谱分辨率为 2nm;空间分辨率为 0.5~2mm(本测试最终获得图像分辨率为 1mm);图像分辨率为 1400(空间维)×1024(光谱维);光谱采样间隔为 0.7nm;光谱仪的视场角为 16°。

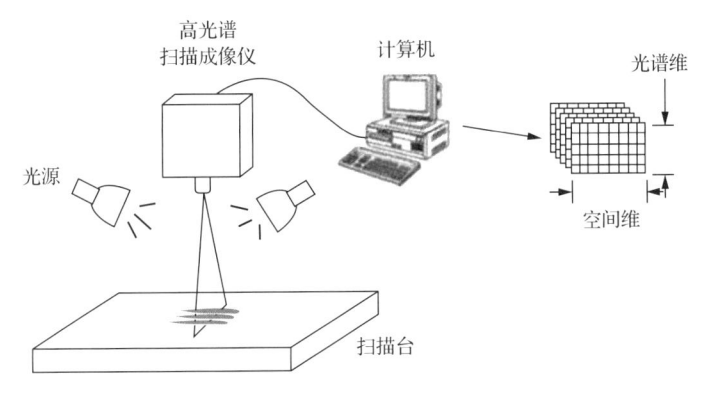

图 5 高光谱成像系统示意图

进行叶片高光谱成像前,根据成像效果固定仪器的高度。经测量镜头距电动平移台 380mm;光源距平台 300mm,与平台成 45°;电动平移台的合适速度为 2.3mm/s;设置成像采集系统的参数时,设置最佳的曝光时间和帧频数分别为 100ms 和 9 帧/s。小麦叶片平铺于黑布上,光谱仪视场内放置参考板。随着电动平移台匀速移动,同时获取叶片和参考板的高光谱立方体。其中,每张图片包含 1024 个光谱波段。

采集的高光谱图像以 BMP 格式保存在计算机中,为了对数据进行光谱特征提取与分析需完成光谱图像的拼接与反射率转换。本试验通过 MATLAB 软件把原始图像拼接为 BIL 格式的整幅影像,再通过 ENVI 软件中的经验线性法模块完成影像的反射率转换。

由于光谱仪的暗电流在各波段下响应不均匀,造成图像含有噪声。本试验使用 Origin 软件中的 S-G 卷积平滑模块进行光谱去噪与光谱曲线表达,同时为了研究需要,去掉噪声较大的波段,最后使用的有效波段是 450~900nm。

为增强叶片在不同胁迫状态下的光谱特征,消除因光照引起的反射率差异,对反射率采用归一化方法处理。它的原理是逐像元计算每个像元的光谱均值,然后用每个波段的

光谱反射率除以该均值,最后得到的归一化反射率值在[0,2.5]之间。有

$$R_{ij} = \frac{R_{ij}}{\frac{1}{k}\sum R_{ij}} \tag{1}$$

式中,R_{ij} 表示归一化反射率;i,j 分别表示起始和终止波段;k 表示总的波段数。

2. 多光谱数据预处理

获取研究所需的各景影像后,首先要对影像进行预处理。主要包括大气校正、几何校正和影像切割等。影像预处理是区域尺度遥感监测研究的基础,影像的处理结果影响最终的研究结果。因此,对预处理中某些重要的环节进行了特殊的处理和要求。对本部分内容涉及的所有多光谱数据全部进行了预处理,包括大气校正、几何校正和研究区裁剪。

1) 大气校正

Landsat TM 的大气校正方法比较成熟,利用 ENVI 软件及其嵌有的 FLAASH 大气校正模块,结合 Landsat TM 元数据的头文件信息对 Landsat TM(除去热红外波段)的影像分别进行辐射定标和大气校正。

对于获取的环境星多光谱数据(下称 HJ-CCD)由于其波段缺少短波红外波段,因此其大气校正相比 TM 比较特殊。首先进行辐射定标,辐射定标采用下式进行:

$$L = DN/a + L_0 \tag{2}$$

式中,L 为辐射亮度值;a 为绝对定标系数增益;L_0 为偏移量。转换后辐射亮度值的单位为 $W/(m^2 \cdot sr \cdot \mu m)$。各波段的增益和偏移量在影像原始头文件中提取。

将影像辐射亮度转换为反射率需要对图像进行大气校正。由于在大范围应用中难以获得准确的大气参数,采用了 Liang 等(2001)提出的暗物体法(dark object methods)改进算法对影像进行校正。该方法通过创建查找表(look up table),估算气溶胶光学厚度,邻近效应校正,以及地表反射率反演等过程能够较准确地反演影像区域内气溶胶空间分布,故可有效减弱大气环境差异对光谱的影响。

2) 几何校正

影像的几何校正以一景经过差分 GPS 控制点校正的研究区航片为参考影像,对一景 Landsat 5 TM 影像进行几何精校正,并使得所选的参考点在图像上尽量分布均匀,最终确保影像地理位置误差在 0.5 个像元以内。然后在以几何校正好的 Landsat 5 TM 数据为基准图,选用三次多项式几何校正方法,对其他的 HJ-1B CCD 和 Landsat 5 TM 影像和所有的热红外影像进行精校正,确保几何校正精度优于 0.5 个像元。

参 考 文 献

黄木易. 2004. 冬小麦条锈病害的高光谱遥感监测. 合肥:安徽农业大学硕士学位论文.

Liang S, Fang H, Chen M. 2001. Atmospheric correction of Landsat ETM+ land surface imagery. Ⅰ. Methods. IEEE Transactions on Geoscience and Remote Sensing,39(11):2490-2498.

第6章 作物病虫害成像高光谱遥感解析

本章以小麦主要病虫害,包括小麦条锈病、白粉病以及蚜虫为例,利用成像高光谱的图谱合一技术,研究小麦病虫害图谱特征,为开展叶片、冠层及区域尺度病虫害卫星成像遥感监测研究提供理论基础。

6.1 小麦条锈病图谱解析

小麦条锈病的典型症状主要发生在叶片上,叶片褪绿变黄是条锈病症状最明显的特征之一。成像高光谱数据波段数多,光谱分辨率高,携带了大量的目标特征信息,相比于宽波段和多波段遥感数据更易于识别病虫害胁迫的特征信息。而且,利用成像高光谱数据解析小麦条锈病图谱特征可为小麦条锈病航空、航天遥感监测提供依据。本节以小麦条锈病为例,利用 PHI 成像高光谱数据分析其图谱特征。

1. 正常和病害样点图谱特征对比分析

将获取的正常和病害点叠加到三景 PHI 影像上,分析它们的光谱反射率特征随生育期推进的动态变化规律。为了突出小麦植被和周边环境的差异,采用 783.5nm 的近红外波段、682.4nm 的红波段和 551.0nm 的绿波段进行假彩色合成,得到图 6-1 所示的三期 PHI 影像。从上面可以看出,小麦和路边的树呈现出红色,周围的道路和裸地表现出灰色调。在 ENVI 软件中,分别提取出每个生育期两个点的光谱曲线进行对比。由于系统噪声的存在,得到的光谱曲线存在较严重的锯齿状,影响了小麦光谱特征的表现规律。采用 2 点窗口的临近点平均值法(adjacent-averaging)对其进行平滑,得到三个生育期的光谱曲线对比。

分析图 6-1(a),发现影像色调呈现出亮红色。这是因为影像获取的时间为 4 月 18 日,此时距离 4 月 1 日的条锈病人工接种日期刚刚过去 18 天,接种地块的小麦植株刚刚感染条锈病菌,在冠层尺度还没有显现。对比病害和正常样点,发现它们的影像色调非常接近,但是在光谱反射率上却存在着差异,尤其在 700~800nm 的近红外区间。由于刚受到病菌的侵害,病害样点的反射率在近红外区间略小于正常样点。在图 6-1(b)中,对照地块和大田地块的小麦区域仍然呈现红色调,但已经略微发黑,接种地块的小麦大部分呈现出暗红色,表明病菌已经严重侵害了小麦植株。具体到光谱反射率曲线上,可以看出正常和病害点的光谱差异被严重拉大。正常样点的光谱曲线在 570nm 为中心波长的绿波段存在一个反射峰,在 670nm 为中心波长的红波段存在一个吸收谷,在 700~800nm 近红外区间存在高反射率,符合绿色植被的典型反射率特征。但是,病害点的绿峰已经消失,红谷被严重拉升,甚至削平,在 715~800nm 的近红外区间内反射率急剧下降。等到了乳熟期(图 6-1(c)),影像的色调整体上便暗红,此时小麦已经失绿,开始进入成熟期,正

图 6-1 不同生育期中正常和病害样点的影像和光谱曲线对比

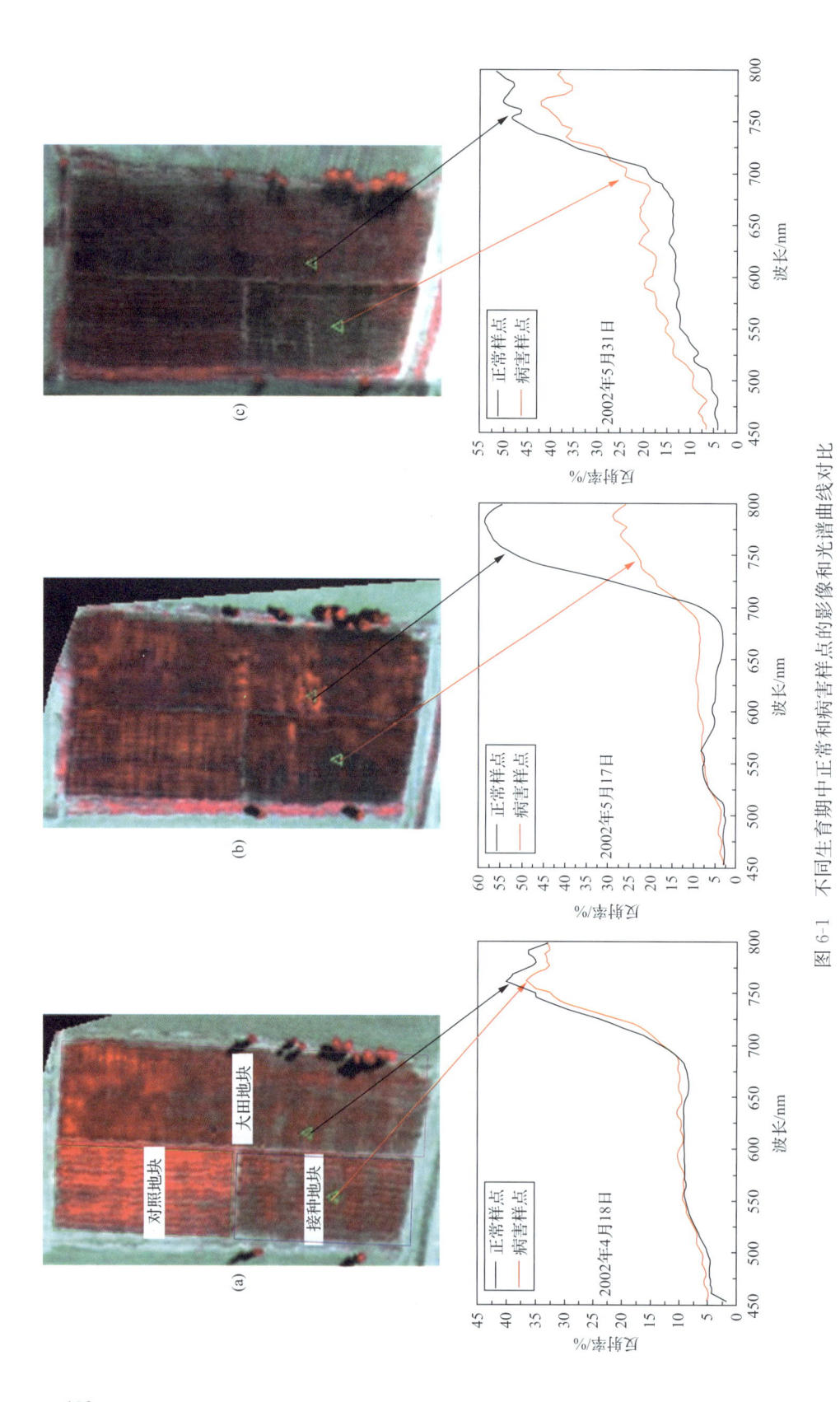

常和病害样点的影像色调基本一致。然而,光谱曲线却表现出差异。正常样点的整体光谱曲线还表现出植被的典型形状,但病害点的光谱曲线已经和土壤的接近,说明条锈菌对小麦的破坏已经非常严重。

选取如表 6-1 所示的 6 个光谱参数以定量分析正常和病害样点的差异。分析发现,三个生育期内的 Blue、Green 和 Red 波段影像色调和纹理差异很小,但是三个生育期之间的差异却较大。相比之下,NIR、NDVI 和 PRI 三个参数无论在生育期内还是生育期之间的差异却很大。在拔节期内,由于小麦刚感染条锈菌,正常和病害点的六个参数的差异

表 6-1 多时相 PHI 影像上正常和病害样点图像和光谱曲线对比

光谱参数	拔节期(4/18)			灌浆期(5/17)			乳熟期(5/31)		
	影像	正常样点	病害样点	影像	正常样点	病害样点	影像	正常样点	病害样点
Blue (457.2nm)		5.55	4.97		2.98	3.64		3.32	6.53
Green (570.0nm)		9.03	9.88		6.99	7.83		10.57	15.22
Red (682.4nm)		9.47	10.84		2.80	8.45		9.86	20.61
NIR (750.1nm)		33.37	32.61		54.20	24.87		46.54	37.80
NDVI		0.561	0.528		0.909	0.492		0.726	0.294
PRI		−0.088	−0.053		0.011	−0.141		−0.014	−0.155

都较小,但随着生育期的推进,这些参数的值被逐渐拉大。在 Blue、Green 和 Red 三个可将光波段内,由于条锈菌破坏了小麦色素,降低了叶绿素的吸收,使得病害点的光谱值大于正常点。但是,在近红外波段,这种趋势却相反,因为条锈菌破坏了小麦叶片的结构组织,降低了叶片的光合有效辐射和光能利用效率。相比 Blue、Green 和 Red 三个光谱波段,NIR、NDVI 和 PRI 的数值是降低的。

2. 小麦条锈病引起的光谱差异原因

小麦条锈病菌主要为害小麦的叶片,也可为害叶鞘、茎秆和穗部。小麦感病后,初呈退绿色的斑点,后形成鲜黄色的粉疱(即夏孢子堆)。夏孢子堆较小,长椭圆形,在叶片上排列成条状,与叶脉平行。到后期长出黑色、狭长形、埋伏于表皮下面的条状疱斑,即病菌的冬孢子。相比正常叶片,条锈病菌的侵染使小麦叶片色素、组织结构、水分等发生变化,导致可见光、近红外和短波红外三个光谱区间的光谱响应特征发生改变。反映到冠层上,也会表现出相同的侵害特征。

3. 多时相机载 PHI 高光谱影像动态监测小麦条锈病

为利用 PHI 影像监测"面"上的小麦条锈病,需要选取对条锈病敏感的光谱波段,构建监测模型。根据前人在 PHI 影像上研究条锈病的光谱特征及地面冠层光谱特出的敏感特性(罗菊花等,2010),得出 PHI 影像上条锈病光谱特征:①在红波段内(560~670nm),病害点冠层反射率都高于正常生长的小麦冠层;②在近红外波段(700~1100nm),这种趋势正好相反。根据 NDVI 构建的思想,我们选用 PHI 影像的 620~718nm 和 770~805nm 范围的红波段和近红外波段平均值作为两个自变量,病情指数作为因变量,选取拔节期到灌浆期的 45 个地面调查点,构建二元线性回归方程(式(6-1))。有

$$DI = 18.652 R_{Red} - 1.761 R_{NIR} + 7.364 \quad (6-1)$$

方程的决定系数 r 为 0.923,标准误差为 0.108。利用 0.05 的显著水平对该方程的显著性进行 F 检验,计算得到的 F 值为 121.5,而利用 $F_{0.05}(2,42)$ 查表得到的值为 3.23,表明该方程非常有效。进一步,利用 20 个地面调查点验证该方程的效果,得到图 6-2 所示的相关性检验结果。发现实测病情指数 DI 和利用方程预测的 DI 得到的方程决定系数 R^2 为 0.877,表明该方程可以用于 PHI 影像。由于获取的 PHI 机载高光谱影像在成像过程会受到各种因素的影响,导致某些特定的波段会出现系统噪声和异常值,影响了该波段数据的可用性。选取 PHI 影像的 621.0~720.1nm 红光区间和 768.7~805.7nm 近红外区间之间的均值作为自变量,代入式(6-1)得到如图 6-3 所示的三个生育期的条锈病空间分布图。

为对小麦样地的条锈病感染情况进行分级,将 PHI 影像上计算得到的 DI 按照:正常(0%~5%)、轻度(5%~25%)、中度(25%~50%)、重度(50%~80%)和极严重(80%~100%)划分了相对严重度。由三个生育期的条锈病空间分布图,可以发现病害对小麦影响的动态特征:在拔节期,仅在接种地块和临近的地块中出现轻度感染的情况;到了灌浆期,病菌已经扩散开来,接种地块已经出现了中度和重度感染,大田地块中仍以轻度为主;

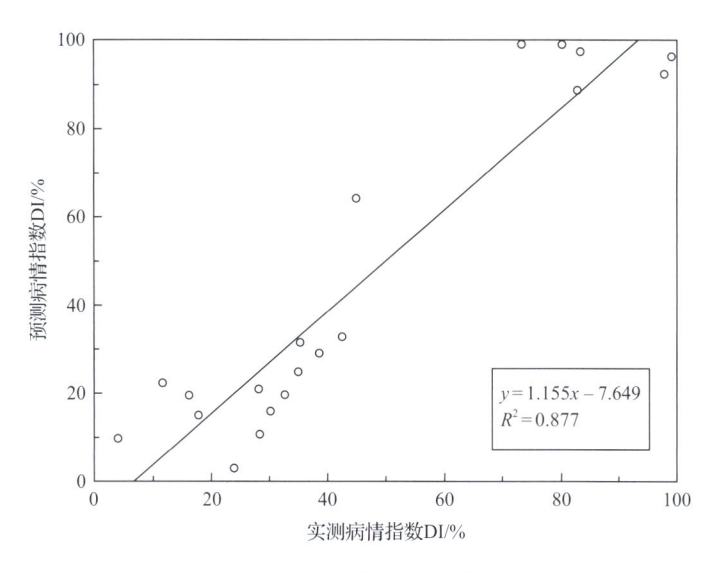

图 6-2　利用实地调查数据验证线性回归方程

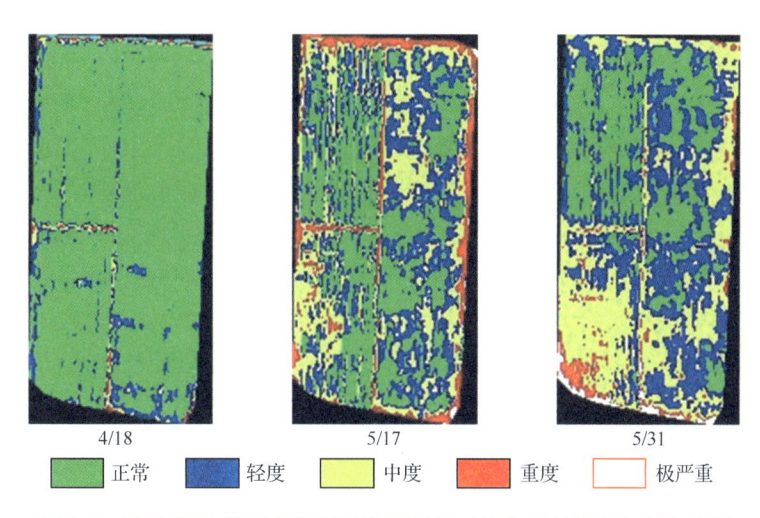

图 6-3　基于 PHI 机载高光谱影像得到的三景小麦条锈病空间分布图

在乳熟期，接种地块已经全面感染，以中度和重度为主，大田地块中中度感染地块增加。分析条锈病菌的感染方向，发现南部比北部发病重，尤其在 5 月 31 日的 PHI 影像上表现更明显，而实际情况也是接种时的浓度按照从南到北依次加重，与实际情况很吻合。然而，影像中也出现了一些较明显的误分情况，如在 4 月 18 日和 5 月 17 日的影像上，地块边缘被误分为重度区域。原因是隔离行存在裸露的土壤以及地块的周边种植一些树木。为更准确地提取病害的侵染，建议后续的研究中将小麦区域提取出来，通过掩膜处理将非植被和树木剔除。由于研究区域较小，且研究区内作物类型较单一，故没有进行掩膜处理。

6.2 小麦白粉病图谱解析

6.2.1 小麦白粉病叶成像光谱响应特征

白粉病侵染后的叶片目视表现为白色至浅黄色。因此，叶片上的病斑是改变染病叶片光谱的一个重要原因。由于通过积分球测得的叶片光谱近似于整叶光谱的平均值，并不能反映叶片上正常、病斑等不同部位的光谱差异。为进一步详细探讨叶片病斑对光谱改变的贡献，采用了成像高光谱仪对感染白粉病的小麦叶片进行研究。图 6-4 显示实验获取的高光谱图像以及叶片中病斑、正常位置的光谱曲线。从目视情况看，其中，绿色部分对应叶片正常区域，粉色部分对应于病斑位置，黑色区域为背景。由于所采用的成像高光谱测试系统为推扫式成像，光源为室内卤素灯。推扫时实际将光源、光谱传感器固定，通过传送带以一定速度移动叶片样本而扫描成像。因此，图像各个部分受到的光强度分布难以做到完全均匀。由于推扫成像特点，与传送方向平行的光照强度总是一致的，在选取叶片中正常及病斑位置时分别选取同一片叶片的与扫描方向平行方向区域进行分析。如图 6-4 所示，在高光谱图像中共选取了 3 组符合要求的位置，在每处位置分别提取了 4×7 像元位置(该图像像元尺寸约 1mm×1mm)的高光谱反射率信息，取平均后即得到图 6-4 右上方的反射率图线。注意到虽然 3 组光谱的反射率值存在明显差异，但就每一对正常与病斑位置看，病斑位置的光谱变化规律总是一致的(图 6-4 右下方图)。因此，也就基本消除了不同光辐照强度对研究叶片上病斑区域光谱变化的影响。观察图 6-4 右侧上、下两幅图线可发现，白粉病斑处光谱反射率相对于正常位置在可见光和近红外区域均有明显提高，很大程度上体现了病斑的颜色效应。但是，总体上可见光部分的反射率增幅达到 2~4 倍，明显超过近红外区域的 1.1~1.3 倍的增幅。小麦叶片受白粉病病菌影响导致光合机制受到抑制，光合色素对光能吸收大幅降低导致反射率相应升高。另外，病叶光谱在近红外区域反射率的降低与病斑处细胞结构的破坏导致有关。在关于大麦的白粉病叶片光谱响应的研究中，Lorenzen 和 Jensen(1989)也观察到相似的可见光和近红外区域的光谱变化趋势。

总体而言，图 6-4 右下图显示病斑光谱反射率差异曲线与图 3-10(c)中整叶的光谱反射率差异较为接近，这表明了叶片病斑导致的光谱改变在很大程度上决定了小麦白粉病对叶片光谱的影响。但是进一步比较发现，两条反射率差异曲线在 470nm 和 670nm 两个位置上不尽一致，图 3-10(c)、(d)中能够清晰地看到曲线在这两处有明显降低，说明在整叶光谱中除病斑影响外还叠加着另外的影响。鉴于 470nm 和 670nm 是叶绿素的特征吸收波段，可以推测病害光谱这两个位置变化幅度的降低反映了叶片本底叶绿素水平的影响。表 6-2 给出了本研究中染病叶片样本的病情指数和对应的色素含量之间的相关分析结果，病情指数 DI 和色素含量之间的相关系数为 0.65~0.75，表明两者有明显的关系，即随着受侵染的程度加深，更多的色素被破坏的趋势。然而相关系数并未达到较高的水平，表明两者的关系存在一定的不确定性，叶片本底叶绿素水平是其中一个较为主要的影响。由此可见，正常植株各个叶片之间的叶绿素水平是存在着一定差异的，如一片叶绿素含量较高的叶片重度感病和一片叶绿素含量较低的叶片轻度感病最终可能出现叶绿素

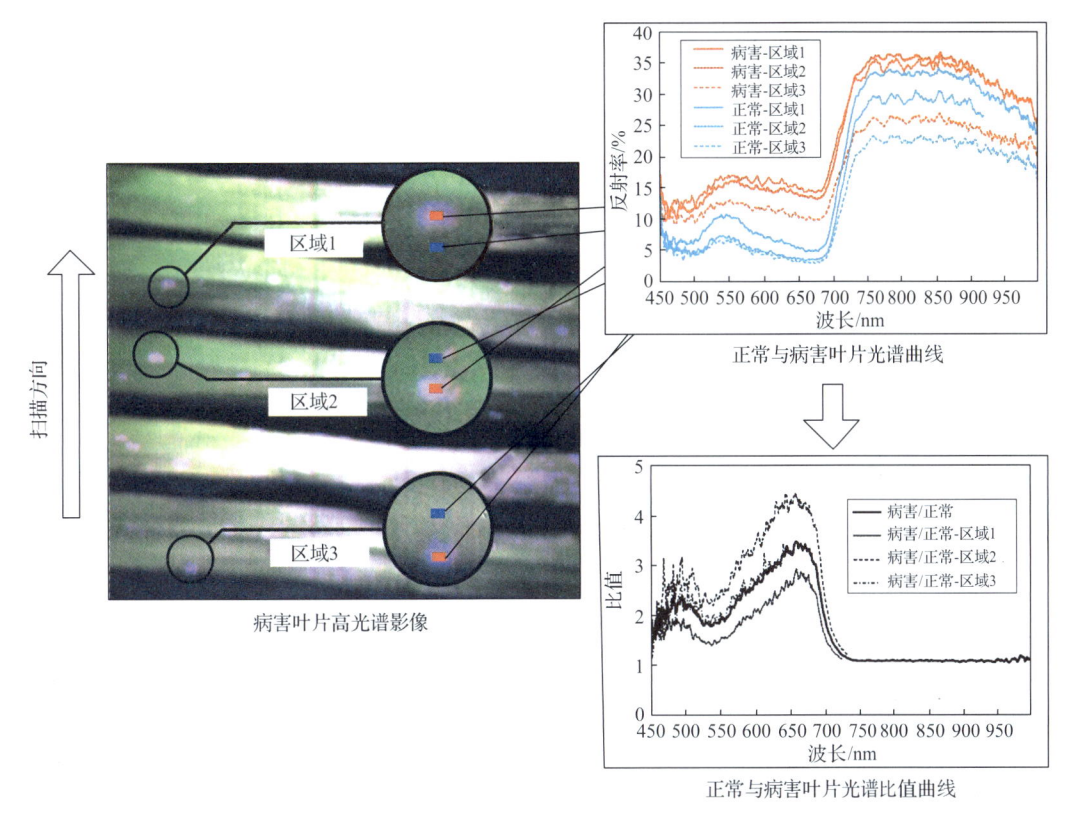

图 6-4 小麦叶片正常及病斑区域的成像高光谱分析示意图

左侧高光谱图像为 Landsat 5 TM 第 2、第 3 和第 4 波段中心波长合成的假彩色图像(R=绿，G=近红，B=红)；
右上方图为 3 组正常及病斑位置的原始光谱反射率曲线，右下方图为病斑与正常的光谱比值曲线；
叶片生育时期为小麦灌浆期

含量接近的情况。因此，当这一影响作用于染病叶片的光谱时，就会降低叶绿素吸收特征波段对病情的敏感性，进而呈现出如图 3-10(d)所示的相关系数曲线趋势。当然，对于这一解释仍需要更多的分析进行验证。

表 6-2 小麦白粉病叶片病情指数和色素含量相关分析结果

相关性	DI	Chl_a	Chl_b	Chl_{a+b}	Car	Car/Chl_{a+b}
DI	Na	−0.677***	−0.721***	−0.691***	−0.692***	0.319
Chl_a	−0.677***	Na	0.982***	0.999***	0.974***	−0.469**
Chl_b	−0.721***	0.982***	Na	0.990***	0.971***	−0.458*
Chl_{a+b}	−0.691***	0.999***	0.990***	Na	0.976***	−0.468**
Car	−0.692***	0.974***	0.971***	0.976***	Na	−0.275
Car/Chl_{a+b}	0.319	−0.469**	−0.458*	−0.468**	−0.275	Na

注：* 表明差异在 0.950 置信水平上显著；** 表明差异在 0.990 置信水平上显著；*** 表明差异在 0.999 置信水平上显著；Na 为对角线数据；Chl_a、Chl_b 分别表示叶绿素 a 和叶绿素 b，Chl_{a+b} 为二者之和；Car 为类胡萝卜素。

6.2.2 叶片尺度小麦白粉病图谱特征

为研究白粉病叶片的纹理特征,在 ENVI 遥感处理与分析软件中对 PIS 高分辨影像进行基于概率统计的滤波(occurrence measures)分析,概率统计把处理窗口中每一个灰阶出现的次数用于纹理计算。共获取了五个不同的基于概率统计的纹理滤波:数据范围(data range)、平均值(mean)、方差(variance)、信息熵(entropy)和偏斜(skewness)。由图 6-5(b)可以看出,信息熵和偏斜两个纹理滤波携带的信息量太少,故研究中将其舍去,只分析另外三个滤波的统计值。由图 6-5(c)可以看出,经过数据范围、平均值、方差的红(red)、绿(green)、蓝(blue)三个波段合成的假彩色影像中,背景被赋予了黑色,正常叶片显示为深绿色,白粉病斑显示为白色,这些物体的颜色都与实际观察到的一致,可以很好地区分出白粉病斑。

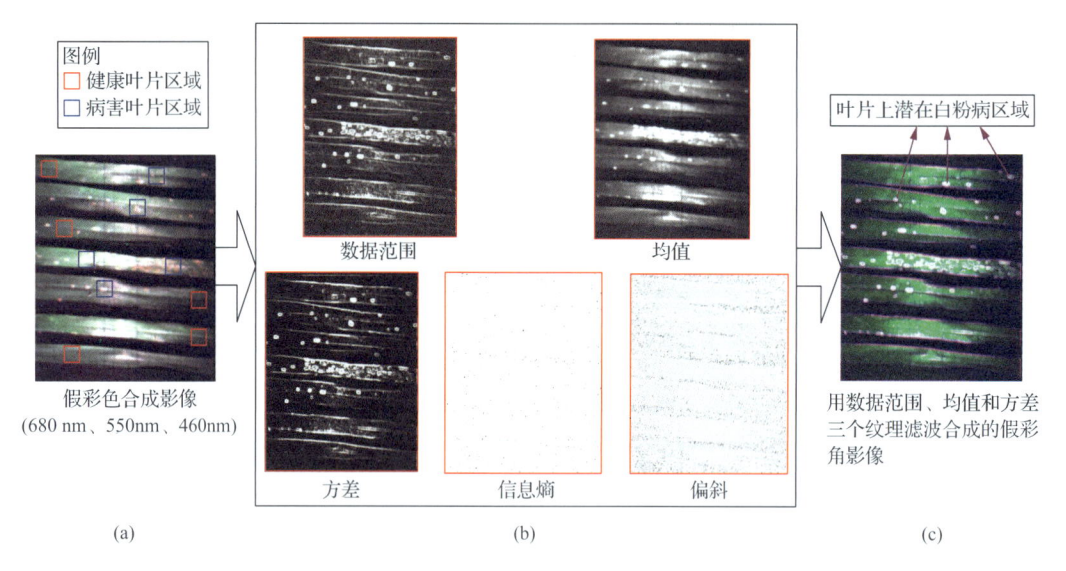

图 6-5 白粉病叶片 PIS 影像的纹理滤波分析

基于图 6-5(a)中选取的正常和病害小麦叶片感兴趣区(ROI),统计了数据范围、平均值和方差三个纹理滤波指数(表 6-3)。可以发现,病害叶片三个指数对应的统计值都比正常叶片大,可以解释为白粉病菌的覆盖增加了叶片表面的凹凸感,因此其对应的纹理信息更加丰富。从两者统计量的差值中,可以发现均值纹理滤波的最大值差最大,达到 23.300;方差的最小值差最小,仅为 0.006。

表 6-3 正常和病害叶片纹理滤波的统计值

	数据范围				均值				方差			
	最小值	最大值	均值	标准差	最小值	最大值	均值	标准差	最小值	最大值	均值	标准差
正常叶片	0.174	1.130	0.584	0.164	2.664	4.807	3.864	0.397	0.004	0.124	0.035	0.018
病害叶片	0.349	8.254	2.956	1.661	7.065	28.107	14.654	3.993	0.010	8.106	1.210	1.333
差值*	0.175	7.124	2.372	1.497	4.401	23.300	10.790	3.596	0.006	7.982	1.175	1.315

注:*代表病害叶片和正常叶片对应统计值的差。

图 6-6 为侵染白粉病的小麦叶片 PIS 图像平滑前后的对比,可以出同一个像元平滑后的光谱曲线得到了极大改善,尤其在 445～680nm 和 760～1000nm 波段范围,使叶片的绿峰、红谷和近红外平台等植被的典型光谱特征得到了明显增强。在图 6-7 平滑后的影像中,选取正常叶片和病斑覆盖区两个像元,对比图 6-7(a)中的正常和病斑光谱曲线,可以发现在 450～950nm 的光谱区间,病斑的光谱曲线明显高于正常叶片,且病斑曲线的植被特征(可见光波段的绿峰和红谷)变得模糊甚至消失。对比图 6-7(b)中四个严重度等级的小麦叶片反射率,发现随着病害严重度的增加,其反射率也呈增加趋势。由此可见,白粉病菌的覆盖极大增强了叶片的反射率,同时破坏了叶片的内部组织结构,导致叶片的典型植被反射率特征减弱甚至消失。

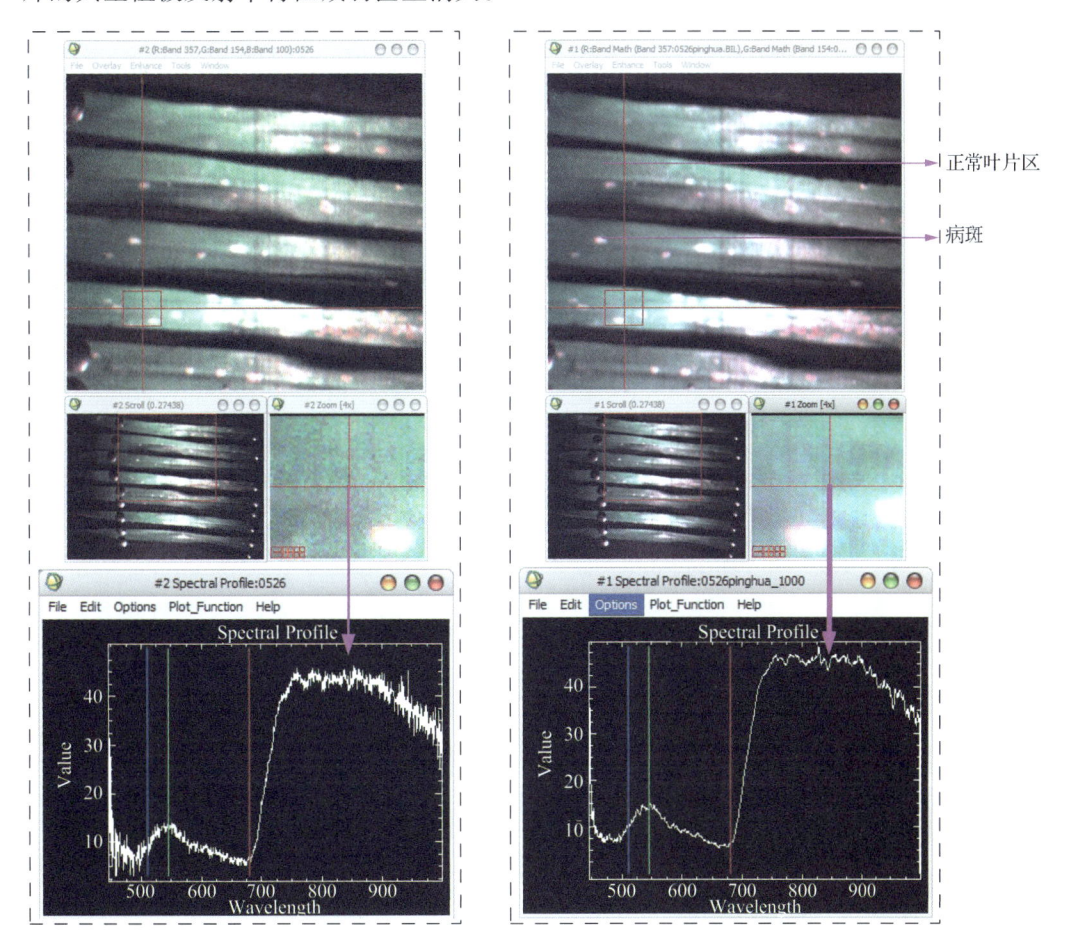

图 6-6 侵染白粉病的小麦叶片 PIS 影像平滑前后的对比

在高分辨率 PIS 影像上,分别随机选取 110 个正常叶片像元和 110 个白粉病斑像元,为了找出 450～950nm 波段范围内光谱差异最大的波段,先求取两种类型像元的平均光谱,再进行差值运算。根据归一化植被指数 NDVI 的构建原理(Rouse et al.,1973),红光和近红外区间的差异被认为是对生物量和叶绿素含量变化最敏感的区域。在本研究中,求取 10 个红光波段(675.1～681.1nm)和 10 个近红外波段(706.2～712.1nm)的平均值,得到两个综合波段。将 220 个像元放入这两个波段构建的特征空间中(红波段为 X

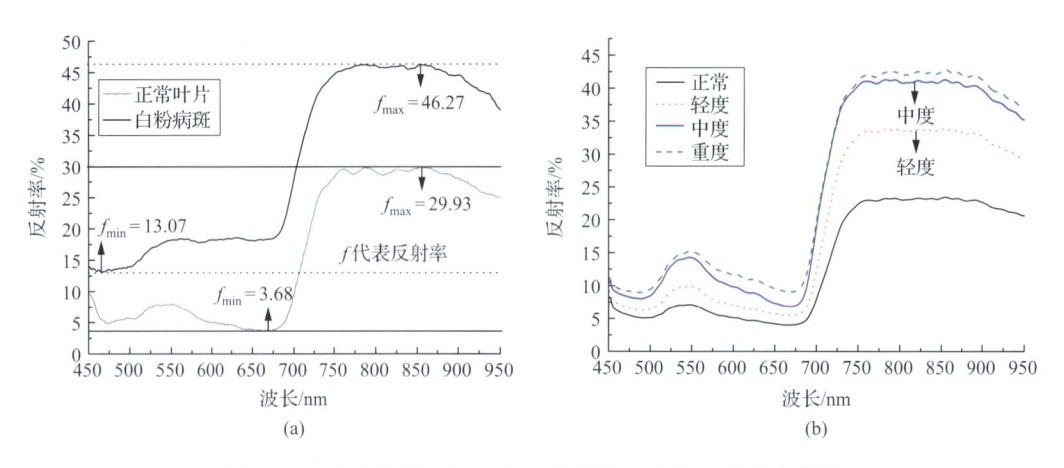

图 6-7 正常和白粉病斑(a)和四个病情严重度(b)的高光曲线

轴,近红外波段为 Y 轴),分析正常和白粉病斑的分布趋势。可以发现,病斑的分布较正常叶片更加离散(图 6-8(a))。通过求取一条分离两种类型像元的直线方程(式(6-2)),可以将它们进行区分。有

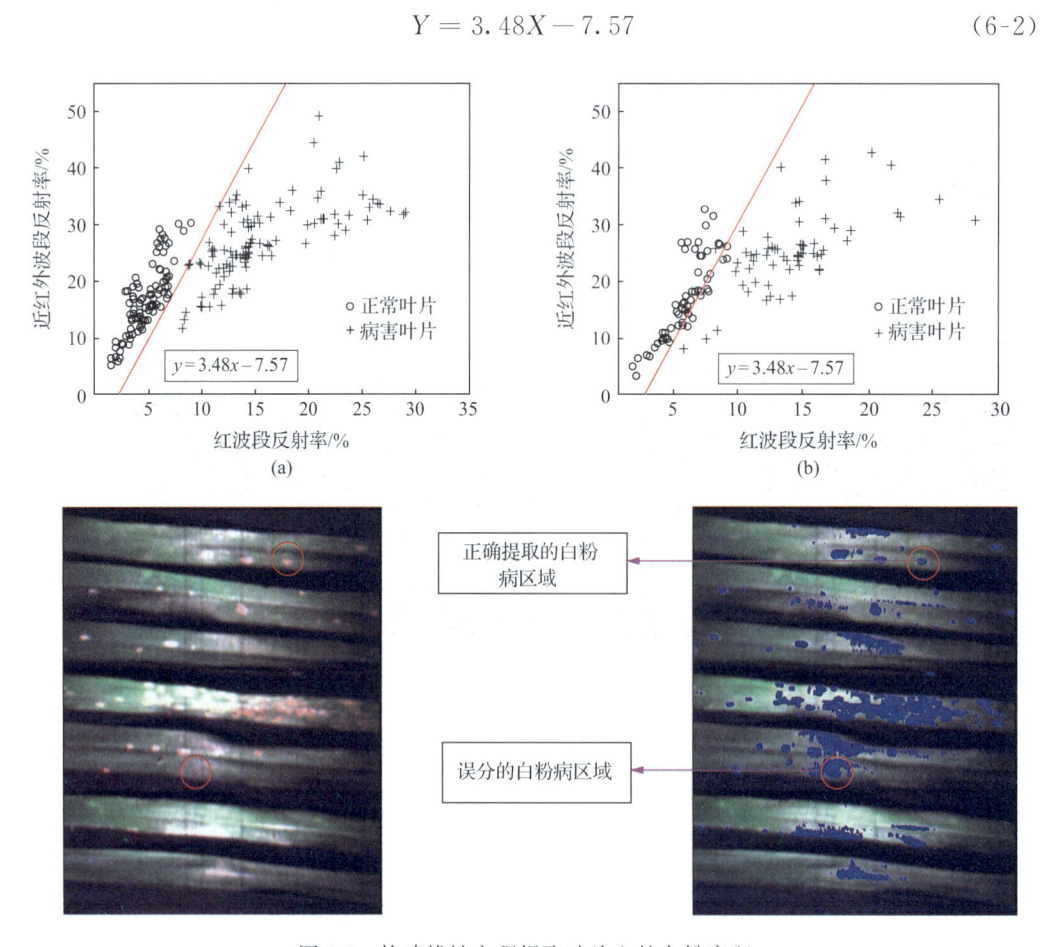

$$Y = 3.48X - 7.57 \tag{6-2}$$

图 6-8 构建线性方程提取叶片上的白粉病斑

式中，X 为 675.1～681.1nm 区间内红波段的反射率；Y 为 706.2～712.1nm 区间内近红外波段的平均反射率。

为验证方程的有效性，选取 60 个正常和 60 个病斑像元，将其红波段和近红外波段的平均反射率带入式(6-2)中，发现有 8 个病斑像元被误分为正常叶片，1 个正常叶片像元被误分为病斑像元，总体分类精度达到了 92.5%。对比图 6-8 提取前后的原始影像和提取结果，可以发现大部分病斑像元被识别，但由于成像时光照的不均一导致一些正常叶片被误分为病斑。

6.3 小麦蚜虫图谱解析

6.3.1 蚜虫信息提取方法研究

蚜虫对小麦的危害在光谱上的响应：一方面是通过吸取汁液引起叶片叶绿素和水分含量的变化，这种变化在遥感光谱上表现出响应特征；另一方面，蚜虫是活动性害虫，附着在叶片上本身也会对叶片光谱有影响。因此，利用成像高光谱技术对叶片的蚜虫危害及蚜量监测必须系统研究以上情况下的光谱特征。利用成像光谱影像研究蚜虫及蚜虫危害光谱特征，首先要对影像进行分类，将附着在叶片上的蚜虫信息提取出来。

1. 敏感波段法提取蚜虫信息

1) 敏感波段选取

敏感波段的研究方法是病虫害遥感监测研究中最基本的方法之一。研究中试图通过叶片成像光谱，找到对蚜虫敏感的光谱波段，探讨基于敏感波段的叶片蚜虫提取方法。

首先通过原始影像，分别选取 50 个典型的蚜虫附着点像元和 50 个无蚜虫附着点的叶片像元(为了避免不同叶位的反射率差异对识别蚜虫的影响，选取方法采用一一对应选取法，即总是在叶片的同一叶位选取相同数量的蚜虫像元和正常像元)，利用 ENVI 将 100 个点的像元值(波段值)全部提取出来，分别对蚜虫附着点像元和无蚜虫附着点的像元反射率做平均代表蚜虫附着点像元和正常叶片像元的反射率。

基于以上两种类型像元的变化规律，初步挑选可见光波段的 500～710nm 和近红外波段的 710～820nm 范围内差异最大的 10 个波段作为蚜虫的敏感波段。经筛选，256-265 波段(波段范围为 669～675nm)和 380-389 波段(波段范围为 751～757nm)为两类像元变化差异最大的波段区域，为成像光谱的蚜虫敏感波段。

2) 识别模型构建

将筛选出来的波段范围 669～675nm 内的反射率平均值作为 R_1，751～757nm 范围的反射率平均值作为 R_2，利用二维光谱特征空间尝试对图像的蚜虫附着点和无蚜虫附着点进行识别。利用与 4.2.1 节同样的方法，研究在成像影像图中分别提取 100 个两类像元用于构建识别模型。

图 6-9 为基于 R_1 与 R_2 的蚜虫附着叶片像元与无蚜虫附着叶片像元的二维特征空间分布图，通过两类像元在二维特征空间中的分布规律，发现可以通过拟合一条直线对两类像元进行区分识别。通过直线拟合法，最终获得改识别模型为 $R_2 = 6.016R_1 - 10.79$。判

别方法：如果像元处于二维特征空间中识别模型直线的上方，则被判别为正常叶片像元；如果处于直线下方，则被判别为蚜虫附着叶片像元；即基于以上识别模型，根据像元的 R_1 的值求算出 R_2，如果像元的实际 R_2 大于识别模型求出的 R_2 则该像元被判别为正常叶片像元，否则为蚜虫附着像元。

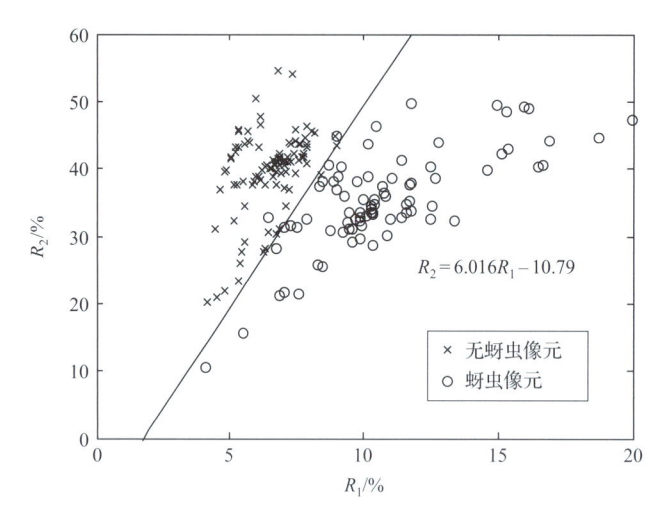

图 6-9　蚜虫附着叶片像元与无蚜虫附着叶片像元在二维特征空间的分布图

3）识别结果

通过以上研究构建的识别模型，利用 ENVI 中的波段提取和运算功能，最终获取识别影像，通过监督分类法对影像进行分类识别，将图像分为三类，分别为黑布背景、附着有蚜虫的叶片和正常叶片，其识别结果如图 6-10 所示，其识别效果和识别精度将在后续文中综合评价。

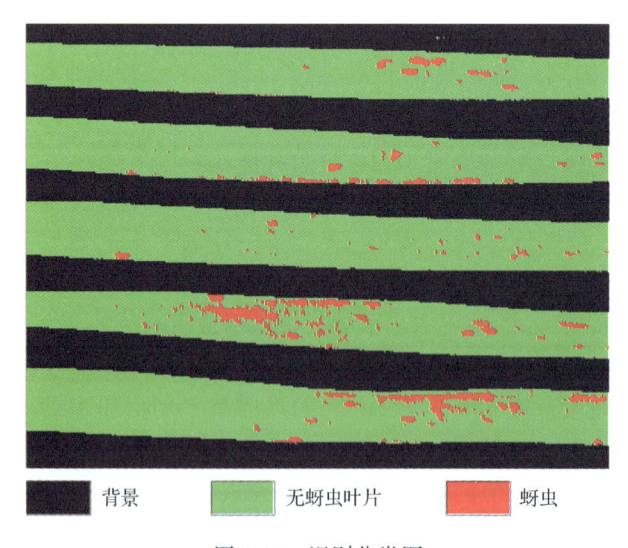

图 6-10　识别分类图

2. 光谱指数法提取蚜虫信息

利用高光谱成像数据和多光谱遥感数据提取作物长势和胁迫信息的最基本方法为光谱指数法，应用也较广泛。因此，研究中也选取这种最常用、最基本的方法来试图提取蚜虫信息，找出提取蚜虫信息的最佳植被指数。

根据文献调研，挑选了 8 个常用于胁迫和蚜虫信息提取的光谱指数来试图提取蚜虫信息，包括：蚜虫指数（AI）、光化学反射指数（PRI）、氮反射指数（NRI）、红边植被胁迫指数（RVSI）、损害敏感性光谱指数（DSSI2）、窄波段归一化差值植被指数（NBNDVI）、叶片衰老反射指数（PSRI）、花青素反射指数（ARI），以上光谱指数的计算公式及文献出处见表 5-5。利用 ENVI 运算各个光谱指数的图像，图 6-11 只列举了 4 个光谱指数运算图像。

(a) PRI　　　　(b) DSSI2

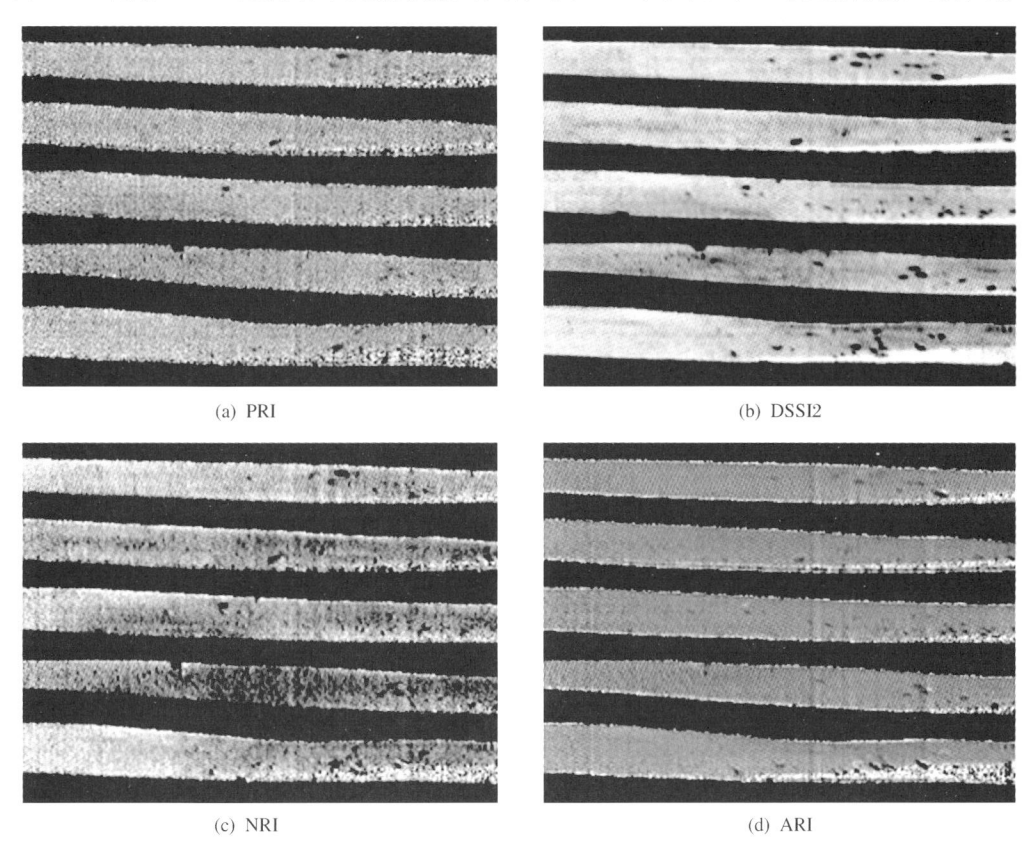

(c) NRI　　　　(d) ARI

图 6-11　光谱指数图

将光谱指数图与原始图像和照片相比较，初步发现，DSSI2 指数对图像上叶片蚜虫的识别结果较好。因此，利用决策树分类法对 DSSI2 图像进行分类识别，其分类结果如图 6-12 所示。对分类结果初步进行分析，可以发现，DSSI2 指数对叶片的蚜虫的确有一定的识别能力，但是对蚜虫正确识别的同时，也将叶片边缘误判为蚜虫附着区域。

3. 主成分分析法识别蚜虫信息

主成分分析法是在均方根误差最小的情况下，建立在统计特征基础上的最佳正交线

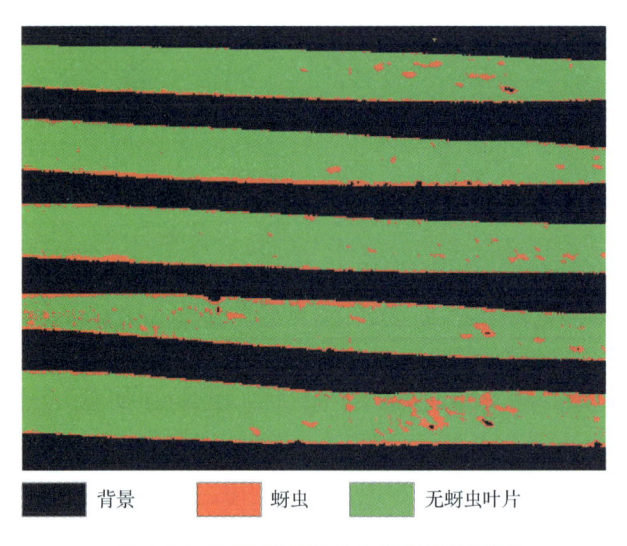

图 6-12 基于 DSSI2 的分类识别结果图

性变换,目的是将多个指标简化为少数几个综合性指标的一种统计分析方法。高光谱遥感可以完整地记录地物的波谱曲线,获取连续的波谱信息,其波段数可以达到几百个乃至上千个。但是,在信息量增加的同时,由于相邻波段存在很高的相关性,导致高光谱数据存在大量的冗余。主成分分析通过构造原变量的适当组合,产生一系列互不相关的新变量,从中选出少数几个新变量并使它们含有尽可能多的原变量信息,该方法一方面起到数据降维和数据压缩的作用,同时也可以增强图像的信息量,已经被广泛用于不同的植被遥感数据处理中,包括宽波段遥感数据和窄波段遥感数据。近年来,国内外众多学者将主成分变换方法用于高光谱图像的水果质量检测和病虫害识别研究中。因此,本部分内容也试图通过主成分分析法来识别叶片蚜虫,评价其对叶片蚜虫的识别效果。

主成分分析通过 ENVI 中主成分变换的主成分正变换。该过程是通过对图像进行统计分析,在波段协方差矩阵或相关矩阵的基础上计算特征值,构造主成分。根据主成分与特征值的关系,选择少数的主成分作为输出结果。一般来说,计算主成分时选择使用协方差矩阵,当波段之间数据规范差异较大时,选择相关系数矩阵。因此,本节内容根据协方差矩阵来计算,图 6-13 为主成分变换后的前四个主成分。前 3 个主成分已经包括了原始图像的绝大多数信息($V=99.95\%$),自第四主成分起,图像中出现了明显的噪声。

可以看出,第一主成分主要表征了叶子信息,但对蚜虫信息基本没有反应,第二和第三主成分增强了蚜虫信息。其中,第三主成分对蚜虫信息的表征能力最强。前三个主成分图像上的叶片上都能发现三条与扫描方向平行的竖杠特征,这些特征可能是扫描过程中,推扫速度不均匀造成的。这些竖杠特征会对蚜虫的提取有干扰,尤其对 PC3 图像中可以发现竖杠特征与蚜虫特征一样被都增强了,因此,用 PC3 提取蚜虫信息会受到竖杠特征的干扰,但是 PC2 却能将竖杠信息和蚜虫识别区分,故综合利用 PC2 和 PC3 对蚜虫进行分类提取,提取结果如图 6-14 所示。从中可以发现,通过主成分分析后的 PC2 和 PC3 的确对蚜虫信息具有较强的增强能力,能够较好地从小麦叶片上提取和识别蚜虫。

(a) PC1　　　　　　　　　　　　　(b) PC2

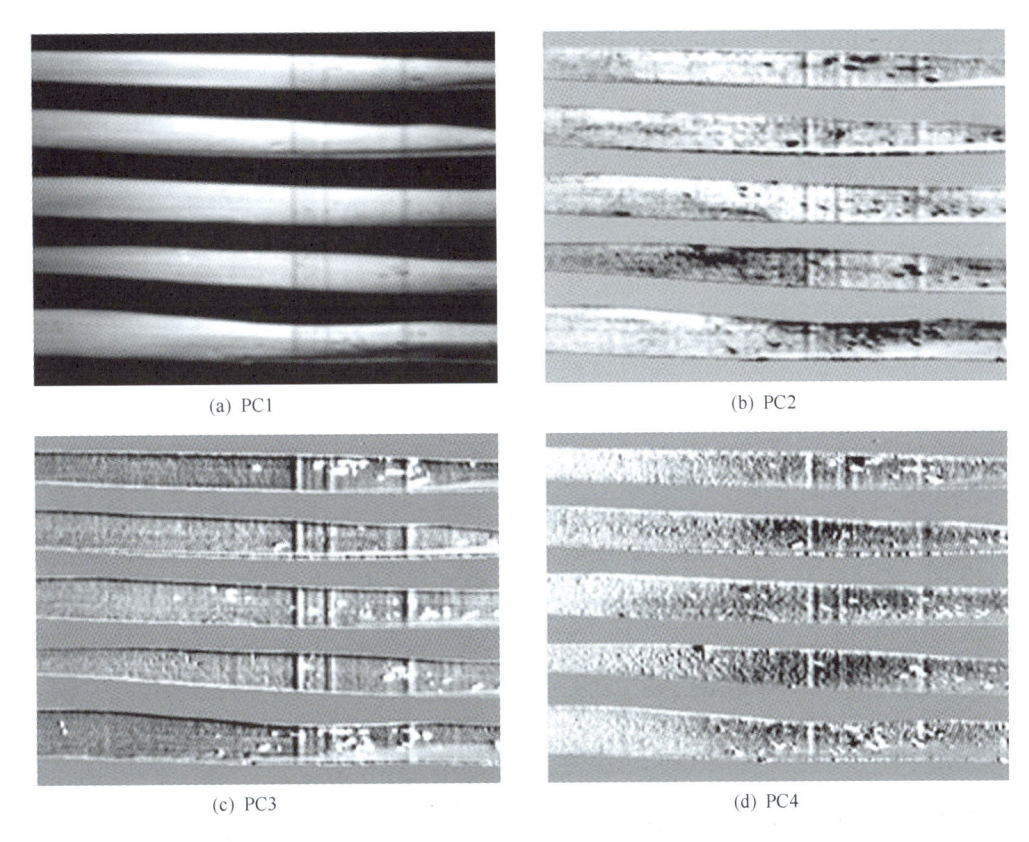

(c) PC3　　　　　　　　　　　　　(d) PC4

图 6-13　成像高光谱图像主成分变换结果

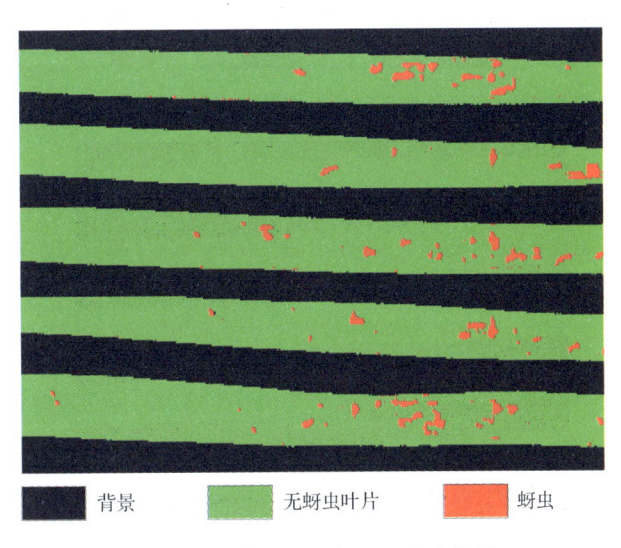

■ 背景　　■ 无蚜虫叶片　　■ 蚜虫

图 6-14　基于 PC2 和 PC3 的分类图

4. 最佳叶片蚜虫提取方法筛选

图 6-15 为上述三种叶片蚜虫识别提取方法所获得的分类识别结果图，从左到右依次

为敏感波段识别结果、DSSI2 识别结果、主成分识别结果。通过与实际照片和原始影像作比较,认为基于敏感波段的识别方法虽然对蚜虫有较好的识别能力,但对光源的影响较敏感,在光源较强的区域,容易将正常叶片误判为蚜虫,如区域 1 和区域 2。因此,在这些区域蚜虫像元明显高估;而基于光谱指数 DSSI2 的图像对蚜虫的识别能力在光源较强的区域较好于基于敏感波段的识别方法,而对于叶片边缘的区域识别结果不好,如区域 3 和区域 4,将叶片边缘的正常区域像元大多误判为蚜虫像元,因此影响总体的识别结果。相比敏感波段识别方法和 DSSI2 光谱指数识别方法,基于主成分分析的 PC2 和 PC3 对蚜虫的综合识别结果明显优于前两种方法,不仅能够正确地识别图像上的蚜虫附着区,而且对光源的干扰不敏感,在叶片边缘的处理结果也很好,基本不会发生误判,分类结果如表 6-4 所示。由此可见,主成分分析法不仅可以增强研究中所需的有效信息,而且在一定程度上能消除某些噪声的干扰。这一结论能为后期的成像光谱提取蚜虫信息提供一定的基础和思路。

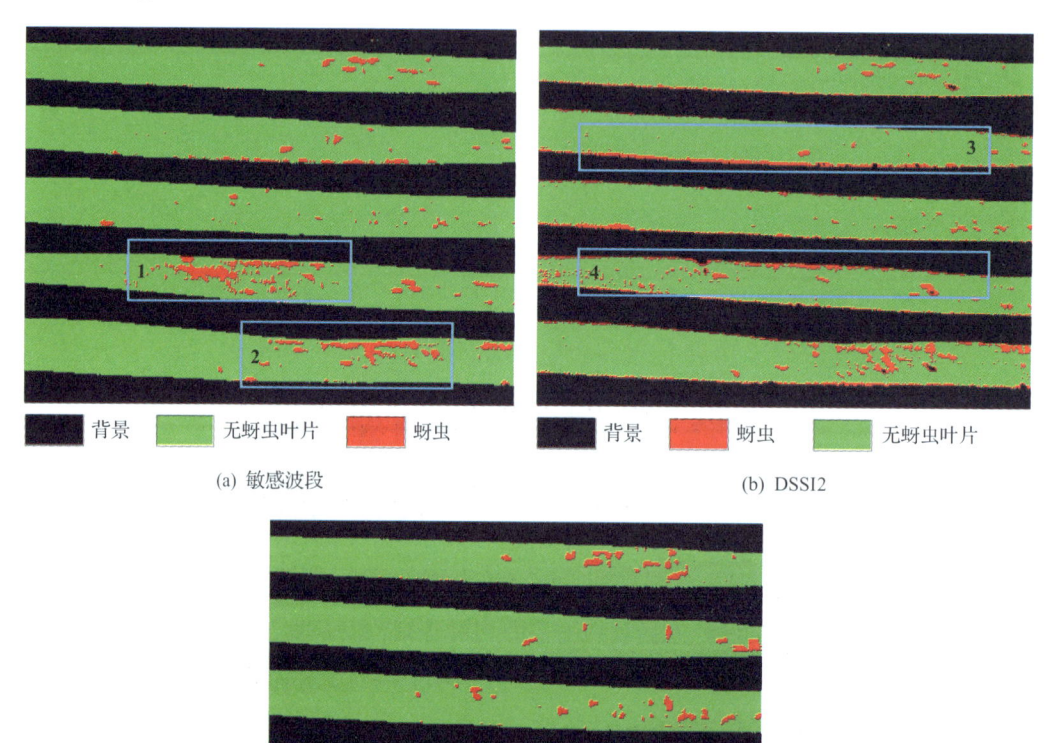

图 6-15 三种方法对蚜虫的识别分类结果比较图

表 6-4　分类识别结果与实测蚜量比较

叶片编号	No1	No2	No3	No4	No5
调查蚜量/头	14	8	24	16	26
PCA 估测蚜量/头	16	7	22	15	24
相对误差/%	14.2	12.5	8.33	6.25	7.6

6.3.2　叶片蚜虫光谱响应及危害面积特征提取

由于蚜虫是可动性害虫,因此在某些情况下,尤其是蚜虫暴发期(灌浆期),用蚜量来表征蚜虫对叶片的危害程度可能欠准确。通过文献调研和地面调查发现,蚜虫吸取汁液危害叶片的同时,会排泄蜜露附着在叶片表面上,使得蜜露附着叶片区域发油发亮,最终叶片附着蜜露区域会呈现霉黑色,严重影响植株的呼吸和光合作用。因此,通过监测蚜虫分泌的蜜露面积率(蜜露面积占总叶片面积的百分比)来监测蚜虫对叶片的危害程度可能更客观准确。

上一节通过探讨小麦叶片蚜虫的识别方法,找出了最佳的叶片蚜虫识别方法和识别结果,后续将通过识别结果,对叶片的蚜虫成像光谱响应特征和蚜虫危害面积提取做进一步研究。

1. 蚜害成像高光谱特征

为研究蚜虫的成像光谱响应特征,利用 ENVI 提取了识别分类结果图中所有附着蚜虫的像元和无蚜虫附着像元的光谱反射率,将其平均后分别代表两类像元反射率。图 6-16 为对应的反射率曲线图,可以发现,在可见光波段(500~710nm),附着有蚜虫的像元反射率明显高于无蚜虫附着的正常叶片像元反射率;而在近红外波段(710~820nm)的反射率变化趋势与可见光相反,而 820~900nm 范围的反射率变化趋势却与可见光变化趋势相同。因此,500~810nm 范围的两种类型像元反射率的变化趋势与第 3 章中受蚜虫危害与正常叶片的发射率变化趋势一致,而在 820~900nm 范围,变化规律相异。研究文献可知,近红外波段的叶片光谱反射率主要由叶片结构特征控制,在 820~900nm 波

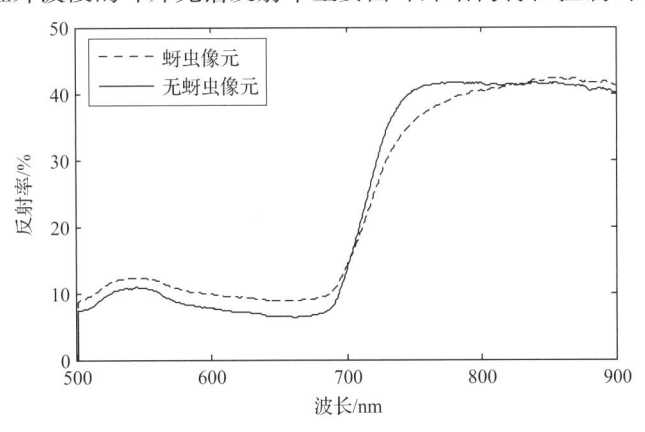

图 6-16　附着有蚜虫叶片像元与无附着蚜虫像元的反射率曲线

段区域附着有蚜虫像元的反射率高于正常叶片的反射率,可能是由于蚜虫附着在叶片后与叶片的混合效应造成的,即叶片上是否附着蚜虫可以尝试通过该波段区域来识别,叶片与蚜虫混合的像元特征在这段范围内能较好地体现出来。

2. 蚜害危害指数及危害面积提取

考虑到健康叶片区域、蚜虫侵染的叶片区域(蜜露分布区域)及蚜虫附着叶片区域在蚜虫危害的遥感图像上光谱响应不同,试图通过其光谱响应不同来对三类叶片区域进行识别。假设三者的危害程度从大到小依次为:蚜虫附着叶片区域——蚜虫侵染叶片区域——健康叶片区域,尝试通过蚜虫附着和无蚜虫附着的叶片特征,构建一个能够在叶片上定量监测这三种类型区域的光谱指数。

首先,分别找出在可见光和近红外波段范围差异最大的间隔为10nm的连续波段范围。通过两条光谱的差值,发现可见光波段的665~675nm和近红外波段的733~743nm满足筛选条件(图6-17)。然后,对这两个波段区域的反射率均值做归一化,定义为叶片蚜虫危害指数(leaf aphid damage index,LADI),具体计算方法如下:

$$\text{LADI} = (\text{Mref}_1 - \text{Mref}_2)/(\text{Mref}_1 + \text{Mref}_2) \tag{6-3}$$

式中,Mref_1 和 Mref_2 分别是665~675nm和733~743nm光谱反射率的平均值。

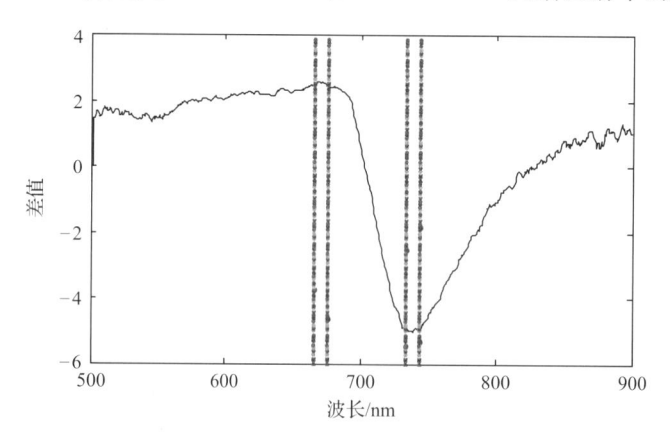

图6-17 两类像元光谱的差值曲线

利用构建的叶片蚜虫危害指数计算成像图像中每个像元的LADI,参照成像叶片的实际照片,选择合适的阈值,采用面向对象的影像分割方法进行重分类,将图像分为三类,分别为蚜虫附着区域、蚜虫侵染区域和健康区域,如图6-18所示。为验证分类阈值及分类结果,通过像元统计计算估测成像图像中每片叶子的危害面积率(damage area ratio,DAR),其计算公式如下:

$$\text{DAR} = \frac{N_1 + N_2}{N_1 + N_2 + N_3} \times 100\% \tag{6-4}$$

式中,N_1、N_2、N_3 分别为分类后的蚜虫区域、蚜虫侵染区域和健康叶片区域的像元数量。

通过上式获取图像上每个叶片的蚜虫危害面积比例,然后比较利用成像光谱估测的危害面积率与实际调查的叶片危害面积率(叶片蜜露面积率),并用相对误差对结果进行

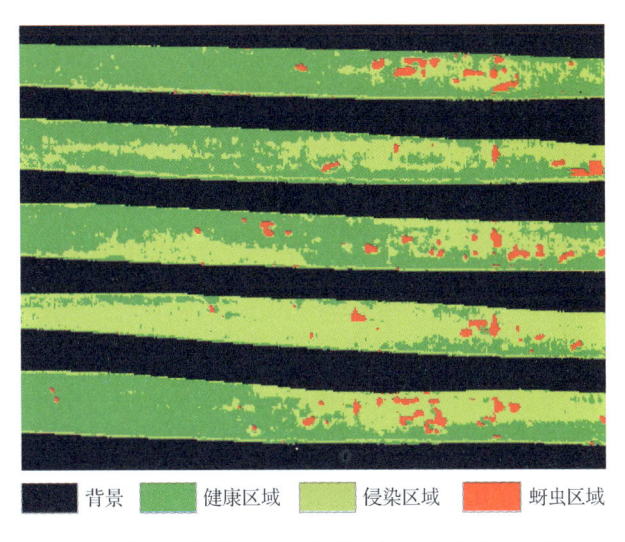

图 6-18 叶片蚜虫及危害区域的成像监测结果图

评价,其评价结果见表 6-5。

表 6-5 成像光谱估测的危害面积率与实际调查的叶片危害面积率比较

叶片编号	No1	No2	No3	No4	No5
调查危害面积率/%	20	40	45	80	50
估算危害面积率/%	18	38	42	82	55
相对误差/%	10	5	6.67	2.5	10

比较结果表明,利用成像光谱估测的叶片危害面积率与实际调查结果基本吻合,其中,估测的最大相对误差为 10%,分别为第一个和第 5 个叶子,而对第 4 个叶子的估测结果的相对误差最小,为 2.5%。因此,基于成像光谱的叶片蚜虫危害指数能够较好地估测危害面积率。同时,结果也证实了假设——蚜虫附着区域在光谱上的响应程度大于蚜虫侵染过的区域成立,且在某些情况下只用叶片蚜量并不能真实表征叶片的危害程度,如第 5 个叶子其调查蚜量为 26 个,是五个叶子中蚜量最多的,但是监测结果表明,第 5 个叶子的实际危害面积率为 50%,其危害程度并不是 5 个叶子中最严重的;再如第 4 个叶子的实际调查蚜量不是最多的,但是实际危害面积率高达 80%。因此,在叶片尺度,通过危害面积率来表征叶片受蚜虫的危害程度相比蚜量较好。同时,这一结论也解释了第 4 章中,基于叶片的蚜量遥感监测模型的 R^2 最高只能达到 0.67,而研究学者对条锈病和白粉病的叶片尺度研究中,其模型的 R^2 却能高达 0.9 左右,其主要原因是叶片光谱变化对叶片危害状况变化的响应,而用蚜量来表征叶片的危害程度不够准确。

为进一步了解三类像元光谱反射率的特征,尤其是蚜虫附着区域与蚜虫侵染区域的光谱变化情况,分别用三类像元的平均光谱反射率表征三类的反射率,反射率曲线如图 6-19 所示,可以发现,被蚜虫侵染的叶片反射率曲线介于健康叶片区域与蚜虫附着区域的反射率曲线之间。

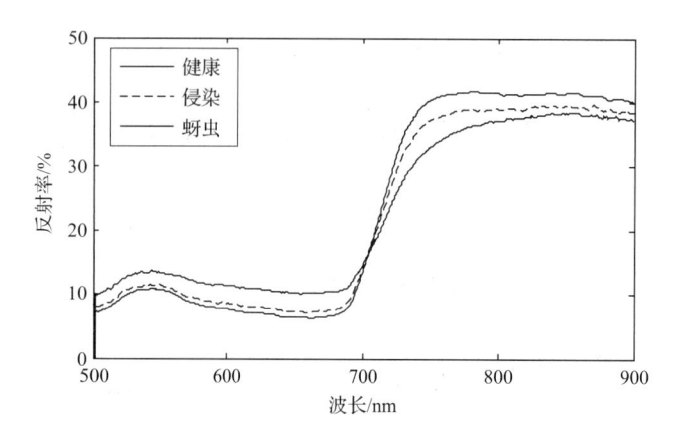

图 6-19 三类像元的反射率曲线

参 考 文 献

黄敬峰,王福民,王秀珍. 2010. 水稻高光谱遥感实验研究. 杭州:浙江大学出版社.

罗菊花,黄文江,顾晓鹤,等. 2010. 基于 PHI 影像敏感波段组合的冬小麦条锈病遥感监测研究. 光谱学与光谱分析,(1):184-187.

韦玉春. 2007. 遥感数字图像处理教程. 北京:科学出版社.

Cheng X, Chen Y R, Tao Y, et al. 2004. A novel integrated PCA and FLD method on hyperspectral image feature extraction for cucumber chilling damage inspection. Transactions of the ASAE, 47(4):1313-1320.

Datt B. 1998. Remote sensing of chlorophyll a, chlorophyll b, chlorophyll a+b, and total carotenoid content in eucalyptus leaves. Remote Sensing of Environment, 66(2):111-121.

ElMasry G, Wang N, ElSayed A, et al. 2008. Hyperspectral imaging for nondestructive determination of some quality attributes for strawberry. Journal of Food Engineering, 81(1):98-107.

Gitelson A A, Kaufman Y J, Stark R, et al. 2002. Novel algorithms for remote estimation of vegetation fraction. Remote Sensing of Environment, 80(1):76-87.

Li Q, Wang M, Gu W. 2002. Computer vision based system for apple surface defect detection. Computers and Electronics in Agriculture, 36(2):215-223.

Liu Y, Chen Y R, Wang C Y, et al. 2006. Development of hyperspectral imaging technique for the detection of chilling injury in cucumbers: spectral and image analysis. Applied Engineering in Agriculture, 22(1):101-111.

Lorenzen B, Jensen A. 1989. Changes in leaf spectral properties induced in barley by cereal powdery mildew. Remote Sensing of Environment, 27(2):201-209.

Peñuelas J, Gamon J A, Fredeen A L, et al. 1994. Reflectance indices associated with physiological changes in nitrogen-and water-limited sunflower leaves. Remote Sensing of Environment, 48(2):135-146.

Richards J A. 1999. Remote Sensing Digital Image Analysis: An Introduction. Berlin:Springer-Verlag.

Rouse J W, Haas R H, Schell J A, et al. 1973. Monitoring vegetation systems in the Great Plains with ETRS. Third ETRS Symposium, NASA SP353, Washington D C, 1:309-317.

Sankaran S, Mishra A, Ehsani R, et al. 2010. A review of advanced techniques for detecting plant diseases. Computers and Electronics in Agriculture, 72(1):1-13.

West J S, Bravo C, Oberti R, et al. 2003. The potential of optical canopy measurement for targeted control of field crop diseases. Annual Review of Phytopathology, 41(1):593-614.

第7章 作物病虫害多光谱遥感监测研究

目前,我国在病虫害监测预报方面主要还是依靠人工目测手查、田间取样等方式。这些传统方法虽真实性和可靠性较高,但耗时、费力,且存在代表性、时效性差和主观性强等弊端,难以适应当前大范围病虫害实时监测和预报的需求。遥感技术是目前唯一能在大范围内快速获取空间连续地表信息的手段,其在农作物估产、品质预报和病虫害等多个方面有不同程度的研究和应用。近年来,随着卫星、航空和无人机技术的发展,各类机载、星载遥感数据源不断增多,为各级用户提供了多时相、空间和光谱分辨率的遥感信息产品,更是为作物病害监测预报提供了宝贵契机。如何利用这些遥感数据源在区域尺度上开展作物病害监测研究成为一个重要的课题。

本章正是利用航空及航天遥感数据,结合主流数学分析方法,开展区域尺度主要作物病虫害遥感监测的尝试。主要内容包括小麦条锈病、小麦白粉病、棉花黄萎病、小麦蚜虫及玉米黏虫遥感监测研究。

7.1 小麦条锈病多光谱卫星遥感监测

由于病害监测在实际操作中杂糅了许多农田环境的复杂因素,因而在病害监测时应尽量获取地面调查等先验数据。但是,病害的发生和发展同样是不确定和难以预测的,现实中同样也存在较多仅有影像数据但缺乏地面调查数据的情况,为此,我们提出一种基于光谱知识库的小麦条锈病监测方法,为先验知识缺乏条件下的病害监测提供方法参照。

本节以小麦条锈病作为研究对象,通过典型实验区获得的高光谱航空影像将多光谱卫星影像和原本不能直接使用的高光谱病情反演模型相联系。Huang 等(2007)基于 2002 年在北京小汤山国家精准农业示范基地开展的全生育期机-地同步的小麦条锈病遥感监测专项实验数据(病害为人工接种),分析发现光化学反射指数 PRI 能够对冬小麦条锈病病情指数实现高精度反演。但是,上述基于高光谱遥感信息建立的反演模型大都需要较高的波谱分辨率,因而难以直接应用于如 Landsat TM 或环境减灾卫星等广泛用于农情监测的卫星遥感平台,从而无法在较大的空间尺度上对冬小麦条锈病病情进行监测。

相比航天遥感,航空遥感平台由于飞行高度低、传感器搭载灵活,可同时兼有高空间分辨率和高波谱分辨率的特点,近年来在多个领域得到广泛应用。航空遥感数据尺度小、成本高的特点决定了其不适合作为大范围监测的数据源。但与地面光谱相比,航空遥感具有光谱成像的优势,能获取一定区域内连续的面状光谱信息。因此,如能充分利用航空遥感影像的这一特点,将其作为"媒介",一方面结合地面实测数据建立基于高光谱信息的病情指数 DI 反演模型,将离散的"点"状信息扩展为连续的"面"状信息;另一方面基于波段响应函数(relative spectral response,RSR),利用高光谱波段信息模拟 HJ-CCD 波段信息,从而构建一个冬小麦条锈病病情指数和 HJ-CCD 宽波段信息间的光谱知识库(spectral knowledge base, SKB)。基于以上考虑,通过光谱匹配等方法可将知识库内的经验信息"传递"给宽波段影像,进而实现利用 HJ-CCD 影像对冬小麦条锈病病情的检测和识别。

7.1.1 光谱知识库构建

光谱知识库是指一个在光谱特征和先验信息之间具有明确对应关系的数据集合,本节构建的光谱知识库中先验知识指冬小麦条锈病病情严重程度,光谱特征指 TM-5 影像前四波段的反射率。光谱知识库的构建以 PHI 影像像元为信息单位进行构建,包括两个主要的过程:第一,通过 PHI 经验反演模型建立 PHI 像元高光谱信息和冬小麦条锈病病情指数间的关系;第二,通过在 TM-5 传感器波段响应函数将 PHI 像元的高光谱信息转换成 TM-5 影像前四波段的反射率信息。在构建完成的光谱知识库中,每条像元信息包含 2 项主要内容,分别是条锈病病情指数和对应的 TM-5 影像前四波段反射率。

试验区内由于采取渐变式的差异接种方法,分别采用 3 个梯度,即 3mg/100mL(YR1)、9mg/100mL(YR2)、12mg/100mL(YR3)进行接种,所有的处理中水肥管理均采用推荐值 200 kg/hm² 氮及 450m³/hm² 水,溶液在大田中的接种量均为每平方米 5mL 菌液。关于接种方法的更详细的描述参见相关文献(黄木易等,2004)。上述处理主要为营造一个包含了各个严重度等级的小麦条锈病现场,从而使光谱知识库中能够包含各种不同严重程度病情情况,即丰富的先验信息。为避免影像中田埂及田块边缘的像元带来的噪声干扰,在研究区内选取三块基本由纯像元组成的区域作为知识库的信息源,共包括 7918 个像元。对比三次飞行影像获取时地面病害发生情况,利用一景 2002 年 5 月 17 日获取的 PHI 影像进行建库,主要考虑该时期试验田中小麦表现出的病害程度差异度最大(即包括由轻到重的各种情况,先验知识较丰富),同时该时期(灌浆期)是小麦病害施药管理和产量损失评价的关键时期(刘良云等,2009)。在选定的区域中,划定 9 小块区域开展与影像同步(同日)的地面调查。每块小区中包括 3 个 1m×1m 的调查单元,使用差分 GPS(Trimble GeoXT)记录下每一个调查单元的地理位置。调查内容为小麦冠层条锈病病情指数 DI。

为通过实际的星-地数据对所提出的光谱知识库进行验证,所用的数据还包括在甘肃地区搜集的一套星-地同步的条锈病调查数据。构建光谱知识库的整体技术流程见图 7-1。

1. 病情指数反演模型

Huang 等(2007)在与我们相同的区域中通过分析 ASD Field2spec FR2500 光谱仪测得的地面光谱数据与对应的病情指数后发现,光化学反射指数 PRI 可很好地反演病情指数($R^2=0.97$),并进一步建立了基于 PHI 影像的 PRI 和病情指数的反演模型。经检验,模型具有很高的反演精度($R^2=0.91$)。然而,当时研究得到的模型是综合多个时相数据训练所得的。为更准确地得到灌浆期该指数和 DI 的关系,单独采用该时相的机-地同步数据重新拟合得到一个新的回归模型:

$$DI(\%) = -538.98 PRI + 2.0983 \qquad (7-1)$$

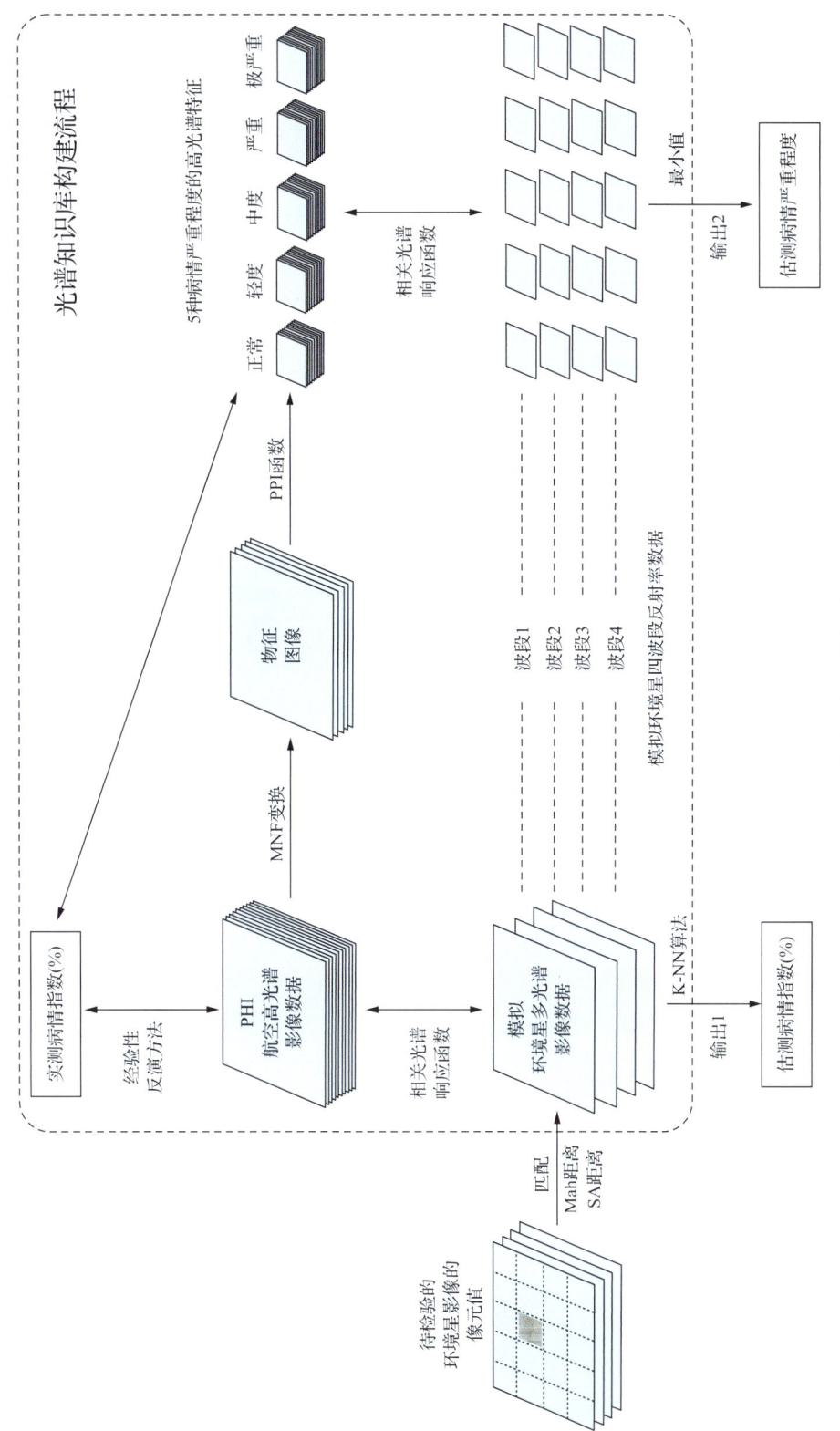

图 7-1 光谱知识库构建流程图

比较模型预测值和实测值得到 $R^2=0.88$(图 7-2)。采用这一模型根据 PHI 影像中的光谱信息反演病情指数 DI。

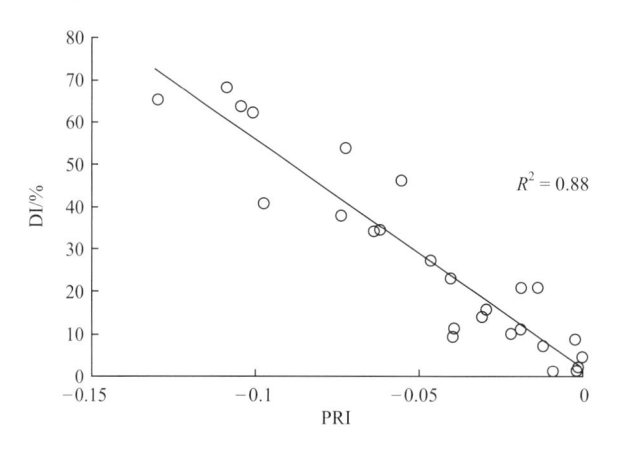

图 7-2 小麦条锈病病情指数 DI 和 PRI 回归散点图

2. HJ-CCD 前四波段反射率模拟

光谱知识库以 PHI 影像像元的高光谱信息作为媒介,一方面通过训练得到的反演模型建立光谱和 DI 的关系,另一方面需要建立航空高光谱通道和 HJ-CCD 多光谱通道间的关系。对于这一问题,最佳的处理是根据在 HJ-CCD 的通道响应函数将高光谱数据进行积分获取 HJ-CCD 四个通道的反射率信息。图 7-3 是 HJ-CCD 传感器的波段响应函数(获取自中国资源卫星应用中心),四个通道的波长范围分别是:通道 1,450~520nm;通道 2,520~600nm;通道 3,620~690nm;通道 4,760~850nm。各个通道采用的积分公式为

$$R_{HJ} = \int_{b_{start}}^{b_{end}} f(x) dx \tag{7-2}$$

式中,R_{HJ} 为 HJ-CCD 某通道的模拟反射率;b_{start} 和 b_{end} 分别表示该通道的起始和终止波长;$f(x)$ 为通道响应函数。而实际计算时由于 PHI 高光谱影像的波长并非完全连续,相应的计算公式为

$$R_{HJ} = \frac{\sum_{i=b_{start}}^{b_{end}} f(x_i) R_{PHIi}}{\sum_{i=b_{start}}^{b_{end}} f(x_i)} \tag{7-3}$$

式中,R_{PHIi} 表示 PHI 影像像元某波长下的反射率。需注意的是,PHI 传感器的波长范围可完全覆盖 TM-5 传感器的前 3 波段,但由于 TM-5 第四波段的下限波长(960nm)略长于 PHI 传感器的最大波长(850nm),对该波段的积分计算仅在 PHI 影像的波段范围内进行,即 760~850nm。

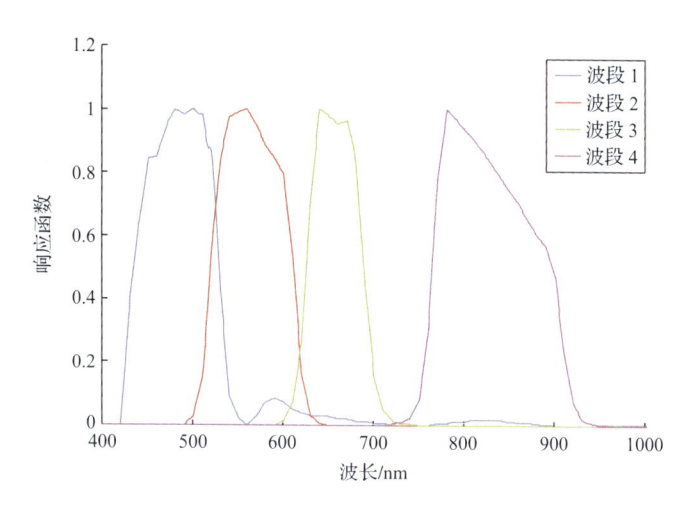

图 7-3　HJ-CCD 通道响应函数

3. 病情估测方法

通过构建 SKB 对多光谱图像像元的小麦条锈病病情程度进行估测。通过 SKB 进行病情估测时，为减小由于大气条件等环境因素引起的误差，首先进行一步像元各波段反射率的标准化。对 SKB 中的每一个像元和待检测像元的各个波段反射率，根据以下公式进行标准化：

$$R_{\text{nor}} = \frac{R - R_{\min}}{R_{\max} - R_{\min}} \quad (7\text{-}4)$$

式中，R_{nor} 表示某一波段的标准化后的反射率值；R 表示波段原始反射率；$R_{\min}$ 和 $R_{\max}$ 则分别是该像元各波段中的最小和最大值。病情程度的表征有两种方式：一种是将病情程度作为一个连续的变量直接估测病情指数 DI；另一种是将病情程度作为一个离散的变量估测病情等级。

1) 估计病情指数

对于第一种方式，通过光谱匹配算法将一个待检测像元和 SKB 中像元进行匹配，挑选出距离最近（即最相似）的 SKB 像元，通过回归方程即可得到其 DI 值，作为待检测像元 DI 的估测值。

2) 估计病情等级

另一种估测病情程度的方式是将小麦条锈病的病情根据严重程度划分成若干个等级，使病情严重度成为一个离散的变量。依据 Huang 等（2007）的标准，根据条锈病对生产的危害将病情基本分为 5 个等级，分别定义如下：1 级为正常，此时 DI<1%；2 级为轻度染病，此时 1%<DI<10%；3 级为中度染病，此时 10%<DI<45%；4 级为重度染病，此时 45%<DI<80%；5 级为极严重染病，此时 DI>80%。根据这一标准，需要在 SKB 中产生出 5 个等级所对应的典型像元的光谱特征（可视作端元，endmember）。并且在后续的匹配算法中将待检测像元和各个端元进行距离计算，并根据距离最短的原则判断像元所属的严重度等级。采用与 Zhang 等（2003）类似的方法，即一方面要求端元的 DI 估测值符合上述 DI 区间的标准,同时需要端元光谱在所选择的高光谱影像范围内需要有光谱代表性。后者主要通过对高光谱影像进行最小噪声去除(minimum noise fraction, MNF)后利用纯像元指数(pixel purity index function,PPI)进行判断。

图 7-4 显示了 MNF 变换后各个特征的特征值的变化趋势,从 MNF 特征值的图线可以看出,前 9 个特征值超过 4.0 的变量集中了大部分主要信息。为此,后续进行的端元选择基于这 9 个特征值进行。

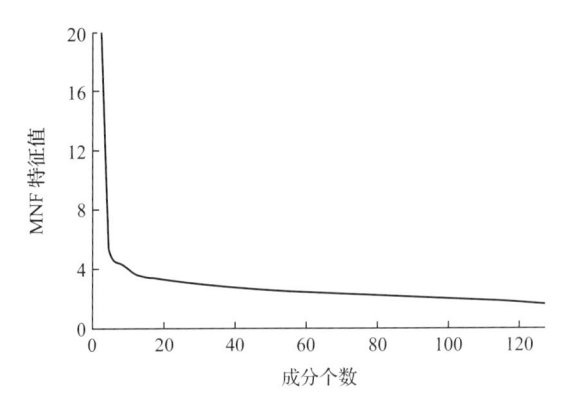

图 7-4　最小噪声去除变换后向量特征值变化规律

病情等级的信息和 PPI 相结合的方式参考相关文献(Zhang 等,2003)。首先将经由 PRI-DI 回归方程计算所得的 DI 估测图像根据上述分类标准进行分类。在每一类中,找到 PPI 值最大的 10 个像元,将这些像元作为这一类的代表,将光谱信号取平均后即得到该类的端元光谱。

4. 光谱匹配计算

采用基于光谱特征向量的距离对待检测像元和 SKB 像元光谱接近程度进行量化,根据距离最小的原则进行匹配。在具体的匹配方法上,分别采用马氏距离(Mahalanobis distance,Mah)法和光谱角度匹配(SAM)法,并通过检验对比两者的匹配效果。马氏距离法具有不受量纲影响及可排除变量间相关性干扰等优点,因此广泛用于多维向量的比较分析,计算公式为

$$D_M(x) = \sqrt{(x-x_R)\Sigma^{-1}(x-x_R)^T} \tag{7-5}$$

式中,$x=(x_1,x_2,x_3,x_4)$,$x_R=(x_{R1},x_{R2},x_{R3},x_{R4})$,$x_{1\sim4}$ 为待检测像元 TM 第一至第四波段的反射率,$x_{R1\sim4}$ 为光谱知识库中某像元 TM 第一至第四波段的模拟反射率。Σ 为向量 x 和 x_R 的协方差矩阵(covariance matrix)。另一种距离的度量方法是光谱角度制图法,大致原理是利用多维光谱空间中不同像元间光谱角度方向的差异进行模式匹配。

匹配分析在按类别的分析中,直接通过距离最近的原则判断待检测像元类别。而在直接估测 DI 的分析中,并不直接采用单个距离最近的 SKB 像元,而是同时采用距离最近的几个 SKB,通过反距离权重的方法获得最终的光谱信号,从而在一定程度上减小一些极端值或特殊值对结果的影响。根据数据预实验结果确定采用 5 个与待检测像元光谱距离最近的 SKB 像元决定出高光谱像元的光谱特征,每个波段反射率的计算公式如下:

$$R_{\mathrm{E}} = \frac{\sum_{i=1}^{k} R_i \times \frac{1}{d_i}}{\sum_{i=1}^{k} \frac{1}{d_i}} \tag{7-6}$$

式中，R_{E} 是权重计算后的反射率；R_i 是入选 SKB 像元的反射率；d_i 是 Mah 或 SA(spectral angle)的距离。在求得反距离加权后的光谱后，根据式(7-1)的回归方程可求得 DI 值，即作为待检测像元 DI 估测值。

7.1.2 病害光谱知识库估测精度评价

本节利用 7918 个 PHI 像元构成了小麦条锈病光谱知识库的主体。在经过 DI 的反演后，有 3991 个像元的 DI 在 1%～100%，与试验田中小麦不同程度的受到条锈病感染的实际情况相符。由于所建立的 PRI 和 DI 之间关系为线性，因此两端分别出现了 DI 低于 0% 和超过 100% 的情况。有 85 个像元 DI 超过 100%，将这些像元 DI 规定为 100%，表示受感染极严重的情况。因此实验田内小麦发病比例达到 51.5%。另外 48.5% 的像元 DI 等于 0% 或低于 0%，为与实际 DI 定义相联系，规定这部分正常像元 DI 为 0%。在 SKB 精度评价方面，分别采用模拟数据和实测数据分别对 SKB 在病情等级和 DI 两方面的估测精度进行检验。

1. 基于模拟数据的精度评价

模拟 HJ-CCD 像元即指通过对 PHI 高光谱图像采用波段响应函数积分模拟得到的像元，包含 HJ-CCD 四个通道的反射率值。在 PHI 图像的小麦锈病接种试验田中随机选取 50 个纯像元构成训练样本。为避免和 SKB 样本重合，所有训练样本均取自建库区域以外。首先通过在 HJ-CCD 波段响应函数上积分的方式模拟 HJ-CCD 传感器前四通道反射率从而构成模拟 HJ-CCD 像元(见 7.1.2 节部分内容)。将模拟像元根据回归方程计算所得 DI 作为参考值，将与光谱知识库匹配计算所得的 DI 作为估测值。精度指标方面，使用 Pearson 判定系数 R^2 和标准化均方根误差 NRMSE 评价两种匹配方法对 DI 的估测效果。

在 50 个模拟验证样本中实际包含了 6 个正常样本和 44 个不同程度的染病样本。在对 DI 进行估测时，Mah 距离将 1 个正常像元错判为染病像元，SA 距离将 2 个正常像元错判为染病像元。图 7-5 为感病像元估测 DI 和反演 DI 散点图，染病像元反演 DI 的平均值为 36%。不论采用 Mah 距离还是 SA 距离的估测结果均与反演 DI 表现出良好的线性关系。Mah 距离精度略高于 SA 距离，R^2 为 0.90，NRMSE 为 0.20，而 SA 距离 R^2 为 0.84，NRMSE 为 0.24。从上述结果看，在模拟数据条件下，SKB 匹配表现出较高的 DI 估测精度。

在对病情分级估测方面，首先根据模型反演得到的 DI，参照 7.1.1 部分中标准，得到像元的病情参考等级。另一方面，根据模拟 HJ-CCD 光谱信息与 SKB 匹配可得到估测 DI 级别。精度评价指标采用总体精度和 Kappa 系数。表 7-1 为基于模拟数据的病情程度分级估计误差矩阵，计算得到 Mah 距离和 SA 距离的总体精度分别为 0.80 和 0.76，Kappa 系数分别为 0.71 和 0.65。同时，应注意到两种距离算法下的错分像元均分布在

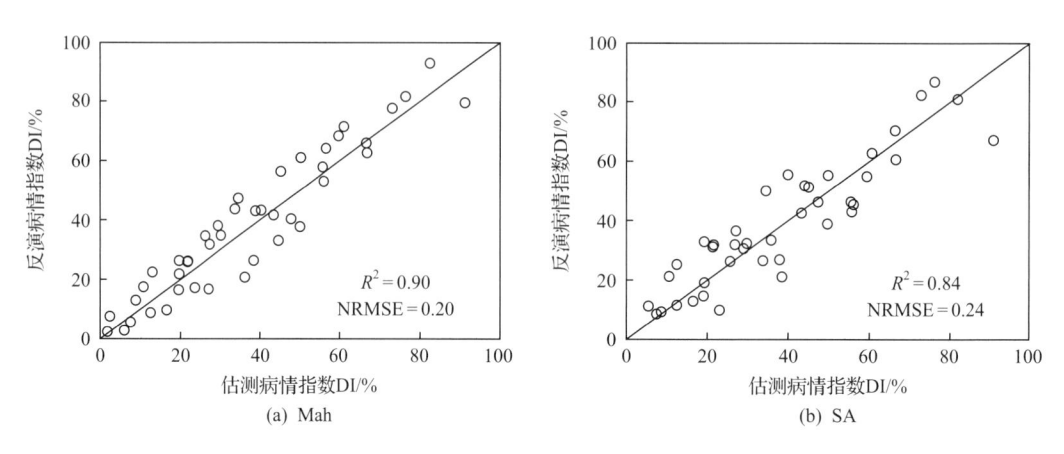

图 7-5 模拟数据估测 DI 与反演 DI 关系图

与正确像元相邻的类别。因此，采用模拟数据进行 SKB 匹配能够得到较为满意的小麦条锈病病情等级。

表 7-1 模拟数据病情程度分级估测误差矩阵

方法	严重度类别	参考病情严重度类别					
		正常	轻度	中度	重度	极严重	总和
Mah 估算方法	正常	5	1	0	0	0	6
	轻度	1	4	2	0	0	7
	中度	0	1	20	2	0	23
	重度	0	0	1	10	1	12
	极严重	0	0	0	1	1	2
	总和	6	6	23	13	2	50
SA 估算方法	正常	4	1	0	0	0	5
	轻度	2	4	1	0	0	7
	中度	0	1	20	2	0	23
	重度	0	0	2	9	1	12
	极严重	0	0	0	2	1	3
	总和	6	6	23	13	2	50

2. 基于实地调查数据的精度评价

对于 SKB 的精度评价，除使用模拟数据进行评价以外，更重要的是采用实测数据进行效果评价。实测样本采用 SKB 估测连续的 DI 或病情等级的方法与模拟方法一致。在 26 个野外调查点中，18 个点正常，有 8 个点的小麦不同程度地感染了条锈病，病情程度从 4% 至 90% 不等。采用 Mah 距离将 8 个染病点完全识别出来，而 SA 距离错判了一个点为正常。图 7-6 为 8 个样本的估测 DI 和实测 DI 的散点图。不论采用 Mah 距离还是 SA 距离均呈现较明显的线性趋势。两者 R_2 分别为 0.80 和 0.67，而 NRMSE 较低，仅为 0.46 和 0.55，Mah 距离精度高于 SA 距离精度。而对于 18 个正常样本，两种距离算法均判对 15 个样本，精度为 77.8%。

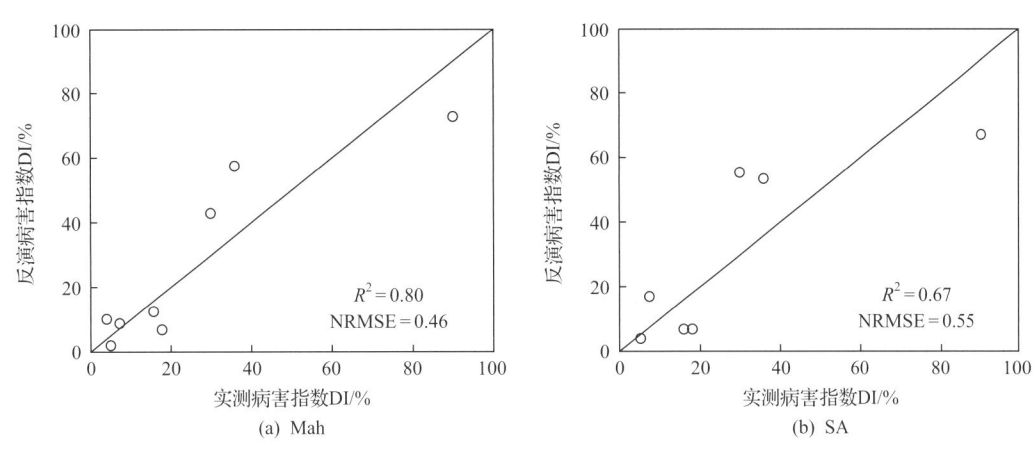

图 7-6 实测数据估测 DI 与反演 DI 关系图

对于实测样本,SKB 在判断病情等级方面表现较好。Mah 和 SA 两种算法分别取得了 0.77 和 0.73 的总体精度,Kappa 系数分别为 0.58 和 0.49。同时,应注意到两种距离算法下的错分像元均分布在与正确像元相邻的类别。表 7-2 给出了实测数据估测等级与实测结果的误差矩阵,两种距离算法下的错分像元均分布在与正确像元相邻的类别。

表 7-2 实测数据病情程度分级估测误差矩阵

方法	严重度类别	参考病情严重度类别					
		正常	轻度	中度	重度	极严重	总和
Mah 估算方法	正常	15	0	0	0	0	15
	轻度	3	2	1	0	0	6
	中度	0	1	3	0	0	4
	重度	0	0	0	0	0	1
	极严重	0	0	0	0	0	0
	总和	18	3	4	0	1	26
SA 估算方法	正常	15	1	0	0	0	16
	轻度	3	1	1	0	0	5
	中度	0	1	3	0	0	4
	重度	0	0	0	0	1	1
	极严重	0	0	0	0	0	0
	总和	18	3	4	0	1	26

7.1.3 病害光谱知识库特点、局限和应用条件

本节通过模拟数据和实测数据对病害光谱知识库的验证结果均显 SKB 在基于多光谱影像监测病害方面具有较大的潜力。在光谱知识库的构建过程中,MNF 变换和 PPI 指数能够在高光谱影像中有效提取条锈病的病害主信息,这与 Zhang 等(2003)、Franke 和 Menz(2007)的研究结果一致。在估测 DI 值方面,SKB 在基于模拟样本的检验中达到

较满意的精度,而在基于实测数据的检验中精度并不理想。在对 HJ-CCD 影像像元的 DI 进行估测时,SKB 存在着一定程度的高估和低估现象。然而,在判断病情等级方面,SKB 在基于模拟和实测数据的检验中均表现出较高的精度,这可能由于这种等级的判断相比估测 DI 能够容忍更多的误差。而在实际生产管理中,将病情程度划分为 5 个等级已能够满足多数实践指导任务的需求,因此,建议在利用 SKB 和多光谱数据进行病害监测时尽量采用分级判断的方法。在两种距离算法中,不论对于模拟数据还是实测数据,马氏距离均表现出更高的精度。

在目前针对病害遥感监测的研究中,多数研究强调采用高光谱图像数据(Bravo et al.,2003;Moshou et al.,2004;Huang et al.,2007)或高分辨率多光谱数据(Franke et al.,2009;Franke and Menz,2007)。SKB 的提出可以看成一个升尺度的方法,通过高光谱航空数据的中介转换将目前数据访问频次高、成本低的中分辨率多光谱数据纳入病害遥感监测的框架中。然而,需要注意的是,我们所采用的星-地数据的方法检验是在与航空数据环境相似的地区搜集的,且是小麦条锈病典型发生区域中的连续种植地块(即纯像元)。而在生产实践中,农田的实际情况的复杂性往往超过提及的情况。来自物候、品种、破碎地块以及其他环境因素的影像会大大制约 SKB 的使用。同时,影像的大气校正效果、混合像元等问题都会进一步决定 SKB 的使用效果。因此,基于多光谱中分辨率卫星数据的 SKB 病害监测则适合于在一些典型区域(环境、生育期与 SKB 建立的条件一直)和典型时期使用,为病害监测提供初步的诊断结果。

7.2 小麦白粉病多时相卫星遥感监测

7.2.1 时间序列影像数据预处理及小麦种植区域提取

1. 时间序列数据预处理方法

本节采用研究区冬小麦关键生育期内的 4 个不同时相 HJ-CCD 数据进行小麦白粉病监测。数据预处理方面包括对各景影像进行辐射定标、几何校正和大气校正。由于需要对时间序列影像进行分析,我们在几何校正时根据研究区的一景基准 TM 影像分别对获取自 5 月 1 日(时相 1)、5 月 13 日(时相 2)、校正 5 月 20 日(时相 3)和 5 月 25 日(时相 4)的 4 个时相影像进行配准,以保证不同时相影像之间几何误差在 0.5 个像元以内。

在对数据进行几何校正和大气校正的基础上,为避免影像中云的存在对分析的影响,进一步逐景影像进行去云处理,包括去除云及云的阴影。云在可见光部分与其他地物存在较强的反差。根据这一特点,在比较蓝、绿、红通道云及其他地物反差程度的基础上,采用了蓝波段反射率提取影像中云覆盖区域。云的阴影由于相比植被在近红外通道上有较低的反射率,通过设置阈值的方法利用近红外反射率提取云的阴影信息。图 7-7 为研究区局部地区云去除的示意图。注意到由于水体、山体阴影等在近红外通道上亦具有较低的反射率,因此采用该方法进行提取时会带入一部分其他地物的信息。但是考虑到最终将针对植被区域进行研究和分析,为此这一部分的误差对后续分析并不会产生影响。

(a) 云区域原始图像　　　　　　　(b) 云区域提取结果

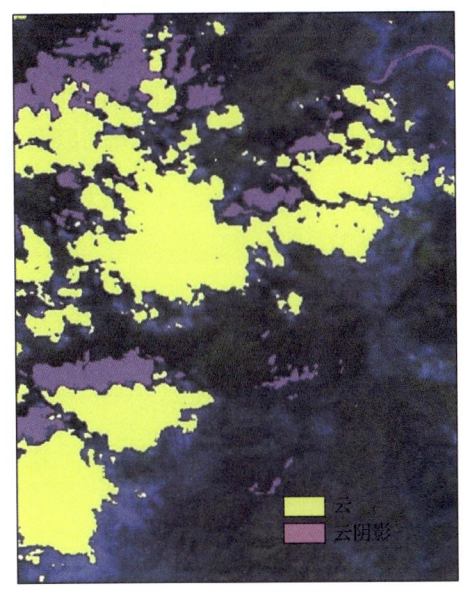

图 7-7　环境星云去除示意图
(a)为环境星(R＝波段 2;G＝波段 4;B＝波段 3)假彩色合成图像

2. 研究区域小麦种植面积提取

研究区内除植被外,还存在着如建筑物、水体、道路、裸土等大量其他地物。而在植被中,除小麦以外,亦存在如森林、草地等其他类型。由于染病和正常小麦间的光谱差异相比不同地物、不同作物间的光谱差异更加细微,为避免其他地物、作物的干扰,首先对研究区域内的小麦种植区域进行提取,并在小麦种植区内进行进一步的病害信息提取。

根据研究区内地物类型和作物种植特点,采用如图 7-8 所示的冬小麦种植范围提取流程。其主要的思路是首先将植被与非植被区域分开,再进一步将冬小麦种植范围提取出来。为使该提取方法具有普适性,采用多时相的 HJ-CCD 数据进行面积提取。首先针对 5 月 20 日的 HJ-CCD 影像进行信息提取,该时相研究区内冬小麦正处于旺盛的生长阶段(拔节末期—扬花期)。利用 NDVI 对植被的特殊敏感性,采用一个 NDVI 阈值(NDVI＞0.7)将植被区域与非植被区域分离开。在研究区的植被区域中,除作物以外,主要包含草地、森林两种植被类型。基于草地在近红外波段反射率高于作物和森林这一特点,通过一个 NIR 阈值(NIR＜0.44)将作物和森林进一步分离出来。考虑到研究区森林主要位于北京市西北侧的山区,为此通过一个 DEM 阈值(DEM＜100m)能够较容易地将作物与森林分离开。通过参考北京地区主要农作物物候表(表 7-3)发现,作物中冬小麦在 5 月中下旬与苜蓿、春玉米和春大豆存在同期生长的情况。但此时的春玉米和春大豆由于处于生育期的开始阶段,在光谱上与裸土接近,不会对冬小麦的面积提取形成干扰。但苜蓿由于在 5 月中下旬亦进入开花期的生长旺季,在光谱上容易与冬小麦相混淆(李存军等,2005)。为进一步区分两者,加入一景 5 月 1 日的 HJ-CCD 图像。此时苜蓿在光谱上植被特征强于冬小麦,通过最大似然分类(maximum likelihood classification,MLC)对二者进行分类,并最终在图像中提取出冬小麦种植区域。在得到初步种植范围的基础上,采用 ENVI4.7 软件的 sieve class 功能对结果进行优化,去除分类结果中的"椒盐"像元。图 7-9 即为研究区的冬小麦种植面积图。经 60 个地面验证点对该分类结果进行检验,冬小麦面积提取的总体精度达到 90% 以上。

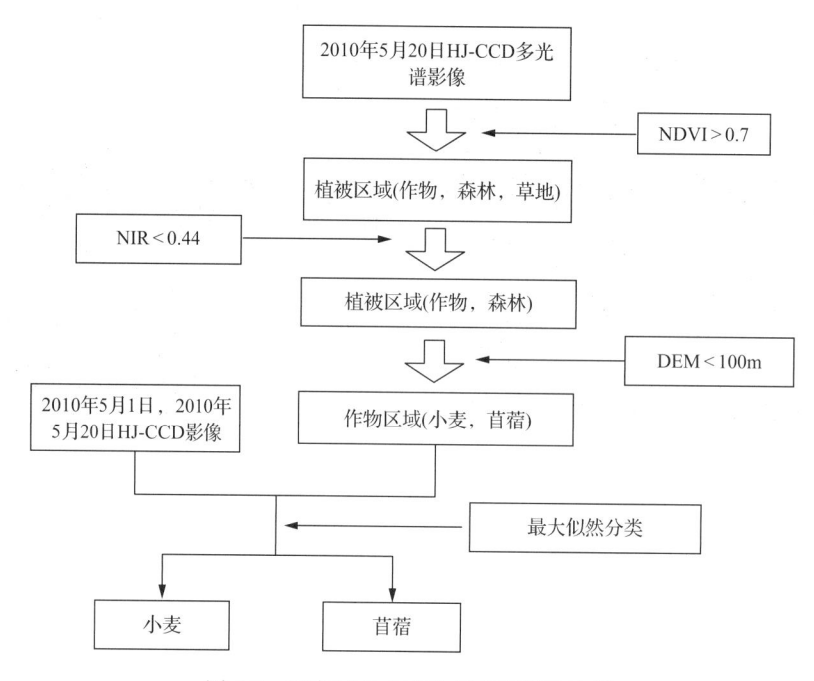

图 7-8 研究区冬小麦种植范围提取流程

表 7-3 北京地区主要农作物物候表(李存军等,2005)

作物类型	3月 上 中 下	4月 上 中 下	5月 上 中 下	6月 上 中 下	7月 上 中 下	8月 上 中 下	9月 上 中 下	10月 上 中 下	11月~2月 上 中 下
苜蓿	返青	分枝	开花 刈割	生	长	刈割			越 冬
冬小麦	返青 起身	拔节	开花	灌浆 收获				出苗	越 冬
春玉米			出苗	拔节		吐丝	灌浆	收获	
春大豆			出苗	花芽	开花	结荚	鼓粒	收获	
夏玉米				出苗	拔节	吐丝	灌浆	收获	

7.2.2 区域病害监测环境影响分析

在大范围病害监测时通常遇到的困难是病害引起的光谱变化与复杂的环境因素引起的光谱变化相互交织,难以分离。为此,我们认为有必要对可能与病害同时出现的环境影响进行一番梳理,便于理清对病害监测方法选择的思路。以北京附近的研究区为例,除作物发病/不发病及病情程度之外,可能对光谱产生影响的因素包括:品种、生育期、播种密度、营养状况、土壤类型及特性,以及其他类型的胁迫。

首先假设 A 地块和 B 地块小麦分别为全体正常及全体染病,此外上述环境条件均完全相同,且地块中小麦的光谱响应服从正态分布。那么,如使用一个对病害敏感的光谱特征,对两个群体进行光谱统计可得到如图 7-10 所示的特征概率分布。

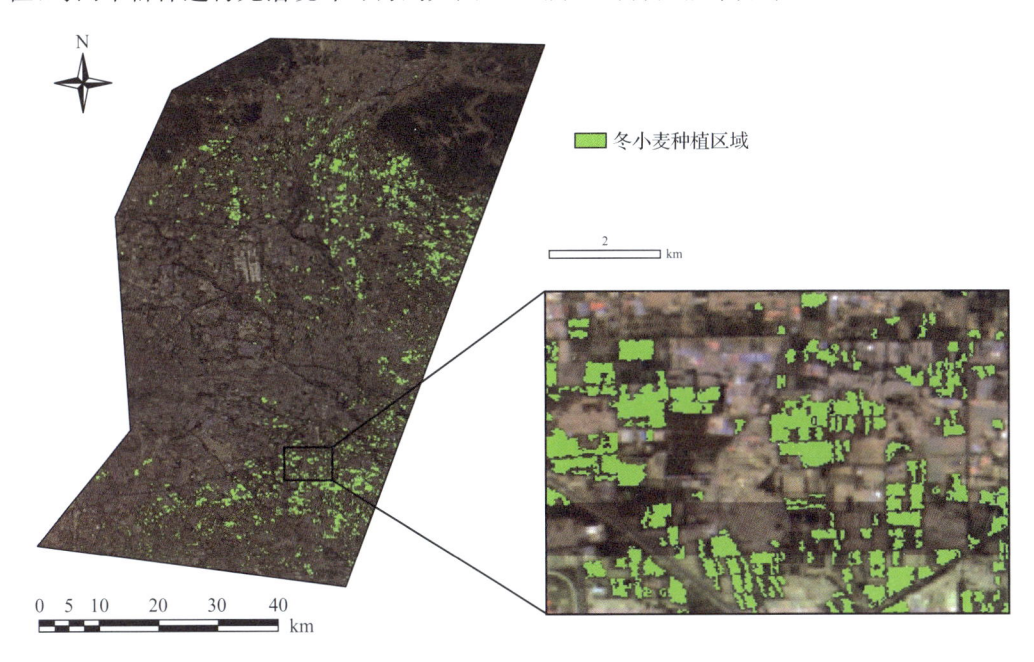

图 7-9　北京研究区冬小麦种植范围示意图

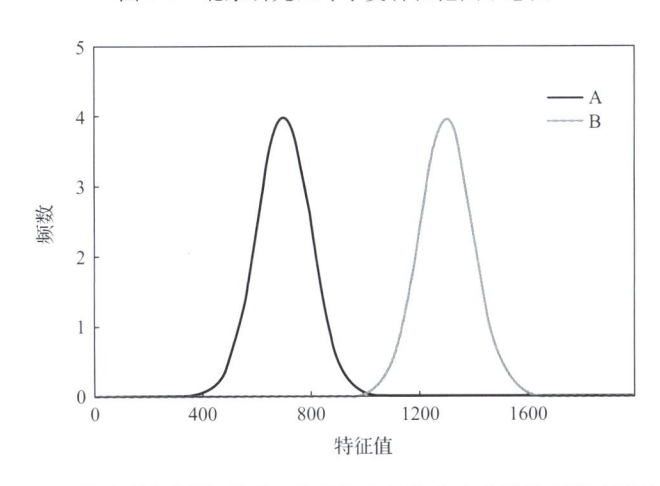

图 7-10　环境条件相同情况下正常及染病地块小麦光谱特征概率密度分布

从图 7-10 可以看出,在这种理想状态下,若有光谱特征 SF 可使正常及染病样本存在显著差异(独立样本 T 检验通过显著性检验),则表明能够通过该光谱特征区分正常及染病样本。但是,上述情况在实际田间环境中并不多见,一般只在病害发展后期症状较为明显,且田间环境复杂度相对较低,从而使病害特征成为一个强信号时,可近似理解为上述情况。通常来说,病害以外的其他因素对光谱产生的影响会对病害信息提取产生较大阻碍。以小麦的品种影响而言,由于不同品种在株型、发育的形态变化等方面的差异可以使其光谱特性发生较大改变。现假设 A 地块和 B 地块中小麦分别有 1 号、2 号两个品种,且两个品种的面积相等,光谱响应的标准差相同。那么在这种情况下,两个群体光谱特征的概率分布变化为图 7-11 所示形式。

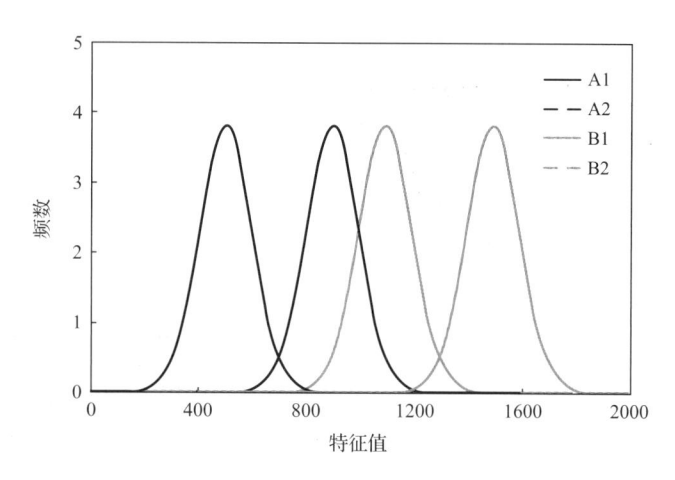

图 7-11 环境条件相同情况下正常及染病地块不同品种小麦光谱特征概率密度分布

可见,在这种情况下,同一地块中的小麦光谱样本由于来自两个不同的总体(品种),因而大大增加了病害和正常样本的区分难度。近似地,同一地块中播种密度、营养状况和土壤类型及特性的差异亦可引起同样的情况。根据农田环境复杂程度的不同,有时甚至可以出现同一地块中小麦来自多个不同总体的情况,使病害的信息变得更加微弱,病害与正常小麦的区分也变得愈加困难。

目前,仅使用单景影像往往难以避免上述农田环境的影响,为此,本节提出运用多时相遥感影像进行病害监测的思路。多时相遥感数据不仅能够考察在单个时相上像元之间光谱特征的强度,同时还可以提取光谱特征在不同时相间的变化量。例如,对于上述假设的情况,虽然 A2 和 B1 在单时相上难以区分,但通过病害在时间上的变化特征,就有可能将二者分开。此外,对于其他类型胁迫而言,如常见的养分和水分胁迫,通常在时间上表现为病害不同的特点,因此采用多时相影像分析亦能够有利于二者的区分。应注意的是,生育期和管理方式的影响仍会存在于多时相影像的分析结果中,是结果的误差来源之一。因此,在实践中,应注意应用区域小麦生育期和管理方式较为接近,同时区域中地块尺寸应普遍大于影像的分辨率。在本节研究区中,大部分麦田面积较大且连续,且种植户的播种时间、管理方式较为接近。因此,7.2.5 节将探讨采用多时相影像进行大尺度病害监测的方法。

7.2.3　HJ-CCD 时间序列数据的小麦白粉病监测光谱特征选取

1. 植被光谱特征

利用 HJ-CCD 数据的区域尺度病害监测需要基于四个可见光至近红外的宽波段进行特征选择。在蓝(R_B)、绿(R_G)、红(R_R)、近红外(R_{NIR})四个波段反射率之外,基于已有研究进行光谱特征的选择。所选取的植被指数包括宽波段指数 NDVI、SR、GNDVI、SAVI 和 TVI。此外,亦增加了白粉病冠层光谱响应分析中与病害相关性较高($R^2>0.7$)的 MSR、NLI、RDVI、OSAVI,共计 13 个光谱特征用于后续分析。

2. 光谱时序信息提取方法

遥感时间序列分析是研究地物目标随时间变化的常用和重要手段。在病虫害分析中，我们希望在不同时间获取的影像中提取小麦地块因病害发展而产生的变化信息，为大范围内病害遥感监测提供有效信息。遥感数据时间维分析目前已有较多可选择的方法，大体上可分为两个大类，即针对长时间序列遥感数据的时间轨迹提取和针对短时间序列的变化检测分析。前者通常基于 MODIS、TM 等常规数据，针对如森林演替、土地利用及覆盖变化等问题开展研究。常用的技术有针对时间轨迹的滤波算法，如 Gramm-Schmidt、小波分析(Collins and Woodcock，1994，1996)等方法。在对光谱特征时间曲线的处理基础上，主要的任务是通过时间曲线进行信息提取。目前针对这一问题各方学者提出了多种不同方法，分别针对不同的应用环境和目的，如 Hilker 等(2009)在研究森林的干扰问题时提出了一种时空数据融合的模型 STAARCH(spatial temporal adaptive algorithm for mapping reflectance change)，Verbesselt 等(2010)在研究土地利用覆盖类型变化的问题时提出了 BAFST(breaks for additive seasonal and trend)季节模型，Kennedy等(2010)针对森林干扰和恢复的问题基于 Landsat TM 数据提出了一种时间序列分析方法，该算法将时间维曲线平滑和特征提取的步骤融合为一个整体，在一定程度上提高了算法的效果。另一方面，在短时间序列的分析方法中，以变化检测(change detection)相关方法为主。Allen 和 Kupfer(2000)针对森林火胁迫识别基于 TM 穗帽变换数据提出了一种变化向量(change vector)时序分析方法，在林火识别方面取得较高的精度。本节中识别的目标事件为作物的病害，其特点是在时间上发展变化较快。小麦的白粉病仅在小麦拔节至灌浆这段关键生育期内适宜采用遥感监测，总共历时一个月左右。因此，即使以环境星这样高时间分辨率的数据源，考虑到天气、云覆盖等客观因素，本研究区仅获取到 4 景有效数据，时间间隔为 25 天。图 7-12 给出了不同时相感染小麦白粉病地块样点的变化及染病样点平均 DI 的变化。从图中可看出，白粉病在 5 月 20 日前被检出的概率较低，且严重度较低。这与 T1~T3 时期田间调查的情况相符，此时病害主要集中在小麦植株的下层，来自冠层的信号微弱。因此，未采用针对长时间序列的分析算法，而采用变化检测分析进行时间维信息提取。为凸显由病害引起的不同时相光谱信息的改变，对 4 个时相进行两两对比分析。以 T1~T4 表示第一至四个时相，共涉及第一时相、第二时相(以 T2T1 表示)，T3T1，T4T1，T3T2，T4T2，T4T3 六种情况。对比方法通常有相减(image subtraction)，如 T2－T1；相除(image rationing)，如 T2/T1，或归一化(image normalization)，如(T2－T1)/(T2＋T1)。对时相的噪声过滤效果而言，相减的方法对去除图像中的加性噪声效果较佳，相除的方法对去除图像中的乘性噪声效果较佳，而归一化的方法则能去除图像中的加性噪声同时在一定程度上减小乘性噪声。为此，采用不同时相光谱特征归一化处理进行时间维信息的提取。

3. 研究区光谱时序特征选择

环境星各波段反射率在病害及正常样点上的反差程度是病害遥感监测的基础。图 7-13 是环境星四个波段正常及染病样本(染病样本均来自 T4 时相)反射率均值及标准差。在环境星的 3 个可见光波段上，染病样本各个时相的反射率均比正常样本高，而在近

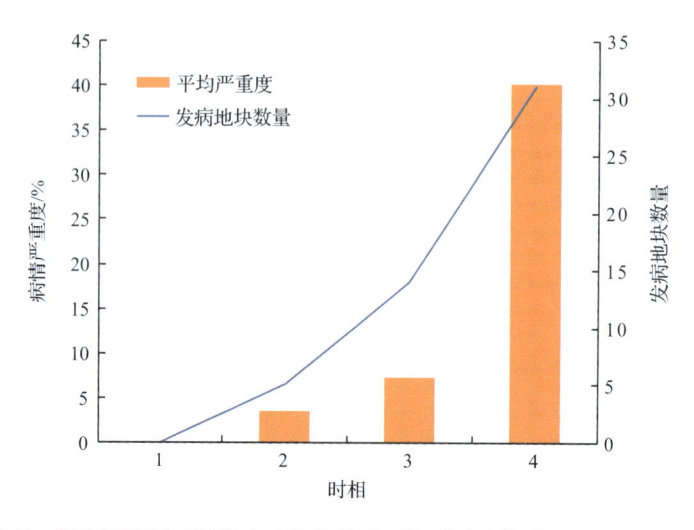

图 7-12 研究区不同时期发病地块数量及平均严重度统计图（地块总数为 80）

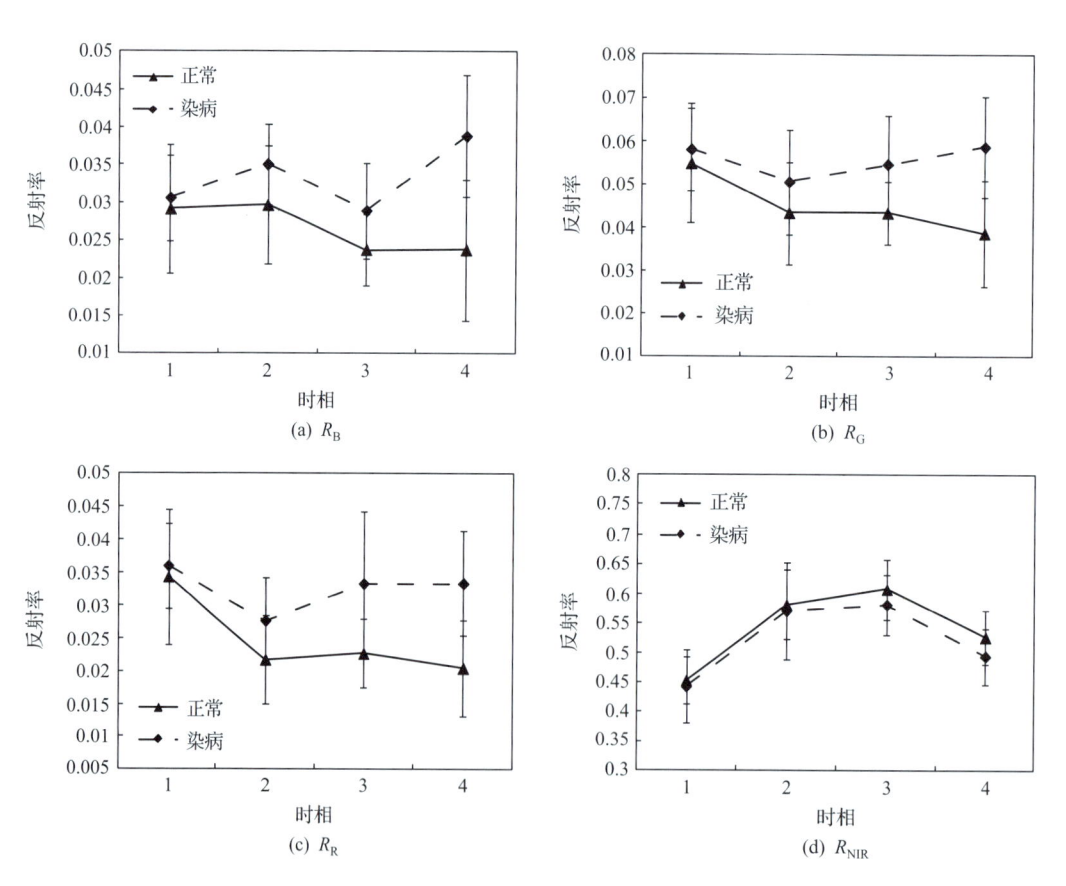

(a) R_B

(b) R_G

(c) R_R

(d) R_{NIR}

图 7-13 环境星各波段在不同时相上反射率（短划线表示数据标准差）

红外波段上染病样本均值略低于正常样本。这一总体趋势与冠层光谱观测的趋势一致（4.1 节）。进一步观察正常及病害样点反射率在各时相上的变化趋势，可见在第一时相即 5 月 1 日二者差距很小，而在后续时相差距逐渐增大，以第四时相即 5 月 25 日差距为最大。这一时间上的变化规律基本体现了随着病害侵染,植被症状加重,染病及正常区域光谱差异逐渐增大的趋势。此外,通过各时相波段反射率的标准差可看出,正常与染病样点的数值分布存在一定程度的重合,特别在前几个时相中重合度较大,这表明通过单一时相进行病害监测存在较大的困难和不确定性。

在利用多光谱图像进行病害监测前,进一步检验3.2.2节介绍的13个植被特征在光谱和时间变化上对病害的响应情况。根据分析,我们希望选择那些在正常和染病样本点上差异显著的光谱及光谱时间特征(可理解为病害与正常样本的光谱特征来自不同总体)。采用独立样本T检验进行上述敏感性分析,共检验13个光谱特征在4个时相(单时相)以及6个时相间变化对于正常样本和病害样本差异的显著性。表7-4为T检验分析结果。在130次不同光谱特征在不同时相以及不同时相组合上的T检验结果中,共有75次比较通过0.950置信度水平上的显著性检验,55次比较通过0.990置信度水平上的显著性检验,15次比较通过0.999置信度水平上的显著性检验。在13个光谱特征中,所有特征在单时相上至少有一个时相表现出正常及病害样本的显著差异。其中,RNIR和TVI仅在单时相上对病害敏感,而其他11个光谱特征在某些不同时相上的变化呈现对病害敏感。总体上,随着时相的推后,各光谱特征在正常和病害样点的差异显著性不断提高,这与图7-13中所显示的规律一致。其中,第四时相各个特征的差异最为显著,这与田间实际调查的情况相符。第四时相为小麦的灌浆期,此时白粉病由下自上的侵染已使小麦植株的形态有较明显的变化,在部分侵染较重的田块中甚至病斑已上至旗叶。而在抽穗后冠层视场内组分会出现新的变化,在一定程度上会降低病害信息的表现度。因此,小麦灌浆期是对白粉病实施遥感的最佳生育期。从各个光谱特征不同时相的变化在正常和染病样本间的差异结果可看出,多数特征在T4T2的差异最为显著。这可能是由于T2时期(5月13日)的小麦白粉病在冠层尚未体现出症状(早期病症以侵染下层叶片为主),但此时的小麦较第一时期已有较多的生长,能够体现出一些株型、密度等差异。根据7.2节分析原理,由T4和T2组合的变化特征能够较好地反映出病害在时间上的变化信息,

表7-4 各光谱特征不同时相正常及病害样点差异分析

时相	RB	RG	RR	RNIR	SR	NDVI	GNDVI	TVI	SAVI	OSAVI	MSR	NLI	RDVI
T1													
T2	*	*	*		**	**	*			*	**	**	
T3	**	**	***		**	***	**	*	**	**	**	***	**
T4	***	***	***	*	***	***	**	**	**	**	***	***	**
T2T1					*						*		
T3T1		*	**		**	*							
T4T1	**				**	**	*		*				*
T3T2					**				*		*		
T4T2	***	**	**		**	**	**		**	**	**	**	**
T4T3	**	**	*		*	*			*	*	*	*	*

注:*表明差异在0.950置信水平上显著;**表明差异在0.990置信水平上显著;***表明差异在0.999置信水平上显著。

能够为单时相监测提供重要的补充信息。采用差异度达到极显著(0.999置信水平)的单时相特征和多时相特征作为后续病害监测的基础,包括第四时相的 RB(RB-T4)、RB-T4T2、RG-T3、RG-T4、RR-T3、RR-T4、SR-T4、NDVI-T3、NDVI-T4、NDVI-T4T2、GNDVI-T4、GNDVI-T4T2、OSAVI-T4、MSR-T4 和 NLI-T3 共 15 个特征。

7.2.4 基于时相特征数据的病虫害信息提取方法

我们分别采用混合调谐滤波、偏最小二乘回归分析、光谱信息散度分析及光谱角度制图四种方法进行病害信息提取。以 T4 时期包含 54 个实际调查样点的样本进行模型的训练,以另外 36 个调查样点的样本进行模型的验证。拟对四种方法在病害信息提取方面的效果进行评价与对比。在病害信息的提取类型方面,四种方法均能够给出包括三个等级的病情严重级别的估测结果,但由于光谱信息散度分析与光谱角度制图两种方法属于图像分类算法,仅能够判断像元的类别,不能够判断像元某个属性的程度。而混合调谐匹配滤波(MTMF)及偏最小二乘回归分析由于采用连续的变量 DI 作为模型的应变量,因而能够对病情给出数值上连续的描述。因此在病情程度方面拟进一步对这两种方法的效果进行评价和比较。在分类结果中,采用总体精度 OA、平均精度 AA、生产者精度、用户精度和 Kappa 系数五项指标评价算法效果。在回归模型的精度方面,采用实测值和预测值的复相关系数 R^2 和标准化均方根误差 NRMSE 进行评价。

1. 基于光谱信息散度分析的病害信息提取

光谱信息散度分析是一种基于信息熵分析的针对多波段图像的分类算法。其原理是通过判断两个像元间的相关程度,将待分类像元归入相关程度最高的类别中的算法。假设 x 和 y 像元分别为一个多维向量(维数相等),$x=(x_1,\cdots,x_L)^T$,$y=(y_1,\cdots,y_L)^T$,第 i 波段的 x 和 y 的概率分别为

$$p_i = x_i \Big/ \sum_{j=1}^{L} x_j \tag{7-7}$$

$$q_i = y_i \Big/ \sum_{j=1}^{L} y_j \tag{7-8}$$

在 i 波段上对 x 和 y 的概率分别进行负对数变换,得到 $I_i(x)$ 和 $I_i(y)$,分别为

$$I_i(x) = -\log p_i \tag{7-9}$$

$$I_i(y) = -\log q_i \tag{7-10}$$

在此基础上,可计算 y 相对 x 的相对熵值,即 Kullback-Leibler 信息标准:

$$D(x \parallel y) = \sum_{i=1}^{L} p_i D_i(x \parallel y) = \sum_{i=1}^{L} p_i (I_i(y) - I_i(x)) = \sum_{i=1}^{L} p_i \log\left(\frac{p_i}{q_i}\right) \tag{7-11}$$

而光谱信息散度(spectral information divergence,SID)的统计量为

$$\text{SID} = D(x \parallel y) + D(y \parallel x) \tag{7-12}$$

该算法通过 ENVI4.7 中的"Spectral Information Divergence"模块实现,训练时分别

导入训练样本中"正常"、"轻度染病"和"重度染病"三种类型的样本,算法根据待分类像元与三类样本的 SID 距离对其相关性程度进行判断,将像元划入与其相似度最高的类型,并最终生成分类结果图。

2. 基于光谱角制图的病害信息提取

与光谱信息散度类似,光谱角度制图(spectral angle mapper,SAM)是除 SID 以外的一种常用而有效的图像分类算法。该算法能够根据光谱曲线(本例中为特征向量)的变化形状将待分类像元与参考像元的光谱曲线形状进行匹配,根据下述公式:

$$\theta = \arccos \frac{\sum_{i=1}^{L} x_i y_i}{\sqrt{\sum_{i=1}^{L} x_i^2} \sqrt{\sum_{i=1}^{L} y_i^2}}, \quad \theta \in \left[0, \frac{\pi}{2}\right] \tag{7-13}$$

θ 可理解为待检测像元和参考像元之间的"角度",角度越大,相似度越低。通过 ENVI4.7 中的"Spectral Angle Mapper"模块实现这一分析。训练过程与 SID 分析类似。

3. 基于偏最小二乘回归分析的病害信息提取

多元回归分析是建立多个自变量与一个应变量之间数值关系模型的常用、简单且有效的方法。在本节中,涉及的问题是通过 15 个单时相及多时相的光谱特征来估测病情的程度,因此以前者为自变量,以 DI 为应变量。基于 54 个地面调查点 DI 调查数据进行模型的训练。在训练方法上,采用偏最小二乘回归算法进行分析。由于该方法在训练时能够考虑到不同自变量之间的相关性,是在对自变量进行主成分分析的基础上进行回归建模,因此能够有效凸显训练样本中不同自变量与应变量有关的信息。PLSR 分析结果与 MTMF 分析结果类似,能够给出验证样本的估测 DI,同时以 DI=0.3 作为阈值,可进一步形成病害的分类监测结果。

4. 基于混合调谐滤波算法的病害信息提取

1) 混合调谐滤波算法原理

混合调谐滤波算法是混合像元分解算法的一种,我们将混合像元分解的思路引入病害监测中。混合像元分解的传统应用主要是估算不同类型地物在一个像元内所占比例的问题,是对分类面积估算结果优化的重要手段。然而,在另一方面,将混合像元分解技术应用于目标信息提取及目标信息在像元内比率估算等问题近年来得到相当的重视,如,Elmore 等(2000)将混合像元技术应用于半干旱区植被变化的定量化监测;Hostert 等(2003)成功运用混合像元分解技术实现对地中海植被长时间动态的监测。在病虫害监测方面,Fitzgerald 等(2004)采用混合像元分解技术基于一景航空 AVIRIS 影像对棉花虫害进行了病情信息提取;Franke 和 Menz(2007)对 Quickbird 影像进行混合像元分解,提取病害范围及严重程度信息。

然而传统的混合像元分解算法在应用方面存在一个比较主要的障碍,是假设某个像元进行分解时端元的类型通常是固定的,分解时假设待分解像元的信号是几个端元信号的一个组合。但实际情况是，图像中像元所包含的端元的类型和数量往往是不确定的，如在城市区域，一个 30m×30m 的 TM 像元既有可能是建筑物、水体和绿化植被的混合亦可能是公路、建筑物的混合。为解决这一问题，Roberts 等(1998)提出一个多个端元的混合像元分解算法(multiple endmember spectral mixture analysis，MESMA)。该算法的优点在于能够打破端元类型固定的假设，通过一个阈值调节的方法由算法根据待分解像元的光谱特征及不同端元光谱特征自动判断某像元的端元组成，并据此进行分解。这种算法在土地利用类型分类及面积计算相关问题的解决方面体现出较大的优势，但是对于病害信息提取的问题，同样存在困难。在病害监测时，由于在分析前已经对图像进行了目标作物的掩膜(研究对象为冬小麦)，因此，我们可以将待分解像元光谱理解为"病害"信息和"正常"信息混合的结果。但农田复杂的环境差异导致难以明确界定除正常、染病小麦以外的端元以及端元的光谱，特别在进行大范围监测时，区域环境较大的不确定性使该问题尤为明显。若不能较客观地界定图像中的端元及端元的光谱，则采用混合像元分解进行病害提取所得到的结果同样是不准确的。

针对上述病害监测的特点和困难，选择的混合调谐匹配滤波 MTMF 在理论上能够很好地满足应用的需求。总体上讲，MTMF 算法的核心思想是突出主要目标信息，即判断一个待分解像元中目标物(即病害信息)的信息比率，同时忽略其他可能存在的端元类型和数量(即管理、品种等干扰信息)。这一思想正好与本章中希望在复杂的农田环境中提取病害信息这一目的吻合。

使用的 MTMF 算法为集成在 ENVI4.7 中的模块"Mixture Tuned Matched Filtering"模块，算法原理详见相关文献(DiPietro et al.，2010)。图 7-14 为 MTMF 原理图。该算法有两个输出的结果，分别是 MF(matched filtering)值和 Infeasibility(不可行性，以下简称 Inf)值。MF 表征的是目标光谱信号在待分解像元中的比率，0.0～1.0 为其有效的值域范围，其中，0.0 表示像元中无目标的成分，1.0 为目标的纯像元。MF 值的表达式为

$$y_{MF} = \kappa(\mu_t - \mu_b)^T \Sigma_b^{-1}(x - \mu_b) \tag{7-14}$$

$$\kappa = \frac{1}{(\mu_t - \mu_b)^T \Sigma_b^{-1}(\mu_t - \mu_b)} \tag{7-15}$$

式中，μ_t 表示图像目标方差；μ_b 表示图像背景方差；Σ_b 表示背景图像的协方差矩阵。y_{MF} 即为 ENVI4.7 匹配滤波分析中生成的 MF 图层。而 MTMF 算法较 MF 算法的区别就在于其加入了 Inf 这个指标。该指标是用于评价得到 MF 值的可行性(可理解为可信度)。Inf 的表达式为

$$y_{Inf} = \check{X}^T \check{\Sigma}(a)^{-1} \check{X} \tag{7-16}$$

$$\check{X} = \frac{\Sigma_b^{-1/2}}{\Delta}(X - \mu_b) \tag{7-17}$$

式中，X 为待检测像元光谱；Δ 为待检测像元与图像背景光谱之间的马氏距离；a 为 MF 值。通常情况下，Inf 值越低表明结果可信度越高，而 Inf 越高则表明结果越不可信。在实际应用中，往往采用 MF 值在 0.0～1.0 范围内(该值有可能超出这个范围，一般不予采

用范围外的结果),且 Inf 值较低的结果为最终结果。

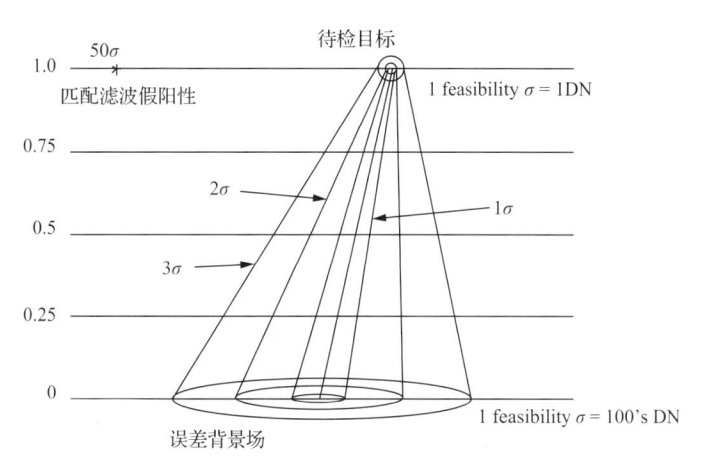

图 7-14　MTMF 分析原理

2) 小麦白粉病端元选择

混合像元分解中,端元信号的质量对分解效果有决定性的影响。理论上需要给出的端元光谱是严重度为 100% 的感染小麦白粉病的小麦纯像元光谱。通常有两种做法:一是从染病小麦的冠层高光谱出发采用 HJ-CCD 的通道响应函数进行积分得到四个通道的光谱信号。但这种做法首先由于端元信号是独立于图像产生的,可能会由于图像的大气影响(大气校正后的误差部分)而与图像光谱不能很好地对应,其次,必须在应用区域进行实地的光谱测定,从而方法的通用性较低。另一种做法是直接从图像中提取端元光谱,该种做法在通用性方面,以及与图像数据的匹配度方面均有一定的优势。我们首先从经过数据预处理的 4 个时期的多光谱 HJ-CCD 图像出发,根据得到的 15 个光谱及光谱时相的特征定义,产生一幅包含 15 个波段(每个波段为一个特征)的特征图像。

针对该景特征图像,对其进行 MNF 处理。该变换实际是一个两重的主成分变换,能够将高维的光谱图像转变成一系列包括图像主信息的特征图像。由于所使用的 15 个特征均源自同一区域的 4 景影像,因此特征图层之间应存在一定的相关性,MNF 变换能有助于突出图像中的主信息。

对经过 MNF 变换的特征图像,继而计算其纯像元指数(pixel purity index function,PPI)。PPI 是 ENVI4.7 中用于自动筛选"纯像元",即 endmember 的算法。该算法的内涵是将高光谱影像的像元随机地投影到 n 维的特征空间中,通过多次重复该操作,软件自动记录下每个像元被认作"极端像元(extreme pixel)"的情况。输出的图像给出的即是这个记录的次数,次数越高,即表明像元的"纯度"越高,也就越符合 endmember 的光谱特征。而从另一方面可以认为,对于一幅特征图像,PPI 最高的像元在光谱上越"特殊",越有可能成为 endmember。我们所需要寻找的 endmember 是染病像元,为此需要结合地面调查数据进行定义。考虑到 T4 时相的小麦病症最为明显,根据 T4 时相的地面调查,将调查中记录为染病的样点依据 PPI 值从高到低排列,选取 PPI 最高且 DI 高于 0.5 的像元作为 endmember 的参考像元。依据这一标准,36 个用于训练的样点中(其中,染病样点为 14 个),满足条件的有五个像元(图 7-15,由于 3 个样点空间位置较为接近,在图示比例尺下相互重叠,故其中仅显示出 3 个像元)。尽管采用了上述"苛刻"的条件使选出的 endmember 参考像元能够直接来自图像,这些参考像元相对于图像中多数像元而言光谱上具有代表性,同时亦在实地调查中确实为染病像元,但是,仍不能直接采用这五个像元的光谱信息作为 endmember 的信息。这是因为,实际调查中这五个像元的 DI 范围为 0.52~0.72,而非理论上的 1.0。而在实际情况中,也几乎不可能找到 DI 为 1.0(即像元中所有小麦感染白粉病的程度均达到 100%)。因此,我们进一步对两个参考像元的光谱信号进行改正,生成一个"虚拟"的 endmember 的像元光谱。

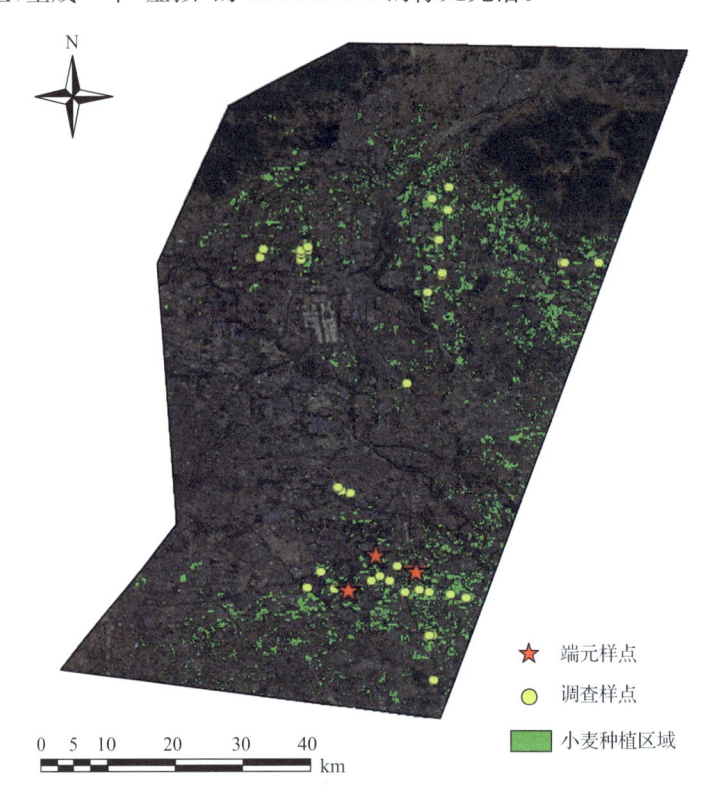

图 7-15 研究区小麦白粉病端元空间位置示意图

改正时首先将训练样本中健康样点的像元的光谱信号进行平均,生成一个健康像元 endmember 的像元光谱。然后,假设随着白粉病的程度增加,各个波段的信号呈线性变化。那么"纯病害"endmember 像元的 i 波段的值 $SF_{disease}$ 可通过参考像元(计算前将参考像元的各个波段的光谱进行平均,对应于其平均后的 DI)以及健康像元的光谱值通过下式计算得到:

$$SF_{ref} = SF_{disease} \times DI_{ref} + SF_{healthy} \times (1 - DI_{ref}) \tag{7-18}$$

变形后可得到

$$SF_{disease} = \frac{SF_{ref} - SF_{healthy} + SF_{healthy} \times DI_{ref}}{DI_{ref}} \tag{7-19}$$

式中,$SF_{healthy}$ 是正常端元 i 波段的值;SF_{ref} 是参考像元 i 波段的值;DI_{ref} 是参考像元 DI 的平均值。本节即采用上述方法对病害 endmember 参考像元的各个波段进行改正,并将改正后的信息输入 MTMF 程序作为目标光谱信号进行混合像元分解分析。图 7-16 展示了用于 MTMF 分析的小麦白粉病端元选择整体流程。

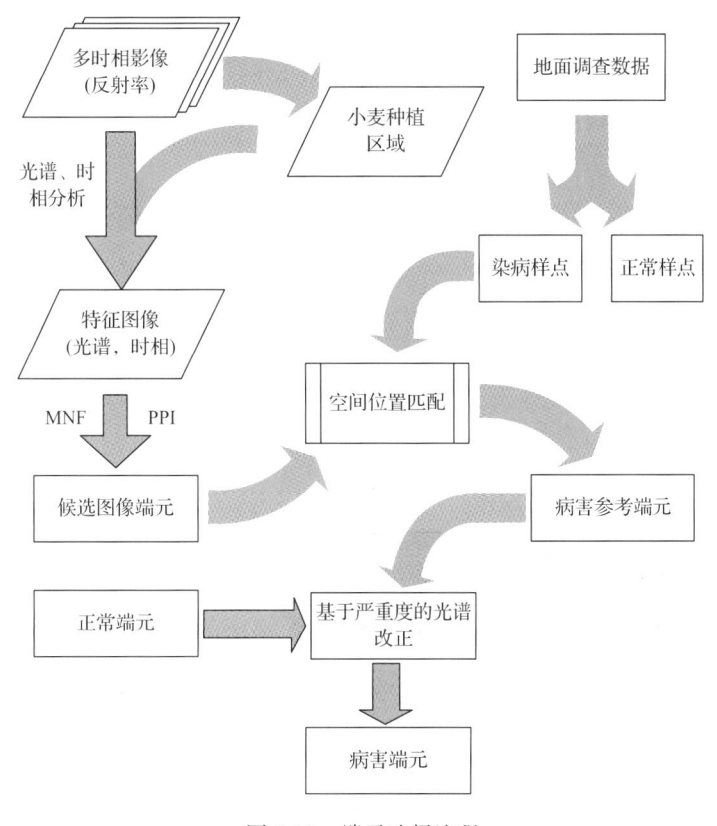

图 7-16 端元选择流程

采用依据上述流程得到的病害端元进行 MTMF 分析。在结果中，首先去除 MF 值低于 0.0 或高于 1.0 的异常部分，仅保留 MF 范围在 0.0~1.0 的区域。在此基础上，应用一个 Inf 的阈值进一步去除那些 MF 值不可信的部分，并最终得到病害发生的估测范围。阈值的选择基于训练样本进行，以 0.2 为步长在 2.0~4.0 范围内调整 Inf 阈值并得出总体精度。由图 7-17 可以清晰看出，当 Inf 值为 3.0 时，估测精度最高，达到 0.79。为此，以该阈值下的 MTMF 分析结果作为最终的病害监测结果。在有效范围内，根据 MF 的定义，能够得到两种类型的结果：一种是根据 MF 值的定义，直接将其对应于像元的病情程度 DI，即作为一个连续的变量；另一种是通过 MF 设置阈值（DI=0.3）将染病区域进一步区分为轻、重两级，以便于与其他方法的结果进行比较。

7.2.5 京郊小麦白粉病信息提取结果

1. 基于光谱信息散度分析的病害信息提取

依据光谱信息散度分析建立模型，得到研究区小麦白粉病的病情监测示意图（图 7-18），图中黄色及红色区域表示轻度及重度染病的区域。在研究区中，可清晰观察到发病区域整体分布在东南部的通州区范围内，而研究区北部的顺义区则较少受到病害

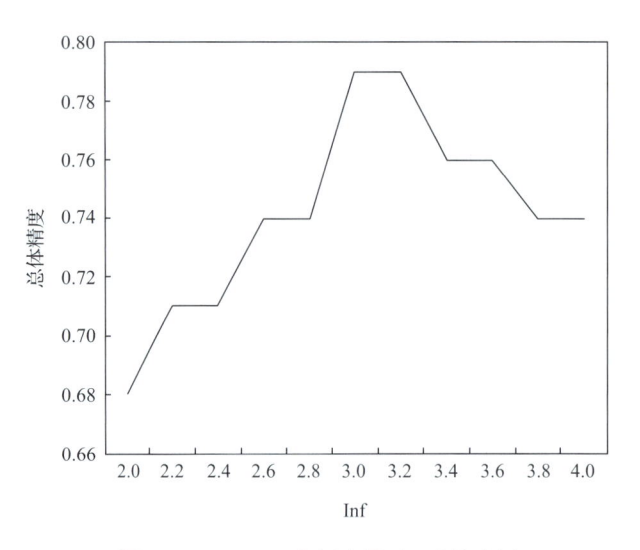

图 7-17 MTMF 分析中最适 Inf 值选择

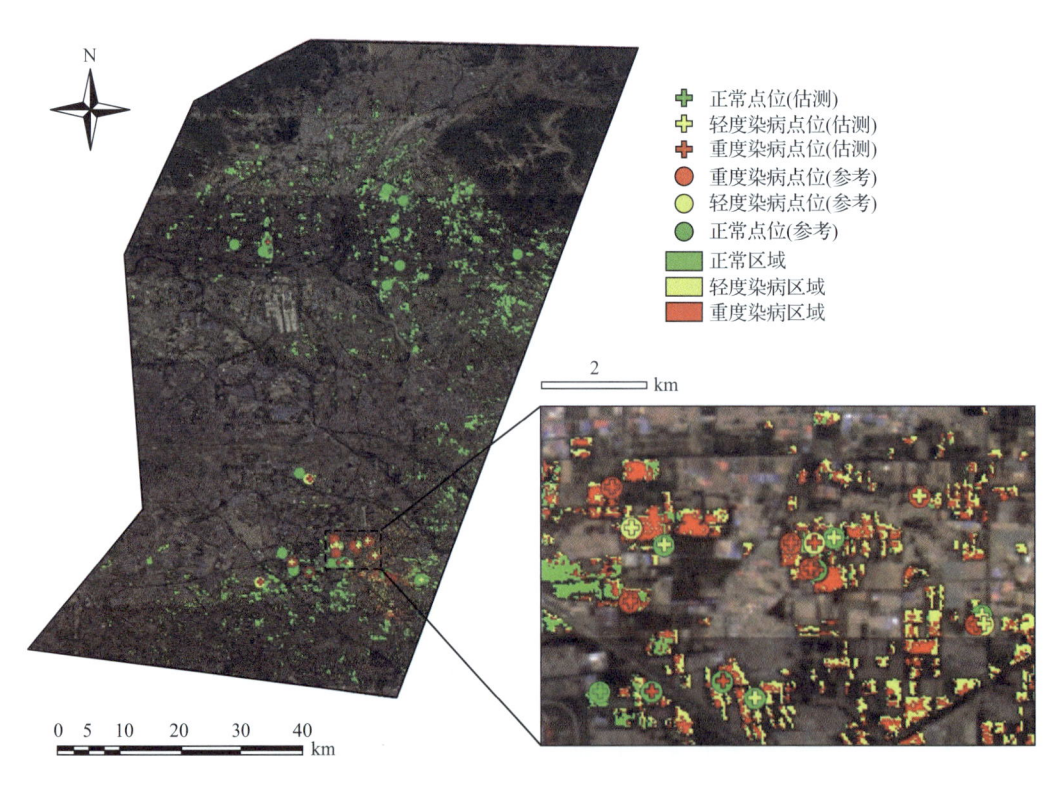

图 7-18 基于光谱信息散度分析的小麦白粉病监测结果示意图
左侧大图为研究区总体发病示意图；右侧小图表示病害高发区详细病情监测示意图

侵染。这一总体格局与调查结果大体一致，用于验证的 36 个调查样点中，9 个顺义区的调查样点(纬度高于 40°)全部未感染白粉病，全部染病样点基本都发现在纬度低于 40°的通州区内。在调查过程中与农户的随访中亦了解到在顺义小麦种植区域内白粉病罕有发生，而在通州区内发病较重。图 7-18 中右侧示意图局部放大显示了通州区域的病害集中

· 234 ·

发生区域的病情空间分布情况。其中,圆形标记表示地块的实际调查病情记录,十字形标记表示地块的模型估测病情程度。健康、轻度染病和重度染病三种情况分别以绿、黄、红三色加以区分。圆形和十字形符号中颜色一致表明估测与实测相符,不一致的情况则表明存在错判。从图7-18结果看,在模型获得的局部病情分布示意图中,存在较多的错判情况。表7-5给出了SID模型病害分类结果的混淆矩阵以及各分类统计量。该结果的总体精度、平均精度和Kappa系数均处在较低的水平,分别为0.56、0.54和0.31。进一步观察不同类别用户精度和生产者精度的情况,发现正常地块的用户精度达到92.31%,明显高于生产者精度(54.55%),表明采用SID模型存在较多的将正常样点误判成染病样点的情况。图7-18中显示病害在通州部分区域内几乎遍布所有地块,与实地调查情况不符,表明采用SID的病害监测模型对白粉病发生存在高估的情况。对于轻度和重度染病样本,不论用户精度或生产者精度的精度均较低,表明SID模型对于病级的区分存在较高的错误率。

表7-5 基于光谱信息散度分析的小麦白粉病监测精度评价

		参考						
		正常	轻度染病	重度染病	总和	用户精度/%	总体精度	平均精度	Kappa系数
分类结果	正常	12	0	1	13	92.31	0.56	0.54	0.31
	轻度染病	5	2	2	9	22.22			
	重度染病	5	3	6	14	42.86			
	总和	22	5	9	36				
	制图精度/%	54.55	40.00	66.67					

2. 基于光谱角制图的病害信息提取

依据光谱角度制图分析建立模型,得到研究区小麦白粉病的病情监测示意图(图7-19)。在研究区中,整体病害分布格局与SID模型监测结果基本一致,即发病区域整体分布在东南部的通州区范围内,而研究区北部的顺义区则较少受到病害侵染。从图7-19中右侧的局部示意图中可看出,采用SAM模型的监测结果与SID模型结果空间分布情况较为近似,亦存在较多的错判情况。虽然采用两种不同的分类算法,但由于用于模型训练的样本为同一套样本,故能够得到类似的结果。表7-6给出了SAM模型病害分类结果的混淆矩阵以及各个分类统计量。该结果的总体精度、平均精度和Kappa系数均处在较低的水平,分别为0.61、0.57和0.37,但略高于SID模型的精度。进一步观察不同类别用户精度和生产者精度的情况,发现对于正常地块的用户精度达到87.50%,明显高于生产者精度(63.64%),表明采用SAM模型亦存在一定的误判情况。但总体上,SAM在对正常地块的识别精度方面略高于SID模型(前者生产者精度为63.64%,后者生产者精度为54.55%)。对于轻度和重度染病样本,不论用户精度或生产者精度的精度均比较低,表明通过SAM模型亦难以将二者较准确地分开。

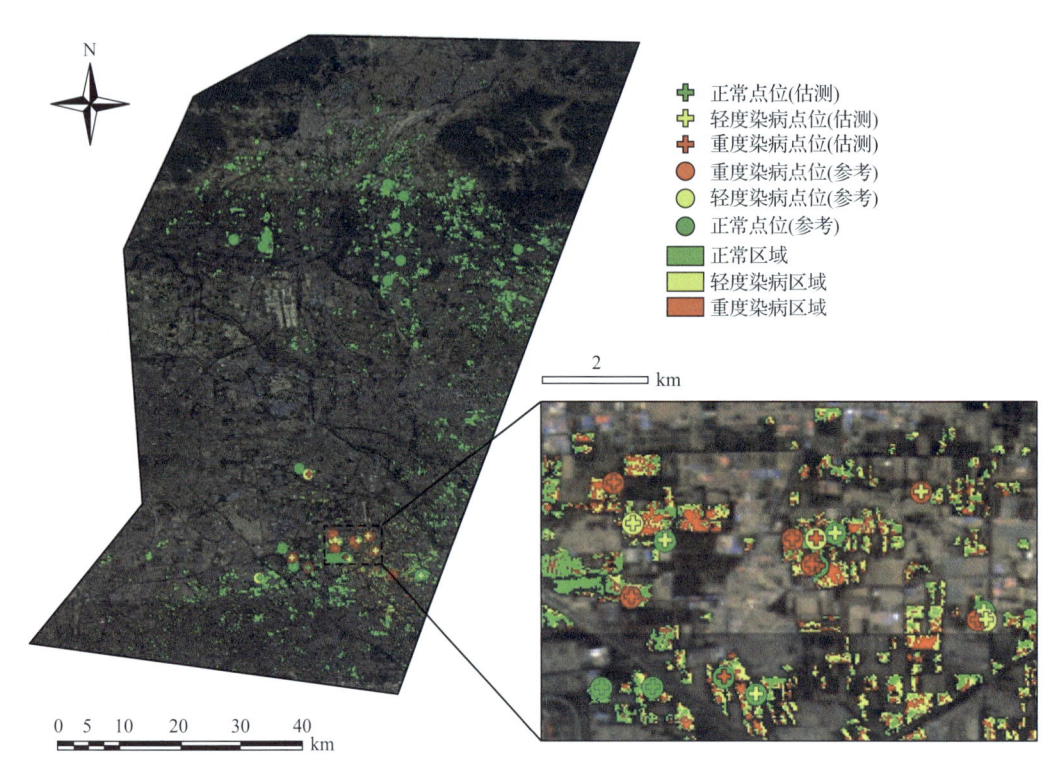

图 7-19 基于光谱角度制图分析的小麦白粉病监测结果示意图

表 7-6 基于光谱角度制图的小麦白粉病监测精度评价

<table>
<tr><th colspan="2" rowspan="2"></th><th colspan="4">参考</th><th rowspan="2">用户精度/%</th><th rowspan="2">总体精度</th><th rowspan="2">平均精度</th><th rowspan="2">Kappa 系数</th></tr>
<tr><th>正常</th><th>轻度染病</th><th>重度染病</th><th>总和</th></tr>
<tr><td rowspan="4">分类
结果</td><td>正常</td><td>14</td><td>1</td><td>1</td><td>16</td><td>87.50</td><td>0.61</td><td>0.57</td><td>0.37</td></tr>
<tr><td>轻度染病</td><td>5</td><td>2</td><td>2</td><td>9</td><td>22.22</td><td></td><td></td><td></td></tr>
<tr><td>重度染病</td><td>3</td><td>2</td><td>6</td><td>11</td><td>54.55</td><td></td><td></td><td></td></tr>
<tr><td>总和</td><td>22</td><td>5</td><td>9</td><td>36</td><td></td><td></td><td></td><td></td></tr>
<tr><td colspan="2">制图精度/%</td><td>63.64</td><td>40.00</td><td>66.67</td><td></td><td></td><td></td><td></td><td></td></tr>
</table>

3. 基于偏最小二乘回归分析的病害信息提取

依据偏最小二乘回归分析建立模型,得到研究区小麦白粉病的病情监测示意图(图 7-20)。在研究区内,整体病害分布格局与上述 SID 和 SAM 分类模型的监测结果基本一致,即发病区域整体分布在东南部的通州区范围内,而研究区北部的顺义区则较少受到病害侵染。从图 7-20 中右侧的局部示意图中可看出,采用 PLSR 模型的监测结果虽也显示多数小麦田块均感染白粉病,但病情分布格局与分类模型的结果并不一致。将估测结果与验证样本进行比较亦发现较多错判的情况,其中,较多的错判发生在将正常样点错判成了染病样点。表 7-7 给出了 PLSR 模型病害分类结果的混淆矩阵以及各分类统计量。该结果的总体精度、平均精度和 Kappa 系数仍处在较低的水平,分别为 0.58、0.75 和

0.42,其中,平均精度相比分类模型有一定的提高。进一步观察不同类别用户精度和生产者精度的情况,发现 PLSR 不同类别的用户精度和生产者精度出现较为极端的情况,具体表现在正常样本的用户精度、轻度和重度染病样本的生产者精度较高,分别达到 100%、100% 和 88.89%,而与之对应的,正常样本的生产者精度、轻度和重度染病样本的用户精度较低,仅为 36.36%、29.41% 和 72.73%。这一现象表明,PLSR 算法能够较好地分辨轻度和重度染病的样点,但较容易将正常样点错分为染病样点。

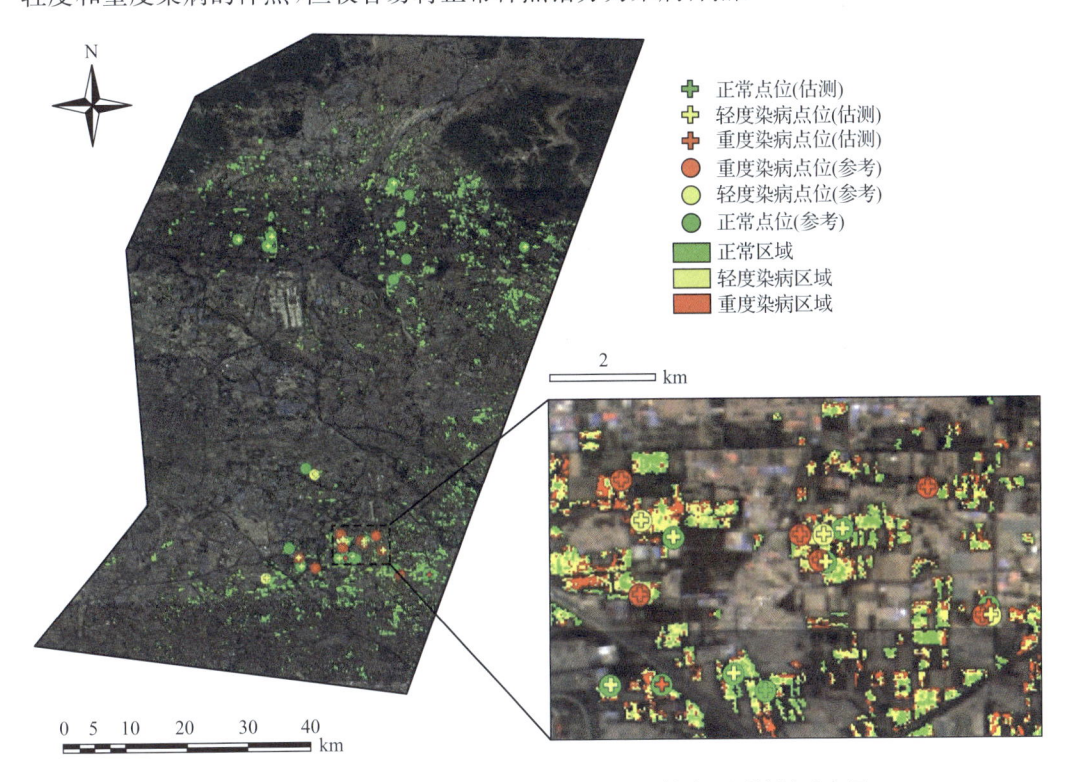

图 7-20 基于偏最小二乘回归分析的小麦白粉病监测结果示意图

表 7-7 基于偏最小二乘回归分析的小麦白粉病监测精度评价

		参考							
		正常	轻度染病	重度染病	总和	用户精度/%	总体精度	平均精度	Kappa 系数
分类结果	正常	8	0	0	8	100.00	0.58	0.75	0.42
	轻度染病	11	5	1	17	29.41			
	重度染病	3	0	8	11	72.73			
	总和	22	5	9	36				
	制图精度/%	36.36	100.00	88.89					

4. 基于混合调谐滤波算法的病害信息提取

依据混合调谐滤波算法建立模型,得到研究区小麦白粉病的病情监测示意图(图 7-21)。在研究区中,虽然整体上受染病区域集中分布在东南部的通州区范围内,但监测结果判断为染病区域的面积明显减少,在图 7-21 中右侧局部放大的示意图中亦可观察到类似的格局。表 7-8 给出了 MTMF 模型病害分类结果的混淆矩阵及各个分类统计量。该结果的总体精度、平均精度和 Kappa 系数仍处在较低的水平,分别为 0.72、0.64 和 0.49,但较 SID 和 SAM 两种分类算法略有提高,其中总体精度和 Kappa 系数亦高于 PLSR 模型精度。进一步观察不同类别用户精度和生产者精度的情况,发现与前述三种模型不同的结果是,正常地块的用户精度和生产者精度均达到较高的水平,分别为 82.61% 和 86.36%,表明该模型能够将正常样点较准确地识别出来,错分和漏分的情况都比较少。这一结果亦可以在图 7-20 右侧小图中得到印证,其中,发病面积相比 SID、SAM 和 PLSR 三种方法小而分散,与实地调查的病害分布格局比较吻合。但是对于轻度和重度染病样本,轻度染病样本的用户精度、生产者精度及重度染病样本的生产者精度仍比较低,表明 MTMF 模型难以准确将两种染病等级分开。

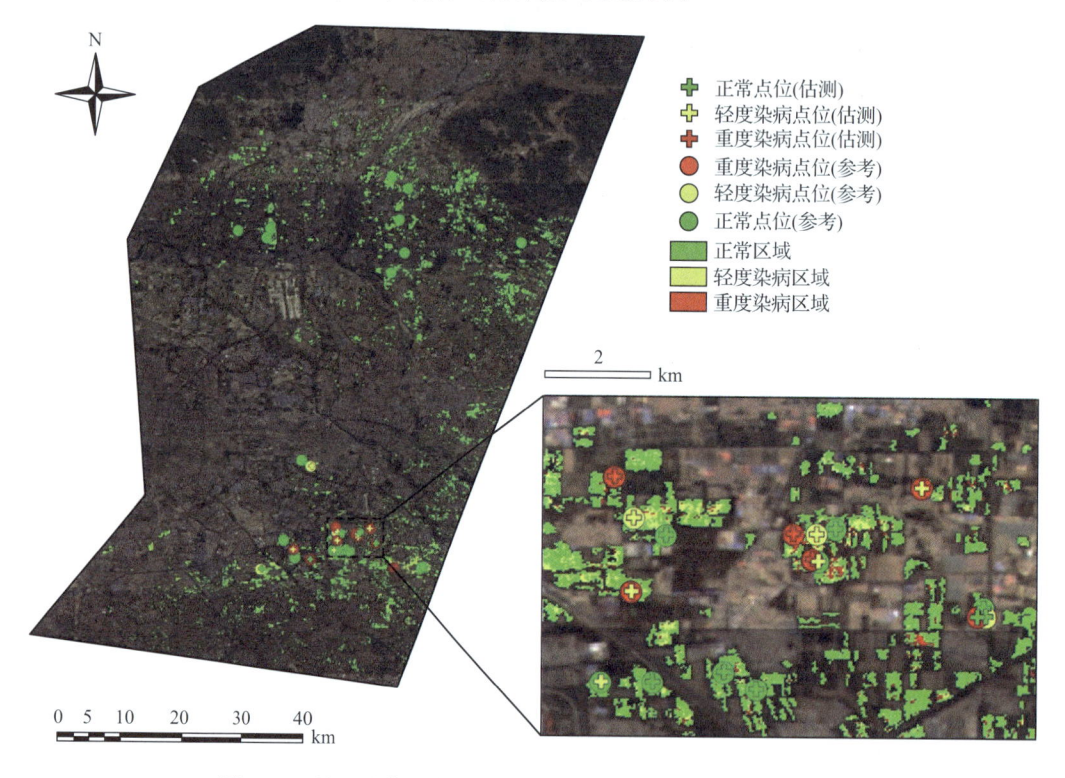

图 7-21 基于混合调谐滤波算法的小麦白粉病监测结果示意图

表 7-8 基于混合调谐滤波算法的小麦白粉病监测精度评价

		参考							
		正常	轻度染病	重度染病	总和	用户精度/%	总体精度	平均精度	Kappa 系数
分类结果	正常	19	2	2	23	82.61	0.72	0.64	0.49
	轻度染病	3	3	3	9	33.33			
	重度染病	0	0	4	4	100.00			
	总和	22	5	9	36				
	制图精度/%	86.36	60.00	44.44					

5. 不同方法用于小麦白粉病信息提取结果比较

从上述结果看,测试的四种用于病害监测模型构建的方法在病情分类方面均未能达到满意的精度。表 7-9 为不同算法监测结果的面积统计,包括发病总面积及其比例,以及轻、重等级的发病面积。从结果看,SID 和 SAM 两种分类方法的结果较为接近,发病面积比例为 15%~20%。SID 和 SAM 算法从原理上看是采用了不同的度量像元间"距离"的标准,但是均是根据待分类像元与训练样本的光谱距离进行分类操作的方法,因此,两种算法的监测结果虽存在一些局部的差异,但大体相近。PLSR 方法是根据训练样本的单时相、多时相的光谱特征与病情严重度建立统计关系。但这种经验的统计方法并不擅于区分复杂环境因素的干扰,使结果中将正常像元错判成染病像元的比例较其余几种方法高。MTMF 方法是基于混合像元分解的一种信息提取方法,其原理较适合于解决复杂背景中弱信息的提取问题。与 SID 与 SAM 两种分类算法相比,MTMF 方法显得更加"保守"。在 MF 值的基础上,通过 Inf 值对结果的可信度进行约束,因此通过 MTMF 方法得到的结果大大减少了将正常样点错分为染病样点的情况。

表 7-9 不同算法病害监测结果分类面积统计

方法	小麦面积 /hm²	染病区域面积 /hm²	轻度染病区域面积/hm²	重度染病区域面积/hm²	染病区域占小麦总面积比率/%
SID	22276	4362	2421	1942	19.6
SAM	22276	3733	2456	1277	16.8
PLSR	22276	6991	4493	2498	31.4
MTMF	22276	2504	2169	335	11.2

进一步通过散点图的方式检验 MTMF 和 PLSR 对 DI 这一连续变量的估测能力。图 7-22(a)、(b)分别显示了采用 MTMF 模型和 PLSR 模型得到 DI 的估测值与其实测值的散点图。比较二者可发现采用 PLSR 方法将较多的正常样点判为染病的像元(图 7-22(b)),而 MTMF 结果中该类错误相对较少。但由于 MTMF 在病级区分方面表现较低,因此两种方法验证结果的 RMSE 均较高,分别为 16.79(MTMF)和 18.02(PLSR)。另外,在对染病样点的程度估测方面,图 7-22(c)、(d)显示 MTMF 分析尚存在一些漏判的情况,而 PLSR 分析则无漏判情况,且估测 DI 与实测 DI 总体的散点基本呈线性分布。在去除正常样点后两种方法的 RMSE 变为 25.66(MTMF)和 14.79(PLSR)。由上述分析可看出,MTMF 算法在识别染病样点方面较有优势,但在区分病情程度方面表现较差,而 PLSR 分析识别染病样点的精度较低,但其对病情的程度估计准确度较高。这可能是由于 PLSR 在进行 DI 估计时利用了单时相和多时相特征中较多的光谱信息,而 MTMF 仅利用了少数像元的光谱信息。基于上述结果,我们尝试发挥 MTMF 和 PLSR 分析各自的特长,将两种算法结合进行病害 DI 的估计。

7.2.6 结合 MTMF 与 PLSR 的小麦白粉病信息提取方法

根据 9.2.5 节对 SID、SAM、PLSR 和 MTMF 四种方法的比较,MTMF 算法在区分

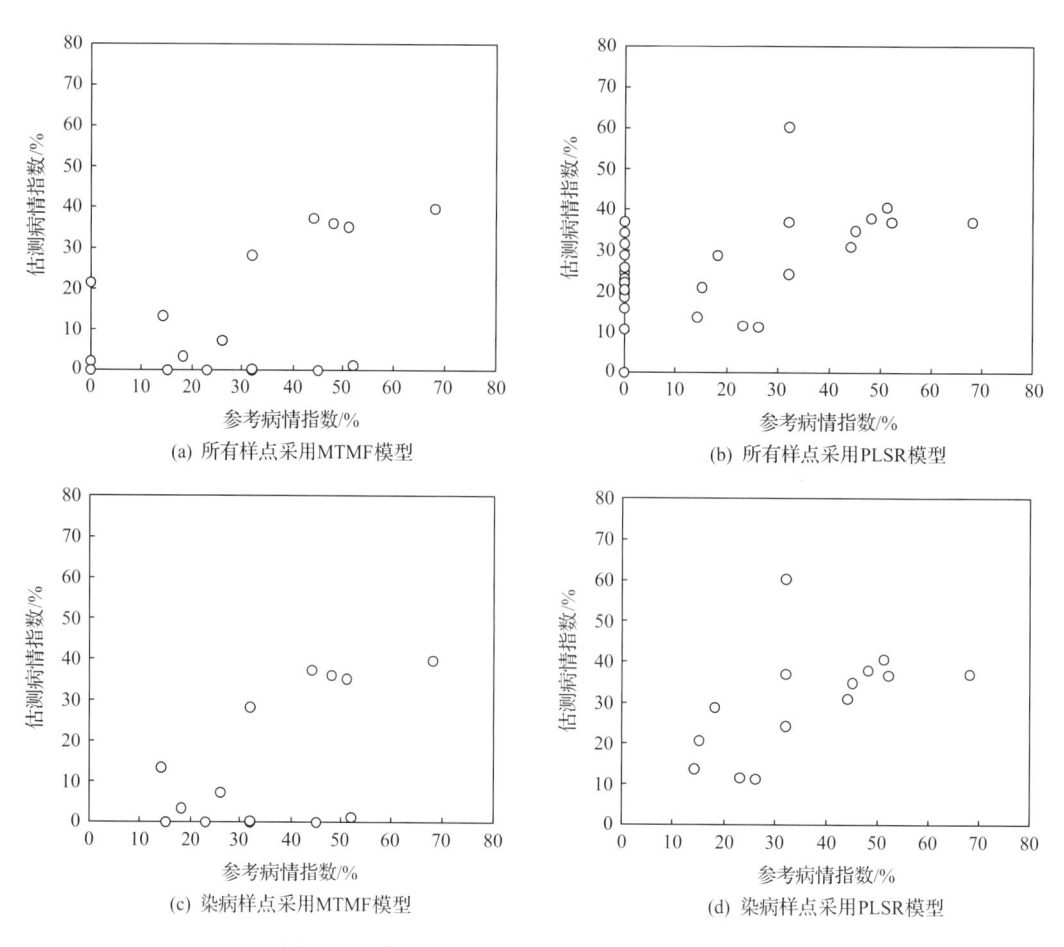

图 7-22　采用不同方法 DI 估测及实测结果散点图

正常和染病小麦方面有较高的精度,而 PLSR 分析则长于判断染病小麦的病情程度。因此,为发挥两种方法的各自优势,首先通过 MTMF 对小麦进行诊断分析,在那些被其判定为染病的区域中,采用 PLSR 方法进行病情分析,并最终生成病情分布监测图(图 7-23)。图 7-24 即为联合 MTMF 和 PLSR 算法(MTMF+PLSR)得到的病害监测结果分布图,在右侧局部病害分布的小图中可明显看出模型估测结果与实测结果吻合度较高。从表 7-10 中对分类结果的精度评价可看出,采用混合两种方法的模型使病害监测分类精度较前述四种模型精度有一定程度的提高,总体精度、平均精度和 Kappa 系数分别达到 0.78、0.71 和 0.59。其中,正常样点的用户精度和生产者精度均超过 80%,表明正常与病害的识别准确率较高,像元被误分和漏分的情况均较少。比较轻度感染样点和重度感染样点的识别精度,发现重度感染样点的用户精度达到 100%,但生产者精度仅为 66.67%。这表明病情判断方面存在一定程度的低估,容易将重度染病的像元判断为轻度染病。但对于轻度染病样本则高估或低估情况均有出现,因此其用户精度和生产者精度仅为 42.86% 和 60.00%。上述趋势在图 7-25 中样本实测与混合模型估测 DI 散点图的中亦能观察到。在结合两种方法后得到的病情估测 R^2 达到 0.54,RMSE 降低到 14.80,精度较前述四种模型有一定程度的提高。

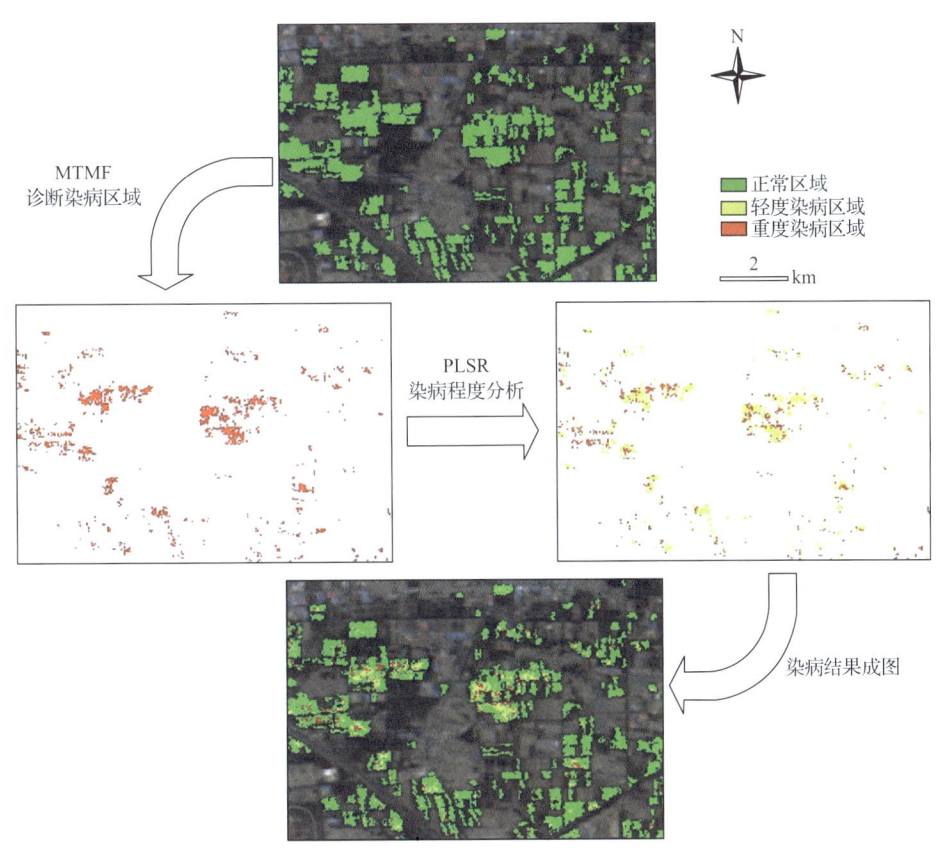

图 7-23 结合 MTMF 与 PLSR 的小麦白粉病监测方法示意图

图 7-24 结合 MTMF 与 PLSR 的小麦白粉病监测结果示意图

表 7-10　结合 MTMF 与 PLSR 的小麦白粉病监测精度评价

<table>
<tr><th colspan="2" rowspan="2"></th><th colspan="5">参考</th><th rowspan="2">总体精度</th><th rowspan="2">平均精度</th><th rowspan="2">Kappa 系数</th></tr>
<tr><th>正常</th><th>轻度染病</th><th>重度染病</th><th>总和</th><th>用户精度/%</th></tr>
<tr><td rowspan="5">分类
结果</td><td>正常</td><td>19</td><td>2</td><td>2</td><td>23</td><td>82.61</td><td>0.78</td><td>0.71</td><td>0.59</td></tr>
<tr><td>轻度染病</td><td>3</td><td>3</td><td>1</td><td>7</td><td>42.86</td><td></td><td></td><td></td></tr>
<tr><td>重度染病</td><td>0</td><td>0</td><td>6</td><td>6</td><td>100.00</td><td></td><td></td><td></td></tr>
<tr><td>总和</td><td>22</td><td>5</td><td>9</td><td>36</td><td></td><td></td><td></td><td></td></tr>
<tr><td>制图精度/%</td><td>86.36</td><td>60.00</td><td>66.67</td><td></td><td></td><td></td><td></td><td></td></tr>
</table>

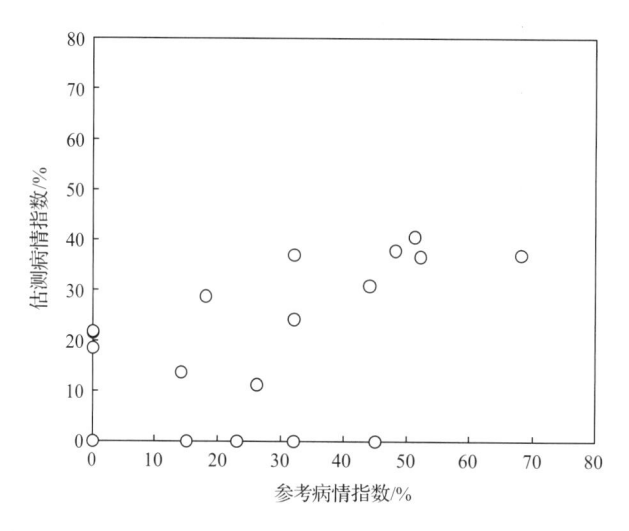

图 7-25　结合 MTMF 和 PLSR 的 DI 估测及实测结果散点图

根据 7.1.2 节分析,采用多时相的中分辨遥感影像虽然能够消除一部分如品种、其他胁迫等环境因素造成的对病害目标信息的干扰,但仍然难以消除如生育期、管理方式等因素的影响。同时,分辨率的限制使一部分像元可能包含小麦以外的其他地物,从而出现混合像元的情况。这些因素均是大范围使用遥感监测病害的误差来源。后续研究应针对这些问题进行进一步的探索,包括不同时相、不同分辨率数据的协同使用等。随着遥感数据源的增多及分辨率的提高,大范围的病害遥感监测也有望提高到一个新的水平,并最终进入业务化运行的状态。

7.2.7　小麦白粉病空间景观格局分析

通过上述一系列遥感数据的处理和分析,我们得到研究区小麦白粉病发生及严重程度信息的空间分布格局。在此基础上,进一步对病害的空间景观进行分析,考察其分布格局的景观特征。

由于景观的定义有多种表述,有必要首先界定本章研究中涉及的景观的类型及范畴。首先景观总体上可分为狭义景观和广义景观。狭义景观是指在一定的地理范围内,由不同类型生态系统所组成的、具有重复性格局的异质性地理单元,而广义景观则包括出现在从微观到宏观不同尺度上的,具有异质性或斑块性的空间单元。从这一定义出发,本节中所探讨的病害的景观属于一种广义的景观,将空间中染病田块及正常田块,田块中染病区域及正常区域看作斑块性的空间单元,进而对其空间格局进行分析。

在探讨的内容上,主要涉及两个问题,即病害在空间上的分布是否随机,以及病害斑块的景观特征。前者主要通过基于χ^2检验的空间样区分析(quadrat analysis)完成,而后者主要基于用于描述斑块(patch level)及类特征(class level)的一系列景观指标进行分析和评价。

1. 小麦白粉病分布格局空间随机性分析

1) 基于χ^2检验的空间样区分析原理

病害的发生在空间上会形成一定的分布格局,7.2.4节通过遥感手段能够实现由点(调查样点)到面的扩展,在空间上给出一个病害发生的分布图。而在景观分析中,一个比较基本的问题是,某种格局在空间上是否随机。图 7-26 给出点在空间中分布随机性的示意图,基本可分为三种情况,即分散、聚集或随机。本节采用基于χ^2检验的空间样区分析对随机性程度进行评价。

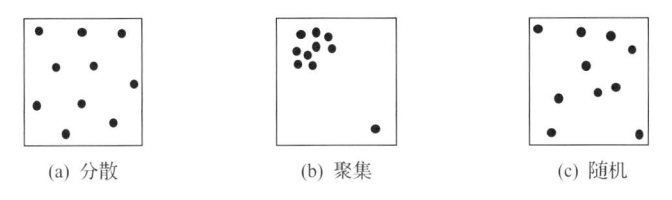

(a) 分散　　(b) 聚集　　(c) 随机

图 7-26　点的空间分布随机性示意图

评价思路是将整个空间分割成一定数量的相同大小的样区(图 7-27),通过统计每个样区中的样点数计算分析的统计量χ^2,公式如下:

$$\chi^2 = \text{VMR}(m-1) \tag{7-20}$$

式中,VMR(variance-mean ratio)为方差与均值的比率,VMR 的计算公式如下:

$$\text{VMR} = \frac{\text{VAR}}{\text{MEAN}} \tag{7-21}$$

式中,VAR 为整个区域内以样区为统计单元的样点数的方差(variance of the cell frequencies),MEAN 为整个区域内样点数的均值(mean cell frequency)。VAR 公式如下:

$$\text{VAR} = \frac{\sum fX^2 - [(\sum fX)^2/m]}{m-1} \tag{7-22}$$

式中,X 表示样点数;f 表示相同样点数样区的频数。如图 7-27 所示,最多的样区有 6 个样点,最少得样区为 0 个样点,前者频数为 3,后者频数为 1。通过上述公式可计算出点集的χ^2,通过查χ^2分布表,即可明确该点集分布的随机程度。其中,判断的标准如图 7-28 所示。以图 7-28 中点集为例,其χ^2为 27.81,高于 $n=7$ 的χ^2阈值为 20.278(p-value=0.005 水平),因此拒绝 H_0 假设(即样点分布是随机的),判定样点属聚集分布。

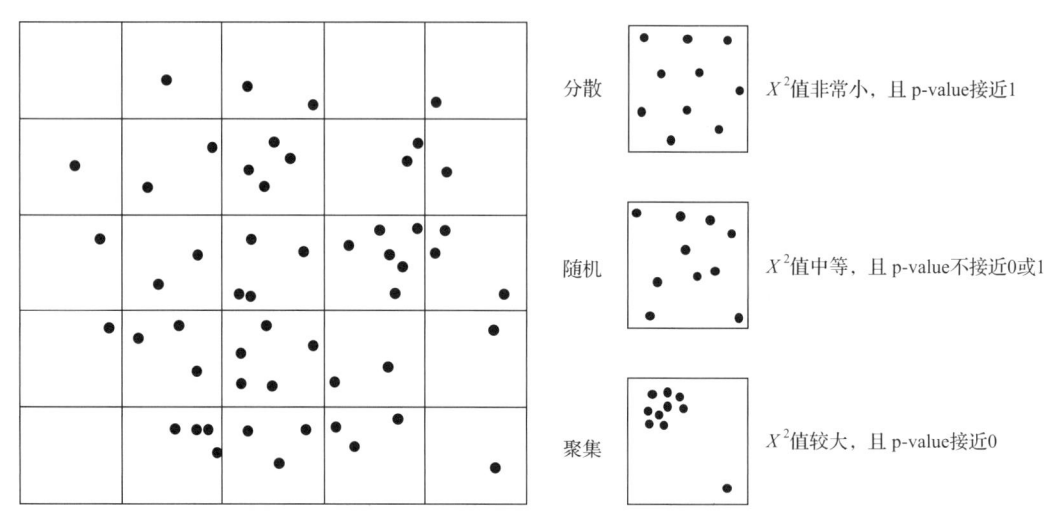

图 7-27　点集空间分布样区划分示意图　　图 7-28　点集分布随机性评级标准示意图

2) 小麦白粉病发生的空间分布随机性评价方法

本部分进行的空间随机性评价是基于前述病害监测结果进行的,所采用的病害发生结果采用验证精度最高的结合 MTMF 和 PLSR 方法所得到的病害空间分布(7.2.6 节)。由于病害监测结果是栅格图像形式,与上部分中例子的格式不一致。为解决这一问题,采用发病区域占农田面积的比例(R)类比于上例中的样点数,用于表征样区内目标对象的强度,即样区中小麦白粉病的染病比率。有

$$R = \frac{\text{Area}_{\text{disease}}}{\text{Area}_{\text{field}}} \quad (7\text{-}23)$$

根据上述公式,R 是一个连续的变量,无法在整个区域内统计其频数,为此根据染病概率的值域,将整个 R 的值域等分为 10 级(对应于上例中的 X),将所有样区单元的 R 统计量划入对应的等级中,并统计每一级中样区的频数(应于上例中的 f),进而能够对区域的 χ^2 进行计算,以进行 χ^2 检验。

3) 不同范围、尺度的小麦白粉病发生空间分布随机性评价结果

在上部分中介绍了一种针对病害发生概率这样连续变量的样区分析方法,使对于该类数据采用 χ^2 检验成为可能。但是,在空间格局分析中,范围与尺度是两个重要的命题,都有可能影响格局分析的结果及解释。首先来看两种假设的情况,图 7-29 中左侧和右侧分别示意对于同样的点集当采用不同的范围和尺度进行分析时会得到不同的结果,如对于左侧点集而言,在范围 1 中得到的结果为分散分布,而在范围 2 和范围 3 中则变为聚集分布。

考虑上述影响后,在研究区内采用了两种不同的范围进行研究。如图 7-30 所示,首先对研究区整体进行病害分布的随机性分析(范围 1),考察在较大的范围内,病害分布是否呈现一定的区域性(是集中在某几个特定区域? 还是分散在各个区域中?)。而对于病害发生较为集中的通州区,进一步划定一个较小的范围进行考察,检验病害的发生在小范围内是否是随机分布的。

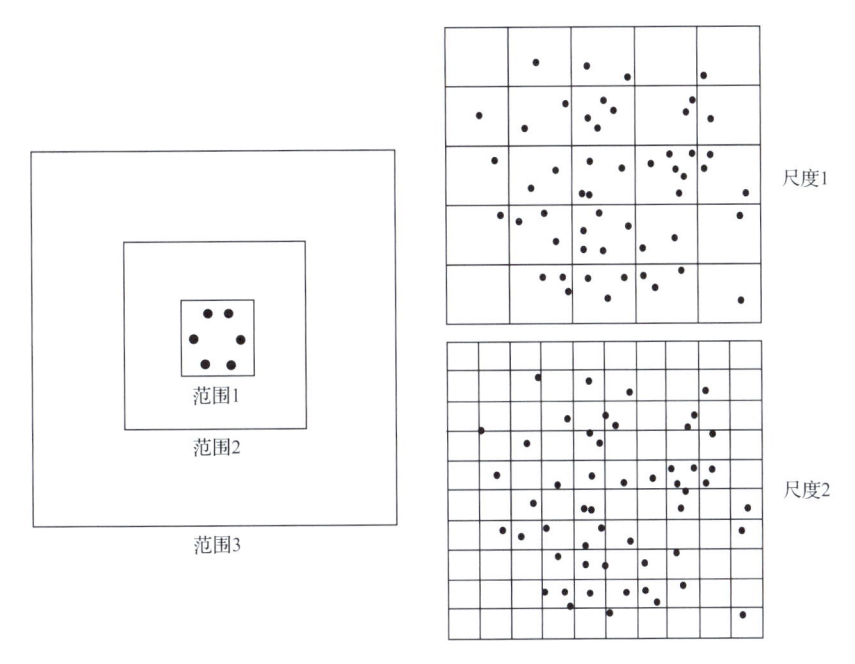

图 7-29 空间格局随机性分析中范围和尺度的影响

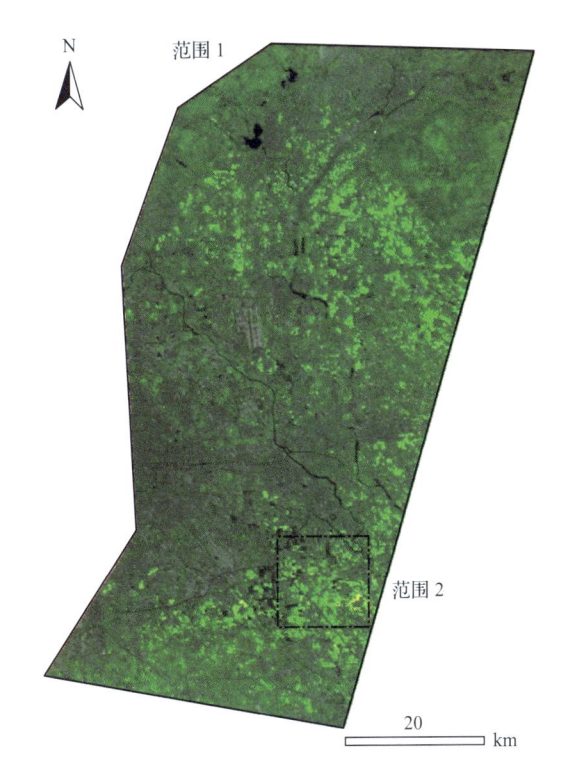

图 7-30 研究区病害分布随机性分析范围示意图

为进一步考察尺度对空间分布格局的影响,在上述两个范围中,分别采用 3 个不同的尺度进行分析。在范围 1 中分别采用 7(row) 5(column),14(row) 10(column) 和

28(row)20(column)的样区划分方式;在范围2中分别采用5(row)5(column)、10(row)10(column)和20(row)20(column)的样区划分方式。图7-31和图7-32分别为两个范围中样区的分布格局。依据7.2.7节中介绍方法对不同尺度样区进行统计,将结果汇总得到表7-11和表7-12。如表所示,根据χ^2结果,两个范围中不同尺度下的χ^2均高于p-value=0.005显著性水平下的阈值(25.188),表明病害发生区域的空间分布不论在较大的范围还是在较小的区域均是聚集分布的。此外,观察到在范围1的尺度1中χ^2均值为65.14,明显高于范围2尺度1中的32.43,表明范围2中病害发生的空间分布随机性更高,这与图7-31和图7-32的观察一致,在范围1中,病害多集中发生在通州一带,而在范围2中,病害的发生显得相对分散。但χ^2检验的结果仍显示即使在局部发生较严重的地区,小麦白粉病在田间的发生仍然是相对聚集的。进一步观察不同尺度中统计量χ^2的变化,发现随着尺度的缩小(样区单元面积减小),不论在范围1还是范围2中,χ^2都有迅速增大的

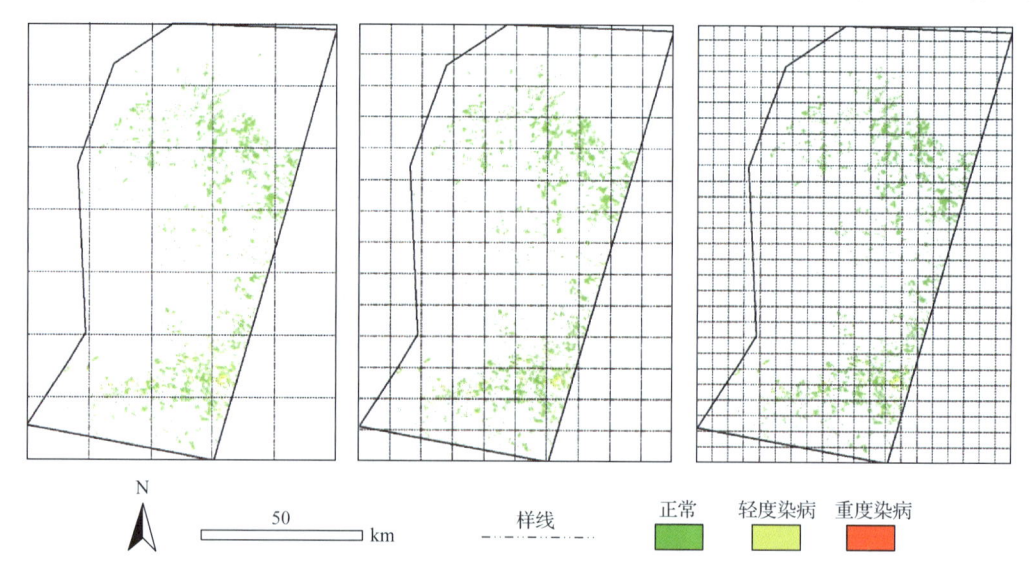

图 7-31 范围1不同尺度样区设置示意图

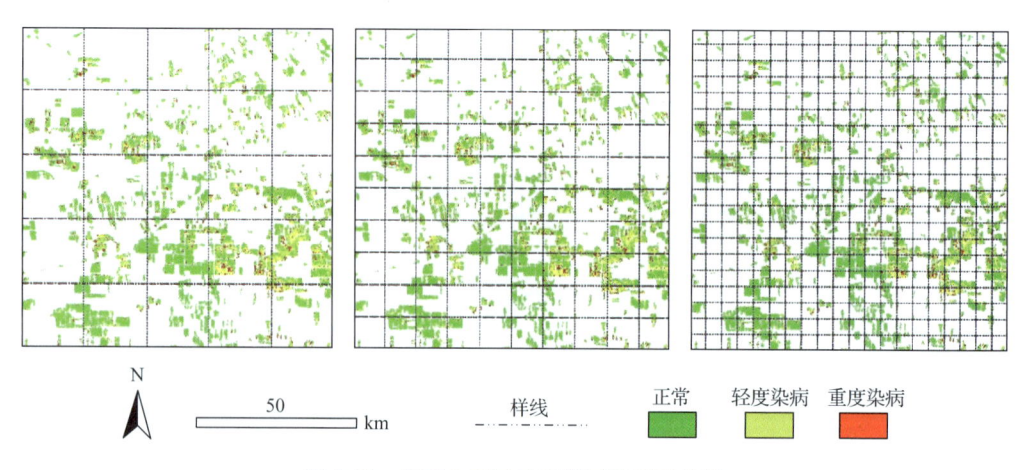

图 7-32 范围2不同尺度样区设置示意图

趋势，这一规律表明病害发生分布随机性的评价结论可能与尺度有密切关系，因此，在实际应用中需要根据一定的目的(如管理措施的覆盖范围等)选择合理的尺度进行评价。

表 7-11 范围 1 病害空间发生分布随机性格局样区分析结果

染病样区类型	尺度1(7×5) 染病比例范围/%	样区频数(f)	尺度2(14×10) 染病比例范围/%	样区频数(f)	尺度3(28×20) 染病比例范围/%	样区频数(f)
1	0.00~3.00	3	0.00~3.73	16	0.00~4.11	53
2	3.00~5.99	7	3.73~7.46	24	4.11~8.22	74
3	5.99~8.99	5	7.46~11.19	11	8.22~12.34	29
4	8.99~11.98	1	11.19~14.92	8	12.34~16.45	22
5	11.98~14.98	1	14.92~18.65	5	16.45~20.56	12
6	14.98~17.97	2	18.65~22.38	5	20.56~24.67	9
7	17.97~20.97	2	22.38~26.11	2	24.67~28.79	9
8	20.97~23.96	2	26.11~29.84	2	28.79~32.90	8
9	23.96~26.96	0	29.84~33.57	0	32.90~37.01	1
10	26.96~29.96	2	33.57~37.30	1	37.01~41.12	2
χ^2	65.14		135.12		470.72	

表 7-12 范围 2 病害空间发生分布随机性格局样区分析结果

染病样区类型	尺度1(5×5) 染病比例范围/%	样区频数(f)	尺度2(10×10) 染病比例范围/%	样区频数(f)	尺度3(20×20) 染病比例范围/%	样区频数(f)
1	4.95~8.94	3	50.00~50.84	28	0.00~7.16	43
2	8.94~12.93	5	50.84~51.69	21	7.16~14.32	65
3	12.93~16.93	1	51.69~52.53	14	14.32~21.48	38
4	16.93~20.92	3	52.53~53.38	11	21.48~28.64	39
5	20.92~24.91	5	53.38~54.22	11	28.64~35.80	42
6	24.91~28.91	2	54.22~55.06	6	35.80~42.96	25
7	28.91~32.90	2	55.06~55.91	4	42.96~50.12	19
8	32.90~36.90	1	55.91~56.75	0	50.12~57.28	5
9	36.90~40.89	1	56.75~57.60	0	57.28~64.44	3
10	40.89~44.88	2	57.60~58.44	2	64.44~71.60	4
χ^2	32.43		99.85		490.17	

根据景观学中过程对格局的决定作用，病害在空间中的分布应该受到某些因素的影响从而表现为一种非随机的格局。在范围 1 中，病害的分布明显聚集于通州区一带。根据植物保护经验，这种空间上的分布可能与温度、降水等气象因素的关系较大。而在范围 2 中，病害的分布在局部区域亦呈现聚集分布的格局，这可能与品种的抗性和分布格局、土壤条件等局地环境条件有关，但具体影响分布格局的原因仍有待于进一步的研究。小

麦白粉病的上述分布格局,提示对于病害的防控需要强化对重点区域及发生可能性较高的田块的防治和管理措施,从而更为有效地抑制病害的发生。

2. 小麦白粉病空间景观分析

除上述关于病害在田间发生的散布随机性特点之外,病害的发生在田块中会形成一些大小不一的染病区域,即景观学中的斑块(patch)。而景观内这些不同类型斑块的面积、形状等信息是进一步了解病害的空间景观特征的重要途径,也为掌握病害的景观特点提供可量化的指标。在现有主流的景观分析中,往往涉及三个尺度的特征:第一尺度为斑块尺度(patch level),提供一系列描述斑块面积、形状等信息的景观指标;第二尺度为类尺度(class level),即将某一类斑块作为一个整体,对其空间格局的特征进行描述;第三尺度为景观尺度(landscape level),通过一些如多样性、均匀度等特征,宏观描述景观中各个类斑块的分布格局,以及类与类之间的关系等属性。在目前的景观分析中,往往根据具体问题的特点,选择合适的分析尺度和指标对景观格局进行描述。在本节中,由于已经将研究范围缩小至农田内部,即在类别上仅区分为正常田块和染病田块两类,类别数量太少,不适合进行景观尺度的分析,因此仅进行板块尺度和类尺度的分析。以下部分将介绍斑块尺度和类尺度的景观指标及研究区中由于病害的发生所形成的景观特征。

1) 空间景观指标

景观指标的提取和计算采用 FRAGSTATS 软件进行。该软件为俄勒冈州州立大学 McGarigal 和 Marks 博士于 1995 年最先提出,至今推出至 4.2 版。FRAGSTATS4.2 提供了斑块、类及景观三个尺度的各类常用景观指标的计算,是目前景观学研究中使用范围最广的软件之一。

本部分在对斑块尺度与类尺度的各类景观指标进行逐一分析后,结合病害发生的特点,选择出适合于描述农田病害的景观指标,分别包括五个斑块尺度的指标(斑块面积、斑块周长、回转半径、形状指数、近圆系数)和一个类尺度的指标(聚集度指数)。本节中关于各指标的计算均在 8 邻域规则下进行,以下分别对进行各个指标逐一介绍。

a. 斑块面积(patch area,AREA)

$$\text{AREA} = a_{ij}\left(\frac{1}{10000}\right) \tag{7-24}$$

式中,a_{ij} 为斑块面积(m^2),该指标针对每一斑块。经过量纲转化后,AREA 的单位为 ha。斑块面积是景观镶嵌体中最简单、直接但却最重要的指标之一。它是很多景观指标的基础变量,同时,在景观和类尺度上,斑块的面积及面积分布亦对整体景观格局有重要的决定作用。

b. 斑块周长(patch perimeter,PERIM)

$$\text{PERIM} = p_{ij} \tag{7-25}$$

式中,p_{ij} 为斑块周长(m)。该指标针对每一斑块,亦是许多景观指标的基础变量。关于形状的指标大都建立在斑块的面积和周长的基础上。

c. 回转半径(radius of gyration, GYRATE)

$$\text{GYRATE} = \sum_{r=1}^{z} h_{ijr} \quad (7\text{-}26)$$

式中，h_{ijr} 表示距离斑块内的某一像元(cell_{ijr})中心距斑块几何中心的距离；z 表示斑块(patch_{ij})内的像元个数。GYRATE 对每一斑块，其值域范围为[0, +∞)，当斑块为单个像元时，GYRATE 为0；当斑块占满整个景观区域时，GYRATE 达到最大值。GYRATE 同时受到斑块的面积和紧凑度(compactness)的影响。

d. 形状指数(shape index, SHAPE)

$$\text{SHAPE} = \frac{p_{ij}}{\min p_{ij}} \quad (7\text{-}27)$$

式中，p_{ij} 为斑块周长；$\min p_{ij}$ 表示与斑块像元数量相同情况下能够达到的最小周长。该指标针对每一斑块，其值域为[1, +∞)，当斑块形状最为紧凑的，SHAPE 的值达到1，而 SHAPE 随着斑块形状的复杂度增加而增加。SHAPE 的特点在于在评价斑块形状时不受其面积的影响。

e. 近圆系数(related circumscribing circle, CIRCLE)

$$\text{CIRCLE} = 1 - \left[\frac{a_{ij}}{a_{ij}^S}\right] \quad (7\text{-}28)$$

式中，a_{ij} 表示斑块(patch_{ij})面积；a_{ij}^S 表示包含斑块的最小圆面积(以像元为最小单位进行面积计算)。该指标针对每一斑块，其值域为[0, 1)，当斑块为单个像元时，CIRCLE 为0；当斑块接近线状时，CIRCLE 值接近1。

f. 聚集度指数(clumpiness index, CLUMPY)

$$\text{CLUMPY} = \begin{bmatrix} \dfrac{G_i - P_i}{P_i}, & G_i < P_i, & P_i < 0.5 \\ \dfrac{G_i - P_i}{1 - P_i} & & \end{bmatrix} \quad (7\text{-}29)$$

$$G_i = \frac{g_{ii}}{\left(\sum_{k=1}^{m} g_{ik}\right) - \min e_i} \quad (7\text{-}30)$$

式中，g_{ii} 表示 i 类像元自邻接数；g_{ik} 表示第 i 类与 k 类像元相互邻接数；$\min e_i$ 表示 i 类的最小周长；P_i 表示第 i 类斑块在整个景观中所占比例；m 表示研究区内类的总数。CLUMPY 是类层次的指标，其含义为同类像元邻接比率与其在随机分布下期望值的偏差度，其值域为[−1, 1]。其中，当第 i 类斑块在景观中最大限度分散时，其 CLUMPY 达到 −1，当第 i 类斑块呈完全随机分布时，其 CLUMPY 为0，当第 i 类斑块呈最大限度聚集时，其 CLUMPY 达到1。

2) 京郊小麦白粉病景观格局分析

景观分析主要考察一个特定的景观中不同类别的斑块自身，以及不同类别的斑块之间的形状、空间格局等局部与整体特征。上述景观指标从一些不同的角度对这些特征和格局进行定量描述,以方便我们了解景观内斑块的组成、分布的空间特点。从这一理解出发,与上文部分相似的,病害的空间景观分析与分析的整体范围有关,因此选择一个适当的范围进行景观分析是分析结果合理性得以保证的先决条件。纵览目前关于景观学或景观生态学的已有研究,研究者们普遍以研究区整体范围作为景观分析的考察范围,这一范围在空间尺度上并无绝对的标准,因为景观分析本身是对尺度敏感的分析,在不同尺度和范围上可能会得到不同的结论。因此,范围的选择主要目的是使研究区范围与研究的问题相匹配。景观生态学中非常强调从过程到格局的决定关系,在研究区的选择上,希望能够与作用过程的尺度相一致。在本节中,对格局有决定作用的过程是病害的发生,而从病害空间分布的随机性分析中不难看出,病害的发生较集中在通州区一带,因此若以全部研究区范围进行分析,则在斑块分布的聚集度等宏观指标上很可能得到失当的结论。基于这种考虑,采用范围2作为景观指标分析的范围。由于这一范围是病害发生的典型区域,其空间格局也应具有代表性。图7-33即为研究区范围及不同斑块类型分布的示意图。

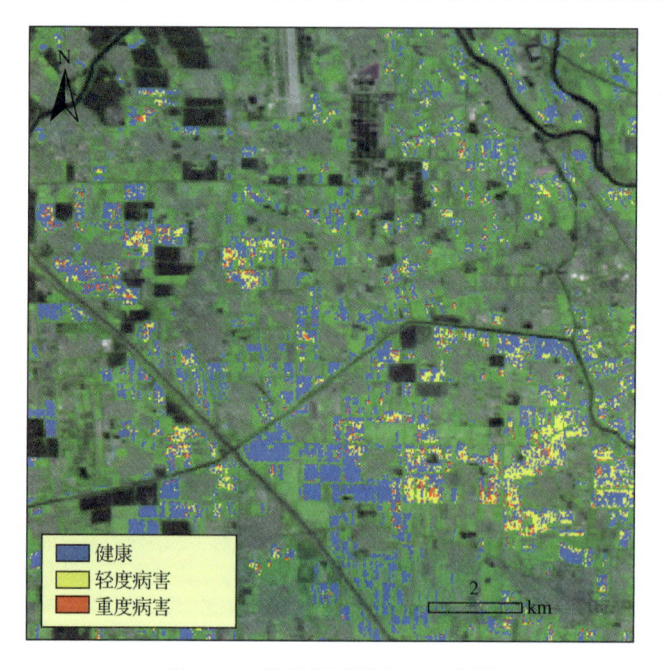

图 7-33 景观分析研究区示意图

经统计,农田(farmland,FM)、染病斑块(diseased,DIS)和重度染病斑块(seriously diseased,SE)三类斑块的个数分别为441、1331和1132个。图7-34显示了FM、DIS和SE三类斑块五项斑块尺度景观特征均值和标准差的变化。在斑块的面积和周长方面,FM斑块均值显著高于DIS和SE斑块。这表明小麦白粉病总体上发病比率较低且发病区域碎散,在图7-32中可大致观察到这种特点。在形状指数和近圆系数方面,DIS和SE斑块略低于FM斑块,表明发病区域的形状规则度高于FM斑块,这可能与病害的发生由中心向四周扩散这一基本过程有关。回转半径根据其定义亦可表征斑块形状的规则度,但其同时又受到面积的影响,图7-34中回转半径在FM、DIS和SE斑块中均值和标准差的变化趋势与面积、周长、形状指数和近圆系数的变化规律基本一致,但介于面积、周长和形状指数、近圆系数的变化强度之间。三类斑块面积、周长和回转半径的标准差均较大,表明斑块面积、周长存在较大幅度的变化。与之相比,三类斑块形状指数、近圆系数的标准差相对较小,表明虽然斑块大小各异,但其斑块形状的相似度较高。对比 DIS 斑块和 SE 斑块景观指标,SE 的斑块的各指标较 DIS 均减小表明染病程度严重的斑块面积较小且形状规则度较高,这一趋势符合病害发生发展的规律。对一定区域而言,病害始发位置的程度应较后续染病位置更重(前者病原侵染持续时间较长)。病害发生后由首先可能形成小而规则的侵染区域,虽病菌扩散,侵染面积逐步扩大后,形状也变得更复杂,这一趋势在图 7-33 中可大致观察到。

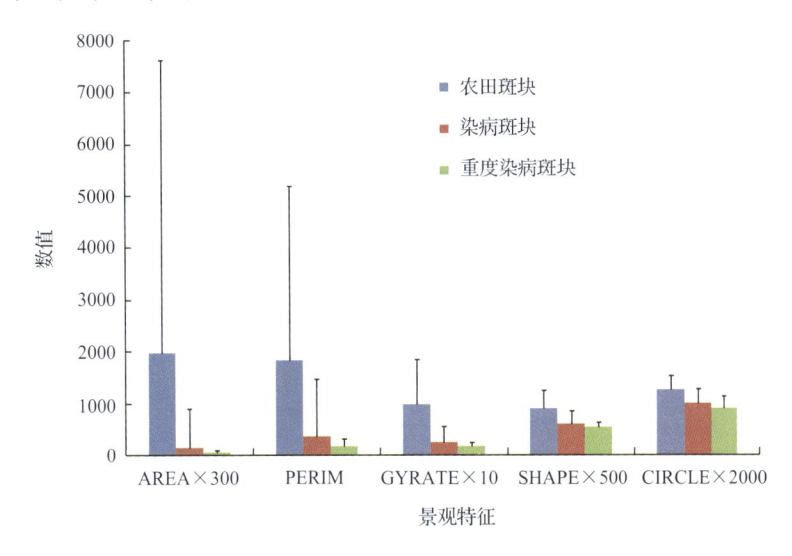

图 7-34 研究区斑块尺度景观指标的均值和标准差(短划线表示标准差)

为更详细地观察 FM、DIS 和 SE 斑块各景观指标的分布情况,分别对各类斑块的景观指标进行直方图统计并汇总于图 7-35。对整体田块而言(FM 斑块),除面积和周长集中分布在较小的值域范围内,回转半径、形状指数和近圆系数均贴近于正态分布。这表明,对于正常田块斑块而言,虽整体面积较小,但形状各异。而观察 DIS 和 SE 两类染病斑块,五项指标均分布在较小的范围中,特别是染病严重的 SE 斑块,基本数据集中在直方图的前端。这表明病害发生形成的染病斑块总体上面积较小,同时形状的规则度、一致性高,基本呈零星分布的态势。

在类尺度的指标方面,图 7-36 显示将斑块分为健康、染病,以及将斑块分为健康、重度染病两种情况下聚集度指数的变化情况。首先在两种情况下各类斑块的聚集度指数均在[0,1]的范围内,因此总体上成聚集分布的格局,这一判断与 7.2.4 节采用样区分析的随机性评价结果一致。进一步观察健康和染病斑块的聚集度指数,发现健康斑块的聚集度指数高于染病斑块,并且在采用健康、重度染病的划分标准下,健康斑块的聚集度指数(0.72)超过重度染病斑块(0.23)。这表明,研究区局部田块的聚集度较高,而染病区域相对分散。因此,在管理过程中,针对一些田块聚集的区域,可能仍需要采取广泛防治的措施,从而更好地实现对病害的控制。上述病害发生的景观特征说明,在特定区域中,如能够给出地块级的病害发生的预测,则会在很大程度上有助于作物病害防治的开展及降低病害防治的投入成本。

· 252 ·

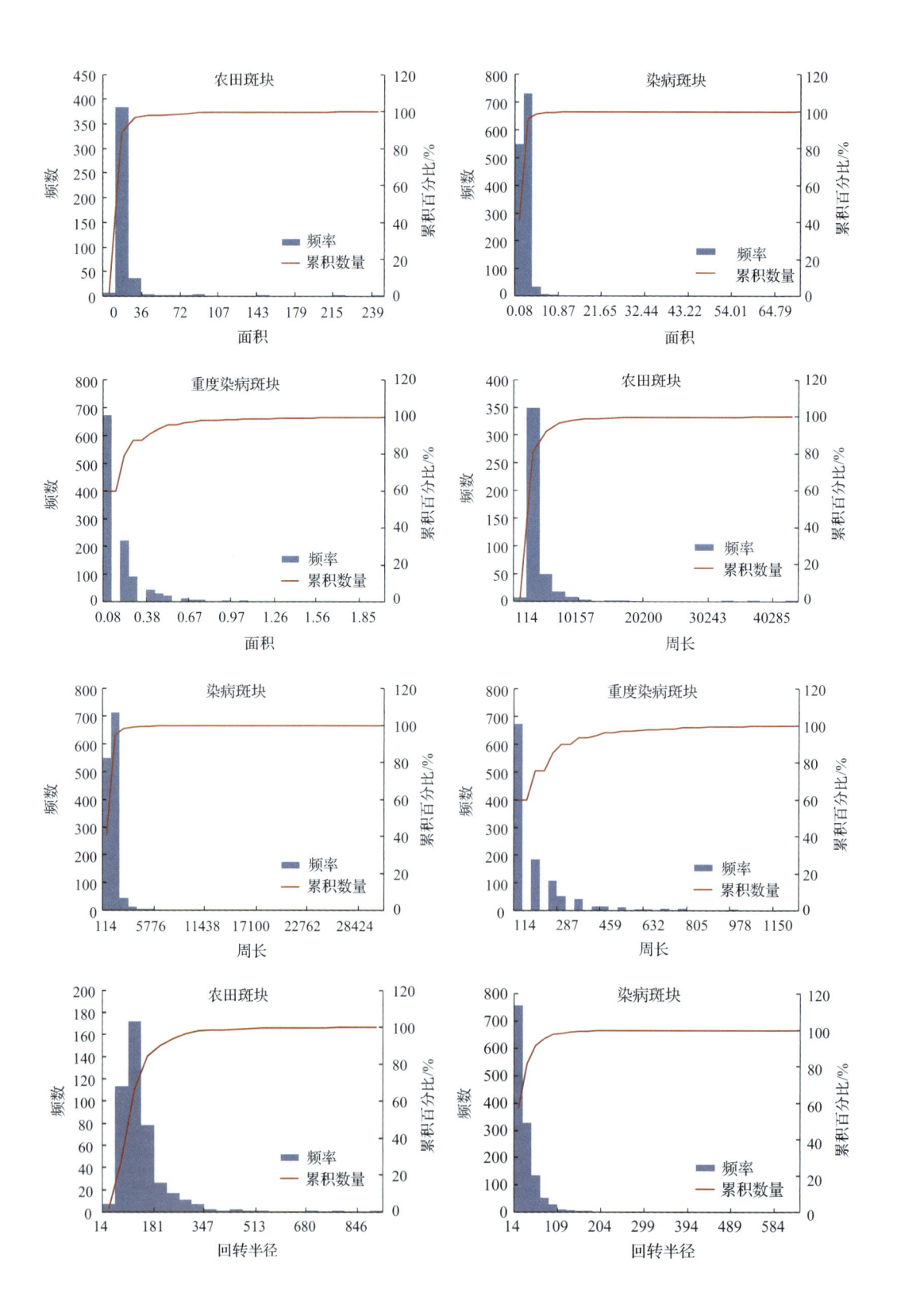

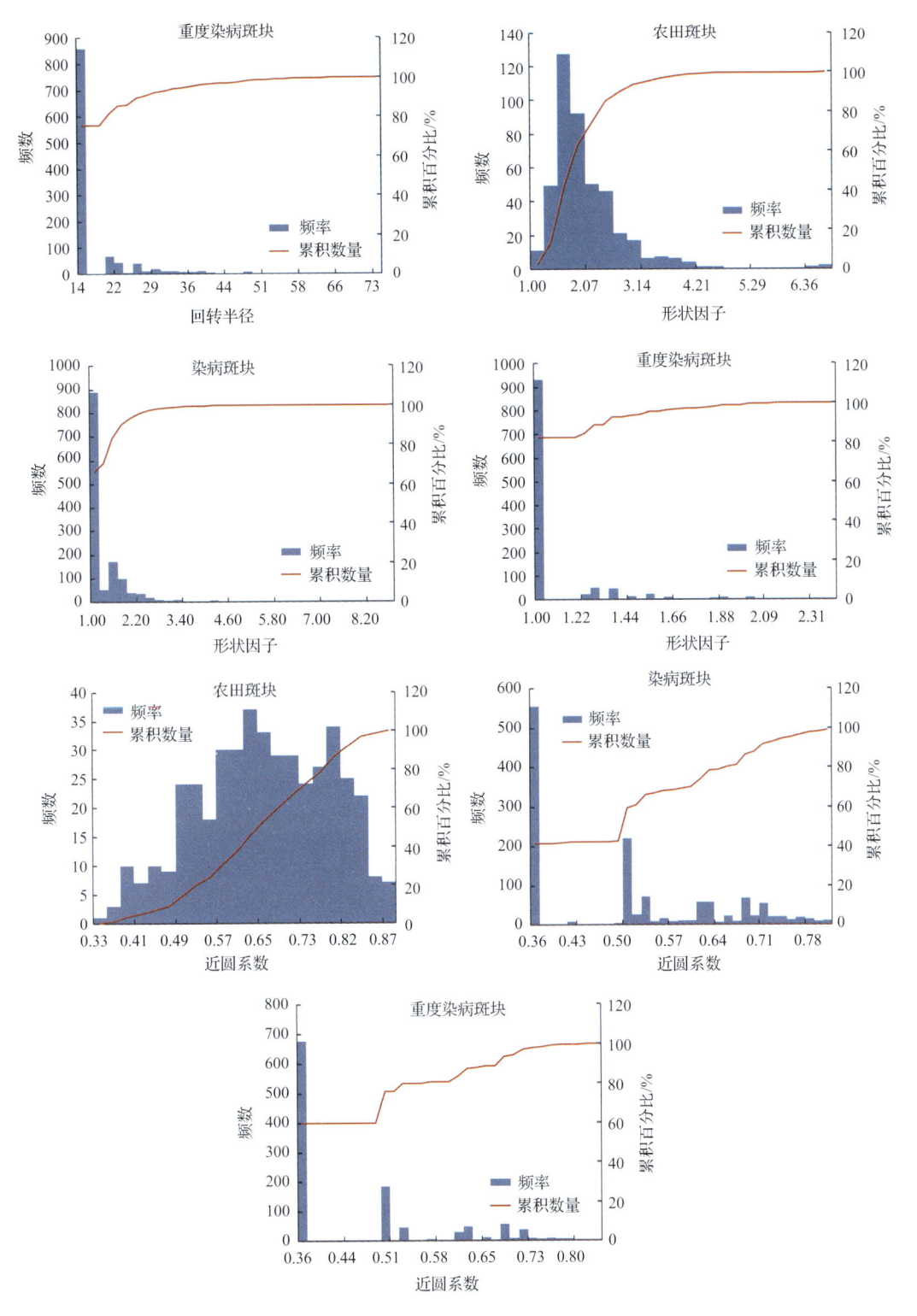

图 7-35 研究区斑块面积统计直方图

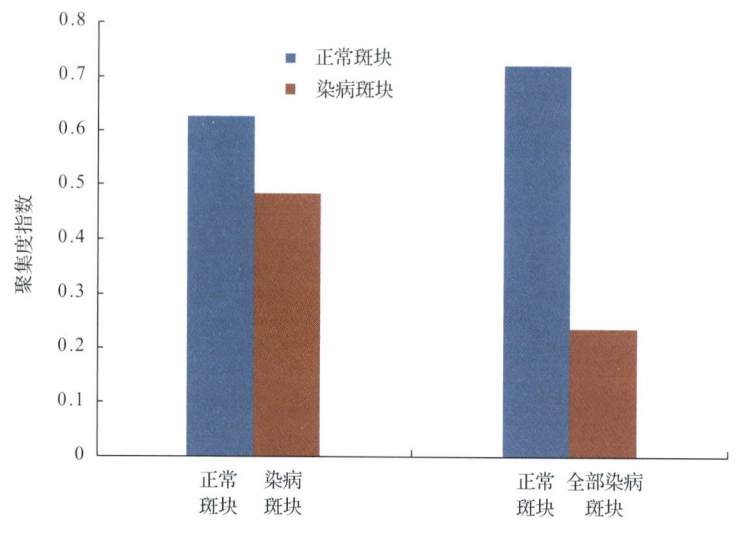

图 7-36 研究区域尺度景观指标对比

7.3 棉花黄萎病多时相卫星遥感监测

7.3.1 基于生境和时相信息的棉花黄萎病区域提取

目前,对棉花胁迫的遥感监测主要集中于地面高光谱遥感。高光谱数据能以足够的光谱分辨率区分出那些因植物体内生物化学成分含量的变化而具有的诊断性光谱特征。因此利用高光谱分析技术(光谱微分技术、光谱匹配技术等),研究不同胁迫下棉花生物物理和生物化学参数变化引起的光谱特性差异,能实现棉花胁迫的高光谱遥感监测。由于卫星高光谱传感器发展技术限制及海量数据传输等问题,鉴于单景高光谱影像的地面覆盖范围、空间分辨率及经济效益等原因,利用高光谱影像进行长期大范围棉花黄萎病的遥感监测难以实现,基于此本节将探讨如何利用多光谱影像进行棉花黄萎病的遥感监测。

棉花在生长过程中受到胁迫(病虫害、干旱及营养胁迫等)时,因缺乏营养和水分而生长不良,海绵组织受到破坏,叶子色素比例发生变化,其共性光谱特点是可见光区的两个叶绿素吸收谷不明显,550nm 处光谱反射峰值随叶片损伤而变低、变平,近红外光区的峰值被削低,甚至消失,整个反射光谱曲线的波状特征被拉平,因此通过对受损与健康棉花光谱曲线的比较,可以确定棉花的生长是否受到胁迫及其严重程度。但是由于不同胁迫均会使其光谱曲线发生上述变化,因此仅仅利用单时相单数据源的多光谱影像进行棉花黄萎病空间分布的遥感监测还十分困难。不同胁迫的发生常常还与棉花生育期及生境要素有着密切关系。我们首先分析棉花不同胁迫发生的生理生境特点,利用遥感影像对其生境要素进行反演,在此基础上根据棉花黄萎病发生的生境条件利用多时相 TM 影像提取棉花黄萎病发生区域。

1. 棉花种植区域的多时相遥感监测

不同作物的物候期常常存在交叉现象。因此利用单时相遥感影像进行作物分类,其分类精度难以保证。多时相数据能够充分利用农作物的生育进程随时间变化的规律性，较好地排除不同作物间的相互干扰，从而可提高作物分类精度。由于多时相遥感影像可以充分了解不同作物光谱特性时间效应（作物光谱特性随时间的变化）的变化过程和变化范围，因此可获取不同作物间光谱特性的最大差异。然而，不同的地物可能存在"异物同谱"的现象，而中分辨率 TM 多光谱数据无法区分这些地物。高空间分辨率的 IKONOS 全色影像数据分辨率高，能有效区分不同地物类型。因此，我们尝试将 IKONOS 数据与 TM 数据融合，用于棉花种植区域提取。利用野外 GPS 现场定位点作为训练样本生成 NDVI 时间谱曲线，通过分析不同作物在不同时期影像上的光谱特征差异，提取研究区域内棉花光谱特征信息并设计分类函数，借助多时相 NDVI 图像通道间的逻辑运算利用决策树分类法提取研究区域内棉花空间分布。开展决策树分类算法之前，需对 IKONOS 数据进行预处理。预处理工作主要包括：

1) IKONOS 高空间分辨率数据预处理

目前，对 LANDSAT TM 数据以及 HJ-CCD 数据预处理方法较为成熟，而 IKONOS 高空间分辨率数据预处理还没有统一的处理方法。本节拟采用 LANDSAT TM-5 对 IKONOS 数据进行交叉定标计算，获得 IKONOS 图像的参考定标系数，利用 6S 模型实现 IKONOS 图像的大气校正。

a. IKONOS 影像辐射定标

对 IKONOS 影像进行辐射定标时，需根据已知的定标系数（表 7-13）计算增益和偏差，其增益和偏差的计算步骤为

$$L_{i,j,k} = \mathrm{DN}_{i,j,k}/\mathrm{CalCoef}_k \tag{7-31}$$

式中，i,j,k 为第 k 波段第 i 行第 j 列；$L_{i,j,k}$ 为第 k 波段辐亮度值（mW/(cm² · sr)）；$\mathrm{CalCoef}_k$ 为第 k 波段辐亮度定标系数（mW/(cm² · sr · DN)）；$\mathrm{DN}_{i,j,k}$ 为第 k 波段第 i 行第 j 列像元灰度值。

表 7-13　IKONOS 各波段中心波长　　　　　　　　　　（单位：nm）

获取时间(年/月/日)	蓝波段	绿波段	红波段	近红外波段
2001/02/22 之前	633	649	840	746
2001/02/22 之后	728	727	949	843

图像增益（c_1）和偏差（c_0）为

$$L_{i,j,k} = c_0 + c_1 \times \mathrm{DN}_{i,j,k} \tag{7-32}$$

由式(7-31)和式(7-32)可知，偏差为 0，增益为定标系数的倒数。因此对于 2001 年 2 月 22 日后 11bit IKONOS 图像的增益和偏差见表 7-14。

利用表 7-14 的增益和偏差进行 IKONOS 影像辐射定标时，有时会产生不正确的光谱，我们利用 Landsat TM-5 对 IKONOS 数据进行交叉定标计算，获得 IKONOS 图像的参考定标系数，利用 6S 模型实现 IKONOS 图像的大气校正。

交叉定标是用具有较高辐射定标精度的遥感器对一个待定标遥感器进行辐射定标的方法。一般来说，有两种实现方法：一是利用参考图像和已知辐射定标系数计算得到地物

表 7-14 IKONOS 影像增益和偏差

波段	c_0	$c_1/(\text{DN}/\text{W} \cdot \text{m}^{-2} \cdot \text{sr}^{-1} \cdot \text{mm}^{-1})$
B1	0	0.00137
B2	0	0.00137
B3	0	0.00105
B4	0	0.00119

大气层顶辐亮度(即表观辐亮度 L_{TOA}，W/(m² · sr · μm))，通过比较参考图像 L_{TOA} 和待定标图像 DN 值确定其辐射定标系数，这种方法称为"辐亮度法"交叉定标；二是利用参考图像和已知辐射定标系数计算得到地物大气层顶反射率(即表观反射率 ρ_{TOA}，无量纲单位)，通过比较参考图像 ρ_{TOA} 和待定标图像 DN 值确定其辐射定标系数，这种方法称为"反射率法"交叉定标。

(a) 交叉定标图像选取

IKONOS 图像有 4 个多光谱波段，且与 TM 图像的 1～4 波段在波段范围、空间分辨率和降交点地方时等都比较接近(表 7-15)，适合用作交叉定标。TM 影像通过卫星发射前传感器指标的精确标定，在轨监测和数据定标等措施，可以在设计寿命期内确保辐射定标精度。

表 7-15 IKONOS 影像与 Landsat TM 影像比较

卫星参数		Landsat	IKONOS
空间分辨率/m		30	4
成像时间		2008/07/29 04:42	2008/07/25 05:21
轨道高度/km		705	681
轨道倾角/(°)		98.22	98.1
对应波段/μm	蓝	0.45～0.52	0.45～053
	绿	0.52～0.60	0.52～0.61
	红	0.63～0.69	0.64～0.72
	近红外	0.76～0.90	0.77～0.88

(b) 交叉定标方法

传感器第 i 波段等效大气层顶太阳辐照度 E_s 为

$$E_s = \frac{\int_0^\infty S(\lambda) E_s(\lambda) \mathrm{d}\lambda}{\int_0^\infty S(\lambda) \mathrm{d}\lambda} \quad (7\text{-}33)$$

式中，$E_s(\lambda)$ 为大气层顶太阳辐照度(W/m²)；$S(\lambda)$ 为传感器波段 i 的光谱响应函数(无量纲)；λ_1、λ_2 为波段响应范围，在这个范围之外的响应等于 0。

第 i 通道表观辐亮度 L 和表观反射率 ρ 的关系为

$$\rho = \frac{\pi d^2 L}{E_s \cos\theta_0} \quad (7\text{-}34)$$

式中，d 为真实日地距离和日地平均距离的比值；θ_0 为太阳天顶角。

将式(7-32)代入式(7-34)中即可得到 TM 图像的表观反射率 ρ 和 IKONOS 图像灰度值之间的关系：

$$\rho = \frac{\pi d^2 (\text{gain} \cdot \text{DN} + \text{offset})}{E_s \cos\theta_0} \tag{7-35}$$

利用式(7-35)可以实现 TM 图像表观反射率 ρ 和 IKONOS 图像灰度值之间的交叉定标。但由于 IKONOS 图像和 TM 图像对应通道的光谱响应具有一定的差异性(图 7-37)，因此二者的表观反射率有一定差别，直接利用该式进行交叉定标可能会带来较大误差，所以需对 IKONOS 图像和 TM 图像的光谱差异进行校正。

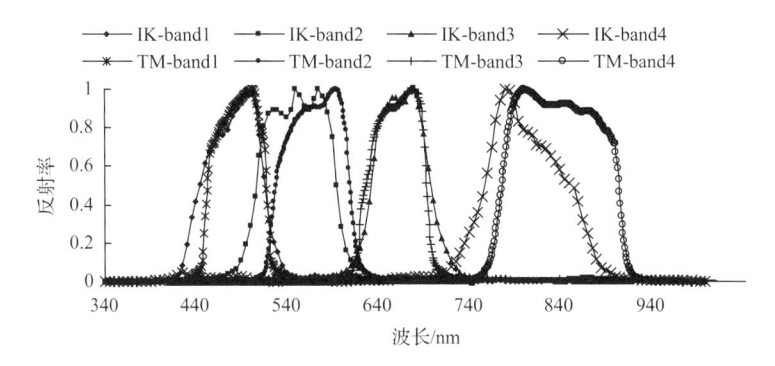

图 7-37　IKONOS 和 TM 影像光谱响应函数

遥感器波段等效表观反射率可表示为

$$\rho = \frac{\int_0^\infty \rho(\lambda) E_s(\lambda) S(\lambda) \mathrm{d}\lambda}{\int_0^\infty E_s(\lambda) S(\lambda) \mathrm{d}\lambda} \tag{7-36}$$

式中，$\rho(\lambda)$ 为入射的连续光谱反射率(无量纲)。

则两个传感器对应通道的光谱匹配因子 k 即为 IKONOS 图像波段等效表观反射率 ρ_i 和 TM 图像波段等效表观反射率 ρ_t 的比值：

$$k = \frac{\rho_i}{\rho_t} = \frac{\int_0^\infty \rho_i(\lambda) E_s(\lambda) S_i(\lambda) \mathrm{d}\lambda}{\int_0^\infty E_s(\lambda) S_i(\lambda) \mathrm{d}\lambda} \bigg/ \frac{\int_0^\infty \rho_t(\lambda) E_s(\lambda) S_t(\lambda) \mathrm{d}\lambda}{\int_0^\infty E_s(\lambda) S_t(\lambda) \mathrm{d}\lambda} \tag{7-37}$$

在式(7-36)中，由于 $E_s(\lambda)$ 是一常量，因此光谱匹配因子 k 只与入射到传感器的表观反射率 $\rho_i(\lambda)$ 和 $\rho_t(\lambda)$ 及遥感器光谱响应函数 $S_i(\lambda)$ 和 $S_t(\lambda)$ 有关。因为 $\rho_i(\lambda)$ 和 $\rho_t(\lambda)$ 是参考计数值，只要求能够很好地反映地物本身的反射特性，所以可认为 $\rho_i(\lambda)$ 和 $\rho_t(\lambda)$ 是只与地物类型有关而与传感器无关的值，在式(7-36)中可假设 $\rho_i(\lambda) = \rho_t(\lambda) = \rho(\lambda)$。

由式(7-35)和式(7-37)可得

$$\rho_t \times k = \frac{\pi d^2 \times (\text{gain} \times \text{DN} + \text{offset})}{E_s \times \cos\theta_0} \tag{7-38}$$

式中，ρ_t 为 TM 图像的表观反射率；DN 为 IKONOS 图像灰度值；d 和 θ_0 可根据待定标图像的经纬度和获取时刻计算得到。

根据 IKONOS 图像的光谱响应函数计算得到 E_s，在此基础上利用式(7-38)即可得到 IKONOS 图像辐亮度定标系数的增益和偏差，从而实现 IKONOS 图像的辐射校正。

(c) IKONOS 和 TM 图像交叉定标

首先将 IKONOS 数据 4m 空间分辨率重采样到和 TM 数据 30m 空间分辨率一致的水平。在此基础上以 TM 图像为基准，对两幅影像进行精确配准。其次在 IKONOS 影像和 TM 影像上选择均匀地物的感兴趣区域，分别计算感兴趣区域在 IKONOS 影像上的灰度值及 TM 图像上的表观反射率值。根据交叉定标选择的图像类型及波谱库中的波谱确定代入式(7-38)的 $\rho(\lambda)$，使用式(7-38)计算 IKONOS 图像和 TM 图像的光谱匹配因子 k。对同一波段内所有感兴趣区域在 IKONOS 图像的 DN 值和 TM 图像的表观反射率进行线性拟合。结合 IKONOS 图像对应的 d 和 θ_0 可得到 IKONOS 图像辐射定标系数（表 7-16）。

表 7-16　IKONOS 图像辐射定标系数

波段	增益	偏差
蓝光	0.2068	2.4352
绿光	0.1397	10.2610
红光	0.1906	−1.0301
近红外	0.1766	7.9931

b. IKONOS 图像大气校正

根据交叉定标得到的定标系数对 IKONOS 图像进行辐射校正，利用 6S 模型进行大气校正模拟计算，得到大气校正参数 X_a，X_b，X_c（表 7-17），根据 6S 模型提供的公式借助遥感图像处理软件即可计算得到校正后的地表反射率。

表 7-17　IKONOS 影像 6S 模型大气校正参数

大气校正系数	Blue	Green	Red	NIR
X_a	0.00296	0.00304	0.0035	0.00459
X_b	0.10554	0.06403	0.03393	0.01858
X_c	0.16384	0.12075	0.08369	0.05752

c. 遥感影像的几何精校正

遥感图像的几何畸变，一般可分为系统性和非系统性两大类。对于系统性几何变形，由于其变形有规律和可预测，因此可用模拟遥感平台及遥感器内部变形的数学公式或模型进行预测，这种根据遥感平台、地球、传感器的各种参数对遥感影像所做的几何校正称为遥感图像的粗校正，它仅做系统误差的改成，通常由遥感数据的接收部门来完成。非系统性的几何变形不规律，一般很难预测。对于非系统性几何畸变的校正通常是利用地面控制点数据对原始遥感图像的几何畸变过程进行数学模拟，建立原始畸变图像空间与地理制图标准空间之间的数学对应关系，利用这种对应关系完成像元位置的空间变换，从而实现对遥感影像几何畸变的校正，这种几何校正称为遥感影像的几何精校正，通常由用户根据应用要求自己完成。

(a) IKONOS 影像几何精校正

IKONOS 影像 1m 和 4m 分辨率的 Geo 产品已进行统一的地面采样间距和地图投影对影像的调整,以消除影像采集过程中引起的几何变形。其投影为 UTM 投影,坐标系为 WGS84 坐标系。我们利用高精度 GPS 野外实测地面控制点使用 ENVI 几何校正模块完成对 IKONOS 数据的几何精校正。

在 IKONOS 图像内均匀布设 27 个控制点,且选取的控制点大多数为靠近主要交通干道的小路交叉处,以提高野外定位的准确性,经过仔细核对发现在外野定位的 27 个控制点中有 24 个点可作为地面有效控制点,对其中的 18 个控制点利用多项式纠正法进行 IKONOS 图像的几何精校正,剩余的 6 个控制点作为配准精度检验,确保几何校正误差控制点在 0.5 个像元内。

(b) TM 图像配准

图像配准(registration)是指同一区域里的一幅图像(基准图像)对另一幅图像的校准,以使两幅图像中的同名像元配准。配准时选取的控制点应均匀分布于整幅图像中,且需有一定的数量保证,点数太少则校正精度不够,太多则计算量太大。地面控制点的数量、分布和精度直接影响图像配准效果。以经过几何精校正的 IKONOS 图像作为基准图对 TM 图像进行配准,同时对配准结果进行检验,确保配准误差均小于半个像元。

d. IKONOS 影像多光谱与全色波段的融合

融合是指多源遥感图像按照一定的算法,在规定的地理坐标系下生成新图像的过程。由于成像原理的不同及技术条件的限制,任何单一传感器的影像数据都有一定的应用范围和局限性,难以同时满足高空间分辨率和高光谱分辨率的特点。经过融合后的数据既具有高空间分辨率的优点,又具有多波谱影像特性,可以提高人们对遥感数据的应用能力,增加决策的科学性和准确性。图像融合不仅弥补了单一信息源的不足,实现了多种信息资源的优势互补,而且在遥感图像的应用领域中,对不同类型或不同时相的遥感影像进行有针对性的融合可以提高影像的空间分解力和清晰度,提高平面测图精度、分类的精度与可靠性,增强解译和动态监测能力,减少模糊度,从而有效提高遥感影像数据的利用率等。因此通过图像融合可以相互取长补短,更好地发挥各自优势,弥补各自不足,更全面地反映地面目标,提供更强的信息解译能力和更可靠的分析结果。

(a) 图像融合算法

Pohl 和 van Genderen(1998)认为目前常用的图像融合算法大致可分为彩色合成法、算术运算法和图像变换法三大类,其中彩色合成法主要有 RGB 合成法、IHS 变换法和照度-色度变换法等。算术运算法主要是指影像之间的加减乘除及混合运算等,其中,Brovey 变换是利用算术运算法进行图像融合的常用方法。图像变换法主要包括主成分分析、相关统计分析法(又称相关系数法)、空间滤波分析、回归变量代换及小波变换等。其他一些新的或改进的图像融合算法如基于平滑滤波的亮度变换(smoothing filter-based intensity modulation,SFIM)和 Gram-Schimdt 变换等方法近几年也多有报道。

(1) IHS 变换。IHS 变换是彩色合成算法中最常用的一种,它能有效地把一幅彩色影像的 R、G、B 成分变换成代表空间信息的明度和代表光谱信息的色调和饱和度。通过 IHS 变换得到的融合图像既具有全色波段高分辨率的优点,又保持了多光谱图像的色调和饱和度,但这种方法的不足之处是当有红外波段参与融合时,融合得到的多光谱影像灰度值同原多光谱影像有较大差异,亦即光谱特征被扭曲,造成解译困难。

IHS 变换主要有两种实现方法:直接法,将 3 波段图像变换到指定的 IHS 空间;替代法,首先将 R、G、B 三个波段数据组成的数据集变换到相互分离的 IHS 彩色空间中,然后 IHS 三个成分之一被另一个波段图像所代替,第 4 个波段图像可以是综合波段或特征波段,并将其进行对比度拉伸的图像增强处理,以获得与将要被替代图像几乎相同的方差或均值。最后再经过 IHS 反变换生成融合图像。

(2) Brovey 变换。Brovey 变换也称为色彩标准化(color normalized)变换,是一种比较简单的影像融合方法,首先将多光谱各波段进行标准化处理,然后将标准化的多光谱影像与高分辨率影像相乘,获得 Brovey 融合后的图像,其计算公式为

$$F_i = \text{Pan} \times M_i \Big/ \sum_{i=1}^{3} M_i \quad (i = 1, 2, 3) \tag{7-39}$$

式中,F_i 为融合后的相应波段数据;Pan 为高分辨率全色图像数据;M_i 为多光谱数据的一个波段。

(3) 主成分变换。主成分变换是统计特征基础上的多维正交线性变换,通过降维技术把多个分量约化为少数几个综合分量的方法。利用 PCA 变换进行图像融合,通常是通过用高分辨率图像替代多波段图像的第一主成分 PC1 实现。首先将多光谱影像进行主成分变换,然后将高分辨率图像拉伸到与 PC1 相一致的方差和均值,再将拉伸后的高分辨率影像代替多波段图像的第一主成分,最后对替代后的影像利用 PCA 逆变换进行重构完成影像融合。

利用主成分变换进行图像融合的公式为:

正变换公式:

$$M_{\text{PCA}} = TM \tag{7-40}$$

式中,M_{PCA} 为多光谱影像;M 为主成分变换得到的主成分影像数据;T 为主成分正变换矩阵,由原多波段影像数据协方差矩阵计算。

逆变换公式:

$$F = T^{-1} M_{\text{PCA}} \tag{7-41}$$

式中,F 为融合后影像数据;M_{PCA} 为第一主成分替换后的主成分影像数据;T^{-1} 为主成分反变换矩阵,是正变换矩阵的逆阵。

使用主成分变换进行图像融合,当用来替代第一主成分的图像与主成分变化后的多光谱图像第一主成分的相关关系不大时(如 SAR 影像),若简单地用该图像替代信息量最大的第一主分量进行反变换,则会丢失大量的信息。

(4) 基于光滑滤波的强度调整法。基于光滑滤波的强度调整法 SFIM 是类似于图像空域技术的替代法,但比一般的空域替代方法简单可行,它不需要复杂的计算和变换就可实现图像的融合。SFIM 算法的主要步骤是首先对高分辨率图像和低分辨率图像进行严格配准,在此基础上对高分辨率图像进行邻域平滑的卷积运算,将运算的结果作为中值图像,最后通过式(7-14)实现图像的融合。

SFIM 法进行图像融合的计算公式为

$$\text{IMAGE}_{\text{SFIM}} = \frac{\text{IMAGE}_{\text{low}} \times \text{IMAGE}_{\text{high}}}{\text{IMAGE}_{\text{mean}}} \qquad (7\text{-}42)$$

式中，$\text{IMAGE}_{\text{SFIM}}$ 为指融合后的图像；$\text{IMAGE}_{\text{low}}$ 指低分辨率的图像对高分辨率的图像重采样后的图像；$\text{IMAGE}_{\text{high}}$ 是高分辨率的图像；$\text{IMAGE}_{\text{mean}}$ 为对高分辨率的图像通过邻域平滑的卷积运算后的图像。

(5) Gram-Schmidt 变换。Gram-Schmidt 变换是线性代数和多元统计中常用的方法，它通过对矩阵或多维影像进行正交化以消除冗余信息。Gram-Schmidt 变换的关键步骤如下：

① 使用多光谱低空间分辨率影像对高分辨影像进行模拟。模拟的方法有以下两种：第一种，将低空间分辨率的多光谱波段影像，根据光谱响应函数按一定的权重进行模拟；第二种，将全色波段影像模糊，然后取子集并将其缩小到与多光谱影像相同的大小。

② 利用模拟的高分辨率影像作为 Gram-Schmidt 变换第 1 个分量对模拟的高分辨率波段影像和低分辨率影像进行 Gram-Schmidt 变换。

③ 通过调整高分辨率影像的统计值匹配 Gram-Schmidt 变换后的第 1 个分量 GS1，以产生经过修改的高分辨率影像。

④ 将经过修改的高分辨率影像替换 Gram-Schmidt 变换后的第 1 个分量，产生一个新的数据集，对新数据集进行反 Gram-Schmidt 变换，即可产生空间分辨率增强的多光谱影像。

(b) 图像融合效果评价

不同融合算法有不同优缺点，究竟选择何种融合算法往往取决于应用目的，因此难以单纯评价一种融合方法的好与不好。图像融合的目的是实现空间分辨率和光谱分辨率的互补，最大程度降低原有信息损失，对图像融合效果的评价一般涉及定性评价或者统计指标单因素、多因素定量评价，即主观评价和客观评价。

(1) 融合效果的目视评价。为比较不同融合算法的目视效果，从整景影像中截取部分子区(包括棉花地、道路、居民区、葡萄地)进行融合效果的目视评价，由图 7-38 可以看出，不同算法融合后图像空间分辨率均有明显提高，地块及道路边界清晰可见，空间纹理信息大大加强，细节信息更为突出。

从影像的颜色看，SFIM 变换和 Brovey 变换与原始影像最为接近，IHS 变换使图像变暗且颜色明显失真，PCA 变换使图像变亮。从影像的清晰度上看，SFIM 变换和 Gram-Schmidt 变换效果最好，PCA 变换效果最差，光谱失真较严重。

(2) 融合效果定量评价。目视评价的结果易受观察者的经验、观察条件等影响，因此评价结论可能由于评价者的不同而出现较大差异。定量评价是通过融合图像与参考图像之间的量化公式(如熵、梯度等)对融合图像效果进行定量分析和判断，以提高判断的准确性和客观性，因此对融合后的图像除了形象直观的目视评价外还应进行定量的客观评价。用于定量评价的参数主要有均值、方差、熵、平均梯度、偏差指数和相关系数等，通常用多种统计分析方法评判融合图像的质量，如用"熵与联合熵"评定信息量的大小，用"梯度和平均梯度"评定融合影像的清晰度等。无论使用何种评价方法，评价的标准均为融合影像

(a) 原始多光谱IKONOS影像

(b) Brovey变换后图像

(c) Gram-Schmidt变换后图像

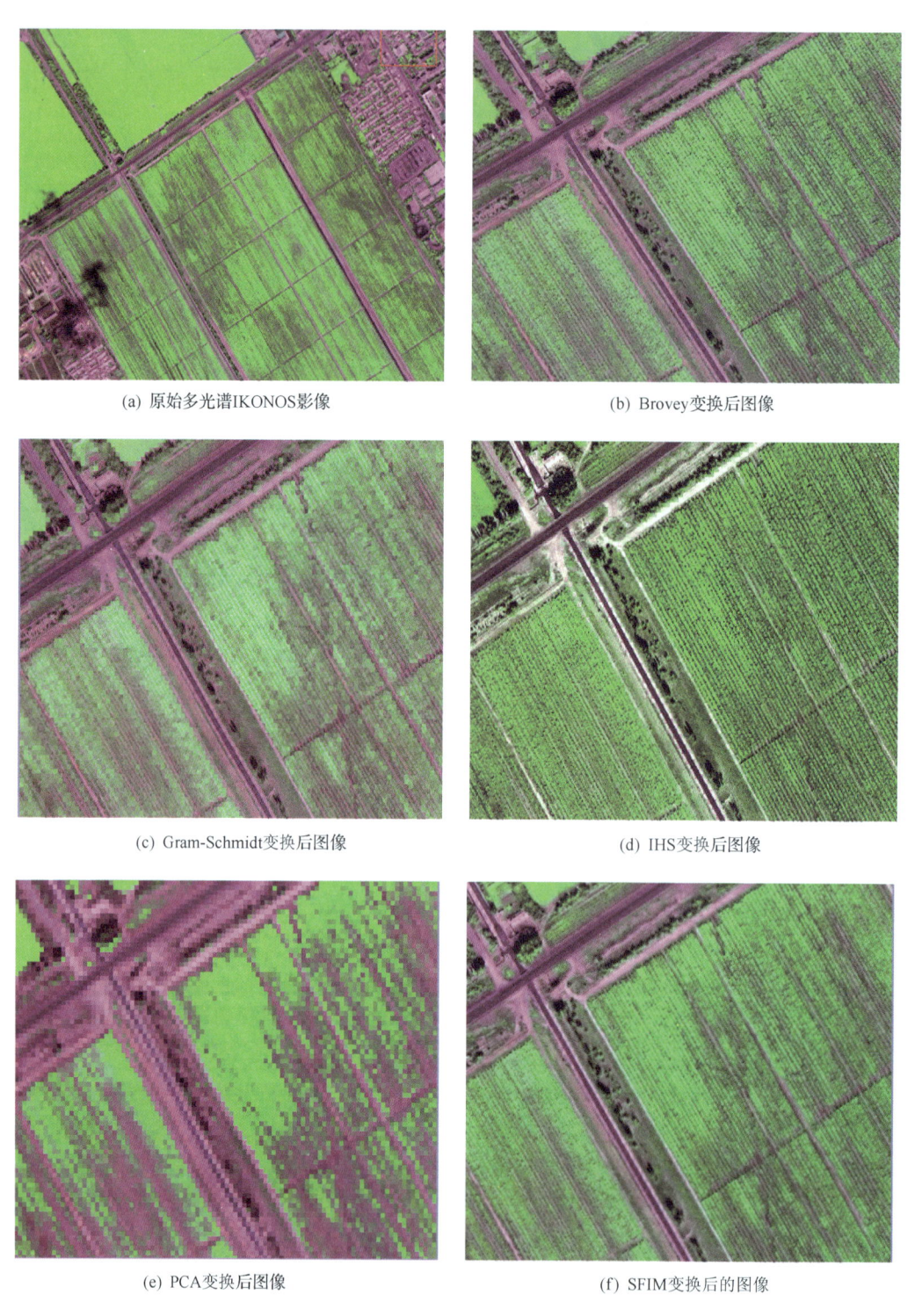

(d) IHS变换后图像

(e) PCA变换后图像

(f) SFIM变换后的图像

图 7-38　IKONOS多光谱与全色波段融合结果

既能较好地保留原多光谱影像的光谱信息，又能尽可能多地融入全色波段的空间结构信息。

① 信息熵。熵是衡量信息量大小的一个重要指标，在影像上表示为偏离影像直方图高峰灰度区的大小。熵越大图像所含的信息越丰富，图像质量越好。根据 Shannon 信息论的原理，对于灰度范围 $\{0,1,\cdots,L-1\}$ 的图像直方图，其信息熵定义为

$$H = -\sum_{i=0}^{L-1} p_i \ln p_i \qquad (7\text{-}43)$$

式中，P_i 为第 i 级灰度出现的概率。

② 平均梯度。平均梯度可敏感地反映图像对微小细节反差表达的能力，不仅可用来评价图像的清晰程度，还可反映出图像中微小细节反差和纹理变化特征，平均梯度越大，图像层次越多，图像越清晰。其计算公式为

$$\mathrm{AG} = \frac{1}{(m-1)\times(n-1)} \sum_{i=1}^{m-1} \sum_{j=1}^{n-1} \sqrt{\frac{(D(i,j)-D(i+1,j))^2 + (D(i,j)-D(i,j+1))^2}{2}} \qquad (7\text{-}44)$$

式中，m 为影像的行数；n 为影像的列数；$D(i,j)$ 为影像在第 i 行、第 j 列的 DN 值。

③ 偏差指数。偏差指数是融合影像与低分辨率影像差值的绝对值与低分辨率影像值之比，用来反映融合图像与原图像在光谱信息上的匹配程度。偏差指数越小，融合图像与原多光谱影像的偏离程度就越小，越能保留原多光谱影像的光谱特征。

第 k 波段偏差指数的定义为

$$D_k = \frac{1}{mn} \sum_{i=1}^{m} \sum_{j=1}^{n} \frac{|M(i,j)_k - M'(i,j)_k|}{M(i,j)_k} \qquad (7\text{-}45)$$

式中，m 为影像的行数；n 为影像的列数；$M(i,j)_k$ 为原始影像第 k 波段在 (i,j) 处的像元灰度值；$M'(i,j)_k$ 为融合后影像第 k 波段在 (i,j) 处的像元灰度值。

④ 相关系数。相关系数反映融合图像与原图像光谱特征的相似程度，二者相关系数越大，融合图像越能保持原多光谱影像的光谱特征。第 k 个波段融合前后的相关系数定义为

$$\mathrm{CC}_k = \frac{\sum_{i=1}^{m}\sum_{j=1}^{n}(M(i,j)_k - \bar{M}_k)(M'(i,j)_k - \bar{M}'_k)}{\sqrt{\sum_{i=1}^{m}\sum_{j=1}^{n}(M(i,j)_k - \bar{M}_k)^2 \sum_{i=1}^{m}\sum_{j=1}^{n}(M'(i,j)_k - \bar{M}'_k)^2}} \qquad (7\text{-}46)$$

式中，m 为影像的行数；n 为影像的列数；CC 为融合前后影像第 k 波段的相关系数；$M(i,j)_k$ 为原始影像第 k 波段在 (i,j) 处的像元灰度值；$\bar{M}_k$ 为第 k 波段的平均灰度值；$M'(i,j)_k$ 为融合后影像第 k 波段在 (i,j) 处的像元灰度值；$\bar{M}'_k$ 为融合影像第 k 波段的平均灰度值。

⑤ 均值。均值是图像像元的灰度平均值，反映融合图像的平均亮度，计算公式为

$$\bar{Z} = \frac{\sum_{i=1}^{M}\sum_{j=1}^{N}(i,j)}{M \times N} \qquad (7\text{-}47)$$

⑥ 标准差。标准差反映图像像元灰度相对于灰度平均值的离散情况。标准差越大，

亮度值越分散,越可以看出更多的信息,定义为

$$\sigma = \sqrt{\frac{\sum_{i=1}^{M}\sum_{j=1}^{N}(Z_{(i,j)}-\bar{Z})^2}{M\times N}} \qquad (7\text{-}48)$$

利用 6 个统计参数(均值、标准差、信息熵、平均梯度、偏差指数和相关系数)对 IKO-NOS 图像全色和多光谱波段的融合效果进行定量评价,评价结果见表 7-18。

从表 7-18 可以看出,IHS 变换后图像均值最小,PCA 变换的均值最大,这与图像融合后的目视评价结果相一致,即 IHS 方法融合后的图像最暗,而 PCA 方法融合后的图像最亮。PCA 变换后图像均值最大,SFIM 变换和 Gram-Schmidt 变换后图像均值非常接近,且与 PCA 变换后图像均值差异较小,因此从均值评价指标看,PCA 变换、SFIM 变换和 Gram-Schmidt 变换的融合效果较好。

表 7-18　IKONOS 多光谱与全色波段融合结果定量评价

评价参数	变换方式	红光	近红外	绿光	蓝光	均值
均值	IHS	70.126	139.800	67.707	—	92.544
	Brovey	116.063	264.157	145.132	—	175.117
	PCA	415.474	759.247	498.333	404.270	519.331
	SFIM	376.757	824.766	466.478	381.828	512.457
	Gram-Schmidt	375.012	824.233	465.265	381.564	511.520
标准差	IHS	63.524	49.248	57.325	—	56.699
	Brovey	48.864	95.296	41.926	—	62.029
	PCA	172.397	256.493	152.781	105.949	171.905
	SFIM	173.804	296.805	143.395	95.482	177.371
	Gram-Schmidt	128.975	262.706	108.573	71.513	142.942
偏差指数	IHS	0.841	0.827	0.872	—	0.847
	Brovey	0.684	0.683	0.684	—	0.684
	PCA	0.233	0.181	0.170	0.139	0.181
	SFIM	0.165	0.122	0.103	0.084	0.119
	Gram-Schmidt	0.239	0.034	0.155	0.115	0.136
相关系数	IHS	0.915	0.591	0.908	—	0.805
	Brovey	0.922	0.948	0.850	—	0.906
	PCA	0.946	0.961	0.947	0.944	0.949
	SFIM	0.969	0.990	0.932	0.912	0.951
	Gram-Schmidt	0.873	0.994	0.853	0.889	0.902

续表

评价参数	变换方式	红光	近红外	绿光	蓝光	均值
信息熵	IHS	4.875	4.296	4.983	—	4.718
	Brovey	4.002	4.851	3.822	—	4.225
	PCA	3.976	4.623	3.844	3.719	4.040
	SFIM	4.806	5.035	4.761	4.700	4.825
	Gram-Schmidt	4.967	5.135	4.865	4.752	4.930
平均梯度	IHS	0.168	0.257	0.145	—	0.190
	Brovey	0.237	0.420	0.193	—	0.283
	PCA	0.570	1.179	0.585	0.462	0.699
	SFIM	0.468	1.214	0.550	0.451	0.671
	Gram-Schmidt	0.635	1.154	0.648	0.488	0.731

若以融合影像的信息熵作为图像融合质量的评价指标,IHS 变换、Brovey 变换、PCA 变换、SFIM 变换和 Gram-Schmidt 变换之间的信息熵差异较小。Gram-Schmidt 变换的平均信息熵值最大,并且除 IHS 变换在绿光波段的信息熵值略大于 Gram-Schmidt 变换外,Gram-Schmidt 变换在各波段的信息熵值都最大,表明其所含的信息量较多,影像质量较好。SFIM 变换的融合效果略次于 Gram-Schmidt 变换。

从融合图像与原多光谱图像的偏离程度看,IHS 变换在红光、近红外和绿光波段的偏差指数都是最高的,说明 IHS 变换融合方法的光谱扭曲度最大,光谱退化现象最严重,融合图像和原始图像的比较结果图也很好地验证了这一点(图 7-37)。SFIM 变换的偏差指数最小,Gram-Schmidt 变换和 PCA 变换次之,说明 SFIM 变换方法得到的图像融合质量最好,它与原多光谱图像的偏离程度最小,最多地保持了原多光谱图像的光谱信息。融合后偏差指数的最小值出现在 Gram-Schmidt 变换的近红外波段(仅为 0.03),说明此方法融合质量对波段具有一定的选择性。李存军等(2004)通过对 5 种地物融合后的影像光谱与原图像光谱曲线的比较发现 SFIM 变换的信息保真性最好,不仅同一地物的波谱曲线形状没有发生变化,而且不同地物波谱之间的关系也保持较好,Gram-Schmidt 变换次之,同一地物波谱曲线形状没有发生变化,但不同地物的波谱曲线之间的关系发生了部分变化。运用相关系数作为衡量融合图像的光谱指标,其结果与偏差指数类似,即 SFIM 变换的效果略优于 Gram-Schmidt 变换。

平均梯度表征影像的相对清晰程度,反映融合后影像的纹理结构丰富程度。从表 7-18 可知,不同的融合方法在同一波段所包含的纹理信息量差异很大,但其平均梯度的最大值在各个波段均出现于 Gram-Schmidt 变换,说明 Gram-Schmidt 变换对图像微小细节反差的表达能力最强,图像的清晰度更好。

经过上述分析可知 IHS 变换、Brovey 变换、PCA 变换、SFIM 变换和 Gram-Schmidt 变换 5 种图像融合算法中,在图像空间信息的提高和光谱信息的保真方面以 SFIM 变换和 Gram-Schmidt 变换相对较好。但 Gram-Schmidt 变换存在不同地物的光谱相互关系发生变化的问题,且计算时间比 SFIM 方法长,所以 SFIM 方法实现不同空间分辨率影像的融合。

2) NDVI 时间序列曲线

时间特征反映的是作物长势在时间域上的分布,作物在不同生长季节、不同生育期具有不同的生理特征,并在某些方面(如群体特征)通过 NDVI 来反映。因此多时相 NDVI 数据的时间变化曲线能够充分表现同一作物在不同生育期及不同作物在同一生育期的差异。

Deering 和 Eck(1987)针对浓密植被的红光反射率很小,其简单比值植被指数(RVI)将无界增长的缺陷,首先提出将 RVI 经非线性归一化处理得归一化差值植被指数,使其比值限定在[−1,1]的范围内。NDVI 是 RVI 经非线性归一化处理所得,是近红外波段与红光波段数值之差和这两个波段数据之和的比值。即

$$\text{NDVI} = \frac{\rho_{\text{NIR}} - \rho_{\text{R}}}{\rho_{\text{NIR}} + \rho_{\text{R}}} \tag{7-49}$$

NDVI 一方面能够反映植被光合作用的有效辐射吸收情况,另一方面能够反映作物长势、叶面积指数 LAI 等,是目前应用最为广泛的植被指数。它对绿色植被表现敏感,常用于计算地表植被数量和活力指数,是植被生长状态及植被覆盖度的最佳指示因子。NDVI 经比值处理,可以部分消除乘法噪声影响,同时又经归一化处理,降低了因遥感器标定衰退对单波段的影响,并使地表二向反射和大气效应造成的角度影响减小。将作物的 NDVI 值以时间为横坐标排列,便形成了作物生长的 NDVI 动态迹线,它以最直观的形式反映了作物从播种、出苗到成熟的 NDVI 变化过程。不同种类作物具有不同 NDVI 曲线特征,根据野外调查资料结合多时相 NDVI 图像绘制研究区域内不同作物、自然状态下裸露地表及水体 6 月 2 日～8 月 30 日 NDVI 变化曲线(图 7-39)。

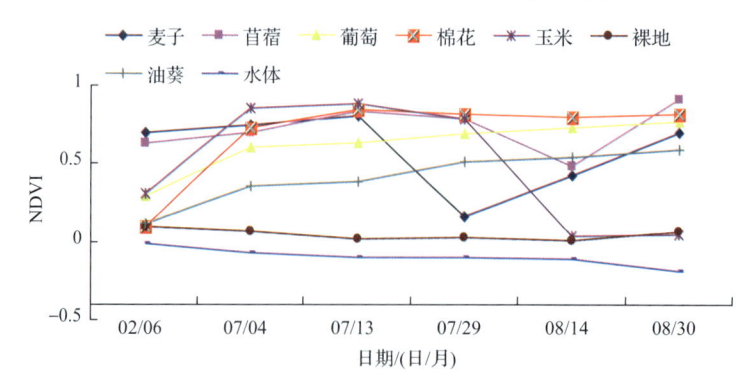

图 7-39 NDVI 时间序列曲线(2008 年)

由图 7-39 可以看出,水体的反射主要在蓝绿光波度,其反射率随波长增加而下降。清水在红光波段反射率大概为蓝绿光波度反射率的一半。在近红外和短波红外部分几乎吸收全部入射能量,水体在这两个波段的反射能量很小,在近红外波段的吸收率比红色波段更强,所以水体在 NDVI 图像上表现为负值。由于水体的光谱特征受水中叶绿素、悬浮泥沙等含量的影响,因此不同时期水体的 NDVI 值会有一定程度的上下浮动。

土壤反射率一般是随波长增加而增加,反射率曲线的"峰-谷"变化较弱,曲线比较平

滑。同时由于土壤的光谱曲线受土壤结构、土壤有机质含量及土壤含水量的变化等因素影响,不同时期土壤 NDVI 值在零值附近波动。

自然状态下裸露地表和水体没有生长发育的周期性,因此其 NDVI 值几乎不随时间而变化。在以时间为横坐标、NDVI 值为纵坐标的二维坐标系中,自然状态下裸露地表和水体的 NDVI 时间谱曲线是一条上下波动不大、NDVI 值比植被低的曲线。所以通过多时相波谱信息的组合很容易实现自然状态下裸露地表、水体与植被的区分。

由于植物均进行光合作用,所以各类绿色植物均具有很相似的反射波谱特性。绿色植被在可见光波段 550nm(绿光)附近有反射率为 10%～20% 的一个波峰。两侧 450nm(蓝光)和 670nm(红光)则有两个吸收带,这一特征由于叶绿素对蓝光和红光的强吸收造成。植物的反射光谱曲线因叶绿素对这部分光的强烈吸收而呈波谷形态。在 750～1300nm 波段由于近红外光被多孔薄壁细胞组织反射而有一个较高的反射峰。

3) 基于决策树分类算法的棉花空间分布特征提取

作物的光谱特征与作物的生育期紧密相连,因此对于作物分类时相信息的利用就成了影响其精度的一个不容忽视的因素。鉴于此在棉花空间分布提取过程中充分考虑了不同作物的生育进程随时间变化的规律性,在时相和波谱信息融合的基础上分析不同作物生长发育的季相节律性,以在时相选择时避开不同作物生育期的交叉点,较好地排除不同作物间相互干扰,提高作物分类的精度。棉花空间分布区域提取是在对研究区域内不同作物时间谱曲线分析基础上利用决策树分类方法实现。

为研究遥感影像监测棉花种植区域,我们主要分析棉花的 NDVI 时间序列曲线特征与其他作物的差异,找出利用遥感影像提取棉花空间分布的最佳时相组合,至于其他作物之间是否可分不予考虑。根据不同作物生长物候及野外调查发现,6～8月石河子农作物主要有小麦、苜蓿、葡萄、棉花、玉米、油葵等,其中以棉花种植面积最大。石河子棉花一般在 4 月中下旬开始播种出苗,5～6 月中上旬为棉花苗期,在 6 月 2 日的 NDVI 图像上棉花种植区域表现为具有裸地特征的低植被覆盖区,而小麦、苜蓿等作物已明显表现为植被特征。6 月上旬到 7 月上旬,棉花由苗期进入现蕾期,植被覆盖度急剧增大,NDVI 时间谱曲线呈大幅上升趋势,其增加幅度大于油葵和葡萄,而苜蓿和小麦的 NDVI 值则几乎没有变化。基于此对 7 月 4 日和 6 月 2 日的 TM NDVI 图像进行差值运算,根据外野调查资料对差值图像设定适当阈值初步提取棉花种植区域。根据 NDVI 时间序列曲线及研究区域内作物生长的规律性可知,7 月下旬随着小麦的乳熟和收割,其 NDVI 时间谱曲线急剧下降,NDVI 值达到最小。而此时棉花植被覆盖度和绿色生物量都达到最大,NDVI 时间谱曲线也随之达到峰值,因此在此基础上可以利用 7 月 14 日和 7 月 29 日两景影像进一步排除小麦对棉花种植区域提取的影响。同理可用 7 月 14 日和 8 月 14 日的 TM 影像区分棉花与玉米、苜蓿等作物的种植区域,从而实现棉花种植区域的遥感监测,其决策分类图见图 7-40。

根据农作物的光谱特征时间效应,结合研究区域内棉花生育周期(表 7-19),利用 NDVI 时间序列曲线充分考虑棉花与其他作物间时相信息的差异,选择提取棉花空间分布的最佳时相组合,利用决策树分类法借助于不同时相间 NDVI 的逻辑运算进行研究区域内棉花空间分布提取,最后利用高空间分辨率 IKONOS 影像通过目视解译方式对提取结果进行修订,修订后研究区域内棉花空间分布见图 7-41。

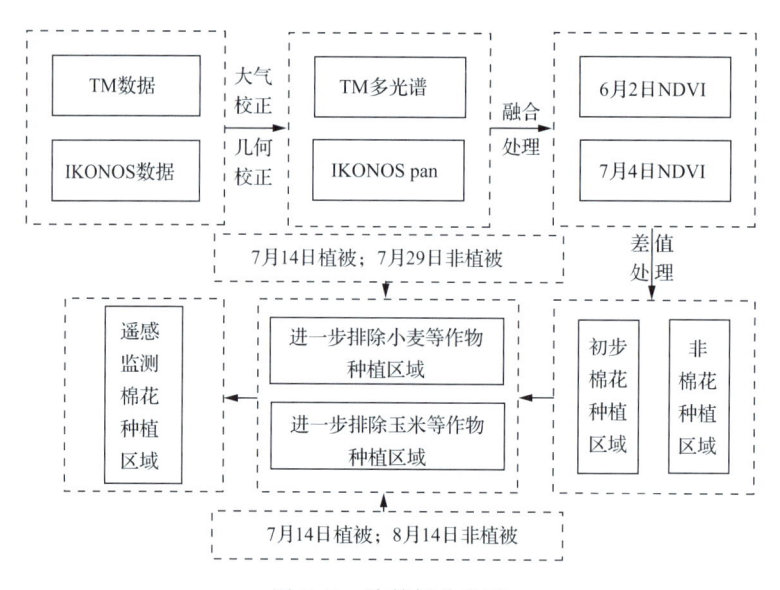

图 7-40　决策树分类图

表 7-19　北疆棉花生育周期

主要生育期	4月			5月			6月			7月			8月			9月			10月		
	上	中	下	上	中	下	上	中	下	上	中	下	上	中	下	上	中	下	上	中	下
播种出苗期																					
苗期																					
蕾期																					
花铃期																					
裂铃吐絮期																					

4）精度评价

为检验分类结果的可靠性，对遥感影像分类结果进行精度评价是遥感分类过程必要步骤之一。分类精度评价是指通过某种方法定量地将一幅图像与另一幅同一区域的参考图像或其他参考数据进行对比，以正确的百分比表示。

遥感图像分类精度评价一般包括非位置精度评价和位置精度评价两种方法，所谓非位置精度就是不考虑位置因素，以一个简单的数值，如面积、像元数目等表示分类精度，这种精度评价方法所获得的精度通常比实际精度要高。而位置精度是将分类的类别与其所在的空间位置进行统一检查。

遥感影像分类结果精度评价普遍采用的方法是利用建立的混淆矩阵计算各种统计量如总体精

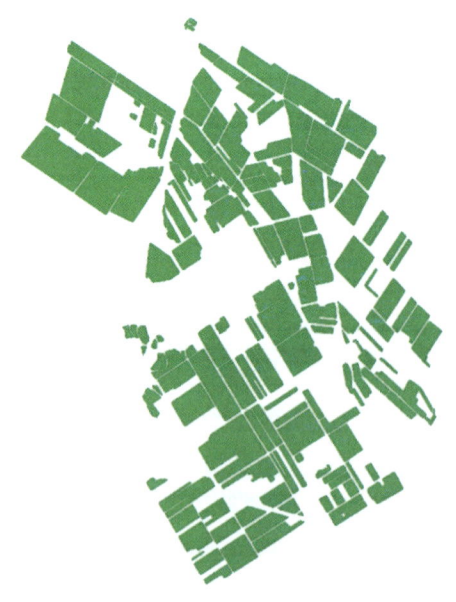

图 7-41　研究区域内棉花空间分布

度、用户精度及生产者精度等,并给出总体和基于各种地面类型的分类精度值。混淆矩阵对角线上的元素为被正确分类的作物类别,非对角线上的元素为错分为其他类别的作物,行总数代表分类数据各类的抽样样本数目总和,列总数代表实际类型的各类抽样样本数目总和。

总体精度、用户精度和生产者精度从不同侧面描述了分类精度的统计估计,是简便易行并具有统计意义的统计量,但像元类别的小变动往往可导致总体精度、用户精度或生产者精度百分比的较大变化,并且总体精度仅考虑了对角线上的像元数量而忽视了非对角线上的数据,因此仍需更客观的指标来评价分类质量。Kappa 分析采用另一种离散的多元技术用来克服上述缺点,Fitzgerald 和 Lees(1994)指出 Kappa 统计在评价分类精度上更具有统计上的辨析力,Kappa 分析产生的评价指标被称为 Kappa 系数,是用来测定两幅图之间吻合度或精度的指标。其具体计算公式参考相关文献(赵英时,2003)。

总体精度主要考虑对角线上的元素,Kappa 系数则既考虑了对角线上被正确分类的像元,也考虑了不在对角线上的漏分误差和错分误差,这两个指标往往并不一致,所以我们对分类结果的精度评价同时计算了总体精度和 Kappa 系数(表 7-20),结果表明基于时相和波谱信息利用决策树分类算法进行棉花种植区域提取可取得比较理想的结果,其总体精度和 Kappa 系数分别为 97.12% 和 0.90。

表 7-20 棉花分类精度评价

类别	棉花	其他	总计
棉花	113	1	114
其他	3	22	25
总计	116	23	139
生产者精度/%	97.41	用户精度/%	99.12
总体精度/%	97.12	Kappa 系数	0.90

2. 黄萎病暴发主要生境要素遥感反演

棉花黄萎病流行成灾与生态环境的温度、湿度密切相关,温度在 25℃ 左右、相对湿度 80% 以上是棉花黄萎病暴发的关键因子,其中尤以温度最为突出。

1) 基于 TM 热红外波段的地表温度反演

地表热辐射在其传导过程中受大气和辐射面的多重影响,TM 传感器所观测到的热辐射强度不仅包括来自地表的热辐射成分,而且还有来自大气向上和向下的热辐射成分。因此由于大气和地表影响强弱的不同而使直接使用 TM-6 的灰度值或亮温进行分析时所得结论会存在很大程度的偏差,基于此在利用生境条件监测棉花黄萎病暴发区域使用的温度为由 TM 影像热红外波段反演的地表真实温度。

a. TM 热红外波段辐射温度的求算

针对不同传感器热波段的设置特点,国内外专家提出了多种陆面温度反演算法,如单通道法、分裂窗法及多通道法。由于 Landsat 只有一个热红外通道,可利用卫星一个热红外通道的辐射测量值实现地表温度反演。目前常用的算法主要有大气校正法、单窗算法和单通道算法。

相比于大气校正法,单窗算法和单通道算法把大气影响放进方程里进行推导,不需要进行大气模拟,因此这两种方法不仅在算法上比大气校正法简单,而且也省去了大气模拟误差的影响。由于单通道算法的误差来源主要有三个:传感器本身特性带来的误差(宽波段到单波段的假设、校准)、大气水蒸气含量所带来的误差和地表比辐射率估计方法产生的误差。单窗算法比单通道算法多了一个误差来源——近地表空气温度估计产生误差。阿布都瓦斯提．吾拉木(2006)和涂梨平(2006)通过对单通道和单窗算法的对比分析发现单通道算法的反演精度总体优于单窗算法。我们选用单通道法进行地表温度反演。

物体的亮度温度是指辐射出与观测物体相等的辐射能量的黑体温度,是衡量物体温度的一个指标,但不是物体的真实温度。亮度温度与辐射温度、表征温度是一致的,在微波遥感中常用亮度温度,在红外遥感中较多的用辐射温度。辐射温度不是真正意义上的地表温度,它包括大气和地表对热辐射传导的影响,但地表温度是根据这一辐射温度演算而得,因此在利用TM热红外波段反演地表温度时,需先从TM热红外波段计算辐射温度。从TM热红外数据中求算辐射温度的过程包括把灰度值转化为相应的热辐射强度值,然后根据热辐射强度推算所对应的辐射温度。

对于TM热红外波段,接收到的辐射强度与灰度值的关系为

$$L_{\text{sensor}} = L_{\min}(\lambda) + (L_{\max}(\lambda) - L_{\min}(\lambda))Q_{\text{DN}}/Q_{\max} \tag{7-50}$$

式中,L_{sensor}为TM热红外波段接收到的辐射强度($mW/(cm^2 \cdot sr \cdot \mu m)$);$Q_{\max}$为TM热红外波段最大灰度值;$Q_{\text{DN}}$为TM热红外波段像元灰度值;$L_{\max}(\lambda)$、$L_{\min}(\lambda)$分别为TM热红外波段接收到的最大和最小辐射强度。

发射前TM-6的预设常量为:

当$Q_{\text{DN}} = 0$时,$L_{\min}(\lambda) = 0.1238$;

当$Q_{\text{DN}} = 255$时,$L_{\max}(\lambda) = 1.56$。

因此,TM热红外波段辐射强度与灰度值之间的关系可简化为

$$L(\lambda) = 0.1238 + 0.005632156 Q_{\text{DN}} \tag{7-51}$$

由于Q_{DN}为TM热红外波段灰度值,属已知数据,因此根据式(7-51)可以很容易地求算出相应的热辐射强度$L(\lambda)$,再利用下式即可近似求算出TM热红外波段像元辐射温度:

$$T_6 = K_2/\ln(1 + K_1/L(\lambda)) \tag{7-52}$$

式中,T_6为TM热红外波段像元辐射温度(K);$K_1 = 60.776$;$K_2 = 1260.56 K$。

b. 地表温度反演参数计算

基于单通道算法利用Landsat热红外波段反演地表温度时,需求算地表比辐射率ε和大气中水蒸气含量w两个基本参数。

(a) 地表比辐射率的估算

地表比辐射率是利用Landsat热红外波段反演地表温度的关键参数之一,比辐射率也叫发射率,是指物体在温度T,波长λ处的辐射出射度$M_s(T, \lambda)$与同温度同波长下的黑体辐射出射度$M_b(T, \lambda)$的比值,即

$$\varepsilon(T,\lambda) = \frac{M_s(T,\lambda)}{M_b(T,\lambda)} \quad (7\text{-}53)$$

地表比辐射率主要取决于地表的物质结构和遥感器的波段区间,取值是 0~1 的一个无量纲量。目前比辐射率的获取方法主要有:实验室测量法、野外测量法及遥感数据反演法三种。实验室测量法和野外测量法获取的比辐射率精度较高,但其测量方法比较烦琐,不利于实际应用,而且这两种方法仅能获取特定地物比辐射率,难以得到遥感尺度上的地表比辐射率空间分布数据集。利用遥感数据反演地表比辐射率,虽然精度相对较低但可以获取空间连续分布的面信息。

利用遥感数据反演地表比辐射率常用的方法有:

(1) 根据可见光和近红外光谱信息,认为比辐射率是 NDVI 等植被指数的函数,利用经验和半经验公式来估算地表比辐射率;

(2) 根据热红外光谱仪获取的最小比辐射率与最大比辐射率之差的关系来确定地表比辐射率;

(3) 在假定地表比辐射率不变或与温度无关的热红外波谱指数不变的条件下,利用多时相数据来确定地表比辐射率。

方法(1)简单,容易实现,可适用于任何数据。方法(2)主要适用于具有足够多的热红外通道数据。方法(3)用于时间分辨率较高的数据。由于陆地卫星 Landsat 只有一个热红外通道。因此,本章选用方法(1)通过 NDVI 来获取 Landsat 图像地表比辐射率。许多研究者也建立了一些地表比辐射率和 NDVI 之间的经验模型,其中,Grined 和 Owe (1993)通过对可见光和近红外波段光谱反射率获得的 NDVI 值与实测地物发射率值之间的比较研究,发现实测的地表比辐射率值和 NDVI 值之间存在着高度相关性,最早提出了利用 NDVI 估算地表比辐射率的方法,并利用回归分析方法建立了通过 NDVI 估计地表比辐射率的经验公式。

Sobrino 等(2001)在 Valor 和 Caselles(1996)的研究基础上考虑了不同 NDVI 值的情况下地表比辐射率的估计,提出了 NDVI Thresholds Method——NDVI^{TEM} 进行地表比辐射率估计,该方法属于改进的半经验方法,已有的研究表明半经验方法比经验方法更准确。

NDVI^{TEM} 方法考虑了不同地表覆盖情况下地表比辐射率的估计:

(1) 像元 NDVI 值小于 NDVI$_{min}$ 时,认为该像元是由裸土构成,地表比辐射率的计算公式为

$$\varepsilon = 0.98 - 0.042\rho \quad (7\text{-}54)$$

式中,ρ 为红光波段的地物反射率。

(2) 当像元 NDVI 值大于 NDVI$_{max}$ 时,该像元可看作纯植被像元,此时植被构成比例 $P_v = 1, \varepsilon = \varepsilon_v = 0.986$。

(3) 当 NDVI$_{min} \leqslant$ NDVI $\leqslant$ NDVI$_{max}$ 时,像元可认为是土壤和植被的混合像元,此时混合像元的地表比辐射率为

$$\varepsilon = \varepsilon_v P_v + \varepsilon_s (1 - P_v) + d_\varepsilon \quad (7\text{-}55)$$

式中，ε 为地表比辐射率；ε_v 为植被发射率；ε_s 为土壤反射率；P_v 为植被构成比例，计算公式为

$$P_v = \left(\frac{\text{NDVI} - \text{NDVI}_{\min}}{\text{NDVI}_{\max} - \text{NDVI}_{\min}}\right)^2 \tag{7-56}$$

式中，$\text{NDVI}_{\max}=0.5$；$\text{NDVI}_{\min}=0.2$。NDVI>0.5 时可认为像元是纯植被像元，$P_v=1$；NDVI<0.2 时可认为像元是纯裸土像元，$P_v=0$。

d_ε 表示自然表面的几何分布与内部反射效应而引起的反射率比例，在地表相对平整的情况下，一般可取 $d_\varepsilon=0$；在地表高低相差较大的情况下 d_ε 可由植被的构成比例简单估计。

覃志豪等(2001)根据 Sobrino 等提出的 NDVI^{TEM} 方法及热辐射相互作用在植被和裸土各占一半时达到最大的理论，提出了如下经验公式来估计 d_ε：

当 $P_v \leqslant 0.5$ 时，$d_\varepsilon = 0.0038 P_v$；

当 $P_v > 0.5$ 时，$d_\varepsilon = 0.0038(1-P_v)$；

当 $P_v = 0.5$ 时，d_ε 最大，$d_\varepsilon = 0.0019$。

本节研究区域内地表类型构成主要有水体和自然地表。根据水体在 Landsat 多光谱波段的光谱特征，如蓝绿光波段的反射率大于红光波段，近红外和短波红外部分几乎全部吸收入射能量等设计分类函数提取研究区域内水体空间分布图(图 7-42 为利用 2008 年 7 月 13 日 Landsat TM-5 多光谱影像提取的水体空间分布图)。利用提取的水体空间分布对 Landsat TM-5 多光谱影像做掩膜运算，运算后的影像即为不同植被覆盖度下自然地表空间分布区域。

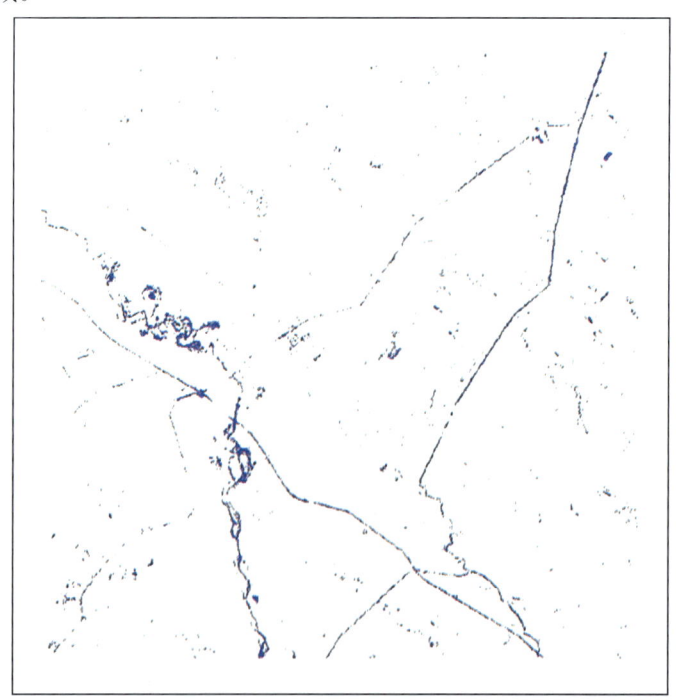

图 7-42　研究区域内水体空间分布(2008 年 7 月 13 日)

由于水体具有比热容大、热惯量大，对红外几乎全部吸收，自身辐射发射率高及水体内部以热对流方式传递温度等特点，因此水体在热波段内的比辐射率接近于黑体，且其表面温度较为均一，所以我们取 ε＝0.995 常数值作为水体的比辐射率。

自然地表可看成是按照不同比例的植被叶冠和裸土组成的混合像元，其比辐射率值的确定是根据 NDVI^{TEM} 法。利用 NDVI^{TEM} 法计算自然地表比辐射率时，首先要确定 NDVI 最大值和最小值。式(7-56)中 NDVI 最大值和最小值分别是常数 0.5 和 0.2。由于不同地区不同植被和不同土壤有各自不同的光谱特征，从而使 NDVI$_{max}$ 和 NDVI$_{min}$ 表现出一定的区域差异，因此本节将直接从遥感影像上获取这两个参数。选取图像范围内明显的茂密植被区，计算其 NDVI 平均值作为 NDVI$_{max}$，同样选取明显的裸土区，取该裸土区的平均 NDVI 值作为 NDVI$_{min}$。当 NDVI＞NDVI$_{max}$ 时，认为像元为纯植被覆盖，P_v＝1；当 NDVI＜NDVI$_{min}$ 时，认为像元为纯裸土覆盖，P_v＝0。由上述方法确定的纯植被像元、纯裸土像元及植被裸土混合像元空间分布见图 7-43。

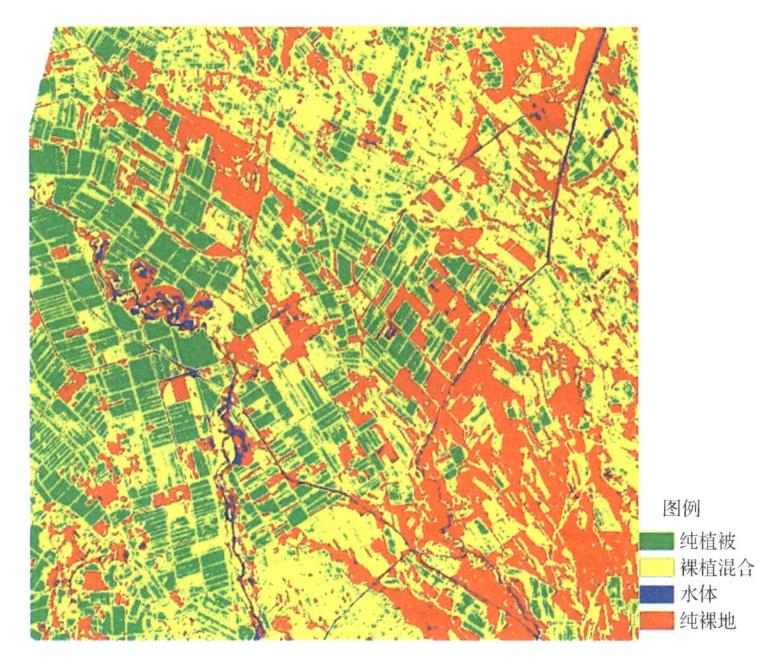

图 7-43　植被构成比例图(2008 年 7 月 13 日)

对于纯植被像元的地表比辐射率，目前主要有假定植被完全覆盖时的比辐射率值是 0.99 和 0.986 两种观点。覃志豪等(2003)根据 Labed 和 Stoll 的研究结果(草地在 8～14μm 波长内的辐射率为 0.981～0.983)以及 Humes 等测量结果(全覆盖灌木叶冠的热波段辐射率为 0.986)，结合地表物质的热辐射强度在 10.5～12.5μm 范围内比在 8～10μm 范围内高的理论，认为可以用灌木叶冠的比辐射率值代替纯植被像元的比辐射率值，即 ε_v＝0.986。涂梨平(2006)通过对纯植被像元不同地表比辐射率取值的统计分析发现：Sobrin 模型估计得到的地表比辐射率值(植被完全覆盖区，$\varepsilon=\varepsilon_v$＝0.99)普遍偏高，与实际值的偏差较大。基于以上原因我们取纯植被像元的比辐射率值为 0.986。

在 NDVI$_{min}$ 和 NDVI$_{max}$ 已得出的基础上，对于植被裸土混合像元利用式(7-56)可计算 P_v。根据覃志豪等(2004)提出的在不同植被构成比例下 P_v 与 d_ε 的经验关系式计算自然表面的几何分布与内部反射效应而引起的反射率比例,结合 ε_v 及 ε_s 即可求出自然地表比辐射率 ε。研究区域内 2008 年 7 月 13 日地表比辐射率空间分布见图 7-44。由图 7-43 可知水体比辐射率为预先设定值,即 0.995。自然地表由于作物叶冠密度不同而表现出不同的比辐射率,纯植被像元为 0.986,植被和裸地混合区域的比辐射率值为 0.982~0.986,裸地的比辐射率最低,在 0.96~0.974 随土壤类型不同而变动。

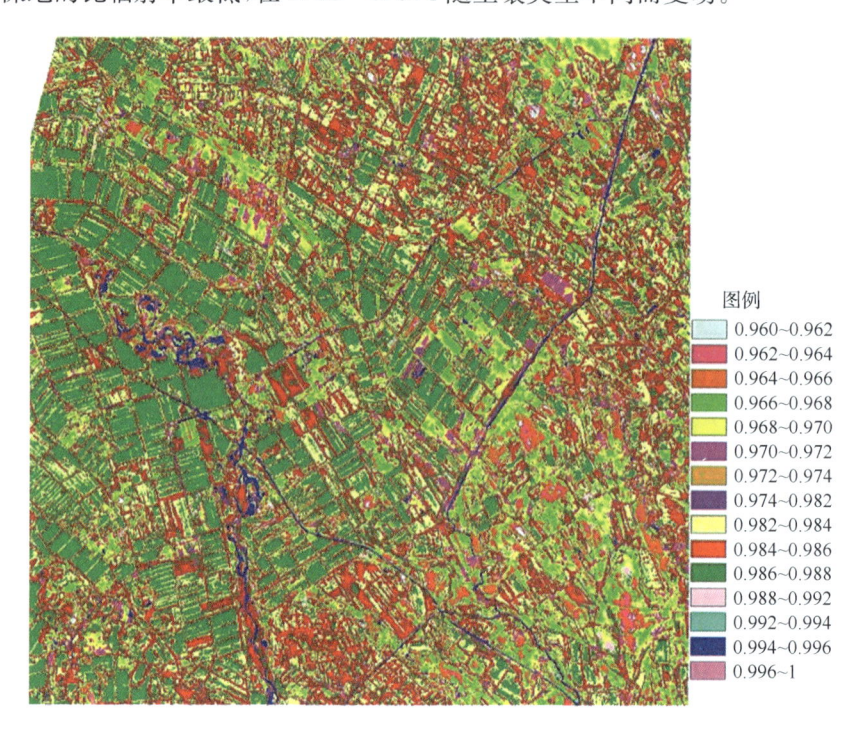

图 7-44　地表比辐射率空间分布(2008 年 7 月 13 日)

(b) 大气中水蒸气含量的估算

大气中的水分集中在对流层,对流层空气柱中水汽总量也称为可降水量。杨景梅和邱金桓(1996)认为,虽然水汽的分布有很大的空间变化及时间变化,但可降水量和水汽压之间的关系却比较稳定,并且二者之间的线性关系具有一定的普遍性和稳定性,通过回归分析给出的新疆地区 w-e 的经验关系式:

$$w = 0.177e + 0.339 \tag{7-57}$$

式中,w 为大气中水蒸气含量;e 为绝对水汽压(hPa),其计算公式为

$$e = 0.6108\exp\left(\frac{17.27(T_0-273)}{237.3+T_0-273}\right) \times \mathrm{RH} \tag{7-58}$$

式中,RH 为相对湿度;T_0 为气温。

根据石河子气象站观测数据,2008 年 7 月 13 日气温为 28.3℃,相对湿度为 37%,根据式(7-57)和式(7-58)计算的绝对水汽压和大气水汽含量分别为 14.23hPa 和 2.86。

(c) 基于 Landsat 热红外波段地表温度反演

通过上节方法估算了研究区域内地表比辐射率和大气中水蒸气含量 w,根据

Jiménez-Muñoz 和 Sobrino(2003)提出的地表温度反演的单通道算法利用 Landsat 热红外波段反演了研究区域内 2008 年 7 月 13 日、2008 年 7 月 29 日、2008 年 8 月 14 日和 2008 年 8 月 30 日地表温度(图 7-45)。

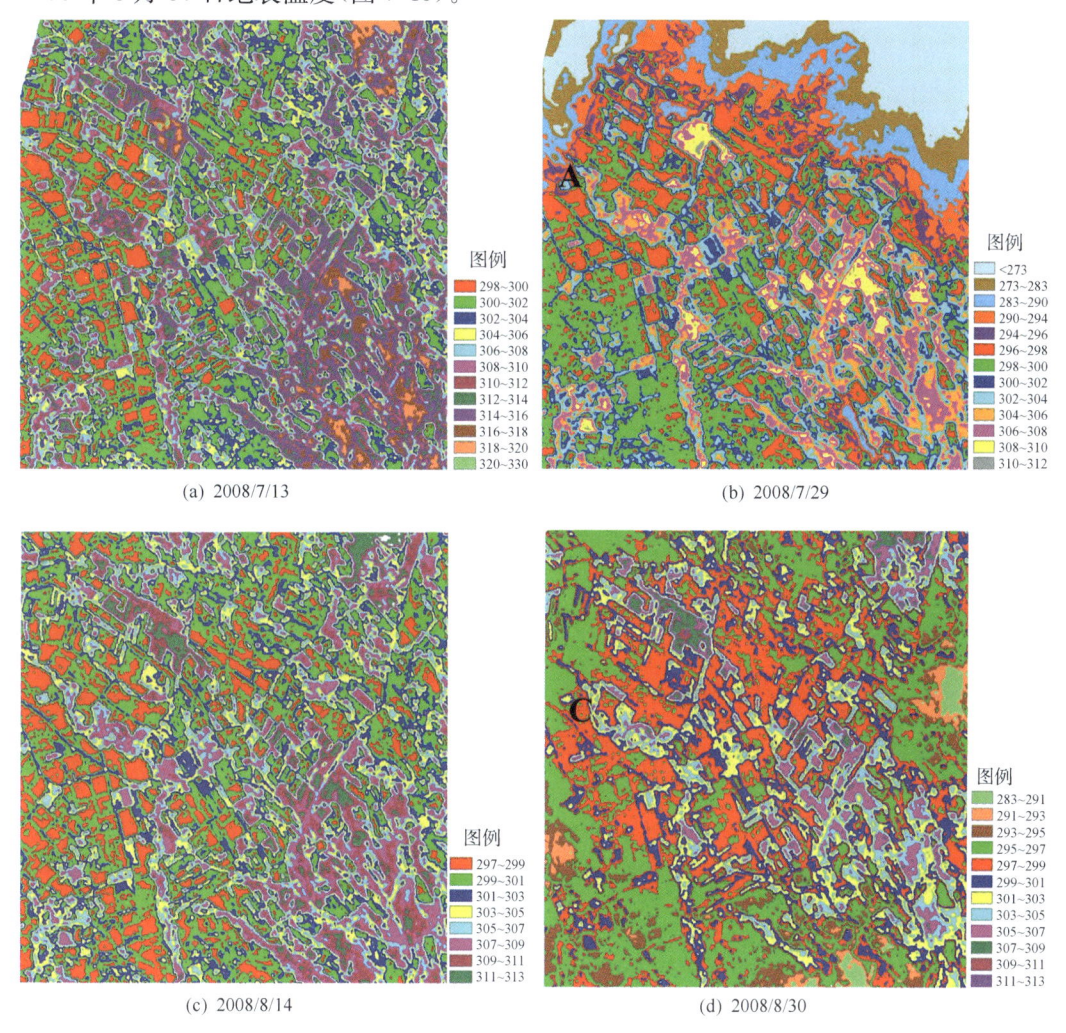

图 7-45　Landsat 5 TM 热红外波段地表温度反演结果(单位：K)

2) 基于 TM 影像的土壤含水量反演

我们采用二维特征空间法遥感监测研究区域内土壤含水量的空间分布。首先根据 Landsat TM 数据的红光和近红外两个波段建立 R_{NIR}-R_R 二维特征空间，利用地物在这两个波段的光谱值确定它们在特征空间中的位置，进而确定其植被覆盖度和湿度信息。由于不同植被覆盖度和湿度具有不同的二维特征空间分布，因此利用不同的空间分布建立关系模型反演土壤含水量。

由 Landsat TM 构建的 R_{NIR}-R_R 特征空间散点图呈典型的三角形分布(图 7-46)，因此根据土壤线和植被线可得到土壤湿度和植被覆盖度信息。由图 7-45 可知土壤线上由 B 到 C 土壤含水量逐渐减少，植被线上由 D 到 A 植被覆盖度渐高。利用空间统计特征可得土壤基线 BC 的数学表达式为

$$R_{\text{NIR}} = MR_{\text{R}} + I \quad (7\text{-}59)$$

式中，R_{NIR} 为近红外波段反射率；R_{R} 为红波段反射率；M 为土壤线斜率；I 为土壤线在纵坐标上的截距。

根据土壤线方程，可作一条过二维坐标原点的直线 l，该直线垂直于土壤线，任意一点到 l 的距离为 EF，EF 的大小表示土壤的干湿程度，由此构建的垂直干旱指数 PDI（perpendicular drought index）为

$$\text{PDI} = \frac{1}{\sqrt{M^2 + 1}}(R_{\text{R}} + MR_{\text{NIR}}) \quad (7\text{-}60)$$

图 7-46　垂直干旱指数示意图

土壤越干旱，PDI 值越大，利用二维特征空间法反演的土壤含水量见图 7-47。

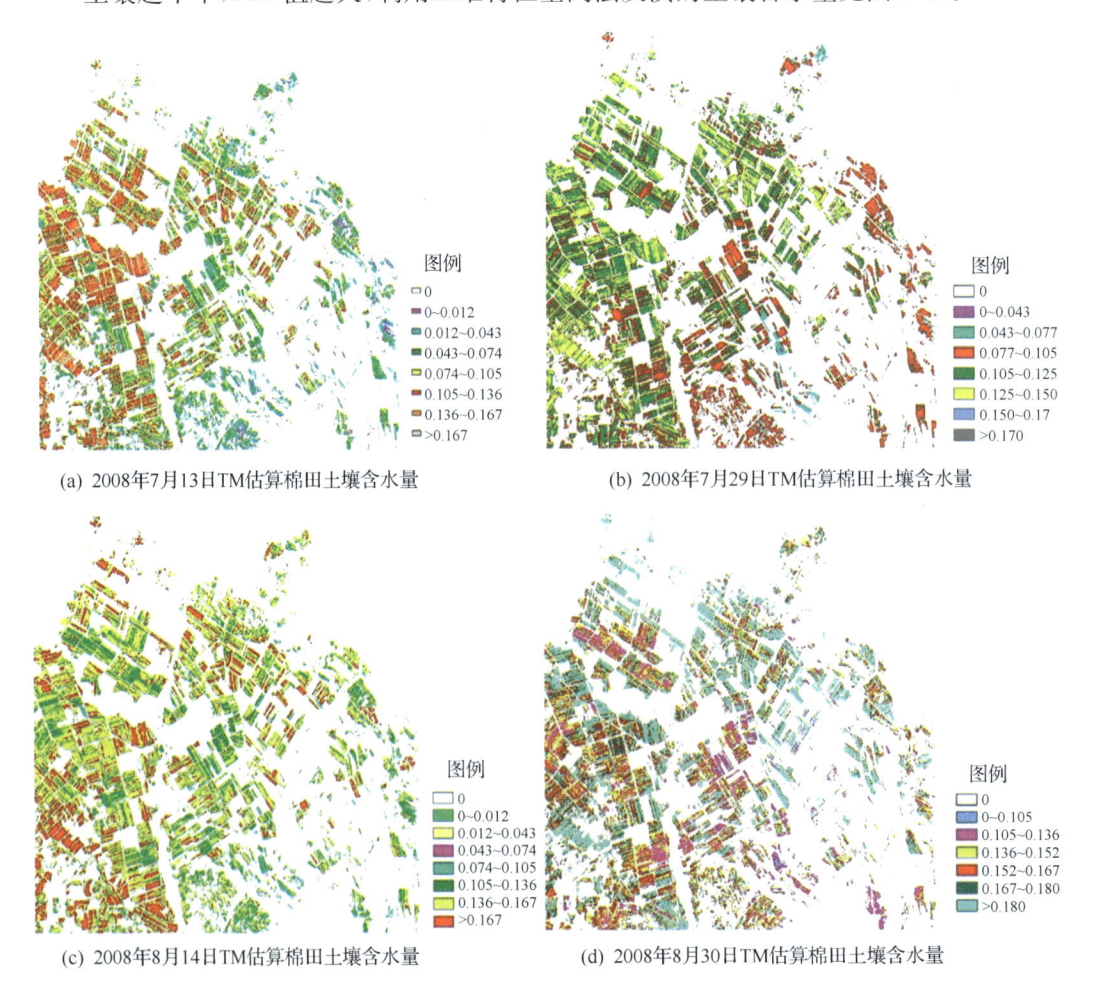

(a) 2008年7月13日TM估算棉田土壤含水量

(b) 2008年7月29日TM估算棉田土壤含水量

(c) 2008年8月14日TM估算棉田土壤含水量

(d) 2008年8月30日TM估算棉田土壤含水量

图 7-47　TM 土壤含水量反演结果

3. 基于生境和时相信息的棉花黄萎病害区遥感监测

棉花黄萎病为土传病害,通过种植棉花或其他寄主作物,加上病株残体和施用带菌粪肥,可使棉田土壤病菌累积,形成"病土",成为病菌密集栖息地。带有病菌的病土是棉花黄萎病暴发的前提和基础,但土壤中定殖的病菌只有遇到合适的温度和湿度条件,才能萌发并通过幼根或伤口侵入,继而穿透细胞壁继续生长繁殖,阻碍棉花生长发育,使植株表现出病害症状。马江锋等(2007)通过2004~2006年在石河子大学农学院黄萎病圃田对新疆棉花黄萎病的发生与气象因子的关系研究发现,在北疆石河子棉区地膜植棉的情况下,棉花黄萎病一般在6月上旬开始发生,高温期病情发展缓慢,7月下旬后进入病害盛发期,8月中下旬则进入田间发病高峰期,新疆棉花黄萎病在整个生育期只出现1次发病高峰。主要是由于内地四季比较分明,故有2次发病高峰;而新疆春季较短,很快就进入夏季,病情被高温抑制,所以第1个高峰不明显或不出现,最终只有1次高峰。马江锋等(2007)通过3年的试验和调查还发现,年份间的病情差异主要与气候条件有关,特别与棉花生长中后期的平均气温、相对湿度、降雨量等有一定关系。

由上述分析可知棉花黄萎病的发生有其特定的生理生境特点及时相信息,因此利用多源多时相数据根据黄萎病发生的时相、波谱和生境特点可实现棉花黄萎病的遥感监测。高空间分辨率对棉花长势监测更具优势,因此我们首先利用IKONOS影像提取棉花正常生长区域及受胁迫区,在此基础上根据黄萎病发生的生理生境特征及时相信息进一步判断胁迫区域是否为黄萎病害区域,技术路线见图7-48。

通过外野调查发现2008年棉花黄萎病发病较晚,大概在7月10日左右才有零星发病,所以7月10日前棉花在生长过程中所受到的胁迫均为非黄萎病胁迫。在棉花生长胁迫区域提取基础上利用2008年7月4日TM影像进一步排除非黄萎病害区域,首先根据红光波段和近红外波段计算NDVI,并根据设定的NDVI阈值判断是否为胁迫区域,对于小于该阈值的区域为营养胁迫、苗期受到的病虫害及冷冻灾害等非黄萎病害区域,对于大于该阈值的区域则利用7月29日TM NDVI图像及由TM影像反演的地表温度和土壤含水量结果,根据棉花黄萎病外野调查资料统计分析棉花黄萎病暴发的具体生境条件,设计遥感监测棉花黄萎病害区域的函数表达式,初步提取棉花黄萎病害区域。由于黄萎病对棉花的危害在适宜的温湿度条件下具有时间和空间上的连续性,而虫害危害具有时间上的阶段性和空间上的随意性等特点,本节根据棉花黄萎病害区域的初步提取结果,利用8月14日和8月30日的遥感影像和温湿度数据进一步提取棉花黄萎病害区域,以减少虫害等胁迫对监测结果的影响,提高遥感监测棉花黄萎病害区域精度。

由图7-49可看出棉花黄萎病害区主要分布在147团部周围,特别是病圃田附近。该病圃田是进行棉花黄萎病耐病品种试验田,只有经过病圃田鉴定的耐病好的品种才能进行大范围推广应用。由于病圃田土壤中黄萎病病菌累积,该病圃田已成为黄萎病病菌栖息地并通过下雨浇地等将病菌带到附近棉花种植区,从而使这些区域棉花也染上黄萎病病菌。2008年研究区域内棉花黄萎病发病面积较少,除气候因素外以下几方面对黄萎病的发生也起到了一定的抑制作用:①轮作倒茬,对于黄萎病发病严重的棉田已改种其他作物;②严格选择种子,耐病品种一定程度上抑制了黄萎病的暴发;③加强田间管理,提高棉花抗病能力,加强肥水管理,培育壮苗,增强棉花内在抵抗力,雨后及时中耕,散湿增温,提高土壤透气性。

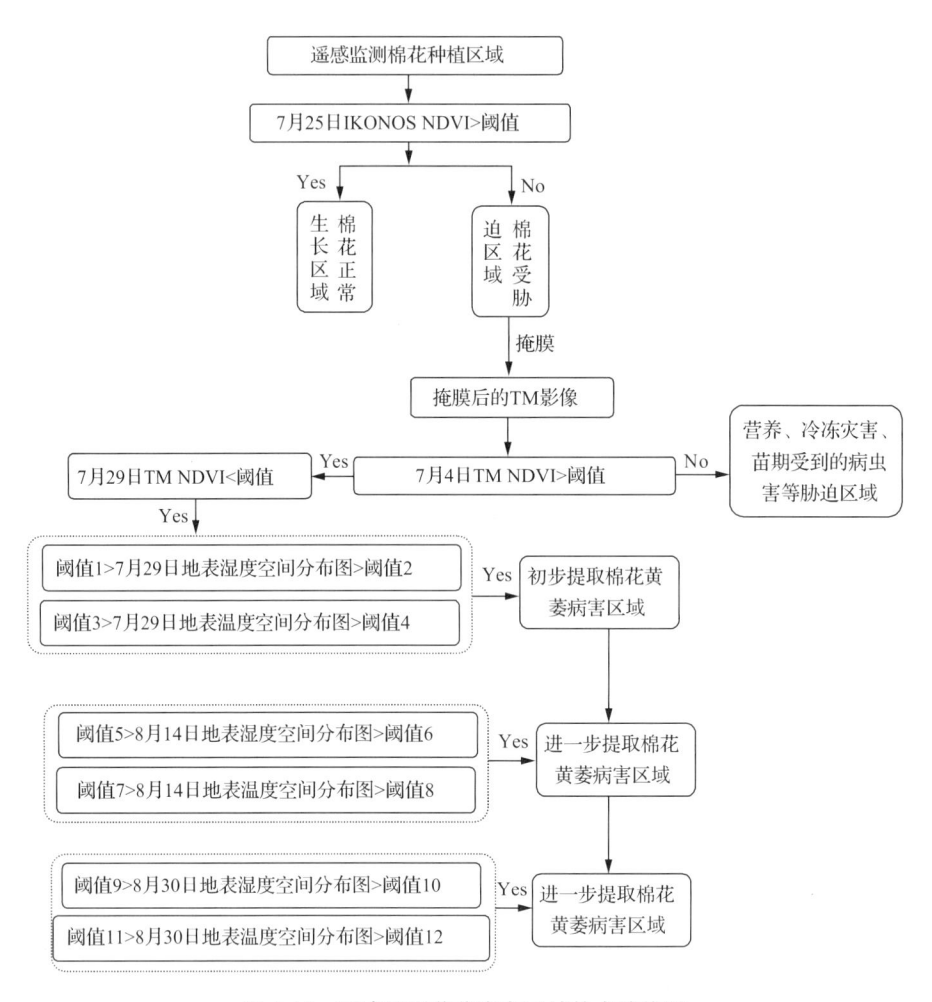

图 7-48 遥感监测黄萎病害区域技术路线图

已有资料表明 2008 年新疆棉花虫害发生较重。但在图 7-49 上体现并不明显,且黄萎病害区域大于其他病虫害胁迫区,分析原因主要有以下三点:

(1) 随着抗枯萎病棉花品种的育成和推广,到 20 世纪 80 年代末,棉花枯萎病在我国各主产棉区已基本控制。但高抗黄萎病的棉花品种少,且对黄萎病菌致病机理及棉花抗黄萎病的遗传方式了解还比较少,因此至今国内外在棉花黄萎病的预防和抗病育种方面都没有取得明显进展。90 年代以来,棉花黄萎病逐年加重,尤其在 1993 年、1995 年、1996 年、2003 年大面积发生,发病面积约占全国植棉面积的一半。同时因为 7~8 月为棉花枯萎病的隐症期,因此利用 7~8 月的遥感影像监测棉花病害发生区域时,棉花黄萎病是研究区域内棉花主要病害。

(2) 棉花在生长过程中会受到棉蚜虫等虫害危害,虫害对棉花生长所造成的危害一定程度上可以通过喷施农药等手段抑制其继续发生,随着人们防范意识的增强及科学技术的发展,大部分虫害在其暴发的初期阶段都会得到较好的防治,而棉株在虫害发生的初期阶段具有一定的自补偿效应,因此利用遥感影像监测棉花虫害危害时,如果时相选择不合适的话,即使用高空间分辨率影像也难以监测到虫害危害。

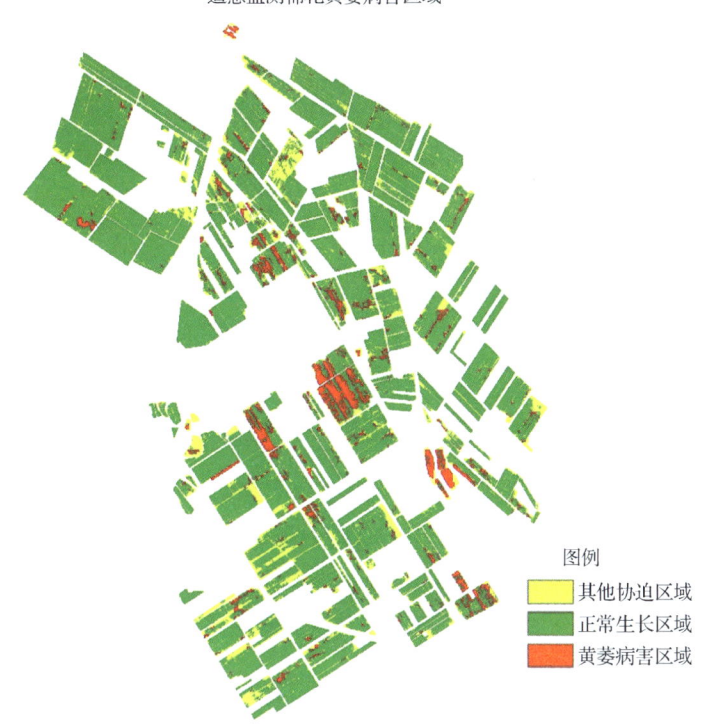

图 7-49 棉花不同胁迫空间分布

（3）棉花黄萎病害区域可能伴随有其他胁迫的发生，由于客观和主观条件限制目前还难以把这些混合发生区域利用遥感影像监测出来，因此可能把黄萎病与其他病虫害的混合发生区域当成黄萎病发病区了。

7.3.2 基于高分辨率卫星影像的棉花黄萎病严重度监测

不同胁迫的发生与棉花生育期及温湿度条件有着密切联系，因此生境因素和时相信息的综合利用是通过遥感影像提取棉花黄萎病害区域的有效手段。利用多时相 TM 影像结合地表温度和湿度数据提取研究区内棉花黄萎病害暴发区。鉴于 TM 影像空间分辨率的限制，我们尝试结合多时相 TM 影像和高空间分辨率的 IKONOS 影像进行棉花黄萎病病情严重度监测。多时相 TM 影像和高空间分辨率 IKONOS 影像的综合利用，既可以充分利用 TM 图像的时相信息及热红外波段提取黄萎病害暴发区，又可以充分利用 IKONOS 影像的高空间分辨率进一步监测棉花黄萎病病情严重度。因此利用遥感影像监测棉花黄萎病暴发区域及发病严重度时，从经济效益和监测精度两方面综合考虑，多时相 TM 影像和高空间分辨率 IKONOS 影像的综合使用具有很好的实用价值和应用潜力。

1. 基于单变量黄萎病病情严重度遥感监测

棉花受黄萎病病菌侵染后会在外部形态及内部生理上发生一系列的变化，如叶片变黄、干枯，叶绿素含量下降等症状，以及由此而导致的棉株萎蔫死亡。无论是外部形态还是内部生理的变化,都会引起其光谱特征的变化,特别是可见光和近红外波段,以及由这些波段通过分析运算(加、减、乘、除等线性或非线性组合方式)而产生的某些对植物长势、生物量等有一定指示意义的数值——植被指数。

1) 植被指数

植被指数是遥感应用领域中用来表征地表植被覆盖、生长状况的一个简单有效的度量参量。在农业研究领域植被指数被广泛应用在农作物分布及长势监测、产量估算、农田灾害监测及预警、区域环境评价,以及各种生物参数的提取。20 多年来,国内外众多学者已研究发展了几十种不同的植被指数模型,本节把部分植被指数(表 7-21)的计算方法及各自优缺点进行简单概述。

表 7-21 植被指数

植被指数名称	缩写	参考文献
比值植被指数	RVI	Person et al.,1972
归一化植被指数	NDVI	Rouse et al.,1974
差值植被指数	DVI	Jordan et al.,1969
重归一化植被指数	RDVI	Roujean et al.,1995
三角形植被指数	TVI	Broge et al.,2001
归一化差异绿度指数	NDGI	Chamadn et al.,1991
改进型土壤调整植被指数	MSAVI	Qi et al.,1994
全球环境监测指数	GEMI	Pinty et al.,1992
增强型植被指数	EVI	Liu et al.,1995

a. 比值植被指数

比值植被指数 RVI 是指可见光红波段和近红外波段的简单比,可表示为

$$\text{RVI} = \frac{R_{\text{NIR}}}{R_{\text{R}}} \tag{7-61}$$

RVI 能增强植被与土壤背景之间的辐射差异,是植被长势、丰度的度量方法之一,它与 LAI、叶干生物量以及叶绿素含量等高度相关,被广泛用于估算和监测绿色生物量。RVI 对大气状况很敏感,大气效应极大降低了它对植被监测的灵敏度,并且当植被覆盖度小于 50%时,它的分辨能力显著下降。

b. 差值植被指数

差值植被指数 DVI 是指近红外波段和红光波段数值之差,即

$$\text{DVI} = R_{\text{NIR}} - R_{\text{R}} \tag{7-62}$$

DVI 对土壤背景的变化敏感,有利于对植被生态环境的监测,当植被覆盖浓密时,它对植被的灵敏度下降。

c. 重归一化植被指数

NDVI 在低植被覆盖情况下,对土壤亮度敏感,DVI 只在低 LAI 时表现好,随 LAI 增加变得对土壤背景敏感。因此,Roujean 和 Broen(1995)取 DVI 和 NDVI 两者之长,提出了一种可用于高低不同植被覆盖情况下的植被指数,即重归一化植被指数 RDVI,其计算

公式为

$$\mathrm{RDVI} = \sqrt{\mathrm{NDVI} \times \mathrm{DVI}} \qquad (7\text{-}63)$$

d. 修正土壤调节植被指数

为修正 NDVI 对土壤背景的敏感性，减少土壤和植被冠层背景的双层干扰，Huete(1998)利用植被等值线方程建立了土壤调节植被指数 SAVI。该植被指数通过引入土壤调节系数 L 建立了一个可适当描述土壤-植被系统的简单模型，L 是一个以对植被量先验知识为基础的常数。SAVI 能降低土壤背景影响，改善植被指数与 LAI 的线性关系，但可能丢失部分植被信号，使植被指数偏低。为减小 SAVI 中裸土影响，Qi 等(1994)提出了改进型土壤调节植被指数 MSAVI。MSAVI 与 SAVI 最大区别是用一个自动调节因子取代了 SAVI 中的土壤调节因子。有

$$\mathrm{MSAVI} = \left[(2R_{\mathrm{NIR}}+1) - \sqrt{(2R_{\mathrm{NIR}}+1)^2 - 8(R_{\mathrm{NIR}}-R_{\mathrm{R}})}\right]/2 \qquad (7\text{-}64)$$

e. 全球环境监测植被指数

Pinty 和 Verstraete(1992)为消除土壤和大气干扰，于 1992 年提出全球环境监测植被指数 GEMI，GEMI 不受大气效应的影响，能很好地分离云和陆地表面，并保存了比 NDVI 指数相对低密度至浓密度覆盖更大的动态范围。但 Qi 等(1994)发现在低植被覆盖区，土壤对 GEMI 的影响非常显著，GEMI 并不具备消除土壤影响的能力，计算公式为

$$\mathrm{GEMI} = \eta(1-0.25\eta) - (R_{\mathrm{R}}-0.125)/(1-R_{\mathrm{R}}) \qquad (7\text{-}65)$$

式中，

$$\eta = [2(R_{\mathrm{NIR}}^2 - R_{\mathrm{R}}^2) + 1.5R_{\mathrm{NIR}} + 0.5R_{\mathrm{R}}]/(R_{\mathrm{NIR}} + R_{\mathrm{R}} + 0.5)$$

f. 三角形植被指数

可见光波段叶绿素对植物的光谱特性具有重要的作用，在以 450nm 为中心的蓝光波段和以 670nm 为中心的红光波段叶绿素强烈吸收辐射能而呈吸收谷，在这两个吸收谷之间吸收相对减少，形成绿色反射峰。在近红外波段内，植物的光谱特性取决于叶片内部的细胞结构。叶子反射能和透射能相近，而吸收能量很低，在近红外波段形成高反射。Broge 和 Leblanc(2001)通过连接可见光的红光和绿光波段及近红外波段三个反射特征点形成三角形，提出了三角形植被指数 TVI，计算公式为

$$\mathrm{TVI} = 0.5 \times [120(R_{\mathrm{NIR}} - R_{\mathrm{G}}) - 200(R_{\mathrm{R}} - R_{\mathrm{G}})] \qquad (7\text{-}66)$$

g. 增强型植被指数

Liu 和 Huete(1995)把大气抵抗植被指数和抗土壤植被指数综合在一起时发现，土壤和大气互相影响，减少其中一个噪声可能增加了另一个，于是通过参数构建了一个同时校正土壤和大气的影响反馈机制，同时对二者进行订正，这就是增强型植被指数(Enhanced Vegetation Index，EVI)。EVI 利用背景调节参数 L 和大气修正参数 C_1、C_2 同时减少背景和大气的作用，计算公式为

$$\mathrm{EVI} = \frac{R_{\mathrm{NIR}} - R_{\mathrm{R}}}{R_{\mathrm{NIR}} + C_1 R_{\mathrm{R}} - C_2 R_{\mathrm{B}} + L}(1+L) \qquad (7\text{-}67)$$

式中，$L=1$ 为土壤调节参数；参数 C_1 和 C_2 分别为 6.0 和 7.5。

h. 归一化差异绿度指数

归一化差异绿度指数（normalized difference green index，NDGI）是指利用可见光的红光波段和绿光波段的差与这两个波段和的比值，计算公式为

$$\text{NDGI} = (R_G - R_R)/(R_G + R_R) \tag{7-68}$$

NDGI 灵敏性强，对植被生长活力的监测有效，可用来对不同活力植被形式进行检验。

2）遥感因子与黄萎病严重度相关性分析

由于研究对象、研究目的及应用环境的不同，每种植被指数模型又各有其优势和局限性，不同植被指数在不同领域的应用效果很不一样。针对上述植被指数及 IKONOS 影像可见光和近红外波段光谱反射率与黄萎病病情严重度进行相关分析（表 7-22），以找出与病情严重度相关性最好的遥感因子。

表 7-22 遥感因子与病情严重度相关系数（$n=46$）

B_1	B_2	B_3	B_4	TVI	RVI	RDVI
0.35103	0.441113	0.547131	−0.65587	−0.69953	−0.65173	−0.69808

NDVI	NDGI	MSAVI	GEMI	EVI	DVI
−0.67107	−0.66746	−0.69495	−0.69209	−0.70759	−0.69498

由表 7-22 可知，可见光波段光谱反射率与棉花黄萎病病情严重正相关，随黄萎病病情严重度增加，可见光波段光谱反射率增大。棉花受黄萎病病菌侵染后，病菌不断产生分生孢子破坏叶片叶绿素。在可见光波段内植物的光谱特性主要受叶片内各种色素含量的影响，特别是叶绿素含量对可见光波段植物的光谱特性起着最重要的作用。棉花受黄萎病危害后正常生长发育被阻止，叶绿素含量降低，叶绿素在蓝红波段的吸收减少，反射增强，特别是红光波段反射率升高，叶片变为黄色（红色＋绿色＝黄色），这与黄萎病发生后棉花叶片褪绿、发黄症状吻合。随棉花黄萎病病情严重度增加，近红外波段光谱反射率减小，且棉花黄萎病病情严重度与近红外波段光谱反射率值的相关性远大于可见光波段。近红外波段是植物细胞结构变化特征反映区，反射率的高低受叶片结构的影响，构成叶片的细胞层数越多反射率越高。大丽轮枝菌侵入棉花根表层后，病原菌在木质部产生分生孢子并刺激邻近薄壁细胞产生胶状物质等堵塞导管，使水分和养分运输发生困难，叶肉细胞被破坏，水分含量下降，棉株萎蔫死亡，近红外波段光谱反射率下降。

由植被指数的计算公式以及棉花受黄萎病危害后可见光波段光谱反射率增加而近红外波段光谱反射率下降可知：随黄萎病病情严重度增加，表 7-21 中的植被指数值下降，病情严重度与植被指数均达到了极显著负相关（表 7-22），尤以 EVI 的相关性最高。由于植被指数能够有效地综合各有关的光谱信号，在增强植被信息的同时使非植被信号最小化，通常情况下它们比用单波段来探测绿色植被更具有灵敏性，因此大部分植被指数与棉花黄萎病病情严重的相关性优于单波段。

3）单变量黄萎病病情严重度估测模型

为更好地诊断棉花黄萎病病情严重度，在分析黄萎病病情严重度与遥感因子相关性

的基础上,选取与病情严重度呈极显著相关的遥感因子为自变量,以病情严重度为因变量构建棉花黄萎病病情严重度估测模型。由表7-22可知,大多数遥感因子与黄萎病病情严重度都具有很好的相关性,从中挑选出与病情严重度呈极显著相关的遥感因子作为入选参量,进行单变量线性和非线性回归分析并构建其拟合方程,以找出适于诊断黄萎病病情严重度的遥感模型。

在以遥感因子为自变量建立的棉花黄萎病病情严重度的6种线性和非线性模型(表7-23)中,不同遥感因子具有不同的适宜估测模型类型,根据最佳模型判定标准可知

表7-23 遥感因子与病情严重度回归分析模型($n=34$)

遥感因子	模型	b_0	b_1	b_2	b_3	R^2	F	sig
B_3	线性函数	−2.0422	26.1646			0.2272	9.4066	0.0044
	对数函数	9.1231	3.8078			0.2296	9.5393	0.0041
	抛物线函数	−9.1869	125.2407	−340.1043		0.2324	4.6928	0.0166
	一元三次函数	−9.1869	125.2407	−340.1043	0.0000	0.2324	4.6928	0.0166
	幂函数	118.2247	2.2228			0.2580	11.1278	0.0022
	指数函数	0.1745	15.2772			0.2554	10.9733	0.0023
B_4	线性函数	9.0812	−10.4372			0.3947	20.8652	0.0001
	对数函数	−0.7485	−7.0361			0.4026	21.5686	0.0001
	抛物线函数	19.6415	−41.9643	23.4001		0.4079	10.6799	0.0003
	一元三次函数	19.6415	−41.9643	23.4001	0.0000	0.4079	10.6799	0.0003
	幂函数	0.4326	−3.6956			0.3662	18.4904	0.0001
	指数函数	79.9494	−5.5633			0.3697	18.7709	0.0001
DVI	线性函数	6.8948	−9.2737			0.4312	24.2566	0.0000
	对数函数	−1.1546	−4.8925			0.4401	25.1500	0.0000
	抛物线函数	12.0389	−28.9154	18.5370		0.4408	12.2167	0.0001
	一元三次函数	12.0389	−28.9154	18.5370	0.0000	0.4408	12.2167	0.0001
	幂函数	0.3412	−2.6091			0.4126	22.4799	0.0000
	指数函数	26.1503	−5.0312			0.4184	23.0221	0.0000
EVI	线性函数	6.9861	−9.4291			0.4544	26.6508	0.0000
	对数函数	−1.2528	−5.0634			0.4637	27.6700	0.0000
	抛物线函数	13.8326	−35.1778	23.9503		0.4667	13.5634	0.0001
	一元三次函数	13.8326	−35.1778	23.9503	0.0000	0.4667	13.5634	0.0001
	幂函数	0.3182	−2.7285			0.4439	25.5476	0.0000
	指数函数	28.0046	−5.1504			0.4470	25.8640	0.0000
GEMI	线性函数	13.5756	−12.8945			0.4383	24.9681	0.0000
	对数函数	0.7306	−11.6624			0.4424	25.3868	0.0000
	抛物线函数	50.4978	−94.9150	45.4602		0.4512	12.7427	0.0001
	一元三次函数	50.4978	−94.9150	45.4602	0.0000	0.4512	12.7427	0.0001
	幂函数	0.9281	−6.2666			0.4211	23.2781	0.0000
	指数函数	955.6226	−6.9670			0.4218	23.3482	0.0000

续表

遥感因子	模型	b_0	b_1	b_2	b_3	R^2	F	sig
MSAVI	线性函数	6.8945	−2.3183			0.4311	24.2538	0.0000
	对数函数	5.6277	−4.8923			0.4400	25.1478	0.0000
	抛物线函数	12.0433	−7.2331	1.1596		0.4408	12.2160	0.0001
	一元三次函数	12.0433	−7.2331	1.1596	0.0000	0.4408	12.2160	0.0001
	幂函数	12.6994	−2.6090			0.4126	22.4784	0.0000
	指数函数	26.1458	−1.2577			0.4184	23.0198	0.0000
NDGI	线性函数	0.3069	−34.6101			0.4303	24.1707	0.0000
	抛物线函数	0.2836	−35.6615	−10.7160		0.4303	11.7089	0.0002
	指数函数	0.7280	−18.9365			0.4247	23.6237	0.0000
NDVI	线性函数	9.4827	−11.8314			0.4056	21.8342	0.0001
	对数函数	−1.5285	−7.6713			0.4113	22.3602	0.0000
	抛物线函数	36.0255	−94.3572	63.8807		0.4251	11.4606	0.0002
	一元三次函数	36.0255	−94.3572	63.8807	0.0000	0.4251	11.4606	0.0002
	幂函数	0.2654	−4.2086			0.4082	22.0699	0.0000
	指数函数	114.0838	−6.5260			0.4068	21.9477	0.0000
RDVI	线性函数	8.1206	−10.5890			0.4369	24.8333	0.0000
	对数函数	−1.4114	−6.1845			0.4440	25.5503	0.0000
	抛物线函数	17.7362	−43.7673	28.4194		0.4476	12.5593	0.0001
	一元三次函数	17.7362	−43.7673	28.4194	0.0000	0.4476	12.5593	0.0001
	幂函数	0.2920	−3.3336			0.4253	23.6793	0.0000
	指数函数	51.6630	−5.7716			0.4280	23.9432	0.0000
RVI	线性函数	5.1474	−0.6990			0.3837	19.9258	0.0001
	对数函数	7.0714	−3.3886			0.3968	21.0520	0.0001
	抛物线函数	11.5153	−3.3861	0.2776		0.4080	10.6805	0.0003
	一元三次函数	11.5153	−3.3861	0.2776	0.0000	0.4080	10.6805	0.0003
	幂函数	30.7891	−1.8822			0.4037	21.6598	0.0000
	指数函数	10.7697	−0.3921			0.3982	21.1726	0.0001
TVI	线性函数	6.6269	−0.1487			0.4391	25.0478	0.0000
	对数函数	17.8677	−4.6246			0.4483	26.0034	0.0000
	抛物线函数	11.2323	−0.4471	0.0048		0.4484	12.6020	0.0001
	一元三次函数	11.2323	−0.4471	0.0048	0.0000	0.4484	12.6020	0.0001
	幂函数	8718.261	−2.4675			0.4208	23.2454	0.0000
	指数函数	22.6746	−0.0808			0.4270	23.8442	0.0000

以 RVI、B_3 为自变量的适宜模型类型为幂函数模型，以遥感因子 B_4、DVI、EVI、GEMI、MSAVI、NDVI、RDVI、TVI、NDGI 为自变量建立的黄萎病病情严重度诊断模型中线性

模型是诊断棉花黄萎病病情严重的适宜模型类型。为更好地监测棉花黄萎病病情严重度,建立黄萎病病情严重度诊断的最优模型,还需借助于模型检验对上述遥感因子及其对应的适宜模型进行进一步的分析与评价。

4) 模型检验

利用 2008 年外野调查的 46 个 GPS 点中未参与建模的 12 个点对所建模型进行精度检验(表 7-24)。首先根据病情严重度的预测值和实测值关系建立线性回归方程 $y=b_0+b_1\times x$(y 实测病情严重度,x 预测病情严重度),计算其决定系数、均方根误差及相对误差。所构建的最优模型不仅要求回归方程的显著性水平高、均方根误差和相对误差较小,检验方程的斜率和截距尽可能接近于 1 和 0,而且要求数学表达式简单易懂。综合考虑表 7-24 中各模型的决定系数、均方根误差、相对误差、

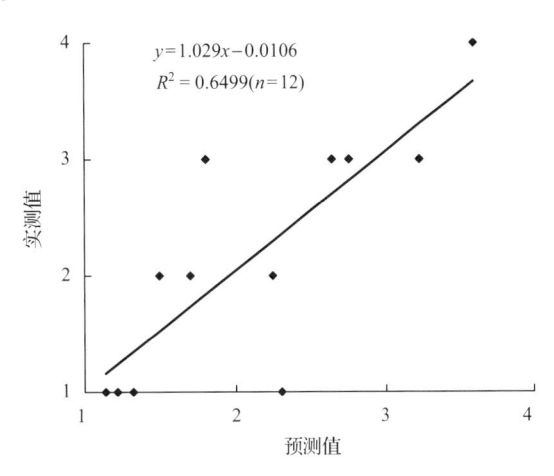

图 7-50　病情严重度实测值与模拟值的相关关系(单变量)

1:1 线性回归方程的斜率和截距等因素发现,以 EVI 为自变量的线性模型是棉花黄萎病病情严重度诊断的最优模型,即 $y=6.9861-9.4291\mathrm{EVI}$。图 7-50 是利用该模型估测的病情严重度与实测病情严重度的相关关系,二者之间的相关关系达极显著水平,说明以 EVI 为自变量建立的反演模型能较好地反映棉花黄萎病病情严重度。

表 7-24　单变量病情严重度估测模型精度分析

遥感因子	估测模型	检验模型 b_0	b_1	R^2	RMSE	RE/%
B_3	幂函数	0.6109	0.8289	0.4171	0.4173	23.1454
B_4	线性模型	-0.2382	1.3226	0.5528	0.3568	19.8966
TVI	线性模型	0.0494	1.1212	0.6009	0.2872	17.0857
RVI	幂函数	0.6974	0.7712	0.5117	0.3661	19.7747
RDVI	线性模型	0.1500	1.0608	0.5907	0.2858	17.2575
NDVI	线性模型	0.3657	0.9314	0.5305	0.3166	18.9847
NDGI	线性模型	0.1560	0.9931	0.4455	0.3478	24.7430
MSAVI	线性模型	-0.0101	1.1599	0.6047	0.2926	17.2127
GEMI	线性模型	0.3845	0.9161	0.5514	0.2997	18.5274
EVI	线性模型	0.0106	1.0290	0.6499	0.2799	17.1508
DVI	线性模型	0.0102	1.1600	0.6048	0.2925	17.2087

5) 单变量黄萎病病情严重度遥感监测

为监测棉花黄萎病病情严重度,在黄萎病害区域提取基础上根据外野调查的 GPS 点

经纬度信息提取相应位置的遥感因子值,结合地面病情指数调查数据进行相关统计分析,建立黄萎病病情严重度诊断模型,通过对所建立模型的分析发现以 EVI 为自变量的线性模型是棉花黄萎病病情严重度诊断的最优模型。利用高空间分辨率 IKONOS 影像的红光和近红外波段计算 EVI 并根据统计模型:$y=6.9861-9.4291\text{EVI}$ 以及通过多时相 TM 影像和生境条件提取的黄萎病害区域监测研究区域内黄萎病病情严重度(图 7-51)。

图 7-51　棉花黄萎病病情严重度空间分布图(单变量)

2. 基于 PLS 算法的棉花黄萎病病情严重度遥感估测

偏最小二乘回归 PLSR 是一种先进的多元分析方法,集多元线性回归分析、主成分分析和典型相关分析的基本功能为一体,主要用来解决多元回归分析中的变量多重相关性或解释变量多于样本点等问题,尤其是当自变量集合内部存在较高程度的相关性时,其结论比普通多元回归更为可靠。与最小二乘回归分析及人工神经网络等算法相比,PLSR 不仅具有变量筛选能力,可有效克服变量间的多重相关性,建立较为理想的多元回归模型,而且对变量具有较好的解释能力。我们尝试利用 PLSR 算法开展棉花黄萎病病情严重度估测。

在利用多变量遥感因子建立棉花黄萎病病情严重度诊断模型时,我们选用的变量主要有高空间分辨率 IKONOS 影像的红光、近红外波段的原始反射率值及由此计算的植被指数等。利用多元回归分析建立模型时,选择自变量的要求是模型中应包含所有对因变量有重要意义的因素,并且在用于反映这些因素的自变量之间不存在多重相关性,由表 7-25 各变量间相关系数矩阵可以看出,各个变量之间存在较强的相关性。

当自变量间存在严重多重相关性时,若采用普通最小二乘法拟合多元回归模型会使最小二乘算法失效,破坏参数估计,扩大模型误差,丧失模型稳健性,从而使所建模型的准确性、可靠性难以得到保证,并且在自变量高度相关条件下,用普通最小二乘法得到的回

表 7-25 各变量间相关系数矩阵

	DI	B_1	B_2	B_3	B_4	TVI	RVI	RDVI	NDVI	NDGI	MSAVI	GEMI	EVI	DVI
DI	1.000													
B_1	0.351	1.000												
B_2	0.441	0.965	1.000											
B_3	0.547	0.937	0.972	1.000										
B_4	−0.656	−0.296	−0.380	−0.524	1.000									
TVI	−0.700	−0.534	−0.611	−0.738	0.961	1.000								
RVI	−0.652	−0.767	−0.836	−0.908	0.798	0.924	1.000							
RDVI	−0.698	−0.635	−0.711	−0.820	0.917	0.991	0.961	1.000						
NDVI	−0.671	−0.780	−0.845	−0.927	0.803	0.935	0.983	0.974	1.000					
NDGI	−0.667	−0.549	−0.582	−0.752	0.776	0.868	0.851	0.873	0.865	1.000				
MSAVI	−0.695	−0.518	−0.597	−0.722	0.968	0.999	0.918	0.988	0.927	0.853	1.000			
GEMI	−0.692	−0.714	−0.784	−0.881	0.855	0.962	0.966	0.989	0.993	0.872	0.956	1.000		
EVI	−0.708	−0.636	−0.722	−0.831	0.905	0.985	0.969	0.998	0.977	0.884	0.981	0.988	1.000	
DVI	−0.695	−0.518	−0.597	−0.722	0.968	0.999	0.918	0.988	0.927	0.853	1.000	0.956	0.981	1.000

归模型系数的物理含义解释将变得十分困难,许多从专业知识上看似十分重要的变量,其回归系数的取值变得微不足道,甚至还会出现回归系数的符号与人们的实际观念完全相反的现象。为了解决这些问题 PLS 概念被提出,并得到了很大发展。与传统多元回归分析相比,PLS 分析具有如下优势:

(1) 能够在自变量存在严重多重相关性的条件下进行回归建模;
(2) 允许在样本点个数少于变量个数的条件下进行回归建模;
(3) PLS 模型更易于识别系统信息与噪声;
(4) 在 PLS 模型中,每一个自变量的回归系数将更容易解释。

当自变量间存在较强的相关性时,鉴于 PLS 建模方法比普通最小二乘回归方法所具有的优势,为了消除各变量间多重共线性的影响,使用 PLS 方法建立棉花黄萎病病情严重度诊断模型。

1) PLS 成分确定

利用 PLS 算法建模时并不需要所有成分都参与模型的建立,往往只需提取满足条件的 h 个成分即可得到一个稳定可靠的模型。在确定 PLS 成分数时,既要保证所提取的成分对系统解释能力最强,又要克服变量之间的多重共线性问题,对 PLS 成分数的确定采用目前国内外广泛使用的交叉验证法,计算成分 t_h 对因变量 y 的交叉有效性(表 7-26)。

表 7-26 成分 t_h 对因变量 y 的交叉有效性

成分个数	Q_h^2	Q_h^2(cum)
1	0.7299	0.7299
2	−0.1249	0.7029

表 7-26 中,Q_h^2 是指成分 t_h 对因变量 y 的交叉有效性。Q_h^2(cum) 指使用前 k 个成分建模的累计交叉有效性。由表 7-26 可知,$Q_2^2 = -0.1249 < 0.0975$,因此认为 t_2 成分的边际

贡献不显著,引进新的成分 t_2 对减少方程的预测误差无明显改善作用。所以本节选择 $h=1$,即采用一个成分进行 PLS 建模。

2) 变量投影重要性指标

变量投影重要性 VIP 反映了每个自变量在解释因变量作用时的重要性,计算公式为

$$\mathrm{VIP}_j = \sqrt{\frac{p}{\mathrm{Rd}(Y;t_1,t_2,t_3,\cdots,t_m)}\sum_{h=1}^{m}\mathrm{Rd}(Y;t_h)w_{hj}^2} \qquad (7-69)$$

式中,VIP_j 为第 j 个自变量的投影重要性指标;m 为从原变量中提取的成分个数;p 为自变量个数;t_h 是第 h 个成分;$\mathrm{Rd}(Y;t_h)$ 为成分 t_h 对因变量 Y 的解释能力,为二者相关系数的平方;$\mathrm{Rd}(Y;t_1,t_2,t_3,\cdots,t_m)$ 为成分 $t_1,t_2,t_3,\cdots,t_m$ 对因变量 y 的累计解释能力;w_{hj}^2 为轴 w_h 的第 j 个分量,用于测量 x_j 对构造成分 t_h 的边际贡献,并且对于任意 $h=1,2,3,\cdots,m$ 均有

$$\sum_{j=1}^{p} w_{hj}^2 = w_h^\mathrm{T} w_h = 1 \qquad (7-70)$$

琚存勇(2008)分别利用 Bootstrap 非参数检验方法及 VIP 准则对森林郁闭度的最优因子进行筛选,比较了基于 VIP 准则与 Bootstrap 非参数检验方法选择变量对模型预报精度的影响,发现利用 VIP 准则筛选出的估测森林郁闭度最优因子均能通过 Bootstrap 非参数检验,比 Bootstrap 检验选出的变量更少,更符合回归模型参数节俭原则。利用 VIP 准则所选变量建立的郁闭度估测模型,虽然变量最少,但模型整体精度不低于全模型和 Bootstrap 选模型,并且有助于提高样地或像元水平的估测精度。基于此我们在利用 PLS 方法建立棉花黄萎病病情严重度诊断模型时,根据 VIP 准则对变量因子进行筛选,VIP 指标的计算结果见图 7-52。

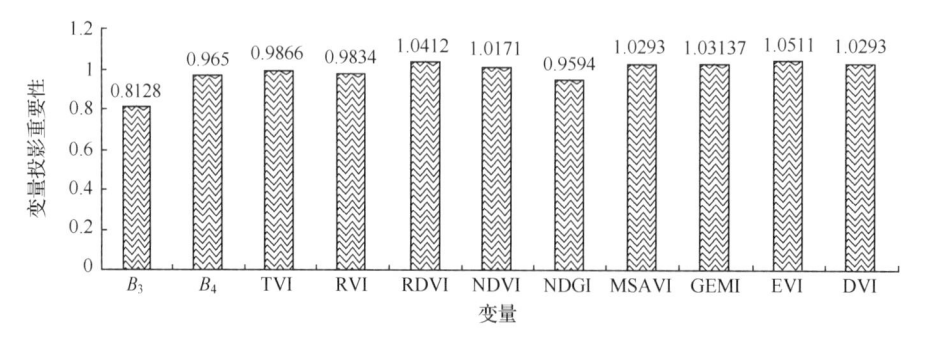

图 7-52 变量投影重要性指标值

利用 VIP 指标值进行变量筛选时,若自变量的 VIP 值大于 1.0,说明自变量在解释因变量时有比较重要的作用;若自变量的 VIP 值在 0.5～1.0 时,说明自变量对因变量解释作用的重要性还不很明确,需增加样本或根据别的条件进行判断;若自变量 VIP 值小于 0.5,则自变量对因变量的解释基本没有意义。在本章所建立棉花黄萎病病情严重度 PLS 模型中,共有 EVI、RDVI、GEMI、DVI、MSAVI、NDVI 6 个变量的 VIP 值超过 1,其中以变量 EVI 对棉花黄萎病病情严重度的解释作用最为明显,这与基于单变量棉花黄萎病病情严重度遥感监测的结论是一致的。

3) 基于 PLS 模型的棉花黄萎病病情严重度遥感监测

根据上述分析以植被指数 EVI、RDVI、GEMI、DVI、MSAVI、NDVI 为自变量，黄萎病病情严重度为因变量进行 PLS 迭代运算得棉花黄萎病病情严重度的 PLS 模型为

$$y = 1.6801\text{RDVI} - 1.5828\text{NDVI} - 0.4062\text{MSAVI} - 1.7838\text{GEMI} \\ - 1.5315\text{EVI} - 1.6248\text{DVI} + 8.159$$

图 7-53 是利用该模型估测的病情严重度与实测病情严重度的相关关系，由图 7-53 可知二者之间的相关关系达极显著水平，说明该反演模型能较好地反映棉花黄萎病病情严重度。在黄萎病害区域提取基础上，利用 PLS 模型计算黄萎病害区域内每个像元所对应的病情严重度（图 7-54）。由图 7-53 和图 7-54 可知病情严重度等级主要是 1 级和 2 级，说明截至 2008 年 7 月 25 日研究区域内棉花黄萎病发病较轻。

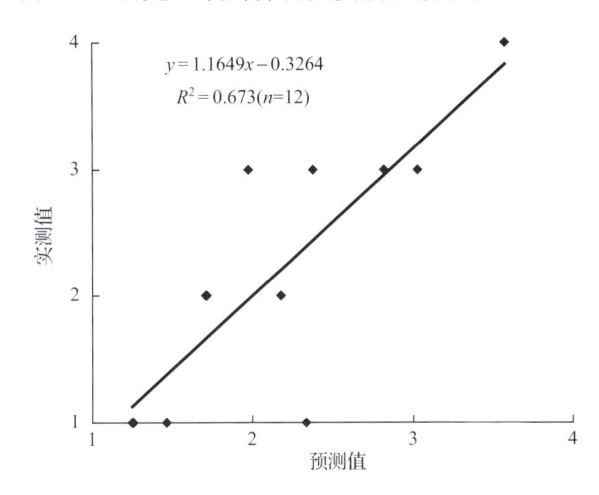

图 7-53　病情严重度实测值与模拟值的相关关系

图 7-54　基于 PLS 算法反演的病情严重度空间分布图

7.4 小麦蚜虫多光谱卫星遥感监测

蚜虫是冬小麦的常发性害虫,在正常年份,几乎每年都发生,且发生蔓延速度快,是小麦虫害中危害最大的虫害之一。因此,在区域尺度内,获取区域尺度的卫星遥感影像数据,研究基于区域尺度的小麦蚜虫遥感监测方法,实时动态地掌握病虫害的发生和发展状况能为农业管理、农业服务、农业植物保护和农业保险等部门提供重要的信息。本节试图利用目前应用中较流行的、具有中等分辨率多时相 Landsat 5 TM 的影像作为遥感数据源,从小麦蚜虫发生的生境因子作为突破口对蚜虫的发生程度和范围进行间接的监测。

7.4.1 研究区小麦种植面积提取

研究区小麦面积的准确提取是区域尺度蚜虫发生及程度监测研究的基础。因此,首先要利用多时相遥感数据、经验知识及实地调查对研究区的小麦种植面积进行准确提取。

本节研究区为北京通州区和顺义区,因此,研究获取了覆盖北京地区的小麦主要生育期的 3 景 Landsat 5 TM 影像,获取时间分别为:2010 年 5 月 4 日(小麦拔节期)、2010 年 5 月 20 日(小麦抽穗期)和 2010 年 6 月 5 日(小麦灌浆后期)。3 景影像研究区均无云,具有较高的影像质量。

利用影像数据提取小麦种植面积,首先要对所用到的分类影像进行预处理。数据预处理包括对各景 TM 影像进行辐射定标、大气校正和几何校正。根据资料调研和实际野外调查,研究区内除植被外,还包括居民地、道路、水体等其他地物。而在植被类型中,除了有较大面积的小麦外,亦包括顺义区的小面积的森林、草地、苜蓿等其他类型。根据文献调研,获取了北京主要种植作物的物候期,见表 7-3。

由于各种地物,尤其是作物的复杂性,仅靠单一时相的遥感影像来准确提取小麦种植区域很困难。因此研究考虑使用多个时相的 TM 影像,根据不同作物的物候期和各种地物在不同时相的 TM 影像上的光谱、颜色及纹理特征,相互补充,综合分析,最终实现小麦种植面积的准确提取。

根据研究区的地物类型和作物特点,利用监督分类的决策树分类法结合非监督分类的最大似然法 MLC 对小麦种植区域进行提取。其详细的技术流程图如图 7-55 所示。其具体思路为:

(1) 根据小麦的生育期及其在各时相的光谱范围变化,通过 NDVI 阈值法首先将非植被地物和部分植被非小麦区域剔除。

(2) 考虑到研究区的林地主要分布在顺义区,根据顺义区的林地特点,研究通过 DEM 数据,设置 DEM 阈值,来剔除植被区域存有的部分林地。

(3) 对结果进行目视解译后发现,还有一些林地,尤其是路边的小灌木或绿化带等未被剔除,通过林地在三个时相影像上各波段的特点,发现在 5 月 4 日的 TM-4 上,林地的反射率明显高于小麦及其他作物,因此选取阈值,剔除林地。

(4) 由于草地在近红外波段反射率明显高于小麦及苜蓿,尤其 6 月 5 日的影像上表现得尤为明显,因此,根据这一特点,为 6 月 5 日的 TM-4 设置阈值,进一步将草地剔除。

（5）由物候期表，可以得知，在 5 月到 6 月，冬小麦的主要混分类型除了草地和林地外，还有苜蓿。对于苜蓿与冬小麦的分类方法，利用多时相的 Ladnsat TM 近红外波段监测冬小麦和苜蓿的种植面积的方法进行分类，主要思路是：利用苜蓿和小麦在近红外波段颜色的不同，选用 5 月和 6 月的三个时相的 TM-4（近红外波段）合成假彩色图，然后根据颜色从影像上选择训练样本，采用监督分类中的最大似然法分类，最终对小麦和苜蓿种植区域进行提取。

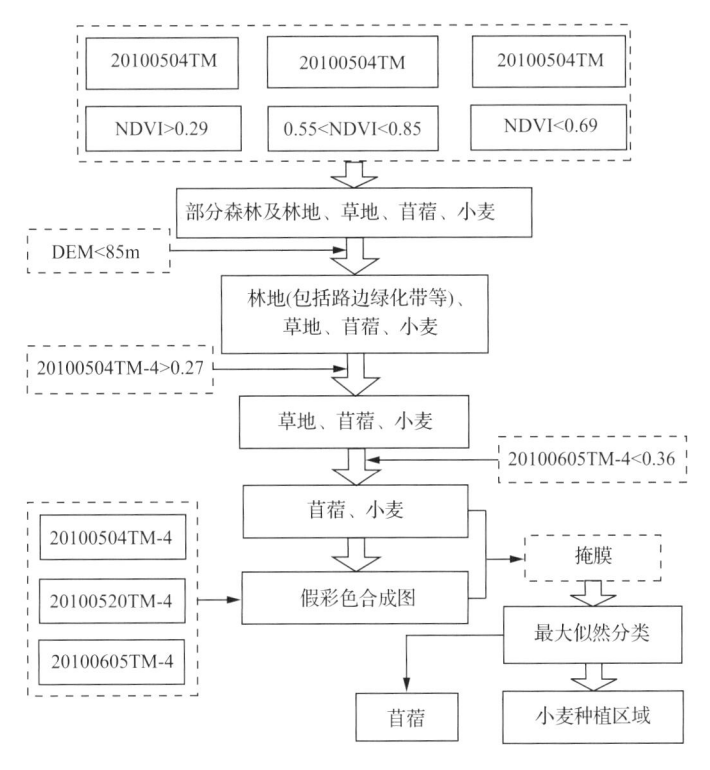

图 7-55　小麦种植面积提取流程图

在初步得到小麦种植区域以后，采用 ENVI4.3 软件的 Sieve Class 功能对结果进行优化，去除分类结果中的"椒盐"像元。图 7-56 即为研究区的冬小麦种植区域图，为了清楚展示分类效果，截取了 2010 年 5 月 20 日研究区的小部分影像图 7-56(a) 和该区域的小麦提取结果图，从中可以看出，改分类结果分类效果较好，尤其较好地剔除了易与小麦混淆的路边的林带。为了定量的评价其提取精度，利用 50 个地面调查点对分类结果进行验证，验证结果表明，冬小麦种植区域提取的总体精度达到 93% 以上。

小麦蚜虫的发生和流行除了与田间管理和作物品种有关系外，其生境条件（温度、湿度等）与蚜虫的猖獗发生有密切关系。因此，目前的大多蚜虫预测研究都是基于气温和降水开展的，由于遥感能够提供大面积实时数据，目前基于遥感的蚜虫监测研究大多也只是基于光谱数据构建模型开展的，而模型的适用性受到很多因素的限制。因此，考虑到蚜虫发生的环境条件和遥感数据的优势，本节试图发展一种新的基于生境因子的遥感监测蚜虫的方法，实现大面积的蚜虫发生状况的实时监测，为预防和危害评估提供技术支撑。

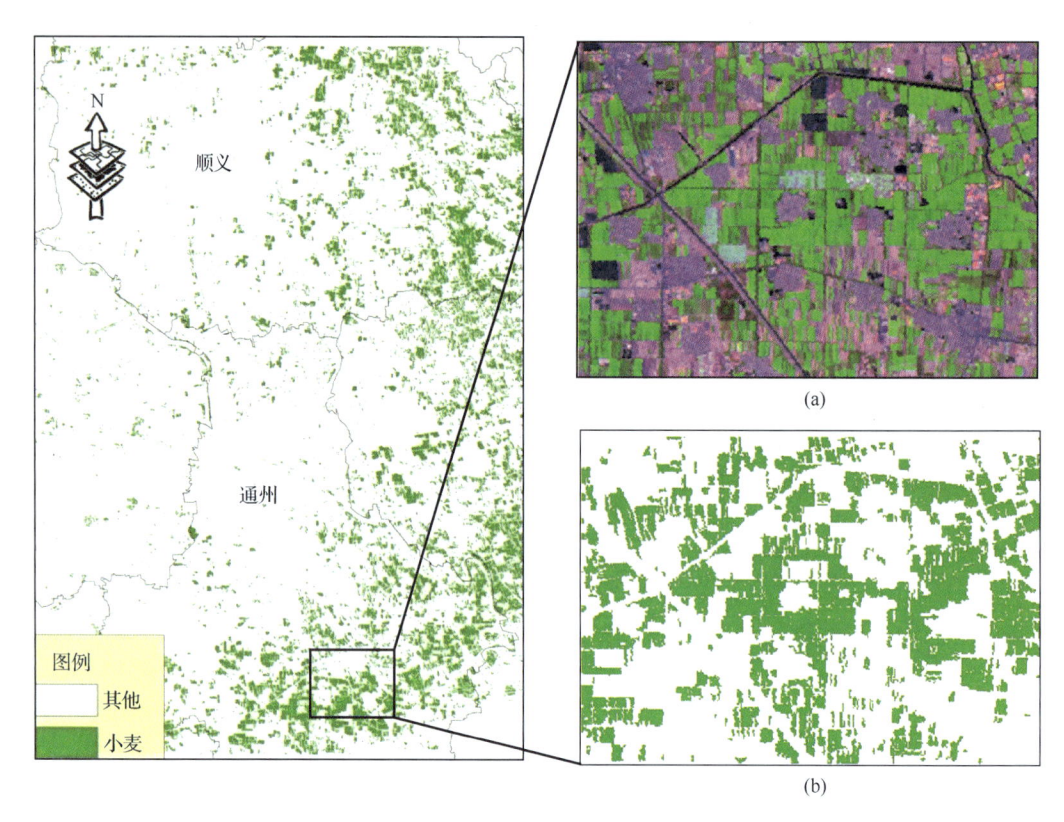

图 7-56　研究区小麦种植区域提取结果图
(a) 2010 年 5 月 20 日 Landsat 5 TM 影像的假彩色合成图；(b)为(a)的分类结果示意图

7.4.2　二维空间特征选取及提取

根据蚜虫生物学特性和危害特征，温度和湿度是蚜虫发生的主要条件，因此，我们试图利用遥感数据提取与温度和湿度等环境因子关系密切的遥感因子来间接地监测蚜虫的危害程度和发生范围。根据文献调研，初步选定能够表征植被长势信息的 NDVI，能表征植被水分信息的 NDWI 和 MNDWI 三种光谱指数和能够表征环境温度信息的地表温度 LST，通过二维特征空间，选出能够识别蚜虫危害程度，表征蚜虫发生发展的二维空间特征因子，对研究区蚜虫的危害程度进行监测。

1. 光谱指数提取

(1) NDVI。是简单比值植被指数 RVI 经线性的归一化处理所得，为近红外波段与红光波段数值之差和两个波段数值之和的比值。它对绿色植被表现敏感，常用于计算地表植被数量和活力，是植被生长状态及植被覆盖度的最佳指示因子；经过比值处理，它可以消除部分乘法性噪声的影像，同时又经过归一化处理，降低了因为遥感器标定衰退对单波段的影响，使地表二向反射和大气效应造成的角度影响较小。

由于 NDVI 具有以上特点，故在遥感的图像处理和信息提取中应用较广，如用多时相图像的 NDVI 进行不同地物分类，结合其他植被指数进行作物长势监测和病虫害监测等。一些研究表明,蚜虫刺吸小麦叶片的汁液,造成细胞活性、含水量与叶绿素含量的变化,从而导致小麦发黄,而且蚜虫的排泄物污染了叶片,使小麦冠层的绿度下降,归一化植被指数降低。

(2) NDWI 与 MNDWI。均为对植被水分敏感的光谱指数,与 NDVI 相比,它们能有效地提取植被冠层的水分含量,当植被冠层受水分胁迫时,NDWI 和 MNDWI 能有及时的响应,因此,它们在旱情监测方面应用较广且具有重要现实意义。其中,NDWI 是基于绿波段与近红外波段的归一化比值指数;在 NDWI 的基础上,Xu(2006)发展了修订后的归一化水分植被指数 MNDWI,是由绿波段和短波红外波段的归一化比值指数,研究表明,相比 NDWI,MNDWI 在利用遥感影像提取植被冠层水分方面具有更好的效果。其表达式分别为

$$\text{NDWI} = (TM_4 - TM_5)/(TM_4 + TM_5) \tag{7-71}$$

$$\text{MNDWI} = (TM_3 - TM_5)/(TM_3 + TM_5) \tag{7-72}$$

基于以上光谱指数的计算公式,分别计算三个时相的小麦种植区域的 NDVI、NDWI 和 MNDWI。

2. 地表温度反演

地表温度是地-气系统相互作用过程的一个重要的物理参数,它综合反映了地-气能量与物质交换的结果,在气候、水文、生态学和生地化学等许多领域都有广泛的应用(张佳华等,2009)。近年来,随着遥感技术的快速发展,国内外不少学者在热红外遥感数据反演地表温度领域做了大量研究,并取得了一定的成果,提出了一系列的地表温度反演算法,且基于各种算法反演的大面积地表温度信息已被广泛地应用于农作物估产、大面积病虫害监测、预测林业灾情、作物长势和农业旱情监测(阿不都瓦斯提·吾拉木,2006)、农田耗水量估算、生态评估、灾害监测及城市环境(江樟焰等,2006;宫阿都等,2005)等方面。目前利用单一热红外通道反演地表温度的研究中,研究最多的是 Landsat TM 数据,目前较为流行的主要有三种:辐射传导方程法、单通道算法(Jiménez-Muñoz and Sobrino,2003)、单窗口算法(覃志豪等,2001),且均得到了广泛的应用。白洁等(2008)针对 TM/ETM+数据,分别利用三种遥感反演方法对地表温度进行了反演和验证,结果表明,三种反演算法反演的地表温度空间分布趋势一致。孟宪红等(2005)也针对 Landsat 5 TM 进行了同样的研究,结果也表明,三种反演算法均能得到较好的结果。

考虑到算法数据源,选用普适性较高的单通道算法。单通道算法是一种基于一个热红外通道反演地表温度的普适性算法,其核心的计算公式如下:

$$T_s = \gamma + [(\psi_1 \times L_{\text{sensor}} + \psi_2)/\varepsilon] + \delta \tag{7-73}$$

$$\gamma = 1/[C_2 L_{\text{sensor}}/T_{\text{sensor}}^2 (\lambda^4 L_{\text{sensor}}/C_1 L_{\text{sensor}} + \lambda^{-1})] \tag{7-74}$$

$$\delta = -\gamma L_{\text{sensor}} + T_{\text{sensor}} \tag{7-75}$$

式中,T_s 为地表温度;L_{sensor} 为星上辐射亮度;T_{sensor} 为星上辐射亮度对应的亮度温度;λ 为有效波长;C_1、C_2 为 Planck 函数常量,$C_1 = 1.19104 \times 10^8 (\Omega \cdot \mu m \cdot m^2/sr)$,$C_2 = 1.43877 \times 10^4 (\mu m \cdot K)$;大气函数 ψ_1、ψ_2 和 ψ_3 是关于大气水汽含量 ω 的函数。

单通道算法是从热辐射传输方程出发,通过一系列合理的假设,推导出来的适用于从一个红外波段数据中反演地表温度的算法,对于不同的传感器,单通道算法的原理虽然是相同的,但算法中的一些经验公式必须根据传感器相应的热红外波段、相应特征重新进行拟合得到。

对于 Landsat TM 的热红外波段而言(Sobrino et al.,2004):

$$L_{sensor} = 1.2378 + 0.055158 \text{DN} \tag{7-76}$$

式中,DN 为热红外波段的像元灰度值。

$$T_{sensor} = 1260.56/\ln(607.76/L_{sensor} + 1), \quad \lambda = 11.457 \tag{7-77}$$

$$\psi_1 = 0.14717\omega^2 - 0.15583\omega + 1.1234 \tag{7-78}$$

$$\psi_2 = -1.1836\omega^2 - 0.37607\omega - 0.52894 \tag{7-79}$$

$$\psi_3 = -0.04554\omega^2 + 1.8719\omega - 0.39071 \tag{7-80}$$

上述公式中,地表比辐射率 ε 和大气水汽含量 ω 需进一步进行估算。地表比辐射率 ε 的估算,对于面积较大的纯植被、裸土或者建筑物像元,可以直接采用典型地物比辐射率,其中,水体 $\varepsilon_w = 0.995$,植被为 $\varepsilon_v = 0.986$,建筑为 $\varepsilon_m = 0.970$。但实际影像中存在大量不同地表类型并存的混合像元,对植被、土壤混合地表和植被、建筑物混合地表的比辐射率计算如下(覃志豪等,2004):

$$\varepsilon_{surface} = P_v R_v \varepsilon_v + (1 - P_v) R_s \varepsilon_s + d_\varepsilon \tag{7-81}$$

$$\varepsilon_{bulid\text{-}up} = R_m R_v \varepsilon_v + (1 - P_v) R_m \varepsilon_m + d_\varepsilon \tag{7-82}$$

式中,R_v、R_s 和 R_m 分别为植被、裸土和建筑物的温度比率;P_v 为植被覆盖度;d_ε 为热辐射相互作用校正,由植被和裸土之间的热辐射相互作用产生。对温度比率的估算采用覃志豪等提出的经验公式(覃志豪等,2004):

$$R_v = 0.9332 + 0.0585 P_v \tag{7-83}$$

$$R_s = 0.9902 + 0.1068 P_v \tag{7-84}$$

$$R_m = 0.9886 + 0.1287 P_v \tag{7-85}$$

式中,植被覆盖度 P_v 采用 NDVI 像元二分法进行估算:

$$P_v = [(\text{NDVI} - \text{NDVI}_s)/(\text{NDVI}_v - \text{NDVI}_s)]^2 \tag{7-86}$$

式中,NDVI_s 为裸露土壤或无植被建筑表面的 NDVI 值,NDVI_v 为完全植被覆盖像元的 DNVI 值,当像元的 NDVI 超过 0.7,则判定为植被,当 NDVI 低于 0.05,则判定为裸土。相互作用校正项 d_ε 估算采用 Sobrino 等(2004)提出的经验公式进行估计:

$$\text{当 } P_v = 0, \text{ 或者 } P_v = 1 \text{ 时}, d_\varepsilon = 0; \tag{7-87}$$

$$\text{当 } 0 < P_v < 0.5 \text{ 时}, d_\varepsilon = 0.003796 P_v; \tag{7-88}$$

$$\text{当 } 0.5 < P_v < 1 \text{ 时}, d_\varepsilon = 0.003796(1 - P_v); \tag{7-89}$$

$$当 P_v = 0.5 时, d_\varepsilon = 0.001819 \tag{7-90}$$

大气水汽含量部分研究直接采用 MODIS 水汽产品数据,但由于其空间分辨率太低(5km),不适合小尺度的研究区域,故采用 Kaufman 和 Gao(1992)提出的利用 MODIS 第 2 和第 19 通道反射率数据进行水汽含量的计算:

$$\omega = [\alpha - \ln(\rho_{19}/\rho_2)/\beta]^2 \tag{7-91}$$

式中,$\alpha = 0.02$;$\beta = 0.651$;ρ_{19},ρ_2 分别为 MODIS 数据第 19 和第 2 波段的表观反射率。

根据以上算法,我们搜集了相应的遥感数据源,包括三个时相的 Landsat 5 TM 数据和覆盖研究区的与 TM 数据同一天获取且时间相近的三景 MOD021KM-Level 1B Calibrated Radiances 产品,对三个时相的研究区的地表温度进行反演。其反演结果如图 7-57 所示。

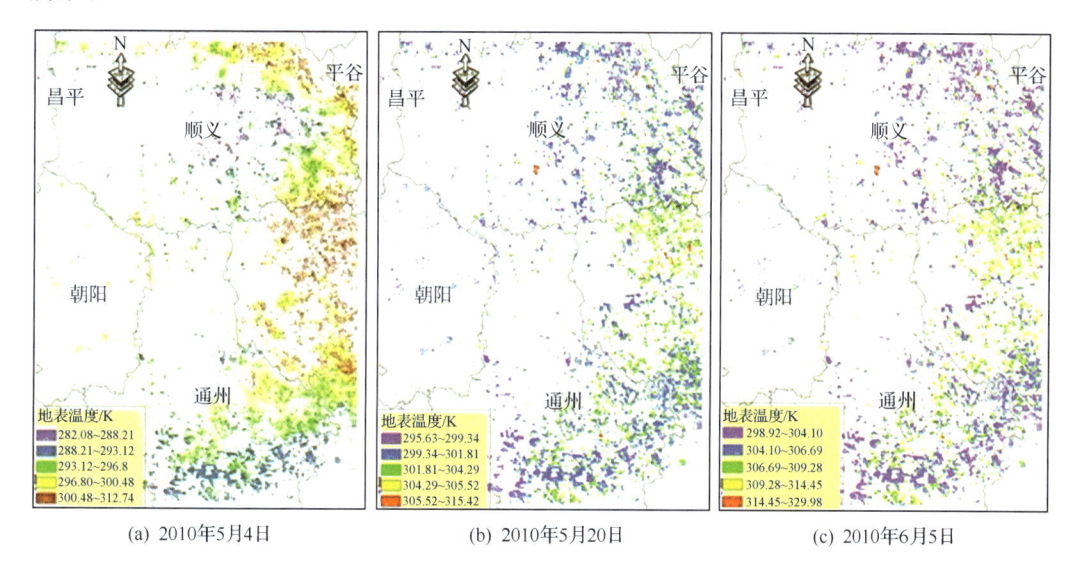

(a) 2010年5月4日   (b) 2010年5月20日   (c) 2010年6月5日

图 7-57 研究区地表温度反演空间分布图

7.4.3 二维特征空间构建

二维特征空间是以两个表征某种特征的变量分别为 X 轴和 Y 轴构建的二维平面空间。选用研究对象的特征量构建其二维特征空间,可以凸显研究对象的某些隐含特征或现象。对研究对象特征量在二维空间中的分布规律进行分析,最终能够定量或定性地对该对象的某种现象或特征进行评价或识别。该方法在对象的识别分类及定量模型的构建研究方面应用广泛,如 Price(1990),Ridd(1955),韩丽娟等(2005),王鹏新等(2003)利用 LST-NDVI 的二维特征空间进行了地面蒸散量的分析及土壤水分的监测;Wang 等(2009)发现起身期和拔节期不同株型的冬小麦在 790nm 的冠层反射率有差异,分别构建了两个特征参量 NR790e 和 N(R790e/R790r),并发现这两个特征参量构建的二维光谱特征空间能够很好地识别冬小麦直立型和披散型。因此,本部分试图利用上部分选用和反演的小麦光谱特征参量和环境特征参量构建二维特征空间来识别小麦蚜虫的危害程度。

1. 调查样点数据预处理

与获取 TM 影像同步的地面调查点共有 70 个样点,其中 50 个随机调查点和 20 个区域定点调查点,密集调查点是为了观察研究小麦蚜虫随时间发展变化情况。

考虑到植物保护研究中的蚜虫田间调查规范(蚜量及蚜害等级)适用于田间点上精细的调查,而遥感数据由于空间分辨率的限制,用不同空间尺度的遥感数据监测作物病虫害的研究中,采用与田间调查相同的蚜虫危害评价标准(蚜害等级),有时候很难凸显其规律性,因此很难得出比较精细的监测结果,理论上会影响监测精度。田间调查规范中对蚜虫危害评价标准只是针对调查点大于 $1m^2$ 的范围,我们采用的数据源的空间分辨率为 30m,因此其监测结果无法精细监测到 $1m^2$ 范围的蚜虫发生等级,只能间接估测 30m 范围的蚜虫发生的平均状况。因此,在病虫害遥感监测研究中,我们往往需要综合遥感数据的空间分辨率和植物保护部门制定的评价标准重新制定适合不同尺度遥感数据的监测评价标准。基于以上原因,首先需要找到一个适合 TM 对蚜虫监测的评价标准。

根据研究区的实地调查结果,发现在三个时相中,只有 2010 年 6 月 4 日和 5 日的调查结果包含有 0~6 的所有蚜害等级,因此,从调查点中随意挑选 0~6 级的样本各 3 个,共 21 个样本开展研究,根据样点的 GPS 点从 LST、NDVI、NDWI 和 MNDWI 的图像上提取各样点的值,并分别将蚜害等级相同的样本值平均后作为每个蚜害等级的 LST、NDVI、NDWI 和 MNDWI,一方面研究适于 TM 影像监测蚜虫危害状况的评价指标;另一方面研究蚜虫危害冬小麦后,其 LST、NDVI、NDWI 和 MNDWI 的变化及变化规律。

初步将基于 TM 的蚜虫监测结果评价指标分为两种:一种为植物保护调查规范的评价指标:蚜害等级,共分为 0~6 级,其具体划分规则参见第二部分表 2;一种为蚜害等级的重新划分:蚜害程度,分为 3 个程度,分别为无蚜虫(S0,蚜害等级为 0)、轻微危害(S1,蚜害等级为 1~3)、严重危害(S2,蚜害等级为 4~6)。

图 7-58~图 7-61 分别为两种不同蚜虫危害评价指标下 LST、NDVI、NDWI 和 MNDWI 四个遥感参量的变化情况。分析后可以得出结论:以蚜害等级为评价指标的四个遥感参量的变化中,除了 NDWI 的变化趋势稍有明显(随着蚜害等级的增加,NDWI 总体趋势为微小的下降),其他三个参量的变化基本没有规律或者规律极不明显;而以蚜害程度为评价指标的四个遥感参量均随蚜害程度的加重呈现出明显的变化规律:蚜害程度随着 LST 的增高而逐渐加重,而 NDVI、NDWI 和 MNDWI 随着蚜害程度的加重逐渐减

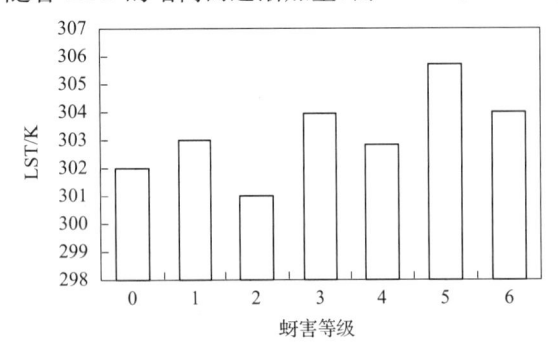

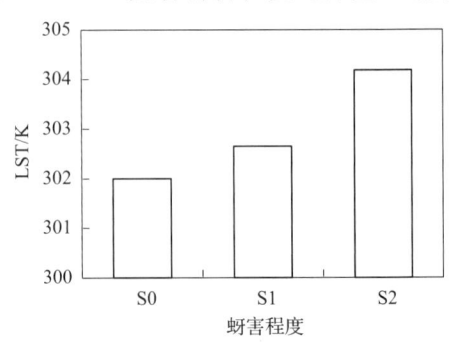

图 7-58 LST 与蚜害等级和蚜害程度的关系

小。因此,认为根据蚜害等级重新划分的蚜害程度 S0、S1 和 S2 相比蚜害等级更适合 TM 对蚜虫的监测研究。

图 7-59 NDWI 与蚜害等级和蚜害程度的关系

图 7-60 NDVI 与蚜害等级和蚜害程度的关系

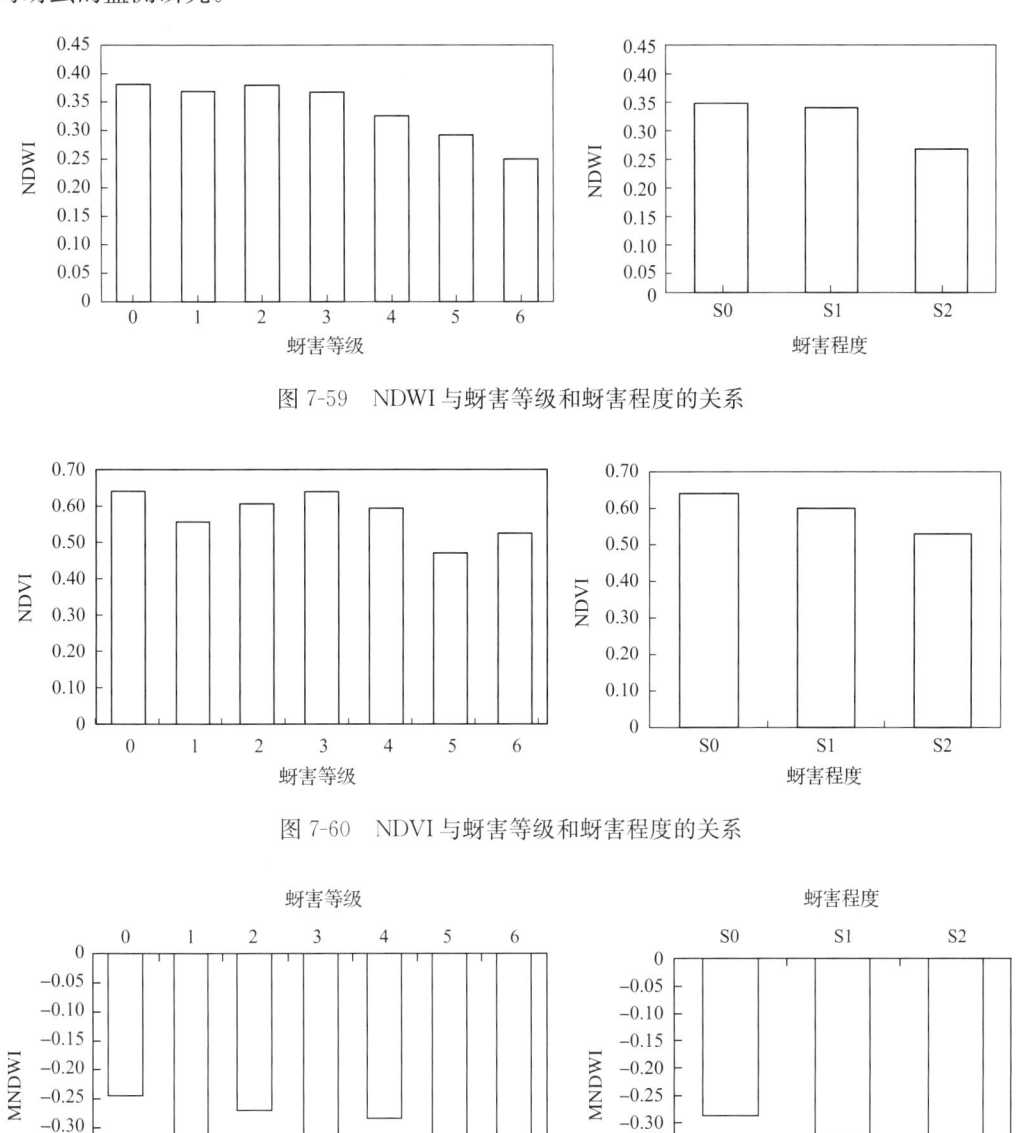

图 7-61 MNDWI 与蚜害等级和蚜害程度的关系

2. 二维特征空间构建与选取

虽然单时相调查点的遥感因子与蚜害程度有一定的关系,但由于调查点有限,且蚜虫的发生发展可能同时有几个因子长期共同驱动,利用单时相、单变量的遥感因子很难定量构建监测识别模型,因此,本小节试图通过密集定点调查区域样点在每个时相中多个遥感特征的变化来定量地识别蚜害程度。

从三个时相的影像上剪切出覆盖这 20 个样点的密集调查区为重点研究区,面积大小大约为 7.2km²(3km×2.4km),且通过面向对象的分类方法,准确提取了重点调查区域调查点所在的地块。由调查结果可知,重点研究区的 20 个密集定点调查点的蚜虫发生情况如下:①2010 年 5 月 4 日,20 个点均无蚜虫发生,蚜害程度为 S0;②2010 年 5 月 21 日,有 18 个点有蚜虫发生,其蚜害等级为 1~3,程度为 S1,其他两个点无蚜虫发生;③2010 年 6 月 5 日,18 个样点有蚜虫发生,且蚜害等级均为 3~6 级,蚜害程度为 S2,4 个样点防治及时,无蚜虫发生。据文献调研和野外调查观察,蚜虫属于暴发性害虫,其在一定的生境条件下会同时发生,且发生等级差异较小,基于此,且重点研究区面积较小,认为重点研究区的调查点所在地块的生境条件差异较小,蚜害等级差异较小,因此,研究假设调查点所在地块样点的蚜害程度与调查点相同。

基于以上分析,为了能找到遥感特征参量与蚜害程度的定量关系,研究提取了重点研究区三个时相的所有地块像元的四个遥感特征参量,且通过调查结果将所有像元按照其所在地块的蚜害程度进行分类,分为 S0、S1 和 S2。

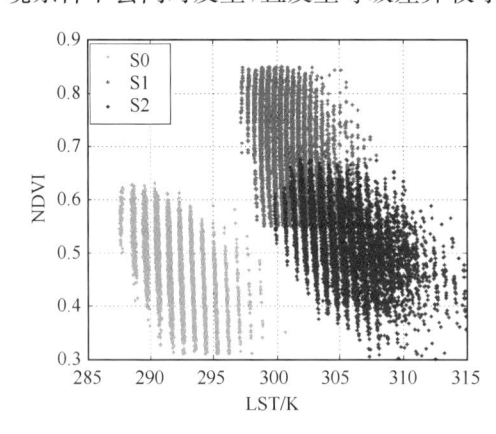

图 7-62 基于 LST-NDVI 特征空间的样点分布图

分别以 NDVI、NDWI 和 MNDWI 为横坐标,以 LST 为纵坐标,做出三类蚜害程度的三个特征空间(图 7-62~图 7-64)。

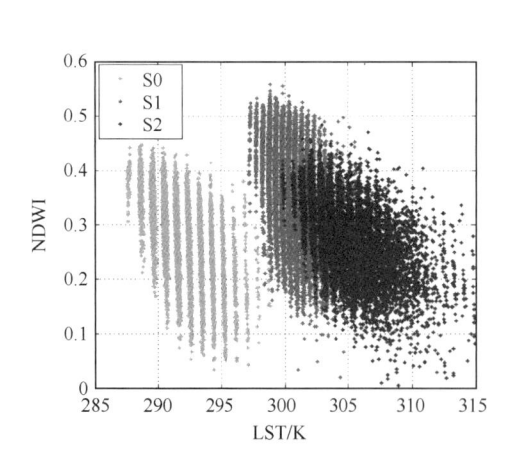

图 7-63 基于 LST-NDWI 特征空间的样点分布图

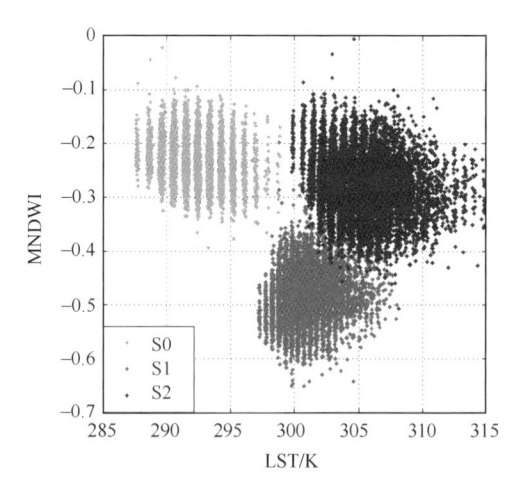

图 7-64 基于 LST-MNDWI 特征空间的样点分布图

分析图 7-62~图 7-64,可以得出以下结论:

(1) 在 LST-NDVI、LST-NDWI 和 LST-MNDWI 三个特征空间对 S0 的识别能力均很强,当 LST 小于某个值时,蚜虫不会发生,由此可见,LST 对蚜虫是否发生其决定性作用,是蚜虫发生发展的一个关键性因子,因此,在后期的小麦蚜虫预测研究中可以将其作为一个重要参量参加蚜虫的预测；

（2）三个特征空间的取值范围和大体趋势表明，三个特征空间在某种意义上，主要体现的是小麦生育期的信息，这同时也进一步证明了蚜虫的发生及发展与小麦生育期关系密切，在小麦拔节期基本不发生，抽穗期轻微发生，灌浆期严重发生；

（3）在 LST-NDVI、LST-NDWI 和 LST-MNDWI 三个特征空间中，基于 LST-MNDWI 的二维特征空间对于蚜虫危害程度较敏感，能够很好地区分识别不同蚜虫危害程度，而其余两个特征空间中，S1 和 S2 基本很难区分，LST-MNDWI 的特征空间能够对蚜虫在整个生育期的发生发展情况进行动态监测。

3. 基于 LST-MNDWI 特征空间的蚜虫发生发展动态监测

基于以上分析结果和野外调查结果，LST-MNDWI 构建的二维特征空间一方面体现了小麦生育期信息，另一方面可以在小麦整个生育期内对小麦蚜虫的发生发展进行动态监测。因此，本节内容试图通过不同蚜害程度的样点在 LST-MNDWI 的二维特征空间的散点分布特点和规律，构建能够动态评价小麦蚜虫发生发展的监测方法和模型。

表 7-27 和表 7-28 为 LST-MNDWI 的二维特征空间中 S0、S1 和 S2 的所有样点的统计特征值，包括最大值、最小值、均值和标准差。统计结果表明：LST 的最大值、最小值及均值都从 S0～S2 依次增大，这进一步表明 LST 为蚜虫发生的必要条件；而 MNDWI 的最大值、最小值及均值均从 S0～S2 表现为先增大后减小的趋势，这也间接表明了蚜虫的发生和消长受到小麦冠层的 MNDWI 的影响。

表 7-27　S0、S1 和 S2 的 LST 与 MNDWI 的统计表 1

蚜害程度	LST 最小值	LST 最大值	MNDWI 最小值	MNDWI 最大值
S0	287.59	296.25	−0.34	−0.11
S1	297.81	306.01	−0.65	−0.34
S2	300.54	313.35	−0.42	−0.12

表 7-28　S0、S1 和 S2 的 LST 与 MNDWI 的统计表 2

蚜害程度	LST 均值	LST 标准差	MNDWI 均值	MNDWI 标准差
S0	291.81	1.79	−0.24	0.03
S1	300.07	1.52	−0.49	0.04
S2	304.58	2.33	−0.28	0.05

进一步根据表 7-27 和表 7-28 的统计特征值及 S0、S1 和 S2 在二维特征空间的分布特点，分别以 S0、S1 和 S2 的 LST 和 MNDWI 的均值为圆心构建三个椭圆，分别为 E_1、E_2 和 E_3，其中，椭圆的长半轴定义为 S0、S1 和 S2 样本 LST 的标准差的整数倍，椭圆的短半轴定义为 S0、S1 和 S2 样本的 MNDWI 的标准差的整数倍，根据 S0、S1 和 S2 样点拟合线的斜率 k 计算其椭圆的倾斜角 $\theta = \arctan(k)\pi/180$。

根据 S0、S1 和 S2 的统计值，得出 E_1、E_2 和 E_3 的方程如下：

$$E_1 = \left(\frac{x_1 - 291.81}{3 \times 1.79}\right)^2 + \left(\frac{y_1 + 0.24}{3 \times 0.03}\right)^2 = 1 \tag{7-92}$$

$$E_2 = \left(\frac{x_2 - 300.27}{2 \times 1.52}\right)^2 + \left(\frac{y_2 + 0.49}{3 \times 0.04}\right)^2 = 1 \tag{7-93}$$

$$E_3 = \left(\frac{x_3 - 304.58}{2 \times 2.33}\right)^2 + \left(\frac{y_3 + 0.28}{3 \times 0.05}\right)^2 = 1 \tag{7-94}$$

根据 7.4.2 节，LST 是蚜虫是否发生的决定性因素，当 LST 低于某个阈值时，蚜虫不会发生，其蚜害程度为 S0，因此，研究进一步通过统计值，找出了 LST 的阈值 LST_0。有

$$LST_0 = LST\_M_1 - 2LST\_SD_1 \tag{7-95}$$

式中，LST_M_1 和 LST_SD_1 分别为 S1 的 LST 的均值和标准差。

根据统计值，$LST_0 = 297.75$，当 LST<297.75 时，蚜虫不会发生；当 LST>LST_0 时，就以椭圆 E_2 和 E_3 进行判别，当样点落在 E_2 内即判别为蚜害程度为 S1；当样点落在 E_3 内即判别为蚜害程度为 S2；当样点均不在 E_2 和 E_3 内时，就以样点与椭圆均值的距离，采取就近原则进行蚜害程度的判别（图 7-65）。

为验证构建模型的判别精度，利用 50 个随机调查点对判别模型进行验证（图 7-66）。将样本的实测值和判别模型的估测值进行比较，分别采用总体精度和 Kappa 系数对模型精度进行评价，其各指标定义及计算方法参见相关文献（赵英时，2003）。表 7-29 为验证样本的误差矩阵表。

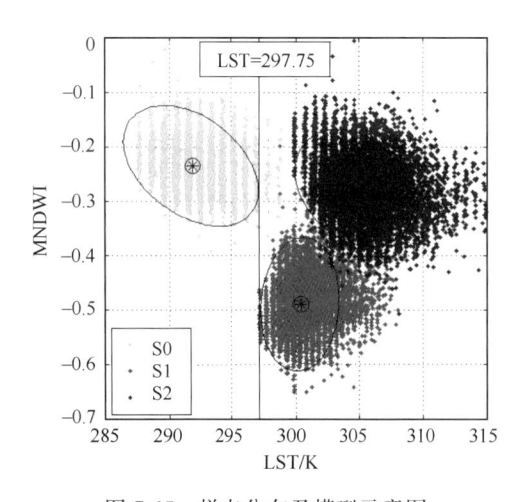

图 7-65　样点分布及模型示意图 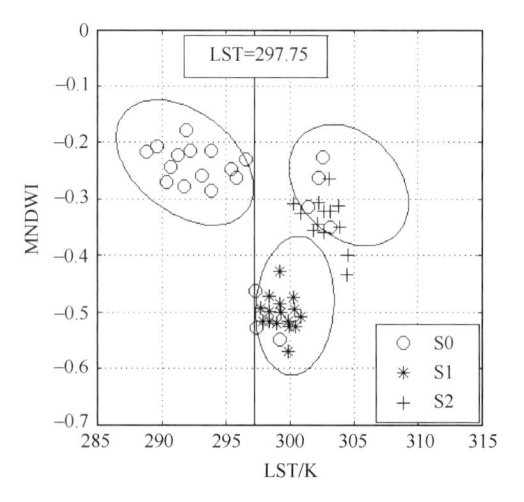　　　　图 7-66　验证点判别结果分布图

表 7-29　验证样点误差矩阵表

	S0	S1	S2	总计
S0	17	0	0	17
S1	2	14	0	16
S2	4	2	11	19
总计	23	16	11	50

注：Kappa 系数为 0.7567。

验证结果表明,构建的基于多时序的小麦蚜虫动态判别模型具有较高的精度,其总体精度为84%,Kappa系数为0.7567。

从验证结果图7-65可以看出,错判的点共有7个,均是将正常样点S0错判为S1或S2,对S1和S2的样点判别结果正确。结合实际调查点的调查时间和样点等级,发现判别错误的点的调查时间基本是小麦抽穗及灌浆期,且将S0错判为S2的样点都属于6月4日通州的调查点,且这些调查点都在调查前期防治及时,因此,其蚜害等级为0。而构建的判别模型,其原理主要是基于环境因子和小麦生长状况的因子进行判别,即通过蚜虫发生的适宜环境进行判别,因此其只能判别其是否发生,可能发生的程度,很难准确监测其是否进行防治。因此,很容易造成将进行及时防治的蚜害等级为0的样点错判为其他蚜害程度。

7.5 玉米黏虫多时相卫星遥感监测

夏玉米是我国多个省份6~9月的主要粮食作物,玉米黏虫的发生与害虫世代交替的过程中适宜气象条件是否出现有很大关系。2012年7月中旬以来,我国北方降水较常年偏多,特别在吉林东南部、辽宁大部、河北大部、北京、天津等地降水偏多2~5成,为黏虫的迁入和危害创造了有利的气候条件,从而引起东北及华北多个省份的玉米黏虫大面积暴发。根据全国农作物重大病虫测报网监测数据,本次黏虫虫情主要呈现虫量大、分布广的特点,在个别地区平均百株虫量高达5000头,密度之高为近10年罕见。玉米三代黏虫虫量在局部区域短时间内出现指数式上升,而玉米黏虫群体性的暴食特点导致了部分区域玉米连片突发受灾。种植户防控反应不及,以及虫害范围程度缺乏整体性了解,使大范围恐慌情绪出现,直接导致农药价格飙涨,玉米粮价的波动等一系列后果。经过搜集植物保护相关数据,2012年7月玉米黏虫发生区域主要涉及黑龙江、吉林、辽宁、河北、北京、天津、内蒙古、甘肃、宁夏、山西、陕西、山东、河南多个省、市、自治区。其中,吉林、辽宁、黑龙江、河北、内蒙古等地为重灾区。

玉米黏虫从危害方式上看,主要是啃食玉米植株的叶片和茎秆等部位,因此危害后可造成叶面积指数下降,冠层覆盖度下降等一些比较明显的特征,从机理上保证了遥感监测的可行性。为此,本部分通过灾害发生后短时间内在河北省唐山市周边典型的严重受灾区域进行地面实勘调查,结合不同时期遥感影像,介绍遥感监测灾害发生的范围和程度的方法。

研究区选择2012年夏天玉米黏虫发生的一个区域作为研究区域,包括唐山市、丰润县和滦县三个地区(图7-67)。研究区位于华北平原北部(39.75°N,118.19°E),总面积超过3000km²,该地区地势平坦,平均海拔大约40m。通过分析研究区域内及周边14个气象站的气象记录,发现自7月21~8月5日出现连续降雨,降雨量超过220mm。这种凉爽高湿的气象条件非常有利于玉米黏虫的发生。根据当地植物保护部门的调查记录发现二代玉米黏虫产卵数的增加直接导致了8月6~10日玉米黏虫的严重发生。

7.5.1 数据处理

在研究区内玉米黏虫大规模发生前的7月16日和发生后的8月13日分别各获取一

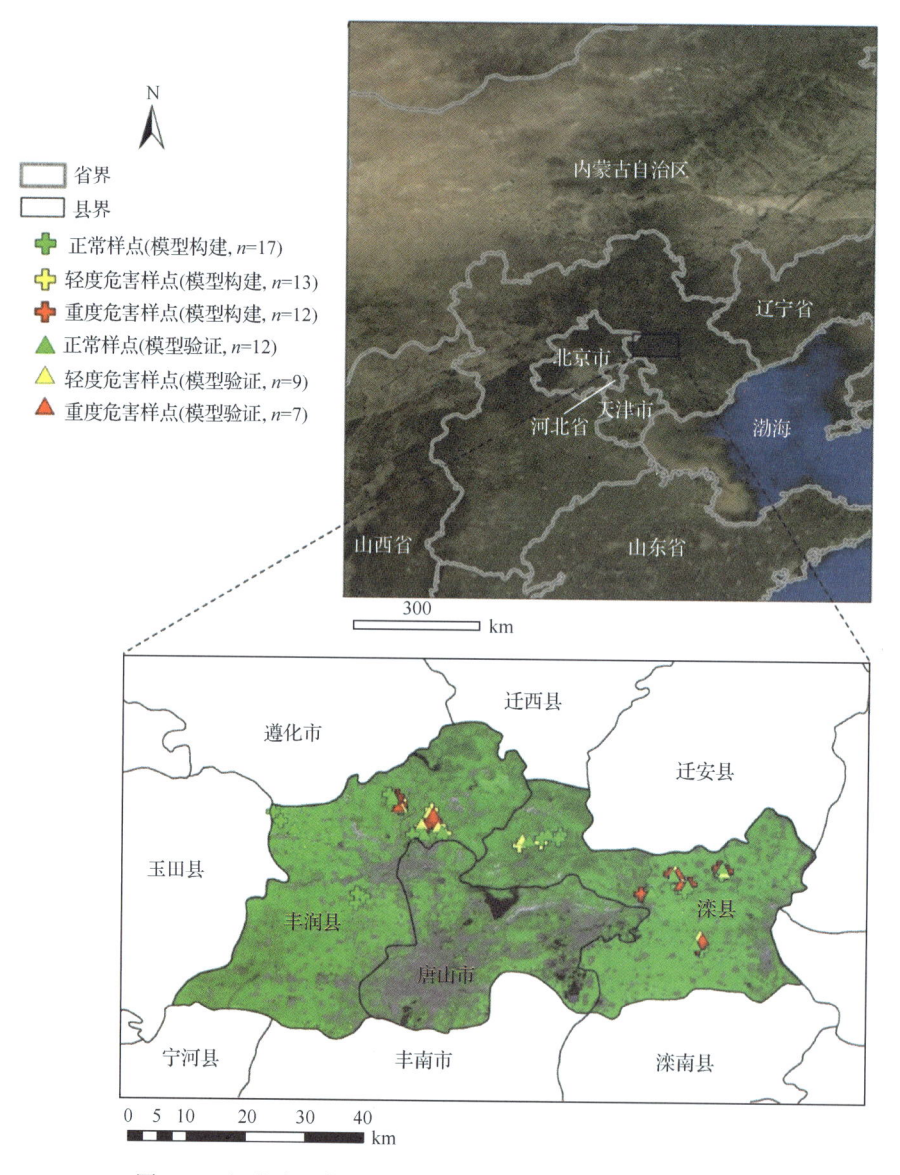

图 7-67　河北省研究区内玉米黏虫调查点发生情况及其分布

景无云的 HJ-CCD 数据。对 HJ-CCD 影像的预处理包括辐射校正、大气校正和几何校正。根据玉米黏虫发生对植株的生理影响,除蓝、绿、红、近红四个原始通道外,选择能够反映叶面积指数 LAI、叶绿素 Chl 及冠层结构变化机制的 6 个常用植被指数对玉米黏虫的严重度进行监测(表 7-30)。

对于这些光谱特征,采用式(7-96)形式的归一化方法计算每个光谱特征从 7 月 16 日到 8 月 13 日的变化幅度:

$$SF_{change} = (SF_{Aug.13} - SF_{July.16})/(SF_{Aug.13} + SF_{July.16}) \qquad (7-96)$$

式中,SF_{change} 表示两个时期 SF 变化;$SF_{July.16}$ 和 $SF_{Aug.13}$ 分别表示玉米黏虫发生前后从遥感影像提取的 SF。

表 7-30 玉米黏虫严重度监测所用植被指数

植被指数	公式	参考文献
NDVI	$(R_{NIR}-R_R)/(R_{NIR}+R_R)$	Rouse et al.，1974
SAVI	$(1+L)(R_{NIR}-R_R)/(R_{NIR}+R_R+L), L=0.5$	Huete.，1988
TVI	$0.5[120(R_{NIR}-R_G)-200(R_R-R_G)]$	Broge and Leblanc，2000
RDVI	$(R_{NIR}-R_R)/(R_{NIR}+R_R)^{0.5}$	Reujean and Breon，1995
MSAVI	$0.5[2R_{NIR}+1-((2R_{NIR}+1)^2-8(R_{NIR}-R_R))^{0.5}]$	Qi et al.，1994
MTVI	$\dfrac{1.5[1.2(R_{NIR}-R_G)-2.5(R_R-R_G)]}{\sqrt{(2R_{NIR}+1)^2-(6R_{NIR}-5\sqrt{R_R})-0.5}}$	Haboudane et al.，2004

7.5.2 逐步优化阈值模型

为利用单一变量方法监测玉米黏虫危害严重程度，并避免主观阈值选择的影响，我们采用了步的阈值优化方法确定阈值。具体的做法是将每个变量在其取值范围内均分为 100 份，采用验证样本进行验证，并计算变量取值范围内各阈值的总体精度，得到不同阈值下的精度变化曲线。根据精度变化特点，将总体精度最高时对应的值作为最优阈值。首先采用逐步优化阈值的方法分别确定正常和轻度，以及轻度和重度发生的最优阈值。

7.5.3 最大似然分类模型

除采用单变量方法监测玉米黏虫发生情况之外，还采用了多变量方法对玉米黏虫的发生情况进行监测。为减少变量间的信息冗余，首先通过相关性分析检验变量间的相关性。如果两个变量间的 R^2 超过 0.8，利用方差分析进一步结果与玉米黏虫严重度相关性较小的变量删除。考虑到分类方法的分类效率和分类精度，采用机理简单且较成熟的最大似然法对玉米黏虫严重度进行识别监测。

7.5.4 玉米黏虫严重度监测结果

基于上述的监测方法，采用单变量模型和多变量模型的玉米黏虫严重度监测结果如图 7-68 所示。由图 7-68 可以看出，基于不同光谱特征的单变量监测模型及多变量监测模型监测的玉米黏虫严重度在空间分布上的趋势相同，即在丰润县北部地区和南部边缘地区、滦县北部地区的玉米黏虫为害相对较严重，监测结果与田间实际调查结果一致。田间调查结果显示，在丰润县东北部地区和滦县北部地区玉米黏虫的危害程度相对于其他地区严重，丰润县南部边缘地区的玉米黏虫严重度通过电话访问当地农民得到确认。为进一步检验模型的监测精度，采用田间调查的验证样本对监测模型的监测结果进行验证，结果如表 7-31 所示，可以看出，基于单个光谱特征的单变量方法的总体精度范围为 0.64~0.79，其中，MSAVI 特征的总体精度最高。而基于多变量监测模型总体精度仅为 0.50，小于单变量模型监测结果。因此，本部分的结果表明采用简单的方法反而能够更准确地监测玉米黏虫的发生情况。

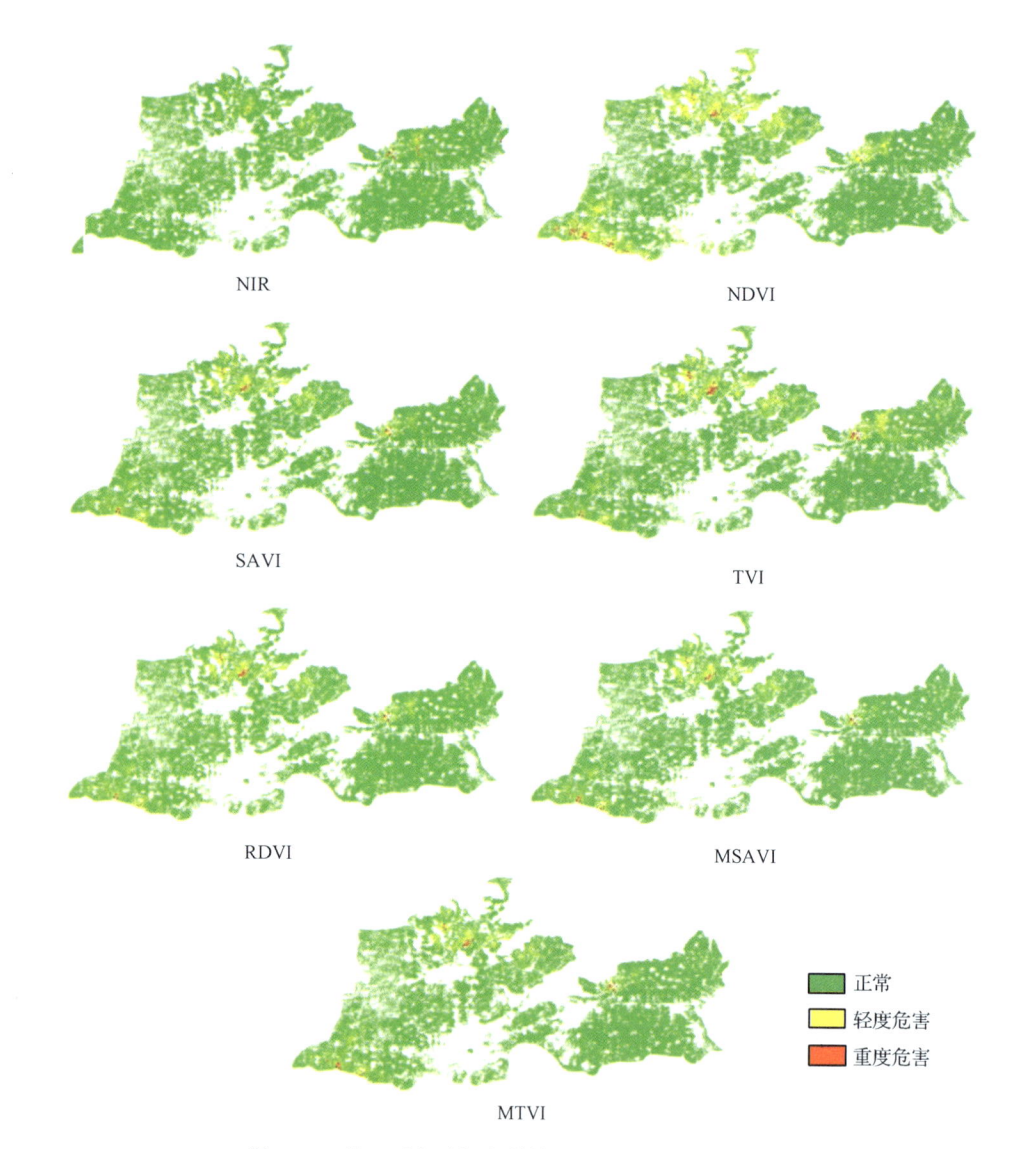

图 7-68 基于两个时相光谱特征的玉米黏虫监测结果

表 7-31 单个光谱特征监测精度和混淆矩阵

光谱特征		参考结果						
		正常	轻度危害	重度危害	总和	用户精度/%	总体精度/%	Kappa 系数
NIR								
	正常	9	5	0	14	64.29	0.68	0.50
分类结果	轻度危害	3	4	1	8	50.00		
	重度危害	0	0	6	6	100.00		
	总和	12	9	7	28			
	制图精度/%	75.00	44.44	85.71				

续表

光谱特征		参考结果				用户精度/%	总体精度/%	Kappa 系数
		正常	轻度危害	重度危害	总和			
NDVI								
分类结果	正常	7	2	0	9	77.78	0.68	0.51
	轻度危害	5	7	2	14	50.00		
	重度危害	0	0	5	5	100.00		
	总和	12	9	7	28			
	制图精度/%	58.33	77.78	71.43				
SAVI								
分类结果	正常	8	2	0	10	80.00	0.71	0.56
	轻度危害	4	7	2	13	53.85		
	重度危害	0	0	5	5	100.00		
	总和	12	9	7	28			
	制图精度/%	66.67	77.78	71.43				
TVI								
分类结果	正常	6	1	0	7	85.71	0.64	0.47
	轻度危害	5	7	2	14	50.00		
	重度危害	1	1	5	7	71.43		
	总和	12	9	7	28			
	制图精度/%	50.00	77.78	71.43				
RDVI								
分类结果	正常	8	2	0	10	80.00	0.71	0.56
	轻度危害	4	7	2	13	53.85		
	重度危害	0	0	5	5	100.00		
	总和	12	9	7	28			
	制图精度/%	66.67	77.78	71.43				
MSAVI								
分类结果	正常	10	2	2	14	71.43	0.79	0.66
	轻度危害	2	7	0	9	77.78		
	重度危害	0	0	5	5	100.00		
	总和	12	9	7	28			
	制图精度/%	83.33	77.78	71.43				
MTVI								
分类结果	正常	8	2	1	11	72.73	0.71	0.56
	轻度危害	4	7	1	12	58.33		
	重度危害	0	0	5	5	100.00		
	总和	12	9	7	28			
	制图精度/%	66.67	77.78	71.43				

对比分析了采用单时相和多时相影像光谱特征的与玉米黏虫监测结果,其中,基于单时相光谱特征的玉米黏虫严重度监测精度不够理想。与采用多时相光谱特征的监测结果相比,基于单个时期影像光谱特征方法的错分率较高,说明存在与玉米黏虫发生后产生的光谱特征相同的其他因素。玉米黏虫、物候差异(如南部地区要比其他地区玉米的生育期早一些)、栽培措施差异及植株长势不同均会导致单个时期光谱特征的变化。与单个时期光谱特征相比,玉米黏虫发生前、后不同时相的光谱特征变化可以帮助排除玉米影响外的其他田间胁迫因素影响。因此,基于多时相遥感影像的玉米黏虫监督精度较单时相监测精度有明显提高,能够准确、有效地监测虫害的发生范围。所用的光谱特征中,MSAVI的监测准确率最高,这可能是由于MSAVI不仅可以消除土壤背景的影响,而且与SAVI相比,能在更大的范围内较好地反映LAI动态变化(Broge and Leblanc, 2001; Haboudane et al., 2004)。在本节中,单变量模型对玉米黏虫的监测结果要好于多变量模型的可能原因是玉米黏虫导致的光谱响应相对简单和直接,且玉米黏虫的严重程度与单个植被指数间存在较好的线性关系。然而,在多变量模型中,虽然更多的变量能够提供丰富的信息,但变量间的信息冗余问题仍可能会导致模型准确率降低。

参 考 文 献

阿布都瓦斯提·吾拉木. 2006. 基于 n 维光谱特征空间的农田干旱遥感监测. 北京:北京大学博士学位论文.

白洁,刘绍民,扈光. 2008. 针对TM/ETM$^+$遥感数据的地表温度反演与验证. 农业工程学报,24(9):148-154.

鲍艳松,王纪华,刘良云,等. 2007. 不同尺度冬小麦氮素遥感监测方法及其应用研究. 农业工程学报,23(2):139-144.

陈兵,李少昆,王克如,等. 2007. 棉花黄萎病病叶光谱特征与病情严重度的估测. 中国农业科学,40(12):2709-2715.

陈鹏程. 2006. 地面高光谱遥感在棉叶螨监测中的应用研究. 石河子:石河子大学博士学位论文.

陈鹏程,张建华,李眉眉,等. 2007. 土耳其斯坦叶螨为害棉叶的生理变化及光谱特征分析. 昆虫知识,44(1):61-65.

丁凤,徐涵秋. 2006. TM热波段图像的地表温度反演算法与实验分析. 地球信息科学,8(3):125-130.

丁凤,徐涵秋. 2008. 基于Landsat TM的3种地表温度反演算法比较分析. 福建师范大学学报(自然科学版),24(1):91-96.

杜晓明,蔡体久,琚存勇. 2008. 采用偏最小二乘回归方法估测森林郁闭度. 应用生态学报,19(2):273-277.

冯先伟,陈曦,包安明,等. 2004. 水分胁迫条件下棉花生理变化及其高光谱响应分析. 干旱区地理,27(2):250-255.

宫阿都,江樟焰,李京,等. 2005. 基于Landsat TM图像的北京城市地表温度遥感反演研究. 遥感信息,3:18-20.

郭铌. 2003. 植被指数及其研究进展. 干旱气象,21(4):71-75.

韩爱惠. 2004. 用MODIS植被指数的时间序列分析提取荒漠化敏感区域的方法. 林业资源管理,57-60.

韩丽娟,王鹏新,王锦地,等. 2005. 植被指数-地表温度构成的特征空间研究. 中国科学:D辑地球科学,35(4):371-377.

黄妙芬,邢旭峰,王培娟,等. 2006. 利用LANDSAT TM热红外通道反演地表温度的三种方法比较. 干旱区地理,29(1):132-137.

黄木易,黄文江,刘良云,等. 2004. 冬小麦条锈病单叶光谱特性及严重度反演. 农业工程学报,20(1):176-180.

江东,王乃斌,杨小唤,等. 2002. NDVI曲线与农作物长势的时序互动规律. 生态学报,22(2):247-253.

江樟焰,陈云浩,李京. 2006. 基于Landsat TM数据的北京城市热岛研究. 武汉大学学报:信息科学版,31(2):120-123.

竞霞. 2005. 基于和波谱信息的作物分类研究. 西安:西安科技大学硕士学位论文.

琚存勇. 2008. 基于遥感影像融合与地貌分类的土地荒漠化估测研究. 哈尔滨:东北林业大学博士学位论文.

李存军,刘良云,王纪华,等. 2004. 两种高保真遥感影像融合方法比较. 中国图象图形学报,9(11):1376-1387.

李存军,王纪华,刘良云,等. 2005. 利用多时相 Landsat 近红外波段监测冬小麦和苜蓿种植面积. 农业工程学报, 21(2):96-100.

李净. 2006. 基于 Landsat-5 TM 估算地表温度. 遥感技术与应用,21(4):322-326.

李民赞. 2006. 光谱分析技术及其应用. 北京:科学出版社.

刘良云,宋晓宇,李存军,等. 2009. 冬小麦病害与产量损失的多时相遥感监测. 农业工程学报,25(1):137-143.

刘强. 2000. 刀具磨损的偏最小二乘回归分析与建模. 北京航空航天大学学报,26(4):457-460.

罗亚,徐建华,岳文泽. 2005. 基于遥感影像的植被指数研究方法述评. 生态科学, 24(1):75-79.

马江锋,张丽萍,易海艳,等. 2007. 地膜棉田黄萎病发生与气象因子关系的初步研究. 石河子大学学报(自然科学版), 25(5):541-544.

马毅,张杰,崔廷伟. 2006. 基于 SVM 方法的赤潮生物优势种航空高光谱识别. 光谱学与光谱分析,26(12): 2302-2305.

孟宪红,吕世华,张宇,等. 2005. 使用 LANDSAT-5 TM 数据反演金塔地表温度. 高原气象,24(5):721-726.

潘志强,刘高焕,周成虎. 2003. 黄河三角洲农作物种植分区的遥感研究. 地理研究,22(6):799-807.

乔红波,简桂良,邹亚飞,等. 2007. 枯萎病对不同抗性棉花光谱特性的影响. 棉花学报,19(2):155-158.

石磊岩. 1999. 棉花黄萎病灾害因素分析. 中国棉花,26(7):8-9.

覃志豪,Li W J,Zhang M H,等. 2003. 单窗算法的大气参数估计方法. 国土资源遥感,(2):37-43.

覃志豪,Zhang M H,Arnon K,等. 2001. 用陆地卫星 TM 6 数据演算地表温度的单窗算法. 地理学报,56(4): 456-466.

覃志豪,李文娟,徐斌,等. 2004. 陆地卫星 TM6 波段范围内地表比辐射率的估计. 国土资源遥感,28-32.

田佳东,谢宝瑜,赵永超,等. 2008. 棉花枯萎病的光谱识别. 棉花学报,20 (1):51-55.

涂梨平. 2006. 利用 Landsat TM 数据进行地表比辐射率和地表温度的反演. 杭州:浙江大学硕士学位论文.

王惠文,吴载斌,孟洁. 2006. 偏最小二乘回归的线性与非线性方法. 北京:国防工业出版社.

王纪华,赵春江,黄文江,等. 2008. 农业定量遥感基础与应用. 北京:科学出版社.

王鹏新,龚健雅,李小文,等. 2003. 基于植被指数和土地表面温度的干旱监测模型. 地球科学进展,18(4): 527-533.

邬建国. 2007. 景观生态学——格局、过程、尺度与等级. 北京:高等教育出版社.

吴骅,李彤. 2006. TM 热红外波段等效比辐射率估算. 遥感信息,(3):26-28.

吴琼,原忠虎,王晓宁. 2007. 基于偏最小二乘回归分析综述. 沈阳大学学报,19(2):33-35.

许和连,赖明勇,钱晓英. 2002. 外商直接投资影响因素的偏最小二乘回归建模分析. 中国管理科学,10(5):20-25.

杨景梅,邱金桓. 1996. 我国可降水量同地面水汽压关系的经验表达式. 大气科学,20(5):620-626.

曾涛,琚存勇,蔡体久,等. 2010. 利用变量投影重要性准则筛选郁闭度估测参数. 北京林业大学学报,32(6): 37-41.

张兵,申茜,李俊生,等. 2009. 太湖水体 3 种典型水质参数的高光谱遥感反演. 湖泊科学,21(2):182-192.

张佳华,李欣,姚凤梅,等. 2009. 基于热红外光谱和微波反演地表温度的研究进展. 光谱学与光谱分析,(8):2103-2107.

赵德华,李建龙,宋子健,等. 2004. 不同施氮水平下棉花群体反射光谱的差异性分析. 作物学报,30(11):1169-1172.

赵英时. 2003. 遥感应用分析原理与方法. 北京:科学出版社.

Allen T R, Kupfer J A. 2000. Application of spherical statistics to change vector analysis of Landsat data: Southern Appalachian spruce-fir forests. Remote Sensing of Environment, 74(3): 482-493.

Badhwar G D. 1984. Classification of corn and soybeans using multitemporal thematic mapper data. Remote Sensing of Environment, 16(2): 175-181.

Becker B L, David P L, Qi J G. 2007. A classification-based assessment of the optimal spectral and spatial resolutions for Great Lakes coastal wetland imagery. Remote Sensing of Environment, 108(1): 111-120.

Bravo C, Moshou D, West J, et al. 2003. Early disease detection in wheat fields using spectral reflectance. Biosystems Engineering, 84(2): 137-145.

Broge N H, Leblanc E. 2001. Comparing prediction power and stability of broadband and hyperspectral vegetation indices for estimation of green leaf area index and canopy chlorophyll density. Remote Sensing of Environment, 76(2): 156-172.

Collins J B, Woodcock C E. 1996. An assessment of several linear change detection techniques for mapping forest mortality using multitemporal Landsat TM data. Remote Sensing of environment, 56(1): 66-77.

Collins J B, Woodcock C E. 1994. Change detection using the Gramm-Schmidt transformation applied to mapping forest mortality. Remote Sensing of Environment, 1994, 50(3): 267-279.

Conese C, Maselli F. 1991. Use of multi-temporal information to improve classification performance of TM scenes in complex terrain. ISPRS Journal of Photogrammetry and Remote Sensing, 46(4):187-197.

Deering D W, Eck T F. 1987. Atmospheric optical depth effects on angular anisotropy of plant canopy reflectance. International Journal of Remote Sensing, 8(6): 893-916.

DiPietro R S, Manolakis D, Lockwood R, et al. 2010. Performance evaluation of hyperspectral detection algorithms for subpixel objects. SPIE Defense, Security, and Sensing, International Society for Optics and Photonics, 76951W-76951W-11.

Elmore A J, Mustard J F, Manning S J, et al. 2000. Quantifying vegetation change in semiarid environments: Precision and accuracy of spectral mixture analysis and the normalized difference vegetation index. Remote Sensing of Environment, 73(1): 87-102.

Fitzgerald G J, Maas S J, Detar W R. 2004. Spider mite detection and canopy component mapping in cotton using hyperspectral imagery and spectral mixture analysis. Precision Agriculture, 5(3): 275-289.

Fitzgerald R W, Lees B G. 1994. Assessing the classification accuracy of multisource remote sensing data. Remote Sensing of Environment, 47(3): 362-368.

Franke J, Menz G. 2007. Multi-temporal wheat disease detection by multi-spectral remote Sensing. Precision Agriculture, 8(3): 161-172.

Franke J, Roberts D A, Halligan K, et al. 2009. Hierarchical multiple endmember spectral mixture analysis (MESMA) of hyperspectral imagery for urban environments. Remote Sensing of Environment, 113(8): 1712-1723.

Friedl M A, Brodley C E. 1997. Decision tree classification of land cover from remotely sensed data. Remote Sensing of Environment, 61(3): 399-409.

Gillespie A, Rokugawa S, Matsunaga T, et al. 1998. A temperature and emissivity separation algorithm for advanced spaceborne thermal emission and reflection radiometer (ASTER) images. IEEE Transactions on Geoscience and Remote Sensing, 36(4): 1113-1126.

Goetz S J, Halthore R N, Hall F G, et al. 1995. Surface temperature retrieval in a temperate grassland with multiresolution sensors. Journal of Geophysical Research: Atmospheres (1984-2012), 100(D12): 25397-25410.

Goovaerts P, Jacquez G M, Marcus A. 2005. Geostatistical and local cluster analysis of high resolution hyperspectral imagery for detection of anomalies. Remote Sensing of Environment, 95(3): 351-367.

Haboudane D, Miller J R, Pattey E, et al. 2004. Hyperspectral vegetation indices and novel algorithms for predicting green LAI of crop canopies: Modeling and validation in the context of precision agriculture. Remote Sensing of Environment, 90(3): 337-352.

Hame T, Salli A, Andersson K, et al. 1997. A new methodology for the estimation of biomass of coniferdominated boreal forest using NOAA AVHRR data. International Journal of Remote Sensing, 18(15): 3211-3243.

Hansen P M, Schjoerring J K. 2003. Reflectance measurement of canopy biomass and nitrogen status in wheat crops using normalized difference vegetation indices and partial least squares regression. Remote Sensing of Environment, 86(4): 542-553.

Hilker T, Wulder M A, Coops N C, et al. 2009. A new data fusion model for high spatial-and temporal-resolution mapping of forest disturbance based on Landsat and MODIS. Remote Sensing of Environment, 113(8): 1613-1627.

Hlavka C A, Haralick R M, Carlyle S M, et al. 1980. The discrimination of winter wheat using a growth-state signature. Remote Sensing of Environment, 9(4): 277-294.

Hostert P, Röder A, Hill J. 2003. Coupling spectral unmixing and trend analysis for monitoring of long-term vegetation dynamics in Mediterranean rangelands. Remote Sensing of Environment, 87(2): 183-197.

Huang W J, David W L, Niu Z, et al. 2007. Identification of yellow rust in wheat using in-situ spectral reflectance measurements and airborne hyperspectral imaging. Precision Agriculture, 8: 187-197.

Huete A R. 1998. A soil-adjusted vegetation index (SAVI). Remote Sensing of Environment, 25(3): 295-309.

Humes K S, Kustas W P, Moran M S, et al. 1994. Variability of emissivity and surface temperature over a sparsely vegetated surface. Water Resources Research, 30(5): 1299-1310.

Jiménez-Muñoz J C, Sobrino J A. 2003. A generalized single-channel method for retrieving land surface temperature from remote sensing data. Journal of Geophysical Research: Atmospheres (1984-2012), 108(D22):1-9.

Kaufman Y J, Gao B C. 1992. Remote sensing of water vapor in the near IR from EOS/MODIS. IEEE Transactions on Geoscience and Remote Sensing, 30(5): 871-884.

Kennedy R E, Yang Z, Cohen W B. 2010. Detecting trends in forest disturbance and recovery using yearly Landsat time series: 1. LandTrendr—Temporal segmentation algorithms. Remote Sensing of Environment, 114(12): 2897-2910.

Lanjeri S, Melia J, Segarra D. 2001. A multi-temporal masking classification method for vineyard monitoring in central Spain. International Journal of Remote Sensing, 22(16): 3167-3186.

Liu H Q, Huete A. 1995. A feedback based modification of the NDVI to minimize canopy background and atmospheric noise. IEEE Transactions on Geoscience and Remote Sensing, 33(2): 457-465.

Lo T H C, Scarpace F L, Lillesand T M. 1986. Use of multitemporal spectral profiles in agricultural land-cover classification. Photogrammetric Engineering and Remote Sensing, 52:535-544.

Markham B L, Barker J L. 1986. Landsat-MSS and TM post calibration dynamic ranges, atmospheric reflectance and at-satellite temperature. EOSAT Landsat Technical Notes,1:3-8.

Moshou D, Bravo C, West J, et al. 2004. Automatic detection of yellow rust in wheat using reflectance measurements and neural networks. Computers and Electronics in Agriculture, 44(3): 173-188.

Naidu R A, Perry E M, Pierce F J, et al. 2009. The potential of spectral reflectance technique for the detection of Grapevine leafroll-associated virus-3in two red-berried wine grape cultivars. Computers and Electronics in Agriculture, 66(1): 38-45.

Næsset E, Bollandsås O M, Gobakken T. 2005. Comparing regression methods in estimation of biophysical properties of forest stands from two different inventories using laser scanner data. Remote Sensing of Environment, 94(4): 541-553.

Pinty B, Verstraete M M. 1992. GEMI: A non-linear index to monitor global vegetation from satellites. Vegetatio, 101(1): 15-20.

Pohl C, van Genderen J L. 1998. Multisensor image fusion in remote, sensing: Concepts, methods, application. International Journal of Remote Sensing, 19(5):823-854.

Powell R L, Roberts D A, Dennison P E, et al. 2009. Sub-pixel mapping of urban land cover using multiple endmember spectral mixture analysis: Manaus, Brazil. Remote Sensing of Environment, 106(2): 253-267.

Price J C. 1990. Using spatial context in satellite data to infer regional scale evapotranspiration. IEEE Transactions on Geoscience and Remote Sensing, 28(5): 940-948.

Qi J, Chehbouni A, Huete A R, et al. 1994. A modified soil adjusted vegetation index. Remote Sensing of Environment, 48(2): 119-126.

Qin Z, Karnieli A, Berliner P. 2001. A mono-window algorithm for retrieving land surface temperature from Landsat TM data and its application to the Israel-Egypt border region. International Journal of Remote Sensing, 22(18): 3719-3746.

Richards J A. 1984. Thematic mapping from multitemporal image data using the principal components transformation. Remote Sensing of Environment, 16(1): 35-46.

Ridd M K. 1995. Exploring a VIS (vegetation-impervious surface-soil) model for urban ecosystem analysis through remote sensing: Comparative anatomy for cities. International Journal of Remote Sensing, 16(12): 2165-2185.

Roberts D A, Gardner M, Church R, et al. 1998. Mapping Chaparral in the Santa Monica Mountains using multiple endmember spectral mixture models. Remote Sensing of Environment, 65(3): 267-279.

Rondeaux G, Steven M, Baret F. 1996. Optimization of soil-adjusted vegetation indices. Remote Sensing of Environment, 55(2): 95-107.

Roujean J L, Breon F M. 1995. Estimating PAR absorbed by vegetation from bidirectional reflectance measurements. Remote Sensing of Environment, 51(3): 375-384.

Safavian S R, Landgrebe D. 1991. A survey of decision tree classifier methodology. IEEE Transactions on Systems, Man, and Cybernetics, 21(3): 660-674.

Schott J R, Volchok W J. 1985. Thematic Mapper thermal infrared calibration. Photogrammetric Engineering and Remote Sensing, 51: 1351-1357.

Snyder W C, Wan Z, Zhang Y, et al. 1998. Classification-based emissivity for land surface temperature measurement from space. International Journal of Remote Sensing, 19(14): 2753-2774.

Sobrino J A, Jiménez-Muñoz J C, Paolini L. 2004. Land surface temperature retrieval from LANDSAT TM 5. Remote Sensing of Environment, 90(4): 434-440.

Sobrino J A, Raissouni N, Li Z L. 2001. A comparative study of land surface emissivity retrieval from NOAA data. Remote Sensing of Environment, 75(2): 256-266.

South S, Qi J G, Lusch D P. 2004. Optimal classification methods for mapping agricultural tillage practices. Remote Sensing of Environment, 91(1): 90-97.

Valor E, Caselles V. 1996. Mapping land surface emissivity from NDVI: Application to European, African, and South American areas. Remote Sensing of Environment, 57(3): 167-184.

van de Griend A A, Owe M. 1993. On the relationship between thermal emissivity and the normalized difference vegetation index for natural surfaces. International Journal of Remote Sensing, 1993, 14(6): 1119-1131.

Vane G, Goetz A F H. 1993. Terrestrial imaging spectrometry: current status, future trends. Remote Sensing of Environment, 44(2): 117-126.

Verbesselt J, Hyndman R, Newnham G, et al. 2010. Detecting trend and seasonal changes in satellite image time series. Remote Sensing of Environment, 114(1): 106-115.

Wang J, Wang Z, Uchida S, et al. 2009. Relative discrimination of planophile and erectophile wheat types using multi-temporal spectrum measurements. Japan Agricultural Research Quarterly: JARQ, 43(2): 157-166.

Wold H. 1975. Soft modeling by latent variables: The nonlinear iterative partial least squares approach. Perspectives in probability and statistics, papers in honour of MS Bartlett, 520-540.

Wukelic G E, Gibbons D E, Martucci L M, et al. 1989. Radiometric calibration of landsat thematic mapper thermal band. Remote Sensing of Environment, 28: 339-347.

Xu H. 2006. Modification of normalized difference water index (NDWI) to enhance open water features in remotely sensed imagery. International Journal of Remote Sensing, 27(14): 3025-3033.

Yang C H, Everitt J H, Fernandez C J. 2010. Comparison of airborne multispectral and hyperspectral imagery for mapping cotton root rot. Biosystems Engineering, 107(2): 131-139.

Yang C M, Cheng C H, Chen R K. 2007. Changes in spectral characteristics of rice canopy infested with brown planthopper and leaffolder. Crop Science, 47(1), 329-335.

Zhang M H, Qin Z H, Liu X, et al. 2003. Detection of stress in tomatoes induced by late blight disease in California, USA, using hyperspectral remote sensing. International Journal of Applied Earth Observation and GeoInformation, 4(4): 295-310.

Zhao C, Huang M, Huang W, et al. 2004. Analysis of winter wheat stripe rust characteristic spectrum and establishing of inversion models. Geoscience and Remote Sensing Symposium, IGARSS'04 Proceedings 2004 IEEE International, 6: 4318-4320.

第四部分　作物病虫害遥感预测研究

准确的病虫测报,可以增强防治病虫害的预见性和计划性,病虫害及时的预测预报能让防治工作做好充分准备,增强防治主动性,不仅有效地减少病虫危害、产量损失,而且提高了防治效果,减少了防治成本和农药使用量,降低了对环境的污染,提高防治工作的经济效益、生态效益和社会效益,使之更加经济、安全、有效。病虫测报工作所积累的系统资料,可以为进一步掌握有害生物的动态规律,乃至运用系统工程学的理论和方法分析农田生态系统内各类因子与病虫发生为害的关系,因地制宜地制订最合理的综合防治方案提供科学依据。因此,这项工作不仅关系到当年当季的农业生产,而且对于提高长期综合治理的总体效益具有战略意义。

作物病虫害预测与病虫害监测一样,是作物病虫害防控的重要任务。传统意义上,病虫害预测主要根据病虫害特点依靠气象和病虫源信息建立农气模型,并据此对病虫害的发生和发展趋势进行判断。在以往研究或应用的案例中,这种方式的主要应用场景是在某些特定区域根据多年份的植物保护调查和气象记录建立统计模型并进行预测。近年来,该领域一个重要的发展方向是将气象、植物保护信息纳入 GIS 的框架下,并采用贝叶斯网络、支持向量机等一些数据挖掘算法,从气象适宜性、病虫源空间地理关系等方面进行综合分析,在区域的整体水平上建立病害流行趋势预测的模式。

另外,以往作物病虫害预测较少考虑生境因素,如作物生长状况、水分、地表温度等与病虫害寄主——作物相关的信息,因此导致预测结果相对粗放,不能体现同一区域不同生境下病虫害发生风险的差异。相比之下,光学、热红外等遥感信息为病虫害生境的面状连续监测提供了恰当的手段。近年来,开始出现一些将遥感与气象信息结合的病虫害预测研究,能够在更精细的水平上刻画病虫害发生所依赖的环境、寄主状况,从而可能提高病虫害的预测水平。本部分着重介绍在地理信息框架下基于病害流行条件的区域病害预测研究(第8章),以及基于遥感、气象等多源数据进行局地生境评价的病虫害预测研究(第9章)两方面内容,以供读者了解上述方面近年的最新发展趋势和研究进展。

实验一　小麦白粉病预测调查实验

小麦白粉病预测调查实验区选取北京周边的顺义、通州地区。该区域为北京市小麦主要种植区,典型的暖温带半湿润大陆性季风气候类型使该地区属于白粉病易发生区域。同时,该地区种植的小麦品种单一、种植面积较广、种植结构相对简单,适合应用中分辨率的卫星遥感影像来开展小麦白粉病的预测预报。调查时段根据植物保护部门监测经验及病害冠层症状大致规律,选择在 2010 年、2011 年和 2012 年冬小麦扬花期间进行调查,所有选择的样点均为一个直径超过 30m 的小麦连片种植区域。调查的内容为该区域内小麦的发病面积和病情程度,同时记录调查区域内小麦的品种和株型,并对小麦的种植密度进行测量。此外,由于病害的发生和发展具有高度的不确定性,一方面在顺义和通州区一些主要小麦种植田块布点,同时根据往年经验,咨询植物保护部门专家后在病害较易发生的通州区和顺义区进行加密调查,2010年共计选择90个调查样点,其中,54个点用于模型的训练,36个点用于模型验证,2011年和2012年分别获取29个和32个调查样点也用于模型的验证。在实际调查结果中,研究区2010年小麦白粉病呈中等程度发生,2011年呈轻度发生,2012年几乎不发生。

由于所使用的HJ-CCD影像分辨率为30m,因此,每个调查样点为一个直径为30m的圆形区域。调查时以调查范围内的小麦长势及发病程度均匀为标准,选择田块中合适的区域作为样地。使用差分GPS记录样地中心点的经纬度。在每块样地中采用分布均匀的9点调查法进行调查,每点调查面积为$1m^2$,调查内容参考第二部分实验中冠层调查方法。将5点数据汇集后计算DI作为该样点的病情指数值。

实验二 小麦蚜虫预测调查实验

和小麦白粉病一样,小麦蚜虫地面调查在北京近郊——北京通州区和顺义区开展。选择在冬小麦灌浆期对研究区的蚜害等级开展调查,此时正是蚜虫的盛发期,也是影响小麦产量的关键时期。虫害调查时间为2010年6月5日,在研究区共获取了70个样点调查数据,其中50个随机调查点和20个区域定点调查点。

此外,由于所获取的中分辨率影像为HJ-CCD影像和HJ-IRS影像,CCD影像的空间分辨率为30m,因此选择的调查样点所在地块大小首先必须大于30m×30m。调查时以调查范围内的小麦长势及蚜害等级均匀为标准,选择田块中合适的区域作为样地。在每块样地中采用分布均匀的5点调查法进行调查,每个调查点调查面积为$2m^2$,每个调查点选择5株小麦,分别计数每株小麦的倒一叶、倒二叶和倒三叶及穗部位的蚜量,最后取其平均作为该样点的蚜量调查结果,然后根据蚜害等级的划分标准确定调查点的蚜害等级,并使用差分GPS记录样地中心点的经纬度。具体蚜害程度调查参见第二部分实验。

第8章 基于病害流行条件的区域病害预测研究

作物病害的流行会导致作物产量和品质的降低,威胁粮食安全。其发生受到病原物、作物和生境条件(包括气象条件和田间环境)三方面因素的影响。理论上,当掌握病原物与作物及生境条件的作用规律,并获取当前病原物、作物和生境信息时便可准确地预测病害的发展趋势。但在实际情况中,病原物信息获取费时费力,难以在大范围内获取病原物信息。而随着遥感科学、气象科学的发展,我们能够在大范围内快速准确地获取作物和生境信息。对于作物气传病害而言,由于其孢子以风为动力在大区域尺度上进行传播,如小麦条锈病,在全球小麦种植区域均有发生。对于这类病害,作物和环境条件是影响病害发病情况的主要因素,研究作物和生境信息,可以进行作物病虫害的预测,并对潜在发病区域进行评价。本章以小麦条锈病为例开展基于病害流行条件的区域病害预测研究。

8.1 基于气象因素的作物病害中期预测

在影响作物病害发生流行的外部因素中,气象因素起主导作用,而在气象因素中对病害发生发展影响较大的主要是气温、相对湿度、日照和降雨四种因子。不同病原物均有各自适宜的气象条件,有的病原物在阴凉高湿的环境中才能够快速进行生长繁殖,而有的病原物则需要在高温、低湿、光照充足的环境中才能够生存。因此,只要掌握不同病原物与气象因素间的关系,可通过当地的气象条件对作物病害进行有效的预测。虽然多数病害发生严重时能够对作物产量和品质造成严重影响,但病害在发病早期对作物影响可以通过采取喷药等防治措施进行控制。因此,对病虫害进行有效的早期预测是病虫害防控的关键。

基于作物病害的上述特性,可以在作物生长季内采用预测日前某一段时间内的气象条件对自预测日起几天内的病害发生状况进行预测,这种预测方法可以对作物病害的发生状况进行动态预测,使生产者可以根据当前一段时间内的天气条件掌握病害在未来几天内的状况,进而采取相应的防治措施;对于小麦,由于病害多在抽穗、扬花期之后为害较重,因此一些专家学者采用一年中固定时间段的天气条件对病害发生状况进行一次性预测,这种方法虽然能够准确预测一年中病害的发病趋势,但无法准确预测病害发生时间及其在时间上的变化情况。

以小麦条锈病为例,介绍基于病害流行条件的作物病害进行预测的方法和流程。小麦条锈病作为小麦生产过程中一种破坏性较强的流行性病害,可在小麦生产过程中多次发生,其孢子可在风的作用下进行远距离传播,属于低温、高湿、强光型、多循环真菌性气传病害,其发病程度受生境条件影响较大,其中,气象条件是条锈菌存活、生长和繁殖的关键影响因素,而土壤含水量、田间通风透光等田间环境可以在一定程度上促进或抑制条锈病的发病速率和发病程度。条件适宜时可在大范围内暴发流行,造成小麦的大幅减产。

由于条锈病对生境条件的响应存在一定的滞后,一般为10天左右,且条锈病地面调查时间周期为7天。因此,在预测模型中采用预测日前7天内的气象数据作为预测变量,对预测日期起7天内条锈病发病的环境适宜性进行预测,预测方法为不确定性推理方法——贝叶斯网络方法,预测因子为气温、相对湿度、降雨量、日照时数。模型建立的流程图如图8-1所示。对我国小麦条锈病重要流行区域——甘肃省东南部地区2010~2012年病害发生情况进行预测。

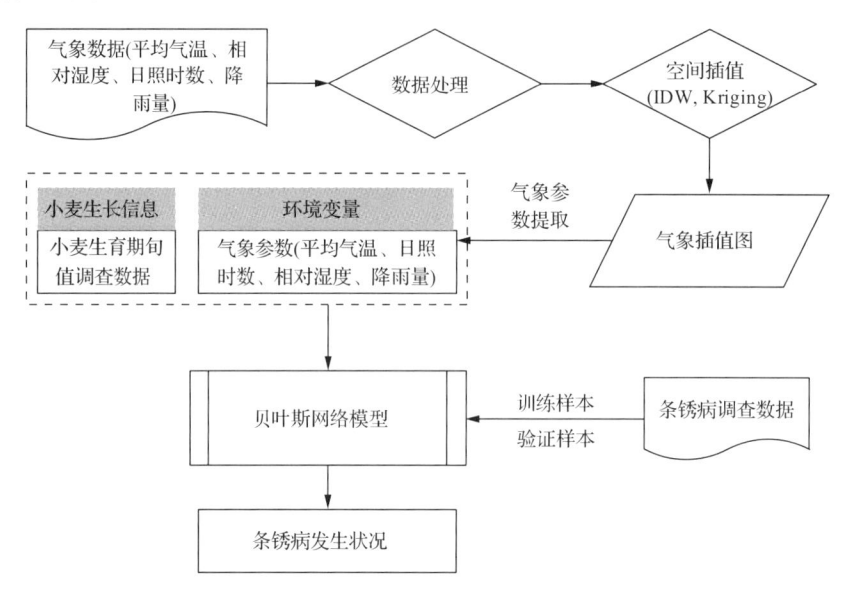

图8-1 条锈病适应性动态预测研究思路

8.1.1 气象数据处理

数据处理包括异常值去除、周平均值计算和空间插值。对去除异常值的气象数据,以周为单位计算各参数平均值。将气象站点数据以30m×30m分辨率进行插值处理。考虑到某些气象参数和海拔间存在较强关系,通过采用对海拔拟合残差插值的方法提高插值精度。为此,对于与海拔间决定系数(R^2)高于0.6的气象因子采用上述方法进行修正。插值方法方面,采用Kolmogorov-Smirnov方法对气象站点数据进行正态性检验,对于p-value>0.05即符合高斯分布的样本采用Kriging插值,对于不符合高斯分布数据采用反距离权重插值(inverse distance weighted,IDW)。

8.1.2 气象因子与条锈病的关系

小麦条锈病的发生从环境条件上看,主要受到温度t、相对湿度h、降雨量p、日照时间s四类气象因子的影响。de Vallavieille-Pope等(1994)研究表明,当气温在5~25℃范围内时,小麦条锈病的感染效率等于或高于23%,当气温超过30℃时不发生感染,Newton和Jhonson(1936)研究表明气温低于0℃时病菌不能产生孢子。de Vallavieille-Pope等(2002)研究显示,光照条件影响条锈菌的侵染效率,光照越充足侵染效率越高。Cooke等(2006)研究表明相对湿度可以为条锈病菌提供湿润的环境,当相对湿度高于50%时才能产生孢子,且相对湿度越高产孢量越大。降雨不仅可以为条锈病菌提供湿润的环境,还可以通过雨滴的飞溅和沉降作用对病害的传播扩散起到一定的作用。

因此,根据以上四类气象因子与条锈病之间的关系,将 0~25℃范围内的温度等间隔分成 5 级,小于 0℃的为一级;降雨量、日照、相对湿度按照数据分布及病害作用规律分为六级,具体各参量值域范围如表 8-1 所示。

表 8-1 气象因素的等级划分

气象因素	最小值	最大值	等级 1	2	3	4	5	6
降雨量/mm	0	7.52	$p \leqslant 0.1$	$0.1 < p \leqslant 1$	$1 < p \leqslant 2$	$2 < p \leqslant 3.5$	$3.5 < p \leqslant 4.5$	$p > 4.5$
相对湿度/%	24.88	91.97	$h \leqslant 35$	$35 < h \leqslant 45$	$45 < h \leqslant 50$	$50 < h \leqslant 60$	$60 < h \leqslant 80$	$h > 80$
温度/℃	−8.5	24.73	$t \leqslant 0$	$0 < t \leqslant 5$	$5 < t \leqslant 10$	$10 < t \leqslant 15$	$15 < t \leqslant 20$	$t > 20$
日照时间/h	0.37	12.9	$s \leqslant 3$	$3 < s \leqslant 5$	$5 < s \leqslant 6.5$	$6.5 < s \leqslant 8$	$8 < s \leqslant 9.5$	$s > 9.5$

经过对 2010~2012 年研究区域内气象数据和条锈病测报数据进行统计分析,得到降雨量、温度、相对湿度、日照时数及小麦生育期等因子的先验概率分布(图 8-2,图 8-3)。图 8-2(a)中显示,在条锈病发生、周平均降雨量一定时,条件概率随着相对湿度的增加先增大后减小;图 8-2(b)中不同日照时数的条件概率的变化趋势基本一致,均是先增加后减小;图 8-3(a)中不同气象因子的条件概率变化趋势基本相同,但条件概率的峰值位置不同,各节点条件概率的变化趋势可以很好地反映出各气象因子及生育期对条锈病发生的影响规律。图 8-4 显示,随着小麦生育期的推进,条锈病调查点的发病数量增加,在图 8-5 中,随着小麦生育期的推进,降雨量、温度逐渐上升,相对湿度先下降后上升,日照时数等气象因素先上升后下降,表明随着生育期的推进,气象因素逐渐适宜条锈病的发生。

在甘肃东南部的研究区域中,小麦条锈病的发生随生育进程呈逐渐加重态势。其中,返青和拔节期预测的条锈病发生平均概率在 30% 左右,抽穗期升至 51%,乳熟期达到 84%。由图 8-5 可以看出研究区小麦返青期虽然平均降雨量、平均相对湿度、平均日照时

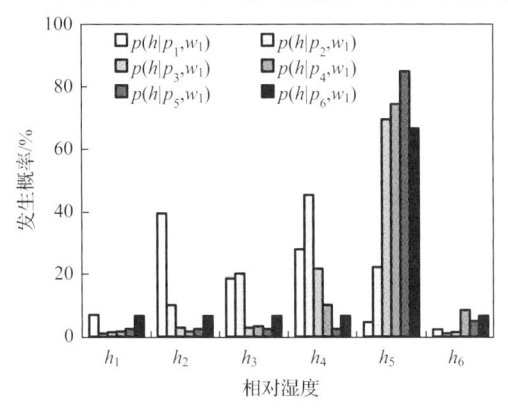

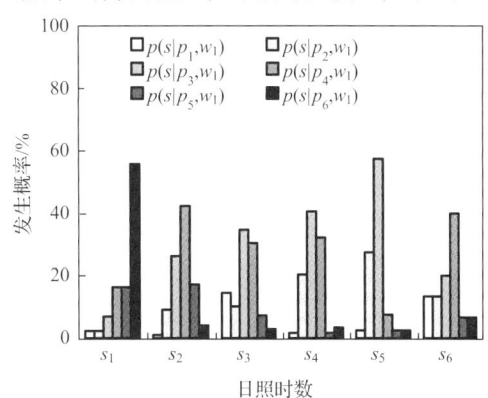

(a) 不同降雨量及条锈病发生情况下相对湿度条件概率 (b) 不同降雨量及条锈病发生情况下日照时数条件概率

图 8-2 多个父节点属性的条件概率分布

h 表示相对湿度;p 表示降雨量;w 表示小麦是否发生条锈病(w_1 表示发生,w_0 表示未发生);s 表示日照时数;$p(h \mid p_1, w_1)$ 表示在降雨量为 p_1、小麦发生条锈病的条件下相对湿度为 h 的概率

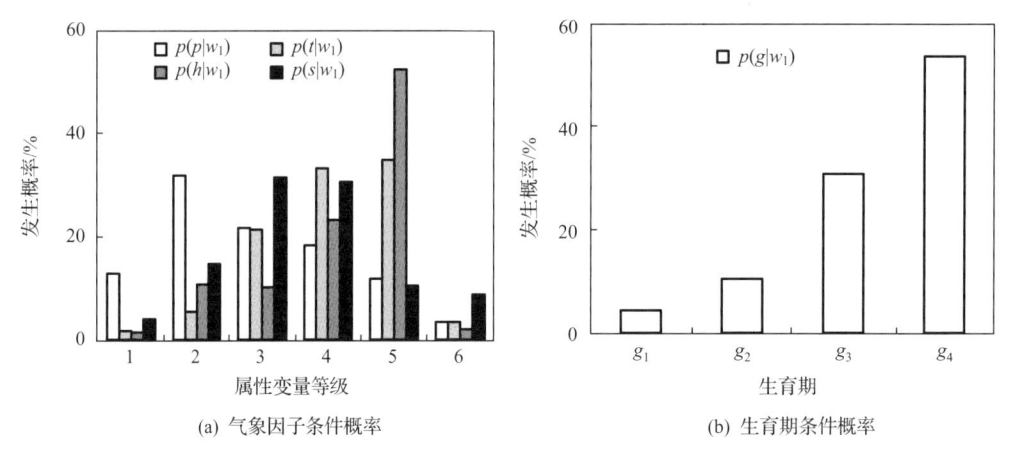

图 8-3 单个父节点属性的条件概率分布

(a)中属性变量包括降雨量、温度、相对湿度、日照时数,属性变量等级具体定义参见表 8-1;
(b)中 g_1、g_2、g_3 和 g_4 分别表示返青期、拔节期、抽穗期、乳熟期(下同)

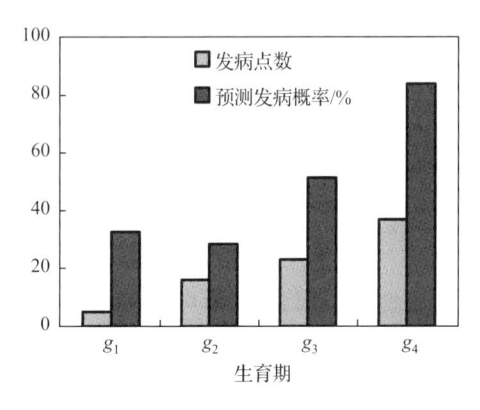

图 8-4 预测发生概率与实际发生数量趋势

数均在条锈病适宜发生的范围内,但是作为关键制约因子的平均温度较低,仅 3.1℃,多数地区未达到病菌萌发和侵染的最低温度(5℃),因此感染率较低。小麦拔节期温度升高,而相对湿度(45%)稍低于条锈病菌产孢的适宜湿度(50%),因此病菌感染率仍较低。而当小麦的生育进程发展至抽穗期和乳熟期时,各项气象参数均在条锈病病菌繁殖、侵染及传播的范围内,因此发病面积呈逐渐扩大的态势。上述研究区的小麦条锈病随时间变化的发生及流行趋势能够通过本节构建的贝叶斯网络预测模型得到较客观的反映(图 8-4)。

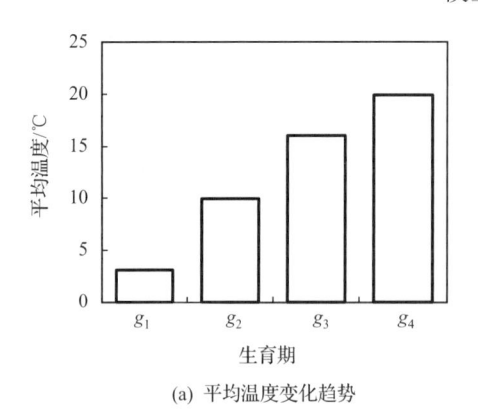

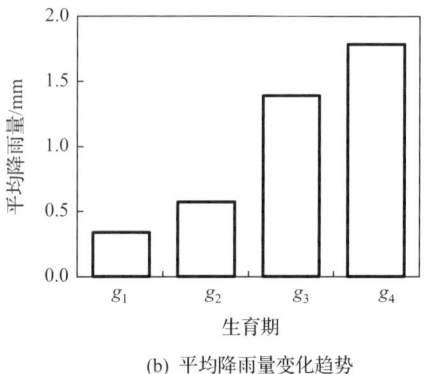

(a) 平均温度变化趋势

(b) 平均降雨量变化趋势

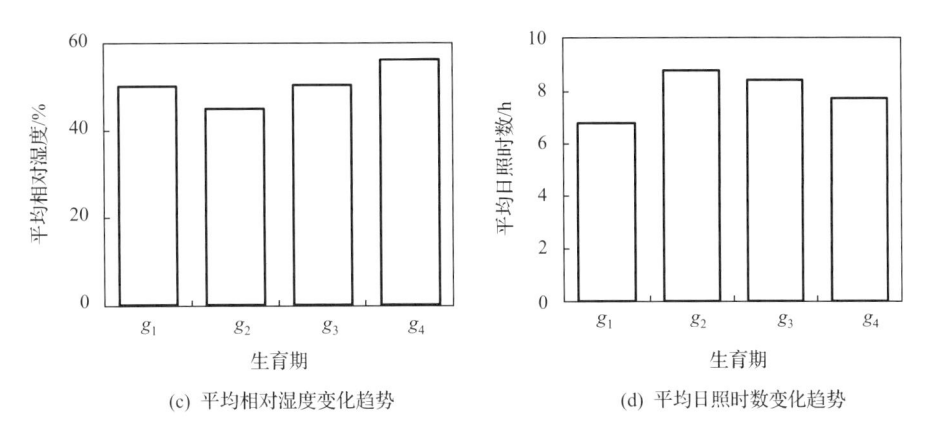

(c) 平均相对湿度变化趋势 (d) 平均日照时数变化趋势

图 8-5　不同生育期各气象因素变化趋势

8.1.3　贝叶斯网络方法

贝叶斯网络是建立在概率统计理论基础上的一种概率图论模型,具有严密的推理过程、清晰的语义表达和数据学习能力等特点,可以通过一些变量的信息来获取其他变量的概率信息,是不确定性推理和数据分析的一种有效工具,自 20 世纪 80 年代以来已在专家系统、数据挖掘、模式识别、图像处理、人工智能等众多领域得到了广泛应用。设有限离散变量集合 $X = \{X_1, X_2, \cdots, X_n, C\}$,$X_i$ 为随机变量,$n = 1,2,\cdots,n,n > 1$,C 为类变量。每个变量可取有限个值,取值集合用 $\mathrm{Val}(X_i)$ 表示。用 x_i 表示变量 X_i 的取值,c 表示类变量 C 的取值。对于集合 X,贝叶斯网络可表示为 $B = \langle G, \Theta \rangle$,$G$ 是一个有向无环图,图中的每个顶点对应变量 X_i, C,各顶点之间的有向边表示对应变量间的依赖关系。有向箭头指向的变量为子节点,反之则为父节点。网络结构表示在给定变量 X_i 父节点的情况下,X_i 独立于其非子节点。Θ 表示贝叶斯网络的参数,即网络中各个顶点的条件概率和先验概率。给定实例 $D = \{x_1, x_2, \cdots, x_n\}$ 及类标记 c,贝叶斯网络结构如图 8-6 所示,根据贝叶斯公式可得类标记为 c 的后验概率为

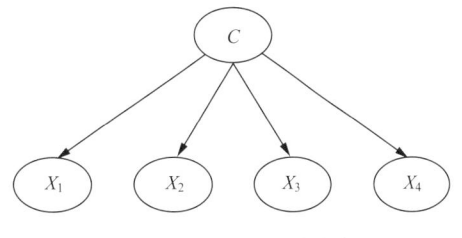

图 8-6　贝叶斯网络实例

$$p(c \mid D) = \frac{p(D \mid c) p(c)}{p(D)} \tag{8-1}$$

图 8-6 中,C 表示类别变量,$X_1 \sim X_4$ 表示属性节点。因此,给定变量集合 D,最有可能发生的类标记 c 的后验概率为

$$w(x) = \mathop{\mathrm{argmax}}_{c \in C} \frac{p(D \mid c) p(c)}{p(D)} \tag{8-2}$$

对于给定集合,$p(D)$ 是一个不依赖于 c 的常量,因此,式(8-2)可以写成

$$w(x) = \mathop{\mathrm{argmax}}_{c \in C} p(D \mid c) p(c) \tag{8-3}$$

应用乘法规则有

$$p(D\mid c)=p(x_1\mid c)p(x_2\mid x_1,c)\cdots p(x_n\mid x_1,x_2,\cdots,x_{n-1},c)$$
$$=\prod_{i=1}^{n}p(x_i\mid x_1,x_2,\cdots,x_{i-1},c) \quad (8\text{-}4)$$

对于任意 x_i,如果存在 $\pi(x_i)\in\{x_1,\cdots,x_{i-1}\}$,其中,$\pi(x_i)$ 表示 x_i 父节点的集合,使得给定 $\pi(x_i)$,x_i 与 $\{x_1,\cdots,x_{i-1}\}$ 中的其他变量条件独立,即

$$p(x_i\mid x_1,\cdots,x_{i-1})=p(x_i\mid \pi(x_i)) \quad (8\text{-}5)$$

式(8-3)可以写成

$$w(x)=\underset{c\in C}{\operatorname{argmax}}\prod_{i=1}^{n}p(x_i\mid \pi(x_i),c)p(c) \quad (8\text{-}6)$$

贝叶斯网络中,给定实例 $\{x_1,x_2,\cdots,x_n\}$ 及类标记 c,由式(8-6)可得到贝叶斯网络分类公式:

$$w(x)=\underset{c\in C}{\operatorname{argmax}}\, p(c)\prod_{i=1}^{n}p(x_i\mid \pi(x_i),c) \quad (8\text{-}7)$$

8.1.4 贝叶斯网络模型建立

考虑到小麦条锈病发展与生育进程间存在较密切的关系,将小麦生育期(growth period,G)也作为一个变量。考虑到气温(T)、相对湿度(H)、降雨量(P)、日照时数(S)以及生育期(G)因素对小麦条锈病发生存在直接联系,因而在五个因素与小麦条锈病发生概率(W)间建立关联(即在网络中连边)。此外,考虑到降水事件对湿度和日照时数的间接影响,在 P 和 H、S 因素间建立关联。最终形成的用于预测小麦条锈病发生概率的贝叶斯网络结构如图8-7所示。其中,w 表示小麦感染条锈病的状况,分为感染(w_1)与未感染(w_0)两种情况,生育期(G)根据甘肃省研究区域内的小麦物候分为返青、拔节、抽穗、乳熟四个时期。H、P、S、T 的分级量化如图8-7所示。

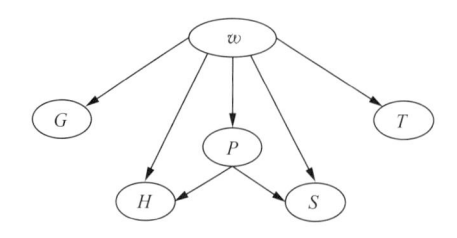

图 8-7　贝叶斯网络结构

w 表示小麦染病状态:染病为 1,未染病为 0;G 表示小麦生育期;H 表示相对湿度;
P 表示降雨量;S 表示日照时数;T 表示温度

在图8-7所示贝叶斯网络结构下,应用马尔可夫原理可得病害发生与否的概率计算式:

$$w(x)=\underset{w\in\{w_1,w_0\}}{\operatorname{argmax}}\, p(w)\prod_{i=1}^{5}p(x_i\mid \pi(x_i),w) \quad (8\text{-}8)$$

为获得某因子对应的先验概率值，首先根据 2010~2012 年训练数据（见 8.1.2 节）建立各参数的概率表。参考测报数据以 7 天为步长进行病害预测，根据第 T 时相的气象条件和生育期对应的发病先验概率计算第 $T+1$ 时相的小麦条锈病发生的后验概率。在计算中为避免零频率出现时导致的极端值，采用 Laplace 估计计算各节点的概率分布，计算公式如下：

$$p(w) = \frac{\sum_{i=1}^{n} \delta(w_i, w) + 1}{n + n_w} \tag{8-9}$$

$$p(a_j \mid w, b) = \frac{\sum_{i=1}^{n} \delta(a_{ij}, a_j) \delta(w_i, w) \delta(b_i, b) + 1}{\sum_{i=1}^{n} \delta(w_i, w) \delta(b_i, b) + n_j} \tag{8-10}$$

$$p(a_j \mid w) = \frac{\sum_{i=1}^{n} \delta(a_{ij}, a_j) \delta(w_i, w) + 1}{\sum_{i=1}^{n} \delta(w_i, w) + n_j} \tag{8-11}$$

式中，n 为训练实例个数；n_w 为类的取值个数；n_j 为第 j 个属性的取值个数；w_i 为第 i 个训练实例的类别标记；a_j 为影响因子的第 j 个属性值；a_{ij} 为 i 训练实例的第 j 个属性值 $\delta(w_i, w)$ 是一个二值函数，当 $w_i = w$ 时为 1，否则为 0。

8.1.5 条锈病中期预测模型应用

以我国小麦条锈病重要流行区域——甘肃省东南部地区为例，采用 8.1.3 节所述方法对 2010~2012 年该地区病害发生情况进行预测。研究区域位置及范围如图 8-8 红色矩形框所示，纬度及经度范围分别为 32°34′~37°09′ 和 102°17′~108°37′。该区域主要的种植作物为小麦，其中，研究区域的东部主要种植冬小麦，研究区域西北部地区主要种植春小麦，研究区东部的天水、陇南地区冬季气候温暖湿润，有利于条锈菌越冬，研究区西部地区海拔较高、气候凉爽，有利于条锈菌越夏，且条锈菌可以通过风进行远距离传播，条锈菌可在该区域内完成周年循环。研究区的气候特点和种植分布使该地区成为我国小麦条锈病流行的重灾区。

从中国气象局获取甘肃省研究区及其周边的 57 个气象站点（图 8-8）2010~2012 年小麦返青期至乳熟期的逐日数据，数据跨度从发病前两周至小麦成熟。根据 8.1.1 节的方法计算、提取 8.1.2 节中所用的温度、相对湿度、降雨量和日照时数等气象因子。

小麦条锈病测报数据由甘肃省植物保护总站提供。数据年份从 2010 年至 2012 年共 3 年数据，测报点数量分别为 45、18 和 47，空间分布如图 8-8 所示（以 2010 年为例）。三个年份中测报时间范围分别为 2010 年 3 月 1~2010 年 7 月 4 日，2011 年 3 月 7~2011 年 7 月 3 日，和 2012 年 3 月 19~2012 年 7 月 1 日。各点测报时间周期为 7 天，测报内容包括测报点经纬度、条锈病始见期等。在本节中将各测报点病害发生数据按时序进行整理，其中，将每年份各生育数据随机分为训练数据（60%）和验证数据（40%）。预测结果如图 8-9

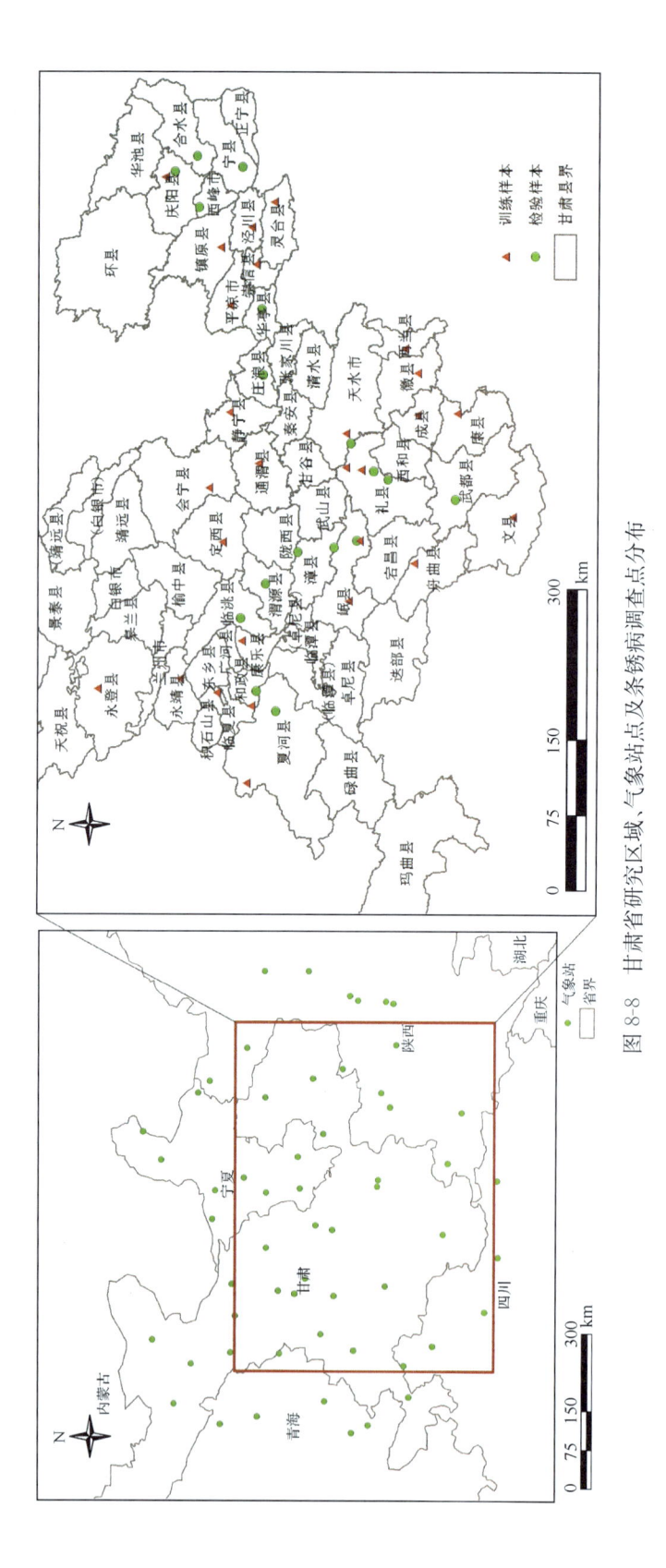

图 8-8 甘肃省研究区域、气象站点及条锈病调查点分布

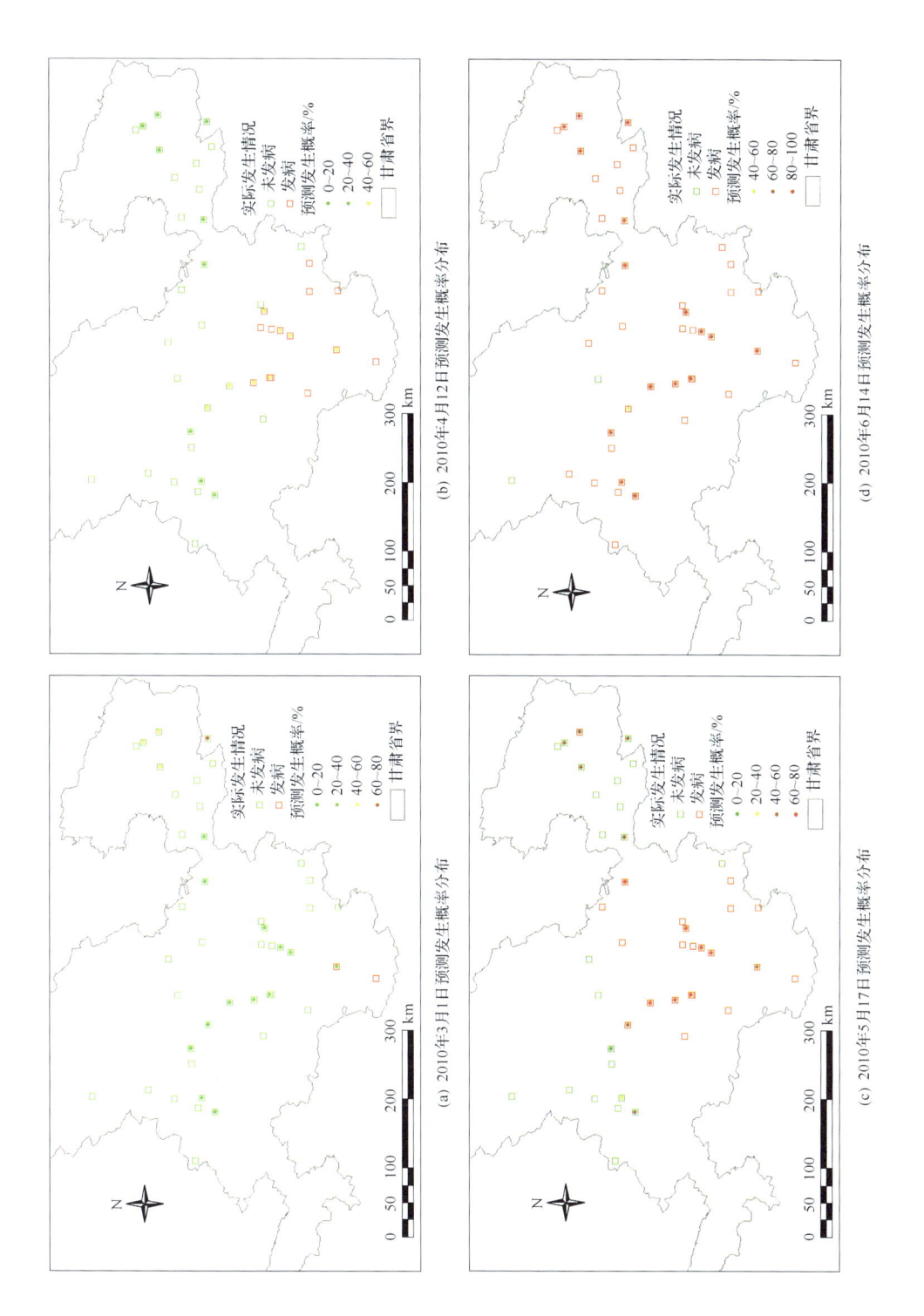

(a) 2010年3月1日预测发生概率分布

(b) 2010年4月12日预测发生概率分布

(c) 2010年5月17日预测发生概率分布

(d) 2010年6月14日预测发生概率分布

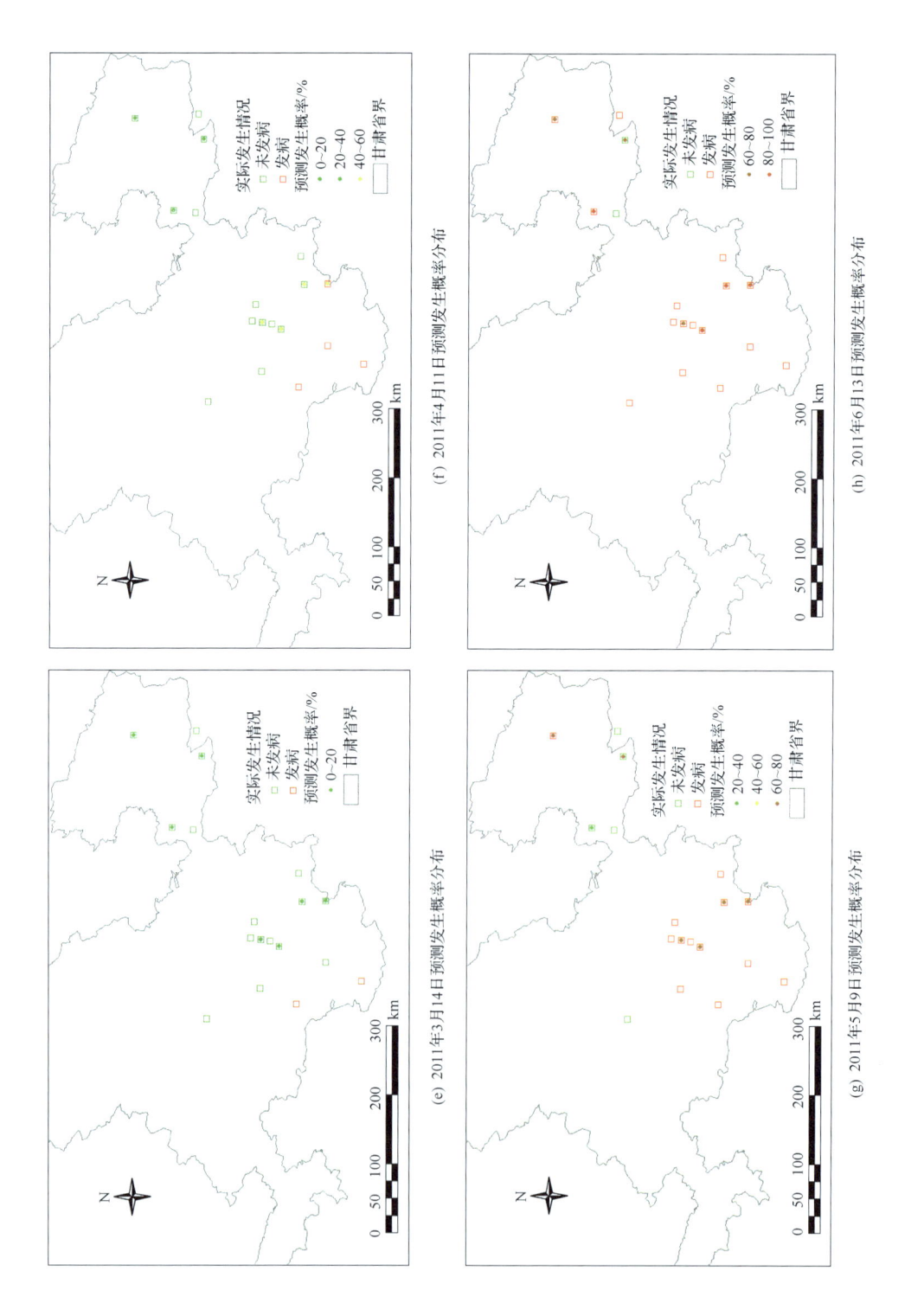

(f) 2011年4月11日预测发生概率分布

(h) 2011年6月13日预测发生概率分布

(e) 2011年3月14日预测发生概率分布

(g) 2011年5月9日预测发生概率分布

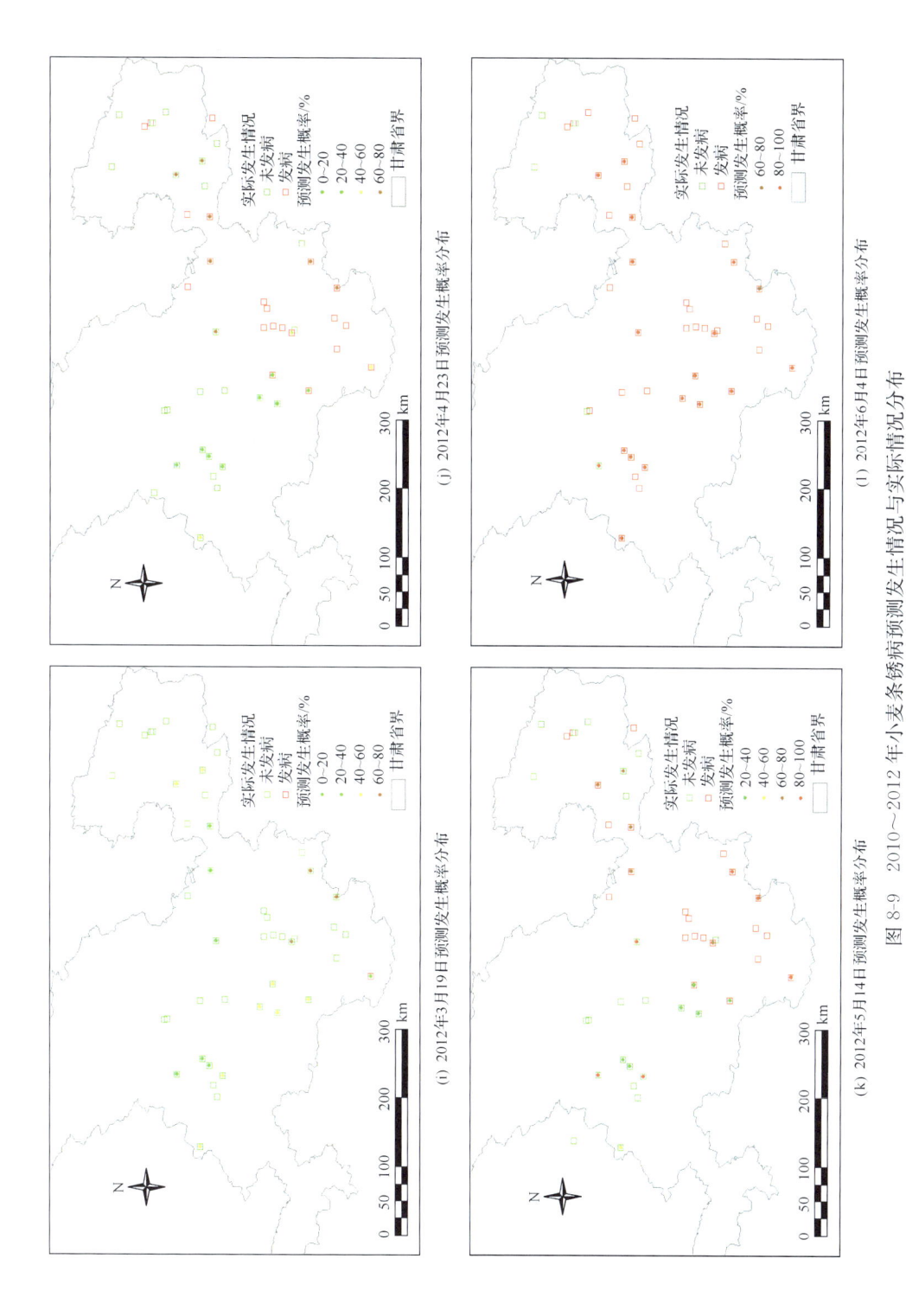

(j) 2012年4月23日预测发生概率分布

(l) 2012年6月4日预测发生概率分布

(i) 2012年3月19日预测发生概率分布

(k) 2012年5月14日预测发生概率分布

图 8-9 2010~2012 年小麦条锈病预测发生情况与实际情况分布

预测发生概率为自预测之日起 7 天内的预测发生概率；彩色圆点表示检验点小麦条锈病预测发生概率；彩色方框表示训练点与检验点小麦条锈病实际发生情况

所示。在空间上,通过对比观察2010～2012年研究区小麦条锈病的扩散过程,发现该地区病害的发生和传播具有较强的规律性,每年均出现返青期始发于甘肃南部地区,随后向北扩散的流行趋势。此外,在甘肃省东北地区稍晚亦出现自发性的条锈病感染区域,并向西传播。由于研究区菌源充足,通常经过一段时间的扩散,在6月初条锈病会侵染研究区的大部地区。这种空间传播过程由于强烈受到局地气象条件的影响,因此能够被提出的模型较好地预测。此外,为更全面地对模型进行评价,进一步对比样点的预测概率和实际发生概率(图8-10),发现在多数情况下,样点的病害预测结果与实际发生情况大体上能够较好吻合。进一步,通过反复试验确定概率阈值为0.4为宜,即判定概率低于0.4的样本倾向不发生条锈病,反之则倾向发生病害。结果表明(表8-2),预测准确率在返青期、拔节期、抽穗期、乳熟期分别为62.92%、63.18%、79.48%、94.75%,随生育期推后逐渐升高。

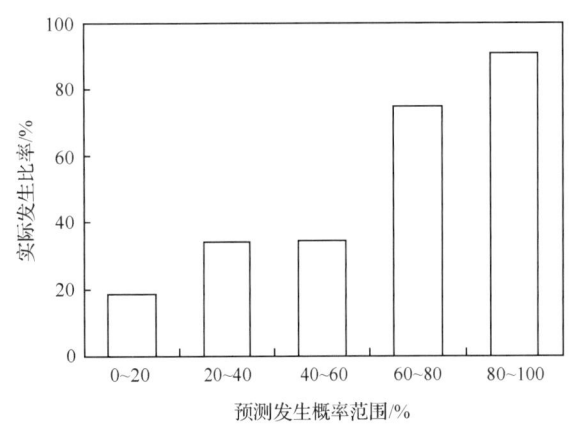

图8-10 预测发生概率范围内的实际发病比率

表8-2 预测结果

年份	准确率/%			
	返青期	拔节期	抽穗期	乳熟期
2010	64.71	61.76	81.18	98.53
2011	71.43	62.86	80.95	85.71
2012	52.63	64.91	76.32	100
平均准确率	62.92	63.18	79.48	94.75

但是,应注意到本小节中模型的预测结果在一些时期局部仍与实际发生情况存在一定程度的偏差。例如,图8-9(c)(2010年5月17～5月23,抽穗期)中所示,在研究区西北部及东北部有几个测报点的预测发病概率较高,但实际未发生条锈病;图8-9(j)、(k)中,研究区中部偏西有两个测报点的预测发病概率较低,但实际已经发生条锈病。这些偏差表明条锈病发生除受外部环境影响因子及生育期影响外,其传播、扩散的过程仍具有较大的不确定性。考虑到条锈病属于气传病害,后续研究应将小麦种植分布、风速、风向等因素纳入模型,对病害传播和扩散过程加以描述,以进一步提高模型的精度。

8.2 耦合菌源、气象和遥感信息的病害预测方法

由于小麦条锈病的发生情况是一个由菌源、寄主和生境条件三方面因素综合影响的复杂问题,理论上掌握的信息越全面对病害发展情况的预测越准确。曾士迈(1988,2003)研究表明,小麦植株对条锈病的抗病能力受植株的营养状况和长势的影响,而作物的长势和营养状况是随时间变化的,大量的研究表明遥感获取的归一化植被指数与作物营养状

况和长势存在显著的相关性,能够很好地反映作物的营养状况和长势信息。且遥感手段在获取大面积空间范围上的数据具有实时、高效、空间连续的特点。空间化的气象数据是条锈病区域尺度预测的有效数据源,遥感信息对作物分布、长势的表征也给条锈病的预测带来新的思路,二者在地理信息系统 GIS 平台下的结合为病害预测能力的提升带来契机。基于此,以气象数据、遥感数据和植物保护数据为基础,采用针对小样本问题的支持向量机方法构建一个支持向量机预测模型,对结合遥感、气象等信息的病害预测进行研究,方法流程如图 8-11 所示。

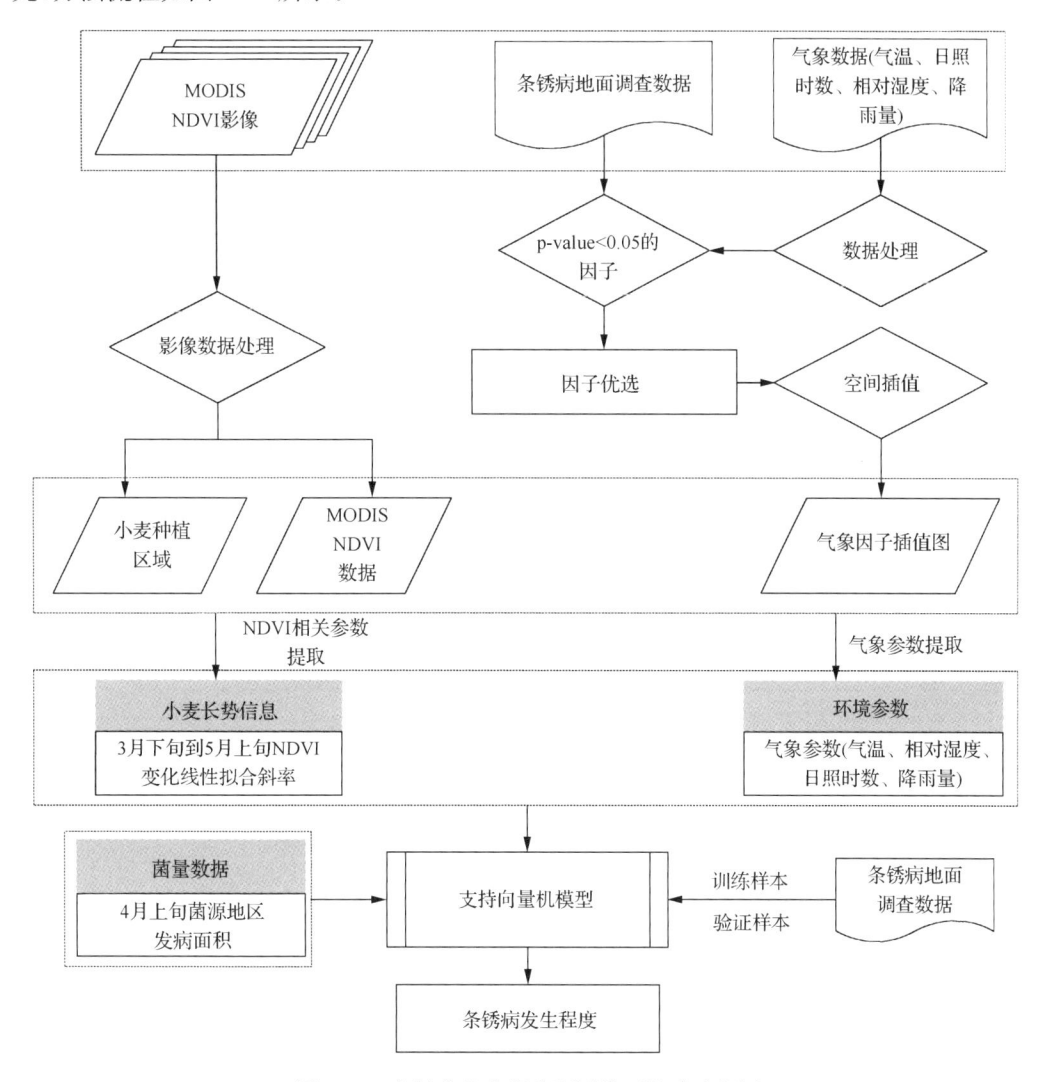

图 8-11 条锈病发病程度预测模型构建流程图

8.2.1 气象因子的选择

影响条锈病发生的主要气象因子包括气温、相对湿度、日照时数和降雨量四类。条锈菌喜凉怕热,其生长繁殖需要适宜的气温和湿润的环境,在侵染过程中需要适宜的光照和液态水的存在。各类气象条件持续时间的长短也会对条锈病的生长繁殖速度产生较大的影响。综合考虑各气象因子对条锈病的影响,选取最高气温、最低气温、平均气温、降雨量、平均相对湿度、日照时数等对条锈病发生具有指示意义的因子作为预测的备选变量。根据Cooke等(2006)、曾士迈(2003)的研究结果,计算出的各气象因子如表8-3所示,对各气象因子与条锈病发病程度用方差分析进行显著性检验,结果如表8-3所示。其中,只有3月最低气温均值和4月最低气温小于0℃天数 p-value>0.05,其余气象因子均与条锈病发病程度显著相关。选取p-value<0.05气象因子,由于同类气象因子之间可能存在较大的相关性,因此将通过显著性检验的气象因子间进行相关性分析。根据Pearson相关性分析结果,保留相关系数高于0.8的两个因子中p-value小的因子,最终选取用于预测的气象因子如表8-4所示。

表8-3 各气象因子与条锈病发病程度显著性分析

气象因子	p-value	气象因子	p-value
3月平均气温	0.024	4月平均气温	0
3月平均相对湿度	0	4月平均相对湿度	0
3月平均相对湿度超50%的天数	0.002	4月平均相对湿度超50%的天数	0.003
3月平均最高气温	0.009	4月平均最高气温	0
3月平均最低气温	0.105	4月平均最低气温	0
3月最低温低于0℃天数	0.04	4月最低温低于0℃天数	0.076
3月平均降雨量	0.039	4月平均降雨量	0.014
3月降雨量超过0.25mm天数	0.001	4月降雨量超过0.25mm天数	0.003
3月平均日照时数	0.004	4月平均日照时数	0.002
3月日照时数超过8h天数	0.001	4月日照时数超过8h天数	0.018

表8-4 用于预测的各因子

	预测因子
气象数据	3月平均相对湿度
	3月最低气温低于0℃天数
	3月降雨量超过0.25mm天数
	3月平均日照时数
	4月平均气温
	4月平均相对湿度超过50%天数
	4月平均降雨量
	4月日照时数超过8h天数
遥感数据	3月下旬到5月上旬NDVI值累加和
	3月下旬到5月上旬NDVI值线性拟合斜率
菌源数据	4月上旬研究区甘肃省各区县发病面积

根据Cooke等(2006)的研究,气温、相对湿度、降雨、日照是影响条锈病发生的关键气象因子,且这四种气象因子对条锈病发生影响机理各不相同。因此每种气象因子至少保留一个,根据这一指导原则,最终选取的气象因子如表8-4所示。

由于地面气象站点获取的气象数据存在异常值,且只能代表某一区域的数据,并不能覆盖研究区内所有的县,首先将气象数据按月平均。将处理后的各气象因子以 250m×250m 分辨率进行插值处理,以配合 MODIS-NDVI 影像数据使用。插值方法参考 8.1.1 节。将插值后的数据以县为单位提取各因子的均值。最终获得 3、4 月内的县域尺度气象因子的月平均数据。

8.2.2 寄主长势与条锈病病情的关系

本节采用遥感数据归一化植被指数作为寄主长势信息。数据来源为 MODIS-NDVI 产品 MOD09Q1,时间范围为 2010～2012 年,每年 46 景影像数据,其中用每年 4 月下旬至 5 月上旬(即第 81～128 天)的时间序列 NDVI 数据提取小麦活力信息。由于受到云量、气溶胶等的影响,获取的原始 MODIS NDVI 数据在时间序列上存在毛刺噪声。为消除噪声影响,采用 Eklundh 和 Jönssonb(2012)开发的 TIMESAT 软件对 MODIS 数据进行时间序列上滤波,滤波方法采用 S-G 方法。

NDVI 作为反映植被长势信息的重要参数,其值大小随植被覆盖度和植被种类而有一定的变化;且在同一时间不同植被的 NDVI 值差异可能不大,这就使得采用单一时相的 NDVI 进行分类变得困难。但不同类型植被的生长季节、生长期长短上存在差异,使得不同植被的 NDVI 值在时间上变化轨迹不同;且由于气候和种植制度的差异,不同地块上的植被类型存在一定的差异,这导致不同地块的 NDVI 值在一年内的变化轨迹存在明显差异。因此,可以根据这一差异对地物进行分类。图 8-12 为不同植被类型地块的 NDVI 值在一年内的变化轨迹。根据地面调查及农业植物保护人员介绍,研究区主要种植农作物为冬小麦和玉米,其他农作物种植面积较小。由图 8-12 可以看出冬小麦-玉米种植地块的 NDVI 在一年内有两个峰值,可以很好地区分其他地物。根据这一特点提取冬小麦种植区域,提取结果如图 8-13 所示。

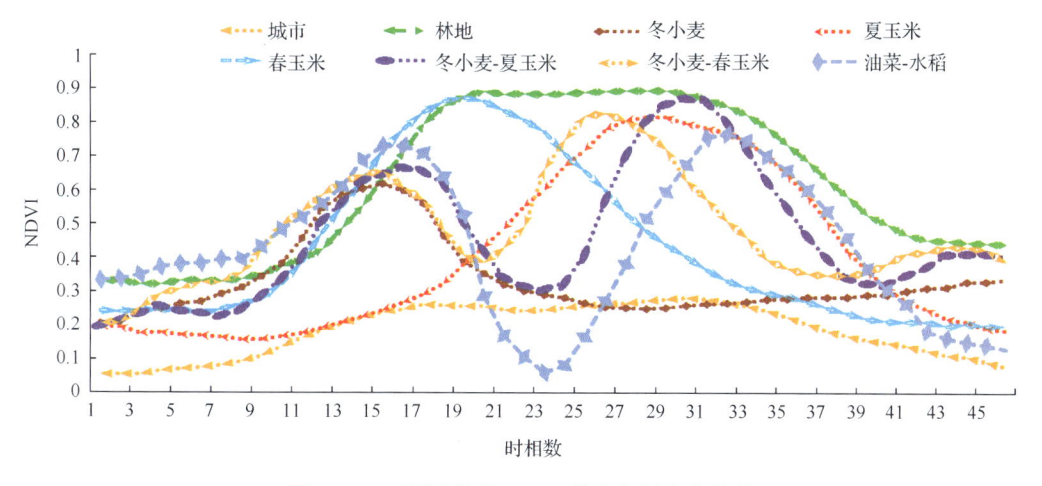

图 8-12 不同地物的 NDVI 数值年际变化趋势

利用提取的小麦种植区域对 NDVI 影像进行掩膜处理,然后以县为单位提取小麦种植区域的 NDVI 平均值。选取 2010～2012 三年中每年的 4 月下旬(第 81 天)到 5 月上旬(第 128 天)6 个时相的 NDVI 进行以下两方面处理:①对研究区农田区域 NDVI 按县平

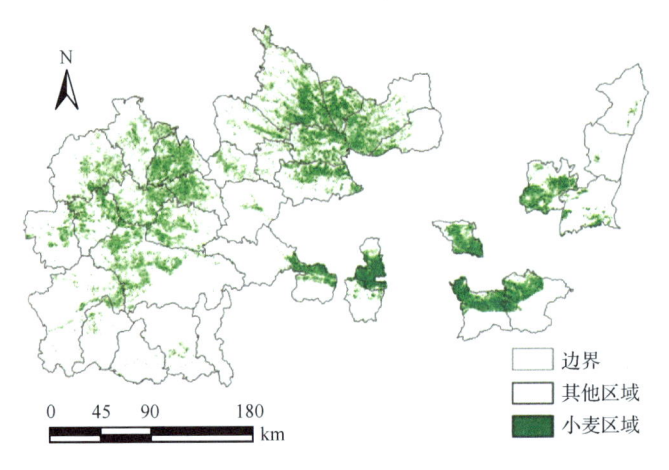

图 8-13 小麦种植区域提取结果

均,将上述时段 NDVI 累加用于反映作物生长旺季的活力状况,用于作为预测模型变量,用 NDVI-Total 表示;②以时间为横坐标,NDVI 值为纵坐标,对研究区内各县的 NDVI 在时间序列上变化进行线性回归拟合,将拟合线性方程斜率作为预测模型的遥感因子。

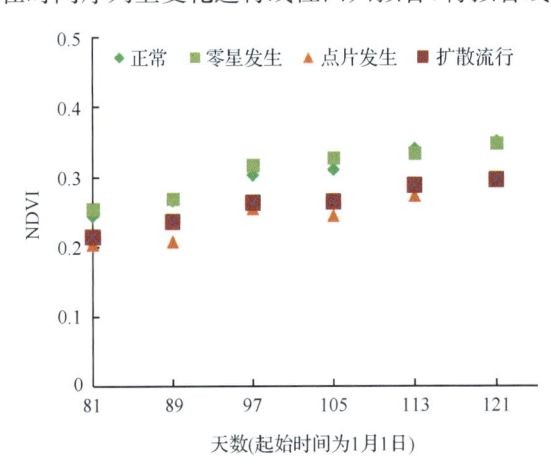

图 8-14 小麦 NDVI 在时间序列上的变化

不同发病程度的小麦 NDVI 在时间序列上的变化趋势如图 8-14 所示。可以看出点片发生和扩散流行的 NDVI 取值与变化趋势基本相同,与零星发生及未发生在 NDVI 值大小及增加趋势上有明显的差别,零星发生与未发生的 NDVI 取值及变化趋势差别不明显。这种基于遥感信息对作物生长特定阶段生理活性的观测和反映有助于从另一个侧面对作物的病害易感性做出评价。通常而言,小麦的水肥状况可以影响条锈病的发病程度,如氮肥施用量越大,条锈病发生越重。

8.2.3 条锈病菌源信息

从病害区域流行角度,通常根据区域中的菌源是否存在或达到一定量为标准将一定区域划分为菌源地和非菌源地。其中,非菌源地条锈病的发生通常由菌源地提供孢子,且菌源地条锈病发生时间、发病程度及面积对非菌源地的发病程度有较大影响。甘肃省的陇南地区是我国主要的条锈病菌源地,其发病情况对研究区内非菌源地的各区县的发病情况具有较大的影响。因此,在本小节中将 4 月上旬天水及其相邻各县的发病情况作为预测模型的菌量因子。2010~2012 年 4 月上旬研究区内甘肃地区的发病情况如图 8-15 所示。

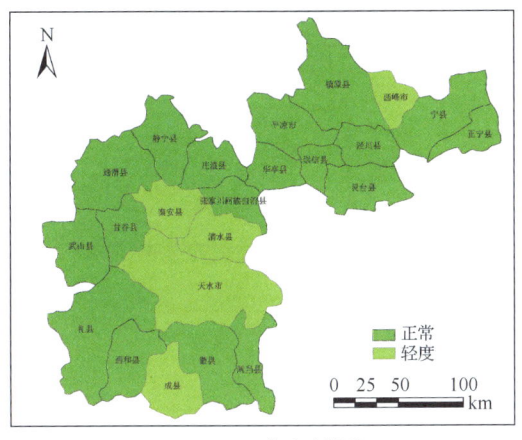

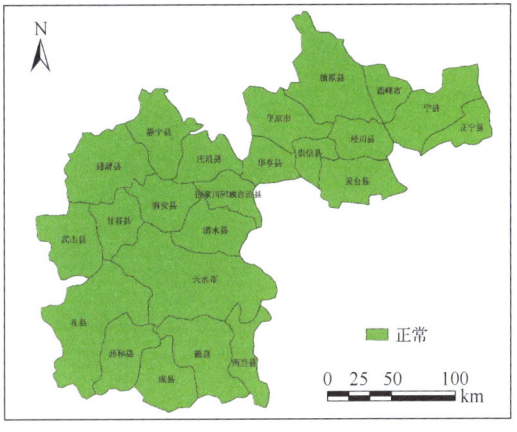

(a) 2010年发病情况

(b) 2011年发病情况

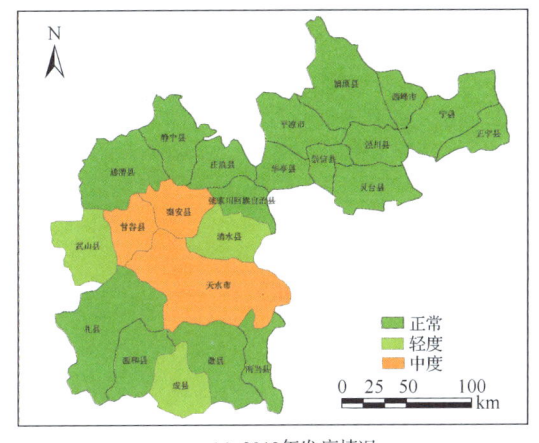

(c) 2012年发病情况

图 8-15　研究区内甘肃省各区县在 4 月上旬发病情况

8.2.4　耦合菌源、气象和遥感信息的病害预测模型

以我国陕西关中平原及甘肃省部分小麦条锈病常发区县(图 8-16)为例，采用支持向量机方法对该地区 2010~2012 年的小麦条锈病发生情况进行预测。在采用支持向量机方法建立病害预测模型时，将选择的影响病害发生的各因子作为模型的输入变量，病害的发生情况作为模型的输出。为方便采用支持向量机方法建立条锈病预测模型，将发病程度分为健康(用 0 表示)、零星发生(用 1 表示)、点片发生(用 2 表示)、流行扩散(用 3 表示)四种情况。程序部分基于台湾大学林智仁开发的 LibSVM tool 完成。

该研究区属于我国小麦条锈病典型的流行扩散体系——西北-华北流行体系，共包括 34 个县，其中甘肃省内有 23 个县，陕西省内有 11 个县。其中甘肃天水地区多山，海拔变化较大，低海拔地区冬季温暖湿润，高海拔地区夏天凉爽，条锈菌可在该地区完成周年循环，因此成为小麦条锈病主要菌源地之一；陕西关中平原夏季温度较高，条锈菌难以越夏，冬季气温较低，条锈菌越冬率低，其发病程度主要受甘肃天水地区影响。

小麦条锈病数据是由甘肃省植物保护总站和陕西植物保护站提供的 2010~2012 年

图 8-16 研究区域与气象站点分布

三年中研究区内各县每年小麦条锈病的总体发生情况。其中研究区内甘肃省各县条锈病数据为周调查数据,调查时间范围为小麦返青期至收获期,数据内容包括发病面积、发病程度,提供了早期的菌源信息。

气象数据是从中国气象数据共享服务网站上获取的甘肃省、陕西省研究区及周边的气象站 2010~2012 年 3~6 月的逐日气象标准气象数据。气象站的空间分布如图 8-16 所示。

预测结果如图 8-17 所示,预测结果在空间上分布情况与实际发病情况高度吻合相对于只包含气象数据、菌源地发病情况数据的预测结果(表 8-5 和表 8-6),总体精度由 50% 提高到 66.67%,Kappa 系数由 0.29 提高到 0.48,对于发病程度为扩散流行的预测精度由 55% 提高到 82%。由此看出,综合考虑气象因素、菌源信息和遥感信息的预测模型要好于单纯基于气象数据的预测模型。条锈病的发生是菌源、寄主及生境条件共同作用的结果。其中,气象条件主要影响孢子的活性,寄主抗病性主要是影响孢子提取营养物质。小麦的营养状况亦可以影响条锈病的发病程度,如王纪华等(2008)研究表明归一化植被指数能够很好地反映作物的含氮量、含水量等长势信息,同时 8.2.2 节部分结果亦支持这一关系。

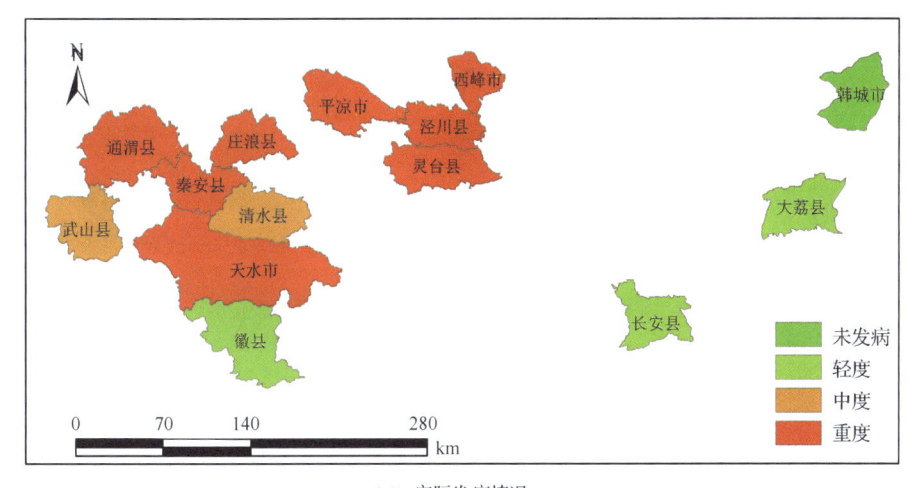

(a1) 实际发病情况

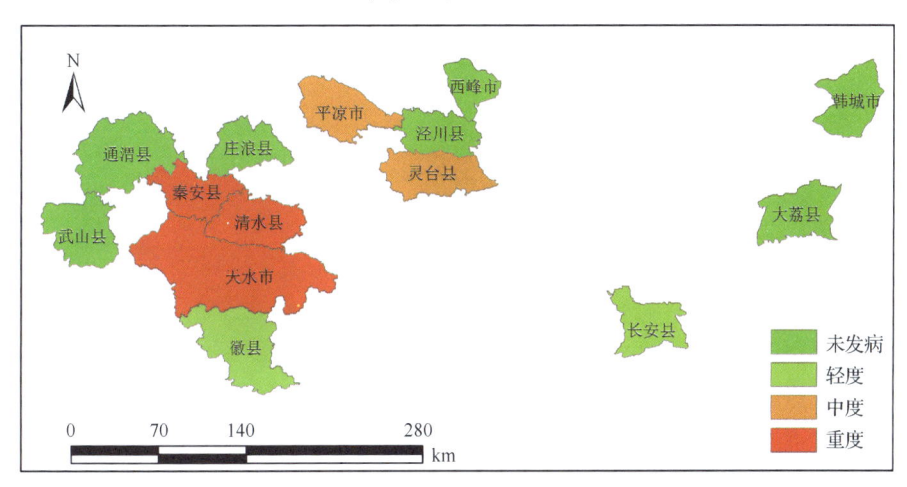

(a2) 实际发病情况

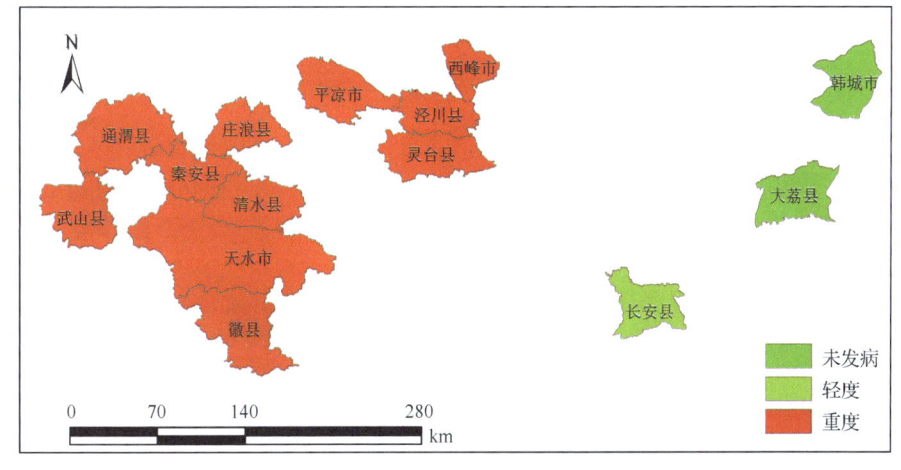

(a3) 实际发病情况

· 331 ·

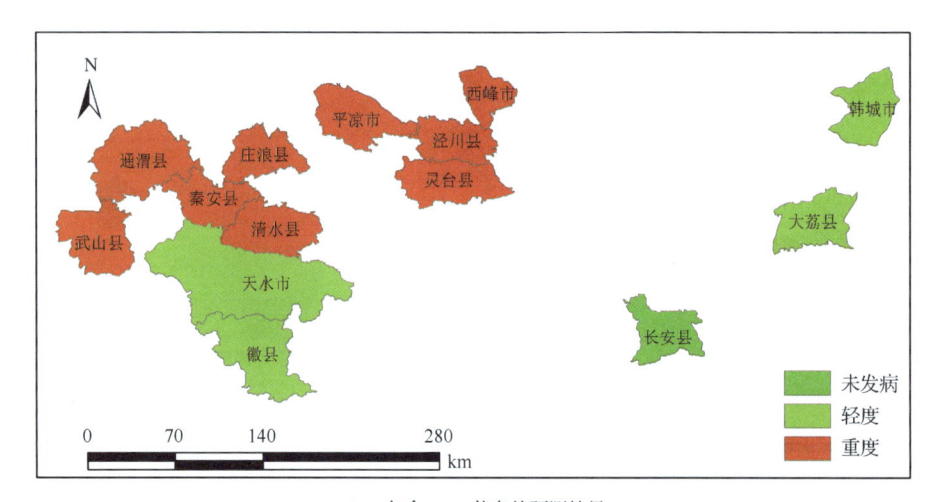

(b1) 包含NDVI信息的预测结果

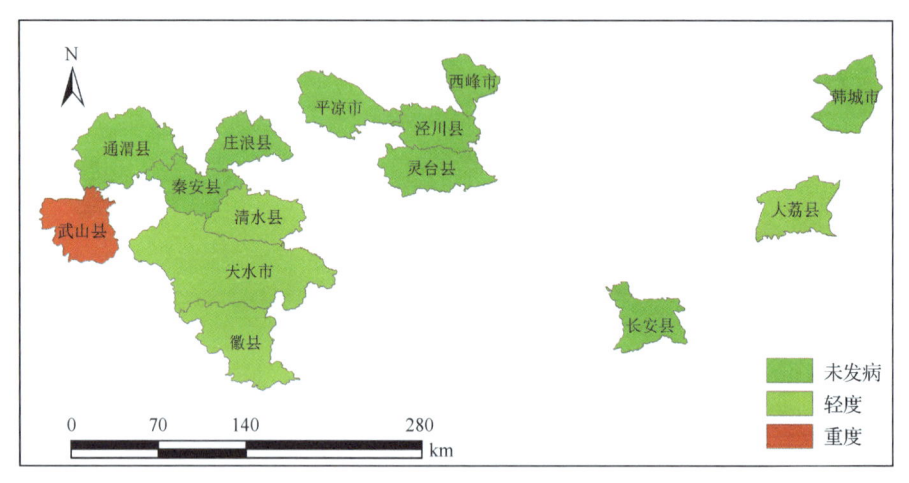

(b2) 包含NDVI信息的预测结果

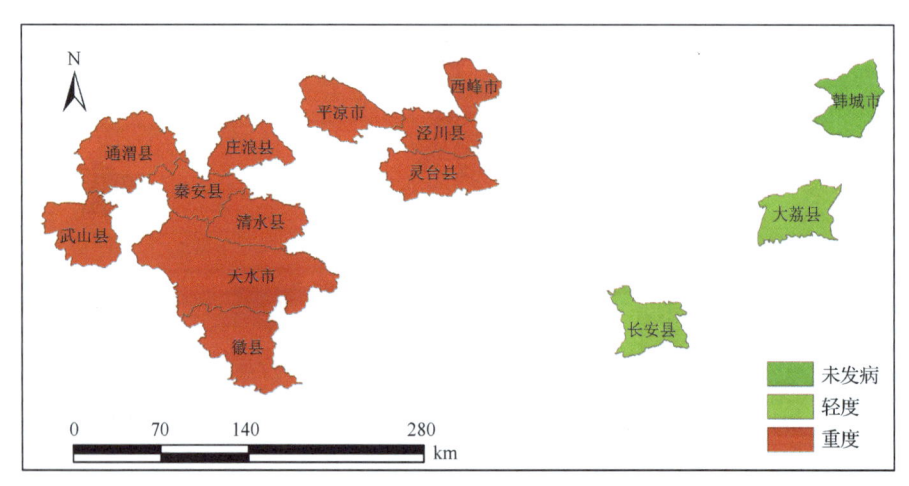

(b3) 包含NDVI信息的预测结果

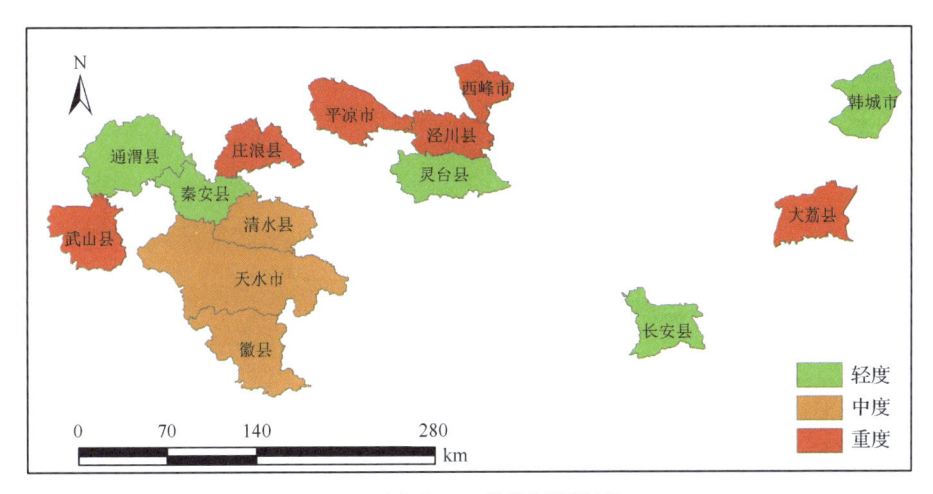

(c1) 未包含NDVI信息的预测结果

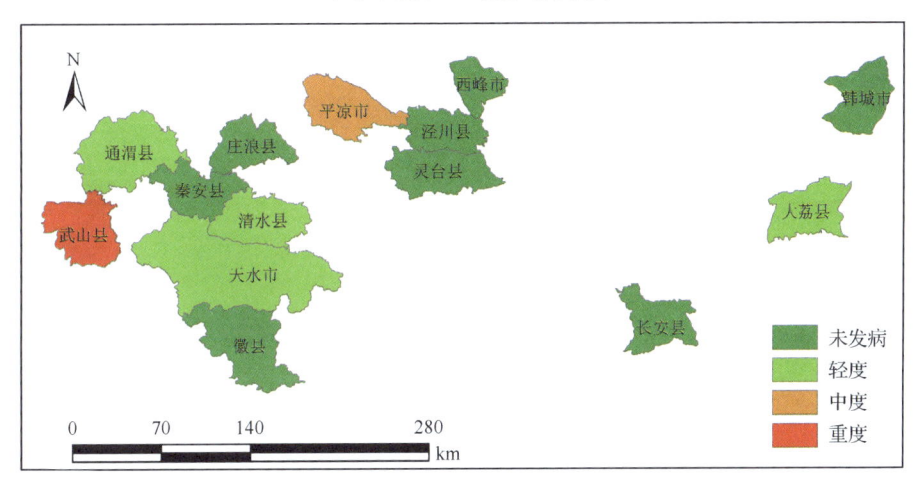

(c2) 未包含NDVI信息的预测结果

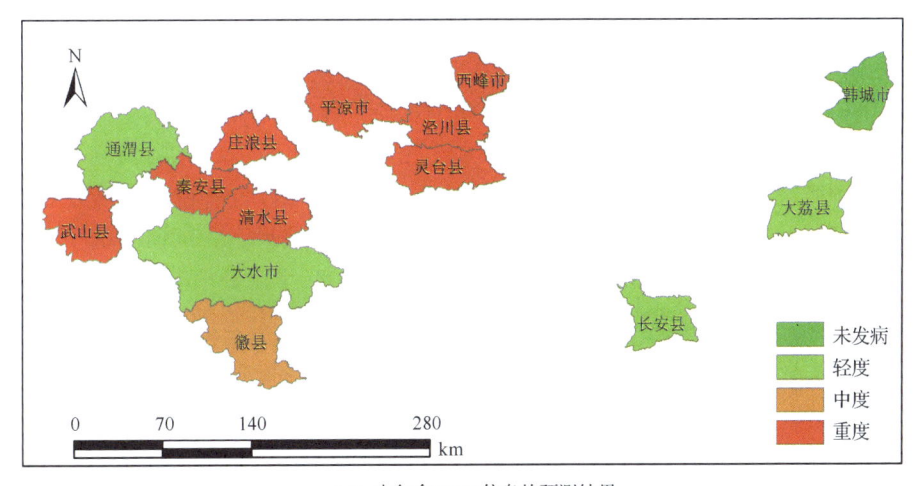

(c3) 未包含NDVI信息的预测结果

图 8-17 预测结果空间分布

1～3 分别表示 2010～2012 年三年

· 333 ·

表 8-5　包含 NDVI 的预测结果

	正常	轻度	中度	重度	合计	使用精度/%	总体精度	Kappa 系数
正常	6	2	2	1	11	0.55	0.67	0.48
轻度	3	4	0	3	10	0.40		
中度	0	0	0	0	0	0.00		
重度	1	0	2	18	21	0.86		
合计	10	6	4	22	42			
预测精度/%	0.60	0.67	0.00	0.82				

表 8-6　未包含 NDVI 的预测结果

	正常	轻度	中度	重度	合计	使用精度/%	总体精度	Kappa 系数
正常	5	2	1	1	9	0.56	0.50	0.29
轻度	4	2	0	7	13	0.15		
中度	0	1	2	2	5	0.40		
重度	1	1	1	12	15	0.80		
合计	10	6	4	22	42			
预测精度/%	0.50	0.33	0.50	0.55				

8.3　小　　结

本章首先采用温度、湿度、降雨、日照等气象数据,通过构建贝叶斯网络模型对小麦条锈病的发生、发展进行中短期(7~10 天)预测。采用 2010~2012 年 3 年的大范围地面调查数据验证,且调查区域包括菌源地和非菌源地,结果表明模型总体能够反映出小麦条锈病在甘肃南部、东部发生、流行的时间趋势和空间格局,具有较强的时空可扩展性。模型输出的病害发生概率对于指导小麦条锈病防控管理具有实际意义。其次,用气象数据代表生境信息,菌源地早期发病情况代表菌源信息,遥感获得 NDVI 代表寄主信息。采用支持向量机方法建立条锈病发生程度预测模型。研究结果表明将遥感获得的 NDVI 作为寄主信息用于条锈病的预测是可行的。虽然相对于未加入 NDVI 的预测结果有明显的提高,但预测准确度只有 66.67%,预测精度并不理想。因此,有待进一步挖掘遥感数据中与病害发生关联性较强的信息,以期达到理想的预测效果。后续研究需要在病害发生发展的生境特征之外,通过纳入风速、风向、区域菌源量、小麦种植空间分布等信息对小麦条锈病传播、扩散过程加以更详细的刻画,以期实现对病害更准确、更精细的预测和管理。

参 考 文 献

边肇祺,张学工. 2000. 模式识别. 清华大学出版社.
蔡成静,马占鸿,王海光,等. 2007. 小麦条锈病高光谱近地与高空遥感监测比较研究. 植物病理学报,37(1):77-82.
蔡成静,王海光,安虎,等. 2006. 小麦条锈病高光谱遥感监测技术研究. 西北农林科技大学学报:自然科学版,33(B08):31-36.

曹宏,兰志先.2003.试论陇东小麦条锈病发生原因与防治对策.麦类作物学报,23(3):144-147.
陈刚,王海光,马占鸿.2006.利用判别分析方法预测小麦条锈病.植物保护,32(4):24-27.
杜晓宇,欧晓阳.2004.南充市小麦条锈病流行成因及治理对策.植物保护,30(4):65-68.
郭洁滨,黄冲,王海光,等.2009.基于高光谱遥感技术的不同小麦品种条锈病病情指数的反演.光谱学与光谱分析,
　　12:3353-3357.
胡小平.2009.汉中地区小麦条锈病的 BP 神经网络预测.西北农业学报,9(3):28-31.
黄木易,王纪华,黄文江,等.2004.冬小麦条锈病的光谱特征及遥感监测.农业工程学报,19(6):154-158.
黄善斌,卢皖,孔繁忠,等.1996.鲁西南小麦条锈病发生发展规律研究.中国农业气象,17(5):36-39.
黄善斌.1996.用 Fuzzy 综合决策模型预测小麦条锈病发生程度.中国农业气象,17(2):53-55.
黄文江.2010.作物病害遥感监测机理与应用.北京:中国农业科学技术出版社.
靳宁,景元书,黄文江.2008.小麦条锈病气象预测方法及遥感监测研究进展.江西农业学报,20(8):70-73.
库克.2005.植物病害流行学.王海光等译.北京:科学出版社.
李军龙,张剑,张从,等.2006.气象要素空间插值方法的比较分析.草业科学,23(8):6-11.
李振岐,曾士迈.2002.中国小麦条锈病.北京:中国农业出版社.
林忠辉,莫兴国,李宏轩,等.2002.中国陆地区域气象要素的空间插值.地理学报,57(1):47-56.
刘良云,黄木易,黄文江,等.2004.利用多时相的高光谱航空图像监测冬小麦条锈病.遥感学报,8(3):275-281.
刘荣英,马占鸿.2007.基于GM(1,1)组合模型的小麦条锈病预测方法研究.生物数学学报,22(2):343-347.
马占鸿,石守定,姜玉英,等.2004.基于 GIS 的中国小麦条锈病菌越夏区气候区划.植物病理学报,34(5):455-462.
潘耀忠,龚道溢,邓磊,等.2004.基于 DEM 的中国陆地多年平均温度插值方法.地理学报,59(3):366-374.
石守定,马占鸿,王海光,等.2005.应用 GIS 和地统计学研究小麦条锈病菌越冬范围.植物保护学报,32(1):29-32.
万安民.2000.小麦条锈病的发生状况和研究现状.世界农业,5:39-40.
万安民,赵中华,吴立人.2003.2002 年我国小麦条锈病发生回顾.植物保护,29(2):5-8.
王海光,杨小冰,马占鸿.2010.基于 HYSPLIT-4 模式的小麦条锈病菌远程传播研究.中国农业大学学报,15(5):
　　55-64.
王红霞,柳小妮,任正超,等.2012.降水量的空间插值方法研究——以甘肃省为例.草原与草坪,32(5):12-16.
王辉.2001.用于决策支持的贝叶斯网络.东北师范大学报自然科学版,33(4):26-30.
王纪华,赵春江,黄文江.2008.农业定量遥感基础与应用.北京:科学出版社.
王智,师庆东,常顺利,等.2012.新疆地区平均气温空间插值方法研究.高原气象,31(1):201-208.
许彦平,姚晓红,王从书,等.2011.甘肃天水市冬小麦条锈病发生发展的气象预测.自然灾害学报,20(1):142-148.
杨之为,商鸿生,裴宏洲,等.1991.小麦条锈病动态预测的初步研究.中国农业科学,24(6):45-50.
余长慧,孟令奎,潘和平.2004.基于贝叶斯网络的不确定性知识处理研究.计算机工程与设计,25(1):1-3.
袁磊,李书琴.2009.基于小波网络的小麦条锈病预测模型研究.微计算机信息,25(12-2):42-43.
云晓微,王海光,马占鸿.2007.利用高空风预测小麦条锈病研究初报.中国农学通报,23(8):358-363.
曾士迈.1988.小麦条锈病远程传播的定量分析.植物病理学报,18(4):219-223.
曾士迈.2003.小麦条锈病越夏过程的模拟研究.植物病理学报,33(3):267-278.
曾士迈.2005.宏观植物病理学.北京:中国农业出版社.
张连文,郭海鹏.2006.贝叶斯网引论.北京:科学出版社.
张旭东,尹东,万信,等.2004.气象条件对甘肃冬小麦条锈病流行的影响研究.中国农业气象,24(4):26-28.
周颜军,王双成,王辉.2003.基于贝叶斯网络的分类器研究.东北师大学报:自然科学版,35(2):21-27.
Campbell C L, Madden L V. 1990. Introduction to Plant Disease Epidemiology. New York: John Wiley & Sons.
Coakley S M, Boyd W S, Line R F. 1984. Development of regional models that use meteorological variables for predic-
　　ting stripe rust disease on winter wheat. Journal of Climate and Applied Meteorology, 23:1234-1240.
Coakley S M, Line R F, McDaniel L R. 1988. Predicting stripe rust severity on winter wheat using an improved method
　　for analyzing meteorological and rust data. Ecology and Epidemiology, 78(5):543-550.
Coakley S M, Line R F. 1981. Quantitative relationships between climatic and stripe rust epidemics on winter wheat.
　　Ecology and Epidemiology, 71(4):461-467.

Cooke B M, Jones D G, Kaye B. 2006. The Epidemiology of Plant Diseases(second edition). Dordrecht:Springer.

de Vallavieille-Pope C, Huber L, Leconte M, et al. 1994. Comparative effects of temperature and interrupted wet periods on germination, penetration, and infection of puccinia recondita f. sp. tritici and P. striifornis on wheat seedlings. Ecology and Epidemiology, 85(4): 409-415.

de Vallavieille-Pope C, Huber L, Leconte M, et al. 2002. Preinoculation effects of light quantity on infection efficiency of puccinia striiformis and P. triticina on wheat seedlings. Phytopathology, 92(12):1308-1314.

Eklundha L, Jönssonb P. 2012. TIMESAT 3.1 software manual. Lund University, Sweden.

Ellison P J, Murray G M. 1992. Epidemiology of puccinia striiformis f. sp. tritici on wheat in southern New South wales. Australian Journal of Agricultural Research, 43: 29-41.

Ferreiro S, Sierra B, Irigoien I, et al. 2012. A Bayesian network for burr detection in the drilling process. Journal of Intelligent Manufacturing, 23: 1463-1475

Line R F. 2002. Stripe rust of wheat and barley in North America: A retrospective historical review. Annual Review of Phytopathology, 40(1): 75-118.

Madden L V. 1997. Effects of rain on splash dispersal of fungal pathogens. Canadian Journal of Plant Pathology, 19: 225-230.

Madden L V. 1992. Rainfall and the dispersal of fungal spores. Advances in Plant Pathology, 8:39-79.

Madden L V, Wilson L L, Ntahimpera N. 1998. Calibration and evaluation of an electronic sensor for rainfall kinetic energy. Phytopathology, 88:950-959.

Madden L V, Wilson L L, Yang X, et al. 1993. Field spread of anthracnose fruit rot of strawberry in relation to ground cover and ambient weather conditions. Plant Disease, 77: 861-866.

Madden L V, Wilson L L, Yang X, et al. 1992. Splash dispersal of colletotrichum acutatum and phytophthora cactorum by short-duration simulated rains. Plant Pathology, 41:427-436.

Madden L V, Yang X, Wilson L L. 1996. Effects of rain intensity on splash dispersal of Colletotrichum acutatum. Phytopathology, 86:864-874.

Makowski D, Denis J B, Ruck L, et al. 2008. A bayesian approach to assess the accuracy of a diagnostic test based on plant disease measurement. Crop Protection, 27: 1187-1193.

Newton M, Jhonson T. 1936. Stripe rust, puccinia Glumarum, in Canada. Canadian Journal of Research, 14: 89-108.

Nir Friedman. 1997. Bayesian network classifiers. Machine Learning, 29: 131-163.

Rapilly F. 1979. Yellow rust epidemiology. Annual Review of Phytopathology, 17:59-73.

Raun W R, Solie J B, Stone M L, et al. 2005. Optical sensor-based Algorithm for Crop Nitrogen Fertilization. Communications in Soil Science and Plant Analysis, 36(19-20): 2759-2781.

Scherm H, Yang X B. 1998. Atmospheric teleconnection patterns associated with wheat stripe rust disease in North China. International Journal of Biometeorology, 42(1): 28-33.

van Maanen A, Xu X M. 2003. Modeling plant disease epidemics. European Journal of Plant Pathology, 109: 669-682.

Yang G J, Vounatsou P, Zhou X N, et al. 2005. A bayesian-based approach for spatio-temporal modeling of county level prevalence of<i> Schistosoma japonicum</i> infection in Jiangsu province, China. International Journal for Parasitology, 35(2): 155-162.

Yang K, Zhou X N, Wu X H, et al. 2009. Landscape pattern analysis and bayesian modeling for predicting oncomelania hupensis distribution in Eryuan county. The American Society of Tropical Medicine and Hygiene, 81(3): 416-423.

Yang X B, Zeng S M. 1992. Detecting patterns of wheat stripe rust pandemics in time and space. Phytopathology, 82(5): 571-576.

Zeng S M, Luo Y. 2006. Long-distance spread and interregional epidemics of wheat stripe rust in China. Plant Disease, 90(8): 980-988.

第9章 基于多源数据生境评价的病虫害预测研究

随着生产实践和科学技术水平的不断提高,人类对客观事物认识的深度和广度不断增加,对各种事物的预测能力也不断提高,预测技术与方法也日趋成熟。病虫害是影响作物产量的主要原因之一,及时的防治措施能够减小和降低作物产量损失。为了在适当时间喷洒农药,需要掌握病虫害暴发时间和暴发程度的先验知识。利用与病虫害发生具有某种相关性或同步前兆现象或明显的生物、物理现象作为指标,推断出病虫害发生始期或发生程度。本书第三部分基于小麦病虫害的危害及发病特点,利用气象数据和遥感数据,在地块级层次上预测预报作物病虫害的发生危险等级和空间分布。在内容上侧重介绍几种预测因子的获取方法及常见小麦病虫害的预测预报方法——Logistic 回归,并详细介绍这种方法在小麦白粉病和小麦蚜虫病虫情预测方面的应用及效果,为设计相关病虫害预测预报系统提供参考和启示。

9.1 基于多源数据小麦白粉病预测

本书第 7 章主要讨论了病害的遥感监测方法,但在实践中,对病害发生的预测对生产管理具有更重要的作用。目前,气象、农业植物保护部门常用的预测方法为基于气象和植物保护调查的预测,并建立了一系列模型和方法。传统的植物保护调查方法虽然能取得较好的虫害调查结果,但费时费力,且不适用于大区域尺度。一些以气象因子建立的病虫害预测模型能够在很大程度上对病害的发生区域做出较准确的估计,但由于气象数据、植物保护调查数据基本为点状数据,通常只能适用于较大的区域,如省、市及区县范围内的预测,而无法实现地块尺度的预测。作物病虫害的发生、发展和扩散与气象条件紧密相关。某些气象因素(如温度、湿度、日照、降雨量)在病原体繁殖速率、病虫害分布和病虫害流行病学方面有着决定性的作用。其中,温度、湿度对虫害的影响较为突出。除了气象因素外,作物的生长状况和田间的生境属性对病虫害的发生也有着至关重要的影响,然而传统的病虫害预测模型没有考虑到这些特征信息。卫星遥感数据的优势在于能够获得面状连续的地表观测数据,可用来获取作物的生长状况和生境信息。可见光和近红外波段与一些重要的植被生化参数(如色素浓度)和生理参数(叶面积指数和生物量)有着密切的关系。这些光谱信息可以用来获取和反演植被的生化和生理参数。因此,如能在农业气象模型或经验判断的病害易发生区域内,结合气象数据和遥感数据建立病虫害预测模型对地块的病害发生进行有效预测,将会在很大程度上提高病害预测的空间精度和管理措施的针对性。

9.1.1 小麦白粉病预测技术流程

鉴于田间白粉病发展迅速,因此需要高时间分辨率的遥感影像来进行病虫害预测。环境与灾害监测预报小卫星具有高重访周期和较高空间分辨率,适合用于病虫害的预测。本章将立足于环境星数据和气象数据,探索气象、遥感相结合的病害预测方法,尝试构建病害预测模型。在环境星搭载的传感器中,除 CCD 传感器外,还有专用于搜集红外波段信息的 IRS 传感器。IRS 传感器第四通道覆盖 $10.5\sim12.5\mu m$ 的波长范围,可用于进行地表温度反演。为此,将环境星 CCD 和 IRS 传感器联合用于病害的预测。病害预测的具体思路是假设病害的发生概率与生境条件、作物生长状况及气象因素有关。其中,作物生长采用一些经过筛选的光谱特征反映,数据来源为 HJ-CCD 影像。生境信息包括两类,分别为地表温度 LST 和作物水分含量。前者来源为 HJ-IRS 影像,后者来源为 HJ-CCD 影像,具体计算方法详见本章后续部分。在模型训练时,将 2010 年冬小麦分蘖期和拔节期的遥感数据和气象数据作为自变量,将 2010 年扬花时期地面调查数据中的训练数据作为因变量,采用 Logistic 回归模型进行训练。Logistic 回归模型输出为像元发病的概率,模型结果分别采用多年份(2010 年、2011 年和 2012 年)的地面调查数据作为验证数据。图 9-1 为小麦白粉病遥感预测的整体技术流程示意图。

9.1.2 多源数据获取

共获取冬小麦分蘖期和拔节期 10 景 HJ-CCD 影像和 6 景 HJ-IRS 影像,每一景影像获取时间和行列号如表 9-1 所示。由于 2010 年和 2012 年的单景 HJ-CCD 影像无法覆盖整个研究区,所以对两景影像进行镶嵌。另外,所有影像的云覆盖量较少,均满足需求。考虑到气象因子在冬小麦整个生育期都有很重要的影响,获取从小麦分蘖期到拔节期(4 月 1~5 月 10 日)的日平均温度、湿度、日照和降水量四个气象因子。

1. 植被活力与种植密度

作物的活力和种植密度也反映了作物的生长状况。据调查,作物的活力与作物对病害的易感性有一定关系,植被活力下降导致抗病虫害能力减弱;种植密度也影响着微生境条件,如冠层的湿度、太阳辐射、土壤水分含量等。因此,与色素的吸收和生物量有关的绿波段、红波段和近红外波段的反射率候选为预测模型的输入变量。此外,三角形植被指数 TVI 和土壤调节植被指数 SAVI 也作为模型的候选变量。TVI 能够反映作物的生长和胁迫状态,SAVI 能够减少土壤亮度引起的变化。表 9-2 给出了所有指数的定义。

2. 作物水分状况

作物水分状况也与病害的发生发展有着密切的关系,水分胁迫是一种生理性灾害,其对植物的影响是综合的、多方面的。这些影响必将导致植物生长状况发生变化,而这种变化往往对寄主与病原物间的相互作用起重要作用。为了能从卫星遥感数据中获取这些信息,将病害水分胁迫指数 DSWI 和短波红外水分胁迫指数 SIWSI 作为模型的候选变量,两个指数的定义如表 9-2 所示。这两个指数都包含近红外波段和短波红外波段,在监测冠层尺度下的作物水胁迫有着巨大的潜力。

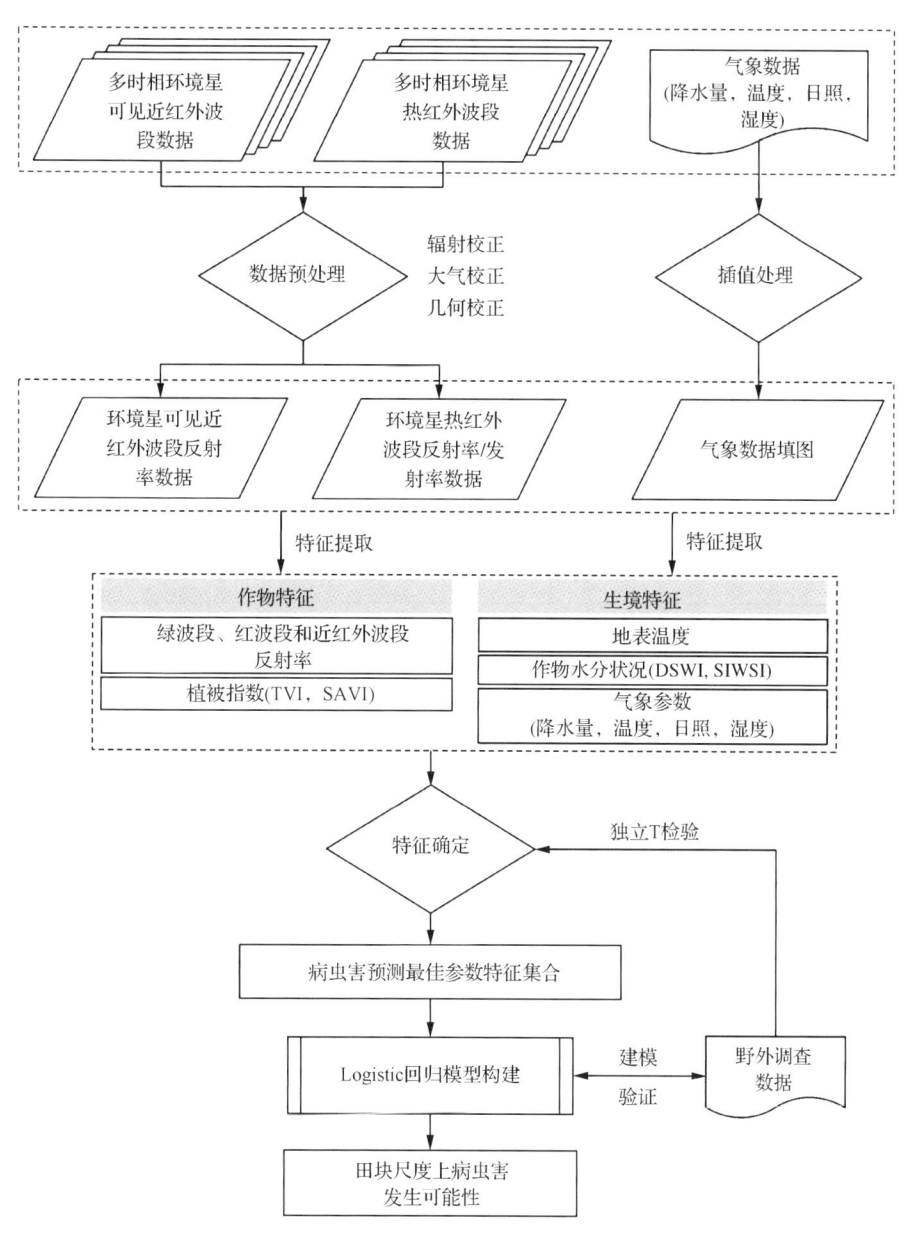

图 9-1　小麦白粉病遥感预测技术流程图

表 9-1 预测白粉病的多源数据集

数据类型	数据集	年份	生育期 分蘖期	生育期 拔节期
遥感数据	HJ-CCD	2010	5月1日 (P456,R64;P456,R68)	5月13日 (P1,R64;sP1,R68)
		2011	4月27日(P455,R68)	5月13日(P457,R68)
		2012	5月3日 (P457,R64;P457,R68)	5月14日 (P3,R68;P455,R68)
	HJ-IRS	2010	5月1日(P2,R63)	5月13日(P4,R63)
		2011	4月29日(P453,R69)	5月15日(P455,R70)
		2012	5月3日(P2,R63)	5月14日(P1,R63)

数据类型	数据集	年份	阶段1	阶段2	阶段3	阶段4
气象数据	温度、湿度、日照、降水量	2010 2011 2012	4月1~ 4月10日	4月11~ 4月20日	4月21~ 4月30日	5月1~ 5月10日

数据类型	数据集	年份	健康样点数	病害样点数
野外调查数据	调查点的病害发生等级	2010	59	31
		2011	26	3
		2012	32	0

表 9-2 初步入选的光谱特征

光谱特征	全称	公式/定义
R_G		绿波段
R_R	HJ-CCD 数据各波段的反射率	红波段
R_{NIR}		近红外波段
TVI	三角形植被指数	$0.5[120(R_{NIR}-R_G)-200(R_R-R_G)]$
SAVI	土壤调节植被指数	$(1+L)(R_{NIR}-R_R)/(R_{NIR}+R_R+L)$, $L=0.5$
DSWI	病害水分胁迫指数	$(R_{NIR}+R_G)/(R_{SWIR}+R_R)$
SIWSI	短波红外水分胁迫指数	$(R_{NIR}-R_{SWIR})/(R_{NIR}+R_{SWIR})$

3. 生境因子

地表温度不仅与空气温度相关,也反映了小尺度上的土壤呼吸和植物蒸腾。本部分采用 HJ-IRS 数据对地表温度进行反演采用普适性较高的单通道算法。单通道算法 LST 反演的具体流程,以及各类数据的处理方法参见第 7 章部分内容。

4. 气象因子

气象条件主要包括温度、湿度、光照、风力、降雨量等,它们对病原物的繁殖、侵入、扩展都有直接关系。同时,气象条件也同样影响到寄主的生长状况。其中,温度和湿度尤其是湿度对病害流行影响较大。经过文献调查和实地验证，选取 4 个气象因素，包括空气温度、降水量、日照和湿度作为预测模型的候选因子。入选的各种类型的特征因子如表 9-3 所示。由于极其有限的气象站点无法满足气象因子的时空分布精度，其虽然测量精度较高，但是对样点的代表性差。为了获取到调查样点相对较为准确的气象预测因子，研究利用了 GIS 空间分析中的空间插值方法将局地小尺度上获得的信息扩展到较大的区域上，从而获取各样点的气象预测因子。

表 9-3 数据类型和相应特征

影响因素	数据来源	变量类型	特征	获取时期
植物活力与种植密度	HJ-CCD	遥感(可见光，近红外)	R_G,R_R,R_{NIR}, TVI,SAVI	分蘖期(T) 拔节期(J)
植物的水分状况	HJ-CCD,HJ-IRS	遥感(近红外，短波红外)	DSWI,SIWSI	分蘖期(T) 拔节期(J)
生境因子	HJ-IRS	遥感(热红外)	LST	分蘖期(T) 拔节期(J)
	气象数据	气象参数	降水量、温度、日照、湿度	4 月 1～4 月 10 日(S1); 4 月 11～4 月 20 日(S2); 4 月 21～4 月 30 日(S3); 5 月 1～5 月 10 日(S4)

为进一步研究上述特征变量在两个时相上对虫害的敏感性，对多时相 R_G、R_R、R_{NIR}、TVI、SAVI、DSWI、SIWSI 和 LST 以及 4 个气象因子(降水量、温度、日照、湿度)在正常及病害样本中的差异情况进行 T 检验，差异越显著表明特征对病害信息越敏感。p-value<0.05，即置信度低于 0.95 水平的特征因子被淘汰。再对剩下的特征变量进行相关性分析以确保入选的特征变量相互独立。如果任意两个变量的决定系数 R^2 达到 0.8 以上，则舍弃其中对病害敏感较差的一个来减少特征信息的冗余度。特征筛选结果如表 9-4 所示，最终选择拔节期的 R_G(RED_J)、拔节期的 LST(LST_J)、阶段 2 的降水量(Precipt_S2)、阶段 4 的温度(Temp_S4)、阶段 4 的日照(Rad_S4)、阶段 4 的湿度(Hum_S4)六个特征变量用于后续的建模分析。

9.1.3 基于 Logistic 回归模型的小麦病害发生预测模型

Logistic 回归是当前比较常用的机器学习方法，用于估计某种事物的可能性。现实生活中，有很多现象可以划分为两种可能，或者归纳为两种状态，这两种状态分别可以用 0 和 1 表示，如果采用多个因素对 0～1 表示的某种现象进行因果关系解释，就可能使用到 Logistic 回归。因此，Logistic 回归主要用来预测离散因变量与一组解释变量之间的关系，既可以用于概率预测，也可以用于分类。Logistic 回归分析主要用途可以归纳为三个方面：一是寻找危险因素；二是预测在不同自变量的情况下，某一种情况发生或者不发生的概率；三是分类判别，实际上跟预测有些类似，也是根据 Logistic 模型判断某种情况发生的概率有多大。因此，Logistic 回归在实际应用中用途极为广泛，几乎成为流行病学中危险因素的探索及疾病发生概率预测的最重要分析方法。Logistic 回归的因变量可以是二分类的,也可以是多分类的,但是二分类更为常用,也更加容易解释,所以实际应用中最常用的就是二值逻辑斯蒂回归(binary logistic regression)。

表 9-4 多时相的特征变量在正常样本和病害样本中的 T 检验

数据类型	变量	生育期	
		分蘖期	拔节期
遥感因子	R_G	*	
	R_R	*	***
	R_{NIR}		*
	TVI		
	SAVI		**
	DSWI		
	SIWSI	*	
	LST	**	**

数据类型	变量	阶段 1	阶段 2	阶段 3	阶段 4
气象因子	降水量	**	***	*	***
	温度	***	**	***	***
	日照	**	**		**
	湿度	*	**	**	**

注:* 表明差异在 0.950 置信水平上显著;** 表明差异在 0.990 置信水平上显著;*** 表明差异在 0.999 置信水平上显著。

考虑到该方法原理上较贴近本研究中通过多个不同来源的数据(气象数据、作物生长及生境信息)预测病害发生概率这一实际问题,因此选择采用 Logistic 回归模型建立病害发生概率的预测模型。模型的训练时因变量采用地面调查样点的 60% 来进行建模,0 表示未发生病害,1 表示发生病害。自变量由 9.1.2 节介绍的 3 部分共 6 个变量组成,包括 1 个 J 时相的光谱特征 R_R,1 个 J 时相的 LST 数据以及 4 个阶段的气象数据。在模型的验证和评价方面采取两种方式:一种是在训练数据集上对模型进行拟合优度检验;另一种是采用建立的 Logistic 模型对研究区不同年份的地面调查样点的发病概率进行预测,与样点的调查结果对照进行预测精度评价。

在实际病害预测时,希望知道病害发生(1)或不发生(0)的信息,因此选择二值逻辑斯蒂回归模型进行分析,即 Logit 函数(McCullagh and Nelder,1989),其表达式如下:

$$\text{logit}(p) = \ln\left(\frac{p}{1-p}\right) \tag{9-1}$$

$$p = \frac{\exp(\beta_0 + \beta_1 x_1 + \beta_2 x_2 + \cdots + \beta_i x_i)}{1 + \exp(\beta_0 + \beta_1 x_1 + \beta_2 x_2 + \cdots + \beta_i x_i)} \tag{9-2}$$

式中,p 为病害发生概率;$x_1, x_2, \cdots, x_i$ 为自变量;β_0 为常数;$\beta_1, \beta_2, \cdots, \beta_i$ 分别为各个自变量对应的系数。在 2010 年野外调查的样本数据中随机抽取 60% 样点用于模型训练,一旦模型训练完毕,即确定模型的参数,可用于预测基于像元的白粉病发生概率。图 9-2 为预测得到的北京通州区和顺义区 2010 年、2011 年和 2012 年的白粉病发生概率分布图。从中可以看出,2010 年和 2011 年研究区南部地区白粉病发生的概率要高于北部地区,

2012年整个研究区白粉病发生概率较低，这与实地调查的结果高度一致，定性地表明了预测结果比较准确。为了探索遥感因子是否能提高预测精度，比较联合气象因素和遥感数据建立的混合模型和仅以气象因素建立的气象模型，从图 9-3 可以看出，混合模型得到的病害发生概率分布具有更精准的空间信息。

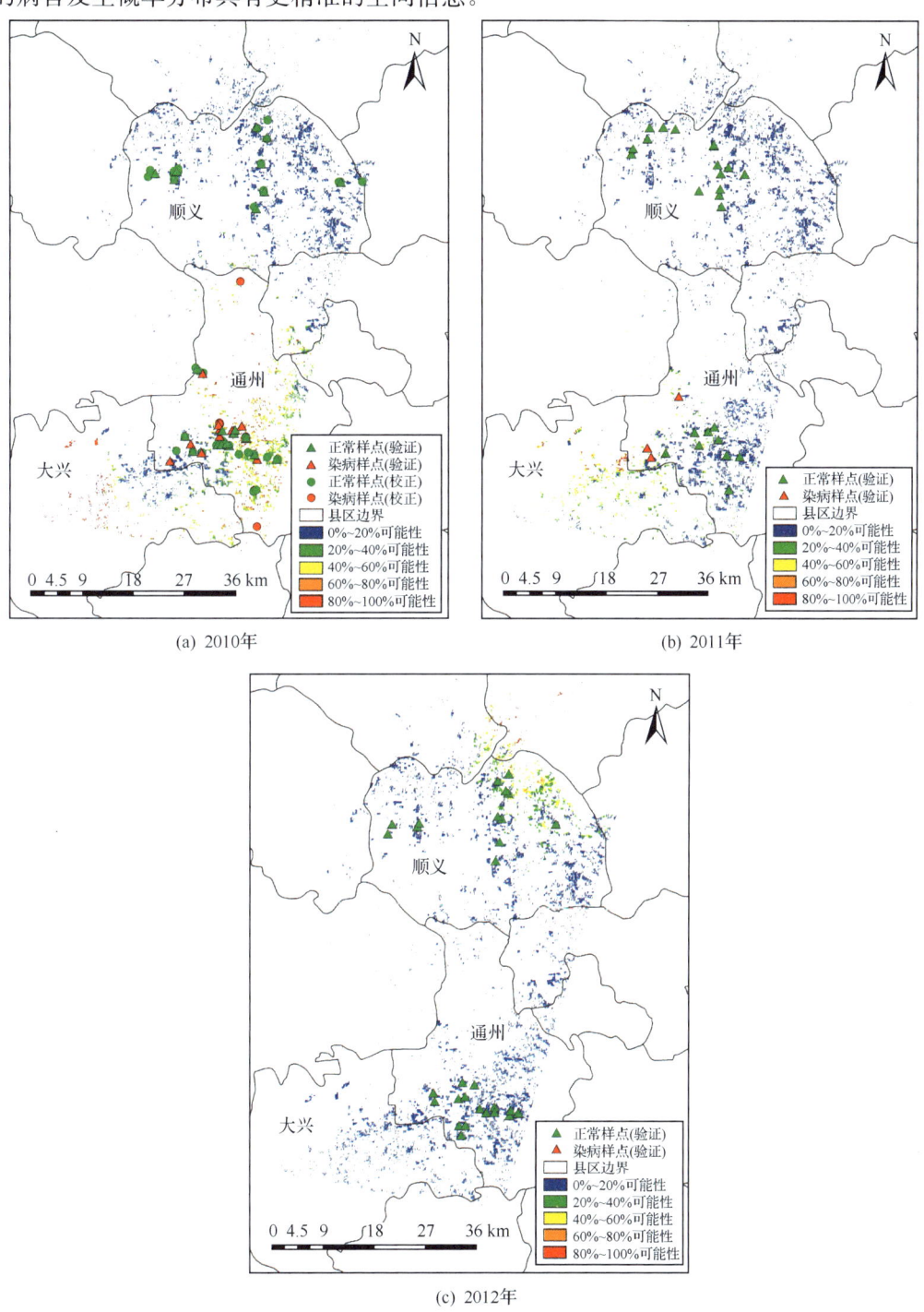

(a) 2010年

(b) 2011年

(c) 2012年

图 9-2　混合模型得到的白粉病预测分布图

(a) 混合模型　　　　　　　　　　　　(b) 气象模型

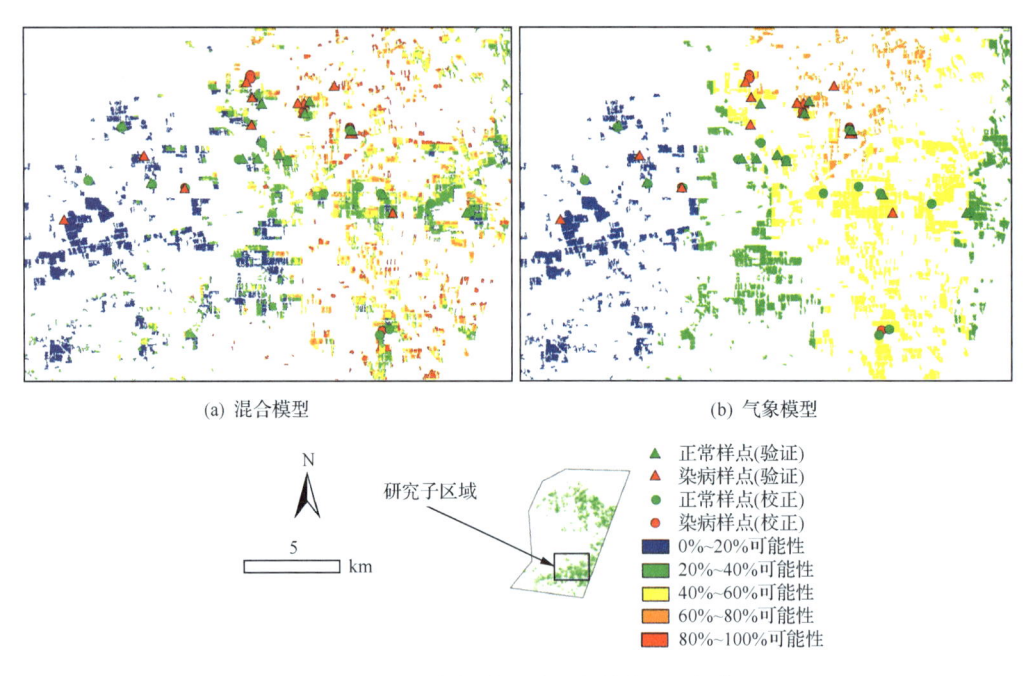

▲ 正常样点(验证)
▲ 染病样点(验证)
● 正常样点(校正)
● 染病样点(校正)
■ 0%~20%可能性
■ 20%~40%可能性
■ 40%~60%可能性
■ 60%~80%可能性
■ 80%~100%可能性

研究子区域

图 9-3　2010 年部分区域的白粉病发生概率

为进一步验证模型的普适性和可靠性，用 2010 年剩下的 40% 的样点数据以及 2011 年和 2012 年的野外调查数据对模型进一步进行验证。对建立的模型进行 Hosmer-Lemeshow 检验来评价模型的拟合优度。另外，对预测的病害发生概率与实际观测的病害发生的结果（发生或不发生）进行配对样本检验，获取 Somers'D、Goodman-Kruskal Gamma 和 Kendall's Tau-a 三个统计量参数，如表 9-5 所示。混合模型的 Hosmer-Lemeshow 检验的 p-value、Somers'D、Goodman-Kruskal Gamma 和 Kendall's Tau-a 值均大于气象模型的对应的值，表明混合模型在训练数据上的预测精度高于气象模型。

表 9-5　模型的拟合优度检验

统计量参数	气象模型	混合模型
Hosmer-Lemeshow p-value	0.67	0.97
Somers'D	0.68	0.78
Goodman-Kruskal Gamma	0.70	0.78
Kendall's Tau-a	0.30	0.34

由于 Logistic 回归模型得到的是概率输出，而在实际应用中希望通过设定一个分割阈值来直观地观察哪些地块发生病害，哪些地块不发生病害。为了寻找一个最佳阈值，将概率阈值范围设定在 5%~95%，以 5% 的步长增加，利用 2010 年的验证数据得到每个概率阈值下的总体精度、漏分误差和错分误差。综合考虑各个因素，得出一个风险最小化的最佳阈值。图 9-4 显示了两个模型在不同分割阈值下总体精度、漏分误差和错分误差。随着分割阈值的增大，两个模型的漏分误差均会增大，错分误差均会减小。对于混合模型来说，总体精度为 61%~78%，当分割阈值为 20% 时，总体精度达到最大，最大为 78%。

对于气象模型来说，总体精度为 58%～69%，当分割阈值为 55% 时达到最高总体精度 69%。因此，在对于混合模型和气象模型的最佳分割阈值分别为 20% 和 55%。在最佳分割阈值下，用 2010 年剩余的 40% 的数据进行模型的验证，验证结果如表 9-6 所示。从结果可以看出，混合模型和气象模型的错分误差相当，分别为 17% 和 14%，而混合模型的漏分误差为 6%，低于气象模型的 17%。另外，用 2011 年和 2012 年的数据对模型进一步进行验证，结果如表 9-7 所示，可以看出混合模型的错分误差显著低于气象模型的错分误差。

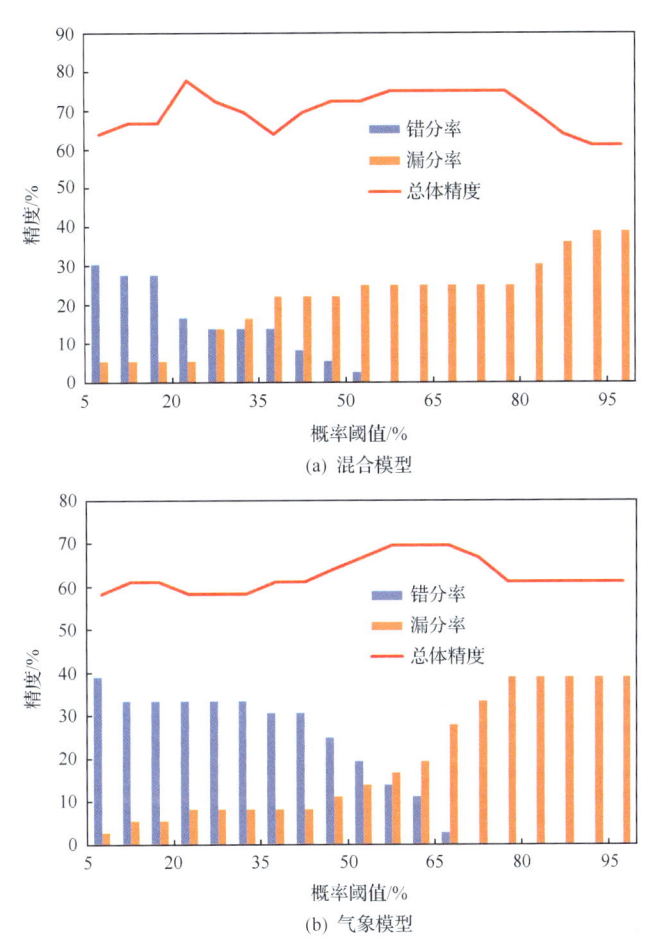

(a) 混合模型

(b) 气象模型

图 9-4 不同分割阈值下模型的精度

表 9-6 模型在 2010 年数据上的预测精度

模型类型	样本类别	参考 健康	参考 病害	参考 总和	总体精度	错分误差	漏分误差
混合模型	健康	16	2	18			
	病害	6	12	18	78	17	6
	总和	22	14	36			
气象模型	健康	17	6	23			
	病害	5	8	13	69	14	17
	总和	22	14	36			

表 9-7 不同年份的数据用于模型的验证

年份	误差类型	模型类型	
		气象模型	混合模型
2011	错分误差/%	14	7
	漏分误差/%	0	3
2012	错分误差/%	16	9
	漏分误差/%	0	0

另外,逻辑回归模型可以得出 6 个因子在模型中的重要性,如图 9-5 所示。在混合模型中,其中,3 个气象因子,温度、湿度和日照以及 1 个遥感因子 LST 拥有相对较高的权重系数,说明这 4 个变量对预测模型的贡献较大。在气象模型当中,温度、湿度和日照 3 个因子的权重系数占主要地位。说明了在白粉病的发生发展中温度、湿度和日照占主导因素。

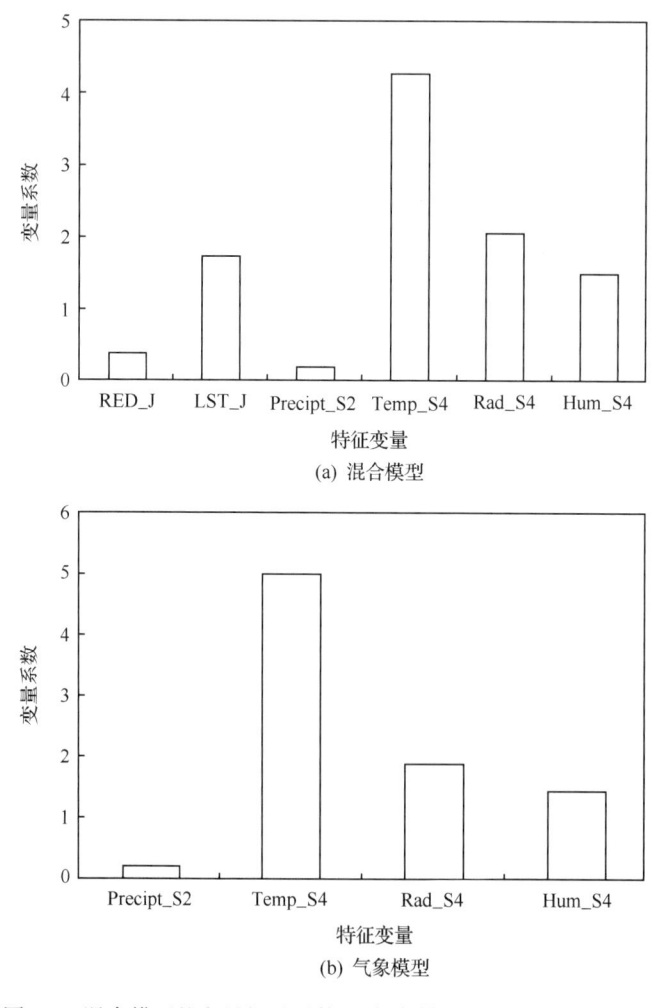

图 9-5 混合模型的变量权重系数(a)气象模型的变量权重系数(b)

9.1.4 小结

气象条件、小麦的生长状况与生境属性在一定程度上与病害的发生概率相联系。从这一假设出发,本节提出了基于气象、卫星和病害模型结合的小麦白粉病遥感预测预报模型。共入选了 4 个气象因子和两个遥感特征用于模型的构建,4 个气象因子,温度、湿度、日照和降水量对白粉病病原体的繁殖、发展和扩散有着重要的影响,其中,温度和湿度影响着白粉病原体的繁殖;在一定时间的光照条件下会影响病原体的存活率;降水量不仅在一定程度上反映了空气湿度,另一方面也影响着病原体的传播。除了气象变量外,遥感因子(R_R 和 LST)也补充了重要的信息。R_R 与叶绿素的吸收有关,反映了作物的活力。

基于国产环境星光学影像 HJ-CCD、热红外影像 HJ-IRS 及气象因素,提出一种 Logistic 病害发生概率预测模型。利用前期的气象数据和卫星影像提取反映小麦生长状况的光谱特征,以及反映小麦生境状态的地表温度及作物水分信息,对后期小麦白粉病发病概率进行预测,并讨论实际管理过程中概率阈值的选取策略问题。模型标定采用 2010 年地面 54 个点的实测数据,模型的检验分别采用 2010 年、2011 年和 2012 年多年地面实测的样点数据进行验证与评价。预测概率与病害实际发生概率总体上基本吻合,表明了利用多源数据预测病害发生的可行性。

9.2 基于遥感数据和气象数据小麦蚜虫预测

目前,小麦蚜虫的预测研究鲜有报道,且大多只是基于气象数据而开展的,这种蚜虫发生预测方法具有一定的局限性:一方面,因为小麦蚜虫的发生发展是各种因子综合驱动的,虽然与气象因子息息相关,但同时也可能受到其他一些因子的影响,如小麦长势、农田环境(土壤含水量,地表温度)、作物品种等;另一方面,气象站点的气象数据具有单点准确客观的优点,但是气象站点数量有限且在空间上具有不连续性,使基于气象数据的蚜虫预测方法得到的结果在面上是不连续的,难以表现预测结果的空间异质性,因此在实际应用中存在很多局限性。

基于以上分析,针对传统蚜虫预测方法的局限性,综合考虑多种可能影响蚜虫发生发展的因子,采用 Logistic 回归模型构建小麦蚜虫的空间连续预测模型。根据文献调研、实地调研分析及经验方法确定预测入选因子,分别为气象因子(气温、降雨量、风速)、地表温度、土壤含水量和归一化植被指数。

9.2.1 预测因子的反演和获取

1. 遥感数据的获取

遥感影像的预处理、小麦种植面积的提取、地表温度的反演和垂直干旱指数的反演参见第 7 章。获取 2010 年 5 年 13 日和 2010 年 5 月 20 日研究区的遥感预测因子:归一化植被指数、地表温度、垂直干旱指数。

2. 气象预测因子获取

蚜虫为间歇性猖獗发生虫害,其发生发展与气候条件密切相关。因此,气象因子是蚜虫发生发展的重要驱动因子。尤其是气温、湿度、降雨和风速。在温湿度适宜的条件下,蚜虫的繁衍生育速度最快;而降雨通过影响大气的湿度而间接影响蚜虫的消长;且暴风雨的机械性冲击常常使蚜量显著下降。

基于以上分析,考虑到研究区影像的获取时间间隔和小麦蚜虫的发生特点,计算得到影像获取时间前六天的北京各区县气象站点平均气温、平均降雨量和平均极大风速,并将其三个气象因子入选为蚜虫的预测因子。由于极其有限的气象站点无法满足气象因子的时空分布精度,其虽然测量精度较高,但是对样点的代表性差。为了获取到调查样点相对较为准确的气象预测因子,研究利用了GIS空间分析中的空间插值方法将局地小尺度上获得的信息扩展到较大的区域上,从而获取各样点的气象预测因子。

空间异质性是空间差值研究的隐含条件,即要素的非均匀空间分布才需要空间插值且空间相关性是空间插值研究的基础。随着地统计学和空间分析技术的发展,根据需插值因子的特点和样点的空间分布,国内外逐步发展了多种空间插值方法,且已被广泛用于资源管理、灾害管理和生态环境治理中,应用较多的包括反距离加权法、克里金(Kriging)法、最小曲率(minimum curvature)法、自然邻近(natural neighbor)法、多元回归(polynomial regression)法、样条插值(spline)法、协同克里格(Co-Kriging)法等一系列模型方法(李新等,2000;刘湘南等,2005),其中,最常用的是反距离加权差值法,克里金插值法和样条插值法。综合考虑GIS空间分析中常用的三种空间插值方法的优缺点和北京地区各区县气象站点的数目,最终选取最基本、最常用于气象因子的插值方法——反距离加权插值法,对气象因子进行空间插值。

反距离加权插值法是一种加权平均内插法,该方法认为任何一个观测值都对邻近区域有影响,且影响大小随距离的增大而减小。反距离加权插值法的基本原理是相近相似,即两个物体离得越近,它们的性质就越相近,反之则相似性越小。因此,其方法是以插值点与样本点之间的距离为权重进行插值,越接近插值点的样本点赋予的权重越大,其权重贡献与距离成反比。其插值公式为

$$Z = \sum_{i=1}^{n} \frac{1}{(D_i)^P} Z_i \Big/ \sum_{i=1}^{n} \frac{1}{(D_i)^P} \tag{9-3}$$

式中,Z 是插值点估计值;$Z_i(i=1,\cdots,n)$ 是实测样本值;n 为参与计算的实测样本值;D_i 为待插值点与样本点间的距离;P 是距离的幂,用来控制权重随距离变化的速度,且 P 的取值一般为 1~3,一般情况下选用 2。图 9-6 为根据北京气象站点的数据,采用反距离插值法获得的三个预测气象因子在研究区的空间插值结果图。

9.2.2 基于 Logistic 回归的小麦蚜虫发生预测模型

据相关文献报道和蚜虫生理生态特征,蚜虫种群动态变化分为四个阶段:零星发生期、缓慢生长期、蚜量剧增期和锐减期,其生长曲线与对数增长很接近,且与微生物生长和其他流行病生长曲线相同,呈现 S 型,符合 Logistic 回归,可以使用 Logistic 回归建立蚜虫发生概率预测模型。

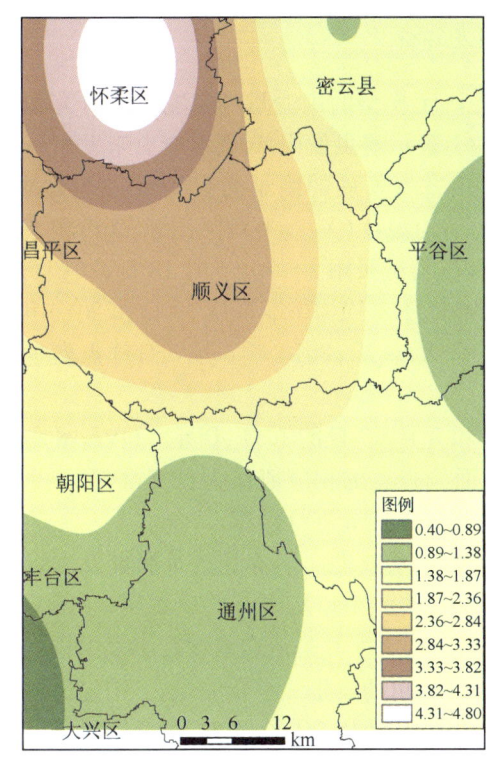

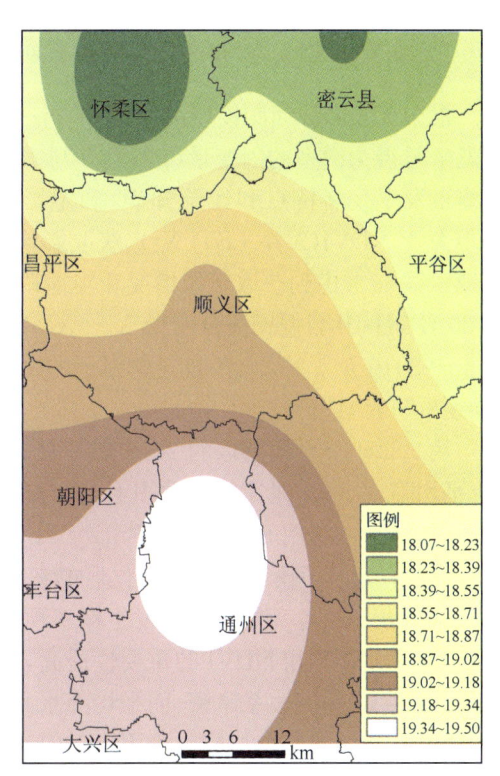

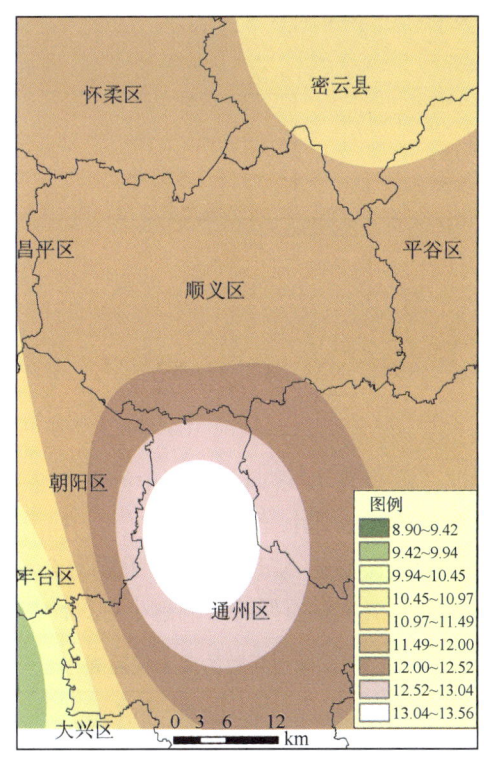

图 9-6　预测气象因子在研究区的空间差值结果图

1. 基于 Logistic 回归的小麦蚜虫预测模型及评价

根据 Logistic 回归模型的原理和方法,首先确定模型的因变量和自变量。研究中蚜虫发生与否为模型的因变量(p),用 0 与 1 表示(1 表示蚜虫发生,0 表示蚜虫未发生);根据蚜虫发生发展特点和经验知识,确定影响蚜虫发生发展的因子为自变量(X)分别为 PDI(X_1)、NDVI(X_2)、LST(X_3),获取影像前的平均温度(X_4),平均降雨量(X_5)和平均风速(X_6)。考虑到获取影像情况和实地调查情况,尝试采用 2010 年 5 月 13 日,2010 年 5 月 20 日 HJ-IB 数据反演自变量 X_1~X_3;2010 年 5 月 8~2010 年 5 月 13 日和 2010 年 5 月 15~2010 年 5 月 20 日的气象因子的平均值为 X_3~X_6;2010 年 6 月 5 日样点发生结果(发生与否)进行建模。

从 9.2.1 节反演获取的 2010 年 5 月 13 日和 5 月 20 日的 LST、PDI、NDVI、平均气温、平均降水、平均风速的专题图上分别提取地面调查点的相应值作为自变量(X_1~X_6)作为训练样本,利用 SPSS 中的 Binary Logistic Regression 进行建模。

图 9-7 显示了模型中经标准化后的各变量系数,系数表征了各变量对蚜虫发生影响的方向和大小及各变量对蚜虫发生概率预测的重要性大小。从中可以观察到,在所选的 6 个变量中,LST 和 NDVI 的重要性最高,表明生境因素尤其是地表温度及小麦生长状况与蚜虫发生之间的关系紧密,而平均降水和风速对蚜虫的发生关系较弱,这一结论也进一步证实了,通过遥感反演的生境因子对蚜虫进行监测预测研究是合理的;气象因子中的温度对蚜虫的发生相比平均降水和风速更重要。

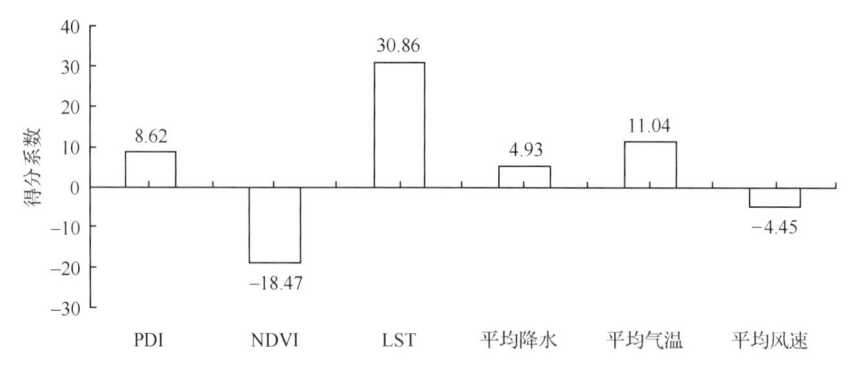

图 9-7 Logistic 回归模型各变量标准化系数

表 9-8 为模型系数的混合检验表,即将回归方程中的所有变量作为一个整体来检验它们与应变量之间是否具有线性关系。其中,给出了卡方值及其相应的自由度、p 值。由模型卡方系数检验结果可知,模型卡方值为 58.861 大于 12.591($p=0.05$ 的卡方值),且 p-value<0.000,其 p 值越大说明变量对模型的影响越小,拟合的模型才具有统计学意义。

表 9-8 模型系数的混合检验表

	Chi-square	Df	Sig
Step	58.861	6	0.000
Block	58.861	6	0.000
Model	58.861	6	0.000

构建的 Logistic 模型分别进行最大似然平方的对数(—2loglikelihood)、Cox-Snell 拟合优度和 Nagelkerke 拟合检验。—2loglikelihood 用来检验模型的整体性拟合效果,该值在理论上服从卡方分布,其值相比卡方临界值越小,表示拟合程度越好,根据检验水平和自由度可得到卡方临界值为 12.591;而 Cox-Snell 拟合 R^2 和 Nagelkerke 拟合 R^2 取值越高表明模型的预测一致性配对数据的比例越高,模型预测精度越高。从评价结果看,模型的最大似然平方的对数小于卡方临界值(—2loglikelihood=8.412),且 Cox-Snell 拟合和 Nagelkerke 拟合决定系数 R^2 分别为 0.664 和 0.932,均通过显著性检验,表明方程具有较高的拟合优度(表 9-9)。

表 9-9 模型检验摘要

—2 loglikelihood	Cox-Snell 拟合 R^2	Nagelkerke 拟合 R^2
8.412	0.664	0.932

另外,表 9-10 为 Hosmer-Lemeshow 的拟合优度检验统计量检验结果,该检验依然是以卡方分布为标准,但检验的方向与常规检验不同:要求其卡方值低于临界值而不是高于临界值,且卡方值越小,p-value 越大说明模型拟合优度越高,模型越好。取显著性水平 0.05,考虑到自由度为 8,因此计算得到卡方临界值为 15.07,模型 Hosmer-Lemeshow 检验的卡方值为 0.240<15.507,而 p-value 为 1.000 大于 0.05,据此可以判知 Hosmer-Lemeshow 检验可以通过,表明模型具有很高的拟合程度,且模型对样点蚜虫的发生预测精度为 94.4%(表 9-11)。

表 9-10 Hosmer-Lemeshow 检验

Chi-Square	Df	Sig
0.240	8	1.000

表 9-11 预测精度评价

	不发生	发生	预测正确率/%
不发生	35	2	94.6
发生	1	16	94.1
总体精度			94.4

2. Logistic 模型的小麦蚜虫预测结果

基于以上对预测模型的拟合优度和显著性检验结果,表明本研究建立的 Logistic 小麦蚜虫预测模型通过检验。因此,利用 5 月 20 日影像的生境预测因子和气象预测因子,得出了 2010 年 6 月 5 日研究区小麦蚜虫的空间发生概率分布图(图 9-8)。由图可知,2010 年 6 月 5 日通州区小麦种植区域的蚜虫发生概率相比顺义区较高,通州区的生境条件和气象因子更适宜于蚜虫的发生发展。

实际应用中,一方面期望预测蚜虫是否发生,另一方面希望预测研究区空间上蚜虫发生程度或范围,为未来有的放矢地防控工作做准备。研究通过 Logistic 预测模型获得了蚜虫发生的概率,理论上可以假设预测概率越高的区域,蚜害程度则相对越高,如果该假

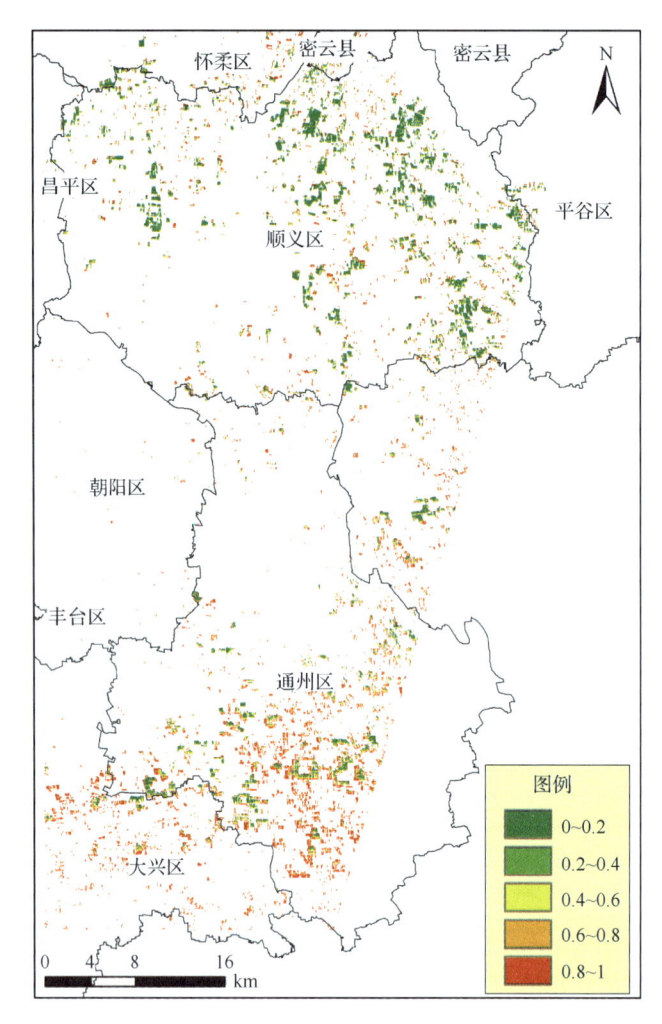

图 9-8　研究区小麦蚜虫空间发生概率分布图

设能得到检验和证实,则能够实现实际应用中所期望的预测结果。

因此,研究从预测结果图中提取了 6 月 5 日 30 个地面实测样点的预测概率,进行了相关性分析。在相关性分析方法上,同时采用针对连续变量的 Pearson correlation analysis 和两种序列相关性分析(Spearman correlation analysis、Kendall correlation analysis)。序列相关性分析由于不考虑变量间绝对值之间的差异,因而对两组概率分布不确定的数据之间的相关性具有较高的判断力。表 9-12 归纳了三种相关性分析的结果,从结果看,蚜害等级与蚜虫发生预测概率之间的相关性均通过了 0.001 的显著性检验,p-value 均小于 0.001,相关系数 R 均大于 0.5,表明两组变量间存在较好的相关性。这一结果很好地说明了蚜虫发生预测概率高的区域蚜虫危害等级会向更严重的方向发展这一假设。

因此,通过 Logistic 模型对蚜虫发生的预测一方面能够较准确地反映出小麦蚜虫的整体趋势和发生概率;另一方面还可以通过发生概率的高低来间接预测蚜虫发生的蚜害等级,其空间化的预测结果能够为农业决策管理部门和植物保护防控部门提供参考,具有重要的现实意义。

表 9-12 地面实测样点蚜害等级和预测概率的相关性分析

Person correlation		Spearman correlation		Kendall correlation	
R	p-value	R	p-value	R	p-value
0.552	0.000	0.589	0.000	0.536	0.000

9.2.3 小结

目前,小麦蚜虫的预测研究主要基于农气模型在区域尺度上开展,其预测结果虽然在气象站点上具有较高的精度,但难以提供地块尺度上连续的变异特征和辅助信息。本章在农学知识、气象数据的基础上,加入了能够表征小麦生长状况及蚜虫生境特征的遥感信息,实现大范围的蚜虫预测从不连续的点预测扩展到连续的面上预测。将地表温度、土壤含水量和植被指数等表征蚜虫发生的生境遥感反演参数和空间化的气象数据相结合,采用 Logistic 回归方法建立了基于多因子的蚜虫发生概率预测模型。经检验,该模型具有较高的整体拟合优度,对样点蚜虫的发生预测精度高达 94%,进一步研究尝试将预测模型对蚜虫发生预测概率与实地调查点的蚜害等级进行了相关性分析,通过几种相关性分析评价发现,几种相关分析的相关系数 R 均大于 0.5(p-value<0.001),因此,蚜虫发生预测概率高的区域蚜虫危害等级会向更严重的方向发展,本章可为开展区域作物病虫害预测研究提供研究思路和研究方法。

参 考 文 献

阿布都瓦斯提·吾拉木. 2006. 基于 n 维光谱特征空间的农田干旱遥感监测. 北京:北京大学博士学位论文.

段四波,阎广建,钱永刚,等. 2008. 利用 HJ-1B 模拟数据反演地表温度的两种单通道算法. 自然科学进展,18(9):1001-1008.

何金国,胡德永,金晓华,等. 2002. 北京麦蚜虫害的光谱测量与分析,遥感技术与应用,17(3):120-124.

李新,程国栋,卢玲. 2000. 空间内插方法比较. 地球科学进展,15(3):260-265.

刘湘南,黄方,王平,等. 2005. GIS 空间分析原理与方法. 北京:科学出版社.

孟宪红,吕世华,张宇,等. 2007. 基于 MODIS 数据的金塔绿洲上空大气水汽含量反演研究. 水科学进展,18(2):264-269.

乔红波,程登发,孙京瑞,等. 2005. 麦蚜对小麦冠层光谱特性的影响研究. 植物保护,31(2):21-25.

张圣微,雷玉平,郑力,等. 2006. 用空间数据库及 COM 技术实现 GIS 空间插值运算. 哈尔滨工程大学学报,27(6):858-865.

Cooke B M, David G J, Bernard K. 2006. The Epidemiology of Plant Diseases. Dordrecht: Springer.

Ghulam A, Qin Q, Zhan Z. 2007. Designing of the perpendicular drought index. Environmental Geology, 52(6):1045-1052.

Hatala J A, Crabtree R L, Halligan K Q, et al. 2010. Landscape-scale patterns of forest pest and pathogen damage in the Greater Yellowstone Ecosystem. Remote Sensing of Environment, 114(2):375-384.

Huang W, Lamb D W, Niu Z, et al. 2007. Identification of yellow rust in wheat using in-situ spectral reflectance measurements and airborne hyperspectral imaging. Precision Agriculture, 2007, 8(4-5):187-197.

Jiménez-Munoz J C, Sobrino J A. 2003. A generalized single-channel method for retrieving land surface temperature from remote sensing data. Journal of Geophysical Research: Atmospheres (1984-2012), 108(D22):1-9.

Lemeshow S, Hosmer D W. 1982. A review of goodness of fit statistics for use in the development of logistic regression models. American Journal of Epidemiology, 115(1):92-106.

Machault V, Vignolles C, Pagès F, et al. 2012. Risk mapping of Anopheles gambiae sl densities using remotely-sensed environmental and meteorological data in an urban area: Dakar, Senegal. PLOS ONE, 7(11): e50674.

McCullagh P, Nelder J A. 1989. Generalized Linear Models. Florida: CRC press.

Nemani R, Hashimoto H, Votava P, et al. 2009. Monitoring and forecasting ecosystem dynamics using the terrestrial observation and prediction system (TOPS). Remote Sensing of Environment, 113(7): 1497-1509.

Nutter F W, Rubsam R R, Taylor S E, et al. 2002. Use of geospatially-referenced disease and weather data to improve site-specific forecasts for Stewart's disease of corn in the US corn belt. Computers and Electronics in Agriculture, 37(1): 7-14.

Papastamati K, van Den Bosch F, Welham S J, et al. 2002. Modelling the daily progress of light leaf spot epidemics on winter oilseed rape (Brassica napus), in relation to Pyrenopeziza brassicae inoculum concentrations and weather factors. Ecological Modelling, 148(2): 169-189.

Saharan M S, Saharan G S. 2004. Influence of weather factors on the incidence of Alternaria blight of cluster bean (Cyamopsis tetragonoloba (L) Taub) on varieties with different susceptibilities. Crop Protection, 23(12): 1223-1227.

Sobrino J A, Jiménez-Muñoz J C, Paolini L. 2004. Land surface temperature retrieval from LANDSAT TM 5. Remote Sensing of Environment, 90(4): 434-440.

Strand J F. 2000. Some agrometeorological aspects of pest and disease management for the 21st century. Agricultural and Forest Meteorology, 103(1): 73-82.

Strange R N, Scott P R. 2005. Plant disease: A threat to global food security. Phytopathology, 43: 83-116.

Willocquet L, Clerjeau M. 1998. An analysis of the effects of environmental factors on conidial dispersal of Uncinula necator (grape powdery mildew) in vineyards. Plant Pathology, 47(3): 227-233.

Zhang Z Y, Xu D Z, Zhou X N, et al. 2005. Remote sensing and spatial statistical analysis to predict the distribution of Oncomelania hupensis in the marshlands of China. Acta Tropica, 96(2): 205-212.

第五部分 作物病虫害遥感监测与预测系统

在农业生产领域,作物病虫害的监测与预测是一个重要的研究方向,其对农业生产实践中的水肥决策、农田管理措施的制定等均具有重要的指导意义,但传统的病虫害测报技术已无法满足精准农业生产的大规模实时性应用需求。近年来,地理信息系统(GIS)、网络(Web)、遥感(RS)技术的不断发展使得作物病虫害的监测与预测有了新的技术手段,主要体现在:

(1) 遥感技术的实时、快速、覆盖范围广的特点,对病虫害的发生地点进行动态跟踪监测,可以及时发现病虫害发生地点的信息,并对生长区域的生境环境信息进行监测,并以图像文件的形式直观地显示出来;

(2) GIS 的空间数据分析和处理功能,建立病虫害的信息空间数据库,可以及时有效地对病虫害相关空间数据进行分析和处理,并可以对病虫害信息进行专题图的绘制;

(3) 遥感技术与 GIS 技术的结合,可以对病虫害发生的地点、定时及动态综合信息进行分析,提供病虫害的空间变化范围及严重程度等信息,为建立病虫害的发生监测和预测模型提供依据;

(4) 充分利用网络资源实现信息发布、数据共享、交流协作的网络地理信息系统 WebGIS 技术,使用户可以通过 Internet 访问基于 Web 技术和 GIS 技术建立的系统,快捷方便地开展空间查询和业务处理,为病虫害监测与预测的信息和数据的及时共享提供了应用技术平台。

本部分内容以作物病虫害遥感监测与预测系统的构建为目标,融合网络 GIS 技术和空间数据库技术,以前四部分研究内容为基础,设计了作物病虫害监测与预测系统的软件架构,实现系统的主要功能模块,建设了作物病虫害数据库,封装了本书前几部分提出的作物病虫害遥感监测模型。最后以小麦病虫害预测为例,介绍从数据源获取、模型选择与参数设置、病虫害预测分析到分析结果发布等完整的业务化处理流程。

本部分内容是前述各章节理论研究的具体应用,示例系统虽然只覆盖了本书研究的部分理论模型,但为我们提供了基本作物病虫害遥感监测系统的应用框架与典型示范,本部分内容即可以作为前述理论研究成果有效性检验的工具,又可以为本研究的大规模应用推广提供思路。

第10章 作物主要病虫害遥感监测与预测系统

本章基于 WebGIS 技术设计开发了基于 B/S 结构的作物病虫害遥感监测与预测系统,该系统采用了面向对象的开发方式,使系统程序具有较高可读性和较易维护等特点,且以事件驱动方式实现系统各项功能的设计,增强了人机交互,有利于系统的扩展,充分提高了系统的实用性。此外,本系统采用动态数据库管理模式,既允许管理员根据需要增加、删除、修改数据库中的模型,也允许用户在实际操作过程中根据具体的应用需求,将测报模型添加至模型数据库中,以实时充实模型库。病虫害遥感监测与预测系统通过 WebGIS 对空间数据的强大的管理能力,实现了病虫害预测预报在空间上的表达,构建了病虫害测报通用平台,并分别从北京市区县小尺度和全国范围大尺度两个层次的应用,展示了作物病虫害遥感监测和预报系统在作物病虫害预测中的应用。

10.1 病虫害监测与预测系统设计

本系统以气象数据库资料、遥感影像和田间监测数据作为主要的数据源,结合作物病虫害监测与预测模型,构建基于 WebGIS 的作物病虫害遥感监测预测系统。其采用 B/S 混合体系结构,主要以 C♯.NET 作为编程语言,ArcGIS Server 作为 GIS 二次开发平台,采用 Oracle 数据库,并以 ArcGIS SDE 作为数据引擎进行空间数据的存储等。

病虫害监测与预测系统构架如图 10-1 所示,该架构主要包括数据层、服务层、服务协议和应用层等,其中:

(1) 数据层:从航空、航天、地面采集数据,进入空间数据库,开展高效管理。

(2) GIS 服务器:属于应用服务器,主要用于部署 GIS 服务(包括病虫害遥感监测模型与算法、多源数据汇聚与分析、灾情地图与信息可视化等),为客户端访问数据和请求服务提供支撑,其是整个架构中的核心。

(3) Web 服务器:响应 Web 客户端的请求,并将数据和结果返回给客户端。

(4) 服务协议:服务器端和客户端通信的基础。

(5) Web 版的数字地球科学平台:其充当客户端的角色,在 Web 版地球上,浏览结果,发送服务请求。

在上述架构下,主要设计实现的系统功能包括:

(1) 实现数据查询功能,包括图形查询、属性查询和图形属性互查。

(2) 实现视图变换和地图管理的功能,在制作 GIS 系统作物种植分布视图的基础上,实现视图的放大、缩小、漫游、左移、右移、上移、下移信息查询,距离量测和面积量测等基本地图操作功能。

(3) 设计实现对模型库的管理,能对模型库进行更新与修改。系统通过分析调用模型,输入相关参数,得到分析结果;根据模型分析结果进行决策,并将结果以报表和图形相

图 10-1 作物病虫害遥感监测与预测系统构架

结合的方式输出。

(4) 通过获取实时气象数据和遥感影像分析数据,结合相应监测和预测模型,生成病虫害监测预测科学产品,制作并发布病虫害监测与预测专题图并提供专家建议。

归纳而言,该系统的总体设计主要分为三个部分:结构设计、功能设计和数据库设计,其中,结构设计重点描述本系统采用的基于互联网的 B/S 结构,功能设计则详细介绍本系统可实现的全部功能,而数据库设计部分主要围绕数据获取与处理、空间数据库和属性数据库设计构建等内容展开论述。

10.1.1 系统框架设计

目前流行的 GIS 系统体系结构包括客户端/服务器(Client/Server,C/S)模式、单机模式、浏览器/服务器端(Browser/Server,B/S)模式,多层 C/S 模式等,其中 C/S 模式和 B/S 模式被广泛应用。C/S 技术应用系统基本运行关系体现为"请求/响应"模式,每当用户需要访问服务器时就由客户机发出"请求",服务器接受"请求",并"响应",然后执行相应的服务,把执行结果送回给客户机,由它进一步处理再提交给用户。随着网络技术的发展,C/S 技术的一个优点是交互性强,更安全的存取模式,速度总体比 B/S 快,更利于处理大量数据。但是静态网页也无法提供充分的交互功能,动态信息发布相对较困难。需要将数据库与 Web 服务器连接起来,供用户查询或更新;发布动态信息还可以简单到只需要改动一下数据库的若干记录或字段就可以实现。这样,B/S 开始大量应用,首先它简化了客户端。无需像 C/S 模式那样在不同的客户机上安装不同的客户应用程序,只需安装通用的浏览器软件,不但可以节省客户机的硬盘空间与内存,而且使安装过程更加简便、网络结构更加灵活。B/S体系多了Web服务器,用户使用Web浏览器访问Web网页,通过Web网页上显示的表格与数据库进行交互操作,从数据库获取的信息能以文本、图像、表格或多媒体对象的形式在Web页上展示,随着互联网技术,尤其是无线网络技术及网络计算技术的发展,B/S架构以其客户端使用简单、价格低廉、适用于网上信息发布的优点逐渐成为面向公众的GIS系统的主流模式。

基于两大模式各有优势和不足,本系统采用基于互联网的B/S结构,把系统建立在广域网上,用户工作界面是通过WWW浏览器的瘦客户端。系统总体框架分为数据层、数据访问层、业务逻辑层及表示层,如图10-2所示。数据层存储大量数据,包括遥感数据、气象数据、空间数据和历史经验数据等;数据访问层提供对数据库的访问;业务逻辑层进行遥感影像指数计算、气象数据的空间插值及预测模型的分析运算,根据遥感监测模型作物长势、生境信息,结合农业气象数据库与相应的病虫害预测模型判断作物病虫害发生范围、发生分布、发生等级和发生趋势,并且依托历史经验数据给出相应调优方法;表示层用于完成与用户交互的功能层,负责响应用户的指令,向用户提供作物病虫害监测及预测信息。

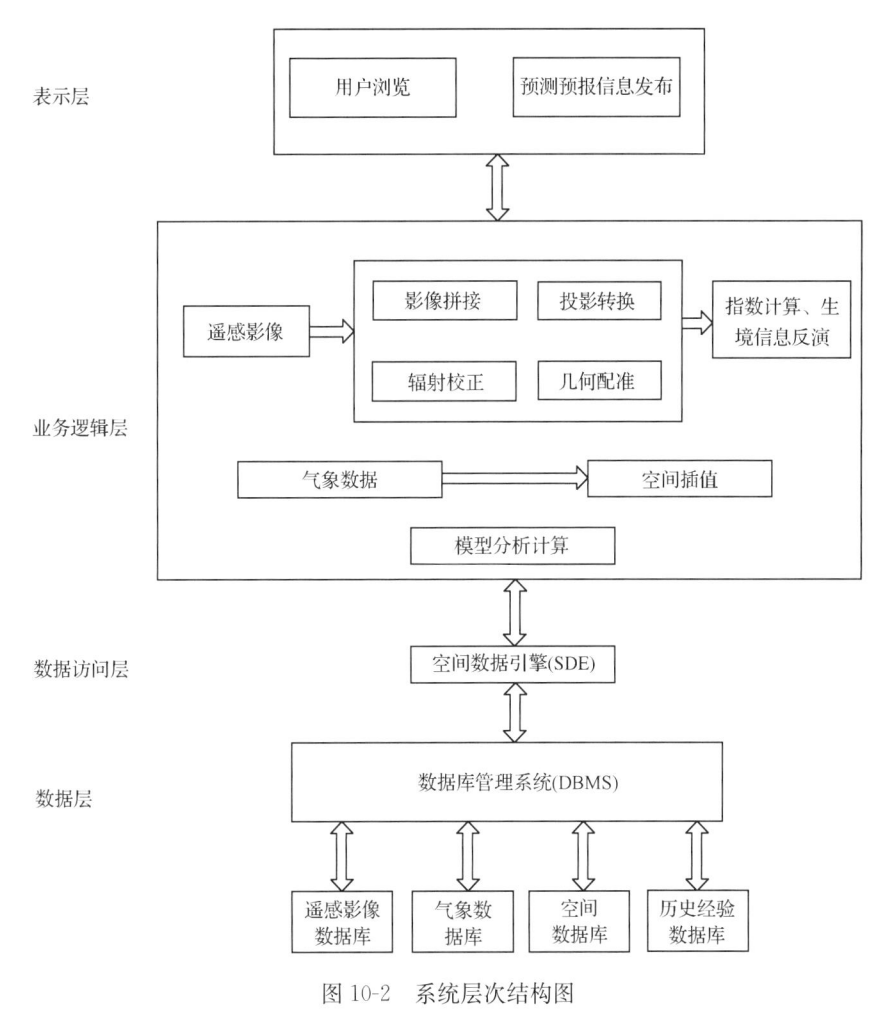

图10-2 系统层次结构图

10.1.2 系统功能设计

1. 系统功能设计原则

（1）系统的界面风格统一、友好，功能容易操作，系统模块维护简单。在系统的模块开发阶段代码的编码规范、标准。系统定义的概念、形态、行为风格统一，方便以后的开发人员继续开发。

（2）系统设计要做到结构化和面向对象，利用软件工程的理论指导，在系统设计阶段采用结构化的模式设计系统的功能体系结构，在系统开发阶段采用模块化、面向对象的方式开发系统中的功能。

（3）系统安全，系统数据库中的属性和空间数据准确可靠，有很强的容错能力和处理突发事件的能力。系统应建立数据信息的备份和恢复机制，使其具有一定的安全保密性。

2. 系统功能模块设计

本系统是基于 ArcGIS Server 的作物病虫害遥感监测与预测系统，根据系统的功能需求及实际需要，本系统可划分为 4 个子系统，功能结构见图 10-3。系统功能分为 GIS 模块、监测和预测模块、后台管理模块及数据库模块四个部分。GIS 模块主要是实现数据发布的功能，将数据库中的基础地理数据和病虫害预测预报图等在网站上进行发布，实现视图的放大、缩小、漫游，左移、右移、上移、下移，信息查询，距离量测和面积量测等基本地图操作功能。监测和预测模块是系统的核心功能模块，通过遥感数据监测作物的长势信息和生境信息，结合气象数据，利用相关的病虫害监测、预测模型，计算得到病虫害发生分布的专题图。后台管理模块作为整个系统的基础，功能主要包括管理员增加、删除、修改，病虫害资料的增加、修改、删除，预测预报模型的增加、删除、修改等。数据库模块负责整

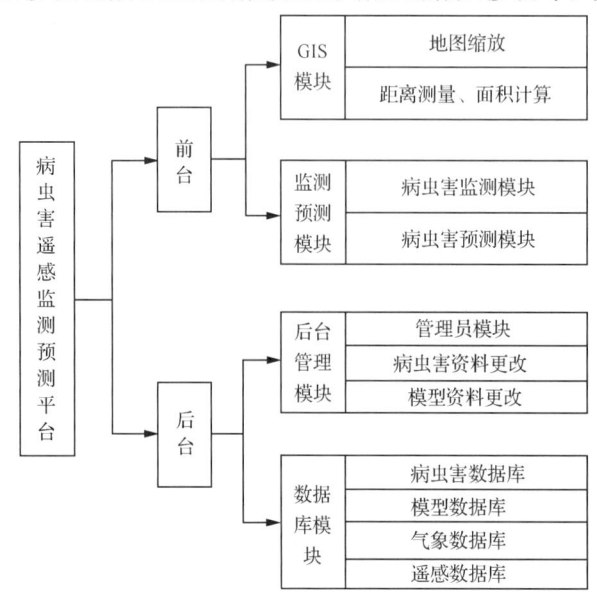

图 10-3 系统功能设计

个系统的所有数据库内容的录入、修改、删除等工作,包括属性数据库和地图数据表。其中,属性数据库主要包括病虫害资料数据库,如病虫害的发生量和发生期,预测预报模型数据库,气象数据库和遥感数据库;地图数据表用来提供空间地理位置信息。

在系统功能模块的基础上,对系统的功能模块进行了详细设计,经整理,详细功能设计如图10-4所示,主要分为四大大功能部分:数据发布、病虫害遥感监测预报、多源数据病虫害预测预报、系统管理。

(1)数据发布功能。数据发布包括地图数据发布和病虫害监测、预测的成果以专题图的形式进行发布。

(2)病虫害遥感监测预报功能。通过实时获取遥感监测影像数据,在病虫害流行学原理指导下,通过敏感性分析,利用对病虫害敏感的光谱波段和植被指数,以及生境信息,如地表温度和土壤水分含量等,来建立监测模型,最终获取大区域的病虫害危险等级的遥感监测专题图。

(3)多源数据病虫害预测预报功能。病虫害的发生、发展与气象条件紧密相关,如温度、湿度;结合遥感监测得到的作物的长势信息和生境信息,再利用逻辑回归模型,预测得到病虫害发生概率。

(4)系统管理模块。系统管理模块主要负责数据的维护和用户的管理。

10.1.3 数据库设计

数据库是计算机应用系统中的一种专门管理数据库资源的系统,数据有多种形式,如文字、数码、符号、图形、图像以及声音等。数据是所有计算机系统所要处理的对象。可以说数据是计算机系统和软件的灵魂,对于一套计算机软件系统来说,数据模型的设计直接关系到软件质量的好坏,因此,设计一套完美的数据模型对软件开发和软件的生命周期有着至关重要的影响。

数据库的设计目的是将多种类型的数据源进行有层次的整合,在此基础上,进行面向对象的数据库设计,并实现系统功能和对病虫害灾情的预测预报。

1)有效地组织与管理数据

项目所需数据量巨大且复杂,必须对数据进行科学合理的划分,采用有效的途径与方法存储、管理。传统的基于文件的管理方式已经无法满足有效管理和应用的需要,数据的安全性、一致性也难以得到保证。当前关系型数据库技术已经很成熟,实现上述目的具有很大的优势。

2)提供多用户并发访问的能力

本系统,结构上采用B/S模式,外部用户能够通过计算机网络或者其他通信设施访问系统,进行专题查询、业务检索、数据更新、分析处理等分布式操作,这就要求系统的数据库具有处理多用户并发访问的能力,同时,对数据库的安全性提出了更高的要求。

作物病虫害监测与预测数据类型复杂,时效性强,需要大量存储空间,目前一般数据库软件很难满足该数据的高效存储和管理,空间数据库引擎技术很好地解决了这个问题。美国ESRI公司推出的空间数据库引擎ArcSDE是目前使用最广泛、性能最稳定的空间数据库引擎之一,它本身并不存储数据,而是在GIS平台(用户)和关系数据库管理系统

图 10-4 系统功能详细设计

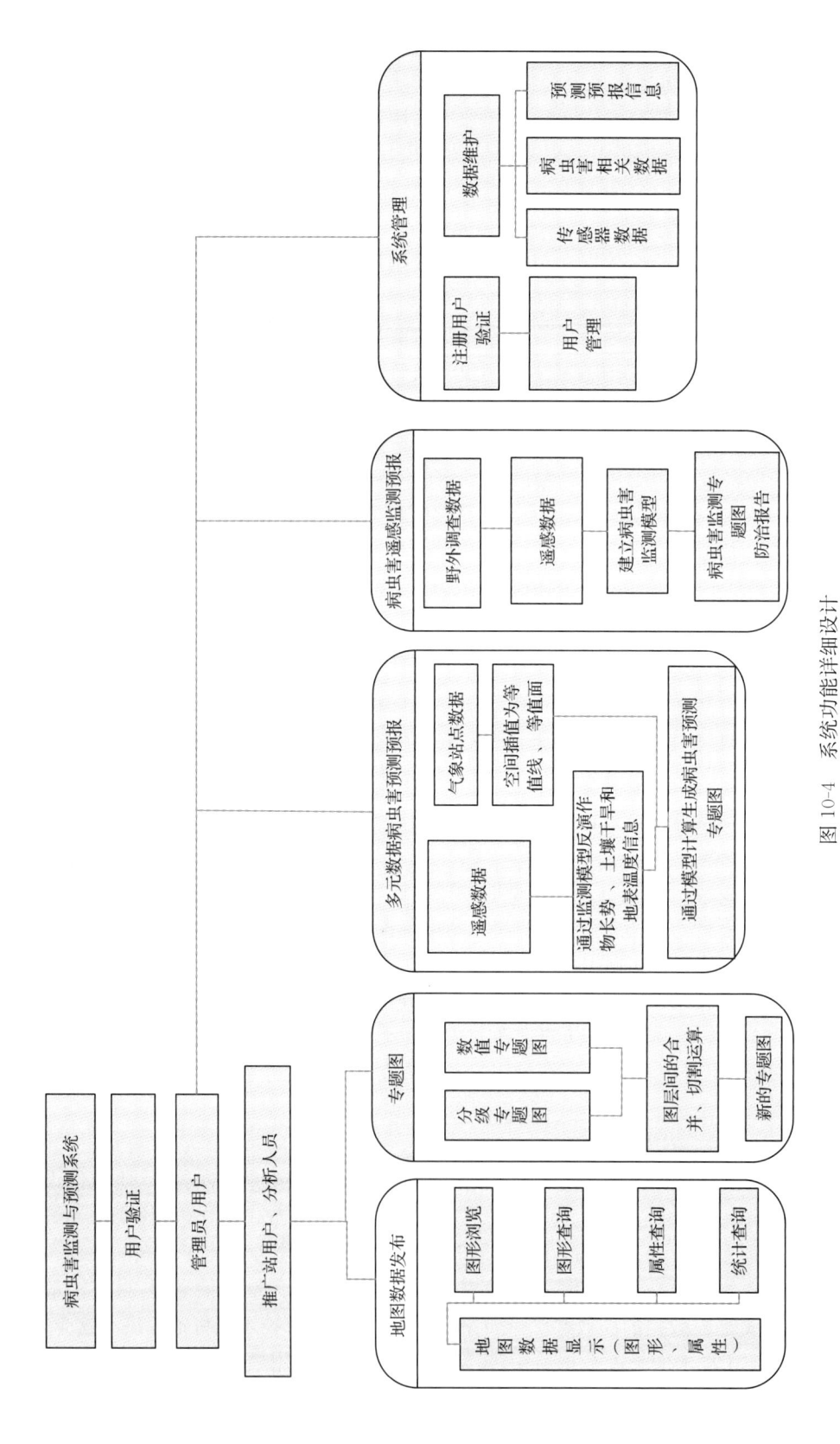

(RDBM)之间提供了一个存储和管理多用户空间数据的通路,是生态环境数据出入数据库的桥梁。

数据库使用 SQL Server 数据库,它是 Microsoft 公司推出的十分优秀的数据库管理系统,SQL Server 2005 数据库引擎为关系型数据和结构化数据提供了更安全可靠的存储功能,使您可以构建和管理用于业务的高可用和高性能的数据应用程序,不仅可以有效地执行大规模联机事务处理,而且可以完成数据仓库和电子商务应用等许多具有挑战性的工作。

本系统数据包括空间数据和表格数据、文档数据、模型数据等,合理地把多种数据集成整合才能使整个系统正常运转。空间数据采用空间引擎技术进行集成。该技术采用面向对象的设计方法,将空间数据以数据源为单位组织,定义了一致的空间访问接口和规范。数据源可以以文件方式或数据库方式实现物理存储,实质就是将数据源中的数据以一系列二维表的形式存储到指定数据库中,如图 10-5 所示。数据源包含有矢量数据集和栅格数据集。主要数据包括病虫害相关数据、基础地理数据、气象数据、遥感数据、用户信息等,为便于数据库中海量信息的组织和管理,在总体上将数据库分为空间数据库和属性数据库。空间数据库主要包含用于 GIS 空间分析、可视化分析应用的带有明显空间位置信息的地理信息库。属性数据库主要用于存储和管理与监测、预测小麦病虫害发生相关的描述性数据。

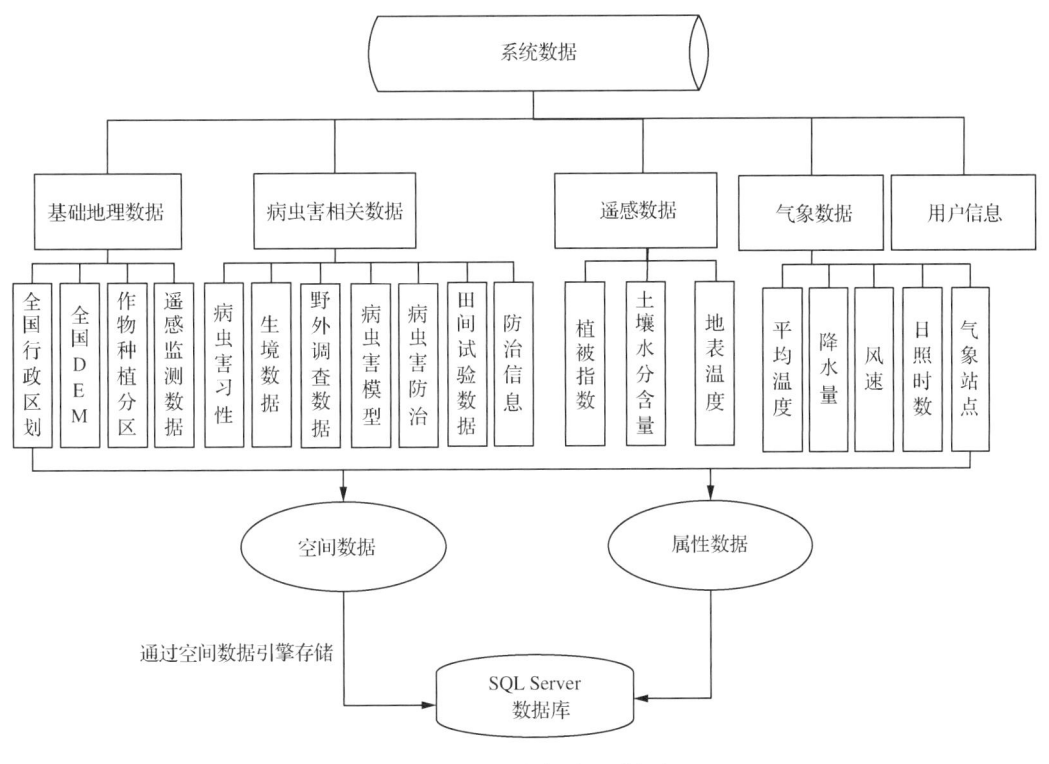

图 10-5 系统数据库设计框架

(1)基础地理数据:基础地理数据包括全国省、县级行政区划图;以人工方式得到的主要农作物种植种类分布图,获取的矢量数据以 *.shp 格式存储;全国 DEM 数据;病虫害发病时期对应的遥感影像等。

（2）病虫害相关数据：主要包括病虫害习性数据，野外调查数据、生境数据、田间试验数据、防治信息等。如详细记录的病虫害种类，危害特征，发育过程，虫情指数，病虫害发生的土壤、水文、生物条件和野外调查或者田间试验的测量数据，各种病虫害的防治指导等。其中表格形式记录的数据，用常规表的形式存储；包含地理信息的数据以矢量或者栅格数据集形式存储。

（3）气象数据：气象数据是病虫害预测预报的重要参数，单独作为一类数据提出，全国气象站点，数据以日为单位，记录日平均温度、最高温度、最低温度、降水量、风速、日照时数等气象信息，并根据需要计算生成月数据、年数据。

（4）遥感数据：遥感数据是病虫害监测的主要数据，也是病虫害预测的重要辅助数据，主要用来监测作物的长势和生境信息。包括遥感影像经过预处理后得到的光谱数据、植被指数、反演得到的地表温度和土壤含水量等生境信息。

（5）用户信息：记录用户注册信息、登录信息以及历史浏览信息等。

10.2 作物病虫害遥感监测与预测系统应用实例

1. 系统界面

结合系统设计理论，我们对作物病虫害遥感监测与预测系统进行了开发设计。系统集成了本书中已有的病虫害预测预报模型，通过用户注册信息来获取用户的地理信息，用户只需要选择预测作物种类、作物病虫害种类、病虫害预测模型、设置模型的各项参数，如果数据库中缺失某些区域的气象等病虫害相关的参数，可以通过空间插值的方法获取，也可以由用户填写已知参数，最终获取该地区的病虫害危险等级。

1）登录界面

已注册用户通过输入用户名和密码即可登录，未注册用户可点击注册按钮进行注册，如图10-6所示。

图10-6 系统登录界面

2) 系统模块界面

用户注册并登录后即进入如图10-7所示界面。该界面中包含有系统开发团队的相关信息以及系统的更新维护和应用领域等信息,用户可了解相关内容后,点击进入系统板块即可进入系统操作界面,如图10-8所示。

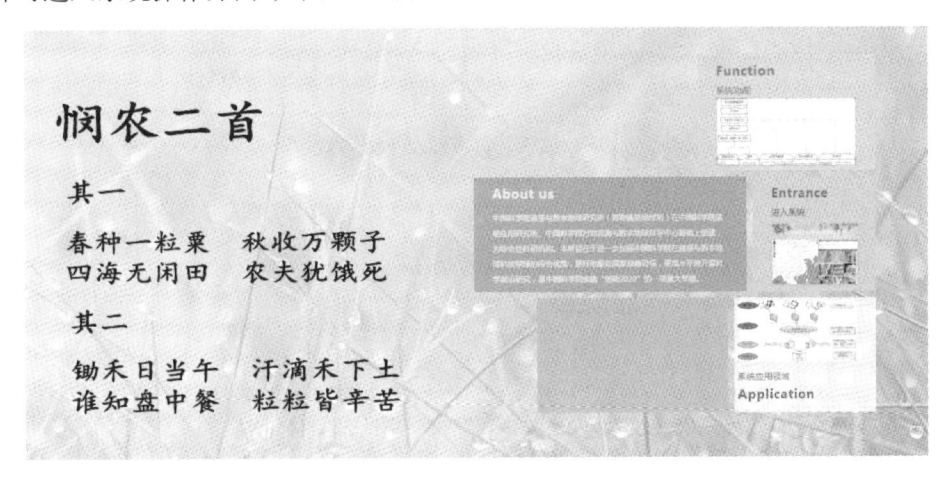

图 10-7　系统模块界面

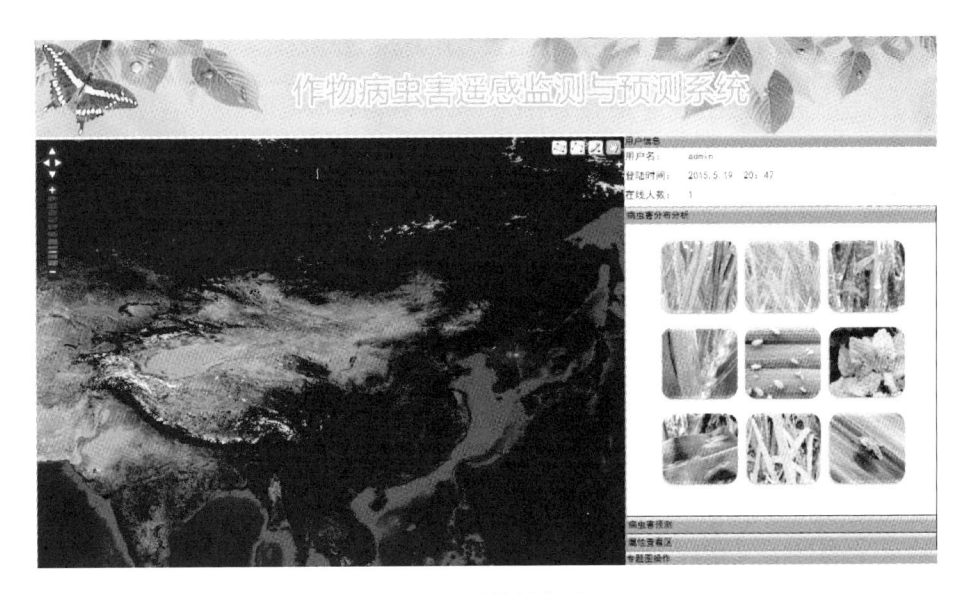

图 10-8　系统操作界面

3) 系统操作功能介绍

(1) 在影像显示区域,包含有缩放条、图层控制器、鹰眼、比例尺和编辑工具等,可对影像进行基本操作。

(2) 界面的右上方是用户的信息以及登录时间和在线人数。

(3) 用户信息下方是病虫害分布分析模块(图10-9),该模块包含九种病虫害,点击对应的病虫害图片即可运行病虫害分布模型,生成病虫害分布专题图。

(4) 病虫害分布分析模块下方是病虫害预测模型(图10-10),该模型操作方式与病虫

图 10-9　系统病虫害分析模块图

害分布分析模板相同,点击对应的病虫害图片即可运行病虫害预测模型,生成病虫害预测专题图。

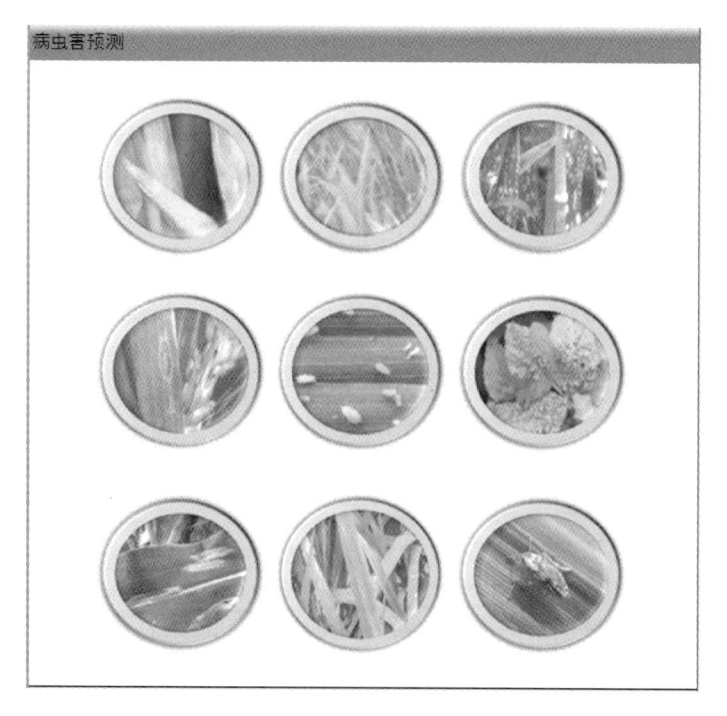

图 10-10　系统病虫害预测模块图

（5）病虫害分布分析模板下方是属性查看区（图 10-11），用户通过属性查询功能获得的对象属性列表均显示在该区域。

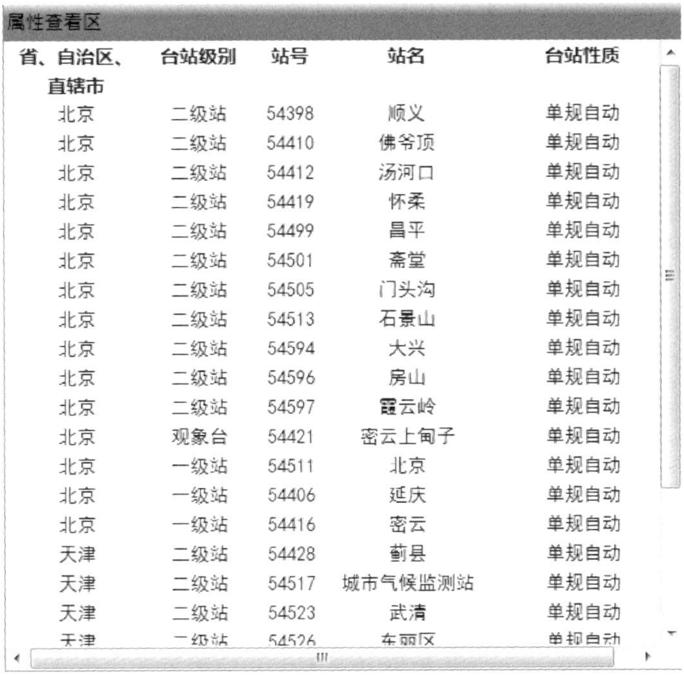

属性查看区

省、自治区、直辖市	台站级别	站号	站名	台站性质
北京	二级站	54398	顺义	单规自动
北京	二级站	54410	佛爷顶	单规自动
北京	二级站	54412	汤河口	单规自动
北京	二级站	54419	怀柔	单规自动
北京	二级站	54499	昌平	单规自动
北京	二级站	54501	斋堂	单规自动
北京	二级站	54505	门头沟	单规自动
北京	二级站	54513	石景山	单规自动
北京	二级站	54594	大兴	单规自动
北京	二级站	54596	房山	单规自动
北京	二级站	54597	霞云岭	单规自动
北京	观象台	54421	密云上甸子	单规自动
北京	一级站	54511	北京	单规自动
北京	一级站	54406	延庆	单规自动
北京	一级站	54416	密云	单规自动
天津	二级站	54428	蓟县	单规自动
天津	二级站	54517	城市气候监测站	单规自动
天津	二级站	54523	武清	单规自动
天津	二级站	54526	东丽区	单规自动

图 10-11　系统属性查看区模块图

（6）病虫害分布分析模块下方是专题图操作模块，包含四个功能，分别是属性查询、属性统计、专题图合并和专题图切割，点击相应的按钮即可进行对应的操作。

2. 系统案例

该系统在小尺度实验区和全国尺度上进行了实际应用，初步将不同病虫害测报模型集成于一个平台系统。本部分分别从小尺度实验区及全国范围尺度上阐述作物病虫害遥感监测和预测系统功能的实现过程。其中，小尺度实验以 2010 年北京市通州区和顺义区冬小麦蚜虫发生分布遥感预测为例，利用 2015 年 4 月全国范围内小麦产区的多种病虫害发生可能性预测为例，阐明在大尺度范围内系统的实现功能。

1）区域尺度上冬小麦蚜虫预测

a. 研究区概况及数据来源

该研究区概况和地面调查数据已在第 9 章相应部分做出说明，此处不再赘述。在冬小麦拔节期和扬花期各获取一景环境星遥感影像。

b. 模型选择

本系统中小区域尺度的病虫害预测预报模型目前采用的是机器学习中常用的算法：逻辑回归、支持向量机和相关向量机。模型输入包括表征小麦生长状况的归一化植被指数和比值植被指数；表征生境状况的地表温度和垂直干旱指数。

c. 根据模型发布预测信息

(1) 小麦蚜虫发病等级划分：为使预测结果清楚易懂，预测结果分为发生和不发生两个等级，分别对应于红色和绿色。

(2) 北京通州区和顺义区小麦蚜虫发生分布及预测结果显示。

用户通过登录系统，选择预测地区、农作物种类、病害类型，并在模型选择一栏里选择所需模型。进行上述操作后，经过系统计算，最终得出预测结果图。图 10-12 为三种模型得到的蚜虫预测结果图。据北京市植物保护站所提供的 2010 年小麦蚜虫的发生程度和相关报道资料：2010 年北京顺义区和通州区小麦蚜虫发生程度为中等偏重发生。系统预测结果与实际发生结果基本吻合。

(a) 逻辑回归预测结果　(b) 支持向量机预测结果　(c) 相关向量机预测结果

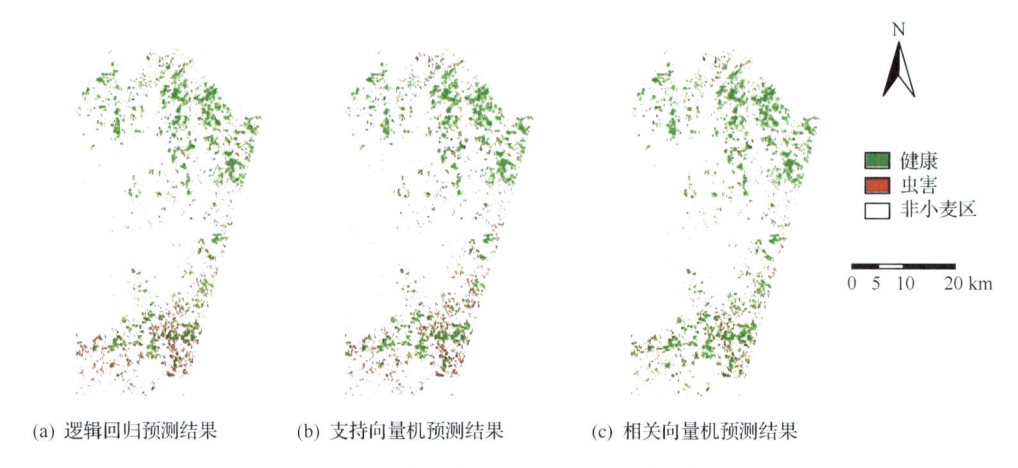

图 10-12　2010 年北京通州区和顺义区小麦蚜虫预测

2) 全国尺度小麦主要病虫害预测

a. 病虫害类型选择

本系统预测小麦主要病虫害主要包括小麦条锈病、小麦白粉病及小麦蚜虫。

b. 数据源

气象数据，包括气温和湿度，来源于中国气象科学数据共享数据网；

遥感数据，包括 MODIS 数据产品（归一化植被植被指数和地表温度），来源于 USGS。

c. 模型选择

全国尺度上，本系统预测模型目前采用结合先验知识的决策树算法。根据专家经验和文献调查确定相应病虫害发生的适宜的气温、湿度范围和地表温度，再通过归一化植被指数经验法来监测长势过于旺盛的群体。

d. 预测信息发布

本系统将预测结果分为三个等级，分别对应绿、橙和红色预警。绿色代表小麦病虫害不易发生；橙色代表小麦病虫害易发生；红色代表小麦病虫害极易发生。预测结果如图 10-13，图 10-14 及图 10-15 所示。

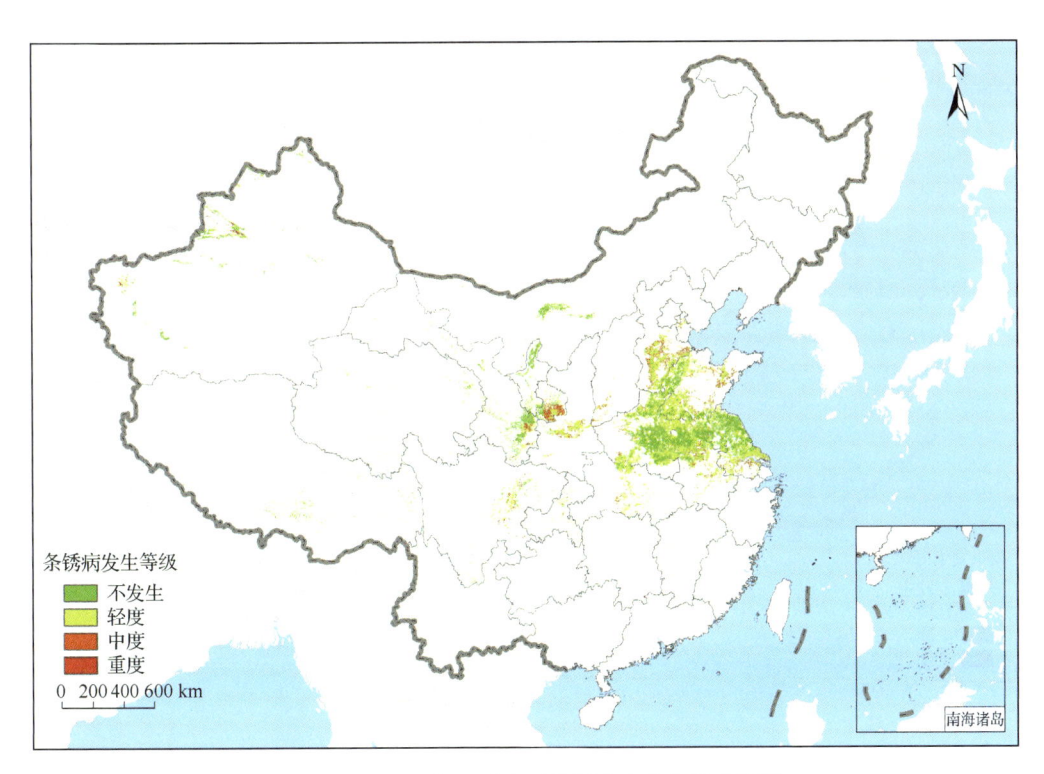

图 10-13　2015 年 4 月全国范围内小麦条锈病预测

图 10-14　2015 年 4 月全国范围内小麦白粉病预测

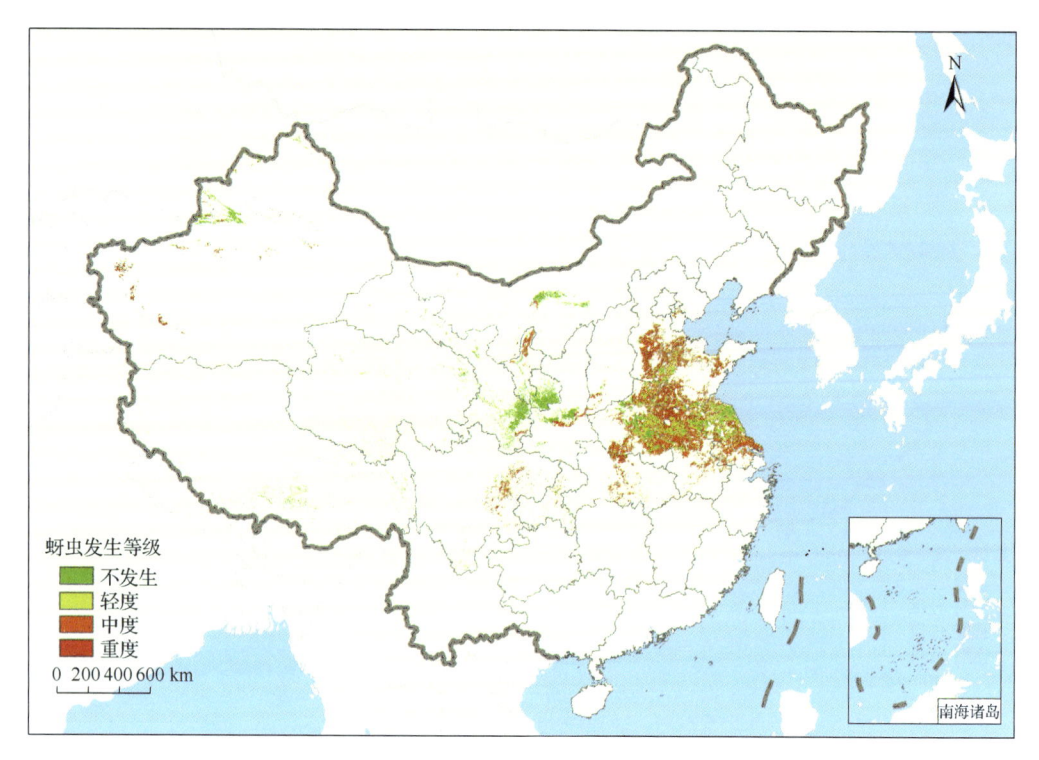

图 10-15 2015 年 4 月全国范围内小麦蚜虫预测

10.3 小　　结

　　针对传统的目测手查判断作物病虫害的手段主观性强、信息滞后、效率低下等弊端及现有的一些监测、预测系统，难以提供空间信息支持，与生产需求有一定距离等缺点，综合运用遥感、地理信息系统、植物保护学、农业气象学等分析方法监测和预测作物病虫害的发生、发展是病虫害监测和预测预报的发展趋势。本章详细阐述了基于 WebGIS 的作物病虫害监测与预测系统的构建以及功能实现，讨论了作物病虫害监测与预测的基本原理、系统构建所用关键技术及系统集成等问题的研究过程与解决方法，并介绍了作物病虫害系统的设计实现过程与应用结果，作物病虫害监测和预测系统一般应包含以下内容：

　　(1) 设计构建基于 ArcSDE 和 SQL Server 的系统数据库，能有效地组织和管理多源数据，并提供基于 B/S 结构的多用户并发访问的能力。

　　(2) 操作界面简单方便，提供直观、简单的操作方法和操作提示。

　　(3) 采用动态生成地图配置文件方式实时配置遥感影像，通过 WebGIS 地图服务进行实时发布，在客户端实时生成专题图，具有快速高效的特点。

　　(4) 所开发的平台具有空间分析和诊断的功能，能够为用户提供实质性的生产决策方案，对合理搭配各种生产要素，最大限度地增加产量和效益，具有重要的理论意义和应用前景。

索　引

A
暗物体法　190

B
贝叶斯网络　317
比辐射率　270
变量投影重要性　136
表观反射率　256
病情指数　12
波段响应函数　211
波谱特征　25

D
单窗算法　269
单通道算法　269
地表温度　270
独立样本 T 检验　30
多元回归分析　81

E
二次判别分析　13
二维特征空间　295
二值逻辑斯蒂回归　342

F
反距离权重插值　314
方差分析　29
费氏线性判别分析　83

G
概率神经网络　43
光谱角度制图　13
光谱微分变换　34
光谱信息散度分析　228
光谱知识库　211

H
混合调谐滤波　228

J
交叉定标　255
精度评价　84
景观特征　242
径向基网络　100
决策树分类　267

K
空间滤波分析　259

L
连续统去除法　38
连续小波分析　38

M
面向对象　357
敏感性分析法　30

P
偏最小二乘回归　50

R
人工神经网络　42
人机交互　357

S
生境因子　340
数据库　361

T
图谱特征　191
图像配准　259

图像融合　259
推扫式成像光谱仪　189

W

纹理滤波　198

X

系统构架　357
线性判别分析　40
相关向量机　47
相关性分析　28
小波变换　38

信息可视化　357
信息熵　198
学习矢量量化　44

Z

支持向量机　44
植被指数　33
逐步判别分析　13
主成分分析法　31
最小二乘支持向量机　46
最小噪声分离变换　13